维修电工技能实战训练

（高级）

主　编　杨学坤　邵争鸣
副主编　刘建农　齐明琪
参　编　周泽天　杨婷婷　薛　飞　杨亚会　宋　珏
肖　剑　童剑波　黄建敏　徐兆龙
顾　慧　吴小龙

机械工业出版社

本书依照《国家职业技能标准　维修电工》高级的技能知识要求设立训练项目，以任务驱动模式编写，以大量照片图、线条图、表格的形式讲述高级维修电工应掌握的技能知识，主要包括继电控制电路实战训练、自动控制电路实战训练、应用电子电路实战训练、自动控制电路检修实战训练 4 个单元，共 22 个任务。

本书可作为技工院校、职业院校电气维修、电气自动化、机电一体化等专业学生的实训用书，也可作为高级维修电工的培训用书，还可作为维修电工的自学用书。

图书在版编目（CIP）数据

维修电工技能实战训练：高级/杨学坤，邵争鸣主编. —北京：机械工业出版社，2013.2（2025.1 重印）

ISBN 978-7-111-40816-1

Ⅰ. ①维…　Ⅱ. ①杨…②邵…　Ⅲ. ①电工—维修—技工学校—教材　Ⅳ. ①TM07

中国版本图书馆 CIP 数据核字（2012）第 305646 号

机械工业出版社（北京市百万庄大街 22 号　邮政编码 100037）
策划编辑：陈玉芝　责任编辑：林运鑫
版式设计：霍永明　责任校对：樊钟英
封面设计：张　静　责任印制：邓　博
北京盛通数码印刷有限公司印刷
2025 年 1 月第 1 版第 5 次印刷
184mm×260mm · 20.25 印张 · 498 千字
标准书号：ISBN 978-7-111-40816-1
定价：49.80 元

电话服务	网络服务
客服电话：010-88361066	机　工　官　网：www.cmpbook.com
010-88379833	机　工　官　博：weibo.com/cmp1952
010-68326294	金　　书　　网：www.golden-book.com
封底无防伪标均为盗版	机工教育服务网：www.cmpedu.com

前言

温家宝总理说“千方百计增加就业是政府的重要责任”。就业问题一直是各国政府时刻高度关注的重要问题。在中国，就业问题显得尤其重要，已成为目前社会最为关注的焦点问题之一。而就业往往与技能是紧密联系的，掌握一门过硬的专业技能，在劳动力市场无疑会为就业者提供很重的就业砝码。

对技工院校、职业院校而言，如何使学生能快速地掌握维修电工所具备的技能，各级维修电工究竟实训哪些内容，一直是编者长期思考与探索的问题。编者在多年的理论和实践教学中，也一直寻觅着一种教材：它能一步一步、图文并茂、生动有趣、符合标准规范、遵循人类经验传承规律，规范各级维修电工实训内容，能教会学生掌握各级维修电工的各种技能，但却无果而终。本教材就是在这种背景下、按这种思维进行编写的。

为实现这一思想，本教材依据中华人民共和国人力资源和社会保障部2009年修订的《国家职业技能标准　维修电工》的要求，选取了一些重点的、有代表性的、可操作性强的技能要求和知识要点，采用任务驱动模式进行了编写。本教材在编写过程中，贯彻了“简明、实用、够用”的原则，在理论够用的前提下，强化技能，以体现“以就业为导向，以能力为本位，以应用为目的”的职教理念。

本教材的主要特色有：

1）紧扣国家职业技能标准，内容全面、系统，目标明确、具体。

2）强化技能训练，满足维修电工岗位“应知”、“应会”的需要。

3）采用任务驱动模式，以能力为本位，采用知识、技能、态度为框架的能力本位教学评价体系。

4）使用线条图、实物照片图和表格等多种形式将各知识要点、步骤生动地展示出来，力求给学生营造一个更加直观的认知环境。

5）内容安排上循序渐进，符合学生心理特征和认知及技能养成规律，遵循设趣、激趣、诱趣、扩趣过程，激发学生的学习热情。

6）实训内容上，吸取了企业维修电工实际工作经验，操作性强，符合工艺安装要求，遵循人类经验传承的规律。

7）在初、中级教材的基础上，本教材强化了PLC、变频器部分的实训内容，符合当今科学技术发展的趋势。

本教材由杨学坤、邵争鸣任主编，刘建农、齐明琪任副主编，周泽天、杨婷婷、薛飞、杨亚会、宋珏、肖剑、童剑波、黄建敏、徐兆龙、顾慧、吴小龙参加编写。其中，单元一由杨学坤、刘建农、周泽天、杨婷婷、邵争鸣编写，单元二由周泽天、杨婷婷、宋珏、齐明琪、吴小龙编写，单元三由薛飞、童剑波、肖剑、顾慧编写；单元四由刘建农、杨亚会、杨学坤、黄建敏、徐兆龙编写。

由于维修电工所涉及的知识面较广，加之编者的水平有限，时间仓促，所以在编写中难免有遗漏和错误之处，恳请院校师生和广大读者提出宝贵意见，不胜感谢！

编　者

目录

前言

单元一　继电控制电路实战训练

一

根据《国家职业技能标准　维修电工》中对高级维修电工的操作技能要求：通过培训使培训对象能够对新型与大型设备的复杂电气控制系统进行维修，能够按图安装、调试较复杂电路并能够按实际电路测绘，能够结合生产应用可编程序控制器等新技术。本单元将在中级任务的基础上，再进行一些较复杂继电控制电路的安装实训，以进一步贴近工厂机械电气设备的控制。

学习目标

- 会进行三相交流异步电动机Y-△减压起动带反接制动控制电路的安装。
- 会进行三相交流异步电动机双重联锁正、反转起动能耗制动控制电路的安装。
- 会进行三相双速交流异步电动机自动变速控制电路的安装、调试。

任务一　三相交流异步电动机Y-△减压起动带反接制动控制电路的安装

训练目标

- 根据控制要求会设计满足要求的正确的电路图。
- 根据控制要求会选择合适的元器件。
- 会正确安装三相交流异步电动机Y-△减压起动带反接制动控制电路的安装。
- 会用万用表进行电路检查分析。

任务描述

在初、中级任务中，我们已经学习了继电控制电路的一些基本控制单元电路：自锁控制、联锁控制、位置控制、时间控制、顺序控制、速度控制等，在实际生产机械电气控制过程中，对异步电动机的控制经常会提出很多要求，控制电路也要复杂很多，但无论多么复杂的控制电路，都是由一些基本的控制单元组成的，本单元将引领大家来设计比较复杂的控制电路。首先，本任务是完成三相交流异步电动机Y-△减压起动带反接制动控制电路的设计安装。

任务分析

本任务要实现三相交流异步电动机Y-△减压起动带反接制动控制电路的安装，首先应掌握如何实现电动机的Y-△减压起动，然后实现电动机的反接制动控制，进而正确设计绘制出其控制电路图，做到按图施工、按图安装、按图接线，并了解其组成，熟悉其工作原理。

一、电路设计

1. 主电路的设计

根据本任务的要求，Y-△减压起动主电路可以用 3 个接触器来实现。其中，接触器 KM1 控制电动机绕组的电源，接触器 KM2 将电动机绕组接成Y联结，接触器 KM3 将电动机绕组接成△联结；再考虑到反接制动时需一个接触器 KM4 将电源反接，所以主电路的控制需四个接触器，再加以必要的保护元件即可。

2. 三相交流异步电动机Y-△减压起动控制电路的设计

任何复杂的控制电路都是由基本的控制单元组成的，Y-△减压起动的基本控制单元是由自锁和联锁电路再加以时间控制单元组成的。根据Y-△减压起动要求，按下起动按钮 SB1 后，KM1、KM2 应吸合，将电动机接成Y联结起动，同时时间继电器开始延时，延时一段时间后，KM3 吸合将电动机接成△联结正常运行，考虑到Y-△间的联锁，所以还要加上联锁触头。

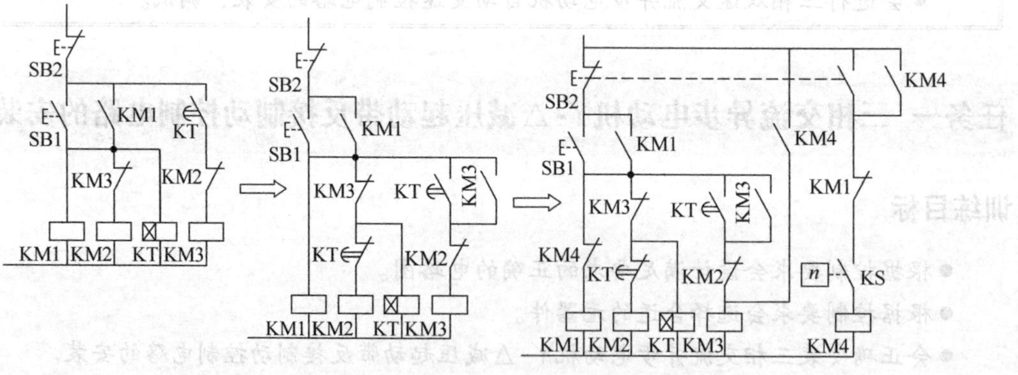

3. 三相交流异步电动机反接制动停止控制电路的设计

要实现反接制动停止的功能，为保证电动机不反转，用速度继电器的常开辅助触头串联在 KM4 的线圈电路中，制动时当电动机转速下降到一定转速时自动切断反接电源。同时考虑到正常运转电路切断时，反接制动才能开始，故需在 KM4 线圈电路中再串入 KM1 的常闭辅助触头。

二、三相交流异步电动机Y-△减压起动带反接制动控制电路图

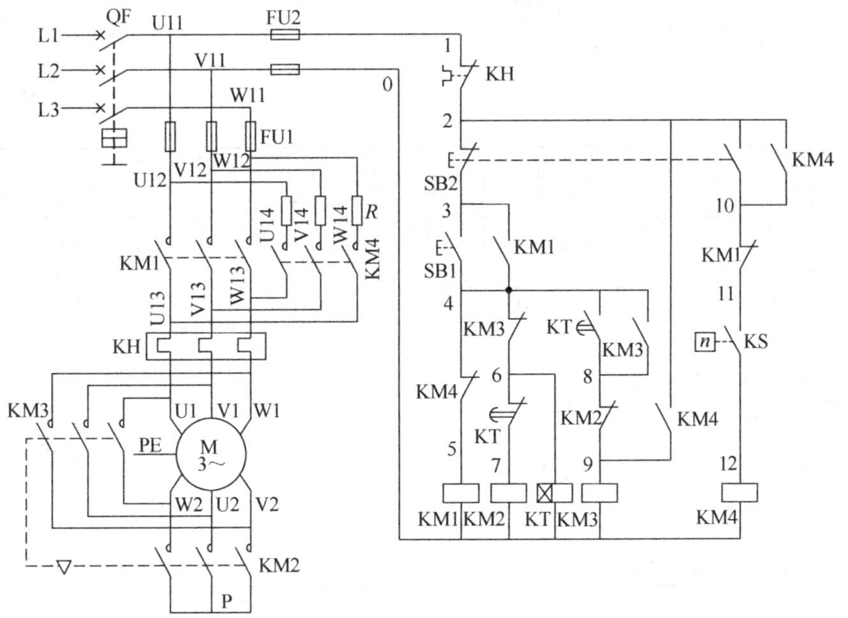

电路图

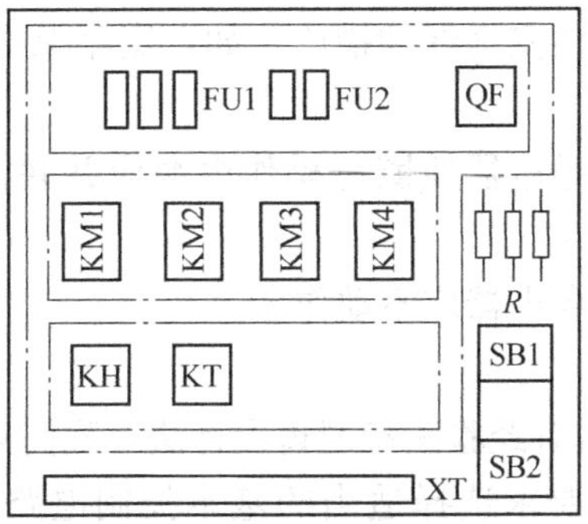

布置图

相关知识

一、继电控制电路设计的一般原则

1）在满足生产对象、生产工艺要求的前提下，控制电路应力求简单、经济、合理。

2）尽量选择典型环节和典型控制电路，根据各部分的联锁条件将其组合起来，综合成满足控制要求的完整的控制电路。

3）要保证控制的可靠性和安全性，应操作和维修方便。

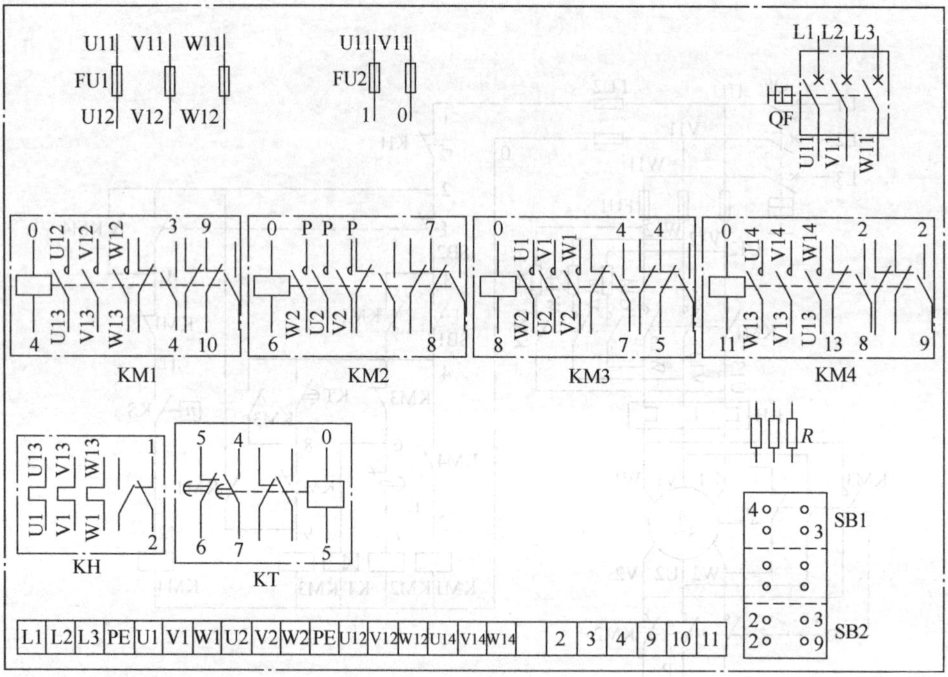

接线图

4）在控制电路中，要有一定的安全保护措施。如：短路保护、过负荷保护、欠电压保护、限位保护等。

5）在控制电路中，接触器或继电器线圈与操作电源应并联，不允许与操作电源串联。通常触头在上（左），线圈在下（右）。

6）接通电源后，不按按钮时各电器应不动作。

二、控制电路设计的方法

电气控制电路的设计方法通常有经验法和逻辑设计法。我们常用的方法为经验法，所谓经验法就是根据生产机械的工艺要求选择适当的基本控制电路，再把它们综合地组成在一起。

经验法的一般设计步骤为：

(1) 主电路设计　根据电动机的数量和对电动机的控制要求，确定接触器的数量和各自的作用，设计出必要的主电路。

(2) 控制电路设计　根据主电路的设计和控制要求，首先选择基本的控制单元，然后根据控制要求对电路进行修改完善，最后校核完成电路设计。

三、三相交流异步电动机Y-△减压起动带反接制动控制电路工作原理

三相交流异步电动机Y-△减压起动带反接制动控制电路工作原理如下：先合上低压断路器 QF，

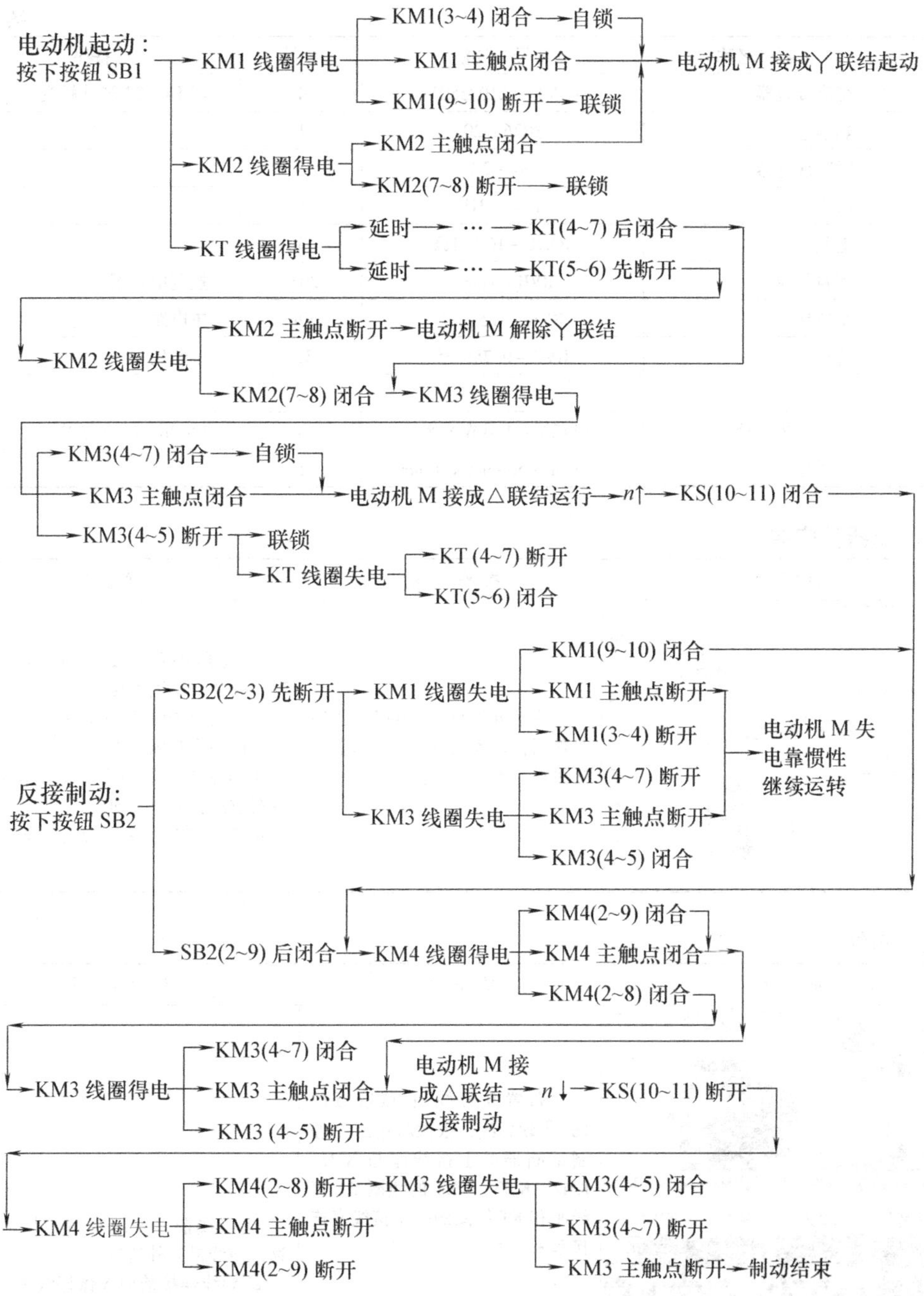

任务实施

一、元器件选择

根据控制电动机的容量，选择合适容量、规格的元器件，并进行质量检查。

序号	元器件名称	型号、规格	数量	备注
1	螺旋式熔断器	RL1－15	5	配熔体 15A 3 只，2A 2 只
2	低压断路器	DZ108－20/3	1	

（续）

序号	元器件名称	型号、规格	数量	备注
3	交流接触器	CJX2 - 1210/380V	4	配 F4 - 22 辅助触头
4	热继电器	JR36 - 20	1	
5	时间继电器	JS7 - 2A	1	
6	按钮	LA4 - 3H	1	
7	电阻	RX20 - 16 5.1Ω	3	
8	塑料导线	BVR - 1mm^2	20m	控制电路用
9	塑料导线	BVR - 1.5mm^2	50m	主电路用
10	塑料导线	BVR - 0.75mm^2	3m	按钮用
11	接线端子排	JX3 - 1012	2	
12	三相异步电动机	Y112M - 4 4kW 8.8A	3	1440r/min △联结
13	接线板	700mm × 550mm × 30mm	1	

二、元器件安装

实训图片	操作方法	注意事项
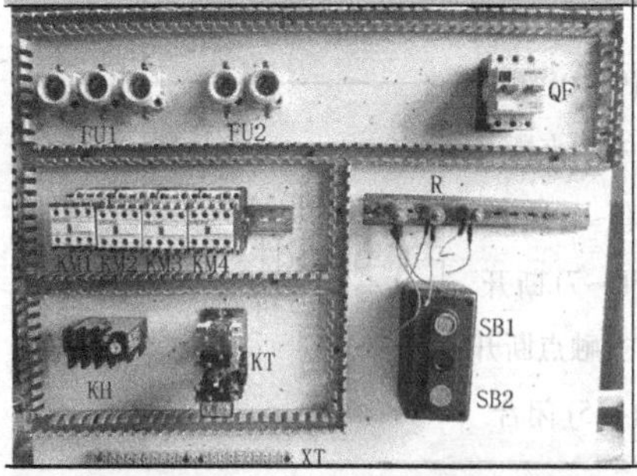	[安装元器件]：根据元器件布置图，将各元器件安装固定在接线板上各自的位置	① 元器件布置要整齐、匀称、合理，安装要牢固可靠 ② 固定木螺钉不能太紧，以免损坏元器件的安装固定脚 ③ 安装接触器前应先安装卡轨，接触器散热孔应垂直向上 ④ 布线槽的安装应端正牢固美观

三、布线

实训图片	操作方法	注意事项
	[布置 0 号线]：截取五段 1mm^2 软导线，依次将第二个控制熔断器的上接线座与 KM1、KM2、KM3、KM4 的线圈 A1 接线座和 KT 线圈的一个接线座连接起来	① 布线前，先用布清除槽内的污物，使线槽内外清洁 ② 导线连接前应先做好线夹，线夹要压紧，使导线与线夹接触良好 ③ 线夹与接线座连接时，要压接良好；需垫片时，线夹要插入垫片之下
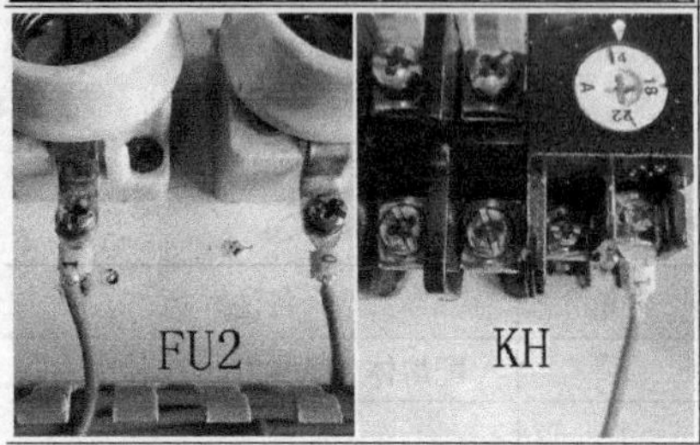	[布置 1 号线]：截取一段 1mm^2 软导线，将其一端接于第一个控制熔断器的上接线座，另一端接于热继电器 KH 的 95 号接线座	

（续）

<table>
<tr><th>实训图片</th><th>操作方法</th><th>注意事项</th></tr>
<tr><td>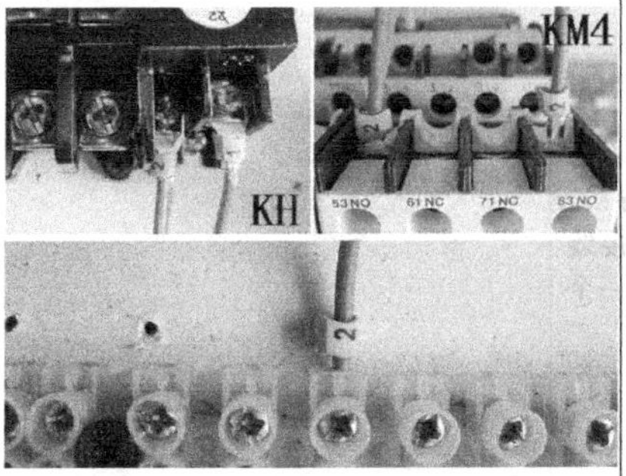
</td><td>［布置2号线］：在热继电器KH的96号接线座上并联两根导线，一根接于端子排2号接线座；另一根接于KM4的53号接线座，再并联KM4的83号接线座</td><td rowspan="5">① 两根软导线并接做线夹时，导线线芯要绞合紧，然后插入线夹孔内，用工具夹紧
② 线夹与线芯要接触良好，不能露铜过长，也不能压绝缘层
③ 做线夹前要先套入编码套管，且导线两端都必须套上编码套管；编码套管上文字的方向一律从右看入；编码套管标号要写清楚，不能漏标、误标
④ 导线与端子接线排连接时，无需做线夹，但要将线芯绞合紧，与端子排连接要可靠、良好
⑤ 线夹与接线座连接必须牢固、不能松动</td></tr>
<tr><td>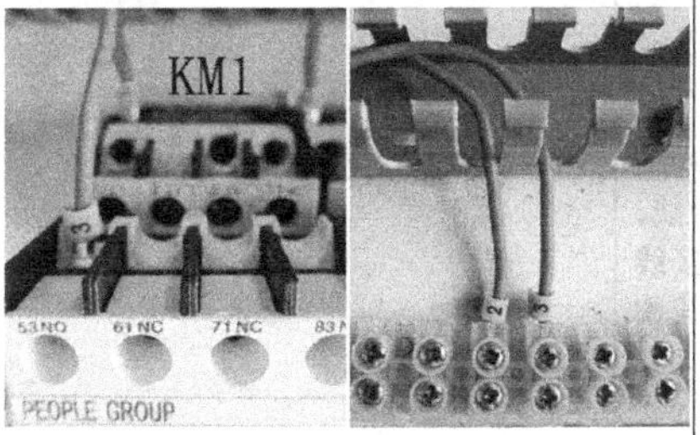
</td><td>［布置3号线］：用一段 $1mm^2$ 软导线，将其一端接于KM1接触器的53号接线座，另一端接于端子排3号接线座</td></tr>
<tr><td>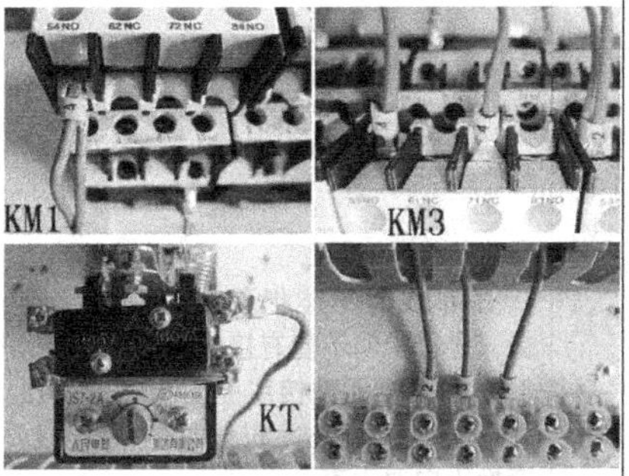
</td><td>［布置4号线］：KM1的54号→KT的一个常开延时触头接线座；KM1的54号→KM1的A2→KM3的53号→KM3的71号→端子排4号接线座</td></tr>
<tr><td>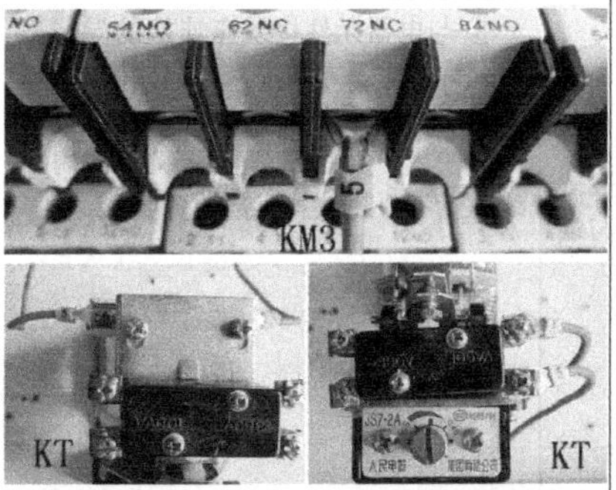
</td><td>［布置5号线］：在KM3的72号接线座上接出两根软导线，一根连接到KT的另一个线圈接线座，另一根连接到KT的常闭延时断开接线座上</td></tr>
<tr><td>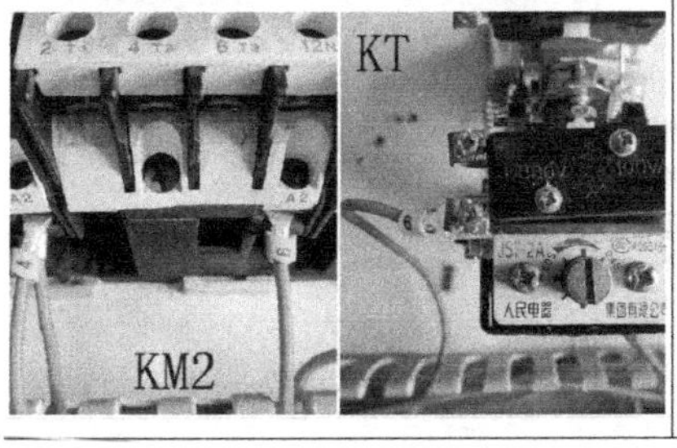
</td><td>［布置6号线］：用一根软导线，一端连接到KT的另一个常闭延时断开接线座，另一端连接到KM2的A2线圈接线座</td></tr>
</table>

（续）

实训图片	操作方法	注意事项
	［布置 7 号线］：在 KM2 的 61 号接线座上接出两根软导线，一根连接到 KM3 的 54 号接线座，另一根连接到 KT 的另一个常开延时闭合接线座上	
	［布置 8 号线］：在 KM4 的 84 号接线座上接出两根软导线，一根连接到 KM2 的 62 号接线座，另一根连接到 KM3 的线圈 A2 号接线座上	
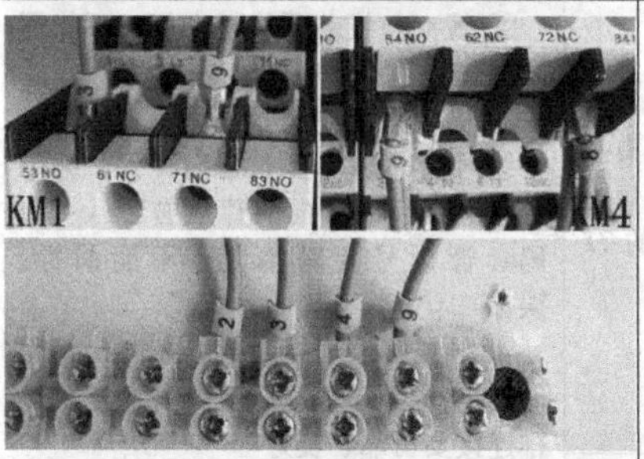	［布置 9 号线］：在 KM4 的 54 号接线座上接出两根软导线，一根连接到 KM1 的 71 号接线座，另一根连接到端子排 9 号接线座上	① 布线时不能损伤线芯和导线绝缘，导线中间不能有接头 ② 各电器元件接线座上引入或引出的导线，必须经过布线槽进行连接，变换走向要垂直 ③ 与电器元件接线座连接的导线都不允许从水平方向进入走线槽内 ④ 进入布线槽内的导线要完全置于布线槽内，并尽量避免交叉，槽内导线数量不要超过其容量的 70%
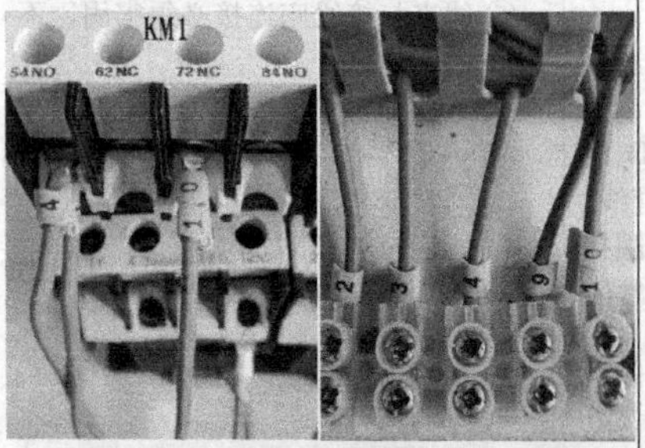	［布置 10 号线］：用一根软导线将 KM1 的 72 号接线座与端子排 10 号接线座连接起来	
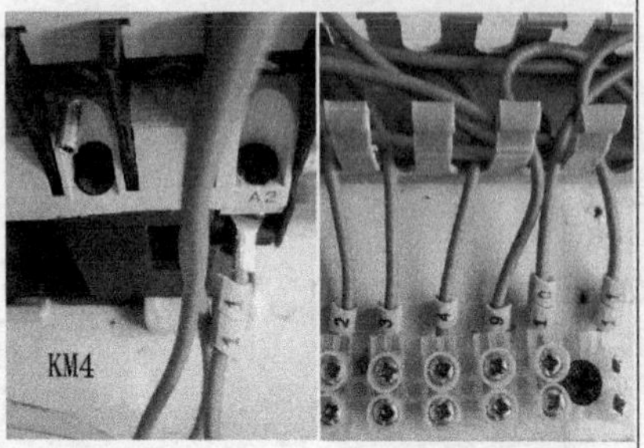	［布置 11 号线］：用一根软导线将 KM4 的 A2 号线圈接线座与端子排 11 号接线座连接起来	

（续）

实训图片	操作方法	注意事项
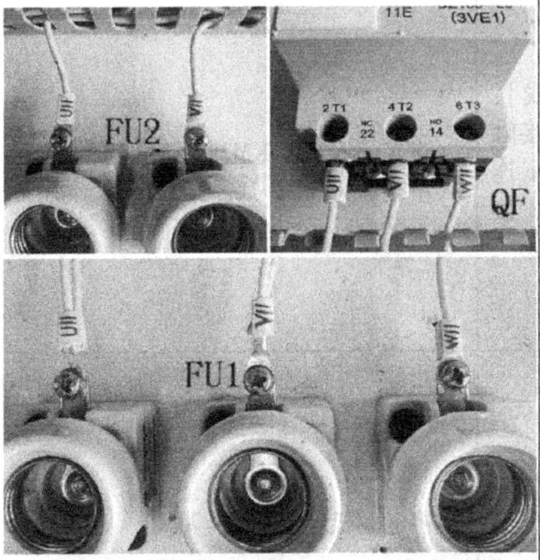	［布置 U11、V11、W11 号线］：U 相：用软导线从左至右将第 1、4 熔断器下接线座连接起来，然后再连接到低压断路器的 2T1 接线座；同理连接 V 相、W 相	① 导线连接时要从上到下，一相一相连接或用分色导线连接，以保证从左至右依次为 U、V、W 三相 ② V 相：将第 2、5 熔断器下接线座连接起来，然后再连接到低压断路器的 4T2 接线座；W 相：将第 3 个熔断器下接线座连接到低压断路器的 6T3 接线座； ③ 第 4、5 个熔断器为控制电路熔断器 ④ 主电路接线时前后相序要对应，不能接错
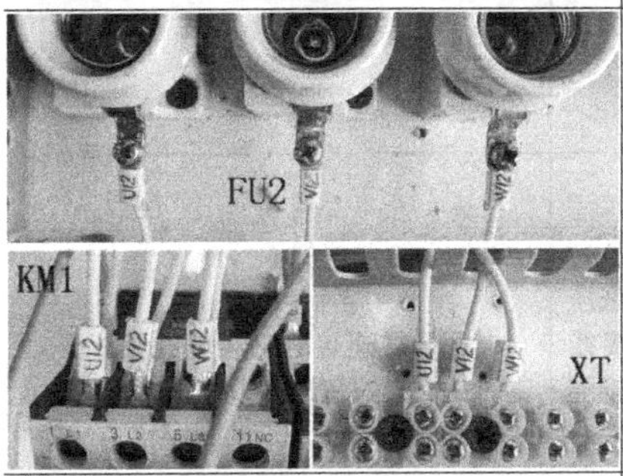	［布置 U12、V12、W12 号线］：用三根软导线将 1、2、3 熔断器的上接线座分别连接到 KM1 接触器 1L1、3L2、5L3 的接线座上，再并联到端子排	
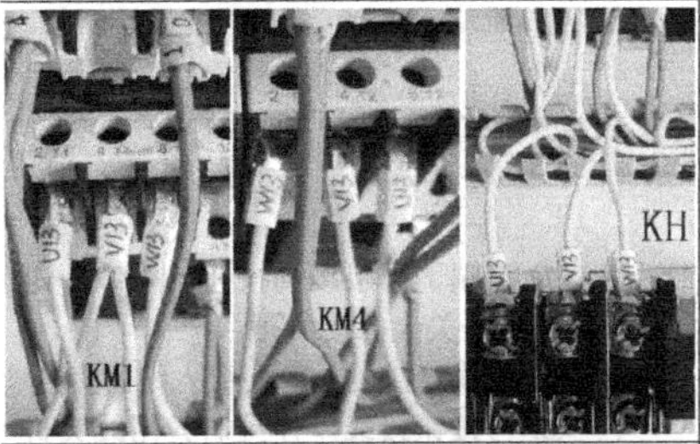	［布置 U13、V13、W13 号线］：用六根软导线分别将 KM1、KM4 接触器 2T1、4T2、6T3 的接线座与 KH 热继电器的 1L1、3L2、5L3 的接线座分别连接起来	由 KM1 并联到 KM4 时要对调两个边相的相序
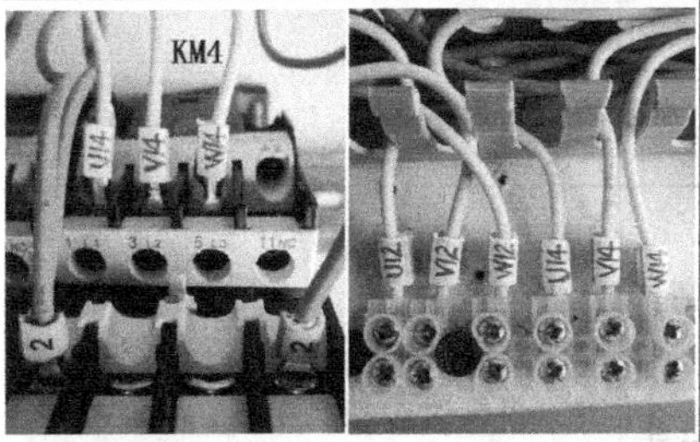	［布置 U14、V14、W14 号线］：用三根软导线分别将 KM4 接触器 1L1、3L2、5L3 的接线座连接到端子排对应位置	① 手写套管编码，文字编号要书写清楚、端正，大小一致；套入的方向一律以从右看入为准 ② 导线连接到端子排时，要根据接线图预先分配好导线在端子排上的位置
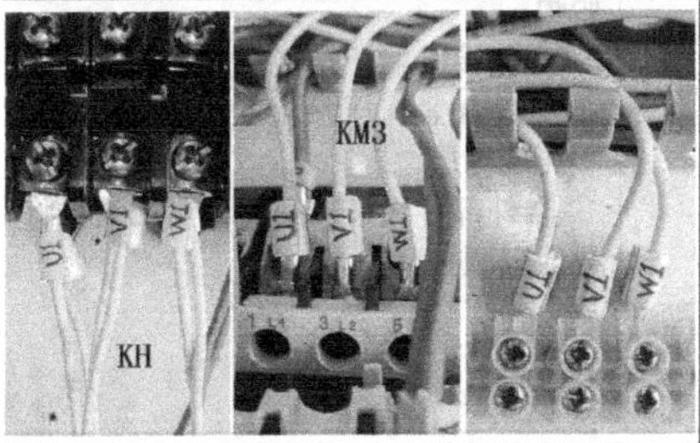	［布置 U1、V1、W1 号线］：用六根软导线分别将热继电器 KH 的 2T1、4T2、6T3 接线座连接到 KM3 的 1L1、3L2、5L3 接线座和端子排对应位置	

（续）

实训图片	操作方法	注意事项
	［布置 U2、V2、W2 号线］：用六根软导线分别将 KM3 接触器的 2T1、4T2、6T3 接线座连接到 KM2 的 1L1、3L2、5L3 接线座和端子接线排对应位置	连接到 KM3、KM2 的接线座的顺序从左至右为 W2、U2、V2
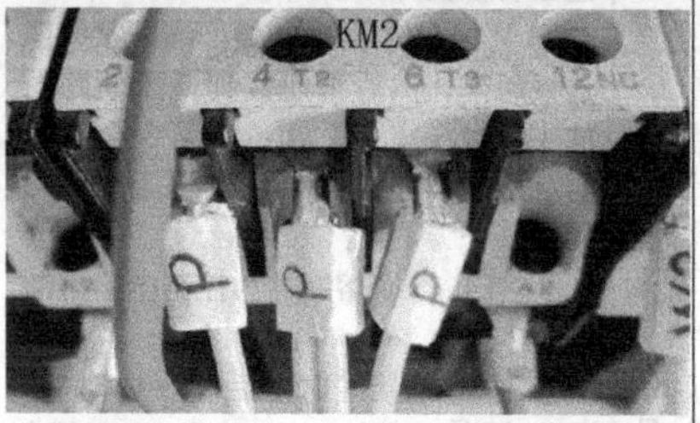	［布置 P 号线］：用两根软导线将 KM2 的 2T1、4T2、6T3 接线座并接起来	将电动机绕组接成Y联结
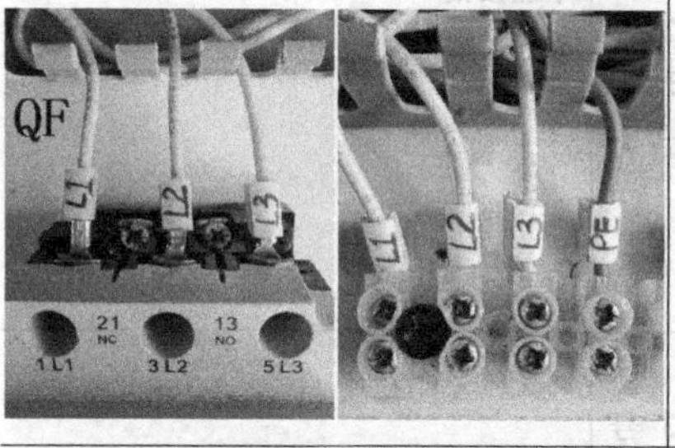	［布置 L1、L2、L3 电源线］：用三根软导线一端分别连接低压断路器的 1L1、3L2、5L3 接线座，另一端分别与接线端子排连接，并在接线端子排上将 2 个 PE 接线座并联起来	电源导线连接时三相电源相序要对应，从左至右依次为 L1、L2、L3
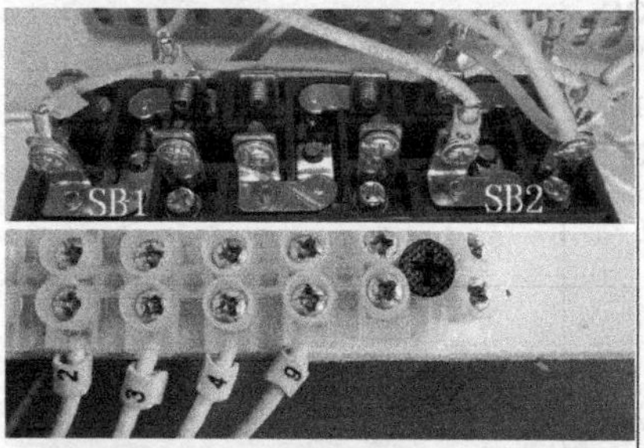	［布置按钮线］：将端子排上 2、3 号线连接 SB2 常闭按钮；2、9 号线连接 SB2 常开按钮；3、4 号连接 SB1 常开按钮	① 由端子排引接到按钮的导线一定要穿过开关盒的接线孔 ② 导线连接前一定要穿入编码套管 ③ 与按钮接线座连接时，用线夹进行连接
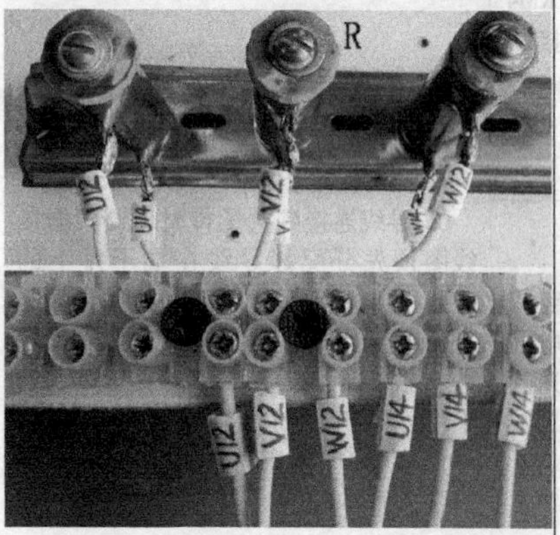	［布置外接电阻线］：用软导线将端子排的 U12、V12、W12；U14、V14、W14 分别连接到三个电阻的三个上接线座和三个下接线座	① 与电阻接线座连接时采用焊接形式；焊接时焊接要牢固、不能虚焊、脱焊 ② 与接线端子排接线座连接时，线芯要绞合紧，压接要良好、不反圈，不压绝缘层 ③ 外部导线连接完后，要用线扎将导线理顺扎紧

四、电路检查

实训图片	操作方法	注意事项
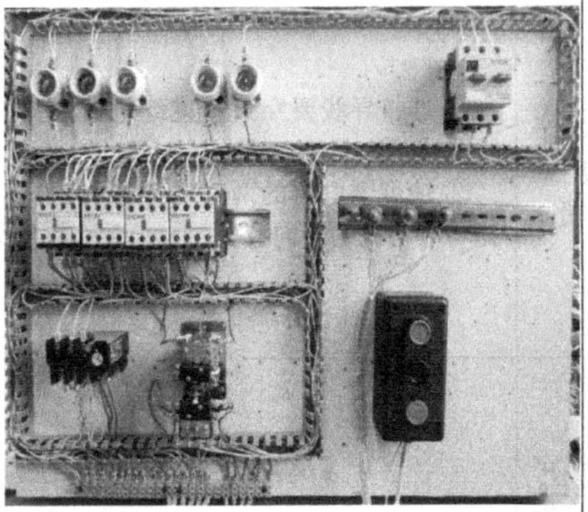	［目测检查］：根据电路图或接线图从电源端开始，逐段检查核对线号是否正确，有无漏接、错接，线夹与接线座连接是否松动	
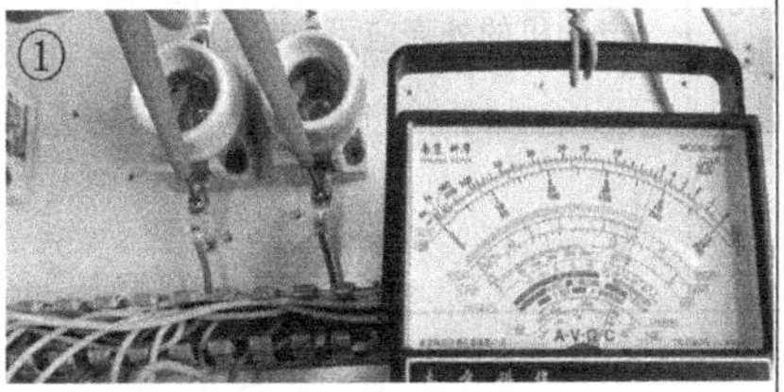 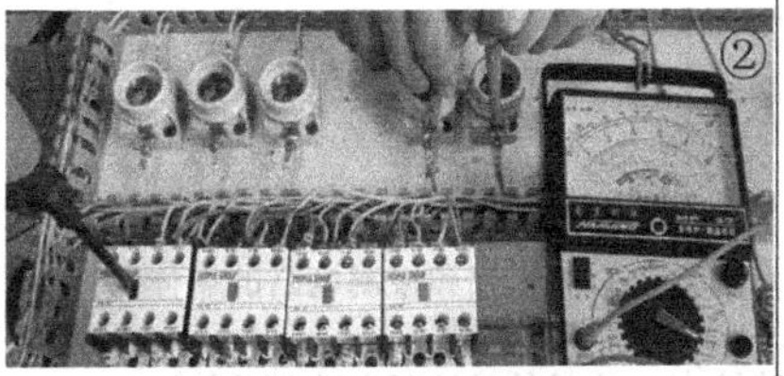 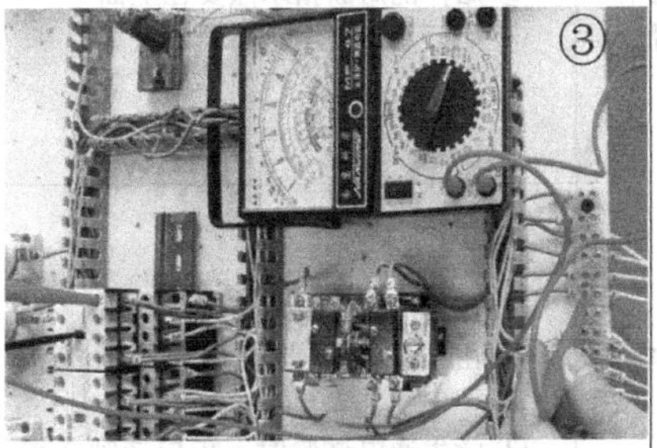 	［万用表检查］： ① 万用表两表笔搭接 FU2 的 0、1 端，按下 SB1，万用表应指示一定的线圈阻值 ② 万用表两表笔搭接 FU2 的 0、1 端，用工具按下 KM1，万用表应指示一定的线圈阻值 ③ 万用表两表笔搭接 2、4 端，用工具按下 KM4，万用表应指示为“0” ④ 万用表两表笔分别搭接 FU1 的 V12 端和端子排的 V12 端，用工具按下 KM1，万用表应指示为“0”；同理，测量其他几相主电路的情况	① 检查时要断开电源 ② 要检查导线接点是否符合要求、压接是否牢固 ③ 要注意接点接触是否良好，以免运行时产生电弧 ④ 要用合适的电阻挡位，并“调零”进行检查 ⑤ 检查时可用手或工具按下按钮或接触器时，要用力按到底，使常闭触头断开，常开触头闭合；检查联锁电路时，要轻轻按下，使常闭触头断开即可 ⑥ 电路检查后，应盖上线槽板

五、电动机连接

实训图片	操作方法	注意事项
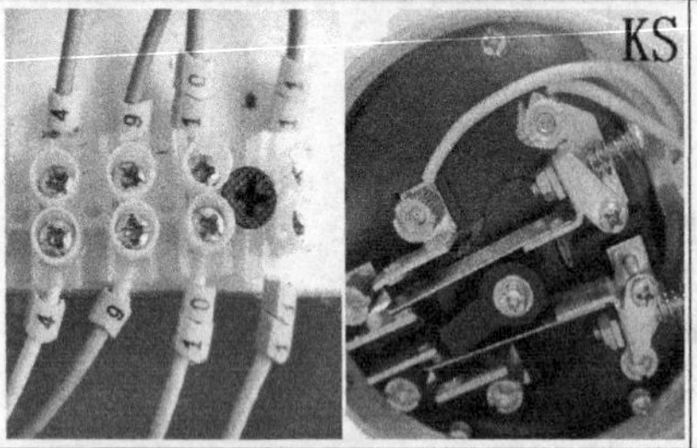	［连接速度继电器］：将端子排上10、11号线连接到速度继电器的任意一对常开触头两端	① 连接导线要穿过速度继电器的接线孔 ② 速度继电器的两对常开触头的选择与电动机的转向有关
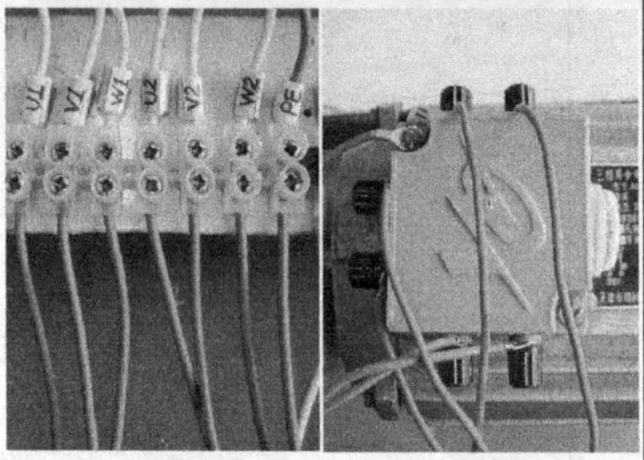	［连接电动机］：将电动机定子绕组的六根出线分别与端子排对应接线座U1、V1、W1；U2、V2、W2进行连接，并将电动机的外壳与端子排接线座PE进行连接	电动机的外壳应可靠接地

六、通电试车

实训图片	操作方法	注意事项
	［安装熔体］：将3只15A的熔体装入主电路熔断器FU1中，将2只2A熔体装入控制电路熔断器FU2中，同时旋上熔帽	① 主电路和控制电路的熔体要区分清，不能装错 ② 熔体的熔断指示点要在上面 ③ 用万用表检测熔断器的好坏
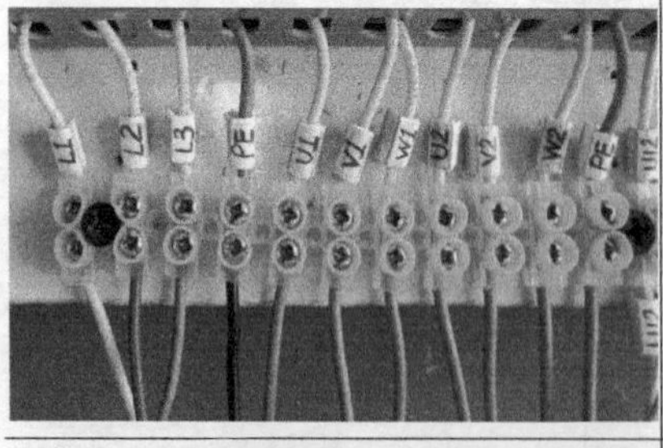	［连接电源线］：将三相电源线连接到接线端子排的L1、L2、L3、PE对应位置	① 连接电源线时应断开总电源 ② 由指导老师监护学生接通三相电源 ③ 学生通电试验时，指导老师必须在现场进行监护
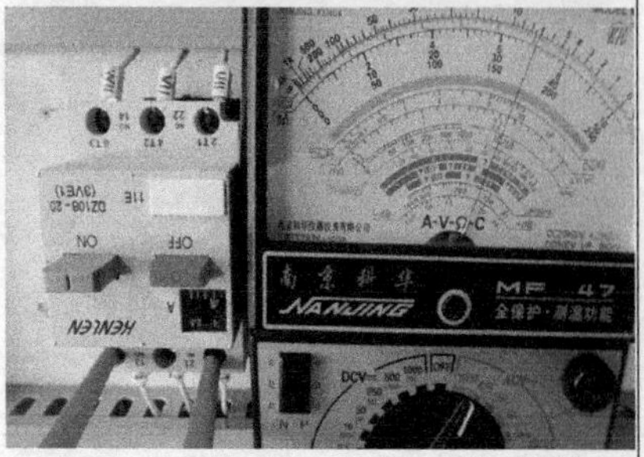	［验电］：合上总电源开关，用万用表500V电压挡，分别测量低压断路器进线端的相间电压，确认三相电源的三相电压平衡	① 测量前，确认学生是否已穿绝缘鞋 ② 测量时，学生操作是否规范 ③ 测量时表笔的笔尖不能同时触及两根带电体

（续）

实训图片	操作方法	注意事项
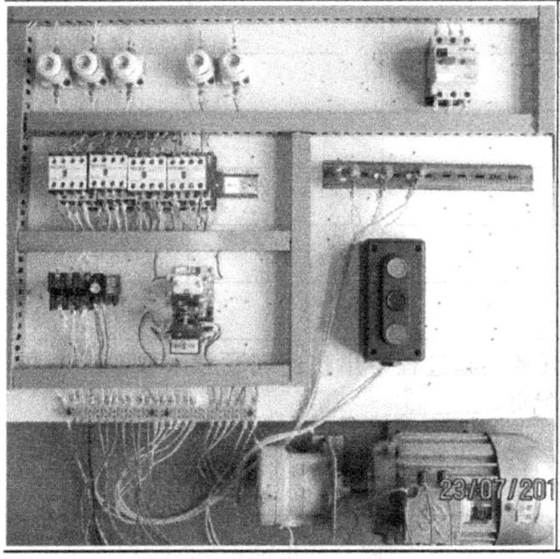	［按下按钮试车］：合上低压断路器 QF。先按下 SB1 电动机进行Y—△减压起动，观察 KM1、KM2、KM3、KT 吸合、释放的动作顺序；然后按下 SB2，观察 KM1、KM3、KM4 吸合、释放的动作顺序	① 通电前，应清理干净接线板上的杂物，特别是零碎的短线芯，以防短路。通电时，实训老师要在旁监护 ② 按下起动按钮后手不要急于松开，停留 1～2s 后再松开 ③ 按下停止按钮制动时，要按到底 ④ 按下按钮后如出现故障，应在老师的指导下进行检查

提醒注意

电气控制电路设计时需注意以下问题：

1）应尽量少用电器，达到控制要求，要采用标准件和选用相同型号的元器件。

2）应尽量减少连接导线的数量和长度。

3）要正确布置和连接电器元件的触头。

4）要符合节能的原则。电动机正常运行时，要尽量切除那些已完成任务的元器件。

5）在控制电路中应避免出现寄生电路。

检查评价

通电试车完毕，切断电源，先拆除电源线，再拆除电动机线，然后进行综合评价。

任务评价

序号	评价指标	评价内容	分值	个人评价	小组评价	教师评价
1	电路设计	电路图分析设计正确	10			
2	元器件检查	元器件是否漏检或错检	5			
3	安装元器件	不按布置图安装	5			
		元器件安装不牢固	3			
		元器件安装不整齐、不合理、不美观	2			
		线槽安装不符合要求	5			
4	布线	不按电路图接线	10			
		布线不符合要求	5			
		线夹接触不良、接点松动、露铜过长	5			
		损伤导线绝缘或线芯	5			
		未套装或漏套编码套管	5			
		未接接地线	5			

（续）

序号	评价指标	评价内容	分值	个人评价	小组评价	教师评价
5	通电试车	电路短路	10			
		熔体选择不合适	5			
		试车不成功	10			
6	安全规范	是否穿绝缘鞋	5			
		操作是否规范安全	5			
		总分	100			
问题记录和解决方法			记录任务实施过程中出现的问题和采取的解决办法（可附页）			

能力评价

内容		评价	
学习目标	评价项目	小组评价	教师评价
应知应会	本任务的相关基本概念是否熟悉	□Yes □No	□Yes □No
	是否熟练掌握仪表、工具的使用	□Yes □No	□Yes □No
专业能力	是否能根据控制要求熟练地设计控制电路	□Yes □No	□Yes □No
	元器件的安装、使用是否规范	□Yes □No	□Yes □No
	安装接线是否合理、规范、美观	□Yes □No	□Yes □No
	是否具有相关专业知识的融合能力	□Yes □No	□Yes □No
通用能力	团队合作能力	□Yes □No	□Yes □No
	沟通协调能力	□Yes □No	□Yes □No
	解决问题能力	□Yes □No	□Yes □No
	自我管理能力	□Yes □No	□Yes □No
	创新能力	□Yes □No	□Yes □No
态 度	爱岗敬业	□Yes □No	□Yes □No
	工作认真	□Yes □No	□Yes □No
	劳动态度	□Yes □No	□Yes □No
个人努力方向：		老师、同学建议：	

思考与提高

1. 本任务控制电路中，时间继电器 KT 的（5～6）触头起什么作用？

2. 本任务控制电路中，在反接制动时为什么要用 KM4 的常开辅助触头（2～8）来接通 KM3 的线圈？

3. 本任务控制电路中，采用了哪些电动机的控制原则？

任务二 三相交流异步电动机双重联锁正、反转起动能耗制动控制电路的安装

训练目标

- 进一步理解三相交流异步电动机能耗制动的工作原理。
- 根据控制要求会选择合适的元器件。
- 能正确安装三相交流异步电动机双重联锁正、反转能耗制动控制电路。
- 会用万用表进行电路检查分析。

任务描述

在初级第二单元任务中我们已经学习安装了三相交流异步电动机的单重联锁正、反转控制电路，并且知晓了其控制电路操作不便的缺点，从而进行了思考；在中级第一单元任务中，我们又学习了三相交流异步电动机单相半波整流能耗制动的控制电路，虽然单相半波整流所用设备少、电路简单，但其输出直流成分脉动较大，制动电流小，制动转矩亦较小，所以在功率较大的电动机中均采用全波整流形式。那么，怎样将这两种控制方式有机地结合在一起，实现三相交流异步电动机双重联锁正、反转能耗制动的控制，就是本任务的目的。

任务分析

本任务要实现三相交流异步电动机双重联锁正、反转能耗制动控制电路的安装，首先应清楚如何实现电动机的双重联锁正、反转，然后掌握如何实现电动机的能耗制动，进而正确绘制出其控制电路图，做到按图施工、按图安装、按图接线，并了解其组成，熟悉其工作原理。

一、电路设计

1. 主电路的设计

要实现三相交流异步电动机的正、反转，需要两个交流接触器。一个控制电动机正转，另一个用以改变电源相序，控制电动机反转，两接触器之间需联锁。要实现三相交流异步电动机能耗制动，需要一个交流接触器控制直流电源的接入，而产生直流电源需一台变压器和一个桥式整流器，为调节直流制动电流，还需要一个电阻。

2. 三相交流异步电动机正、反转控制电路的设计

三相交流异步电动机的单重联锁正、反转控制电路是利用接触器的常闭辅助触头来实现的，此控制电路在正、反转间切换时需按下停止按钮，控制不便。克服此缺点的方法是采用两个复合按钮，将正转按钮的常闭触头串联在反转线圈电路中，将反转按钮的常闭触头串联在正转线圈电路中即可。

3. 三相交流异步电动机能耗制动控制电路的设计

按下停止按钮，切断正（反）转控制电路后，要接通能耗制动控制电路，所以停止按钮亦需要采用复合按钮。能耗制动电路需要进行自锁，还需要与正、反转电路联锁，制动结束时用时间继电器将能耗制动电路切除。

二、三相交流异步电动机双重联锁正、反转能耗制动控制电路图

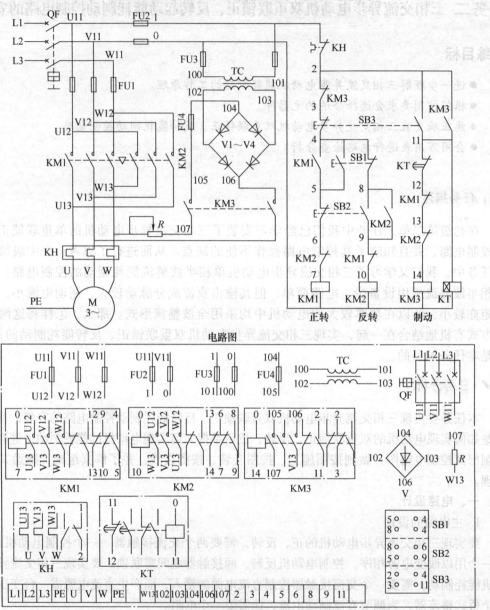

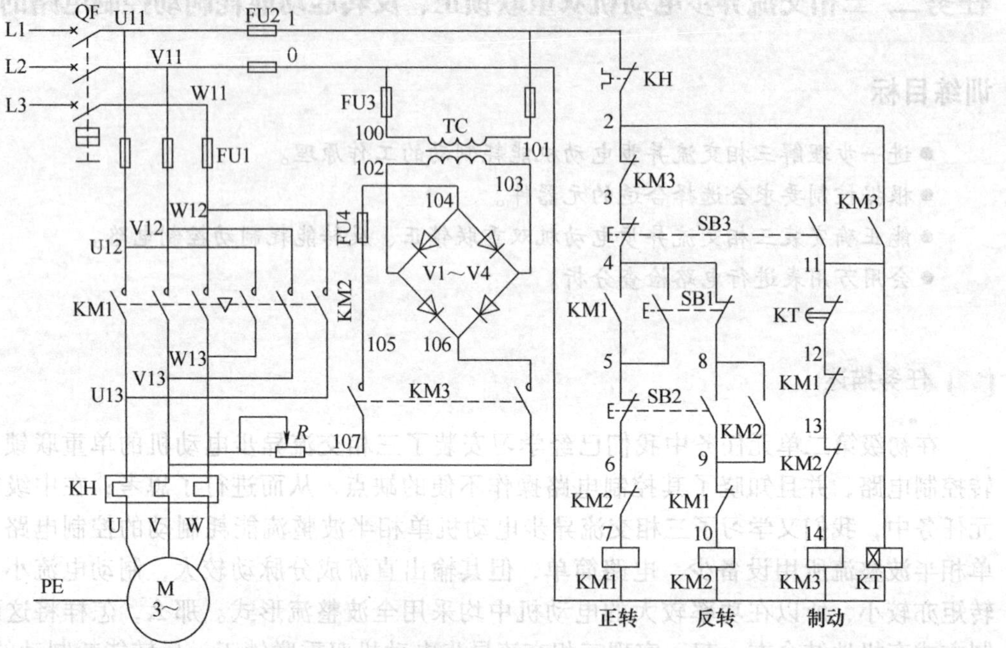

电路图

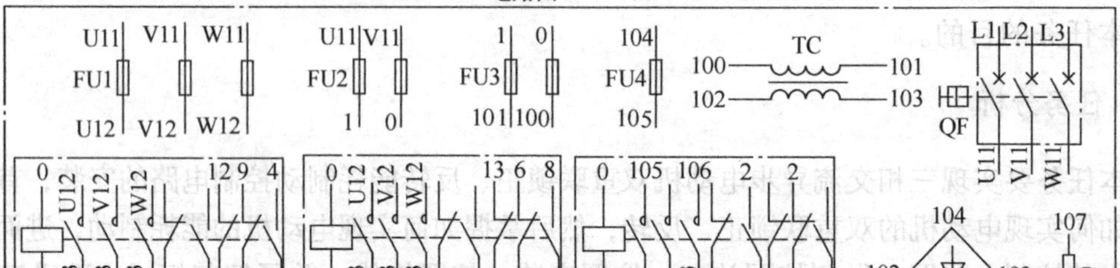

接线图

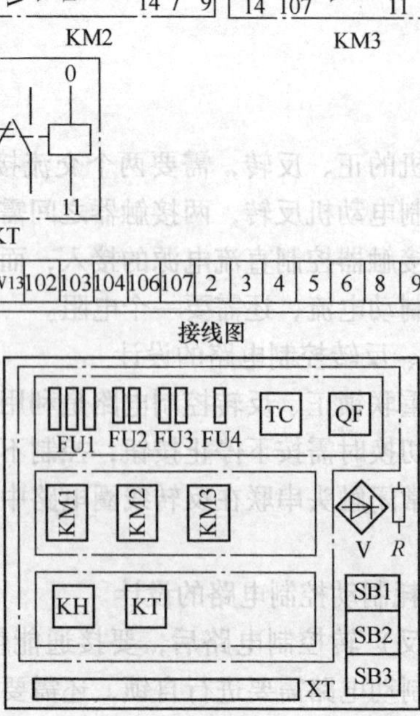

布置图

三、三相交流异步电动机双重联锁正、反转能耗制动控制电路的工作原理

三相交流异步电动机双重联锁正、反转能耗制动控制电路的工作原理如下：先合上低压断路器 QF，

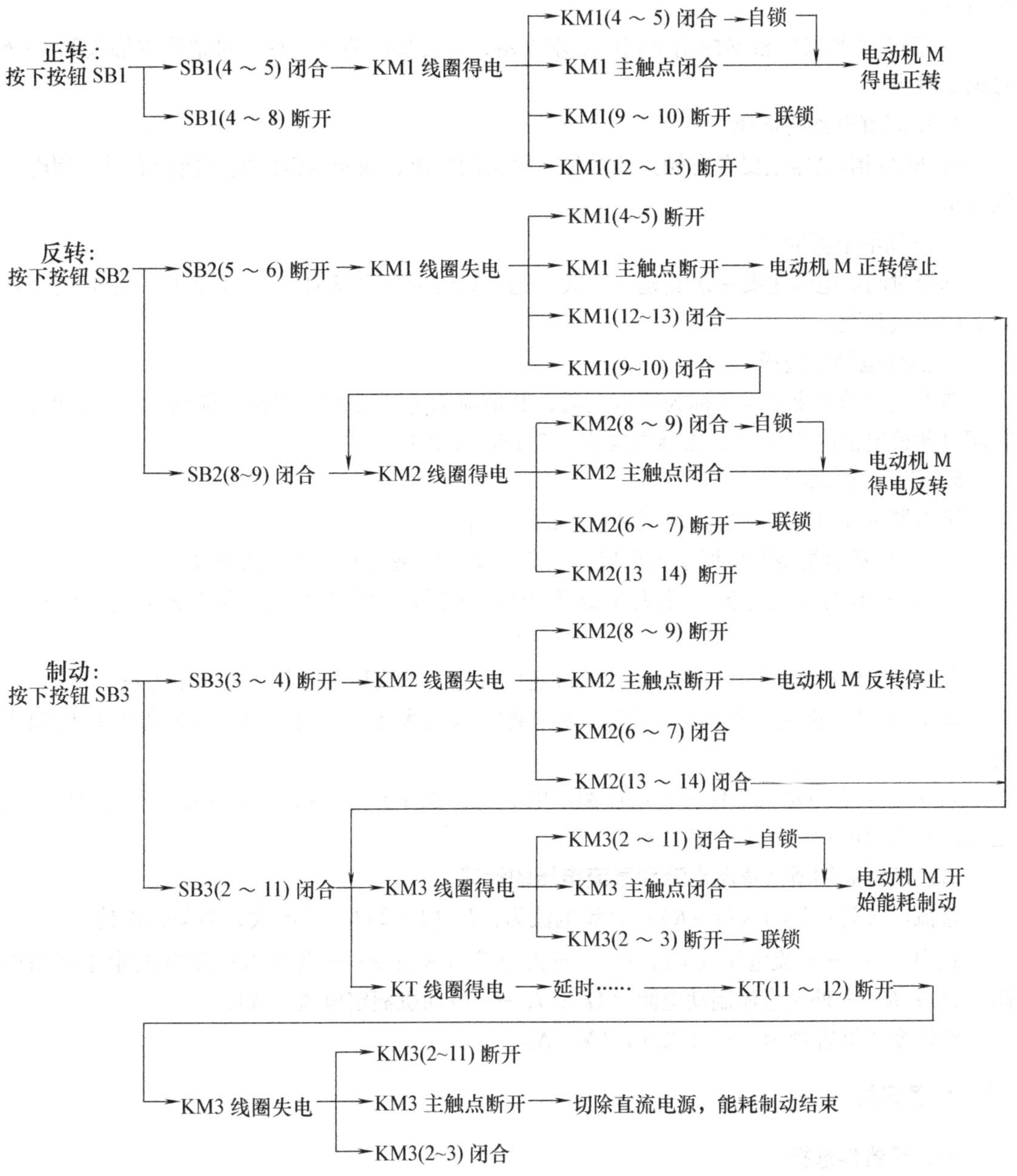

相关知识

一、常用低压电器元件的选择

1. 交流接触器的选择

交流接触器的主要性能指标有额定电流（主触头）、线圈额定电压、触头个数等。

1）常用的额定电流等级为4A、10A、20A、40A、63A等。一般额定电流应大于或等于负荷的额定电流。

2）线圈的额定电压应等于控制电路的电源电压，其等级有36V、127V、220V、380V等。

3）触头的数目应根据控制电路的要求而定，交流接触器通常有3对常开主触头和4~6对辅助触头。

2. 中间继电器的选择

选择中间继电器主要考虑触头的数量、触头的电流、线圈的额定电压能否满足控制电路的要求。

3. 时间继电器的选择

选择时间继电器主要考虑其延时方式（通电延时或断电延时）、延时范围、延时精度及触头的形式和数量。

4. 热继电器的选择

热继电器的主要技术指标为整定电流，其值应为电动机额定工作电流的0.9~1.05倍，若超过此整定值的20%时，热继电器应在20min内动作。

5. 熔断器的选择

熔断器选择时主要考虑其类型和熔体的额定电流。

1）熔断器的类型要根据使用环境、负荷性质和短路电流的大小来选择。

2）熔断器的额定电流必须大于或等于所装熔体的额定电流，熔体额定电流的选择如下：

① 对于照明和电热等电路，熔体的额定电流应大于或稍大于负荷的额定电流。

② 对于单台长期工作的电动机，熔体额定电流大于或等于1.5~2.5倍电动机额定电流。

③ 对于多台电动机的保护：熔体额定电流大于或等于1.5~2.5倍最大功率电动机的额定电流与其余电动机额定电流之和。

二、能耗制动所需直流电流和直流电压的计算

直流电压为：$U=I\times(r+R)$；直流电流为：$I=(1\sim2)I_N$，I越大，制动转矩越大。

式中，U——直流电压（V）；I——直流电流（A）；r——电动机任意两相定子绕组电阻（Ω）；R——外接直流制动电阻（Ω）；I_N——电动机额定电流（A）。

整流变压器容量为：$S=1.23UI$（V·A）。

任务实施

一、元器件选择

根据控制电动机的功率，选择合适容量、规格的元器件，并进行质量检查。

序号	元器件名称	型号、规格	数量	备注
1	螺旋式熔断器	RL1－15	8	配熔体15A 4只，2A 4只
2	低压断路器	DZ108－20/3	1	

（续）

序号	元器件名称	型号、规格	数量	备注
3	交流接触器	CJX2－1210/380V	3	配 F4－22 辅助触头
4	热继电器	JR36－20	1	
5	按钮	LA4－3H	1	
6	变压器	800V·A　380V/36V	1	
7	整流桥	KBPC20－01	1	
8	电阻	1.5Ω	1	
9	塑料导线	BV－1mm²	20m	控制电路用
10	塑料导线	BV－1.5mm²	30m	主电路用
11	塑料导线	BVR－0.75mm²	4m	按钮用
12	接线端子排	JX3－1012	2	
13	三相异步电动机	Y112M－4　4kW　1440r/min	1	8.8A　Y联结
14	接线板	700mm×550mm×30mm	1	

二、元器件安装

实训图片	操作方法	注意事项
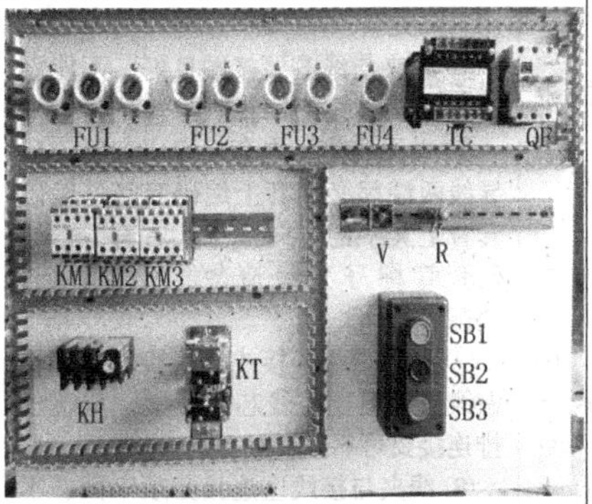	[安装元器件]：根据元器件布置图，将各元器件安装固定在接线板上各自的位置	① 元器件布置要整齐、匀称、合理，安装要牢固可靠 ② 固定木螺钉不能太紧，以免损坏元器件的安装固定脚 ③ 安装接触器前应先安装卡轨，接触器散热孔应垂直向上 ④ 布线槽的安装应端正牢固美观

三、布线

实训图片	操作方法	注意事项
	[布置 0 号线]：截取四段 1mm² 软导线，依次将第二个控制熔断器的上接线座与 KM1、KM2、KM3 的线圈 A1 接线座和 KT 线圈的一个接线座连接起来	① FU2→KM1→KM2→KM3→KT ② 布线时不能损伤导线线芯和绝缘，合理考虑导线走向布局，尽量节约导线

（续）

实训图片	操作方法	注意事项
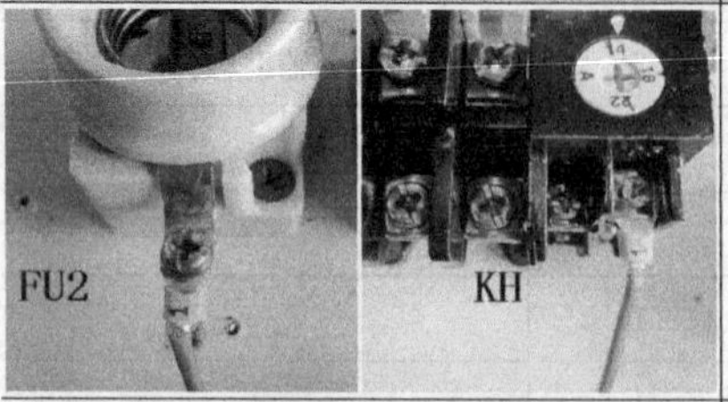	［布置 1 号线］：截取一段 $1mm^2$ 软导线，将其一端接于第一个控制熔断器的上接线座，另一端接于热继电器 KH 的 95 号接线座	① 布线前，先用布清除槽内的污物，使线槽内外清洁 ② 导线连接前应先做好线夹，线夹要压紧，使导线与线夹接触良好 ③ 线夹与接线座连接时，要压接良好；需垫片时，线夹要插入垫片之下 ④ 两根软导线并接做线夹时，导线线芯要绞合紧，然后插入线夹孔内，用工具夹紧 ⑤ 线夹与线芯要接触良好，不能露铜过长，也不能压绝缘层 ⑥ 做线夹前要先套入编码套管，且导线两端都必须套上编码套管；编码套管上文字的方向一律从右看入；编码套管标号要写清楚，不能漏标、误标 ⑦ 导线与端子接线排连接时，无需做线夹，但要将线芯绞合紧，与端子排连接要可靠、良好 ⑧ 线夹与接线座连接必须牢固、不能松动
	［布置 2 号线］：在热继电器 KH 的 96 号接线座上并接两根导线，一根另一端接于端子排 2 号接线座；另一根接于 KM3 的 53 号接线座，再并联 KM3 的 71 号接线座	
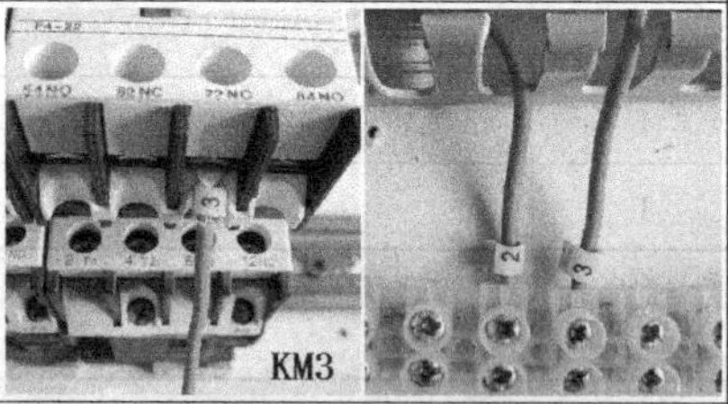	［布置 3 号线］：用一段 $1mm^2$ 软导线，将其一端接于 KM3 接触器的 72 号接线座，另一端接于端子排 3 号线接线座	
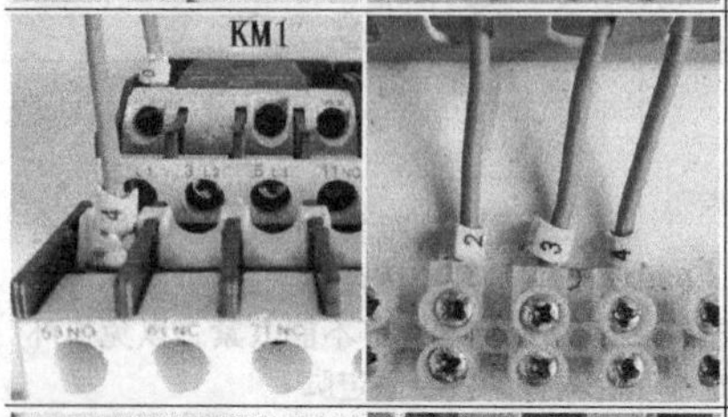	［布置 4 号线］：用一段 $1mm^2$ 软导线，将其一端接于 KM1 接触器的 53 号接线座，另一端接于端子排 4 号线接线座	
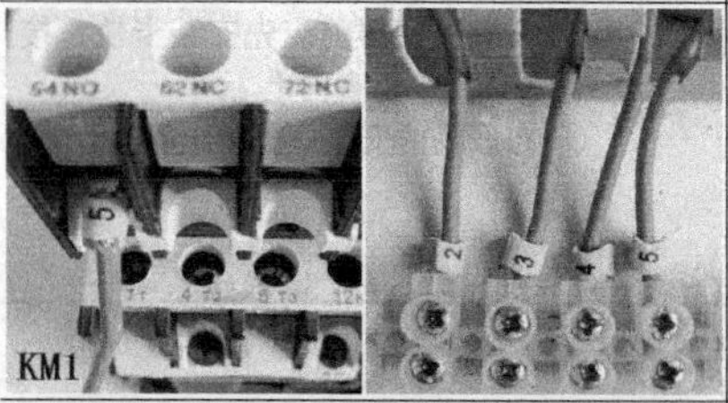	［布置 5 号线］：用一段 $1mm^2$ 软导线，将其一端接于 KM1 接触器的 54 号接线座，另一端接于端子排 5 号线接线座	
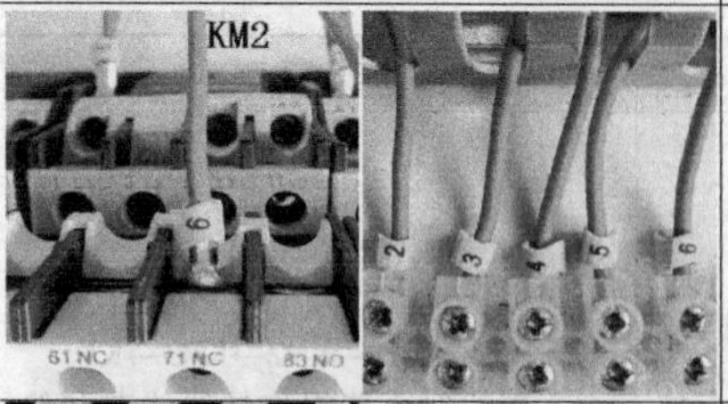	［布置 6 号线］：用一段 $1mm^2$ 软导线，将其一端接于 KM2 接触器的 71 号接线座，另一端接于端子排 6 号线接线座	
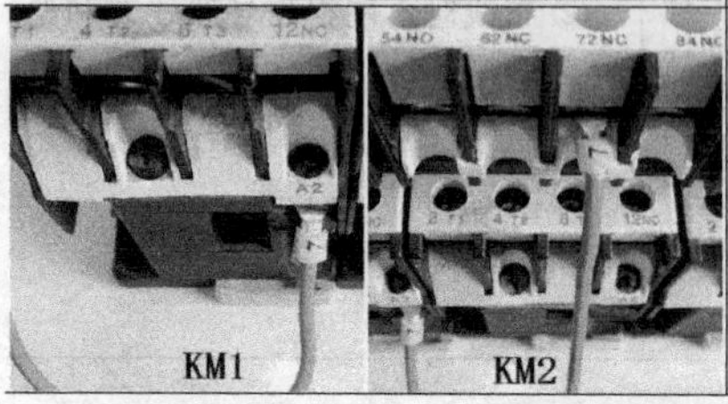	［布置 7 号线］：用一段 $1mm^2$ 软导线，将其一端接于 KM2 接触器的 72 号接线座，另一端接于 KM1 接触器的 A2 线圈接线座	

（续）

<table>
<tr><th>实训图片</th><th>操作方法</th><th>注意事项</th></tr>
<tr><td>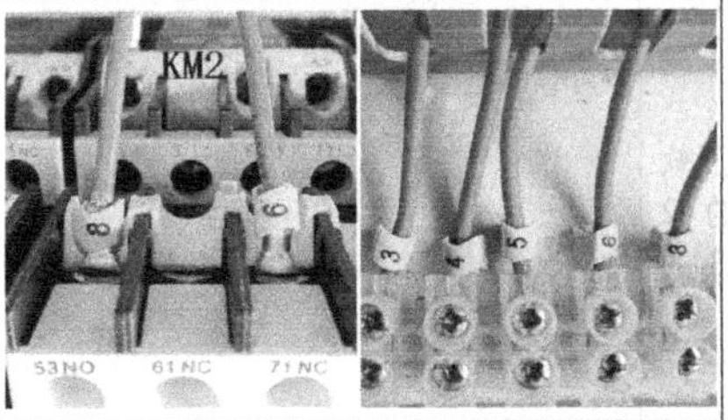</td><td>[布置 8 号线]：用一段 $1mm^2$ 软导线，将其一端接于 KM2 接触器的 53 号接线座，另一端接于端子排 8 号线接线座</td><td rowspan="6">① 布线时不能损伤线芯和导线绝缘，导线中间不能有接头
② 各电器元件接线座上引入或引出的导线，必须经过布线槽进行连接，变换走向要垂直
③ 与电器元件接线座连接的导线都不允许从水平方向进入布线槽内
④ 进入布线槽内的导线要完全置于布线槽内，并尽量避免交叉，槽内导线数量不要超过其容量的 70%
⑤ 要合理考虑导线的连接顺序和走向，以节约导线</td></tr>
<tr><td>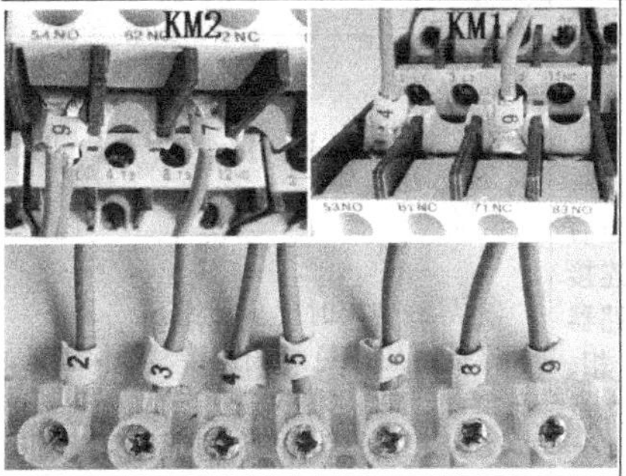</td><td>[布置 9 号线]：在 KM2 接触器 54 号接线座上并接两根导线，一根另一端接于 KM1 接触器的 71 号接线座；另一根接于端子排 9 号线接线座</td></tr>
<tr><td></td><td>[布置 10 号线]：用一段 $1mm^2$ 软导线，将其一端接于 KM1 接触器的 72 号接线座，另一端接于 KM2 接触器的 A2 号线圈接线座</td></tr>
<tr><td>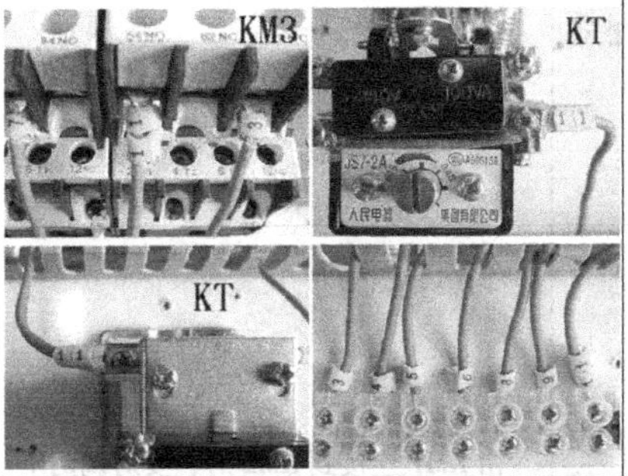</td><td>[布置 11 号线]：在 KM3 接触器 54 号接线座上并接两根导线，一根另一端接于 KT 继电器的常闭延时断开的一个接线座；另一根接于 KT 继电器的另一个线圈接线座，再并联一根导线接于端子排 11 号线接线座</td></tr>
<tr><td>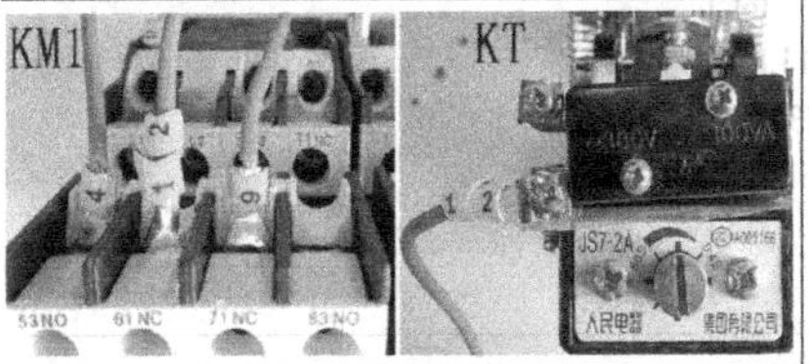</td><td>[布置 12 号线]：用一段软导线，将其一端接于 KM1 的 61 号接线座，另一端接于 KT 的常闭延时断开的另一个接线座</td></tr>
<tr><td>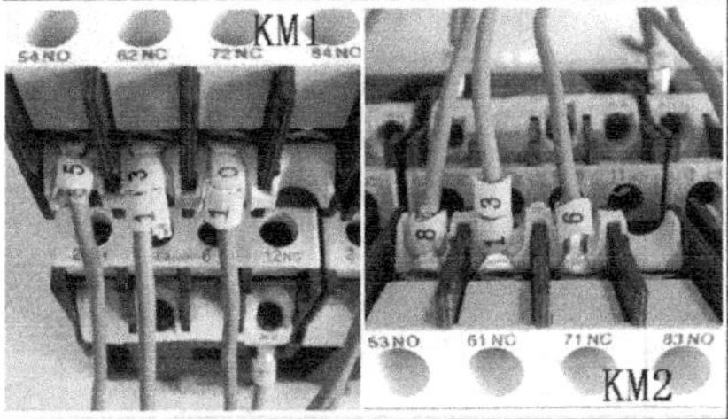</td><td>[布置 13 号线]：用一段软导线，将其一端接于 KM1 的 62 号接线座，另一端接于 KM2 的 61 号接线座</td></tr>
</table>

（续）

实训图片	操作方法	注意事项
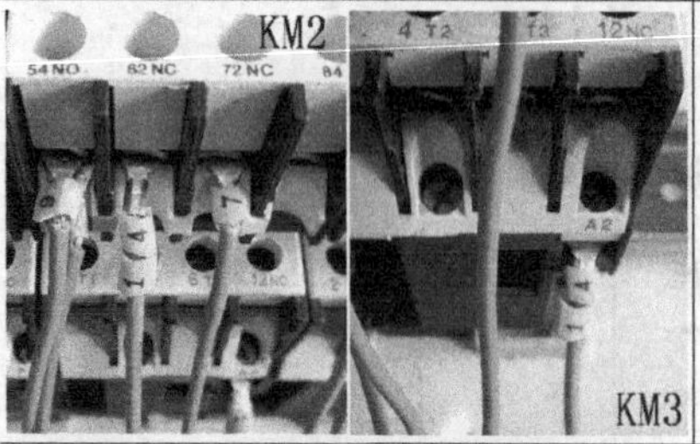	［布置 14 号线］：用一段软导线，将其一端接于 KM2 的 62 号接线座，另一端接于 KM3 的线圈 A2 号接线座	
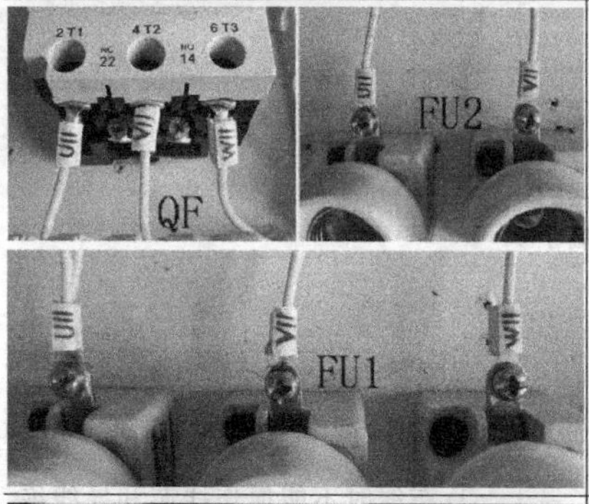	［布置 U11、V11、W11 号线］：U 相：用软导线从左至右将第 1、4 熔断器下接线座连接起来，然后再连接到低压断路器的 2T1 接线座；同理连接 V 相、W 相	① 导线连接时要从上到下，一相一相连接或用分色导线连接，以保证从左至右依次为 U、V、W 三相 ② V 相：将第 2、5 熔断器下接线座连接起来，然后再连接到低压断路器的 4T2 接线座；W 相：将第 3 个熔断器下接线座连接到低压断路器的 6T3 接线座 ③ 第 4、5 个熔断器为控制电路熔断器 ④ 主电路接线时前后相序要对应，不能接错
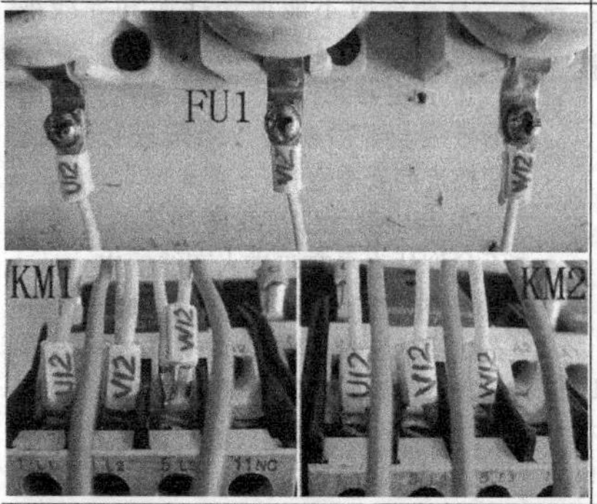	［布置 U12、V12、W12 号线］：用三根软导线将 1、2、3 熔断器的上接线座分别连接到 KM1 接触器 1L1、3L2、5L3 的接线座上，再并联 KM2 接触器 1L1、3L2、5L3 的接线座	
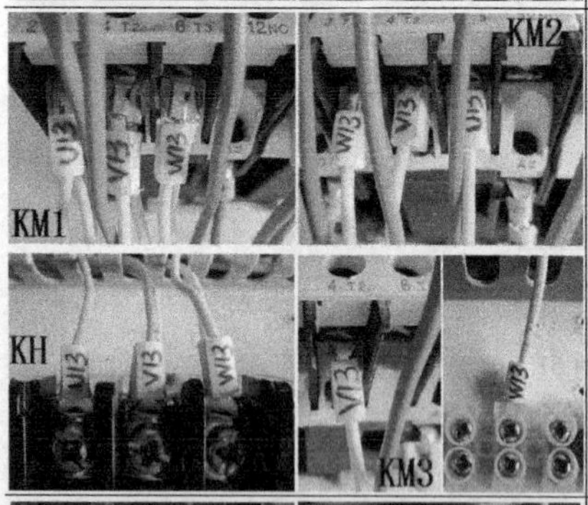	［布置 U13、V13、W13 号线］： KM1 的 2T1、4T2、6T3→KM2 的 6T3、4T2、2T3；KM1 的 2T1、4T2、6T3 → KH 的 1L1、3L2、5L3；KH 的 3L2→KM3 的 4T2；KH 的 5L3→端子排	由 KM1 连接到 KM2 时，要对调两个边相的相序
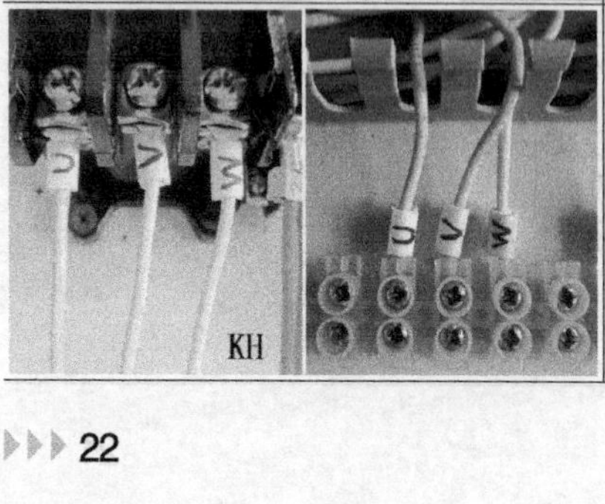	［布置 U、V、W 号线］：用三根软导线分别将 KH 热继电器的 2T1、4T2、6T3 接线座连接到端子接线排对应位置	

（续）

实训图片	操作方法	注意事项
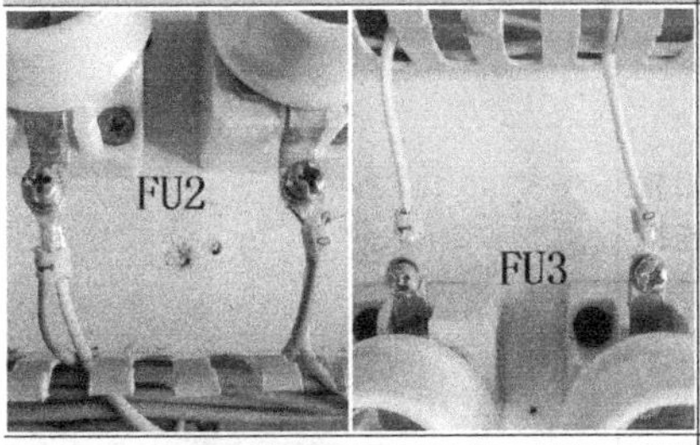	［布置制动电源0、1号线］：用两根软导线分别将FU2的两个上接线座连接到FU3的两个下接线座上	FU2、FU3的左边一个熔断器接1号线，右边一个熔断器接0号线
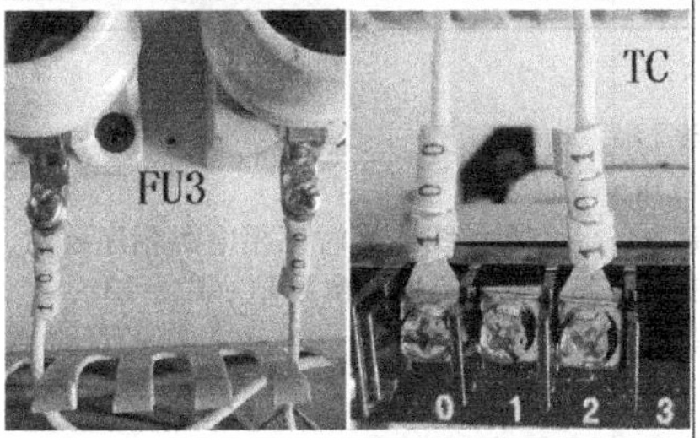	［布置100、101号线］：用两根软导线分别将FU3的两个上接线座连接到变压器TC的0、2号接线座上	变压器TC的0号接线座接100号线
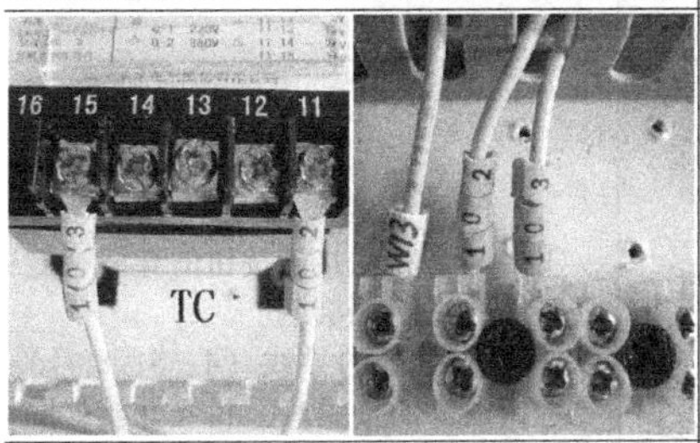	［布置102、103号线］：用两根软导线分别将变压器TC的11、15号接线座连接到端子排对应位置	变压器TC的11号接线座接102号线
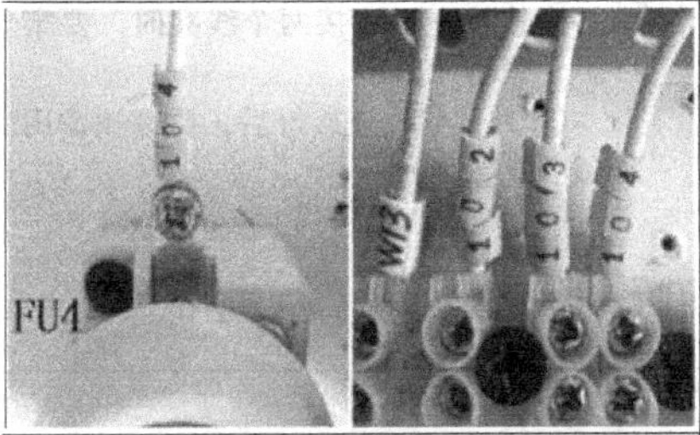	［布置104号线］：用一根软导线将FU4的下接线座连接到端子排对应位置	
	［布置105号线］：用一根软导线将FU4的上接线座连接到KM3的1L1接线座上	导线连接到端子排时，要根据接线图预先分配好导线在端子排上的位置
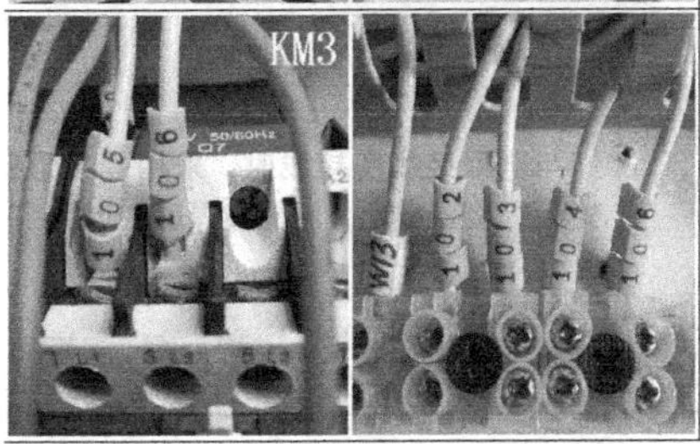	［布置106号线］：用一根软导线将KM3的3L2接线座连接到端子排对应位置	

（续）

实训图片	操作方法	注意事项
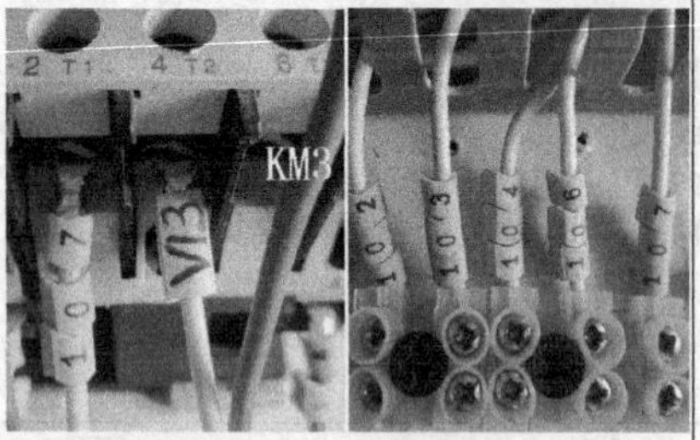	［布置107号线］：用一根软导线将KM3的2T1接线座连接到端子排对应位置	
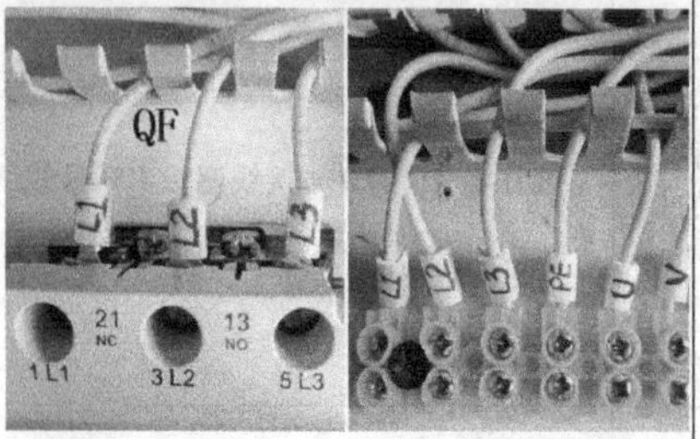	［布置L1、L2、L3电源线］：用三根软导线一端分别连接低压断路器的1L1、3L2、5L3接线座，另一端分别与接线端子排连接，并在接线端子排上将2个PE接线座并接起来	电源导线连接时三相电源相序要对应，从左至右依次为L1、L2、L3
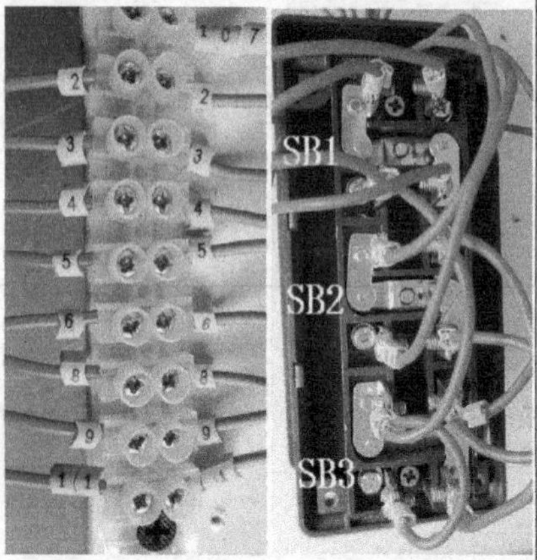	［布置按钮线］：将端子排上2、11号线连接SB3常开按钮，3、4号线连接SB3常闭按钮；4、5号线连接SB1常开按钮，4、8号线连接SB1常闭按钮；5、6号线连接SB2常闭按钮，8、9号线连接SB2常开按钮	① 由端子排引接到按钮的导线一定要穿过开关盒的接线孔 ② 相同线号的导线（4、5、8号）在按钮内部的接线座上相互并接；同一个接线座上连接两个线夹时，要牢固、紧密 ③ 外部导线连接好后，要理顺，用线扎扎紧
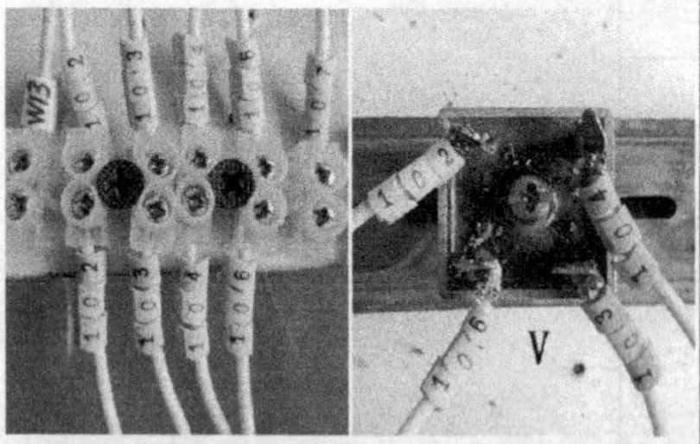	［布置桥式整流器线］：将端子排102、103号线连接到桥式整流器的左上和右下两个对角接线座上；将端子排104、106号线连接到桥式整流器的右上和左下两个对角接线座上	① 应先用万用表判断出桥式整流器接线座的电源端和负荷端 ② 与桥式整流器接线座接线时，采用焊接形式，焊接要牢固，不能虚焊、脱焊
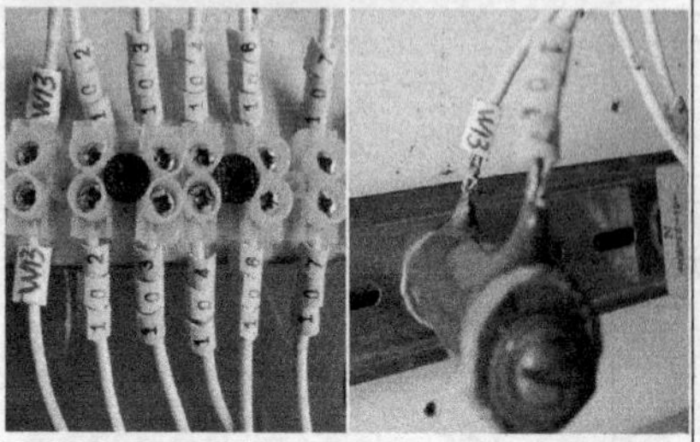	［布置电阻线］：将端子排W13、107号线连接到电阻的上下两个接线座上	与电阻接线座接线时，采用焊接形式，焊接要牢固，不能虚焊、脱焊

四、电路检查

实训图片	操作方法	注意事项
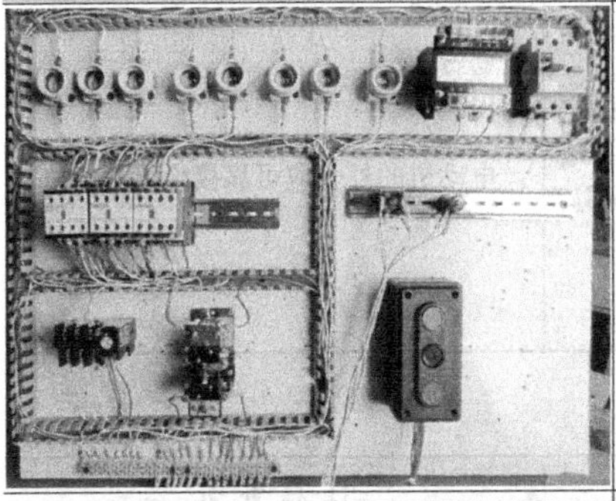	[目测检查]：根据电路图或接线图从电源端开始，逐段检查核对线号是否正确，有无漏接、错接，线夹与接线座连接是否松动	
  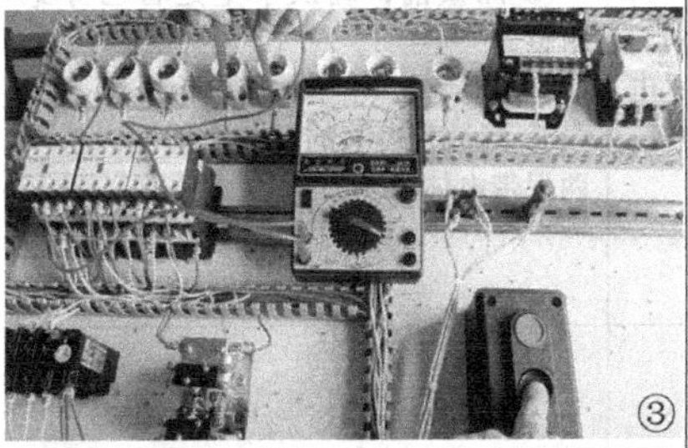 	[万用表检查]： ① 万用表两表笔搭接 FU2 的 0、1 端，按下 SB1，万用表应指示一定的线圈阻值 ② 万用表两表笔搭接 FU2 的 0、1 端，按下 SB3，万用表应指示一定的线圈阻值 ③ 万用表两表笔搭接 FU2 的 0、1 端，按下 SB2，万用表应指示一定的线圈阻值 ④ 万用表两表笔分别搭接 FU1 的 W12 端和端子排的 U 端，用工具按下 KM2，万用表应指示为“0”；同理，测量其他几相主电路的情况	① 检查时要断开电源 ② 要检查导线接点是否符合要求、压接是否牢固；编码套管是否齐全 ③ 要注意接点接触是否良好，以免运行时产生电弧 ④ 要用合适的电阻挡位，并“调零”进行检查 ⑤ 检查时可用手或工具按下按钮或接触器时，要用力按到底，使常闭触头断开，常开触头闭合；检查联锁电路时，要轻轻按下，使常闭触头断开即可 ⑥ 电路检查后，应盖上线槽板 ⑦ 经过 KM2 的主电路，已经对调了两个边相的相序

五、电动机连接

实训图片	操作方法	注意事项
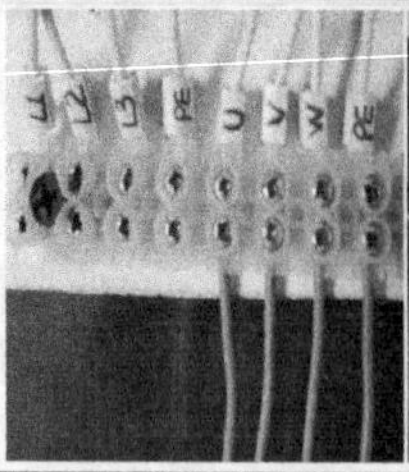 	［连接电动机］：将电动机定子绕组的三根引出线和外壳接地端分别与端子排对应接线座 U、V、W、PE 进行连接	电动机的外壳应可靠接地

六、通电试车

实训图片	操作方法	注意事项
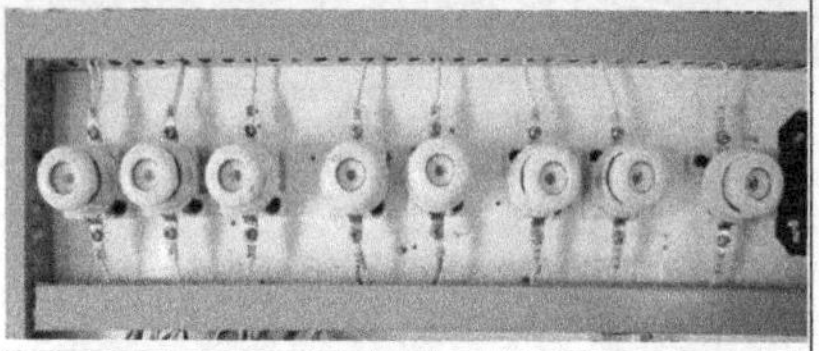	［安装熔体］：将 4 只 15A 的熔体装入 FU1 和 FU4 熔断器中，将 4 只 2A 熔体装入 FU2 和 FU3 熔断器中，同时旋上熔帽	① 主电路和控制电路的熔体要区分清，不能装错 ② 熔体的熔断指示点要在上面 ③ 用万用表检测熔断器的好坏
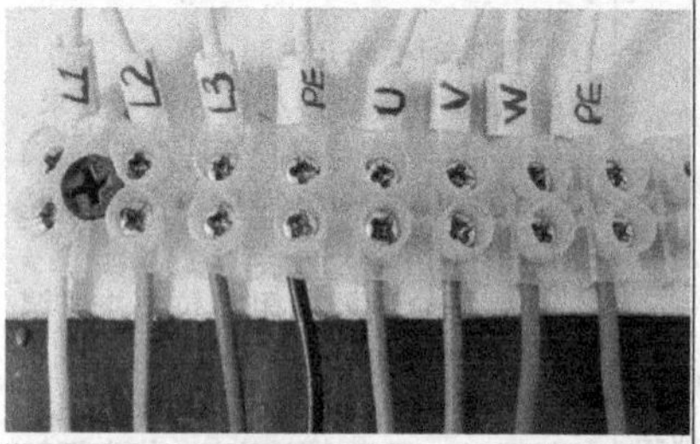	［连接电源线］：将三相电源线连接到接线端子排的 L1、L2、L3、PE 对应位置	① 连接电源线时应断开总电源 ② 由指导老师监护学生接通三相电源 ③ 学生通电试验时，指导老师必须在现场进行监护
	［验电］：合上总电源开关，用万用表 500V 电压挡，分别测量低压断路器进线端的相间电压，确认三相电源的三相电压平衡	① 测量前，确认学生是否已穿绝缘鞋 ② 测量时，学生操作是否规范 ③ 测量时表笔的笔尖不能同时触及两根带电体
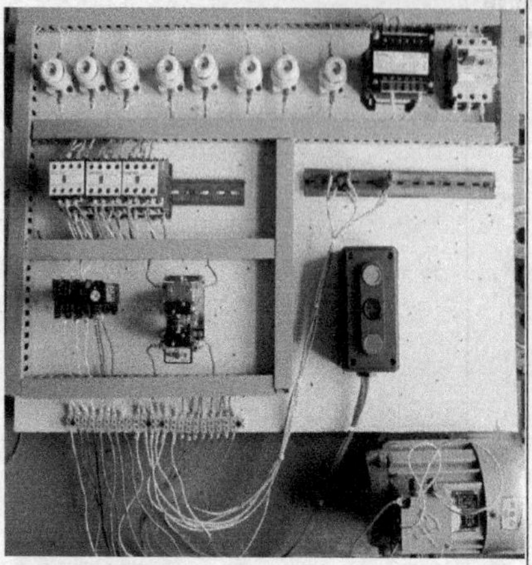	［按下按钮试车］：合上低压断路器 QF。先按下 SB1 或 SB2，电动机正转或反转，轻轻按下 SB3，观察电动机自然停机时间；在正、反转时，将 SB3 按钮按到底，观察电动机能耗制动停机时间，并比较两次停机时间的长短	① 按下按钮时不要用力过大 ② 按下按钮 SB1 或 SB2 后手不要急于松开，停留 1 ~ 2s 后再松开 ③ 按下起动按钮的同时，另一手指放在停止按钮上，发现问题，要迅速按下停止按钮 ④ 按下按钮后如出现故障，应在老师的指导下进行检查

提醒注意

选择常用低压电器元件时，除考虑其额定电压、额定电流等参数外，还要考虑其额定断流容量，以免电路中发生三相短路故障时，电器元件能可靠地将故障切除，不至于发生触头熔焊之类的故障。

检查评价

通电试车完毕，切断电源，先拆除电源线，再拆除电动机线，然后进行综合评价。

任 务 评 价

序号	评价指标	评价内容	分值	个人评价	小组评价	教师评价
1	电路设计	电路图分析设计正确	10			
2	元器件检查	元器件是否漏检或错检	5			
3	安装元器件	不按布置图安装	5			
		元器件安装不牢固	3			
		元器件安装不整齐、不合理、不美观	2			
		损坏元器件	5			
4	布线	不按电路图接线	10			
		布线不符合要求	5			
		接点松动、露铜过长、反圈	5			
		损伤导线绝缘或线芯	5			
		未装或漏装编码套管	5			
		未接接地线	5			
5	通电试车	电路短路	10			
		第一次试车不成功	5			
		第二次试车不成功	10			
6	安全规范	是否穿绝缘鞋	5			
		操作是否规范安全	5			
总分			100			
问题记录和解决方法			记录任务实施过程中出现的问题和采取的解决办法（可附页）			

能 力 评 价

内　容		评　价	
学习目标	评价项目	小组评价	教师评价
应知应会	本任务的相关基本概念是否熟悉	□Yes　□No	□Yes　□No
	是否熟练掌握仪表、工具的使用	□Yes　□No	□Yes　□No
专业能力	是否能根据控制要求熟练地设计控制电路	□Yes　□No	□Yes　□No
	元器件的安装、使用是否规范	□Yes　□No	□Yes　□No
	安装接线是否合理、规范、美观	□Yes　□No	□Yes　□No
	是否具有相关专业知识的融合能力	□Yes　□No	□Yes　□No

（续）

内 容		评 价	
学习目标	评价项目	小组评价	教师评价
通用能力	团队合作能力	□Yes □No	□Yes □No
	沟通协调能力	□Yes □No	□Yes □No
	解决问题能力	□Yes □No	□Yes □No
	自我管理能力	□Yes □No	□Yes □No
	创新能力	□Yes □No	□Yes □No
态 度	爱岗敬业	□Yes □No	□Yes □No
	工作认真	□Yes □No	□Yes □No
	劳动态度	□Yes □No	□Yes □No
个人努力方向：		老师、同学建议：	

思考与提高

在本任务中，用万用表检查控制电路，两表笔搭接 0、1 端，按下按钮 SB1、SB2、SB3 时，为什么万用表指示的阻值不相同？

任务三 三相交流双速异步电动机自动变速控制电路的安装

训练目标

- 理解三相交流多速异步电动机的工作原理。
- 了解三相交流多速异步电动机的接线方法。
- 会设计、分析三相交流双速异步电动机的控制电路及工作原理。
- 能正确安装三相交流双速异步电动机自动变速控制电路。

任务描述

同学们，大家都见过、乘过电梯吧！在乘坐电梯的时候有没有感觉到电梯的速度由起动到加速，再到减速，最后停止的一个过程？大家有没有思考过电梯是如何改变其速度，又是如何来实现这一过程的控制呢？随着科学技术的发展和人们对电梯乘坐舒适度的要求，电梯的拖动控制系统也经历了从简单到复杂的过程。由于交流电动机具有结构紧凑、维护简单的特点，所以双速交流电动机拖动系统目前仍在电梯中广泛应用。它采用开环控制方式，电路简单，价格较低，但它的舒适感较差，一般用于载货电梯，这种系统控制电梯速度一般在 1m/s 以下。本任务就来探讨拖动这种电梯的双速异步电动机的控制。

任务分析

本任务要实现三相交流双速异步电动机自动变速控制电路的安装，首先应清楚三相交流双速异步电动机定子绕组的接线方法，然后正确设计、绘制出其控制电路图，做到按图施工、按图安装、按图接线，并了解其组成，熟悉其控制电路工作原理。

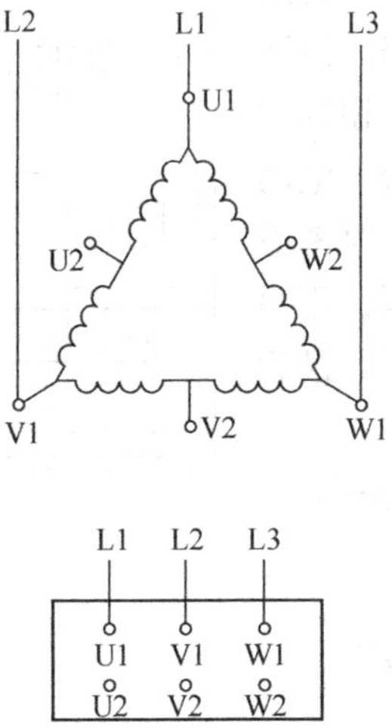

低速—△ 联结(4 极)

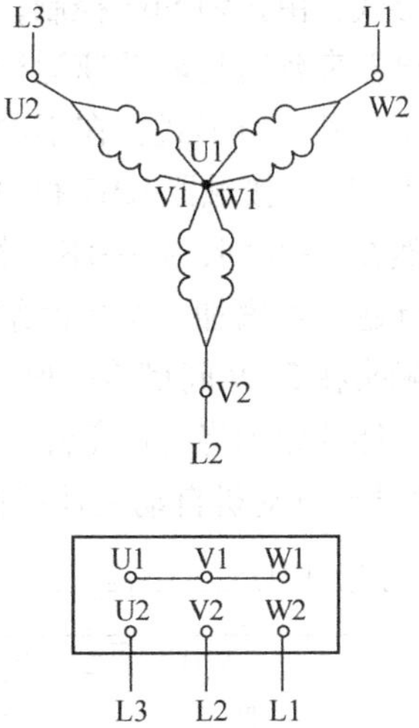

高速 — YY联结(2 极)

一、三相交流双速异步电动机定子绕组的接线方法

三相交流双速异步电动机低速运行时是将电动机的定子绕组接成△联结，高速运行时将电动机定子绕组接成Y Y联结，如图所示。

二、三相交流双速异步电动机自动变速控制电路的设计

1. 主电路设计

由三相交流双速异步电动机的接线方法可知，其主电路需要 3 个接触器：一个接触器将电动机定子绕组接成△联结，控制电动机低速运转；一个接触器用以接通定子绕组的电源；另一个接触器将定子绕组的 U1、V1、W1 并联起来，使电动机定子绕组接成Y Y联结，控制电动机高速运转。由于电动机有时是低速运行，有时是高速运行，所以高、低速运行时均需过负荷保护。

2. 控制电路的设计

根据实际生产的需要，电动机的控制状态有三种运行形式：一是长时间低速运行；二是由长时间低速运行转变为高速长时间运行；三是直接由低速起动转变到长时间高速运行。针

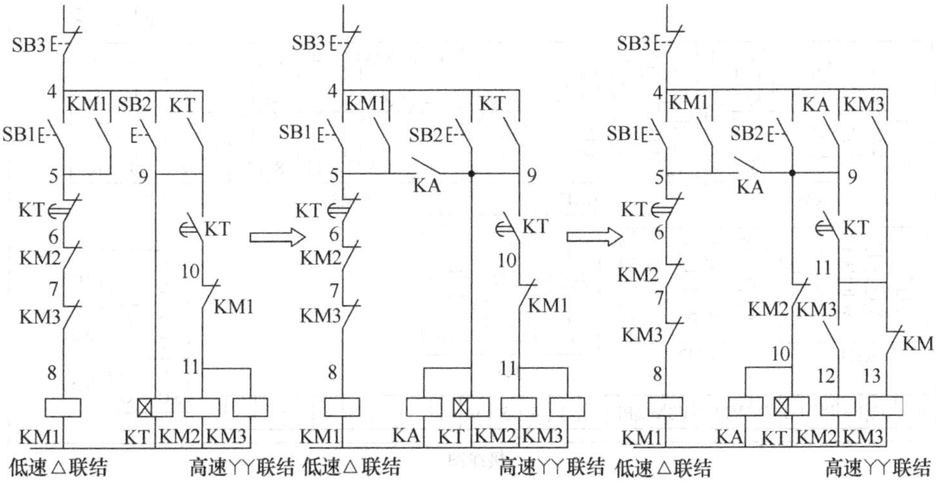

对这种控制要求，对于第一种运行形式，由按钮 SB1 控制，再加上自锁与联锁基本控制单元即可；对于第二种运行形式，由按钮 SB2 控制，再加上时间控制单元，用时间继电器来延时切断低速运行电路，接通高速运行电路；对于第三种运行形式，在不增加按钮的情况下，如何实现：按下 SB2，接触器 KM1 得电吸合，电动机就低速起动呢？显然在 5 ~9 间，差一座“桥”，再考虑到继电器的触头数目问题，可增加一个中间继电器，用中间继电器的常开辅助触头在 5 ~9 间搭接一座“桥”，最后充分考虑联锁问题和节能的原则将电路完善。

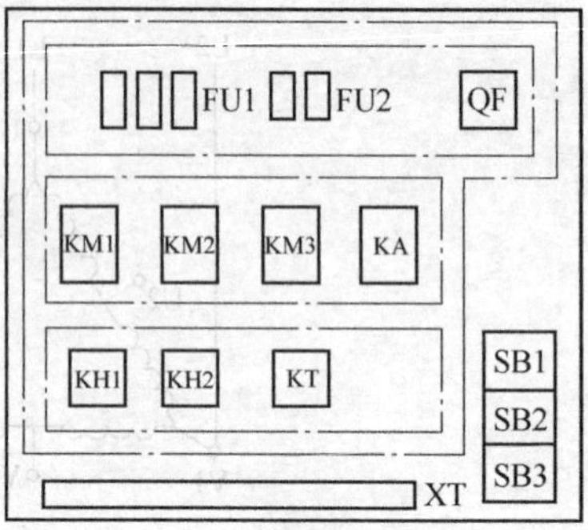

布置图

3. 三相交流双速异步电动机自动变速控制电路图

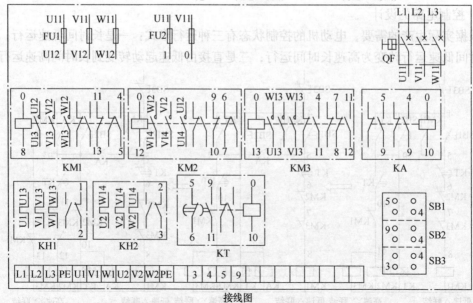

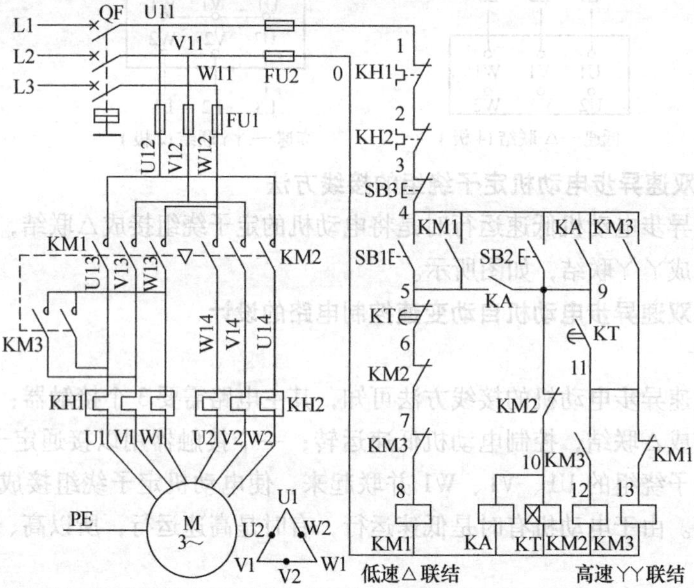

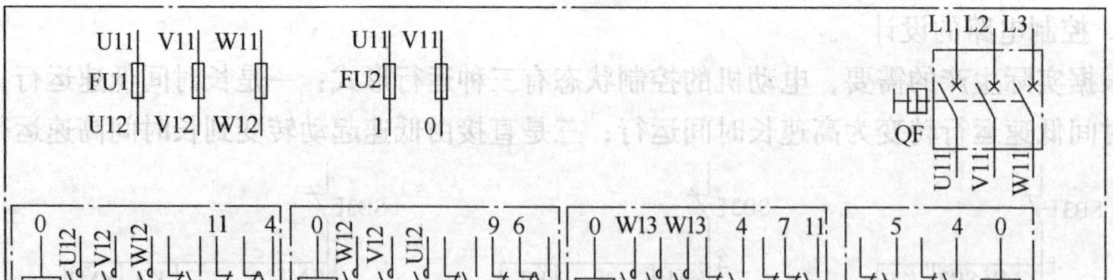

接线图

三、三相交流双速异步电动机自动变速控制电路的工作原理

三相交流双速异步电动机自动变速控制电路的工作原理如下：先合上低压断路器 QF，

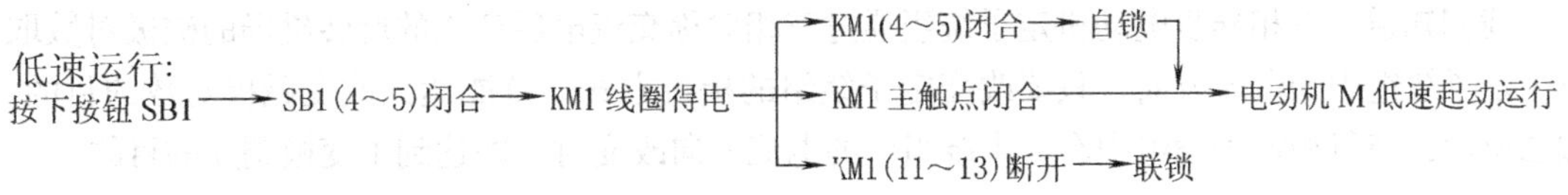

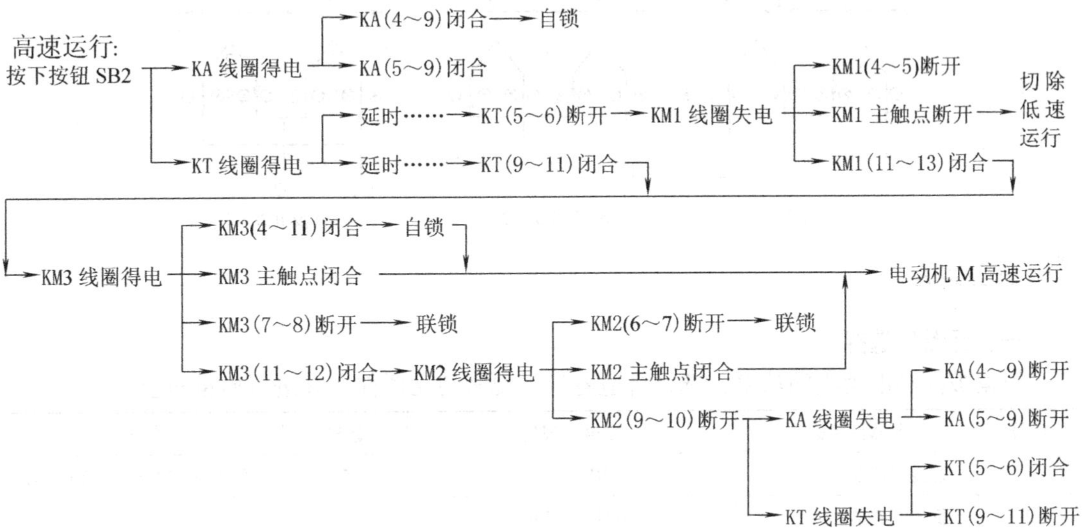

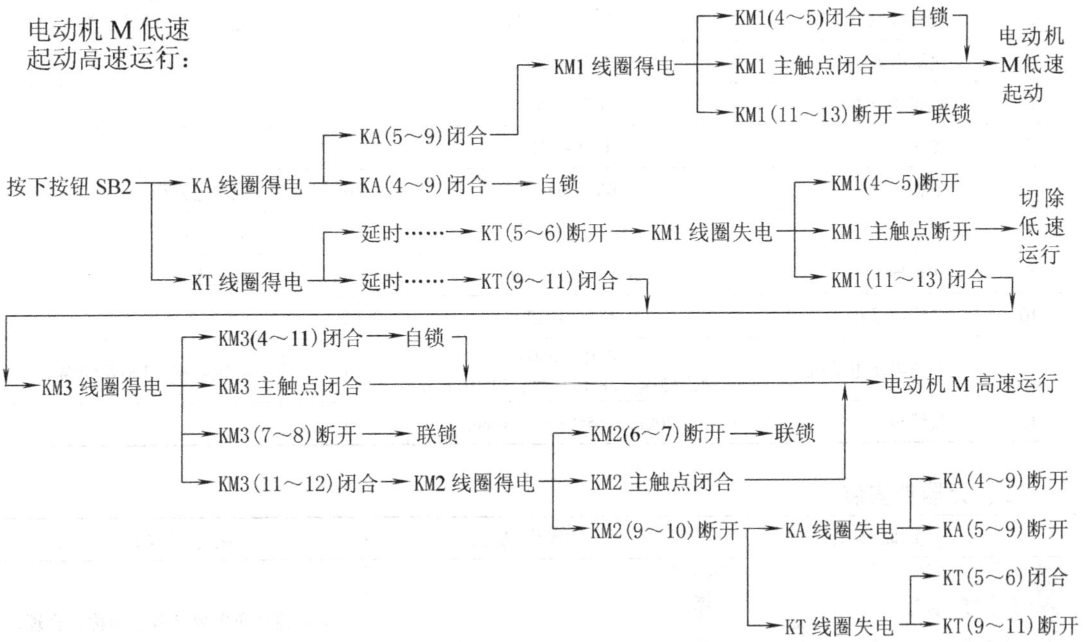

相关知识

一、三相交流异步电动机的调速方法

由三相交流异步电动机的转速公式 $n=(1-s)\dfrac{60f_1}{p}$ 可知，改变电动机转速的方法有改变

电源频率 f_1 调速、改变转差率 s 调速和改变磁极对数 p 调速。

二、变极调速原理

我们知道，三相异步电动机定子绕组通过三相对称交流电后产生的旋转磁场的磁极对数取决于定子绕组中的电流方向，只要改变定子绕组的接线方式，就能达到改变磁极对数的目的。如图所示，当每相定子绕组中有一半绕组中的电流方向改变时，即达到了变极调速的目的。

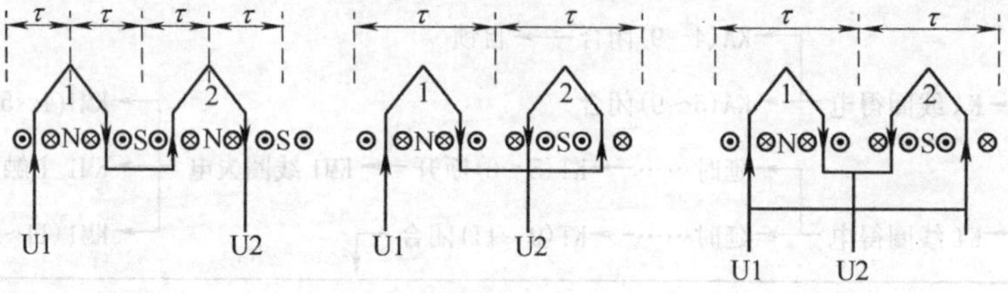

a) 顺串 $2p=4$　　b) 反串 $2p=2$　　c) 反并 $2p=2$

任务实施

一、元器件选择

根据被控制电动机的功率，选择合适容量、规格的元器件，并进行质量检查。

序号	元器件名称	型号、规格	数量	备注
1	螺旋式熔断器	RL1－15	5	配熔体 15A 3 只，2A 2 只
2	低压断路器	DZ108－20/3	1	
3	交流接触器	CJX2－1210/380V	4	配 F4－22 辅助触头
4	热继电器	JR36－20	2	
5	时间继电器	JS7－2A	1	
6	按钮	LA4－3H	1	
7	塑料导线	BV－1mm²	30m	控制电路用
8	塑料导线	BV－2.5mm²	40m	主电路用
9	塑料导线	BVR－0.75mm²	3m	按钮用
10	接线端子排	JX3－1012	2	
11	双速异步电动机	电压：380V， 额定转速：2850r/min、1450r/min	1	额定功率：120W/90W
12	接线板	700mm×550mm×30mm	1	

二、元器件安装

实训图片	操作方法	注意事项
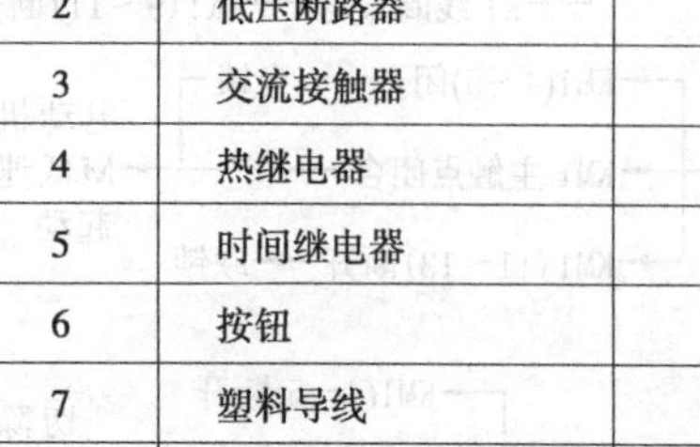	［安装元器件］：根据元器件布置图，将各元器件安装固定在接线板上各自的位置	①元器件布置要整齐、匀称、合理，安装要牢固可靠 ②固定木螺钉不能太紧，以免损坏元器件的安装固定脚 ③安装接触器前应先安装卡轨，接触器散热孔应垂直向上 ④布线槽的安装应端正牢固美观

三、布线

实训图片	操作方法	注意事项
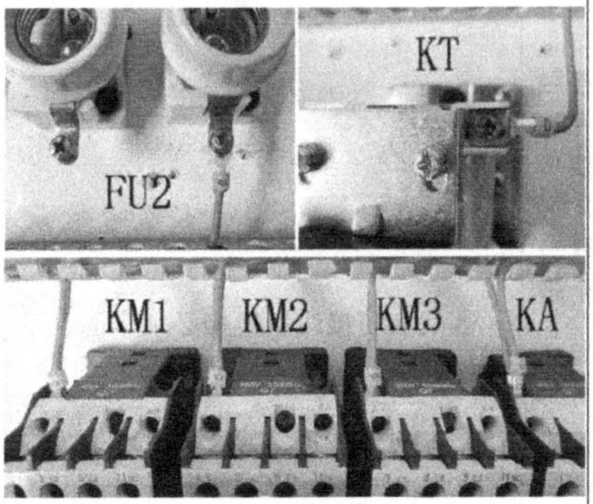	[布置 0 号线]：截取五段 1mm² 软导线，依次将第二个控制熔断器的上接线座与 KM1、KM2、KM3、KA 的线圈 A1 接线座和 KT 线圈的一个接线座连接起来	① FU2 → KM1 → KM2 → KM3 → KA →KT ② 布线时不能损伤导线线芯和绝缘，合理考虑导线走向布局，尽量节约导线
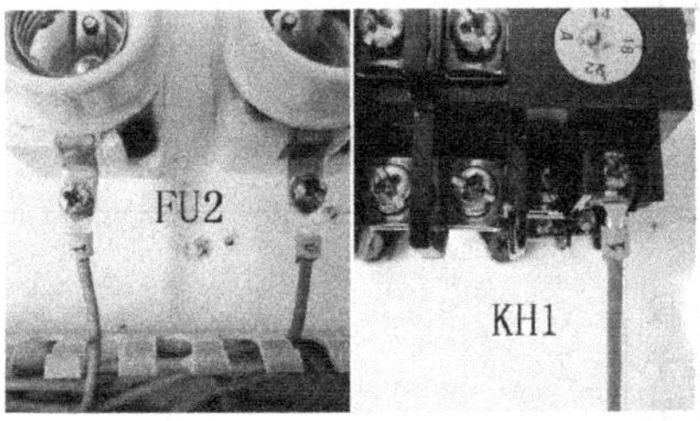	[布置 1 号线]：截取一段 1mm² 软导线，将其一端接于第一个控制熔断器的上接线座，另一端接于热继电器 KH1 的 95 号接线座	① 布线前，先用布清除槽内的污物，使线槽内外清洁 ② 导线连接前应先做好线夹，线夹要压紧，使导线与线夹接触良好 ③ 线夹与接线座连接时，要压接良好；需垫片时，线夹要插入垫片之下 ④ 两根软导线并接做线夹时，导线线芯要绞合紧，然后插入线夹孔内，用工具夹紧 ⑤ 线夹与线芯要接触良好，不能露铜过长，也不能压绝缘层 ⑥ 做线夹前要先套入编码套管，且导线两端都必须套上编码套管；编码套管上文字的方向一律从右看入；编码套管标号要写清楚，不能漏标、误标 ⑦ 导线与接线端子排连接时，无需做线夹，但要将线芯绞合紧，与端子排连接要可靠、良好
	[布置 2 号线]：截取一段 1mm² 软导线，将其一端接于热继电器 KH1 的 96 号接线座，另一端接于热继电器 KH2 的 95 号接线座	
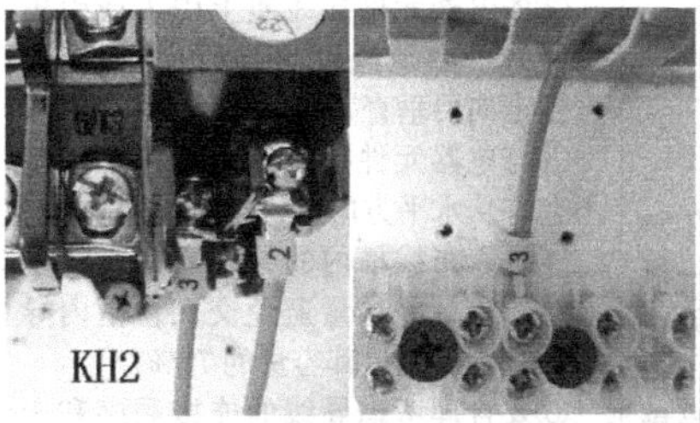	[布置 3 号线]：截取一段 1mm² 软导线，将其一端接于热继电器 KH2 的 96 号接线座，另一端接于端子排 3 号线接线座	
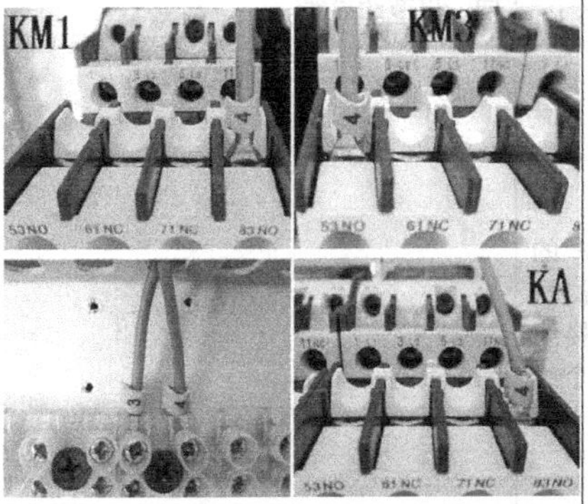	[布置 4 号线]：在 KM1 接触器 83 号接线座上并接两根导线，一根另一端接于端子排 4 号线接线座；另一根另一端接于 KM3 接触器的 53 号接线座，再并联一根导线接于 KA 继电器的 83 号接线座	

（续）

实训图片	操作方法	注意事项
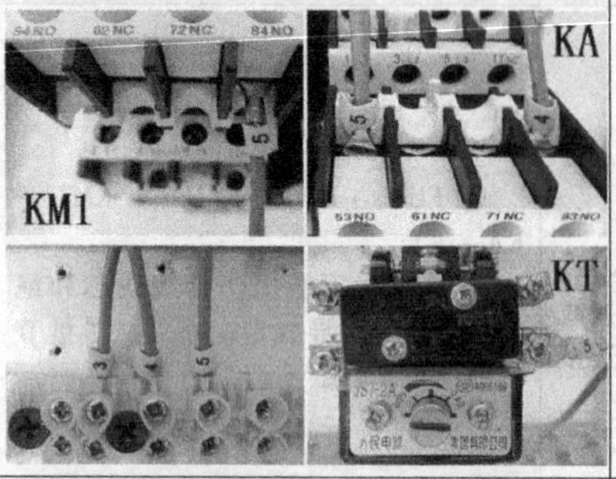	［布置5号线］：在KM1接触器84号接线座上并联两根导线，一根另一端接于端子排5号线接线座；另一根另一端接于KA继电器的53号接线座，再并联一根导线接于KT继电器的一个延时断开触头接线座	⑧线夹与接线座连接必须牢固、不能松动
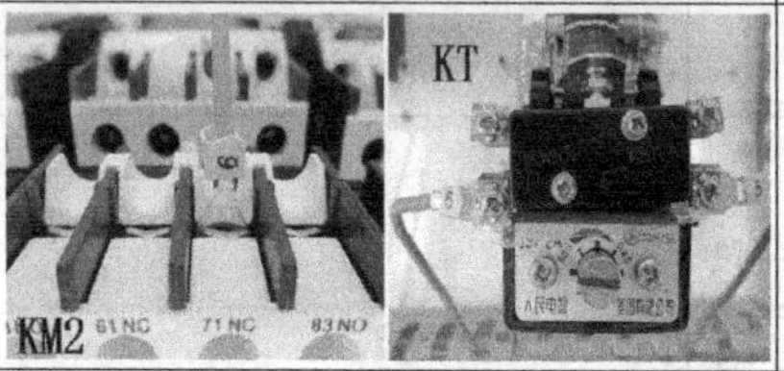	［布置6号线］：用一段$1mm^2$软导线，将其一端接于KM2接触器71号接线座，另一端接于接于KT继电器另一个延时断开触头接线座	
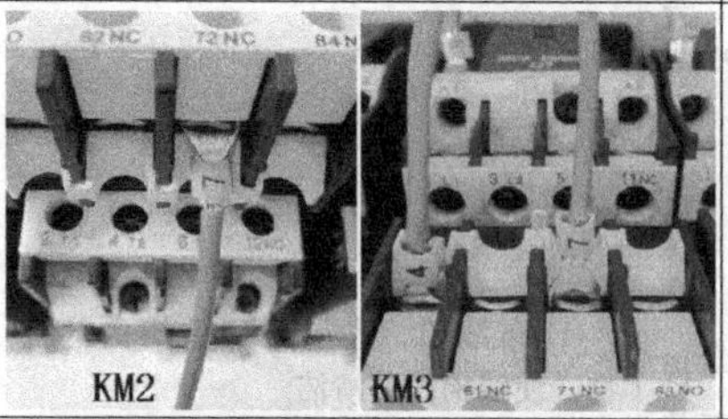	［布置7号线］：用一段$1mm^2$软导线，将其一端接于KM2接触器的72号接线座，另一端接于KM3接触器的71号接线座	
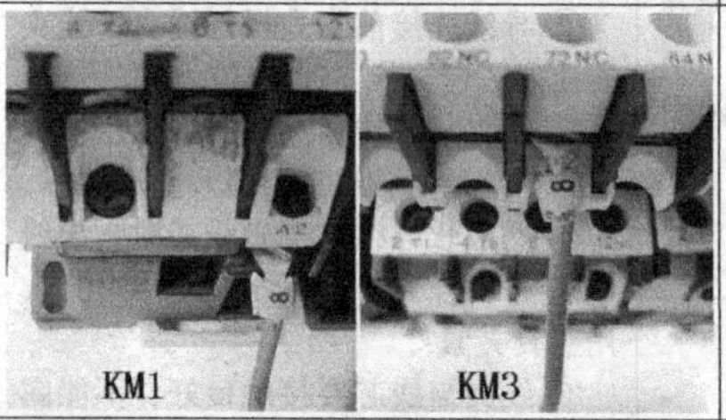	［布置8号线］：用一段$1mm^2$软导线，将其一端接于KM3接触器的72号接线座，另一端接于KM1接触器的A2线圈接线座	①布线时不能损伤线芯和导线绝缘，导线中间不能有接头 ②各电器元件接线座上引入或引出的导线，必须经过布线槽进行连接，变换走向要垂直 ③与电器元件接线座连接的导线都不允许从水平方向进入布线槽内 ④进入布线槽内的导线要完全置于布线槽内，并尽量避免交叉，槽内导线数量不要超过其容量的70% ⑤要合理考虑导线的连接顺序和走向，以节约导线
	［布置9号线］：在KA的54号接线座上并联两根导线，一根接于端子排9号线接线座；另一根接于KA的84号接线座，再并联一导线接于KM2的61号接线座，再并联一导线，接于KT的一个常开延时闭合接线座	
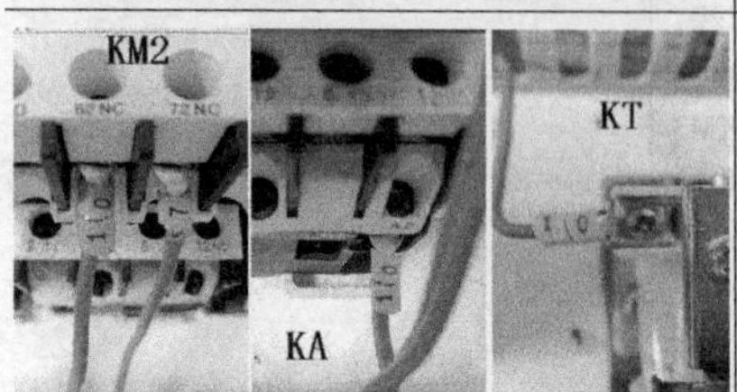	［布置10号线］：在KA的A2线圈接线座上并接两根导线，一根接于KM2的62号线接线座；另一根接于KT的另一个线圈接线座	

（续）

<table>
<tr><th>实训图片</th><th>操作方法</th><th>注意事项</th></tr>
<tr><td>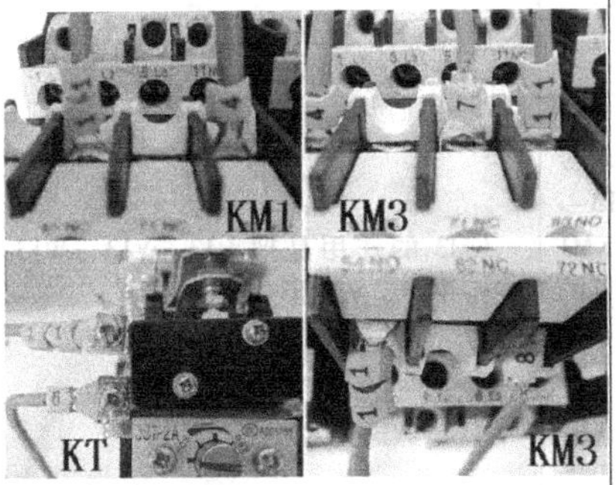
</td><td>［布置 11 号线］：在 KM1 的 61 号接线座上并接两根导线，一根接于 KM3 的 83 号接线座；另一根接于 KM3 的 54 号接线座，再并联一根导线接于 KT 的另一个常开延时闭合触头接线座</td><td rowspan="3"></td></tr>
<tr><td>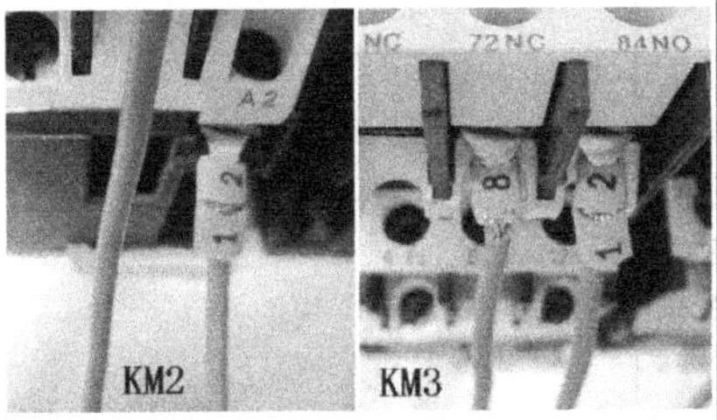
</td><td>［布置 12 号线］：用一段软导线，将其一端接于 KM3 的 84 号接线座，另一端接于 KM2 的 A2 号线圈接线座</td></tr>
<tr><td>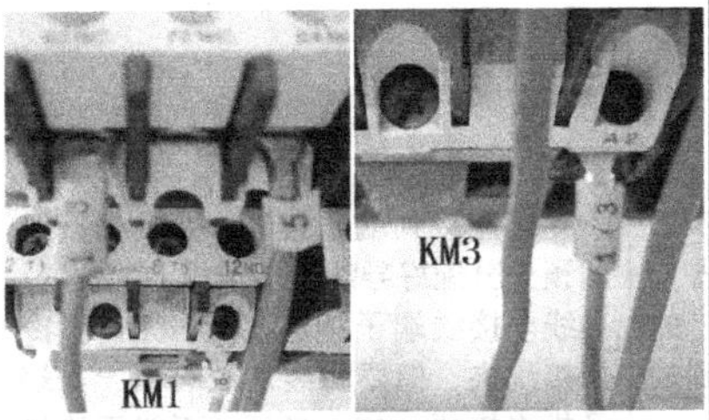
</td><td>［布置 13 号线］：用一段软导线，将其一端接于 KM1 的 62 号接线座，另一端接于 KM3 的 A2 号线圈接线座</td></tr>
<tr><td>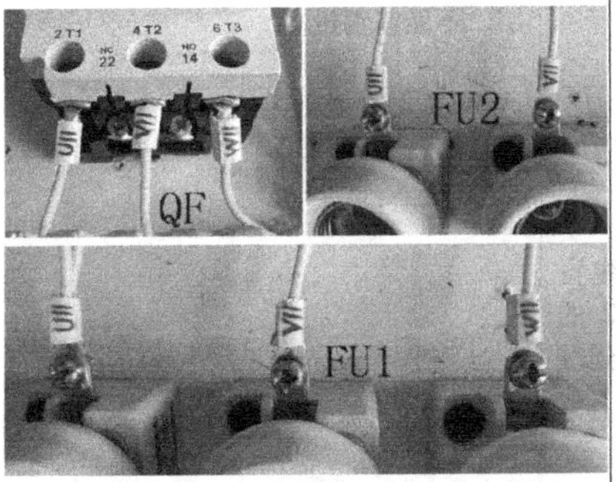
</td><td>［布置 U11、V11、W11 号线］：U 相：用软导线从左至右将第 1、4 熔断器下接线座连接起来，然后再连接到低压断路器的 2T1 接线座；同理连接 V 相、W 相</td><td rowspan="2">① 导线连接时要从上到下，一相一相连接或用分色导线连接，以保证从左至右依次为 U、V、W 三相
② V 相：将第 2、5 熔断器下接线座连接起来，然后再连接到低压断路器的 4T2 接线座；W 相：将第 3 个熔断器下接线座连接到低压断路器的 6T3 接线座
③ 第 4、5 个熔断器为控制电路熔断器
④ 主电路接线时前后相序要对应，不能接错</td></tr>
<tr><td>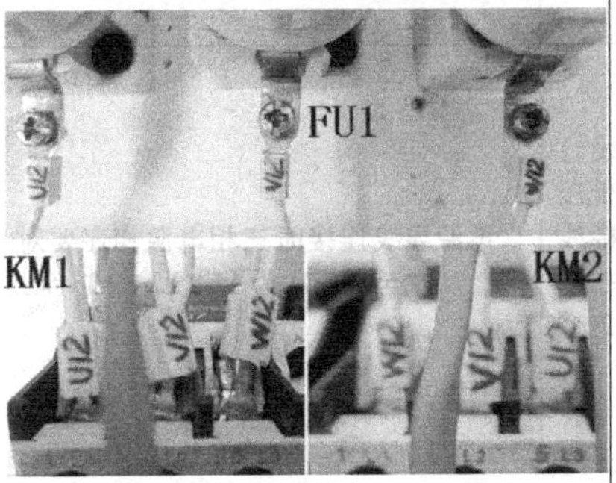
</td><td>［布置 U12、V12、W12 号线］：用三根软导线将 1、2、3 熔断器的上接线座分别连接到 KM1 接触器 1L1、3L2、5L3 的接线座上，再并联 KM2 接触器 5L3、3L2、1L1 的接线座</td></tr>
</table>

（续）

实训图片	操作方法	注意事项
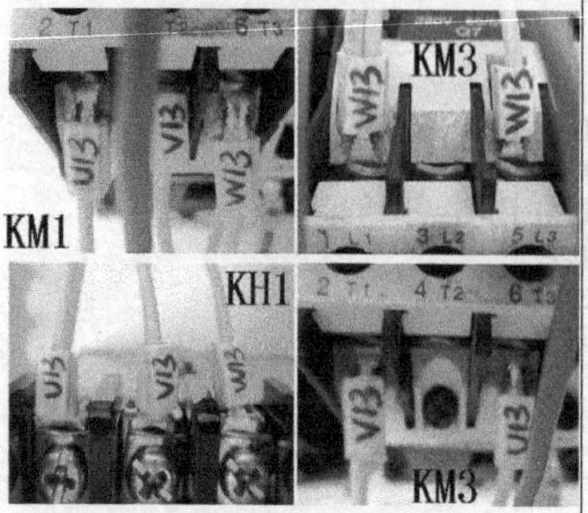	［布置 U13、V13、W13 号线］：KM1 的 2T1、4T2、6T3→KH1 的 1L1、3L2、5L3；KM1 的 6T3→KM3 的 1L1→KM3 的 5L3；KH1 的 1L1、3L2→KM3 的 6T3、2T1	KM3 的作用是把 U13、V13、W13 三相并接起来，形成丫丫联结
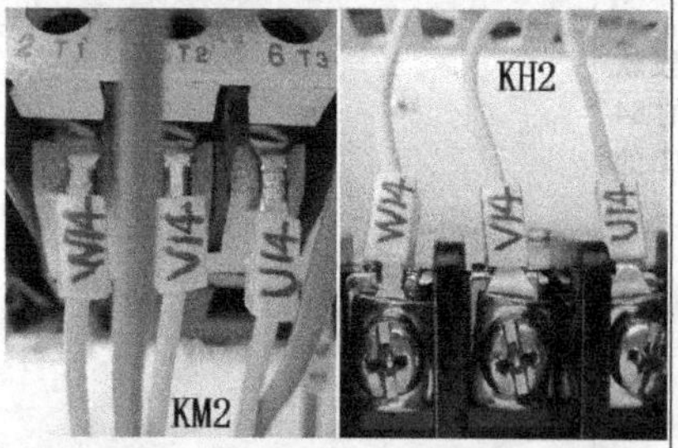	［布置 U14、V14、W14 号线］：用三根软导线分别将 KM2 的 2T1、4T2、6T3 接线座连接到 KH2 热继电器的 1L1、3L2、5L3 接线座	
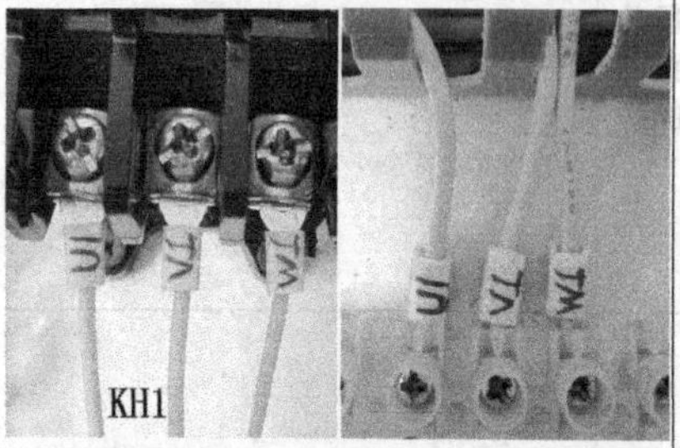	［布置 U1、V1、W1 号线］：用三根软导线分别将 KH1 的 2T1、4T2、6T3 接线座连接到端子排对应位置接线座	导线连接到端子排时，要根据接线图预先分配好导线在端子排上的位置；导线与接线端子排连接时，无需做冷压接线夹，但要将线芯绞合紧，与端子排连接要可靠、良好，不能压绝缘层、不能露铜过多
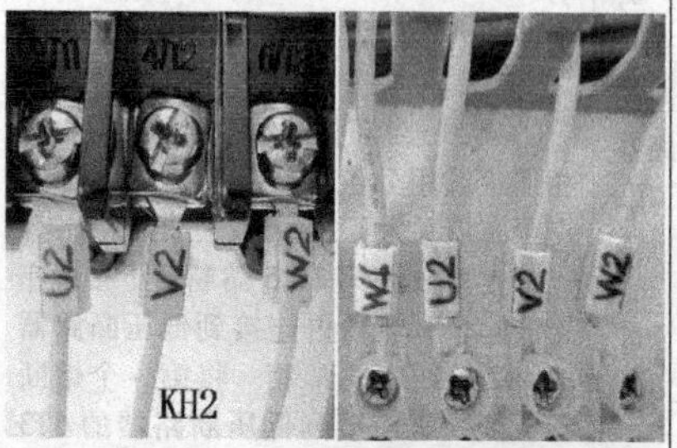	［布置 U2、V2、W2 号线］：用三根软导线分别将 KH2 的 2T1、4T2、6T3 接线座连接到端子排对应位置接线座	
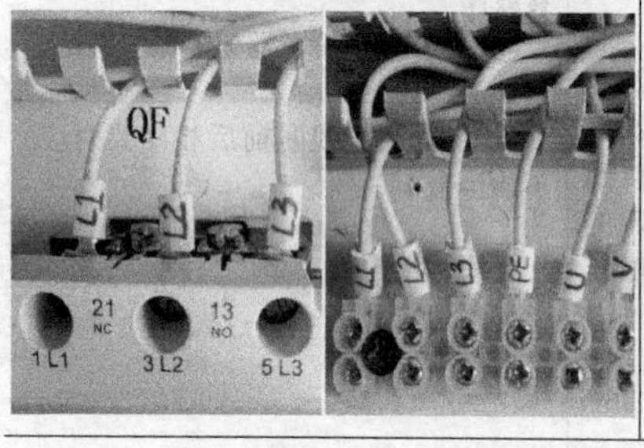	［布置 L1、L2、L3 电源线］：用三根软导线一端分别连接低压断路器的 1L1、3L2、5L3 接线座，另一端分别与接线端子排连接，并在接线端子排上将 2 个 PE 接线座并接起来	电源导线连接时三相电源相序要对应，从左至右依次为 L1、L2、L3

（续）

实训图片	操作方法	注意事项
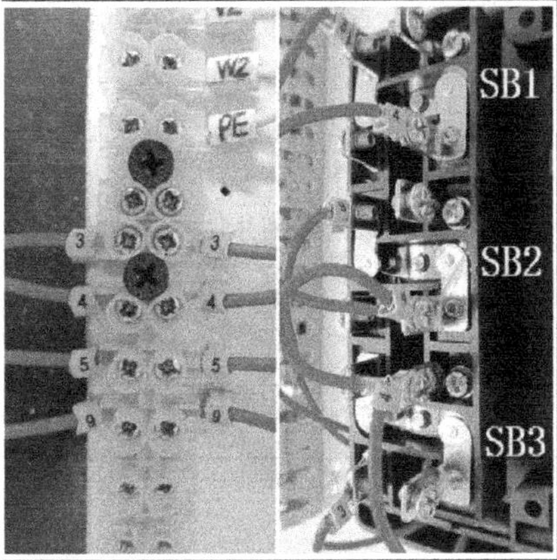	[布置按钮线]：将端子排上3、4号线连接SB3常闭按钮；4、5号线连接SB1常开按钮；4、9号线连接SB2常开按钮	相同线号的导线（4号）在按钮内部的接线座上相互并接；同一个接线座上连接两个线夹时，要牢固、紧密；外部导线连接好后，要理顺，用线扎扎紧

四、电路检查

<table>
<tr><th>实训图片</th><th>操作方法</th><th>注意事项</th></tr>
<tr><td>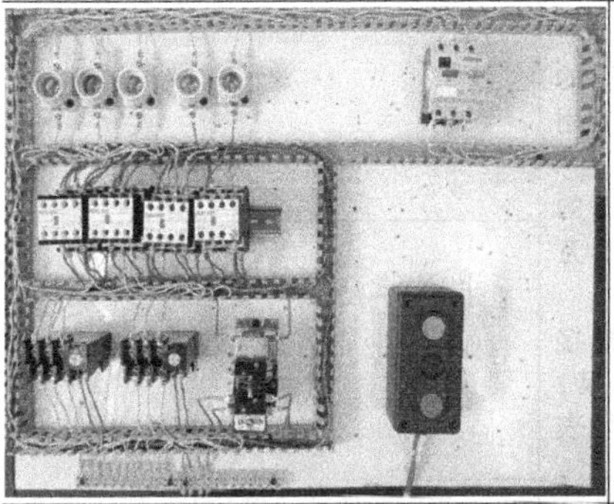</td><td>[目测检查]：根据电路图或接线图从电源端开始，逐段检查核对线号是否正确，有无漏接、错接，线夹与接线座连接是否松动</td><td rowspan="2">① 检查时要断开电源
② 要检查导线接点是否符合要求、压接是否牢固；编码套管是否齐全
③ 要注意接点接触是否良好，以免运行时产生电弧
④ 要用合适的电阻挡位，并“调零”进行检查
⑤ 检查时可用手或工具按下按钮或接触器时，要按到底，使常闭触头断开，常开触头闭合；检查联锁电路时，要轻轻按下，使常闭触头断开即可
⑥ 电路检查后，应盖上线槽板</td></tr>
<tr><td>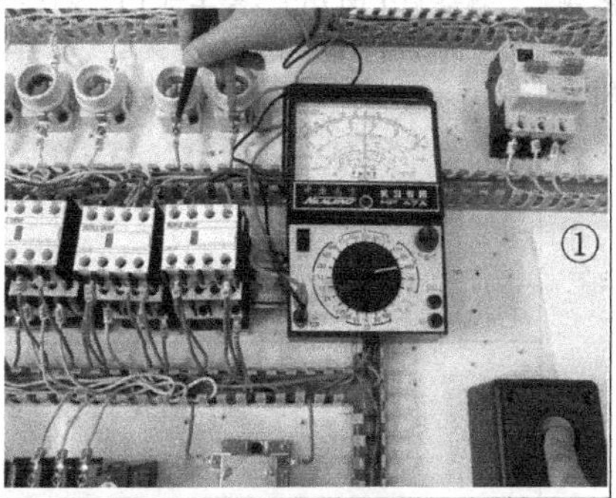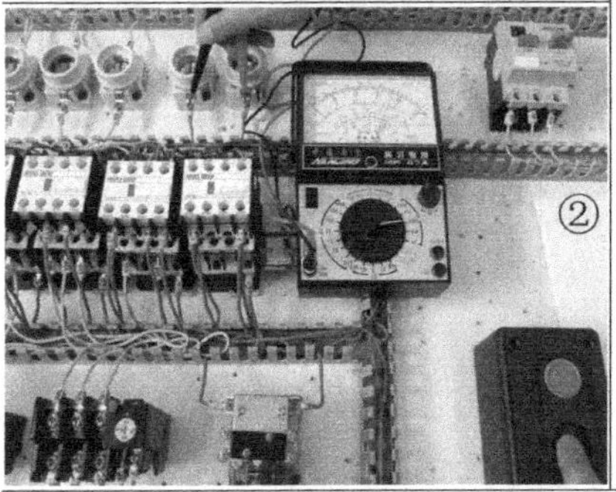</td><td>[万用表检查]：① 万用表两表笔搭接FU2的0、1端，按下SB1，万用表应指示一定的线圈阻值
② 万用表两表笔搭接FU2的0、1端，按下SB2，万用表应指示一定的线圈阻值</td></tr>
</table>

（续）

实训图片	操作方法	注意事项
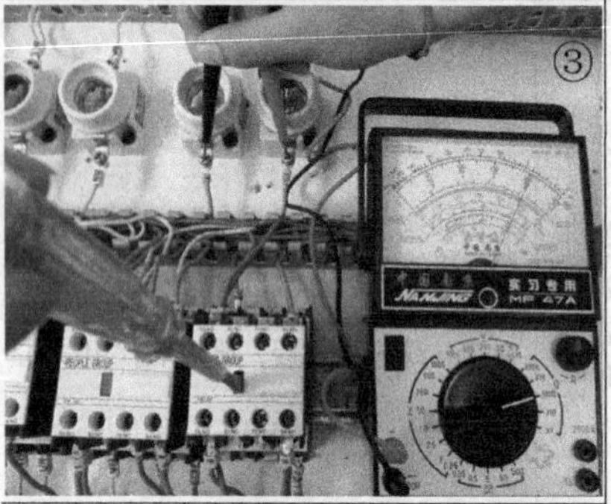	③ 万用表两表笔搭接 FU2 的 0、1 端，用工具按下 KA，万用表应指示一定的线圈阻值	此时为三个线圈并联
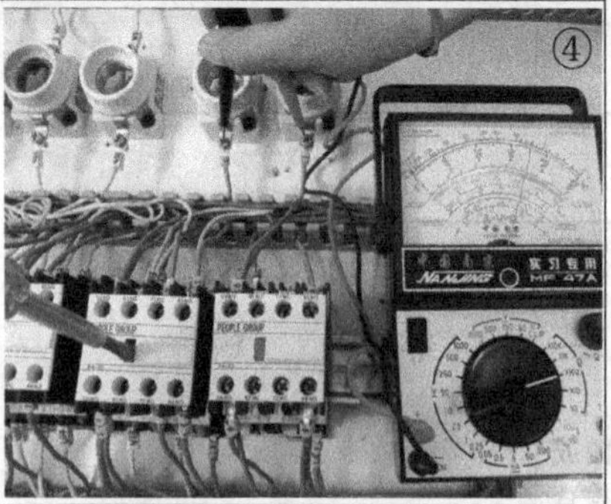	④ 万用表两表笔搭接 FU2 的 0、1 端，用工具按下 KM3，万用表应指示一定的线圈阻值	此时为两个线圈并联
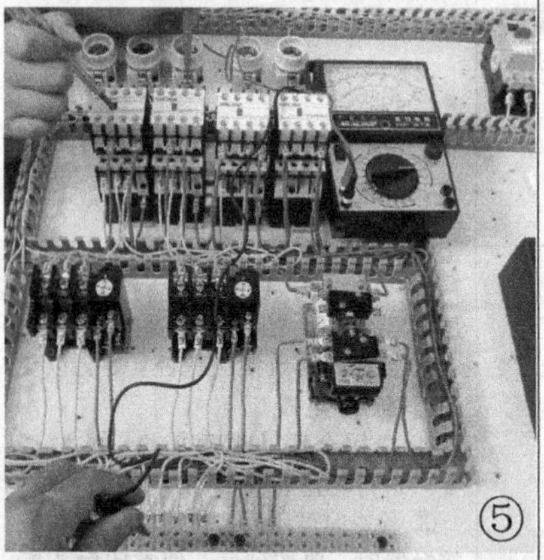	⑤ 万用表两表笔分别搭接 FU1 的 W12 端和端子排的 W1 端，用工具按下 KM1，万用表应指示为“0”	测量 FU1 的 U12→端子排 U1；测量 FU1 的 V12→端子排 V1
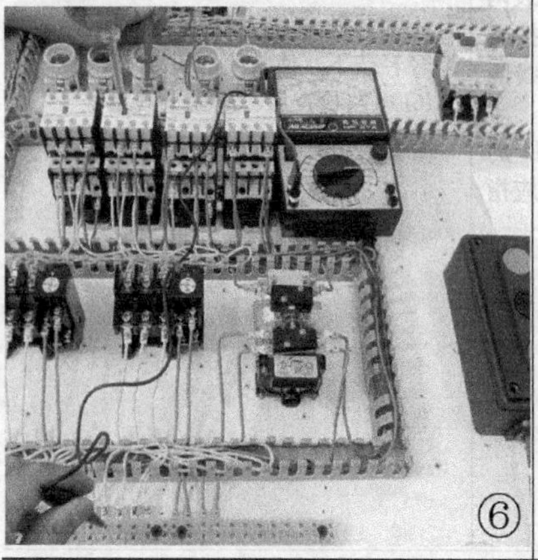	⑥ 万用表两表笔分别搭接 FU1 的 W12 端和端子排的 U2 端，用工具按下 KM2，万用表应指示为“0”	测量 FU1 的 U12→端子排 W2；测量 FU1 的 V12→端子排 V2

五、电动机连接

实训图片	操作方法	注意事项
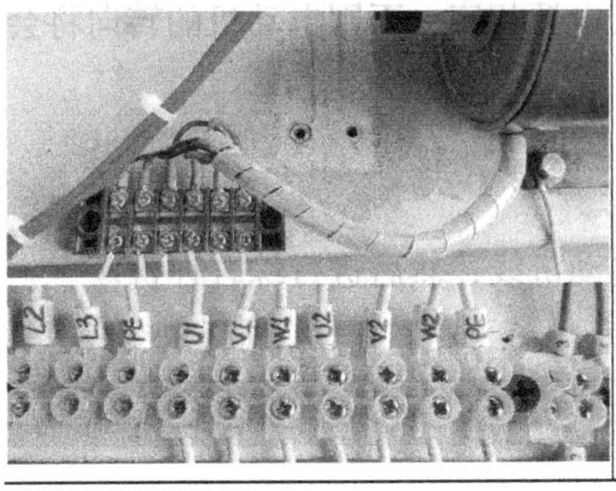	［连接电动机］：将电动机定子绕组的六根出线和外壳接地端分别与端子排对应接线座 U1、V1、W1、U2、V2、W2、PE 进行连接	① 电动机的外壳应可靠接地 ② 要分清（用万用表测量判断）电动机定子绕组的六个出线端子

六、通电试车

实训图片	操作方法	注意事项
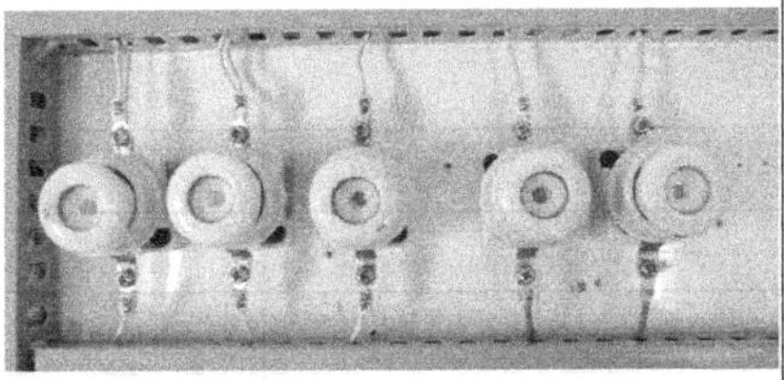	［安装熔体］：将 3 只 15A 的熔体装入 FU1 和熔断器中，将 2 只 2A 熔体装入 FU2 熔断器中，同时旋上熔帽	① 主电路和控制电路的熔体要区分清，不能装错 ② 熔体的熔断指示点要在上面 ③ 用万用表检测熔断器的好坏
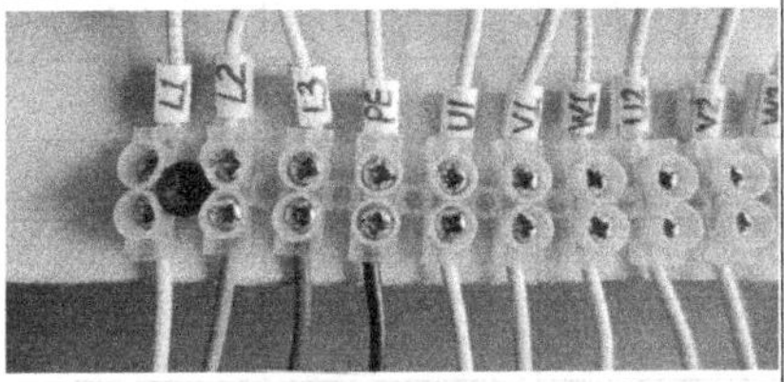	［连接电源线］：将三相电源线连接到接线端子排的 L1、L2、L3、PE 对应位置	① 连接电源线时应断开总电源 ② 由指导老师监护学生接通三相电源 ③ 学生通电试验时，指导老师必须在现场进行监护
	［验电］：合上总电源开关，用万用表 500V 电压挡，分别测量低压断路器进线端的相间电压，确认三相电源的三相电压平衡	① 测量前，确认学生是否已穿绝缘鞋 ② 测量时，学生操作是否规范 ③ 测量时表笔的笔尖不能同时触及两根带电体
	［按下按钮试车］：合上低压断路器 QF，先按下 SB1，电动机低速运转，然后按下 SB2，电动机高速运转，观察电动机转速的变化；或直接按下 SB2，电动机由低速起动转变为高速运行	① 按下按钮时不要用力过大 ② 按下按钮 SB1 或 SB2 后手不要急于松开，停留 1 ~ 2s 后再松开 ③ 按下起动按钮的同时，另一手指放在停止按钮上，发现问题，要迅速按下停止按钮 ④ 按下按钮后如出现故障，应在老师的指导下进行检查

提醒注意

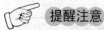

三相交流双速异步电动机在变换转速时，一定要改变电源相序，否则电动机的转向将会发生变化。

检查评价

通电试车完毕，切断电源，先拆除电源线，再拆除电动机线，然后进行综合评价。

任 务 评 价

序号	评价指标	评价内容	分值	个人评价	小组评价	教师评价
1	电路设计	电路图分析设计正确	10			
2	元器件检查	元器件是否漏检或错检	5			
3	安装元器件	不按布置图安装	5			
		元器件、线槽安装不牢固	3			
		元器件安装不整齐、不合理、不美观	2			
		损坏元器件	5			
4	布线	不按电路图接线	10			
		布线不符合要求	5			
		接点松动、露铜过长、反圈	5			
		损伤导线绝缘或线芯	5			
		未装或漏装编码套管	5			
		未接接地线	5			
5	通电试车	电路短路	10			
		第一次试车不成功	5			
		第二次试车不成功	10			
6	安全规范	是否穿绝缘鞋	5			
		操作是否规范安全	5			
		总分	100			
		问题记录和解决方法	记录任务实施过程中出现的问题和采取的解决办法（可附页）			

能 力 评 价

内 容		评 价	
学习目标	评价项目	小组评价	教师评价
应知应会	本任务的相关基本概念是否熟悉	□Yes □No	□Yes □No
	是否熟练掌握仪表、工具的使用	□Yes □No	□Yes □No
专业能力	是否能根据控制要求熟练地设计控制电路	□Yes □No	□Yes □No
	元器件的安装、使用是否规范	□Yes □No	□Yes □No
	安装接线是否合理、规范、美观	□Yes □No	□Yes □No
	是否具有相关专业知识的融合能力	□Yes □No	□Yes □No

（续）

内　容		评　价	
学习目标	评价项目	小组评价	教师评价
通用能力	团队合作能力	□Yes　□No	□Yes　□No
	沟通协调能力	□Yes　□No	□Yes　□No
	解决问题能力	□Yes　□No	□Yes　□No
	自我管理能力	□Yes　□No	□Yes　□No
	创新能力	□Yes　□No	□Yes　□No
态度	爱岗敬业	□Yes　□No	□Yes　□No
	工作认真	□Yes　□No	□Yes　□No
	劳动态度	□Yes　□No	□Yes　□No
个人努力方向：		老师、同学建议：	

思考与提高

本控制任务中，我们使用了 CJX2 型交流接触器并配带了辅助触头，那为什么还要装设一个中间继电器 KA？

单元二　自动控制电路实战训练

随着科学技术的发展，工业产品出现了多品种、批量生产的发展趋势，传统的继电控制系统的生产流水线已不能适应生产的需要，各种新工艺、新技术、新材料广泛应用于生产实践中。在自动控制系统中，PLC、变频器、触摸屏等新技术已逐步取代传统的继电控制系统，广泛地应用于各种电器设备的控制中。因此，本单元将重点强化对 PLC、变频器控制电路的实训，以更加贴近工厂企业的生产实际，为以后更好地服务企业、更好的工作，为学生以后进一步的提升打下良好扎实的基础。

学习目标

- 掌握 PLC 编程的高级指令，并掌握 PLC 编程方法和技巧。
- 掌握 PLC、变频器的外部接线方法，会进行其控制电路的安装接线。
- 掌握变频器的使用方法，会进行变频器参数的设定。
- 会利用 PLC、变频器进行多速电动机的控制。

任务四　Y-△起动带能耗制动的 PLC 控制电路的安装调试

训练目标

- 掌握Y-△减压起动控制电路，了解能耗制动的概念和工作原理。
- 掌握 PLC 的外部接线方法，正确安装Y-△起动带能耗制动的 PLC 控制电路。
- 会应用 SWOPC－FXGP/WIN－C 软件。
- 掌握多重输出指令的使用方法，会熟练用其进行编程。

任务描述

电动机自由停机的时间长短，随惯性大小而不同，而某些生产机械要求迅速、准确地停机，如镗床、车床的主电动机需快速停机；起重机为使重物停位准确及现场安全要求，也必须采用快速、可靠地制动方式。

任务分析

本任务要求实现Y-△起动带能耗制动的 PLC 控制电路的安装调试，要完成此任务，首先应正确绘制三相异步电动机Y-△起动带能耗制动控制电路图、理解其工作原理，根据其控制电路图，确定 PLC 输入/输出地址表、PLC 接线图、编写梯形图及指令表。

一、电路工作原理分析

按下起动按钮 SB1，KM1、KT、KM Y线圈得电，KM1、KM Y主触头闭合，KM1 常开触点闭合自锁，KM1、KM Y常闭触点分断联锁，电动机按Y联结减压起动。KT 延时 5s 时间一到，KT 常闭触点分断使 KM Y线圈失电，KM Y主触点、联锁触点断开，又 KT 常开触点闭合使 KM△线圈得电，KM△主触点闭合，联锁触点分断，电动机按△联结全压运行。按下停止按钮 SB2 即常闭触点断开，KM1、KM Y、KM△线圈失电，同时 SB2 常开触点闭合，KM2 线圈得电，KM2 的主触点、常开触点闭合，电动机在Y联结情况下进行能耗制动。

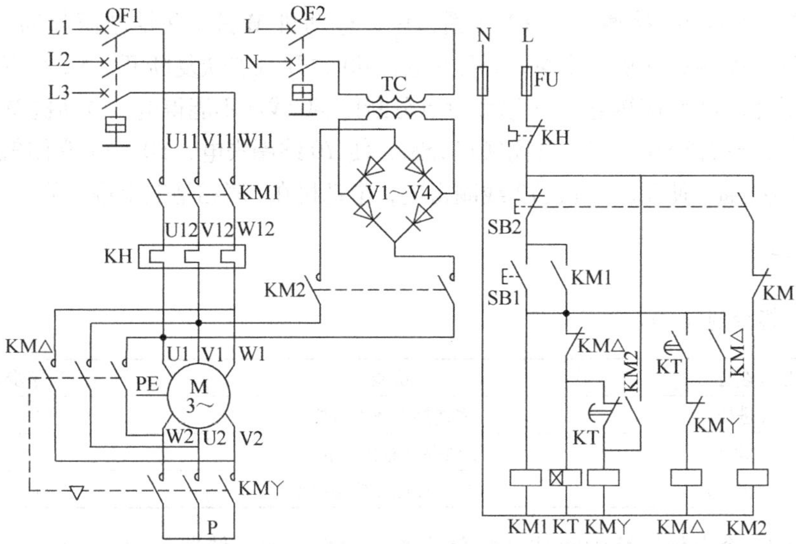

二、输入/输出点的确定

为了将Y-△起动带能耗制动控制电路用 PLC 控制器来实现，PLC 需要 3 个输入点，4 个输出点，输入/输出点分配见下表。

输入			输出		
输入继电器	输入元件	作用	输出继电器	输出元件	作用
X0	SB1	起动按钮	Y0	KM1	主接触器
X1	SB2	停止按钮	Y1	KM△	全压运行
X2	KH	过载保护	Y2	KMY	减压起动
			Y3	KM2	制动接触器

三、PLC 接线图

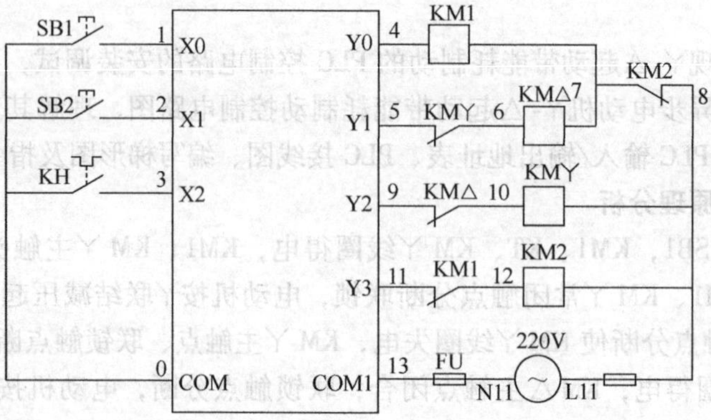

PLC接线图

四、梯形图和指令表

按下起动按钮 SB1，X0 接通，X0 的常开触点闭合，驱动 T0、Y0、M0 线圈得电，同时梯形图中的常开触点 M0 接通，使 Y2 线圈得电，电动机 M 按Y联结减压起动。T0 延时 5s 时间一到，T0 常闭触点分断，使 M0 线圈失电，M0 常开触点恢复断开，Y2 线圈失电，同时 T0 常开触点闭合，Y1 线圈得电，Y1 联锁触点分断使 M0 线圈不能得电，电动机 M 按△联结全压运行。按下停止按钮 SB2 即 X1 常闭触点分断，使 Y0 线圈失电，Y0、Y1 常闭触点分段，同时 X1 常开触点接通，使 Y3、M1、Y2 线圈得电，电动机在Y联结情况下进行能耗制动。

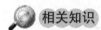

相关知识

多重输出指令见下表。

符号（名称）	功能	程序步
MPS（进栈）	将连接点数据入栈	1
MRD（读栈）	读栈存储器栈顶数据	1
MPP（出栈）	取出栈存储器栈顶数据	1

PLC 中有 11 个存储运算中间结果的存储器，称之为栈存储器。如下图所示。

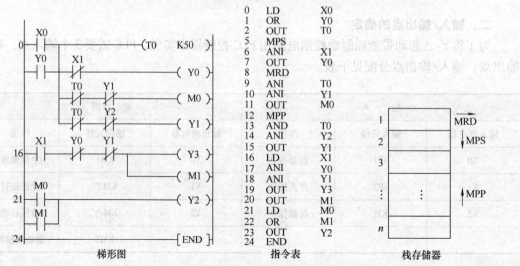

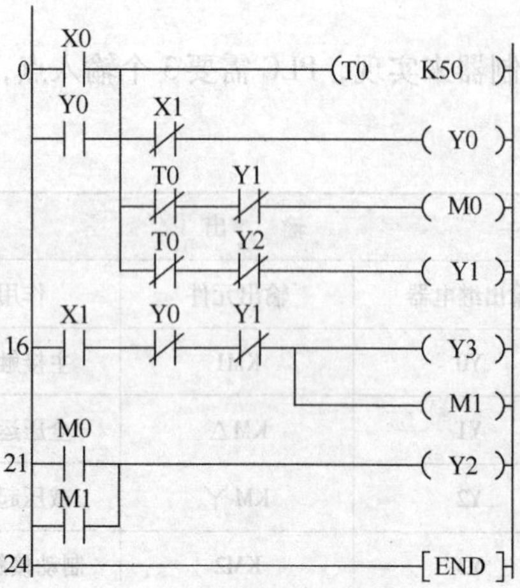

梯形图

0	LD	X0
1	OR	Y0
2	OUT	T0
5	MPS	
6	ANI	X1
7	OUT	Y0
8	MRD	
9	ANI	T0
10	ANI	Y1
11	OUT	M0
12	MPP	
13	AND	T0
14	ANI	Y2
15	OUT	Y1
16	LD	X1
17	ANI	Y0
18	ANI	Y1
19	OUT	Y3
20	OUT	M1
21	LD	M0
22	OR	M1
23	OUT	Y2
24	END	

指令表

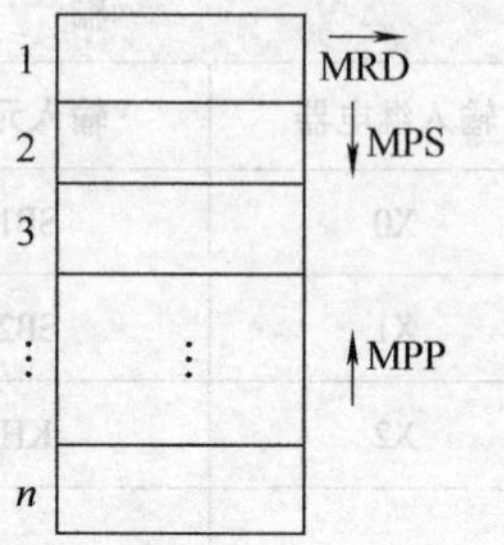

栈存储器

进栈 MPS 指令就是将运算中间结果存入栈存储器，使用一次 MPS 指令，该时刻的运算结果就压入栈存储器第一级，再使用一次 MPS 指令时，当时的运算结果压入栈的第一级，先压入的数据依次向栈的下一级推移。

读栈 MRD 指令是存入栈存储器的最上级的最新数据的读出专用指令，栈内的数据不发生上、下移。

使用出栈 MPP 指令就是将存入栈存储器的各数据依次上移，最上级数据读出后就从栈内消失。

这组指令都是没有数据（操作元件号）的指令，可将触点先存储，因此用于多重输出电路。下图举例说明。

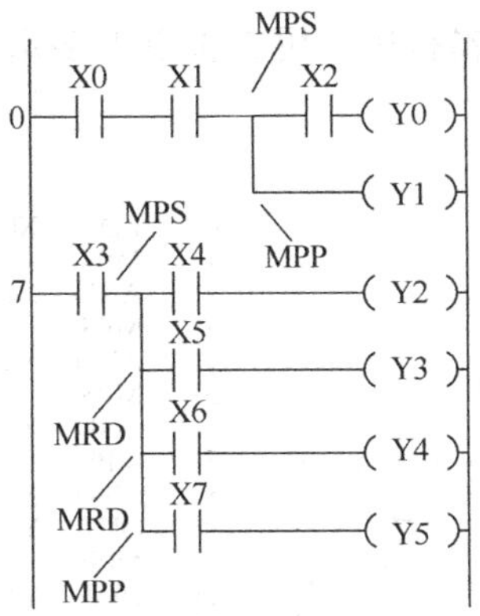

梯形图

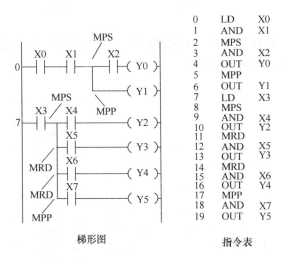

0	LD	X0
1	AND	X1
2	MPS	
3	AND	X2
4	OUT	Y0
5	MPP	
6	OUT	Y1
7	LD	X3
8	MPS	
9	AND	X4
10	OUT	Y2
11	MRD	
12	AND	X5
13	OUT	Y3
14	MRD	
15	AND	X6
16	OUT	Y4
17	MPP	
18	AND	X7
19	OUT	Y5

指令表

（1）一层栈电路　在梯形图的一个逻辑行中，只用一次多重输出指令，这样的梯形图电路称为一层栈电路。下图举例说明。

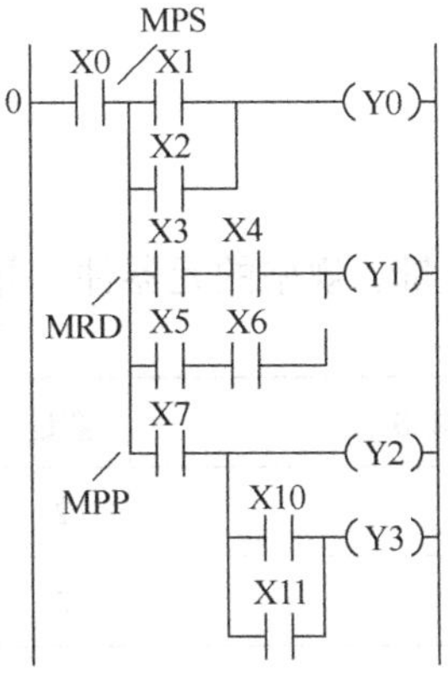

梯形图

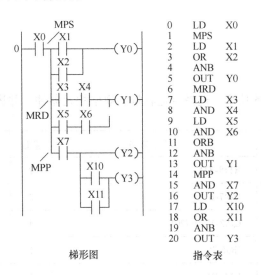

0	LD	X0
1	MPS	
2	LD	X1
3	OR	X2
4	ANB	
5	OUT	Y0
6	MRD	
7	LD	X3
8	AND	X4
9	LD	X5
10	AND	X6
11	ORB	
12	ANB	
13	OUT	Y1
14	MPP	
15	AND	X7
16	OUT	Y2
17	LD	X10
18	OR	X11
19	ANB	
20	OUT	Y3

指令表

（2）二层栈电路　在梯形图的一个逻辑行中，用二次多重输出指令，这样的梯形图电路称为二层栈电路。下图举例说明。

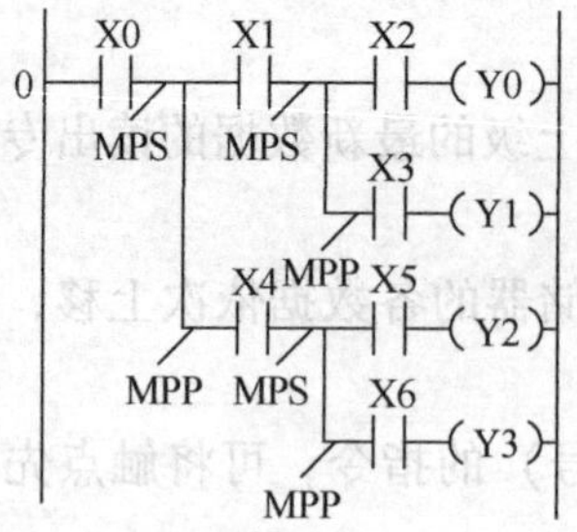

梯形图

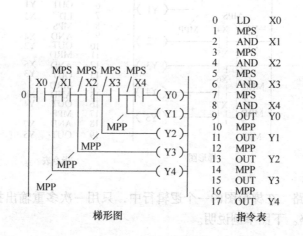

0	LD	X0
1	MPS	
2	AND	X1
3	MPS	
4	AND	X2
5	OUT	Y0
6	MPP	
7	AND	X3
8	OUT	Y1
9	MPP	
10	AND	X4
11	MPS	
12	AND	X5
13	OUT	Y2
14	MPP	
15	AND	X6
16	OUT	Y3

指令表

（3）多层栈电路　在梯形图的一个逻辑行中，用二次以上多重输出指令，这样的梯形图电路称为多层栈电路。下图举例说明。

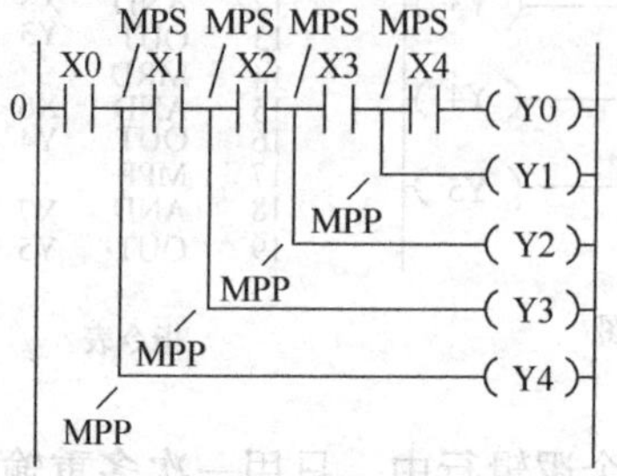

梯形图

0	LD	X0
1	MPS	
2	AND	X1
3	MPS	
4	AND	X2
5	MPS	
6	AND	X3
7	MPS	
8	AND	X4
9	OUT	Y0
10	MPP	
11	OUT	Y1
12	MPP	
13	OUT	Y2
14	MPP	
15	OUT	Y3
16	MPP	
17	OUT	Y4

指令表

任务实施

一、元器件选择

根据被控制电动机的功率，选择合适容量、规格的元器件，并进行质量检查。

序号	元器件名称	型号、规格	数量	备注
1	熔断器	RT18-32X	2	
2	低压断路器	DZ47-63	2	3 极、2 极各一只
3	交流接触器	CJX2-1210/220V	4	配 F4-22 辅助触头
4	热继电器	JR36-20	1	
5	按钮	LA4-3H	1	
6	PLC	三菱 FX2N-48MR	1	

（续）

序号	元器件名称	型号、规格	数量	备注
7	直流电源	S-120-24 AC220V ±15% DC24V 5A	1	
8	塑料导线	BVR－1mm^2	30m	控制电路用
9	塑料导线	BVR－1.5mm^2	50m	主电路用
10	塑料导线	BVR－0.75mm^2	3m	按钮用
11	接线端子排	TD（AZ1）660V 15A	2	
12	三相异步电动机	Y112M－4 4kW 8.8A	1	1440r/min △联结
13	接线板	700mm×550mm×30mm	1	

二、PLC 控制电路接线

按照 PLC 接线图用导线将各元器件和 PLC 模块进行连接。

实训图片	操作方法	注意事项
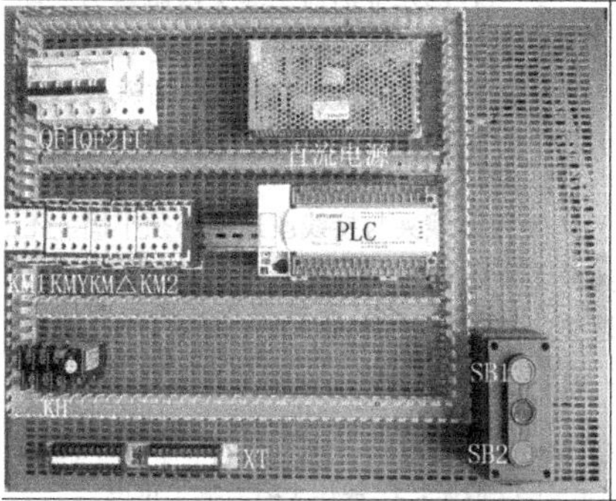	[安装各元器件]：将低压断路器、接触器、PLC 模块、直流电源、热继电器、按钮、端子排、线槽等按布置要求安装在接线板上	① 安装按钮的金属板或金属按钮盒必须可靠接地 ② 元器件布置要整齐、匀称、合理，安装要牢固可靠 ③ 安装接触器前应先安装卡轨，接触器散热孔应垂直向上 ④ 布线槽安装应端正牢固美观
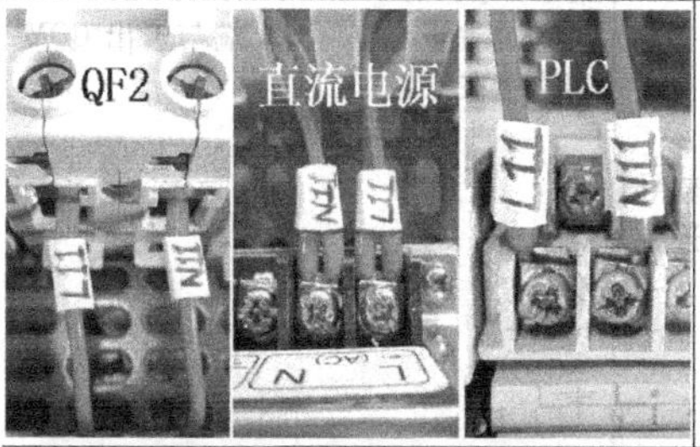	[布置 PLC 电源]：将 QF2 断路器的两出线端连接到直流电源的两进线端，再并联 PLC 模块中的电源输入端 L、N	① 本任务采用针式线夹，要根据导线的截面积选择不同尺寸的线夹 ② 线夹与导线线芯要压接良好、牢固可靠 ③ 同一个接线座压接两个针式线夹时，要左右压接，且要压接牢固，不能松动
	[布置 0 号线]：用一根软导线将 PLC 的 COM 接线座连接到 KH 的 97 号接线座，再并联一根导线到端子排对应 0 号线位置	

（续）

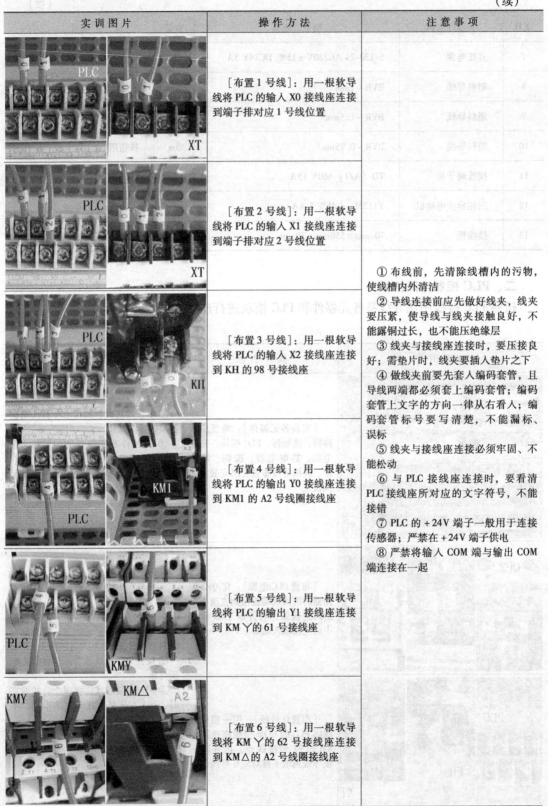

实训图片	操作方法	注意事项
	［布置1号线］：用一根软导线将PLC的输入X0接线座连接到端子排对应1号线位置	① 布线前，先清除线槽内的污物，使线槽内外清洁 ② 导线连接前应先做好线夹，线夹要压紧，使导线与线夹接触良好，不能露铜过长，也不能压绝缘层 ③ 线夹与接线座连接时，要压接良好；需垫片时，线夹要插入垫片之下 ④ 做线夹前要先套入编码套管，且导线两端都必须套上编码套管；编码套管上文字的方向一律从右看入；编码套管标号要写清楚，不能漏标、误标 ⑤ 线夹与接线座连接必须牢固、不能松动 ⑥ 与PLC接线座连接时，要看清PLC接线座所对应的文字符号，不能接错 ⑦ PLC的+24V端子一般用于连接传感器；严禁在+24V端子供电 ⑧ 严禁将输入COM端与输出COM端连接在一起
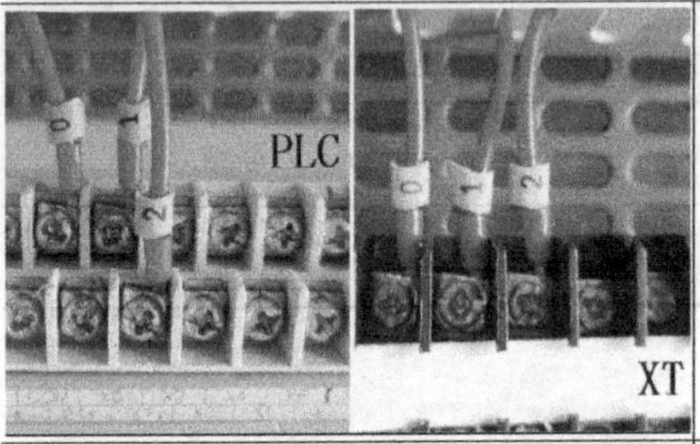	［布置2号线］：用一根软导线将PLC的输入X1接线座连接到端子排对应2号线位置	
	［布置3号线］：用一根软导线将PLC的输入X2接线座连接到KH的98号接线座	
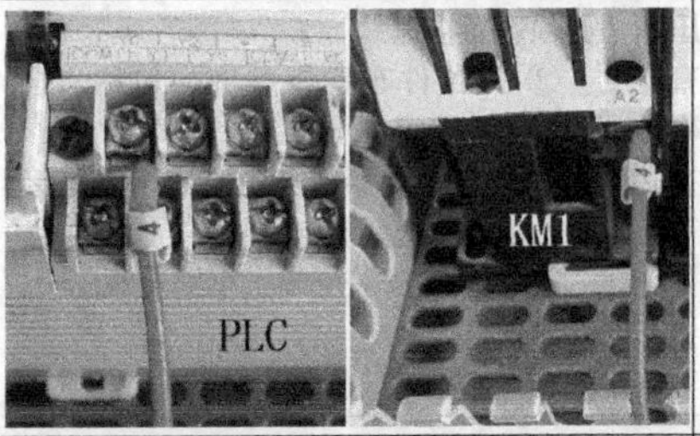	［布置4号线］：用一根软导线将PLC的输出Y0接线座连接到KM1的A2号线圈接线座	
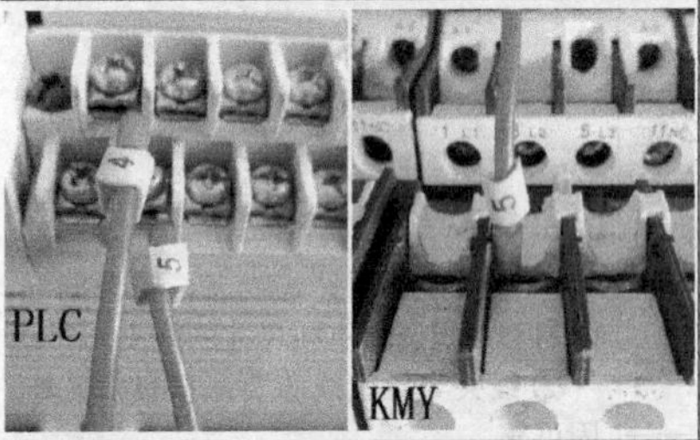	［布置5号线］：用一根软导线将PLC的输出Y1接线座连接到KM丫的61号接线座	
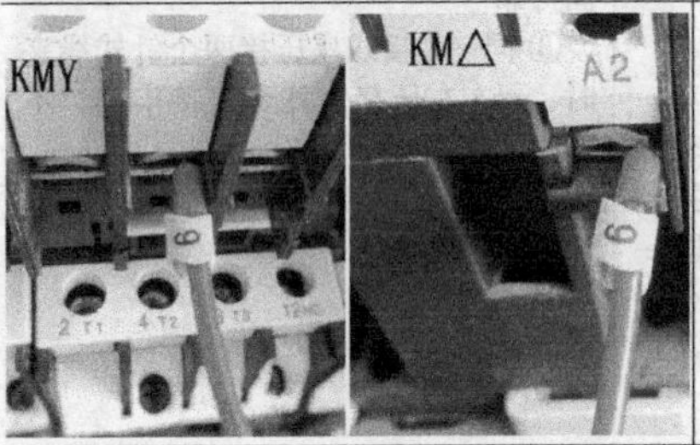	［布置6号线］：用一根软导线将KM丫的62号接线座连接到KM△的A2号线圈接线座	

（续）

实训图片	操作方法	注意事项
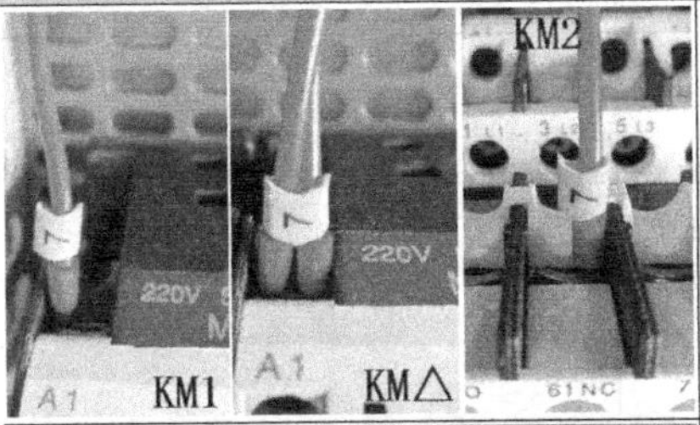	[布置7号线]：用一根软导线将KM1的A1号线圈接线座连接到KM△的A1号线圈接线座，由此再并联一根导线到KM2的61号接线座	
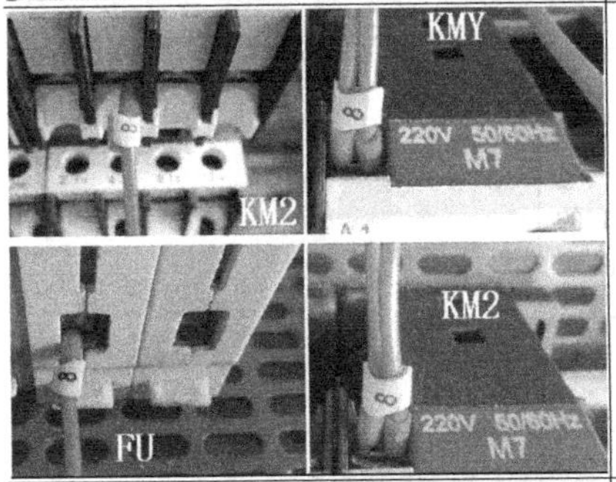	[布置8号线]：用一根软导线将KM2的62号接线座连接到KM丫的A1号线圈接线座，再由此并联到KM2的A1号线圈接线座，再由此并联到FU的左边一个熔断器的出线端	① 布线时不能损伤线芯和导线绝缘，导线中间不能有接头 ② 各电器元件接线座上引入或引出的导线，必须经过布线槽进行连接，变换走向要垂直 ③ 与电器元件接线座连接的导线都不允许从水平方向进入布线槽内 ④ 进入布线槽内的导线要完全置于布线槽内，并尽量避免交叉，槽内导线数量不要超过其容量的70% ⑤ 要合理考虑导线的连接顺序和走向，以节约导线 ⑥ 十位数以上的编码套管，采用个位编码套管拼接形式
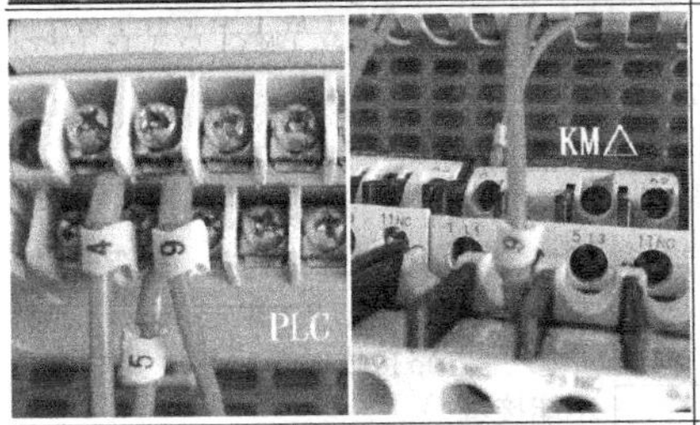	[布置9号线]：用一根软导线将PLC的输出Y2接线座连接到KM△的61号接线座	
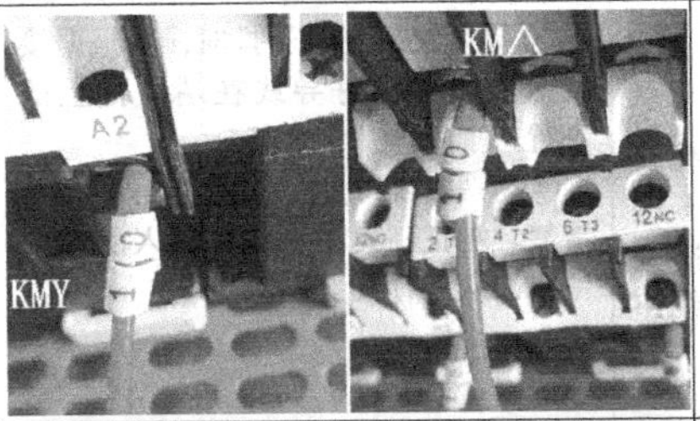	[布置10号线]：用一根软导线将KM△的62号接线座连接到KM丫的A2号线圈接线座	
	[布置11号线]：用一根软导线将PLC的输出Y3接线座连接到KM1的61号接线座	
	[布置12号线]：用一根软导线将KM1的62号接线座连接到KM2的A2号线圈接线座	

（续）

实训图片	操作方法	注意事项
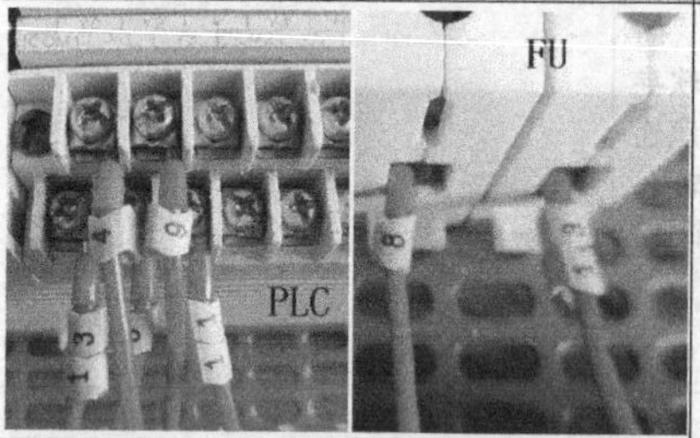	［布置 13 号线］：用一根软导线将 PLC 的输出端 COM1 接线座连接到 FU 的右边一个熔断器的出线端	
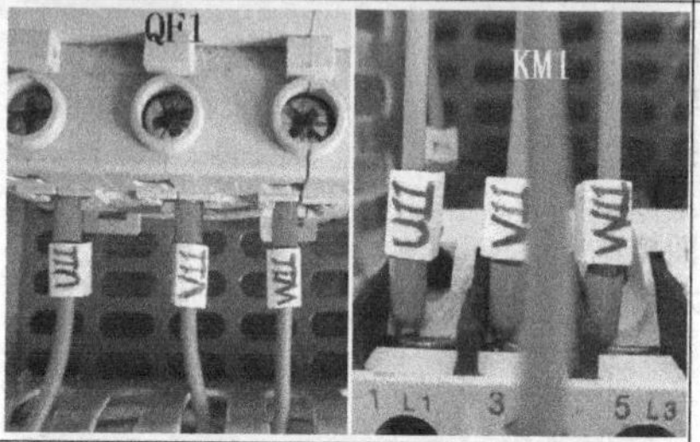	［布置 U11、V11、W11 号线］：用三根软导线将 QF1 的 2T1、4T2、6T3 接线座连接到 KM1 的 1L1、3L2、5L3 接线座	
	［布置 U12、V12、W12 号线］：用三根软导线将 KM1 的 2T1、4T2、6T3 接线座连接到 KH 的 1L1、3L2、5L3 接线座	① 导线连接时要从上到下，一相一相连接或用分色导线连接，以保证从左至右依次为 U、V、W 三相 ② 主电路接线时前后相序要对应，不能接错 ③ 导线连接到端子排时，要根据接线图预先分配好导线在端子排上的位置 ④ 手写编码套管，文字编号要书写清楚、端正，大小一致；套入的方向一律以从右看入为准
	［布置 U1、V1、W1 号线］：用六根软导线分别将 KH 的 2T1、4T2、6T3 接线座连接到 KM△的 1L1、3L2、5L3 接线座和端子排对应位置	
	［布置 U2、V2、W2 号线］：用六根软导线分别将 KM丫的 1L1、3L2、5L3 接线座连接到 KM△的 4T2、6T3、2T1 接线座和端子排对应位置	由 KM丫连接到 KM△时要注意改变相序

（续）

实训图片	操作方法	注意事项
	［布置 P 号线］：用两根软导线将 KM丫的 2T1、4T2、6T3 接线座并联起来	将电动机绕组接成丫联结
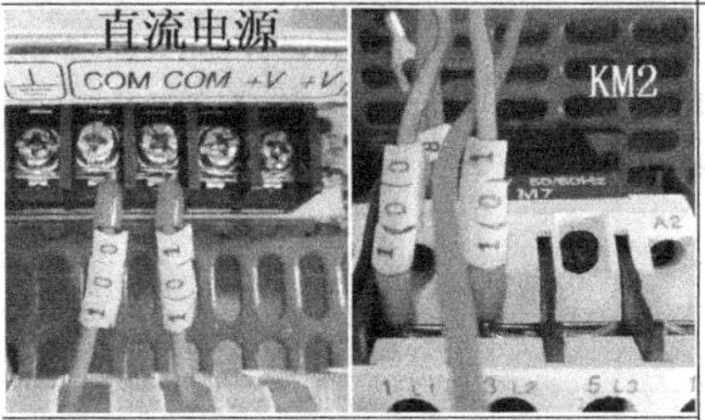	［布置制动回路线］：用两根软导线将直流电源的 24V 输出接线座连接到 KM2 的 1L1、3L2 接线座；将 KM2 的 2T1、4T2 接线座连接到 KM△的 1L1、3L2 接线座	注意：直流电源的哪两个端子是 24V 输出端子
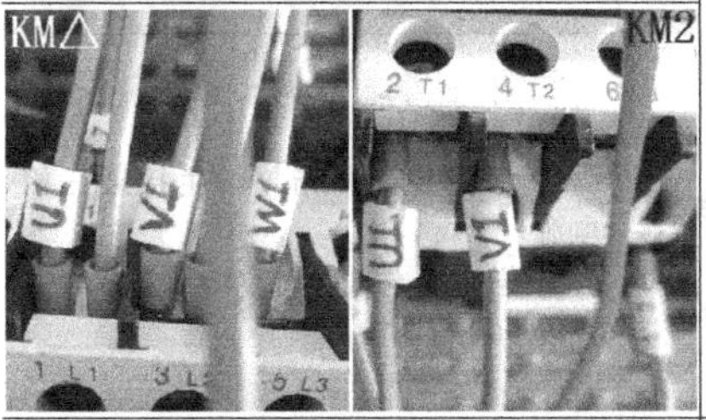		亦可将 KM2 的 2T1、4T2 接线座连接到端子排上 U1、V1 位置，其目的是将直流电源接入两相定子绕组中
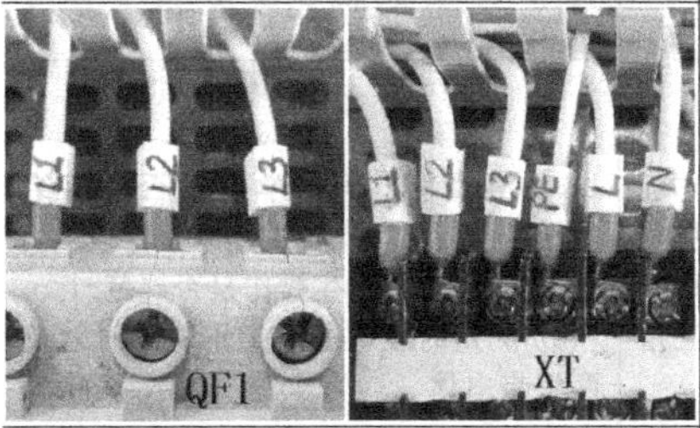	［布置 L1、L2、L3 号线］：用三根软导线将 QF1 的三个进线座连接到端子排 XT 的对应接线座	电源导线连接时三相电源相序要对应，从左至右依次为 L1、L2、L3
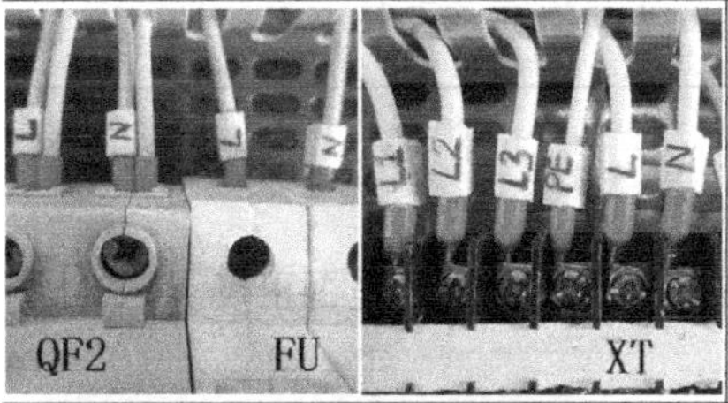	［布置 L、N 号线］：用两根软导线将端子排 XT 的对应接线座连接到 QF2 的两个进线接线座，再由此并联到 FU 的两个进线接线座	单相电源与三相电源要分开连接
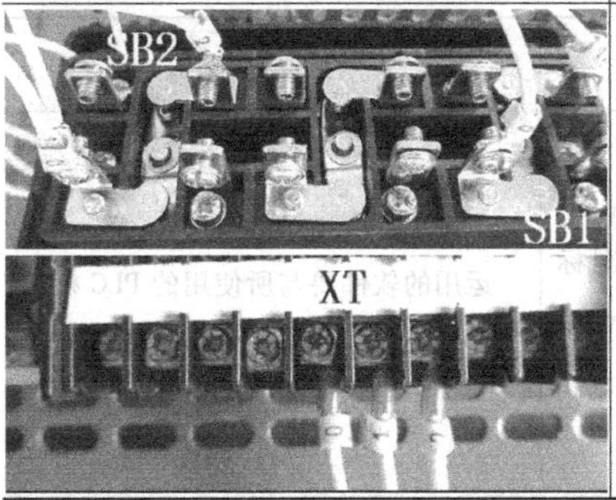	［布置按钮线］：将端子排 0、1 号线接在 SB1 常开按钮两端；将 0、2 号线接在 SB2 常开按钮两端	① 由端子排引接到按钮的导线一定要穿过开关盒的接线孔 ② 导线连接前一定要穿入编码套管 ③ 与按钮接线座连接用冷压接线夹，与端子排连接用针式线夹

三、连接电动机、电源

实训图片	操作方法	注意事项
 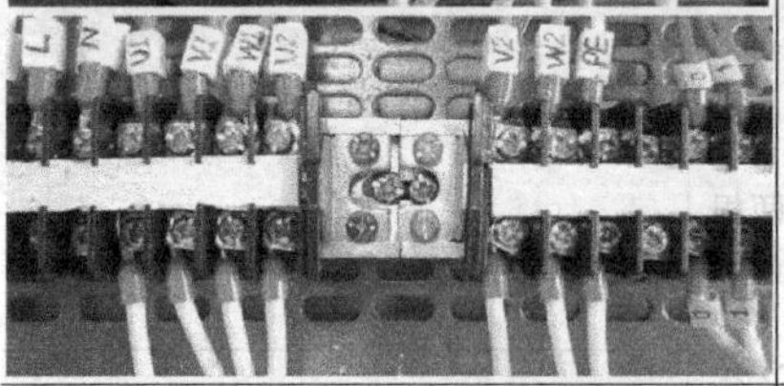	［电动机连接］：将电动机定子绕组的六根出线分别与端子排对应接线座 U1、V1、W1；U2、V2、W2 进行连接，并将电动机的外壳与端子排接线座 PE 进行连接	电动机的外壳应可靠接地
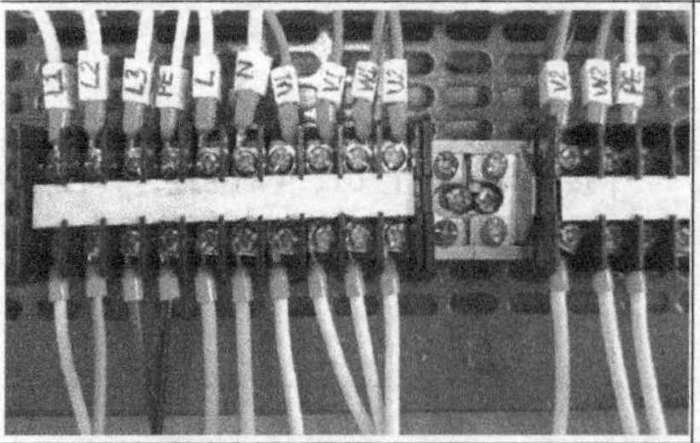	［连接电源］：将三相四线电源线连接到接线端子排的 L1、L2、L3、PE、L、N 对应位置	① 由指导老师指导学生接通三相电源 ② 学生通电试验时，指导老师必须在现场进行监护
	［验电］：合上总电源开关，用万用表 500V 电压挡，分别测量低压断路器进线端的相间电压，确认三相四线制电源的三相电压平衡	① 测量前，确认学生是否已穿绝缘鞋 ② 测量时，学生操作是否规范 ③ 测量时表笔的笔尖不能同时触及两根带电体

四、程序录入

用 SWOPC-FXGP/WIN-C 编程软件录入相对应的指令或梯形图，检查是否正确录入。

实训图片	操作方法	注意事项
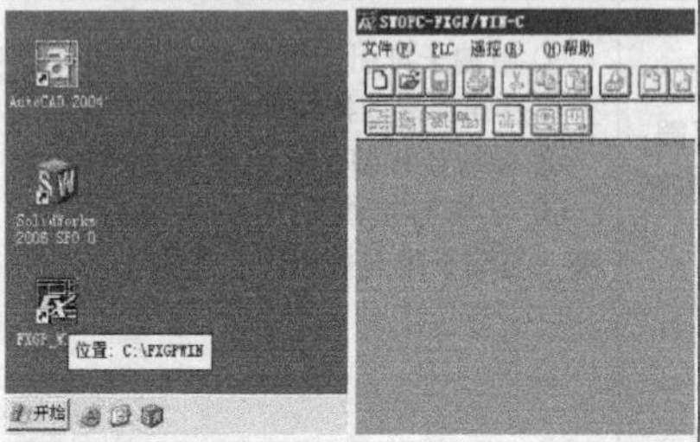	［启动程序］：开启计算机，双击桌面上 FXGP WIN-C 图标 ，出现 SWOPC-FXGP/ WIN-C 屏幕	运用的软件要与所使用的 PLC 模块相对应

（续）

实训图片	操作方法	注意事项
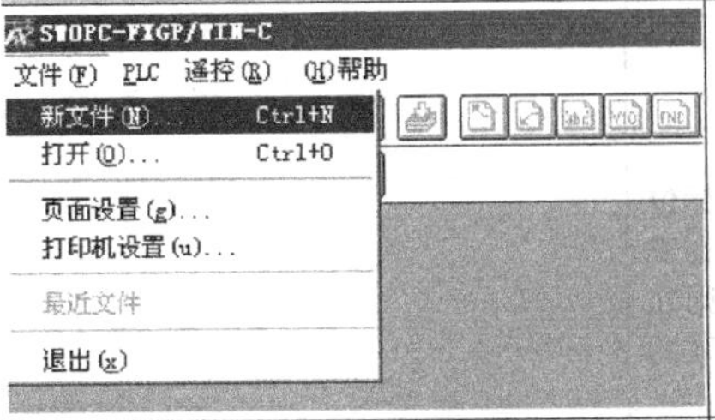	[新建一个程序文件]：单击“文件”菜单，单击“新文件”命令	也可以单击图标，新建一个文件
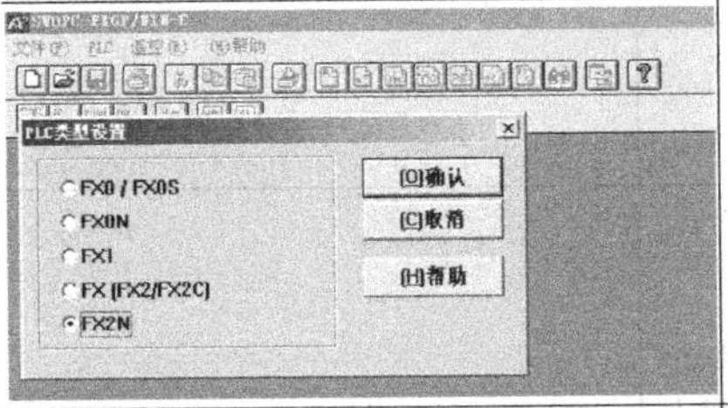	[选择机型]：单击“新文件”命令后，出现“PLC 类型设置”，选择机型，选择“FX2N”，单击确认	单击“FX2N”前的白圆圈后，圆圈中间出现一小黑点，表示选中
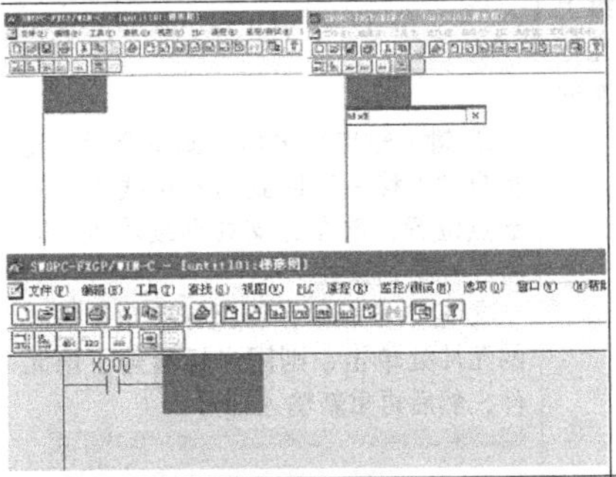	[程序输入 1]：在图光标位置上输入 X0 常开触点，即在键盘上键入 LD X0，回车，则在光标位置处，出现与左母线相连的 X0 常开触点	在键盘上键入指令时，自动出现指令输入框。如指令输入错误，则出现“指令设置错误”提示框 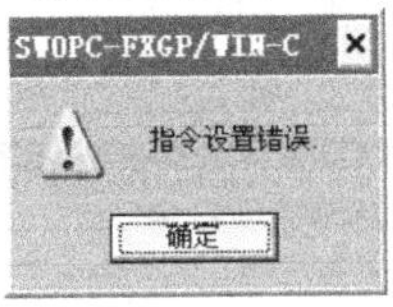
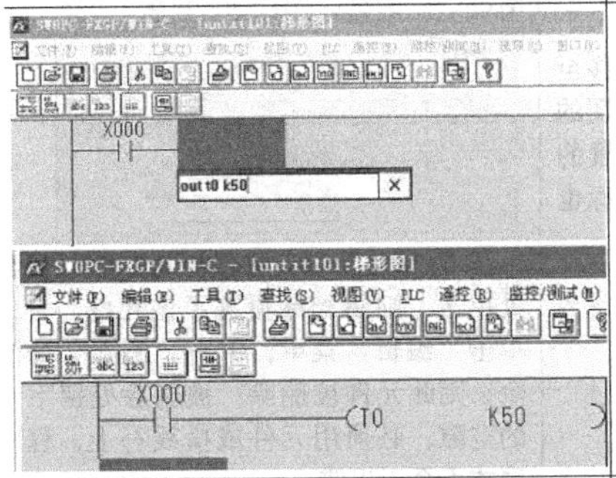	[程序输入 2]：在图光标位置上输入 T0 线圈，即在键盘上键入 OUT T0 K50，回车，则在光标位置处，出现与右母线相连的 T0 线圈，延时时间设定值为 5s	① 输入时，指令助记符与操作数之间要空一格 ② 左母线只能直接接各类继电器的触点 ③ 右母线只能直接接各类继电器的线圈（不含输入继电器的线圈） ④ 程序输入时，在键盘上键入一个指令如 ANI X0，就需要回车一次，再进行下一次键入
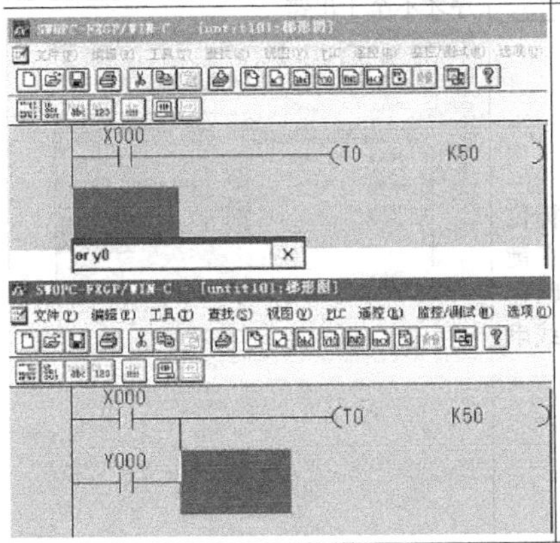	[程序输入 3]：在图光标位置上输入 Y0 常开触点，即在键盘上键入 OR Y0，回车，则在光标位置处，出现与 X0 并联的 Y0 常开触点	

（续）

实训图片	操作方法	注意事项
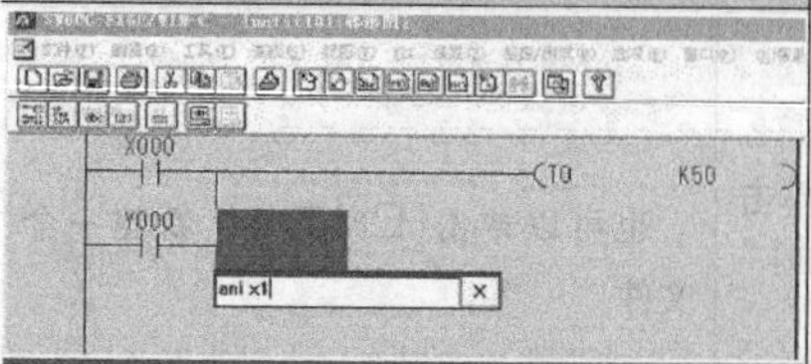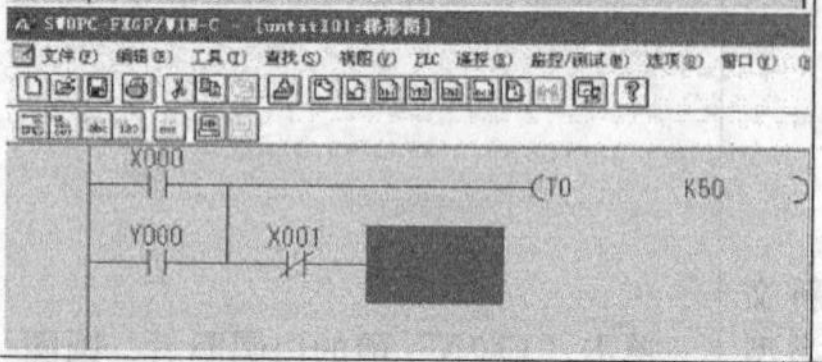	[程序输入4]：在图光标位置上输入X1常闭触点，即在键盘上键入ANI X1，回车，则在光标位置处，出现与Y0串联的X1常闭触点	
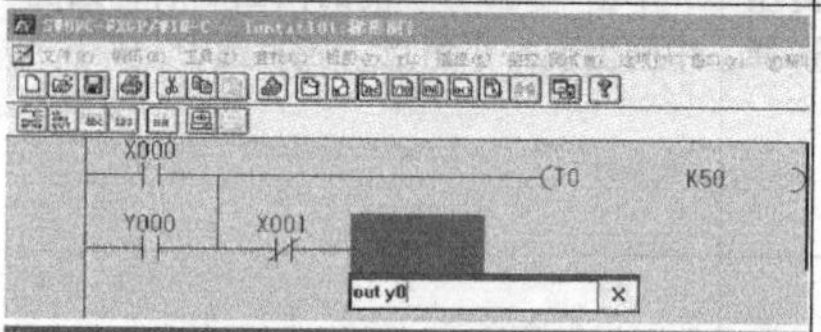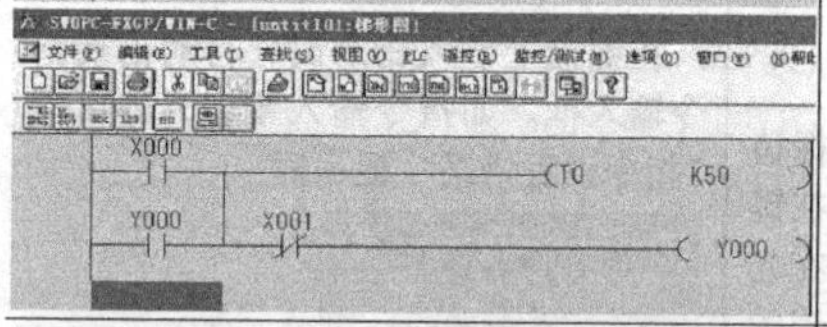	[程序输入5]：在图光标位置上输入Y0线圈，即在键盘上键入OUT Y0，回车，则在光标位置处，出现与右母线相连的Y0线圈	① 键入输出继电器线圈指令后，光标自动下移一行回到与左母线相连的起点位置，欲在分支处继续输入，需将光标移到该处 ② 输入错误时，将鼠标移到待修改的元件处单击，则图光标覆盖了该元件，然后再重新输入即可 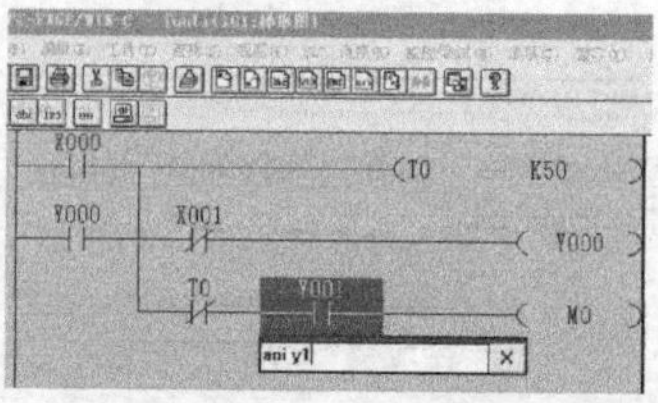 ③ 删除元件时，将鼠标移到该元件处单击，则图光标覆盖了该元件。再单击“编辑”菜单，单击“删除”命令，则此元件被删除。被删除处留下的空隙，必须用元件或横线补上，程序才不至于出错 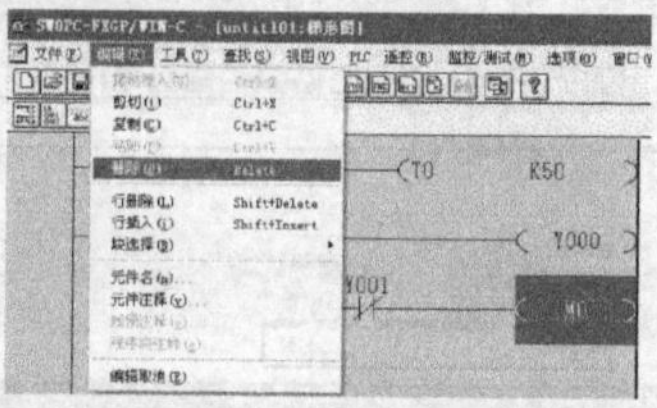
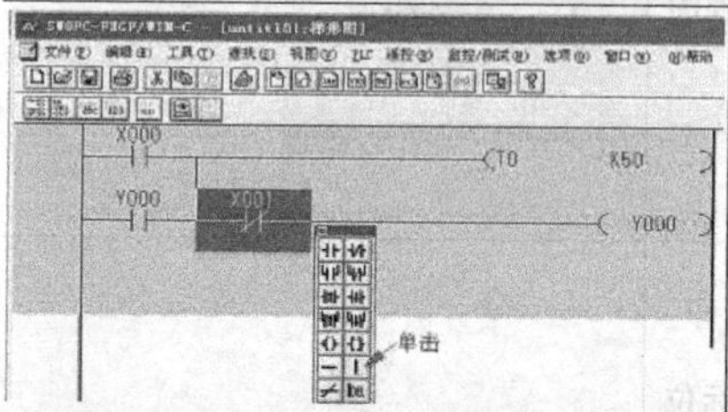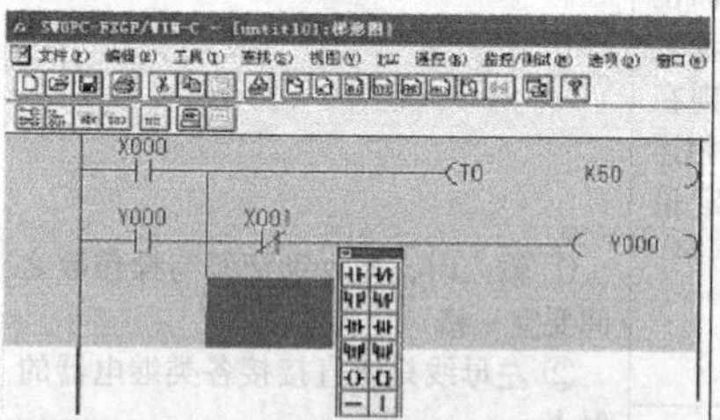	[程序输入6]：将光标移至图示位置上后，将单击功能图的“|”处，则在当前光标位置的左下方出现一垂直线，图光标也下移一行	
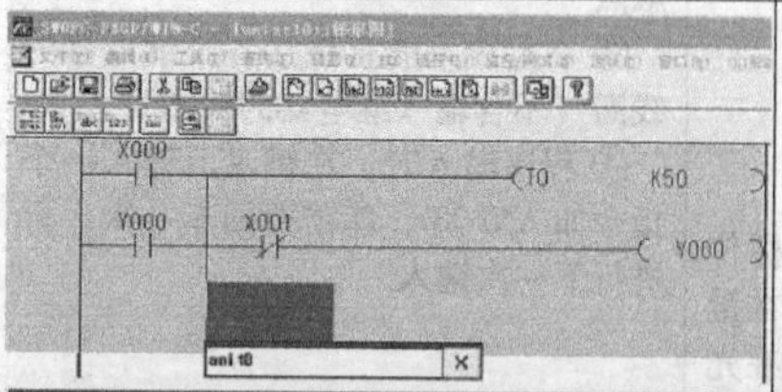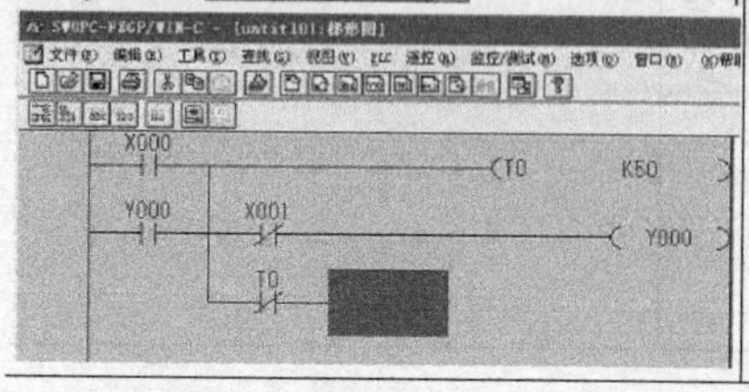	[程序输入7]：在图光标位置上输入T0常闭触点，即在键盘上键入ANI T0，回车，则在光标位置处，出现与左垂直线串联的T0常闭触点	

（续）

实训图片	操作方法	注意事项
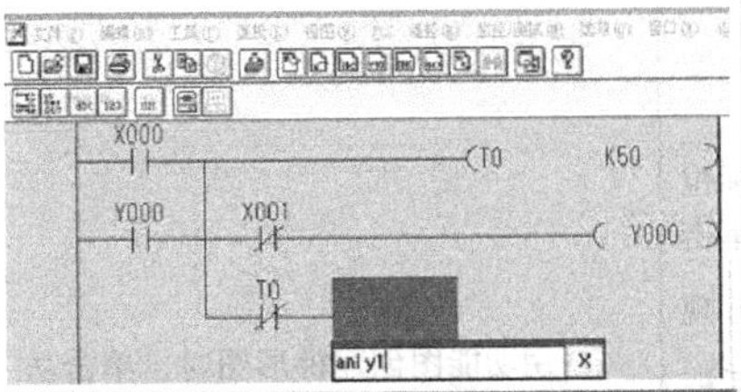 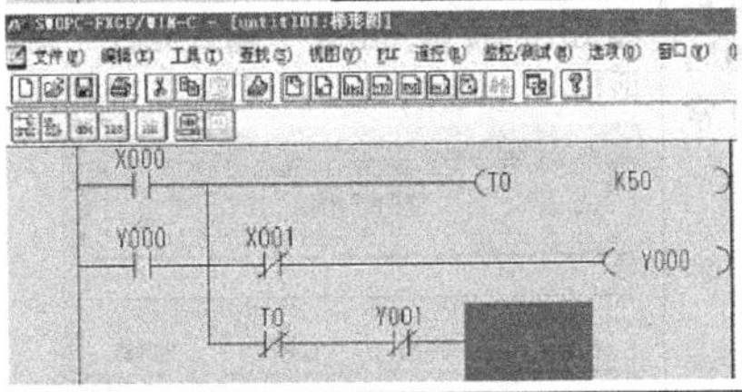	［程序输入 8］：在图光标位置上输入 Y1 常闭触点，即在键盘上键入 ANI Y1，回车，则在光标位置处，出现与 T0 常闭串联的 Y1 常闭触点	
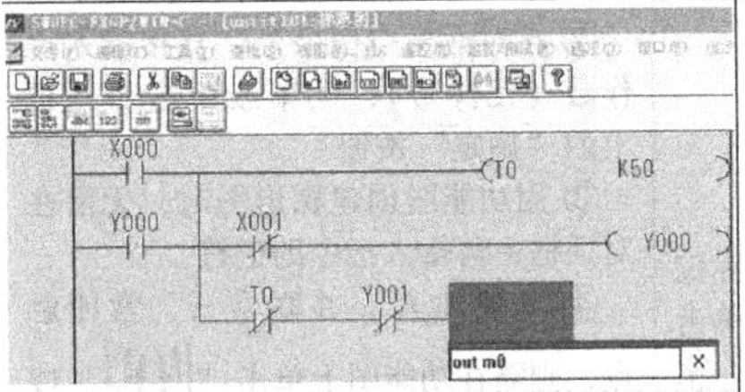 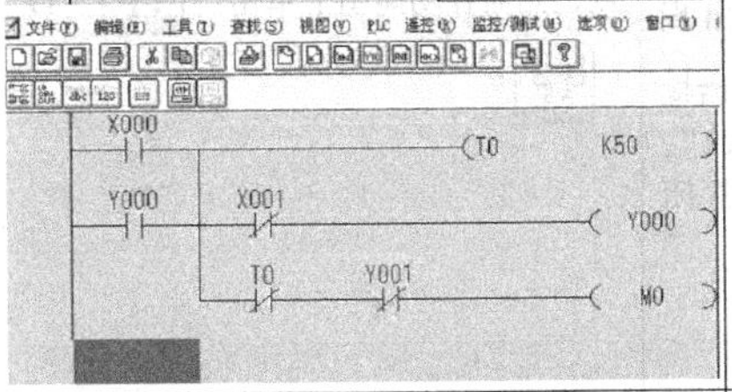	［程序输入 9］：在图光标位置上输入 M0 线圈，即在键盘上键入 OUT M0，回车，则在光标位置处，出现与右母线相连的 M0 线圈	当要确认某程序行要删除时，将鼠标移到该行首个元件处单击，则图光标覆盖该行首个元件，再单击“编辑”菜单，单击“行删除”命令，则图光标所在行被删除 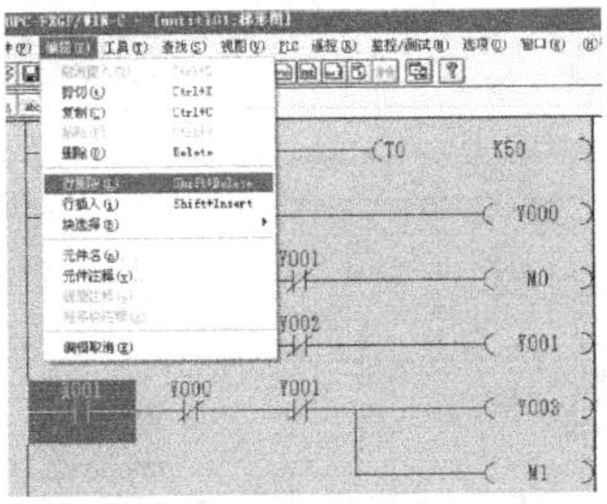
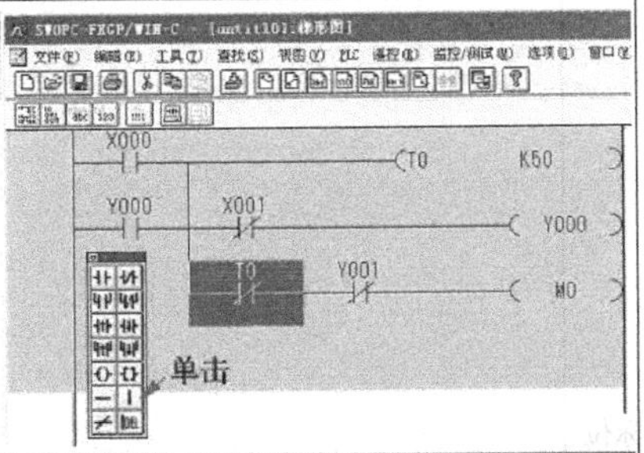 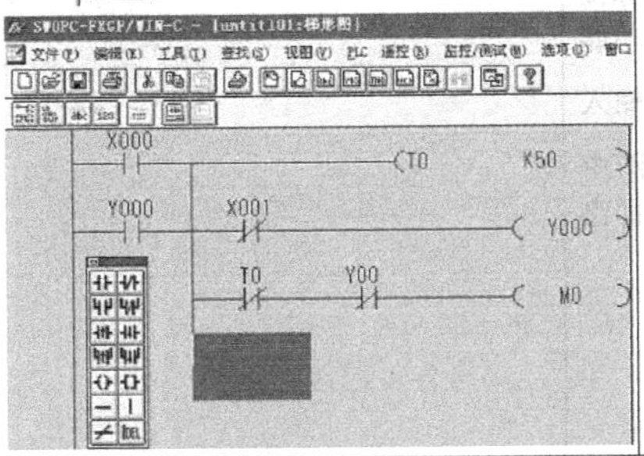	［程序输入 10］：将光标移至图示位置上后，将单击功能图的“｜”处，则在当前光标位置的左下方出现一垂直线，图光标也下移一行	

（续）

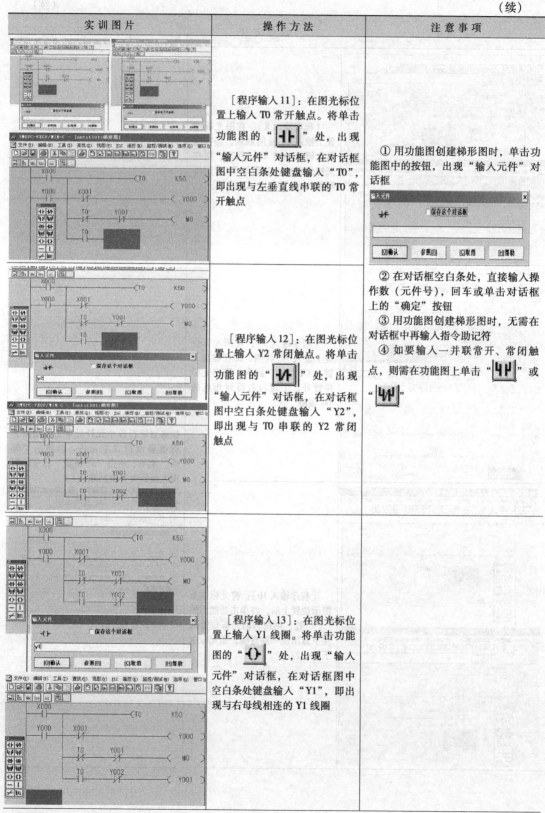

实训图片	操作方法	注意事项
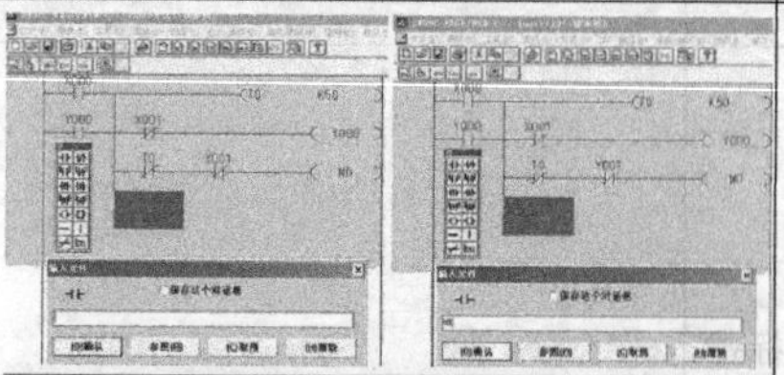 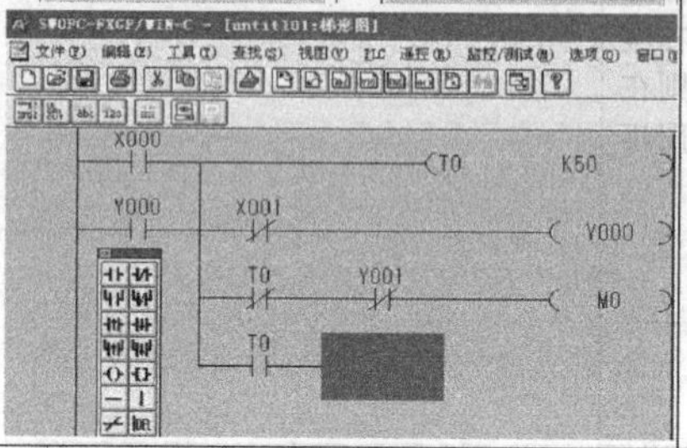	［程序输入11］：在图光标位置上输入T0常开触点。将单击功能图的“”处，出现“输入元件”对话框，在对话框图中空白条处键盘输入“T0”，即出现与左垂直线串联的T0常开触点	①用功能图创建梯形图时，单击功能图中的按钮，出现“输入元件”对话框 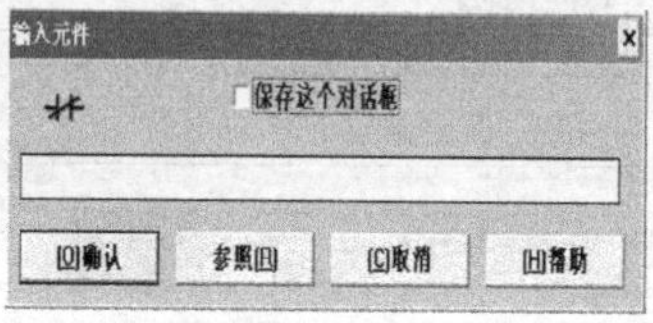 ②在对话框空白条处，直接输入操作数（元件号），回车或单击对话框上的“确定”按钮 ③用功能图创建梯形图时，无需在对话框中再输入指令助记符 ④如要输入一并联常开、常闭触点，则需在功能图上单击“”或“”
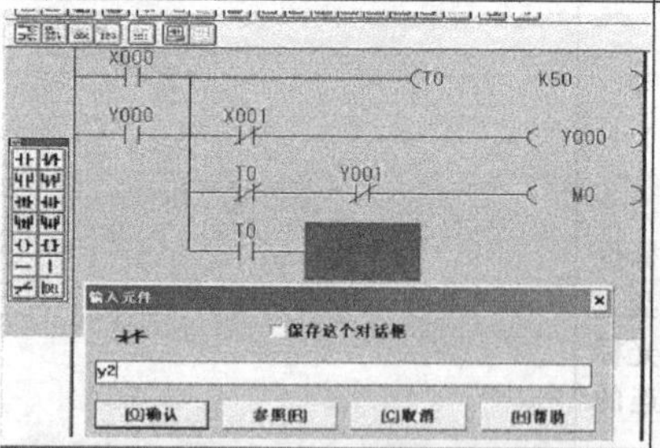 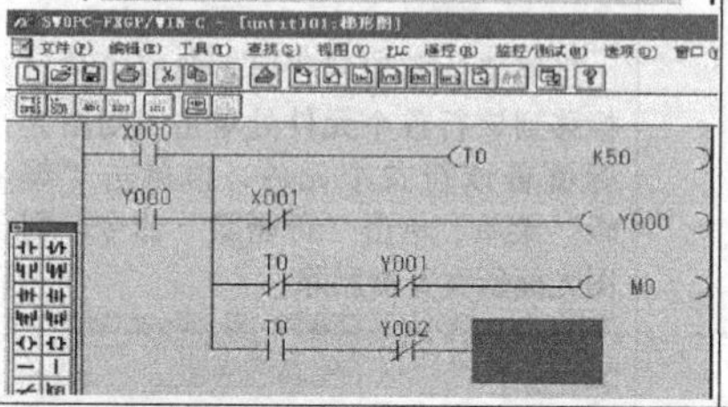	［程序输入12］：在图光标位置上输入Y2常闭触点。将单击功能图的“”处，出现“输入元件”对话框，在对话框图中空白条处键盘输入“Y2”，即出现与T0串联的Y2常闭触点	
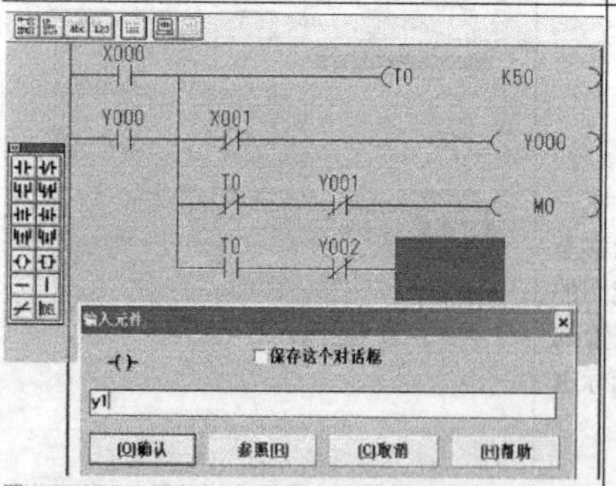 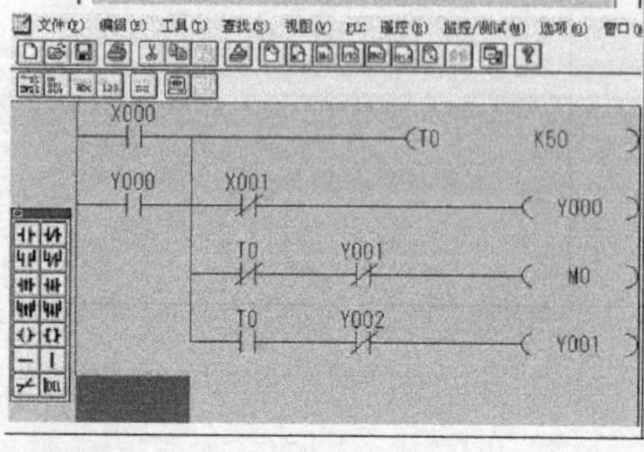	［程序输入13］：在图光标位置上输入Y1线圈。将单击功能图的“”处，出现“输入元件”对话框，在对话框图中空白条处键盘输入“Y1”，即出现与右母线相连的Y1线圈	

（续）

<table>
<tr><th>实训图片</th><th>操作方法</th><th>注意事项</th></tr>
<tr><td>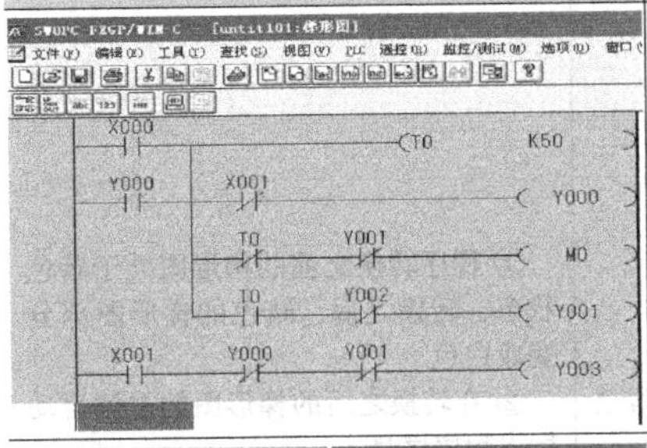
</td><td>［程序输入14］：在上图光标位置上输入X1常开、Y0常闭、Y1常闭触点和Y3线圈，即在键盘上分别键入LD X1；ANI Y0；ANI Y1；OUT Y3，并分别回车</td><td rowspan="4">① 指令只能一条一条输入，不能一次连续输入几条指令；每输入一条指令后，必须回车确认
② 当要确认在某行位置处插入一程序行时，将鼠标移到该行首个元件处单击，则图光标覆盖该行首个元件，再单击“编辑”菜单，单击“行插入”命令，则图光标所在行处插入一空白程序行，原程序行自动下移一行
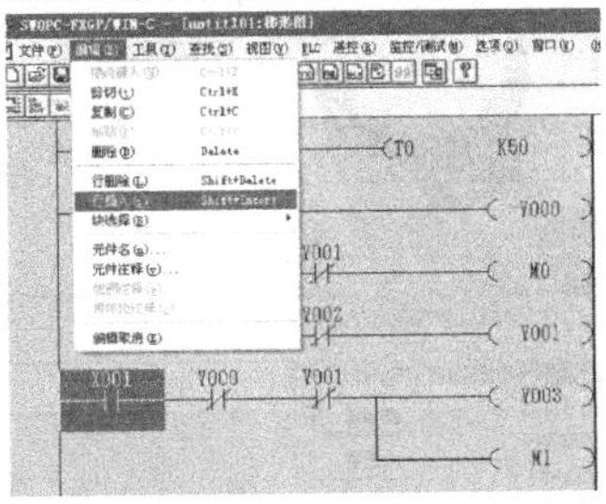

③ 在程序之末，必须有END结束指令</td></tr>
<tr><td>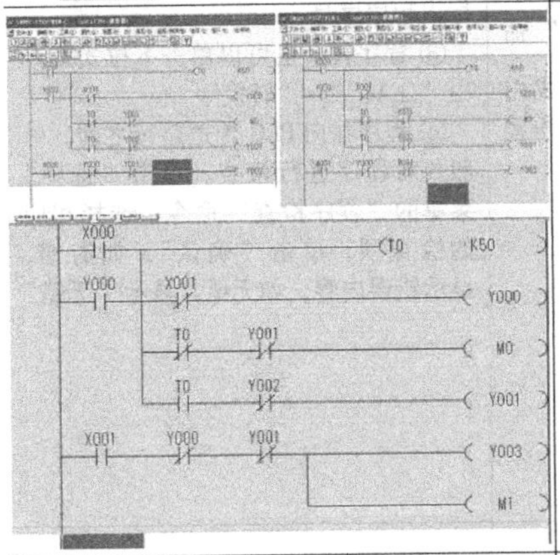
</td><td>［程序输入15］：在图光标位置上输入“｜”垂直线，然后键入OUT M1并回车，即出线与右母线相连的M1线圈</td></tr>
<tr><td>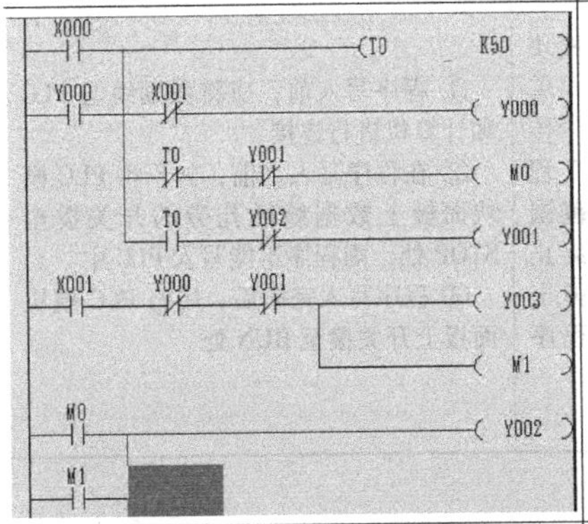
</td><td>［程序输入16］：在上图光标位置上输入分别键入LD M0；OUT Y2，且分别回车，然后再键入OR M1并回车，即出线与左母线相连的两并列常开触点M0、M1和与右母线相连的Y2线圈</td></tr>
<tr><td>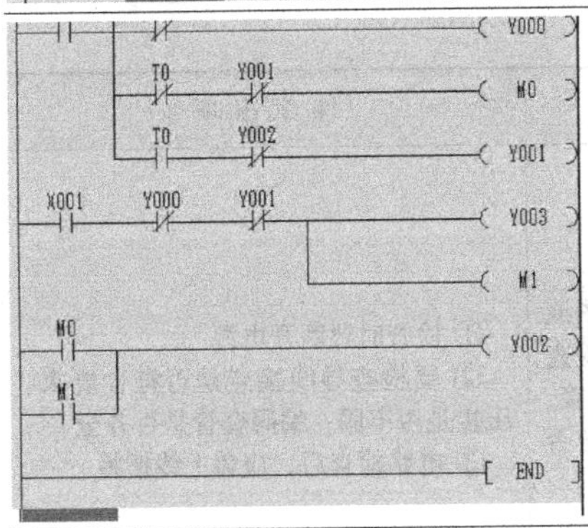
</td><td>［程序输入17］：将上图光标下移一行至左母线位置处键入END，且回车，即出线与右母线相连的结束指令</td></tr>
</table>

（续）

实训图片	操作方法	注意事项
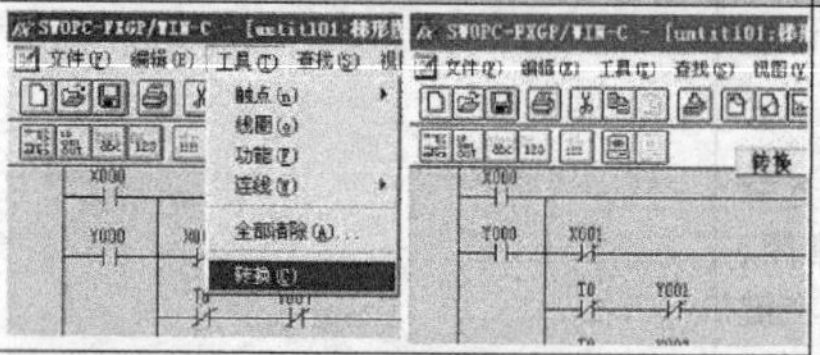 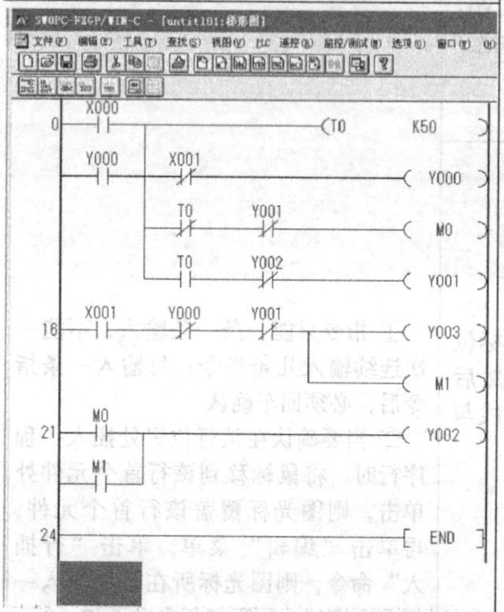	［程序转换］：梯形图编写之后，将单击工具栏“ ”命令，暗色的梯形图部分变成白色，同时在梯形图的左侧标出程序序号	① 程序转换之前的梯形图处于暗色状态，转换之后，暗色的梯形图部分变成白色 ② 在转换之后的梯形图的左侧自动标出程序序号 ③ 程序转换也可以单击下拉式菜单栏“工具”→“转换” ④ 程序在向PLC传送运行之前，一般要对程序进行检查。单击“选项”菜单的“程序检查”命令，选择相应的检查项，单击“确认”，如有错，显示错误内容，如无错，显示“无错”
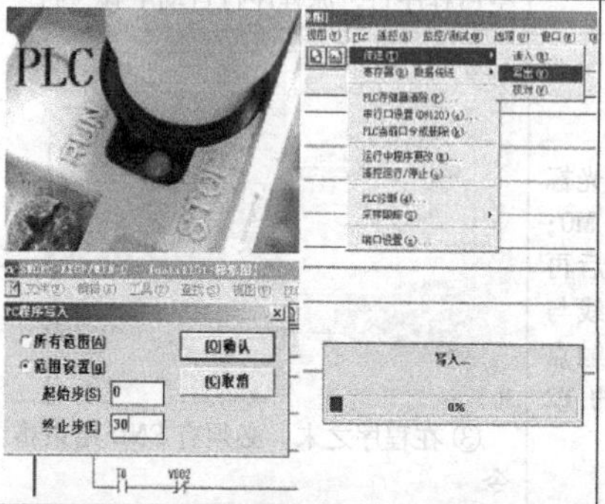	［程序写出］：先将PLC模块面板上开关拨至STOP处；再单击下拉式菜单栏“PLC”→“传送”→“写出”，出现“PLC程序写入”对话框，选择“范围设置”，选择起始步“0”终止步“30”，单击“确认”；弹出写入程序框，显示写入的程序步数	① 程序写入前，应将数据线与PLC和计算机进行连接 ② 在程序写入之前，如不将PLC模块面板上数据线插孔旁的开关拨至STOP处，则程序不能写入PLC中 ③ 程序写入完毕后，应将PLC模块面板上开关拨至RUN处

五、通电试验

实训图片	操作方法	注意事项
	［电路检查］：根据电路图或接线图从电源端开始，逐段检查核对线号是否正确，有无漏接、错接，线夹与接线座连接是否松动	① 检查时要断开电源 ② 要检查导线接点是否符合要求、压接是否牢固；编码套管是否齐全 ③ 电路检查后，应盖上线槽板

（续）

实训图片	操作方法	注意事项
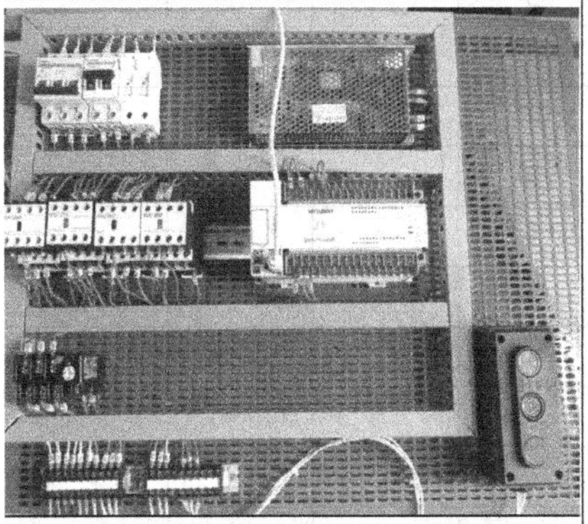	［不带电动机试验］：合上开关 QF2。先按下按钮 SB1，然后按下按钮 SB2，分别观察接触器吸合情况和 PLC 模块输入、输出对应指示灯的情况	注意观察接触器的吸合次序，是否与 PLC 输入、输出指示灯相对应；如不符合要求，则要检查硬件接线情况和对程序进行调整修改
	［带电动机试验］：合上开关 QF1。先按下按钮 SB1，观察 KM1、KMY、KM△接触器吸合情况；然后按下按钮 SB2，观察 KM2、KMY 接触器吸合情况，及电动机制动停转情况	按下开关后如出现故障，应在老师的指导下进行检查

提醒注意

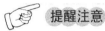

在使用多重输出指令（MPS、MRD、MPP）时，应注意几点问题：

1）MPS、MRD、MPP 指令是对分支多重输出电路编程用的指令。

2）MPS、MRD、MPP 指令可以与 ANB、ORB 等指令结合，执行较复杂的电路逻辑。

3）对于二层栈或二层栈以上分支电路，注意在分支点用哪个 MPS、MRD、MPP 指令。

4）使用 MPS、MPP 中间的 MRD 指令，可多次编程，但由于受到打印机及软件编程的限制，最多不可超过 24 行。

5）进行多层栈电路编程时，最多不可超过 11 层。

6）要注意多重输出与纵接输出的区别。当梯形图中使用纵接输出时，指令中不必使用 MPS、MPP 指令。

检查评价

通电试车完毕，切断电源，先拆除电源线，再拆除电动机线，然后进行综合评价。

（续）

任务评价

序号	评价指标	评价内容	分值	个人评价	小组评价	教师评价
1	电路设计	能正确分配 PLC 输入/输出点	5			
		能正确绘制 PLC 接线图	10			
		能熟练正确地编写 PLC 程序	10			
2	布线	不按电路图接线	10			
		布线不符合要求	5			
		线夹接触不良、接点松动、露铜过长	5			
		未套装或漏套编码套管	5			
		未接接地线	5			
3	程序输入	会开机、调入程序	5			
		会正确输入每步程序	5			
		会进行程序调试检查	5			
		会将程序写入 PLC	5			
4	通电操作	第一次试车不成功	5			
		第二次试车不成功	10			
5	安全规范	是否穿绝缘鞋	5			
		操作是否规范安全	5			
总分			100			
问题记录和解决方法			记录任务实施过程中出现的问题和采取的解决办法（可附页）			

能力评价

内容		评价	
学习目标	评价项目	小组评价	教师评价
应知应会	本任务的相关基本概念是否熟悉	□Yes □No	□Yes □No
	是否熟练掌握 PLC 模块的使用	□Yes □No	□Yes □No
专业能力	是否熟练掌握 PLC 的外部接线	□Yes □No	□Yes □No
	是否熟练掌握 PLC 的编程方法、技巧	□Yes □No	□Yes □No
	是否具有相关专业知识的融合能力	□Yes □No	□Yes □No
通用能力	团队合作能力	□Yes □No	□Yes □No
	沟通协调能力	□Yes □No	□Yes □No
	解决问题能力	□Yes □No	□Yes □No
	自我管理能力	□Yes □No	□Yes □No
	创新能力	□Yes □No	□Yes □No
态度	爱岗敬业	□Yes □No	□Yes □No
	工作认真	□Yes □No	□Yes □No
	劳动负责	□Yes □No	□Yes □No
个人努力方向：		老师、同学建议：	

思考与提高

1. 简述能耗制动的工作原理。
2. 试设计下图的程序并调试。

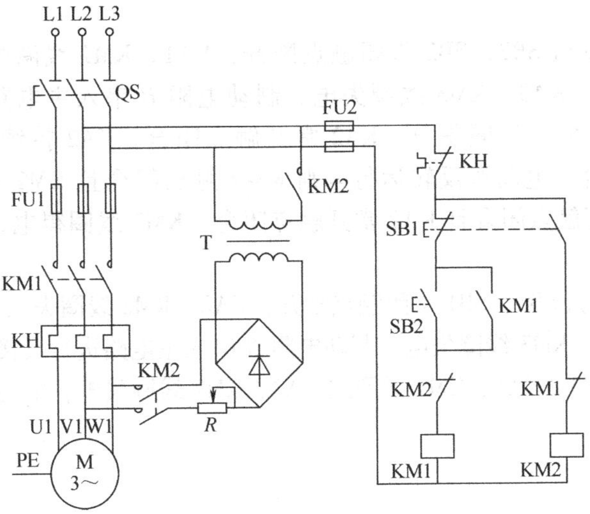

任务五　双重联锁正、反转起动反接制动 PLC 控制电路的安装调试

训练目标

- 了解反接制动的概念和工作原理。
- 掌握 PLC 的外部接线方法，正确安装双重联锁正、反转起动反接制动 PLC 控制电路。
- 会应用 SWOPC-FXGP/WIN-C 软件，会将程序输入、输出。
- 了解双线圈现象及解决双线圈现象的方法。

任务描述

在初、中级任务中我们已经知道，电动机制动的方法有多种，有机械制动和电气制动，电气制动又分为反接制动、能耗制动、回馈制动、电容制动等。在电动机制动控制中，常用的为反接制动和能耗制动，在上一任务中我们已经实现了Y-△减压起动能耗制动的 PLC 控制，那么如何用 PLC 来实现电动机的反接制动呢，本任务就来解决这一问题。

任务分析

本任务要求实现双重联锁正、反转起动反接制动 PLC 控制电路的安装调试，要完成此任务，首先应正确绘制三相异步电动机双重联锁正、反转起动反接制动线路图、理解其工作原理，根据其控制电路图，确定 PLC 输入/输出地址表、PLC 接线图、编写梯形图及指令表。

一、电路工作原理图

按下正转起动按钮 SB1，KA1 线圈得电，KA1 常开触点闭合，KA1 持续得电且 KM1 线圈得电，KM1 主触点闭合，电动机正转运行，则 KS-1 触点闭合且 KM1 常开触点闭合，KA3 线圈得电，KA3 常开触点闭合且 KA1 常开触点闭合，KM3 线圈得电，切除制动电阻 *R* 全压运行。

按下反转起动按钮 SB2，SB2 常闭触点断开，KA1、KM1 线圈失电使正转结束，则 KS-1 常开触点断开，KA3、KM3 线圈失电，制动电阻 *R* 串入主电路进行反接制动。再 SB2 常开触点闭合，KA2 线圈得电，KA2 常开触点闭合，KA2 持续得电且 KM2 线圈得电，KM2 主触点闭合，电动机反转运行，则 KS-2 触点闭合且 KM2 常开触点闭合，KA4 线圈得电，KA4 常开触点闭合且 KA2 常开触点闭合，KM3 线圈得电，切除制动电阻 *R* 全压运行。

按下正转起动按钮 SB1，SB1 常闭触点断开，KA2、KM2 线圈失电使反转结束，则 KS-2 常开触点断开，KA4、KM3 线圈失电，制动电阻 *R* 串入主电路进行反接制动。

按下停止按钮 SB3，KA1、KM1 线圈或 KA2、KM2 线圈失电，电动机停转。

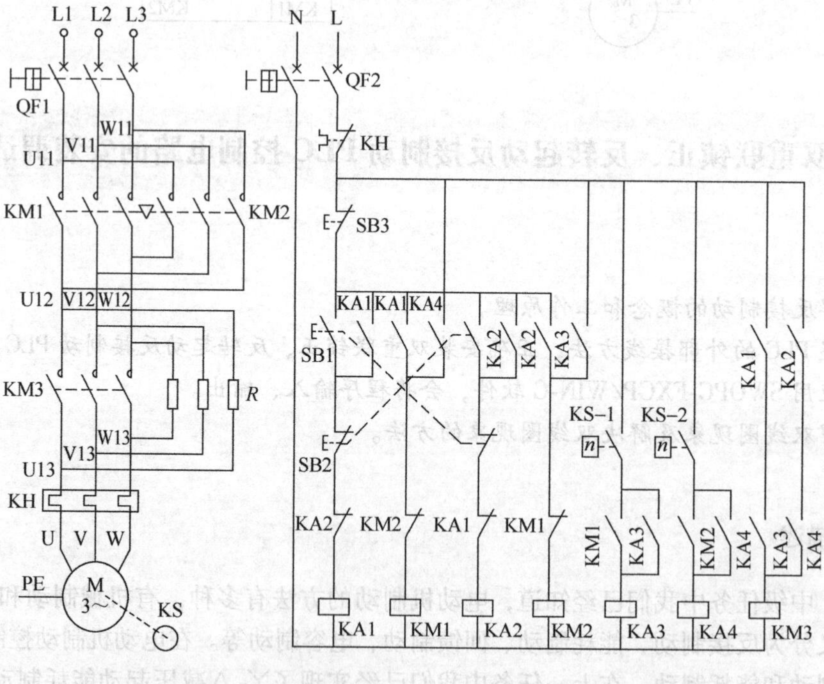

三相异步电动机双重联锁正、反转起动反接制动控制电路

二、输入/输出点的确定

为了将双重联锁正、反转起动反接制动控制电路用 PLC 控制器来实现，PLC 需要 6 个输入点，3 个输出点，输入/输出点分配见下表。

输　入			输　出		
输入继电器	输入元件	作用	输出继电器	输出元件	作用
X0	SB1	正转起动按钮	Y0	KM1	正转接触器
X1	SB2	反转起动按钮	Y1	KM2	反转接触器
X2	SB3	停止按钮	Y2	KM3	全压接触器
X3	KH	过载保护			
X4	KS-1	正转速度继电器常开			
X5	KS-2	反转速度继电器常开			

三、PLC 接线图

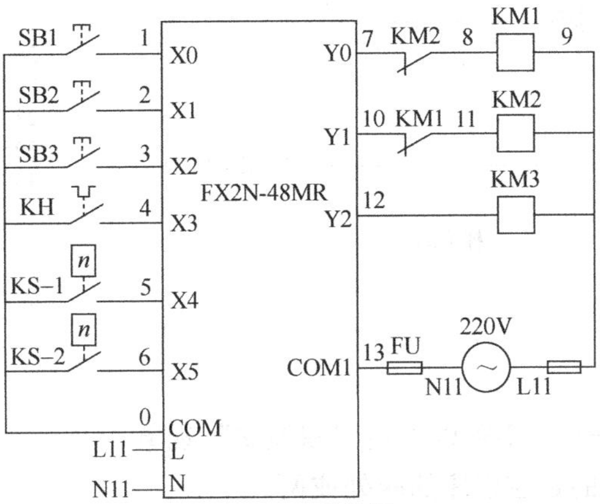

PLC 接线图

四、梯形图和指令表

接通正转按钮 X0，驱动 M1、Y0 线圈得电，电动机正转运行，Y0 常闭触点联锁，使 Y1 线圈不能得电即电动机不能反转。电动机正转运行到一定速度时，X4 触点闭合，M4 线圈得电同时 Y2 线圈得电，切除制动电阻 *R*。接通反转按钮 X1，首先 X1 常闭触点使 Y0 线圈失电，Y0 常闭触点恢复闭合，电动机正转开始停止，当电动机速度降低到一定值时，X4 触点断开，Y2 线圈失电，制动电阻 *R* 接入主电路进行反接制动。然后将 X1 常开触点闭合使 M3、Y1 线圈得电，电动机反转运行，Y1 常闭触点联锁，使 Y0 线圈不能得电即电动机不能正转。电动机反转运行到一定速度时，X5 触点闭合，M2 线圈得电同时 Y2 线圈得电，切除制动电阻 *R*。接通反转按钮 X0，X0 常闭触点使 Y1 线圈失电，Y1 常闭触点恢复闭合，电动机反转开始停止，当电动机速度降低到一定值时，X5 触点断开，Y2 线圈失电，制动电阻 *R* 接入主电路进行反接制动。

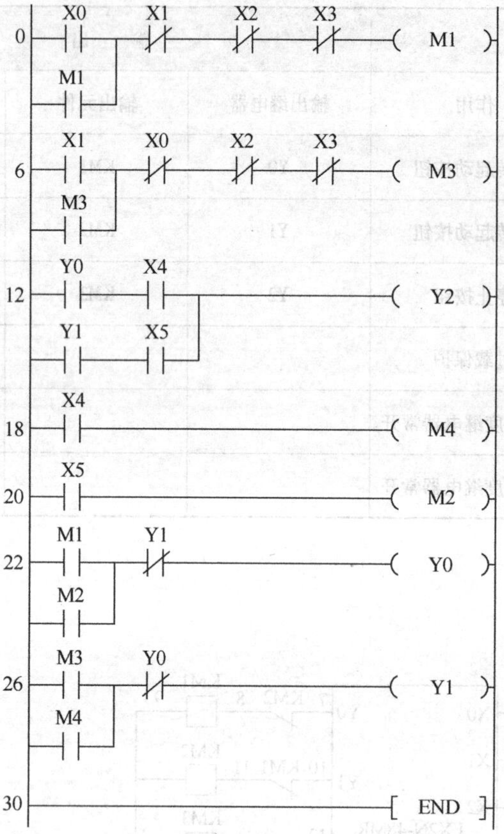

梯形图

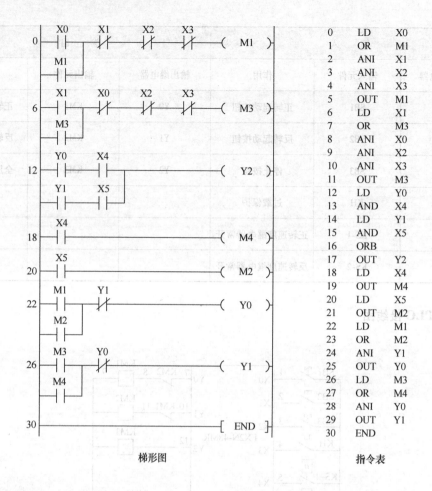

0	LD	X0
1	OR	M1
2	ANI	X1
3	ANI	X2
4	ANI	X3
5	OUT	M1
6	LD	X1
7	OR	M3
8	ANI	X0
9	ANI	X2
10	ANI	X3
11	OUT	M3
12	LD	Y0
13	AND	X4
14	LD	Y1
15	AND	X5
16	ORB	
17	OUT	Y2
18	LD	X4
19	OUT	M4
20	LD	X5
21	OUT	M2
22	LD	M1
23	OR	M2
24	ANI	Y1
25	OUT	Y0
26	LD	M3
27	OR	M4
28	ANI	Y0
29	OUT	Y1
30	END	

指令表

相关知识

在采用基本指令编程时，不可以出现“双线圈”现象。

所谓“双线圈”，指的是在程序的两处或两处以上使用同一编号的线圈的现象。程序执行双线圈时，以后面线圈的动作优先，如梯形图 a 所示。

以 Y0 线圈为例，梯形图 a 中有输出继电器 Y0 的两个线圈，在同一个扫描周期，两个线圈的逻辑运算结果可能刚好相反，即 X0 接通及 X5 断开，第 1 个逻辑行中的 Y0 线圈“通电”，而第 4 个逻辑行的 Y0 线圈“断电”。对于 Y0 控制的外部负载来说，真正起作用的是最后一个 Y0 线圈的状态，那么如何解决双线圈现象呢？

解决双线圈现象的方法可以用梯形图 b 或梯形图 c 的方法处理。

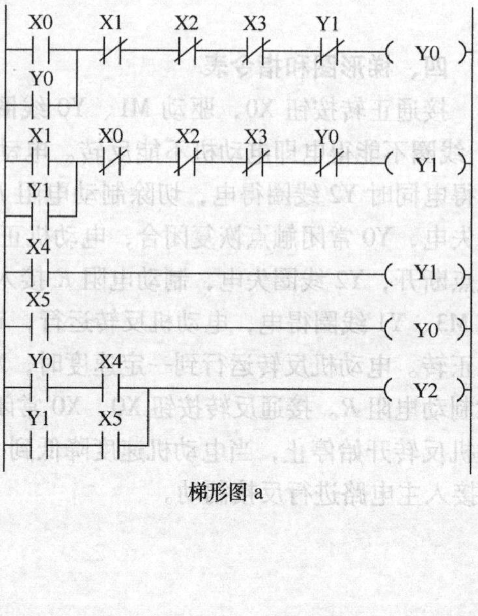

梯形图 a

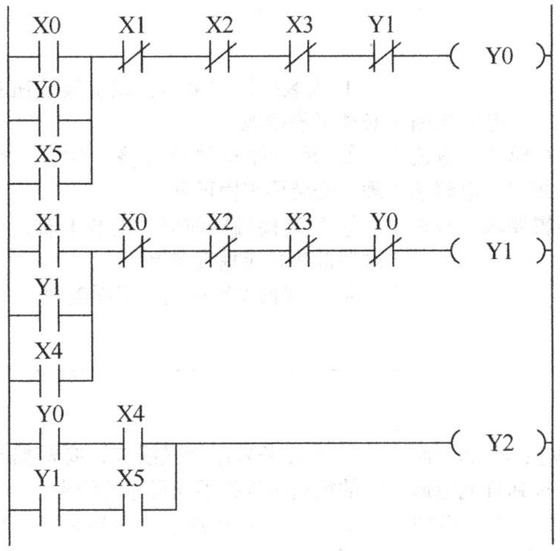

梯形图 b

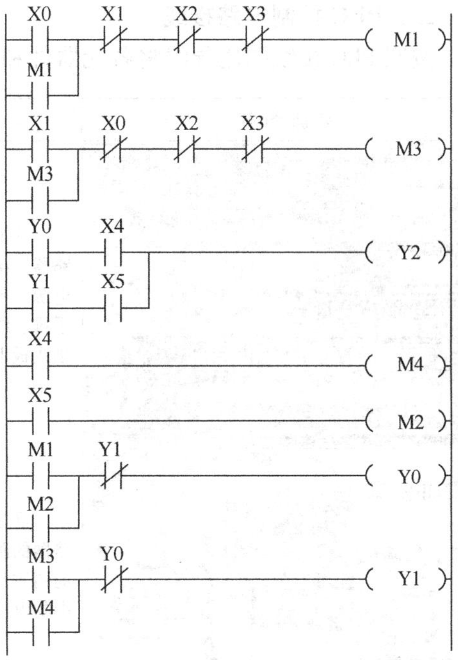

梯形图 c

以 Y0 线圈为例，梯形图 b 中是将 Y0、Y1 线圈的控制触点以“或”的方法处理，而梯形图 c 中使用了辅助继电器 M1、M2、M3、M4，用 M1、M2 的触点控制 Y0 线圈，用 M3、M4 的触点控制 Y1 线圈。后一种方法在大型的程序中用的较多，本任务的编程就采用了这一方法。

任务实施

一、元器件选择

根据控制电动机的功率，选择合适容量、规格的元器件，并进行质量检查。

序号	元器件名称	型号、规格	数量	备注
1	熔断器	RT18-32X	2	
2	低压断路器	DZ47-63	2	3 极、2 极各一只
3	交流接触器	CJX2-1210/220V	4	配 F4-22 辅助触头
4	热继电器	JR36-20	1	
5	按钮	LA4-3H	1	
6	PLC	三菱 FX2N-48MR	1	
7	直流电源	S-120-24 AC220V ±15% DC24V 5A	1	
8	塑料导线	BVR-1mm^2	30m	控制电路用
9	塑料导线	BVR-1.5mm^2	50m	主电路用
10	塑料导线	BVR-0.75mm^2	4m	按钮用
11	接线端子排	TD（AZ1）660V 15A	3	
12	三相异步电动机	Y112M-4 4kW 8.8A	3	1440r/min △联结
13	接线板	700mm×550mm×30mm	1	
14	电阻		1	

二、PLC 控制电路接线

按照 PLC 接线图用导线将各元器件和 PLC 模块进行连接。

实训图片	操作方法	注意事项
	[安装各元器件]：将低压断路器、接触器、PLC 模块、直流电源、热继电器、按钮、电阻端子排、线槽等按布置要求安装在接线板上	① 安装按钮的金属板或金属按钮盒必须可靠接地 ② 元器件布置要整齐、匀称、合理，安装要牢固可靠 ③ 安装接触器前应先安装卡轨，接触器散热孔应垂直向上 ④ 布线槽安装应端正牢固美观
	[布置 PLC 电源]：将 QF2 断路器的两出线端连接到直流电源的两进线端，再并联 PLC 模块中的电源输入端 L、N	① 本任务采用针式线夹，要根据导线的截面积选择不同尺寸的线夹 ② 线夹与导线线芯要压接良好、牢固可靠
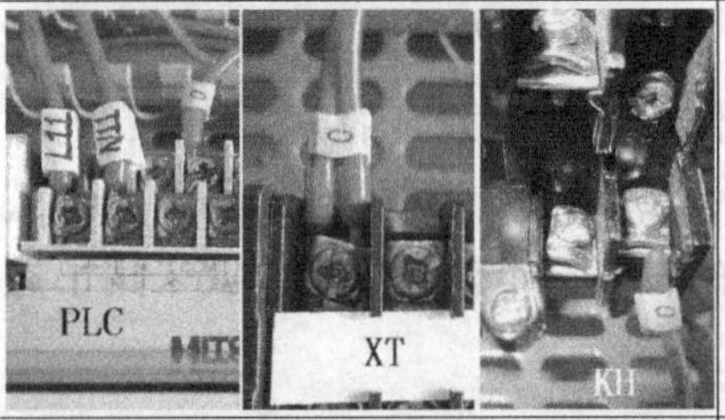	[布置 0 号线]：用一根软导线将 PLC 的 COM 接线座连接到 KH 的 97 号接线座，再并联一根导线到端子排 XT 对应 0 号线位置	① 布线前，先清除线槽内的污物，使线槽内外清洁 ② 导线连接前应先做好线夹，线夹要压紧，使导线与线夹接触良好，不能露铜过长，也不能压绝缘层 ③ 线夹与接线座连接时，要压接良好；需垫片时，线夹要插入垫片之下 ④ 做线夹前要先套入编码套管，且导线两端都必须套上编码套管；编码套管上文字的方向一律从右看入；编码套管标号要写清楚，不能漏标、误标 ⑤ 同一个接线座压接两个针式线夹时，要左右压接，且要压接牢固，不能松动 ⑥ 与 PLC 接线座连接时，要看清 PLC 接线座所对应的文字符号，不能接错 ⑦ PLC 的 +24V 端子一般用于连接传感器；严禁在 +24V 端子供电 ⑧ 严禁将输入 COM 端与输出 COM 端连接在一起
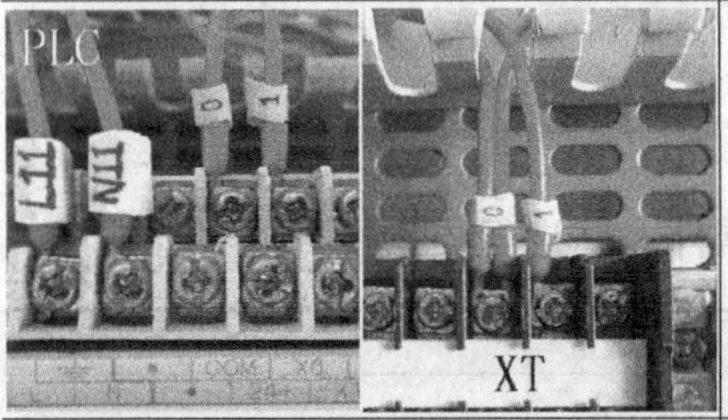	[布置 1 号线]：用一根软导线将 PLC 的输入 X0 接线座连接到端子排 XT 对应 1 号线位置	
	[布置 2 号线]：用一根软导线将 PLC 的输入 X1 接线座连接到端子排 XT 对应 2 号线位置	
	[布置 3 号线]：用一根软导线将 PLC 的输入 X2 接线座连接到端子排 XT 对应 3 号接线座	

（续）

实训图片	操作方法	注意事项
	［布置 4 号线］：用一根软导线将 PLC 的输入 X3 接线座连接到 KH 的 98 号接线座	
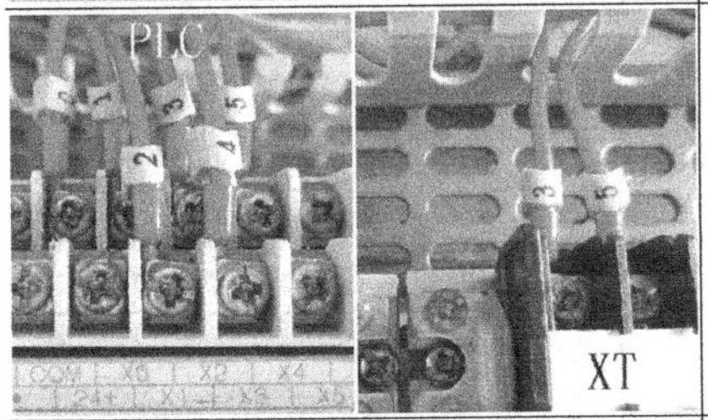	［布置 5 号线］：用一根软导线将 PLC 的输入 X4 接线座连接到端子排 XT 对应 5 号接线座	
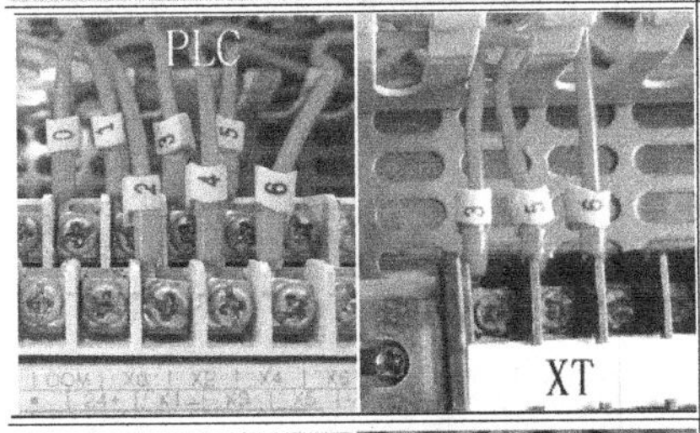	［布置 6 号线］：用一根软导线将 PLC 的输入 X5 接线座连接到端子排 XT 对应 6 号接线座	
	［布置 7 号线］：用一根软导线将 PLC 的输出 Y0 接线座连接到 KM2 的 61 号接线座	① 布线时不能损伤线芯和导线绝缘，导线中间不能有接头 ② 各电器元件接线座上引入或引出的导线，必须经过布线槽进行连接，变换走向要垂直 ③ 与电器元件接线座连接的导线都不允许从水平方向进入布线槽内 ④ 进入布线槽内的导线要完全置于布线槽内，并尽量避免交叉，槽内导线数量不要超过其容量的 70% ⑤ 要合理考虑导线的连接顺序和走向，以节约导线 ⑥ 十位数以上的编码套管，采用个位编码套管拼接形式
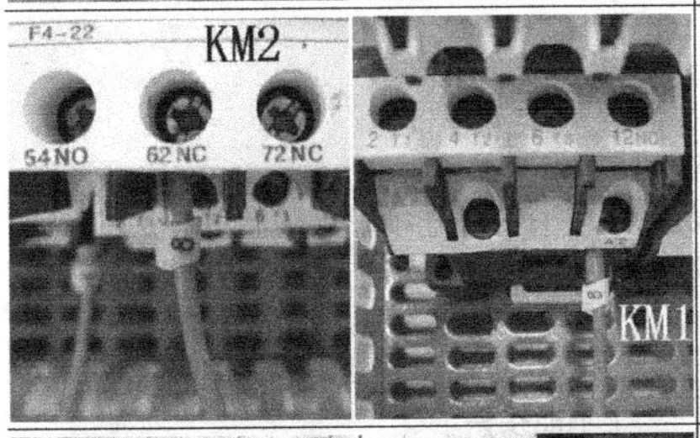	［布置 8 号线］：用一根软导线将 KM2 的 62 号接线座连接到 KM1 的 A2 号线圈接线座	
	［布置 9 号线］：用一根软导线将 FU 的左边一个熔断器的出线端连接到 KM1 的 A1 号线圈接线座，再由此并联到 KM2 的 A1 号线圈接线座，再由此并联到 KM3 的 A1 号线圈接线座	

（续）

实训图片	操作方法	注意事项
	［布置 10 号线］：用一根软导线将 PLC 的输出 Y1 接线座连接到 KM1 的 61 号接线座	
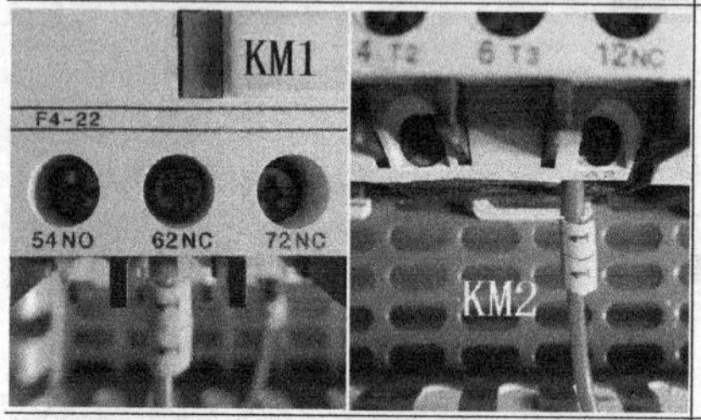	［布置 11 号线］：用一根软导线将 KM1 的 62 号接线座连接到 KM2 的 A2 号线圈接线座	
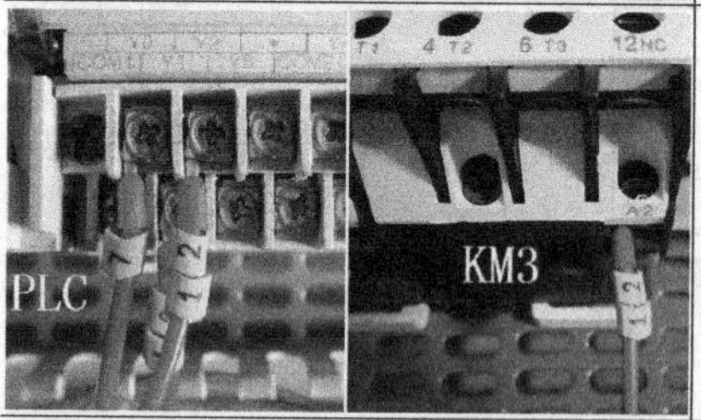	［布置 12 号线］：用一根软导线将 PLC 的输出 Y2 接线座连接到 KM3 的 A2 号线圈接线座	
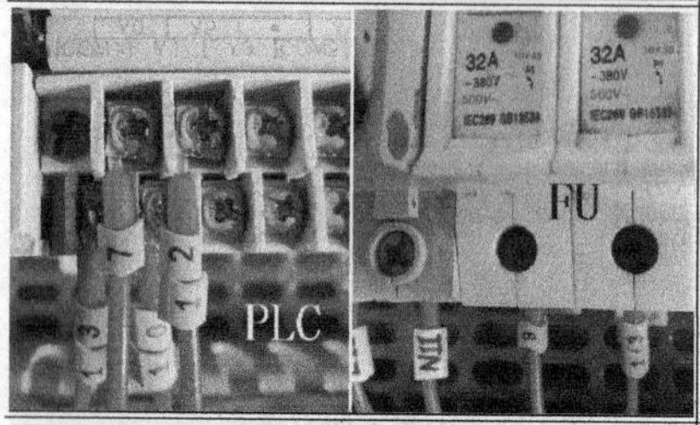	［布置 13 号线］：用一根软导线将 PLC 的输出 COM1 接线座连接到 FU 的右边一个熔断器的出线端	
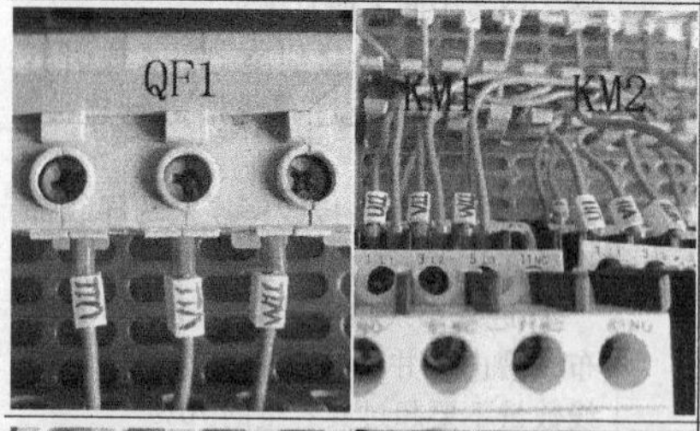	［布置 U11、V11、W11 号线］：用三根软导线将 QF1 的 2T1、4T2、6T3 接线座连接到 KM1 的 1L1、3L2、5L3 接线座，再由此并联到 KM2 的 1L1、3L2、5L3 接线座	① 导线连接时要从上到下，一相一相连接或用分色导线连接，以保证从左至右依次为 U、V、W 三相 ② 主电路接线时前后相序要对应，不能接错 ③ 导线连接到端子排时，要根据接线图预先分配好导线在端子排上的位置 ④ 手写编码套管，文字编号要书写清楚、端正，大小一致；套入的方向一律以从右看入为准
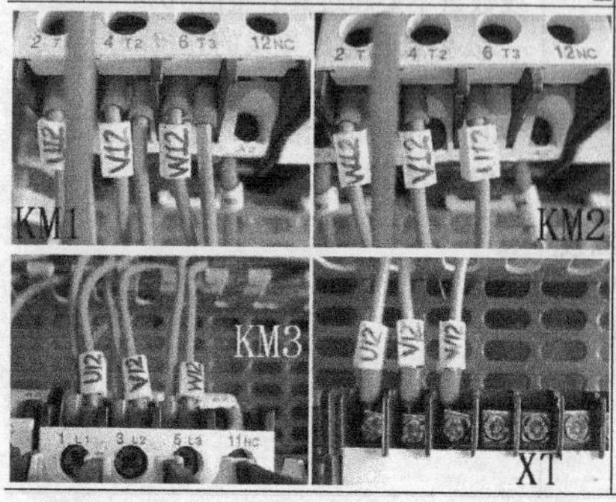	［布置 U12、V12、W12 号线］：用软导线分别将 KM2 的 6T3、4T2、2T1 接线座连接到 KM3 的 1L1、3L2、5L3 接线座，再由此并联到 KM1 的 2T1、4T2、6T3 接线座，再由此并联到端子排 XT 的对应接线座	

（续）

实训图片	操作方法	注意事项
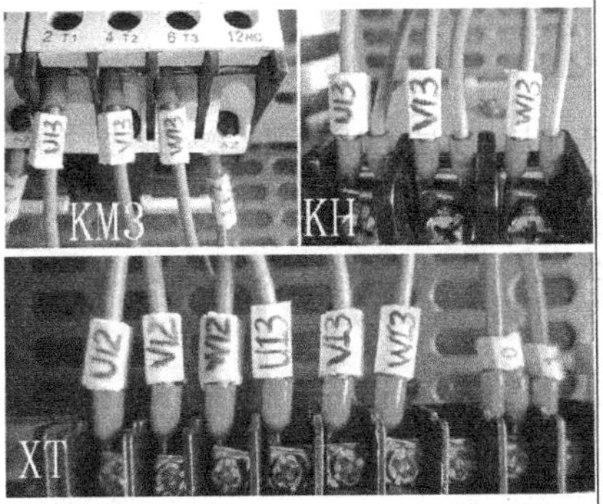	［布置 U13、V13、W13 号线］：用六根软导线分别将 KH 的 2T1、4T2、6T3 接线座连接到 KM3 的 1L1、3L2、5L3 接线座和端子排 XT 的对应接线座	
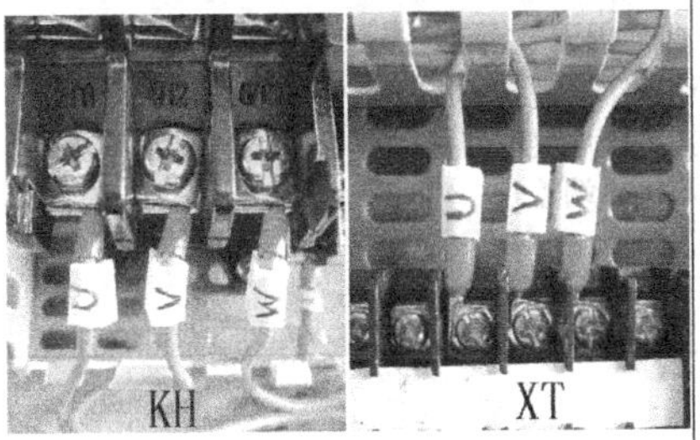	［布置 U、V、W 号线］：用三根软导线分别将 KH 的 2T1、4T2、6T3 接线座连接到端子排 XT 的对应接线座	
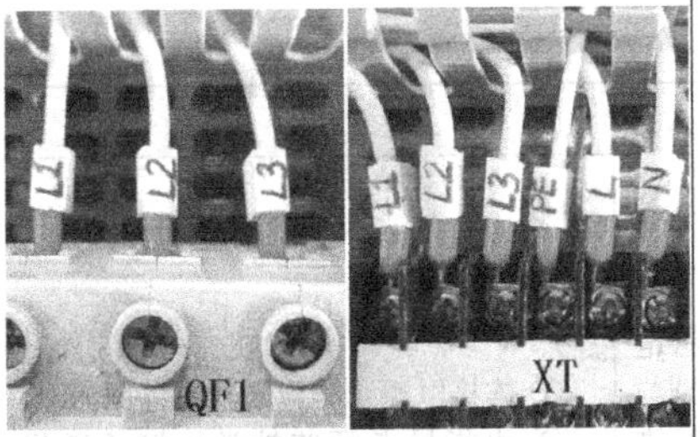	［布置 L1、L2、L3 号线］：用三根软导线将 QF1 的三个进线座连接到端子排 XT 的对应接线座	① 电源导线连接时三相电源相序要对应，从左至右依次为 L1、L2、L3 ② 单相电源与三相电源要分开连接
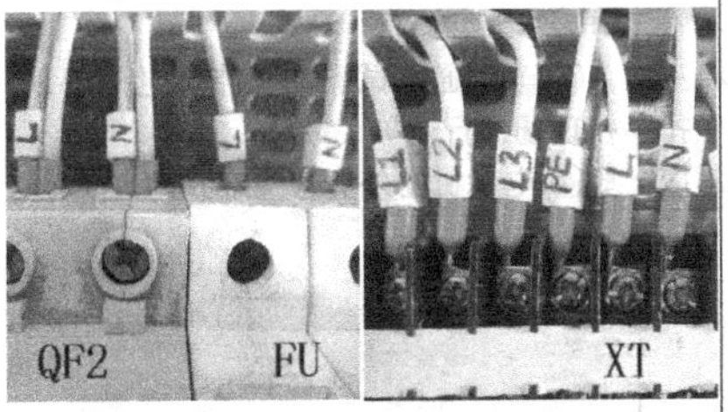	［布置 L、N 号线］：用两根软导线将端子排 XT 的对应接线座连接到 QF2 的两个进线接线座，再并联到 FU 的两个进线接线座	
	［布置按钮线］：将端子排 0、1 号线接在 SB1 常开按钮两端；将 0、2 号线接在 SB2 常开按钮两端；将 0、3 号线接在 SB3 常开按钮两端	① 由端子排引接到按钮的导线一定要穿过开关盒的接线孔 ② 导线连接前一定要穿入编码套管 ③ 与按钮接线座连接用冷压接线夹，与端子排连接用针式线夹

（续）

实训图片	操作方法	注意事项
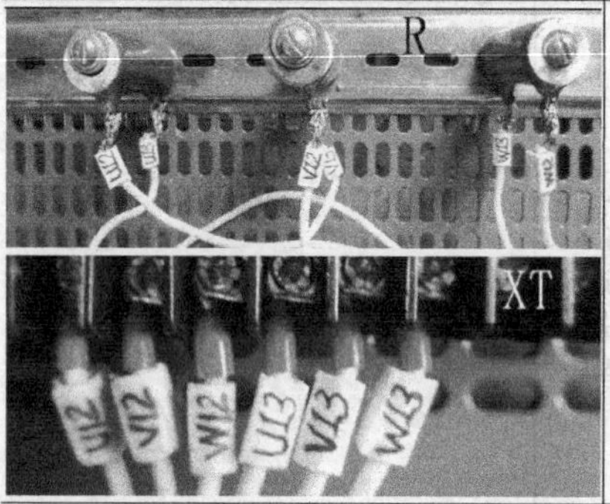	［布置电阻线］：将端子排U12、V12、W12号线分别连接到三个电阻的上接线座；将端子排U13、V13、W13号线分别连接到三个电阻的下接线座	① 与电阻接线座连接时采用焊接形式；焊接时焊接要牢固、不能虚焊、脱焊 ② 外部导线连接完后，要用线扎将导线理顺扎紧
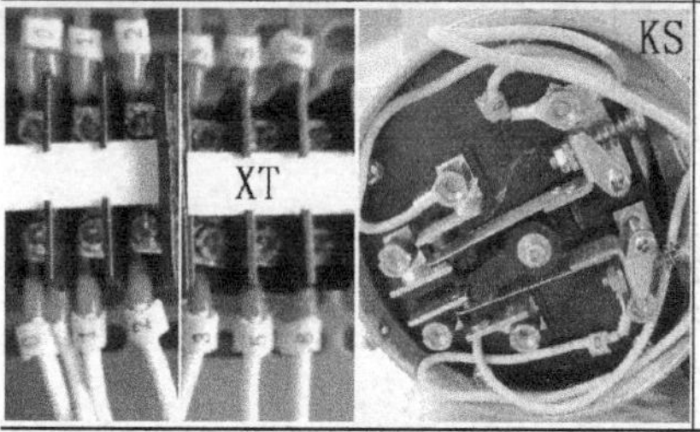	［布置速度继电器线］：将端子排0、5、6号线分别接在速度继电器KS的两对常开按钮两端	连接速度继电器的导线不能妨碍速度继电器的动作，导线连接后应盖上端盖

三、连接电动机、电源

实训图片	操作方法	注意事项
	［连接电动机、电源］：将电动机定子绕组的两根出线分别与端子排对应接线座U、V、W进行连接，并将电动机的外壳与端子排接线座PE进行连接；将三相四线电源线连接到接线端子排的L1、L2、L3、PE、L、N对应位置	① 连接电源线时应断开总电源 ② 由指导老师监护学生接通三相电源 ③ 学生通电试验时，指导老师必须在现场进行监护 ④ 电动机的外壳应可靠接地
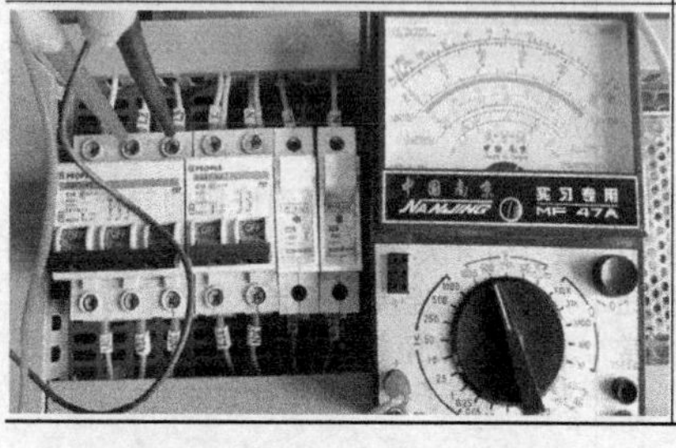	［验电］：合上总电源开关，用万用表500V电压挡，分别测量低压断路器进线端的相间电压，确认三相四线制电源的三相电压平衡	① 测量前，确认学生是否已穿绝缘鞋 ② 测量时，学生操作是否规范 ③ 测量时表笔的笔尖不能同时触及两根带电体

四、程序录入

用SWOPC-FXGP/WIN-C编程软件录入相对应的指令或梯形图，检查是否正确并录入。

实训图片	操作方法	注意事项
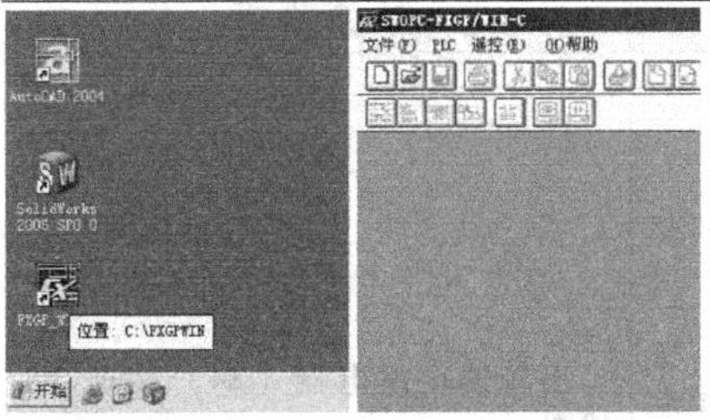	[启动程序]：开启计算机，双击桌面上 FXGP WIN-C 图标，出现 SWOPC-FXGP/WIN-C 屏幕	运用的软件要与所使用的 PLC 模块相对应
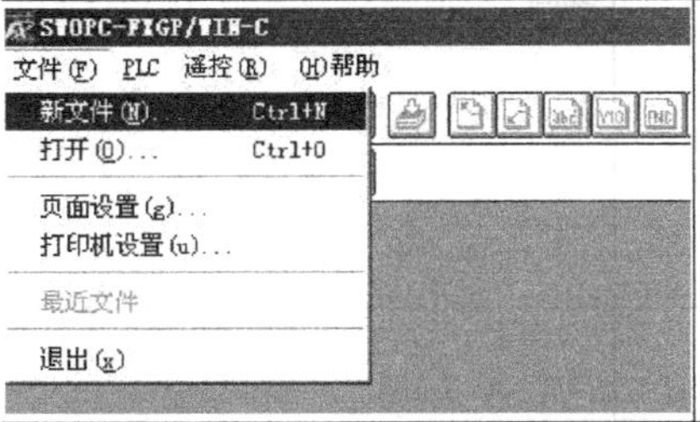	[新建一个程序文件]：单击“文件”菜单，单击“新文件”命令	还可以单击图标，新建一个文件
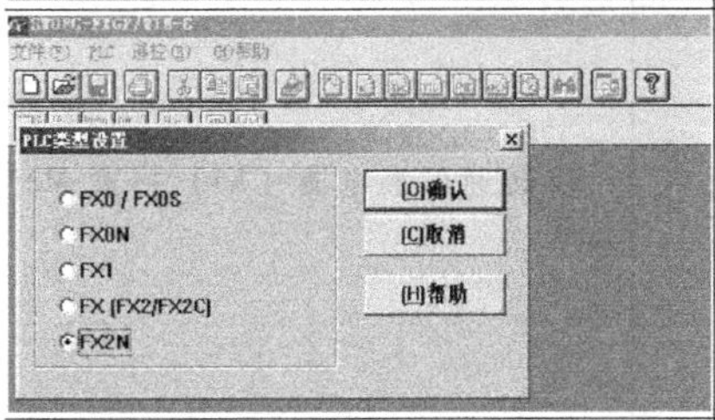	[选择机型]：单击“新文件”命令后，出现“PLC 类型设置”，选择机型，选择“FX2N”，单击确认	单击“FX2N”前的白圆圈后，圆圈中间出现一小黑点，表示选中
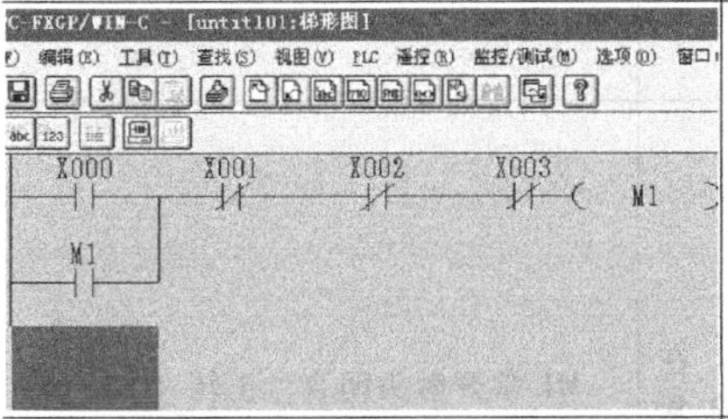	[输入 M1 线圈逻辑行]：在起始光标位置上分别输入 X0 常开、X1、X2、X3 常闭触头、M1 线圈及 M1 自锁触头	① 程序输入时，在键盘上键入一个指令如 ANI X0，就需要回车一次，再进行下一次键入 ② 一个逻辑行，以指令表 LD（或 LDI）开始，以 OUT 结束
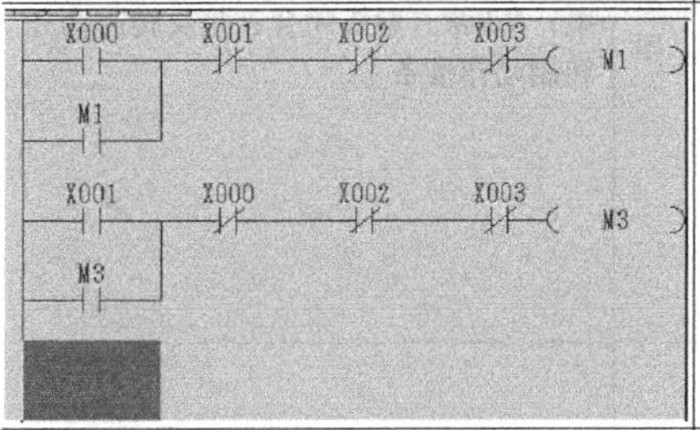	[输入 M3 线圈逻辑行]：在起始光标位置上分别输入 X1 常开、X0、X2、X3 常闭触头、M3 线圈及 M3 自锁触头	按下按钮 SB1，X0 常开触头闭合，M1 线圈得电闭合并自锁；按下按钮 SB2，X1 常开触头闭合，M3 线圈得电闭合并自锁；且 M1 与 M3 之间通过 X0、X1 联锁
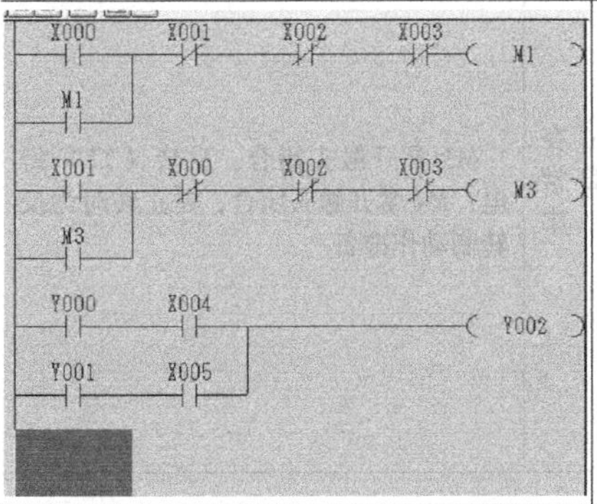	[输入 Y2 线圈逻辑行]：在起始光标位置上分别输入 Y0、X4 常开触头，再并上 Y1、X5 常开触头、Y2 线圈	正转（Y0）或反转（Y1）起动时，速度继电器 X4 或 X5 闭合，Y2 线圈得电，切除起动电阻

（续）

实训图片	操作方法	注意事项
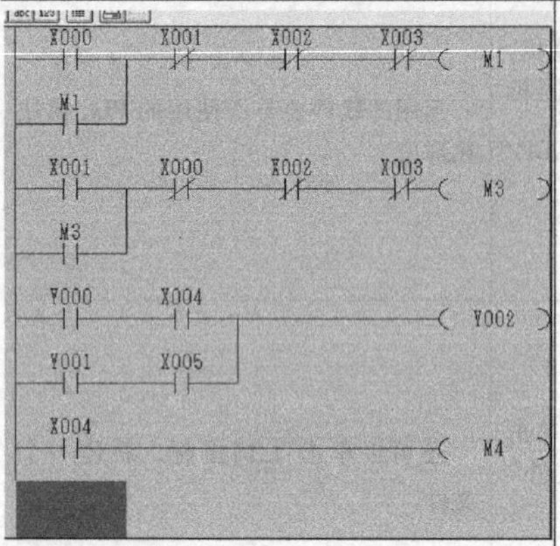	［输入 M4 线圈逻辑行］：在起始光标位置上分别输入 X4 常开触头及 M4 线圈	正转速度继电器（X4）接通 M4 线圈
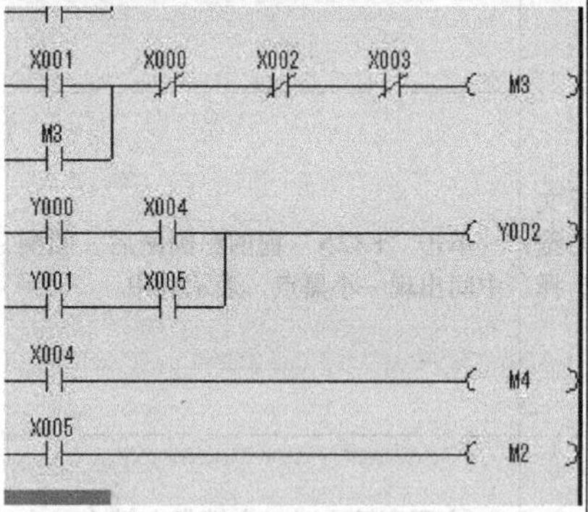	［输入 M2 线圈逻辑行］：在起始光标位置上分别输入 X5 常开触头及 M2 线圈	反转速度继电器（X5）接通 M2 线圈
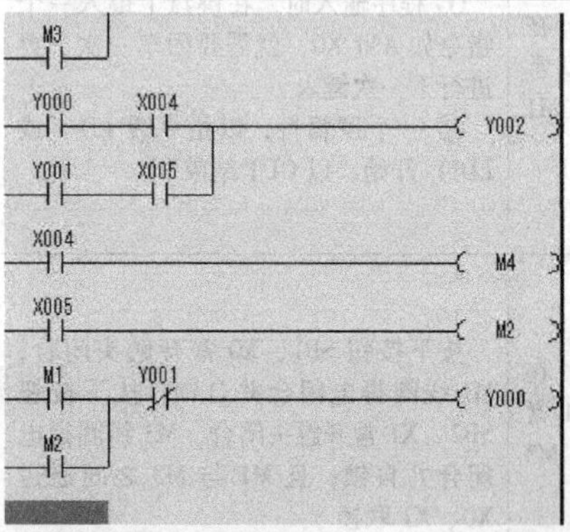	［输入 Y0 线圈逻辑行］：在起始光标位置上分别输入 M1 常开触头、并联 M2 常开触头，串联 Y1 常闭触头及 Y0 线圈	M1 常开触头闭合，正转（Y0）得电；M2 常开触头闭合，是反转时为正转制动作准备
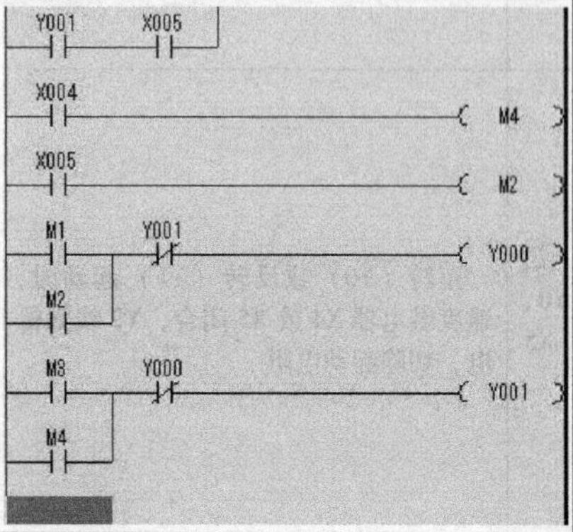	［输入 Y1 线圈逻辑行］：在起始光标位置上分别输入 M3 常开触头、并联 M4 常开触头，串联 Y0 常闭触头及 Y1 线圈	M3 常开触头闭合，反转（Y1）得电；M4 常开触头闭合，是正转时为反转制动作准备

（续）

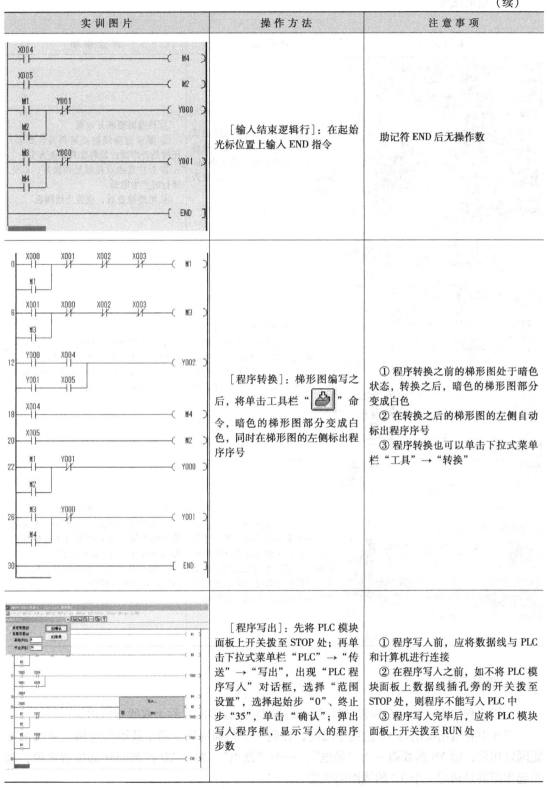

实训图片	操作方法	注意事项
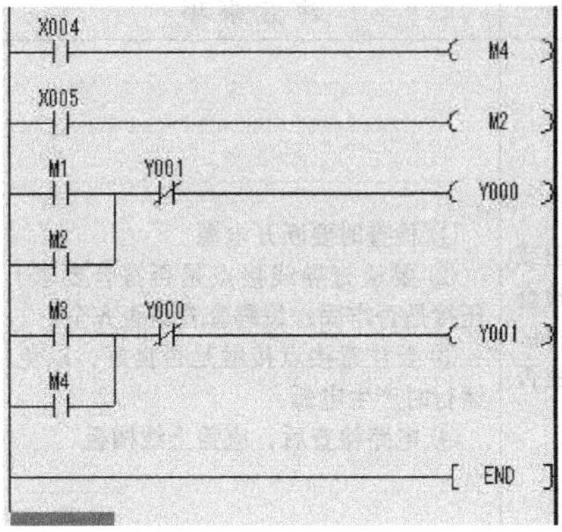	［输入结束逻辑行］：在起始光标位置上输入 END 指令	助记符 END 后无操作数
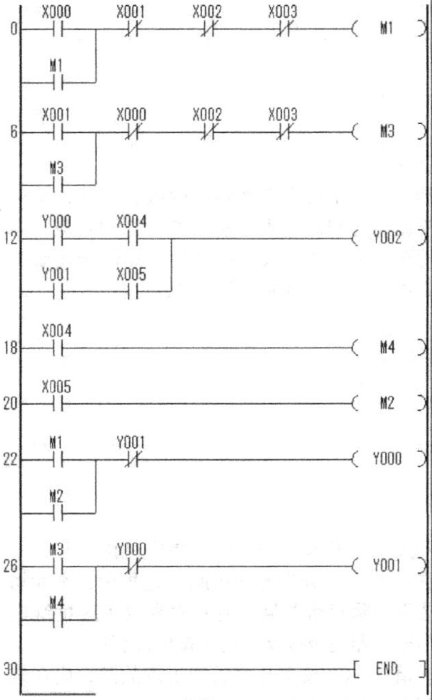	［程序转换］：梯形图编写之后，将单击工具栏“ ”命令，暗色的梯形图部分变成白色，同时在梯形图的左侧标出程序序号	① 程序转换之前的梯形图处于暗色状态，转换之后，暗色的梯形图部分变成白色 ② 在转换之后的梯形图的左侧自动标出程序序号 ③ 程序转换也可以单击下拉式菜单栏“工具”→“转换”
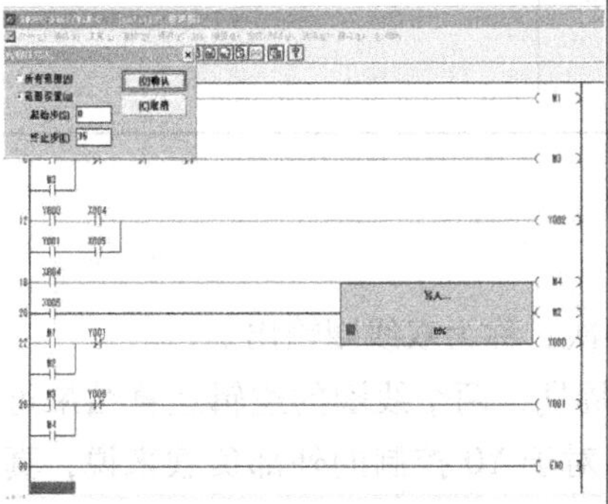	［程序写出］：先将 PLC 模块面板上开关拨至 STOP 处；再单击下拉式菜单栏“PLC”→“传送”→“写出”，出现“PLC 程序写入”对话框，选择“范围设置”，选择起始步“0”、终止步“35”，单击“确认”；弹出写入程序框，显示写入的程序步数	① 程序写入前，应将数据线与 PLC 和计算机进行连接 ② 在程序写入之前，如不将 PLC 模块面板上数据线插孔旁的开关拨至 STOP 处，则程序不能写入 PLC 中 ③ 程序写入完毕后，应将 PLC 模块面板上开关拨至 RUN 处

五、通电试验

实训图片	操作方法	注意事项
	［电路检查］：根据电路图或接线图从电源端开始，逐段检查核对线号是否正确，有无漏接、错接，线夹与接线座连接是否松动	① 检查时要断开电源 ② 要检查导线接点是否符合要求、压接是否牢固；编码套管是否齐全 ③ 要注意接点接触是否良好，以免运行时产生电弧 ④ 电路检查后，应盖上线槽板
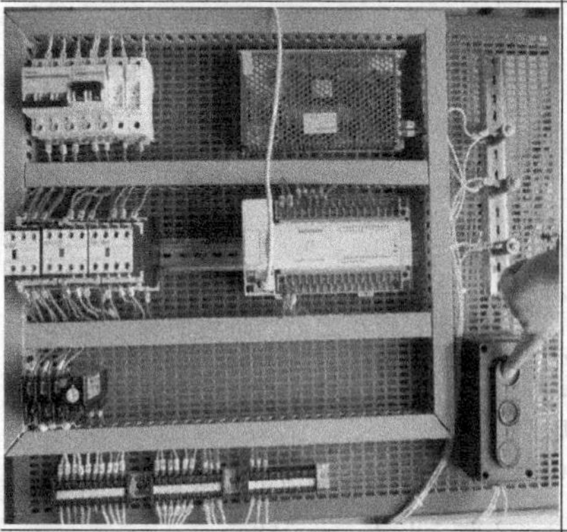	［不带电动机试验］：合上开关 QF2。先按下按钮 SB1，然后按下按钮 SB2，最后按下按钮 SB3，分别观察接触器吸合情况和 PLC 模块输入、输出对应指示灯的情况	注意观察接触器的吸合次序，是否与 PLC 输入、输出指示灯相对应；如不符合要求，则要检查硬件接线情况和对程序进行调整修改
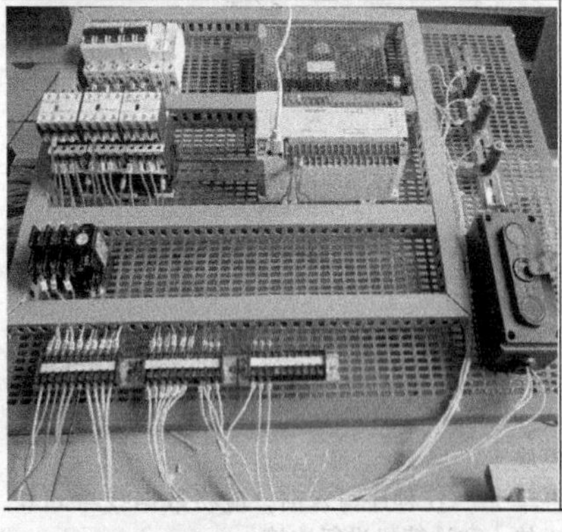	［带电动机试验］：合上开关 QF1。先按下按钮 SB1，观察电动机串电阻起动情况；然后按下按钮 SB2，观察电动机反接串电阻制动、然后串电阻反向起动情况；最后按下按钮 SB3，观察电动机串电阻反接制动停转情况	① 按下按钮时，要按到底 ② 如果电动机起动过程中，不能切除起动电阻，则要检查两个速度继电器是否接反，或对调电源相序 ③ 按下开关后如出现故障，应在老师的指导下进行检查

提醒注意

在用户程序中，同一个编程元件的线圈使用两次或多次，称为双线圈输出。

图 a 中有输出继电器 Y0 的两个线圈，在同一个扫描周期，两个线圈的逻辑运算结果可能刚好相反，即 Y0 的线圈一个“通电”，一个“断电”。对于 Y0 控制的外部负载来说，真正起作用的是最后一个 Y0 的线圈的状态。

Y0 的线圈的通断状态除了对外部负载起作用外，通过它的触点，还可能对程序中别的元件的状态产生影响。如果图 a 中两个线圈的通断状态相反，b 区域与其他区域中 Y0 触点的状态也是相反的，可能是程序运行异常。所以一般应避免出现双线圈输出现象。例如，将图 a 改为图 b。

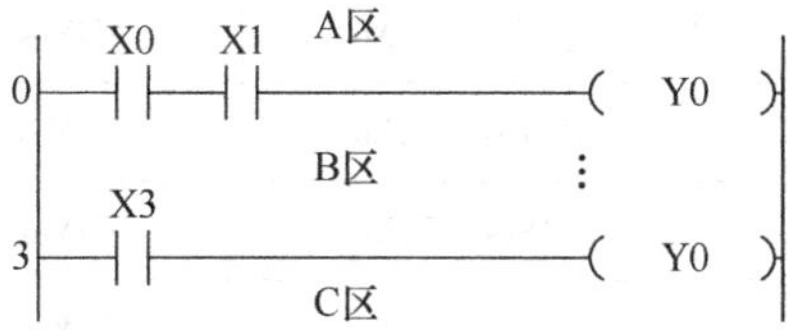

a)

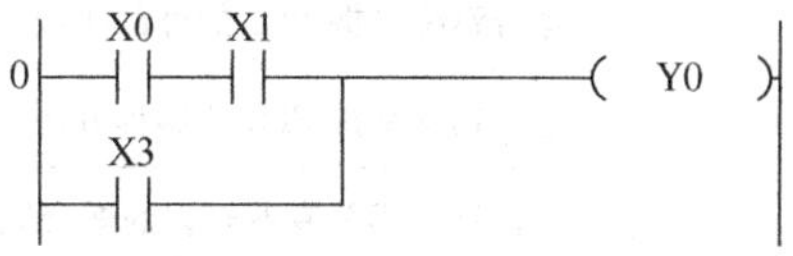

b)

检查评价

通电试车完毕，切断电源，先拆除电源线，再拆除电动机线，然后进行综合评价。

任 务 评 价

序号	评价指标	评价内容	分值	个人评价	小组评价	教师评价
1	电路设计	能正确分配 PLC 输入/输出点	5			
		能正确绘制 PLC 接线图	10			
		能熟练正确地编写 PLC 程序	10			
2	布线	不按电路图接线	10			
		布线不符合要求	5			
		线夹接触不良、接点松动、露铜过长	5			
		未套装或漏套编码套管	5			
		未接接地线	5			
3	程序输入	会开机、调入程序	5			
		会正确输入每步程序	5			
		会进行程序调试检查	5			
		会将程序写入 PLC	5			
4	通电操作	第一次试车不成功	5			
		第二次试车不成功	10			
5	安全规范	是否穿绝缘鞋	5			
		操作是否规范安全	5			
总分			100			
问题记录和解决方法			记录任务实施过程中出现的问题和采取的解决办法（可附页）			

能 力 评 价

内　容		评　价	
学习目标	评价项目	小组评价	教师评价
应知应会	本任务的相关基本概念是否熟悉	□Yes　□No	□Yes　□No
	是否熟练掌握 PLC 模块的使用	□Yes　□No	□Yes　□No

（续）

内　　容		评　　价	
学习目标	评价项目	小组评价	教师评价
专业能力	是否熟练掌握 PLC 的外部接线	□Yes　□No	□Yes　□No
	是否熟练掌握 PLC 的编程方法、技巧	□Yes　□No	□Yes　□No
	是否具有相关专业知识的融合能力	□Yes　□No	□Yes　□No
通用能力	团队合作能力	□Yes　□No	□Yes　□No
	沟通协调能力	□Yes　□No	□Yes　□No
	解决问题能力	□Yes　□No	□Yes　□No
	自我管理能力	□Yes　□No	□Yes　□No
	创新能力	□Yes　□No	□Yes　□No
态度	爱岗敬业	□Yes　□No	□Yes　□No
	工作认真	□Yes　□No	□Yes　□No
	劳动负责	□Yes　□No	□Yes　□No
个人努力方向：		老师、同学建议：	

思考与提高

1. 简述反接制动的原理。
2. 简述异步电动机反接制动和能耗制动优缺点。
3. 试设计下图的程序并调试。

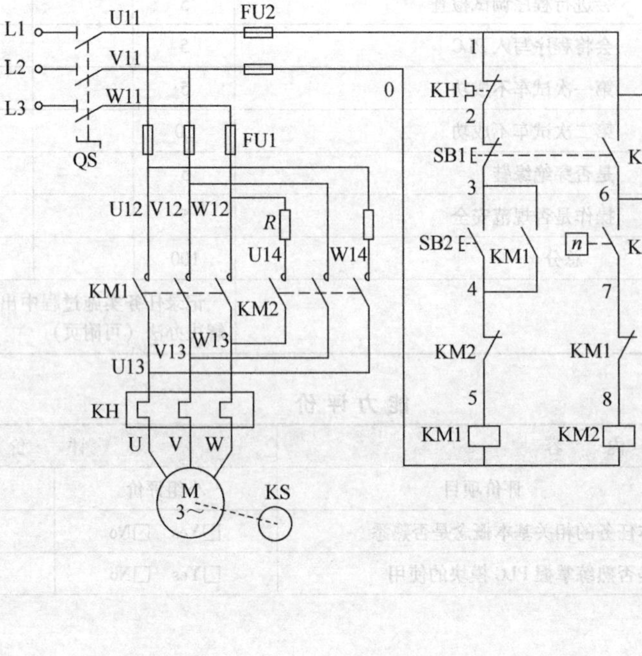

任务六　红绿灯 PLC 控制电路的安装调试

训练目标

- 掌握 PLC 编程软件的使用及操作技巧。
- 熟练掌握 PLC 的外部接线方法。
- 掌握 PLC 的定时器的使用。
- 掌握实际生活中的交通灯的时间匹配。
- 学会特殊指令 M8013 的应用。

任务描述

“十字路口红绿灯，红黄绿灯分得清。红灯停，绿灯行，黄绿灯亮快快行，行停行停看灯明”。同学们，听着这熟悉的儿歌，是否激发起你探求十字路口红绿灯控制的兴趣？传统的红绿灯控制是采用电子电路和继电器控制，但在如今交通日夜繁忙的形势下，传统的控制方式已不能适应城市发展的需要，现如今城市交通灯一般采用可靠性高、维护方便、使用简单、通用性强的 PLC 控制方式，并且可以采用 PLC 连成网络，根据实测各十字路口之间的距离、车流量和车速等，合理分配各路口信号灯之间的时差，把 *N* 台 PLC 联网到一台控制计算机上，以方便操作、管理和监控，从而极大地提高城市道路的交通的管理能力和效率。本任务就来完成 PLC 控制红绿灯电路的安装调试。

任务分析

十字路口交通信号灯控制系统是如何实现红、绿、黄 3 种颜色信号灯有条不紊工作的呢？本任务要求实现用 PLC 构成交通灯信号手动、自动控制系统电路的安装调试。本任务采用三菱 FX 2N 系列的可编程序控制器控制十字路口的交通信号灯，应用基本指令来实现交通信号灯的基本功能。右图为十字路口交通信号灯示意图，其控制要求如下：

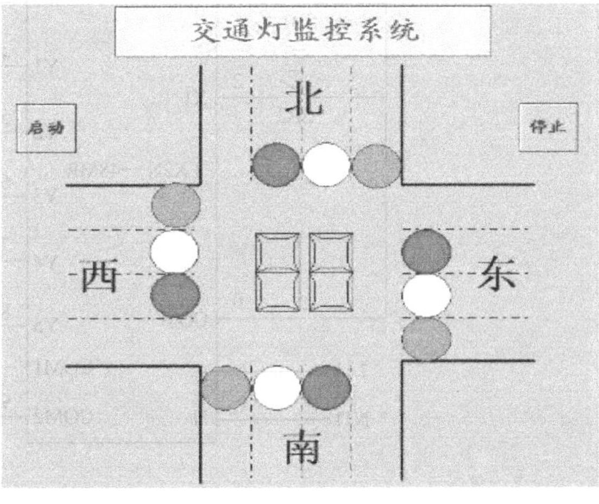

1. 控制要求

按下起动按钮 SB1，红绿黄灯开始循环动作，按下停止按钮 SB2，所有红绿黄灯都熄灭。红绿黄灯控制的具体要求见下表：

东西	信号	绿灯亮	绿灯闪	黄灯亮	红灯亮		
	时间	4s	2s	2s	8s		
南北	信号	红灯亮			绿灯亮	绿灯闪	黄灯亮
	时间	8s			4s	2s	2s

2. PLC 输入/输出点确定

为了将十字路口的红绿灯用 PLC 控制器来实现，PLC 需要 2 个输入点，6 个输出点，输入/输出点分配见下表。

输入			输出		
元件代号	作用	输入继电器	元件代号	作用	输出继电器
SB1	起动	X0	HL1	东西红灯	Y0
SB2	停止	X1	HL2	东西黄灯	Y1
			HL3	东西绿灯	Y2
			HL4	南北红灯	Y3
			HL5	南北黄灯	Y4
			HL6	南北绿灯	Y5

3. PLC 外部接线图

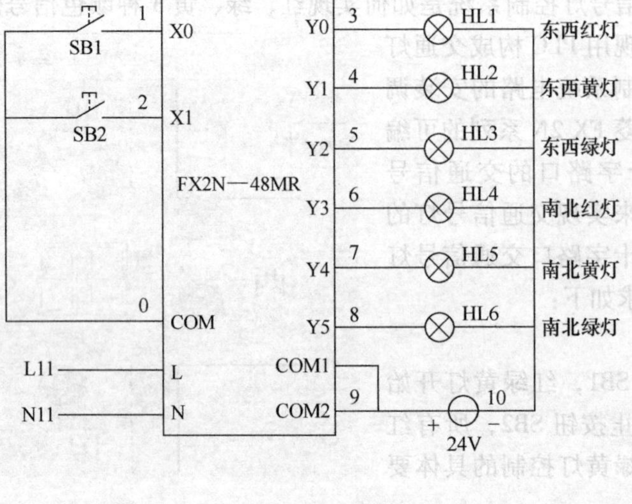

4. 梯形图

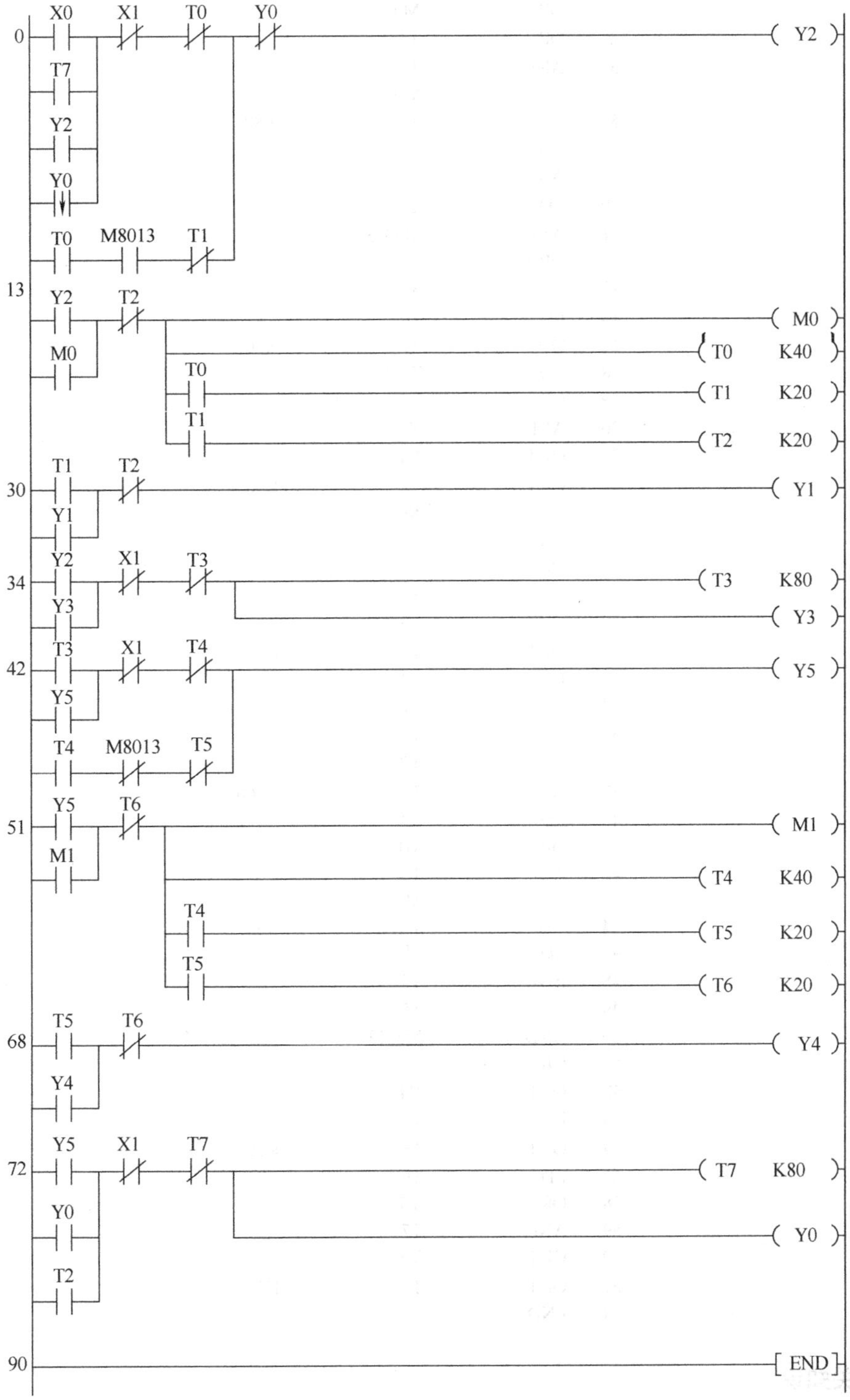

0
X0
X1
T0
Y0
Y2
T7
Y2
Y0
T0
M8013
T1
13
Y2
T2
M0
M0
T0
K40
T0
T1
K20
T1
T2
K20
30
T1
T2
Y1
Y1
34
Y2
X1
T3
T3
K80
Y3
Y3
42
T3
X1
T4
Y5
Y5
T4
M8013
T5
51
Y5
T6
M1
M1
T4
K40
T4
T5
K20
T5
T6
K20
68
T5
T6
Y4
Y4
72
Y5
X1
T7
T7
K80
Y0
Y0
T2
90
END

5. 指令表

0	LD	X0	
1	OR	M0	
2	OR	T3	
3	ANI	T1	
4	OUT	M0	
5	OUT	T0	K80
8	LD	M0	
9	ANI	T0	
10	LD	T0	
11	AND	M8013	
12	ORB		
13	OUT	Y0	
14	LD	T0	
15	OUT	T1	K30
18	LD	T1	
19	OR	Y1	
20	ANI	T2	
21	OUT	Y1	
22	OUT	T2	K50
25	LD	X0	
26	OR	Y3	
27	OR	T7	
28	ANI	T4	
29	OUT	Y3	
30	OUT	T4	K160
33	LD	T2	
34	OR	Y2	
35	ANI	T3	
36	OUT	Y2	
37	OUT	T3	K160
40	LD	T2	
41	OR	M1	
42	ANI	T6	
43	OUT	M1	
44	OUT	T5	K80
47	LD	M1	
48	ANI	T5	
49	LD	T5	
50	AND	M8013	
51	ORB		
52	OUT	Y4	
53	LD	T5	
54	OUT	T6	K30
57	LD	T6	
58	OR	Y5	
59	ANI	T7	
60	OUT	Y5	
61	OUT	T7	K50
64	END		

相关知识

1. PLS 与 PLF 指令介绍

（1）PLS（Pulse）　上升沿微分输出指令。当检测到控制触点闭合的一瞬间，输出继电器或辅助继电器的触点仅接通一个扫描周期。

（2）PLF（Pulse Falling）　下降沿微分输出指令。当检测到控制触点断开的一瞬间，输出继电器或辅助继电器的触点仅接通一个扫描周期。

PLS 和 PLF 指令能够操作的元件为 Y 和 M（不包括特殊辅助继电器）。

下图中的 M0 仅在 X0 的常开触点由断开变为接通（即 X0 的上升沿）时的一个扫描周期内为 ON；M1 仅在 X0 的常开触点由接通变为断开（即 X0 的下降沿）时的一个扫描周期内为 ON。

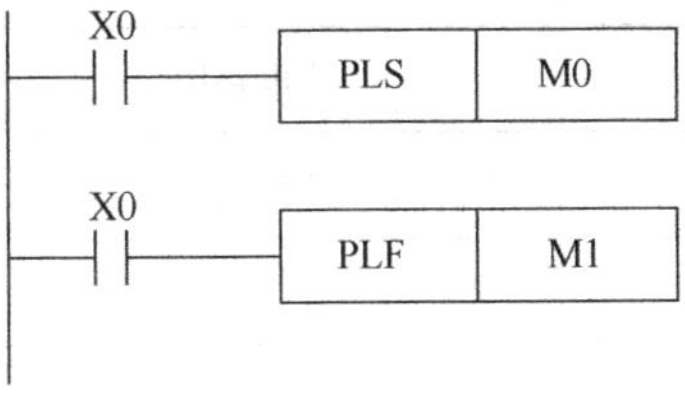


```
LD    X0
PLS   M0
LD    X0
PLF   M1
```

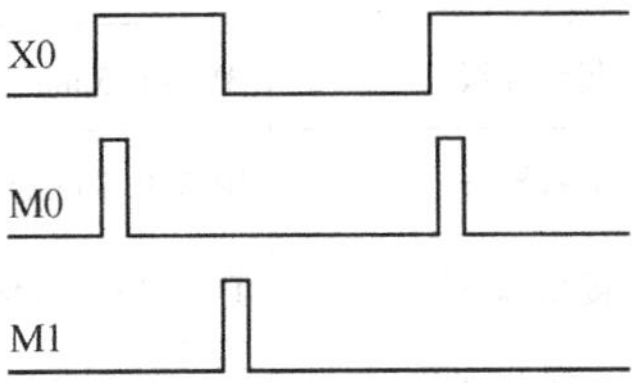

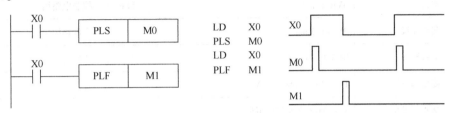

应该指出的是，PLS 和 PLF 指令只有在检测到触点的状态发生变化时才有效，如果触点一直是闭合或者断开，PLS 和 PLF 指令是无效的。即指令只对触发信号的上升沿和下降沿有效。PLS 和 PLF 指令无使用次数的限制。

当 PLC 从 RUN 到 STOP，然后又由 STOP 进入 RUN 状态时，其输入信号仍然为 ON，PLS M0 指令将输出一个脉冲。然而，如果用电池后备（锁存）的辅助继电器代替 M0，其 PLS 指令在这种情况下不会输出脉冲。

微分指令在实际编程应用中十分有用，利用微分指令可以模拟按钮的动作。

2. 边沿检测触点指令

（1）LDP、ANDP 和 ORP　上升沿检测触点指令。被检测触点的中间有一个向上的箭头，对应的输出触点仅在指定位元件的上升沿（即由 OFF 变为 ON）时接通一个扫描周期。

（2）LDF、ANDF 和 ORF　下降沿检测触点指令。被检测触点的中间有一个向下的箭头，对应的输出触点仅在指定位元件的下降沿（即由 ON 变为 OFF）时接通一个扫描周期。

上述指令能够操作的元件为 X、Y、M、T、C 和 S。

在下图中，在 X2 的上升沿或 X3 的下降沿，Y0 仅在一个扫描周期为 ON。

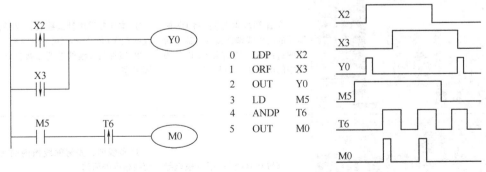

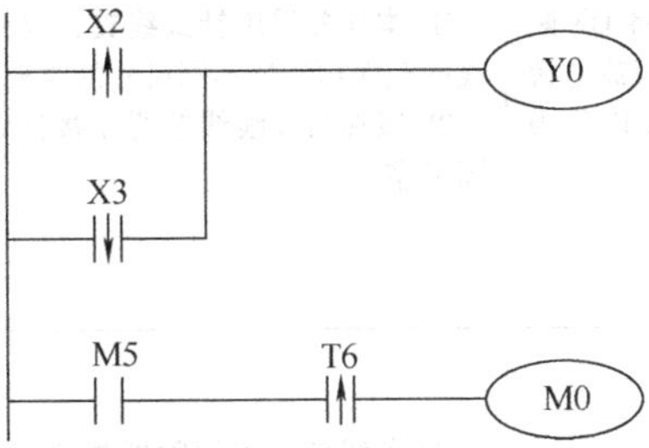


```
0    LDP    X2
1    ORF    X3
2    OUT    Y0
3    LD     M5
4    ANDP   T6
5    OUT    M0
```

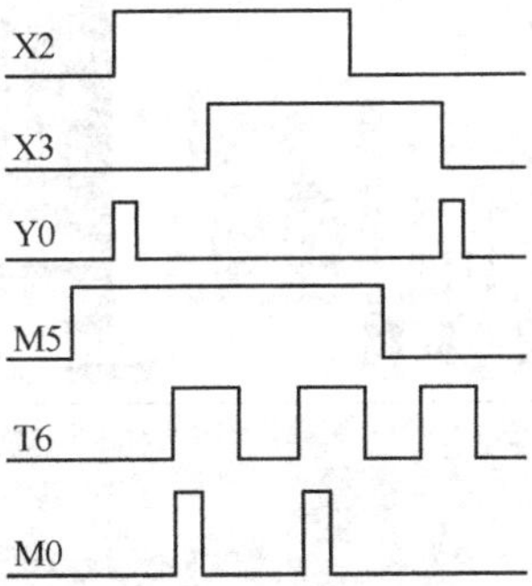

任务实施

一、元器件选择

根据控制要求，选择合适容量、规格的元器件，并进行质量检查。

序号	元器件名称	型号、规格	数量	备注
1	低压断路器	DZ47-63	1	2 极
2	按钮	LA4-3H	1	
3	PLC	三菱 FX2N-48MR	1	
4	直流电源	S-120-24 AC220V ±15% DC24V 5A	1	
5	塑料导线	BVR-1mm^2	20m	控制电路用
6	塑料导线	BVR-1.5mm^2	10m	主电路用
7	塑料导线	BVR-0.75mm^2	1m	按钮用
8	接线端子排	TD（AZ1）660V 15A	2	
9	交通灯模拟板	SX-805-3 交通灯模拟板	1	
10	接线板	700mm×550mm×30mm	1	

二、外部模块接线

实训图片	操作方法	注意事项
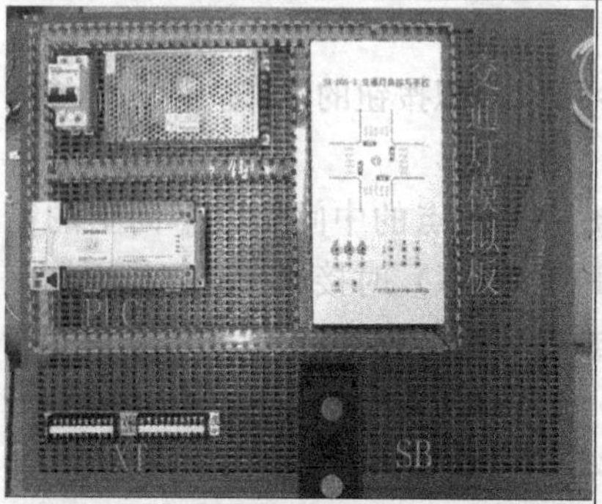	[安装各元器件]：将低压断路器、直流稳压电源、PLC 模块、交通灯模拟板、按钮、端子排、线槽按要求安装在接线板上	① 安装按钮的金属板或金属按钮盒必须可靠接地 ② 元器件布置要整齐、匀称、合理，安装要牢固可靠 ③ 布线槽安装应端正牢固美观
	[布置 PLC 电源]：将 QF 断路器的两出线端连接到直流电源的两进线端，再并接到 PLC 模块中的电源输入端 L、N	① 本任务采用针式线夹，要根据导线的截面积选择不同尺寸的线夹 ② 线夹与导线线芯要压接良好、牢固可靠
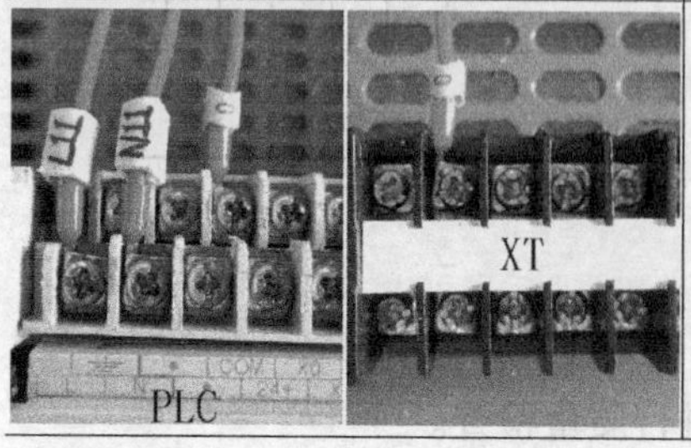	[布置 0 号线]：用一根软导线将 PLC 输入端的 COM 点连接到端子排对应的接线座	① 布线前，先清除线槽内的污物，使线槽内外清洁 ② 导线连接前应先做好线夹，线夹要压紧，使导线与线夹接触良好，不能露铜过长，也不能压绝缘层

（续）

实训图片	操作方法	注意事项
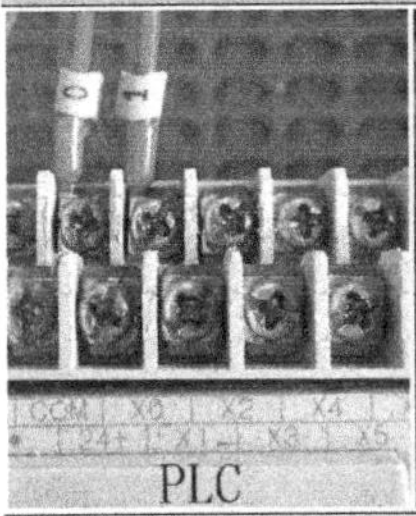	［布置1号线］：用一根软导线将PLC输入端的X0点连接到端子排对应的接线座	③ 线夹与接线座连接时，要压接良好；需垫片时，线夹要插入垫片之下 ④ 做线夹前要先套入编码套管，且导线两端都必须套上编码套管；编码套管上文字的方向一律从右看入；编码套管标号要写清楚，不能漏标、误标 ⑤ 同一个接线座压接两个针式线夹时，要左右压接，且要压接牢固，不能松动
	［布置2号线］：用一根软导线将PLC输入端的X1点连接到端子排对应的接线座	
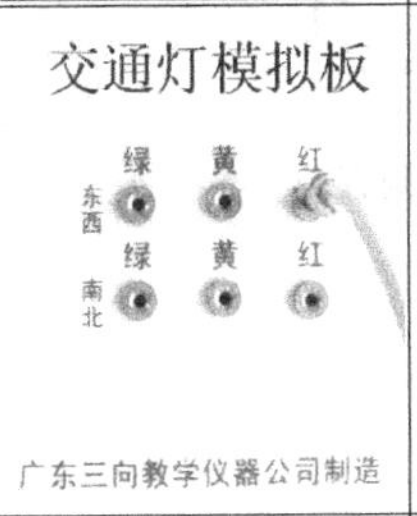	［布置3号线］：用一根软导线将PLC输出端的Y0点连接到交通灯模拟板东西方向红灯接线座	
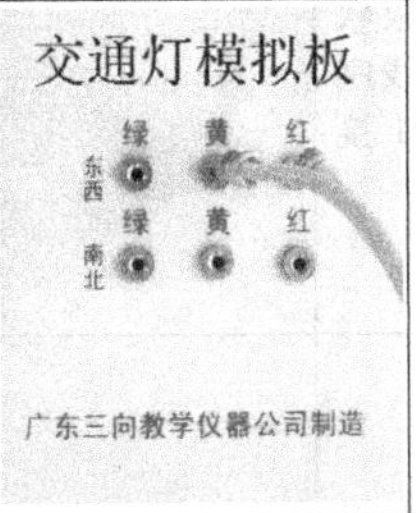	［布置4号线］：用一根软导线将PLC输出端的Y1点连接到交通灯模拟板东西方向黄灯接线座	① 与PLC接线座连接时，要看清PLC接线座所对应的文字符号，不能接错 ② PLC的+24V端子一般用于连接传感器；严禁在+24V端子供电 ③ 严禁将PLC输入COM端与输出COM端连接在一起 ④ 布线时不能损伤线芯和导线绝缘层，导线中间不能有接头 ⑤ 各元器件接线座上引入或引出的导线，必须经过布线槽进行连接，变换走向要垂直 ⑥ 连接直流稳压电源时要注意+V对应PLC输出的COM点，直流稳压电源的COM点对应红绿灯模拟板的0V
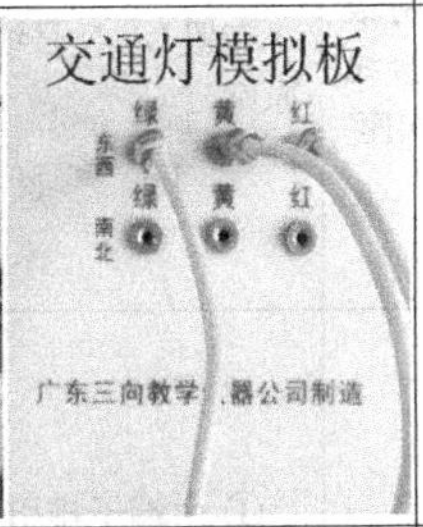	［布置5号线］：用一根软导线将PLC输出端的Y2点连接到交通灯模拟板东西方向绿灯接线座	
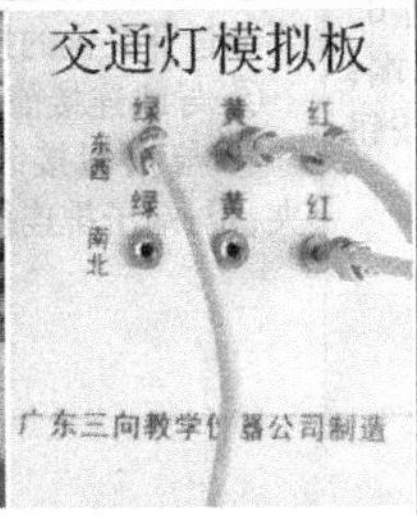	［布置6号线］：用一根软导线将PLC输出端的Y3点连接到交通灯模拟板南北方向红灯接线座	

（续）

实训图片	操作方法	注意事项
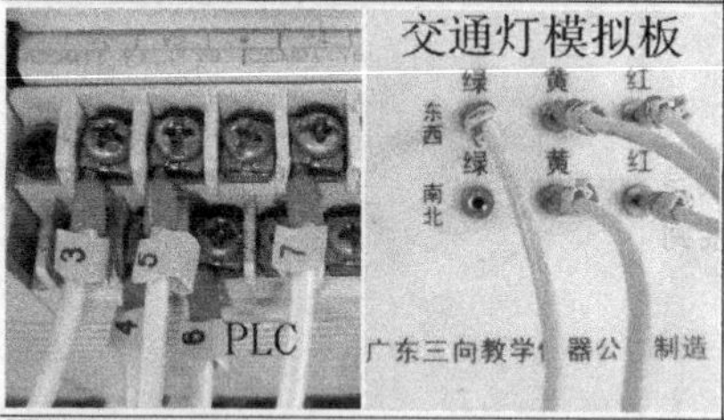	［布置7号线］：用一根软导线将PLC输出端的Y4点连接到交通灯模拟板南北方向黄灯接线座	
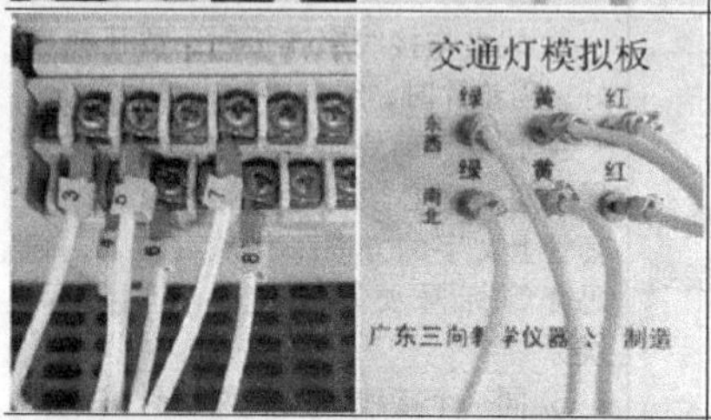	［布置8号线］：用一根软导线将PLC输出端的Y5点连接到交通灯模拟板南北方向绿灯接线座	
	［布置9号线］：用一根软导线将PLC的COM1点连接到PLC的COM2点，再并一根导线到直流稳压电源的+V接线座	
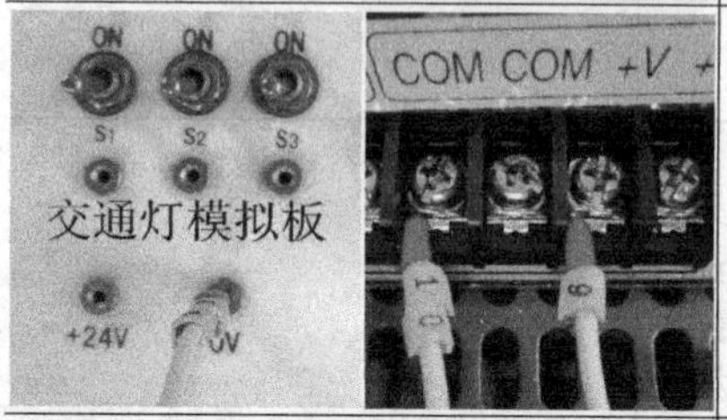	［布置10号线］：用一根软导线将交通灯模拟板0V接线座接到直流稳压电源的COM接线座	
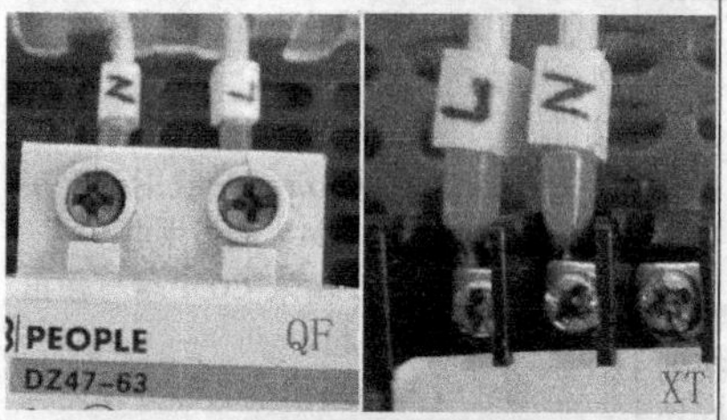	［布置L、N号线］：用两根软导线将端子排XT的对应接线座连接到QF的两个进线接线座	布置L、N号线时要遵循左零右火的原则
	［布置按钮线］：将端子排0、1号线接在SB1常开按钮两端；将0、2号线接在SB2常开按钮两端	① 由端子排引接到按钮的导线一定要穿过开关盒的接线孔 ② 导线连接前一定要穿入编码套管 ③ 与按钮接线座连接用冷压接线夹，与端子排连接用针式线夹

三、电源连接

实训图片	操作方法	注意事项
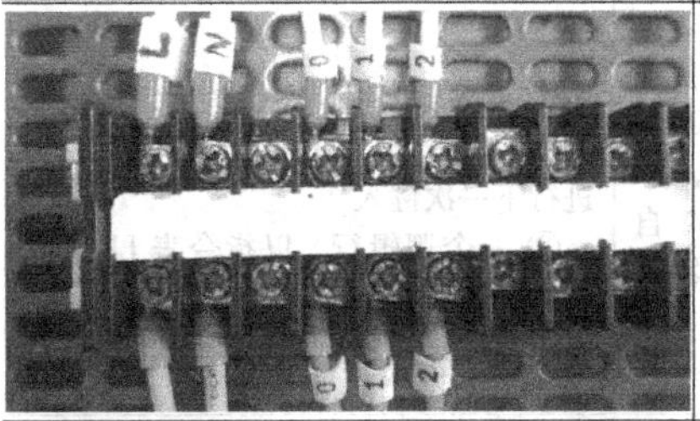	[连接电源]：将两相电源线连接到接线端子排的 L、N 对应位置	① 由指导老师指导学生接通两相电源 ② 学生通电试验时，指导老师必须在现场进行监护
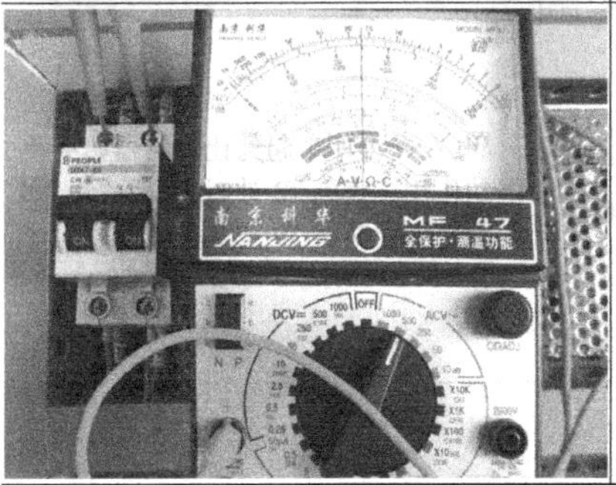	[验电]：合上总电源开关，用万用表 500V 电压挡，分别测量低压断路器进线端的相间电压，确认两相电压是否平衡	① 测量前，确认学生是否已穿绝缘鞋 ② 测量时，学生操作是否规范 ③ 测量时表笔的笔尖不能同时触及两根带电体

四、程序录入

用 SWOPC-FXGP/WIN-C 编程软件录入相对应的指令或梯形图，观察是否正确录入。

实训图片	操作方法	注意事项
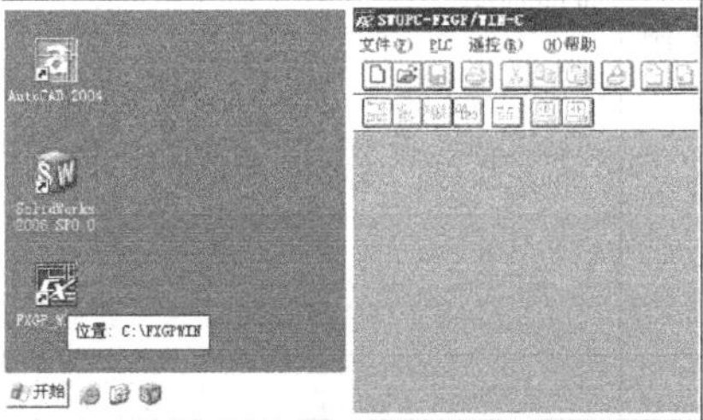	[启动程序]：开启计算机，双击桌面上 FXGP WIN-C 图标 ，出现 SWOPC-FXGP/WIN-C 屏幕	运用的软件要与所使用的 PLC 模块相对应
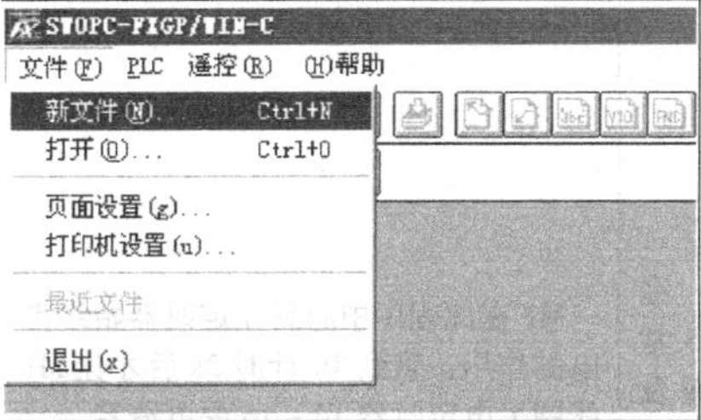	[新建一个程序文件]：单击“文件”菜单，单击“新文件”命令	或单击  图标，新建一个文件
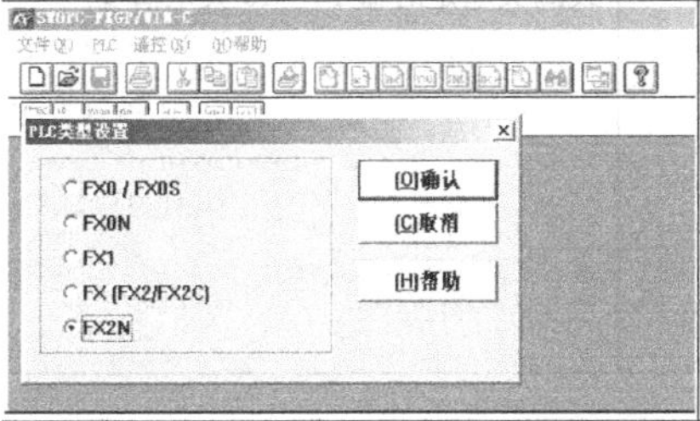	[选择机型]：单击“新文件”命令后，出现“PLC 类型设置”，选择机型，选择“FX2N”，单击确认	单击“FX2N”前的白圆圈后，圆圈中间出现一小黑点，表示选中

（续）

实训图片	操作方法	注意事项
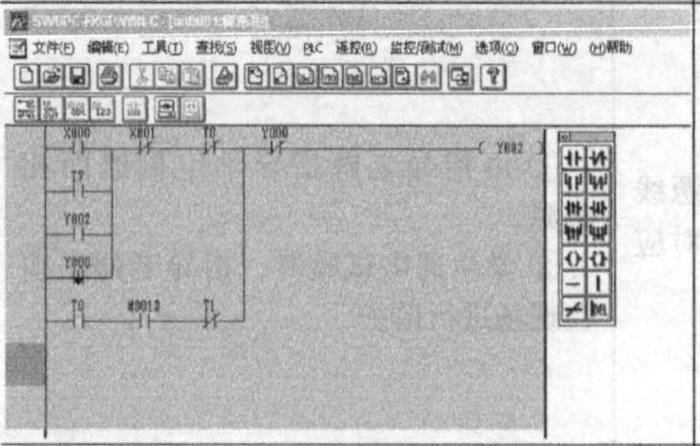	［输入 Y2 线圈逻辑行］：在起始光标位置上分别输入 X0 常开、X1、T0、Y0 常闭触头，Y2 线圈在 X0 两边分别并联 Y2 自锁触头和下降沿 Y0 以及 T0 常开	① 程序输入时，在键盘上键入一个指令如 ANI X0，就需要回车一次，再进行下一次键入 ② 一个逻辑行，以指令表 LD（或 LDI）开始，以 OUT 结束
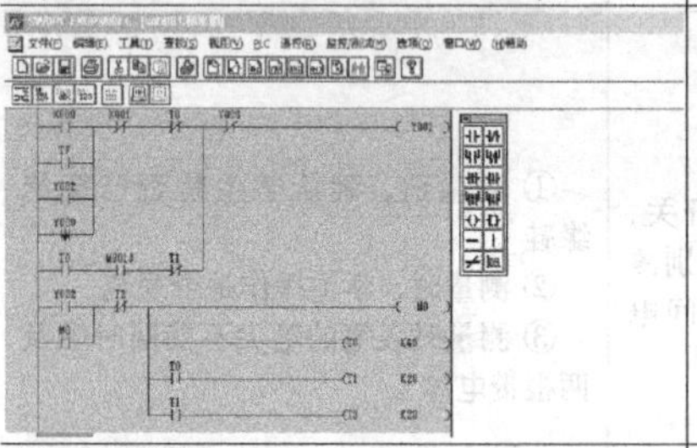	［输入 M0 线圈逻辑行］：在起始光标位置上分别输入 Y2 常开、T2 常闭触头、M0 线圈及 M0 自锁触头与 T0～T2 线圈	M0 在此程序中起到让定时器始终得电的作用，直到 T2 计时 2s 后才让 M0 线圈失电定时器 T0～T2 失电清零
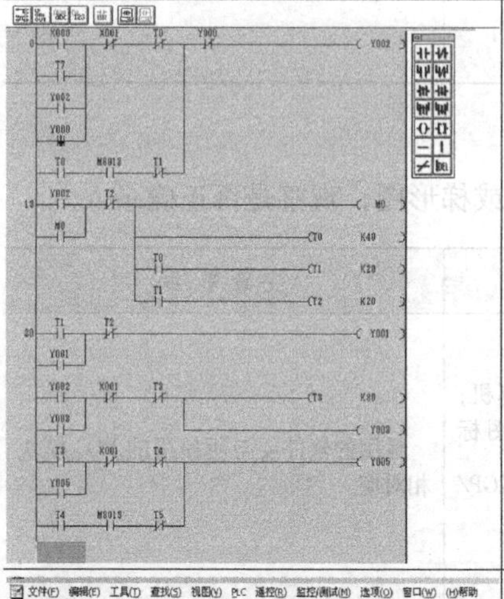	［输入 Y1、Y3、Y5 线圈逻辑行］：在起始光标位置上分别输入 T1 常开触头，T2 常闭触头和 Y1 线圈再并上 Y1 常开触头；Y3 和 Y5 线圈逻辑行输入如左图片所示	X1 是停止按钮，而 Y1、Y3、Y5 线圈失电是通过定时器定时后常闭分断来实现的
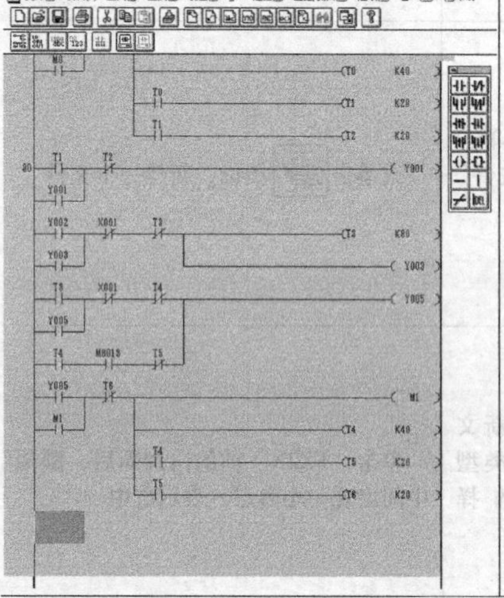	［输入 M1 线圈逻辑行］：在起始光标位置上分别输入 Y5 常开、T6 常闭触头、M1 线圈及 M1 自锁触头与 T4～T6 线圈	M1 在此程序中起到让定时器始终得电的作用，直到 T6 计时 2s 后才让 M1 线圈失电定时器 T4～T6 失电清零

（续）

实 训 图 片	操 作 方 法	注 意 事 项
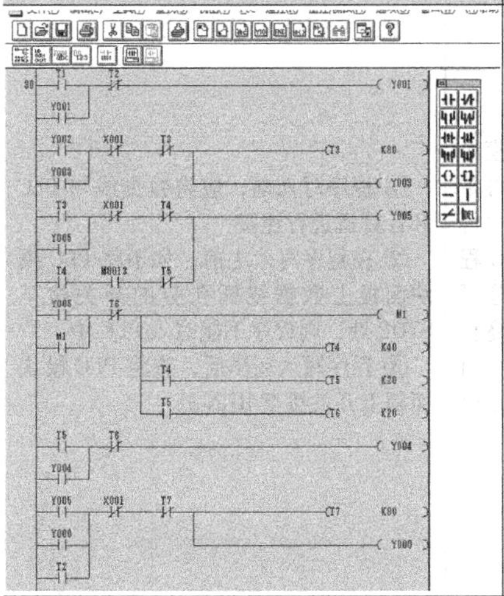	［输入 Y4、Y0 线圈逻辑行］：在起始光标位置上分别输入 T5 常开 T6 常闭触头、Y4 线圈及 Y4 自锁触头，Y0 线圈逻辑行输入	Y4、Y0 线圈的失电是通过定时器定时后常闭分断来实现的
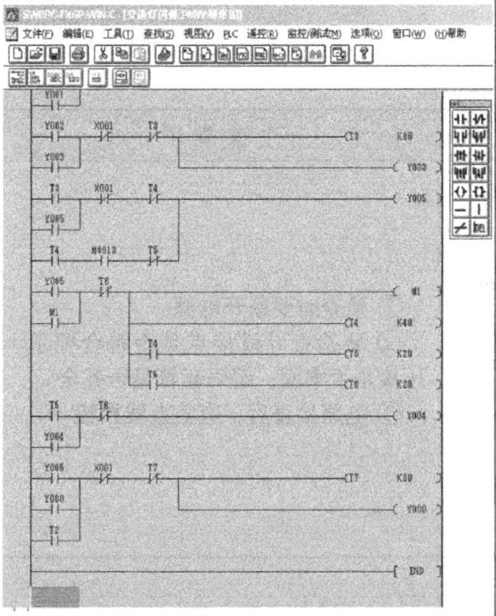	［输入结束逻辑行］：在起始光标位置上输入 END 指令	助记符 END 后无操作数
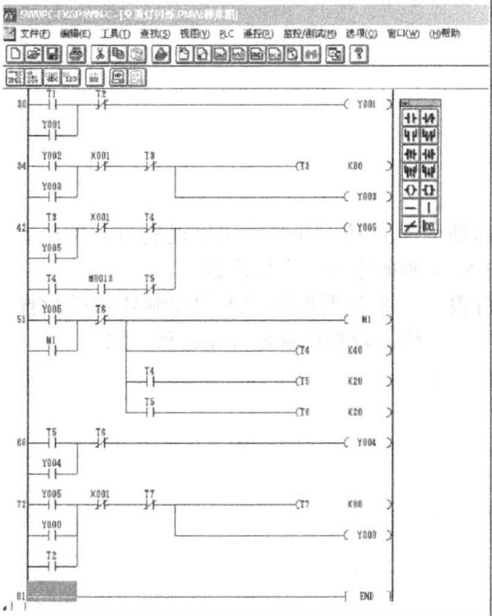	［程序转换］：梯形图编写之后，将单击工具栏“”命令，暗色的梯形图部分变成白色，同时在梯形图的左侧标出程序序号	① 程序转换之前的梯形图处于暗色状态，转换之后，暗色的梯形图部分变成白色 ② 在转换之后的梯形图的左侧自动标出程序序号 ③ 程序转换也可以单击下拉式菜单栏“工具”→“转换”

（续）

实训图片	操作方法	注意事项
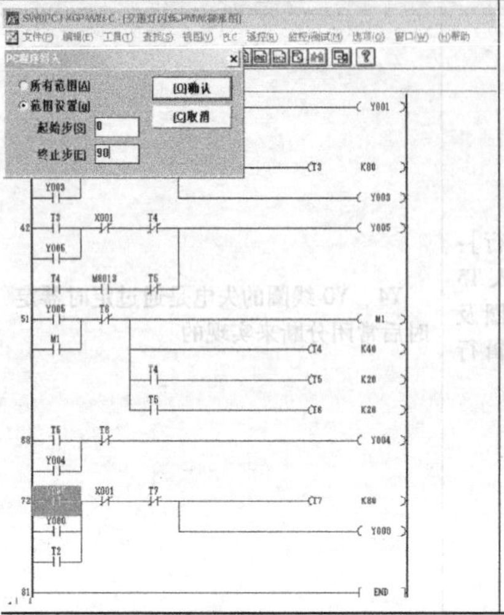	［程序写出］：先将PLC模块面板上开关拨至STOP处；再单击下拉式菜单栏“PLC”→“传送”→“写出”，出现“PLC程序写入”对话框，选择“范围设置”，选择起始步“0”、终止步“100”，单击“确认”；弹出写入程序框，显示写入的程序步数	① 程序写入前，应将数据线与PLC和计算机进行连接 ② 在程序写入之前，如不将PLC模块面板上数据线插孔旁的开关拨至STOP处，则程序不能写入PLC中 ③ 程序写入完毕后，应将PLC模块面板上开关拨至RUN处

五、通电调试

实训图片	操作方法	注意事项
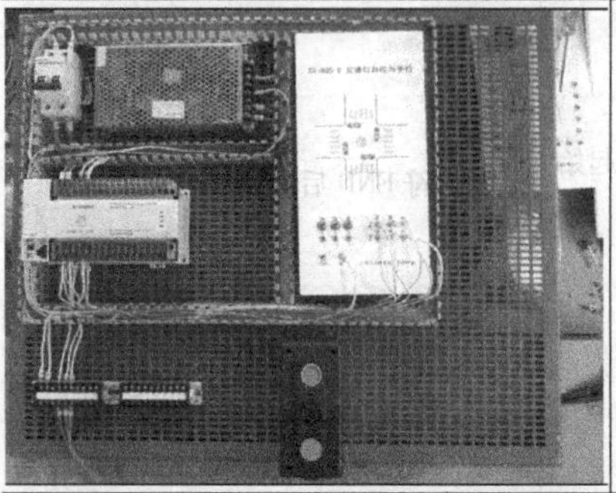	［电路检查］：根据电路图或接线图从电源端开始，逐段检查核对线号是否正确，有无漏接、错接，线夹与接线座连接是否松动	① 检查时要断开电源 ② 要检查导线接点是否符合要求、压接是否牢固；编码套管是否齐全 ③ 电路检查后，应盖上线槽板
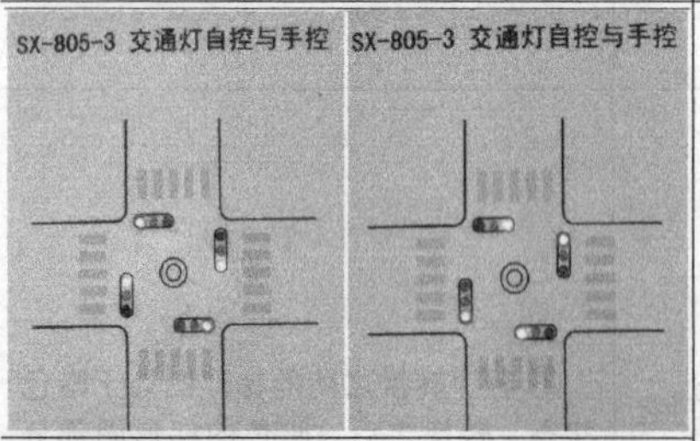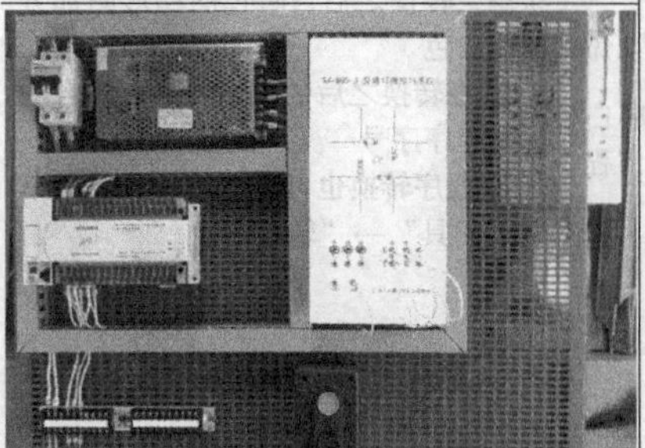	［按下按钮测试］：按下起动按钮一下，观察PLC模块输入、输出对应的指示灯以及红绿灯模拟板显示	① 按下开关后如出现故障，应在老师的指导下进行检查 ② 按照题目给定的控制要求进行操作，观察现象是否和题意一致

提醒注意

三菱 FX2N 系列 PLC 具有可靠性高，抗干扰能力强等优点，可以组成能满足各种控制要求的控制系统，用户不必自己再设计和制作硬件装置。PLC 还具有功能强、适应面广的特点。现在的 PLC 已经开始用于闭环控制，不仅如此，随着其扩展能力和通信能力的发展，不仅在交通灯中扩展自如，也越来越多地应用到了复杂的分布式控制系统中。

PLC 用于对交通信号灯的控制，主要是考虑其具有对使用环境适应性强的特性，同时其内部定时器资源十分丰富，可对目前普遍使用的“渐进式”信号灯进行精确控制，特别对于岔路口的控制可方便地实现。目前大多数 PLC 的内部均配有实时时钟，通过编程控制可对信号灯实施全天候无人管理，可缩短车辆通行时间，实现科学化管理。城市交通灯控制采用 PLC 比传统的采用电子电路和继电器控制可靠性高、维护方便、使用简单、通用性强等特点，PLC 还可以连成网络，根据实测各十字路口之间的距离、车流量和车速等，合理确定各路口信号灯之间的时差，把 N 台 PLC 联网到一台控制计算机上，以方便操作、管理和监控，从而极大地提高城市道路交通管理能力。用 PLC 控制十字路口的指示灯，维护方便，可按需要随意修改指示灯的时间，更体现了城市交通管理工作的现代化。

检查评价

通电试车完毕，切断电源，先拆除电源线，再拆除其余电线，然后进行综合评价。

任务评价

序号	评价指标	评价内容	分值	个人评价	小组评价	教师评价
1	电路设计	能正确分配 PLC 输入/输出点	5			
		能正确绘制 PLC 接线图	10			
		能熟练正确地编写 PLC 程序	10			
2	布线	不按电路图接线	10			
		布线不符合要求	5			
		线夹接触不良、接点松动、露铜过长	5			
		未套装或漏套编码套管	5			
		未接接地线	5			
3	程序输入	会开机、调入程序	5			
		会正确输入每步程序	5			
		会进行程序调试检查	5			
		会将程序写入 PLC	5			
4	通电操作	第一次试车不成功	5			
		第二次试车不成功	10			
5	安全规范	是否穿绝缘鞋	5			
		操作是否规范安全	5			
总分			100			
问题记录和解决方法			记录任务实施过程中出现的问题和采取的解决办法（可附页）			

能 力 评 价

内　容		评　价	
学习目标	评价项目	小组评价	教师评价
应知应会	本任务的相关基本概念是否熟悉	□Yes □No	□Yes □No
	是否熟练掌握 PLC 模块的使用	□Yes □No	□Yes □No
专业能力	是否熟练掌握 PLC 的外部接线	□Yes □No	□Yes □No
	是否熟练掌握 PLC 的编程方法、技巧	□Yes □No	□Yes □No
	是否具有相关专业知识的融合能力	□Yes □No	□Yes □No
通用能力	团队合作能力	□Yes □No	□Yes □No
	沟通协调能力	□Yes □No	□Yes □No
	解决问题能力	□Yes □No	□Yes □No
	自我管理能力	□Yes □No	□Yes □No
	创新能力	□Yes □No	□Yes □No
态度	爱岗敬业	□Yes □No	□Yes □No
	工作认真	□Yes □No	□Yes □No
	劳动负责	□Yes □No	□Yes □No
个人努力方向：		老师、同学建议：	

思考与提高

1. 用单流程编写红绿灯控制程序。
2. 红绿灯闪烁控制可以用几种方法实现？
3. 编写程序，可以使红绿灯控制处于暂停状态。

任务七　七段码 PLC 控制电路的安装调试

训练目标

- 理解 PLC 基本结构与组成，熟悉 PLC 的控制七段码的工作原理。
- 掌握数码显示管的类型和驱动方式。
- 掌握 PLC 编程软件的使用及操作技巧。
- 熟练掌握 PLC 的外部接线方法。

任务描述

上一任务我们讲解了红绿灯显示系统，对于简单的红绿灯显示可以编程实现，但是日常生活中所见到红绿灯显示，带有数码显示的功能，以显示红灯、绿灯、黄灯剩余的时间。那么数码显示管是如何编程实现呢？下面就来讲解数码显示程序，并且要熟练掌握该模块程序，以便为将来编写复杂程序做准备。

任务分析

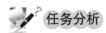

本任务要求实现七段码 PLC 控制电路的安装调试，基本的七段码 PLC 控制电路分为按钮控制和时间继电器控制两种，下面就以按钮控制来完成七段码 PLC 控制电路的安装调试。

一、控制要求

按钮控制数码管显示，按一下显示 1，按同样的按钮两下显示 2，按同样的按钮三下显示 3……如此循环，按十下显示 0 后，再按此按钮不起作用，按下停止按钮数码管复位（熄灭）。

题意解析：在该题目中，我们重点应用计数器来实现控制，那么现在回忆一下计数器的工作原理：

计数器工作时，当计数线圈得电一次，计数器内部在原有基础上自动加 1，当计数器当前值与设定值相等时，计数器的触点动作，常开触头和常闭触头分别动作；当计数器的当前值大于设定值时触头不动作，只有将计数器经过复位（清零）后，计数器触点复位。

二、输入/输出点确定

为了将七段码控制电路用 PLC 控制器来实现，PLC 需要 2 个输入点，7 个输出点，输入/输出点分配见下表。

输入			输出		
元件代号	作用	输入继电器	元件代号	作用	输出继电器
SB1	起动	X0	a		Y0
SB2	停止	X1	b		Y1
			c		Y2
			d		Y3
			e		Y4
			f		Y5
			g		Y6

三、外部接线图

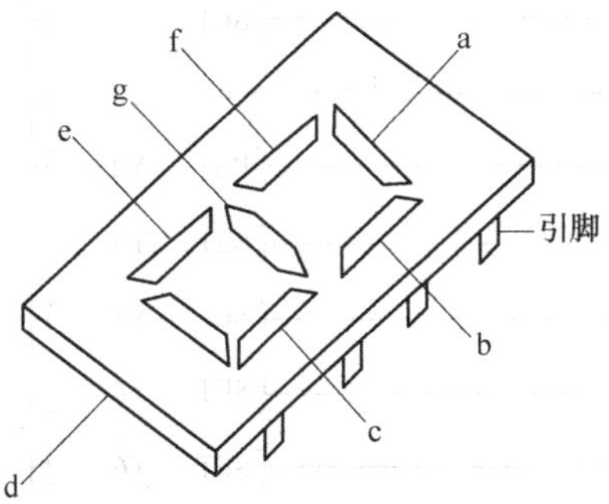

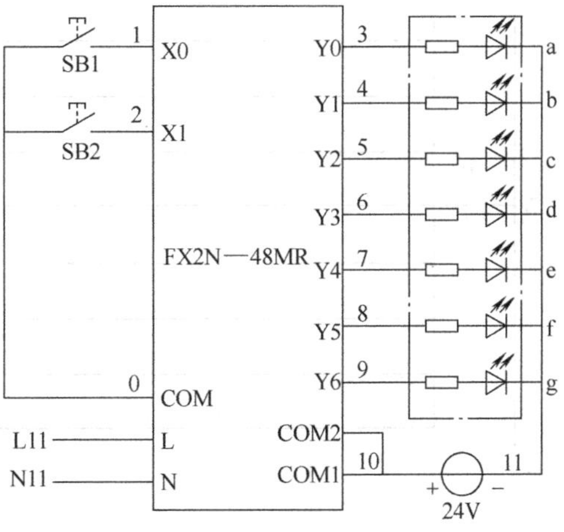

四、编写梯形图和指令语句表

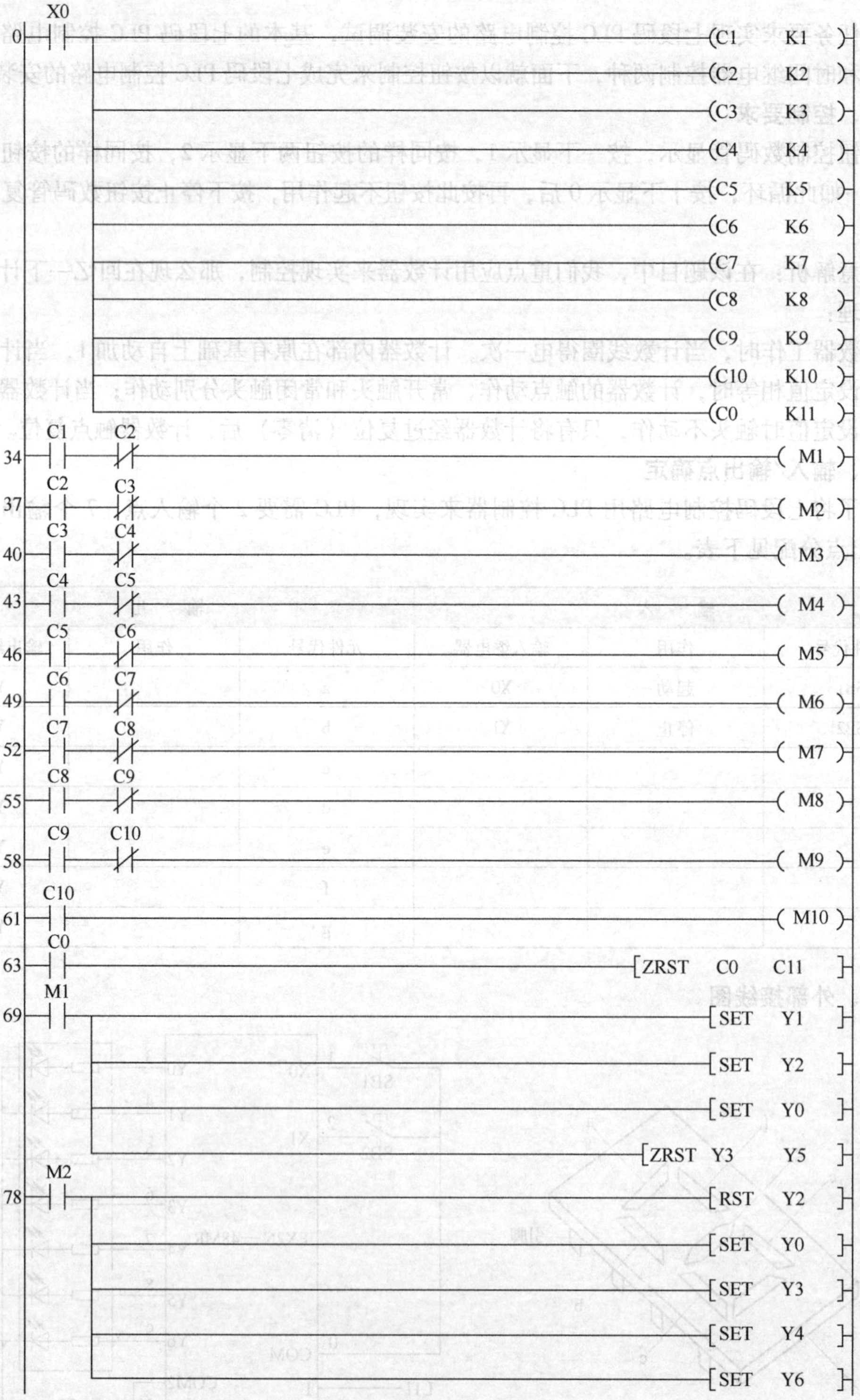

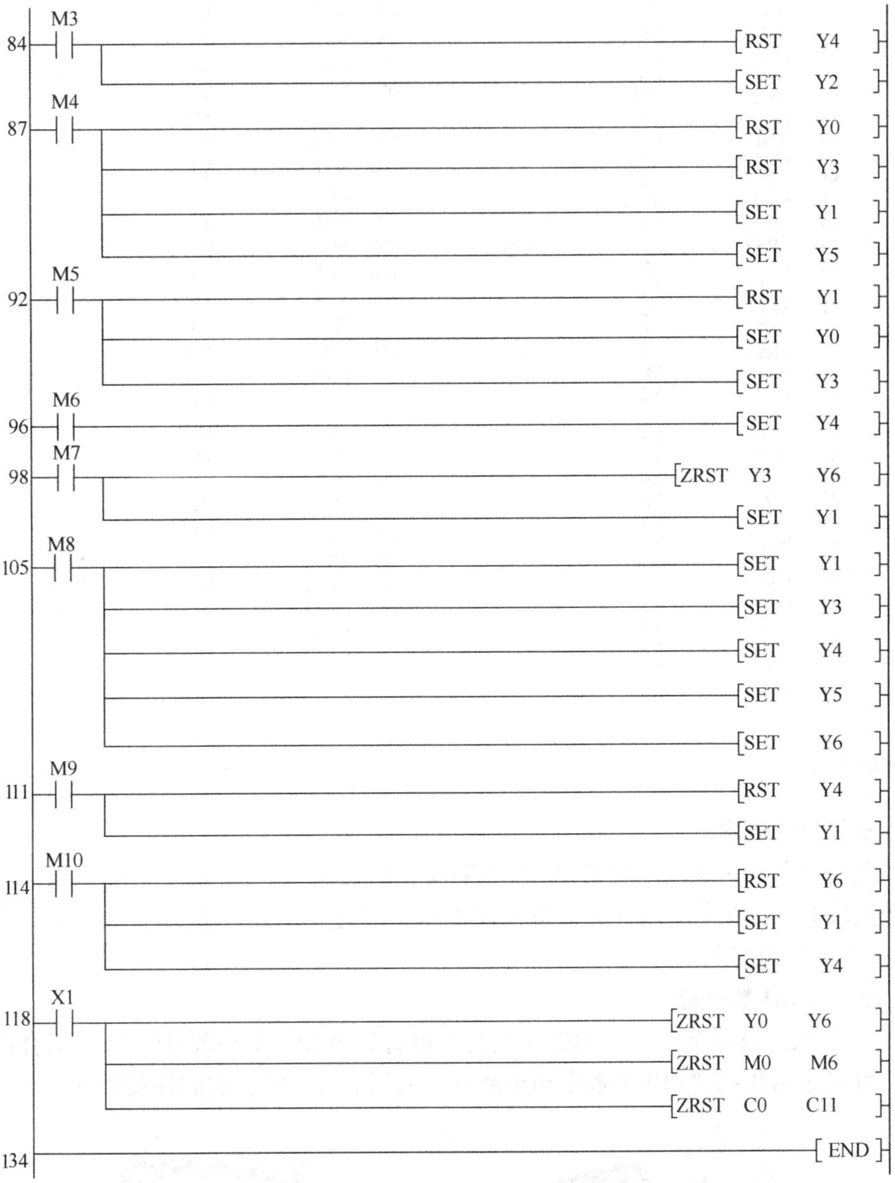

0	LD	X0	
1	OUT	C1	K1
4	OUT	C2	K2
7	OUT	C3	K3
10	OUT	C4	K4
13	OUT	C5	K5
16	OUT	C6	K6
19	OUT	C7	K7
22	OUT	C8	K8
25	OUT	C9	K9
28	OUT	C10	K10
31	OUT	C0	K11
34	LD	C1	
35	ANI	C2	
36	OUT	M1	
37	LD	C2	
38	ANI	C3	
39	OUT	M2	
40	LD	C3	
41	ANI	C4	
42	OUT	M3	
43	LD	C4	
44	ANI	C5	
45	OUT	M4	
46	LD	C5	
47	ANI	C6	
48	OUT	M5	
49	LD	C6	
50	ANI	C7	
51	OUT	M6	
52	LD	C7	

```
53   ANI    C8
54   OUT    M8
55   LD     C8
56   ANI    C9
57   OUT    M8
58   LD     C9
59   ANI    C10
60   OUT    M9
61   LD     C10
62   OUT    M10
63   LD     C0
64   ZRST   C0     C11
69   LD     M1
70   SET    Y1
71   SET    Y2
72   RST    Y0
73   ZRST   Y3     Y5
78   LD     M2
79   RST    Y2
80   SET    Y0
81   SET    Y3
82   SET    Y4
83   SET    Y6
84   LD     M3
85   RST    Y4
86   SET    Y2
87   LD     M4
88   RST    Y0
89   RST    Y3
90   SET    Y1
91   SET    Y5
92   LD     M5
93   RST    Y1
94   SET    Y0
95   SET    Y3
96   LD     M6
97   SET    Y4
98   LD     M7
99   ZRST   Y3     Y6
104  SET    Y1
105  LD     M8
106  SET    Y1
107  SET    Y3
108  SET    Y4
109  SET    Y5
110  SET    Y6
111  LD     M9
112  RST    Y4
113  SET    Y1
114  LD     M10
115  RST    Y6
116  SET    Y1
117  SET    Y4
118  LD     X1
119  ZRST   Y0     Y6
124  ZRST   M0     M10
129  ZRST   C0     C11
134  END
```

相关知识

一、七段码的概念

LED 的主要部分为七段码发光管。7 个字段分别为 a、b、c、d、e、f、g 段，有时还有一个小数点段 h。七段式发光管名称就由此而来，通过 7 个发光段的不同组合，可以显示 0 ~ 9和 A ~ F 数字及字符。

二、七段 LED 数码管

七段 LED 数码管是利用 7 个 LED（发光二极管）外加一个小数点的 LED 组合而成的显示设备，可以显示 0 ~ 9 等 10 个数字和小数点，使用非常广泛，它的外观如下：

这类数码管可以分为共阳极与共阴极两种，共阳极就是把所有 LED 的阳极连接到共同接点 COM，而每个 LED 的阴极分别为 a、b、c、d、e、f、g 及 dp（小数点）；共阴极则是把所有 LED 的阴极连接到共同接点 COM，而每个 LED 的阳极分别为 a、b、c、d、e、f、g 及 dp（小数点），如下图所示。图中的 8 个 LED 分别与上面那个图中的 A ~ DP 各段相对应，

通过控制各个 LED 的亮灭来显示数字。

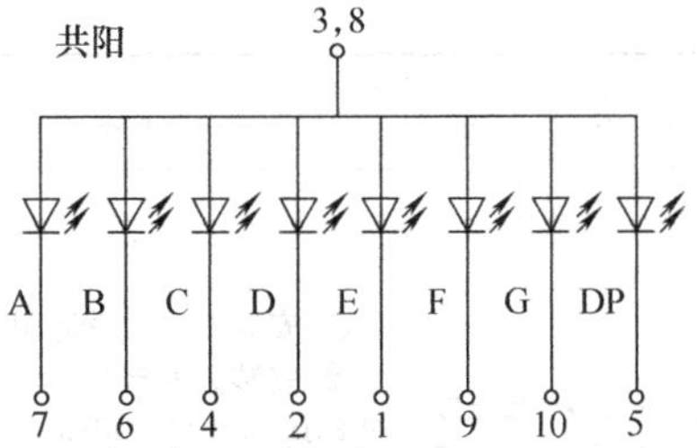

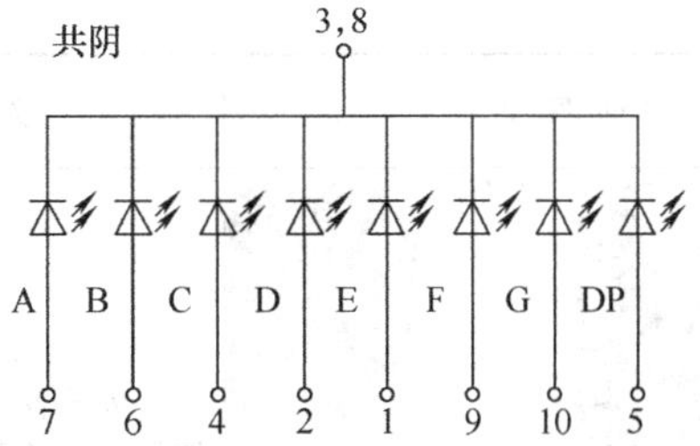

那么，实际的数码管的引脚是怎样排列的呢？对于单个数码管来说，从它的正面看进去，左下角那个脚为 1 脚，以逆时针方向依次为 1～10 脚，左上角那个脚便是 10 脚了，上面两个图中的数字分别与这 10 个引脚一一对应。注意，3 脚和 8 脚是连通的，这两个都是公共脚。还有一种比较常用的是四位数码管，内部的四个数码管共用 a～dp 这 8 根数据线，为使用提供了方便，因为里面有四个数码管，所以它有四个公共端，加上 a～dp，共有 12 个引脚。下面是一个共阴的四位数码管的内部结构图（共阳的与之相反）。引脚排列依然是从左下角的那个脚（1 脚）开始，以逆时针方向依次为 1～12 脚，下图中的数字与之一一对应。

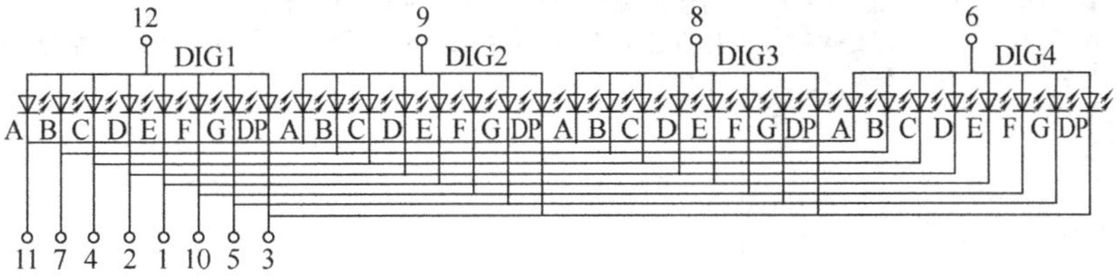

管脚顺序：从数码管的正面观看，以第一脚为起点，管脚的顺序是逆时针方向排列。

12-9-8-6→公共脚

A-11　B-7　C-4　D-2　E-1　F-10　G-5　DP-3

任务实施

一、元器件选择

根据控制要求，选择合适容量、规格的元器件，并进行质量检查。

序号	元器件名称	型号、规格	数量	备注
1	低压断路器	DZ47-63	1	2 极
2	按钮	LA4-3H	1	
3	PLC	三菱 FX2N-48MR	1	
4	直流稳压电源	S-120-24 AC220V ±15% DC24V 5A	1	24V 电源用
5	塑料导线	BVR-1mm^2	20m	控制电路用
6	塑料导线	BVR-1.5mm^2	10m	主电路用
7	塑料导线	BVR-0.75mm^2	1m	按钮用
8	接线端子排	TD（AZ1）660V 15A	2	
9	七段码模拟板	SX-805-2 七段码模拟板	1	
10	接线板	700mm×550mm×30mm	1	

二、外部模块接线

实训图片	操作方法	注意事项
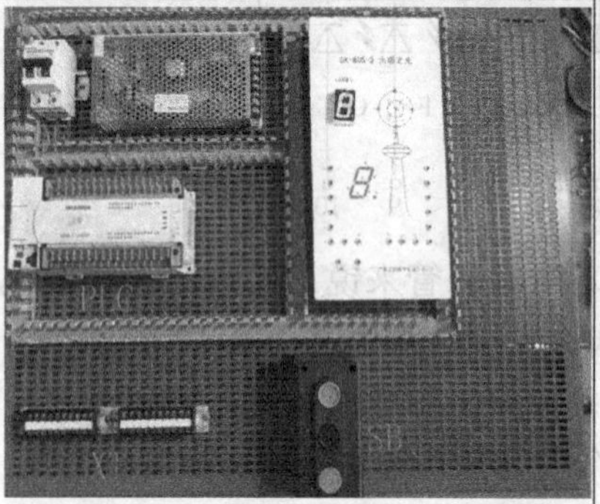	［安装各元器件］：将低压断路器、直流稳压电源、PLC 模块、七段码、按钮、端子排、线槽按要求安装在接线板上	① 安装时，应清除触头表面尘污 ② 安装处的环境温度应与元器件所处环境温度基本相同 ③ 安装按钮的金属板或金属按钮盒必须可靠接地 ④ 元器件安装要牢固，且不能损坏元器件
	［PLC 模块电源连接］：用四根软导线分别将低压断路器 QF 的输出端与 PLC 模块中的 L、N 和直流稳压电源中 L、N 点相连接	① PLC 模块的电源要由单独的断路器控制 ② QF2 出线端左为 N11、右为 L11
	［布置 0 号线］：用一根软导线将 PLC 输入端的 COM 点连接到端子排对应的接线座	① 本任务采用针式线夹，要根据导线的截面积选择不同尺寸的线夹 ② 线夹与导线线芯要压接良好、牢固可靠 ③ 同一个接线座压接两个针式线夹时，要左右压接，且要压接牢固，不能松动
	［布置 1 号线］：用一根软导线将 PLC 输入端的 X0 点连接到端子排对应的接线座	
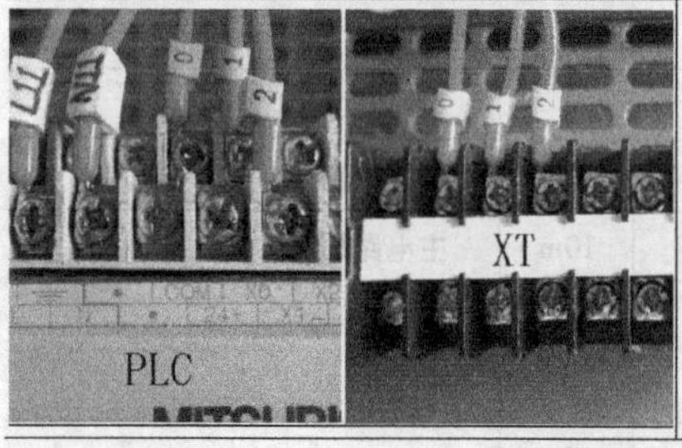	［布置 2 号线］：用一根软导线将 PLC 输入端的 X1 点连接到端子排对应的接线座	

（续）

实训图片	操作方法	注意事项
	［布置3号线］：用一根软导线将PLC输出端的Y0点连接到七段码模拟板A接线座	① 导线连接前，要事先做好线夹 ② 线芯与线夹要压接牢固，不能松动、不能露铜过多 ③ 线夹与接线座连接时，要压入垫片之下，压接要牢固，不能压绝缘层，特别是连接双线夹时要左右压接 ④ 导线连接前应套入编码套管 ⑤ 所有导线必须经过线槽布线 ⑥ 与PLC接线时要分清接点，不能接错，且要分清PLC的输入端与输出端 ⑦ 与七段码模拟板连接时要注意线夹与接口连接牢固程度，确保导线连接PLC和七段码模块对应两端是否相通
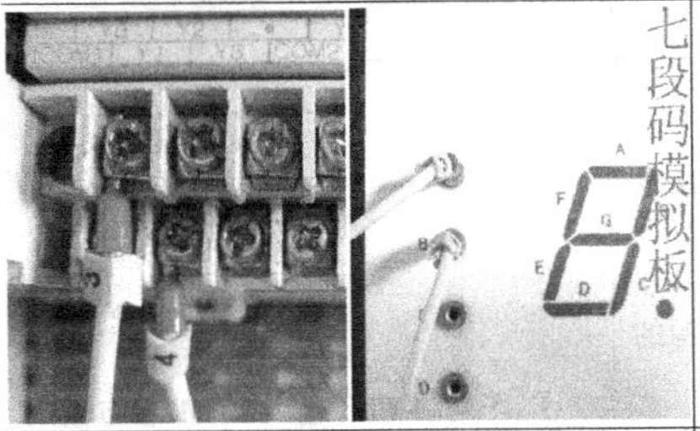	［布置4号线］：用一根软导线将PLC输出端的Y1点连接到七段码模拟板的B接线座	
	［布置5号线］：用一根软导线将PLC输出端的Y2点连接到七段码模拟板的C接线座	
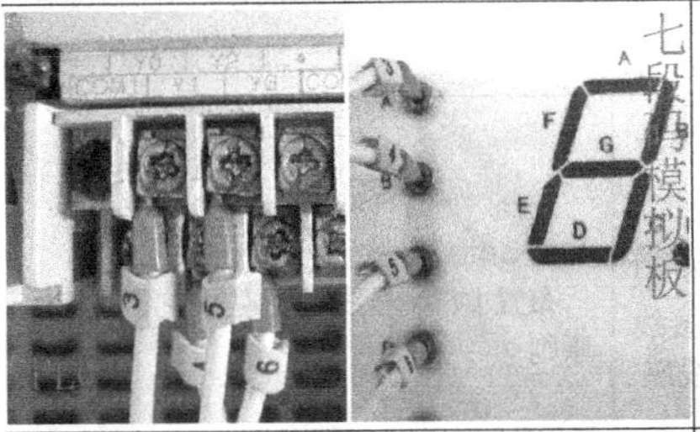	［布置6号线］：用一根软导线将PLC输出端的Y3点连接到七段码模拟板的D接线座	
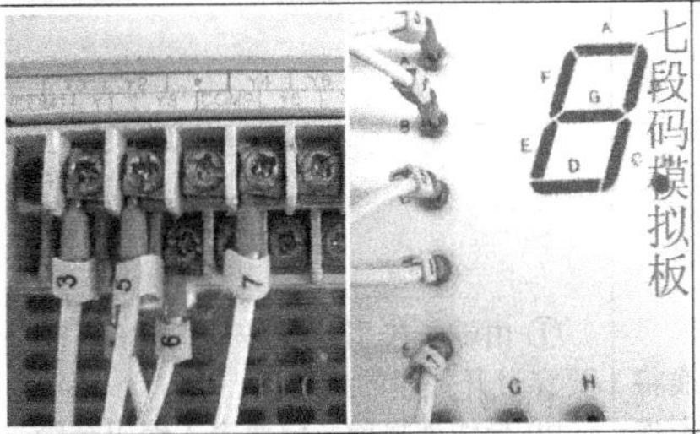	［布置7号线］：用一根软导线将PLC输出端的Y4点连接到七段码模拟板的E接线座	
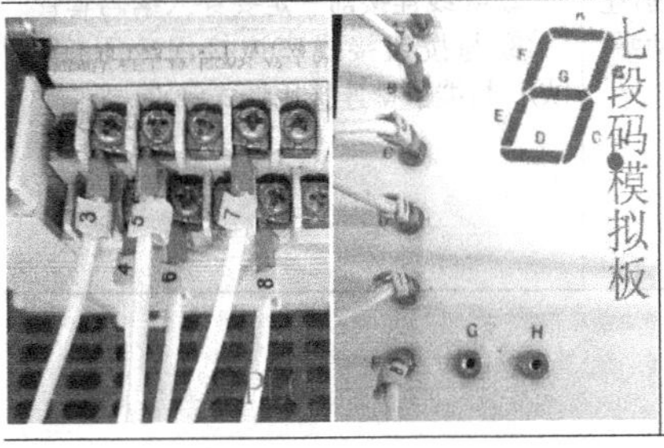	［布置8号线］：用一根软导线将PLC输出端的Y5点连接到七段码模拟板的F接线座	① 与PLC接线座连接时，要看清PLC接线座所对应的文字符号，不能接错 ② PLC的+24V端子一般用于连接传感器；严禁在+24V端子供电 ③ 十位数以上的编码套管，采用个位编码套管拼接形式

（续）

实训图片	操作方法	注意事项
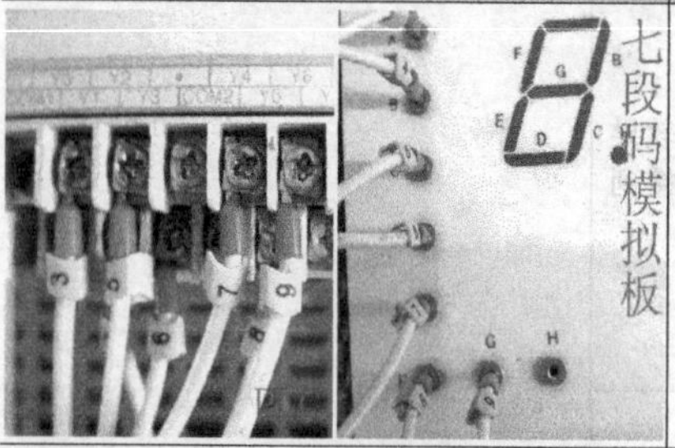	［布置9号线］：用一根软导线将PLC输出端的Y6点连接到七段码模拟板的G接线座	
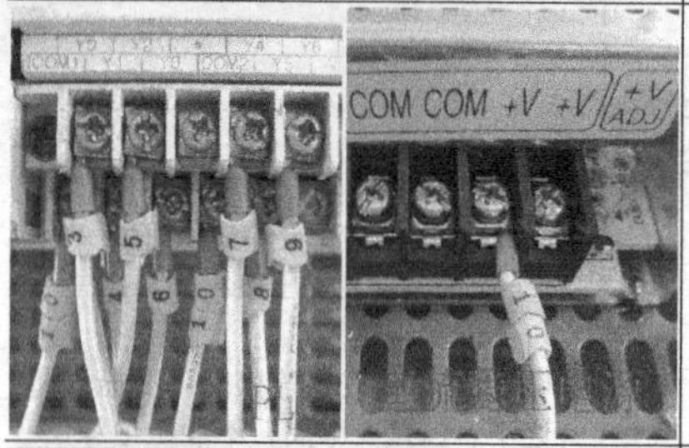	［布置10号线］：用一根软导线将PLC输出端的COM1点连接到PLC输出端的COM2点再并一根导线到直流稳压电源的+V接线座	①严禁将PLC输入COM端与输出COM端连接在一起 ②连接直流稳压电源时要注意+V对应PLC输出的COM点，COM点对应七段码模拟板的0V
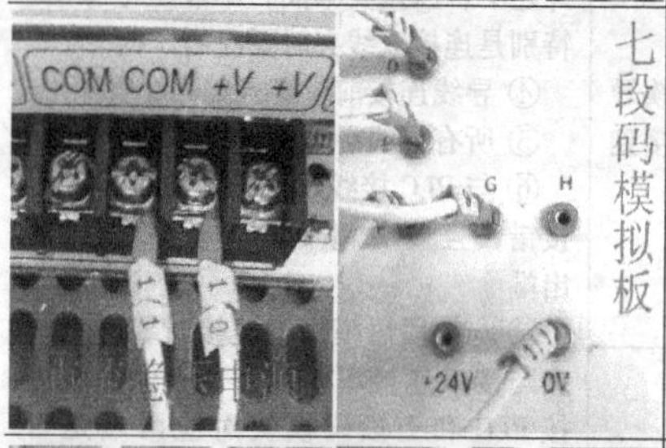	［布置11号线］：用一根软导线将直流稳压电源的COM点连接到七段码模拟板的0V接线座	
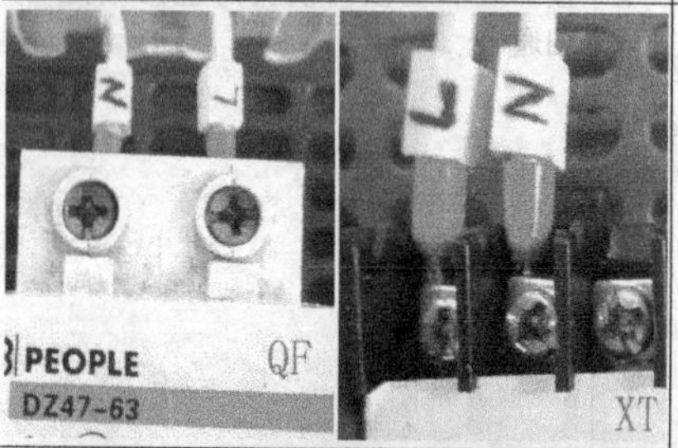	［布置L、N号线］：用两根软导线将端子排XT的对应接线座连接到QF的两个进线接线座	布置L、N号线时要遵循左零右相的原则
	［布置按钮线］：用软导线将端子排的0、1、2号出线分别连接到常开按钮SB1、SB2的两端	①由端子排引接到按钮的导线一定要穿过开关盒的接线孔 ②导线连接前一定要穿入编码套管 ③与按钮接线座连接用冷压接线夹，与端子排连接用针式线夹

三、电源连接

实训图片	操作方法	注意事项
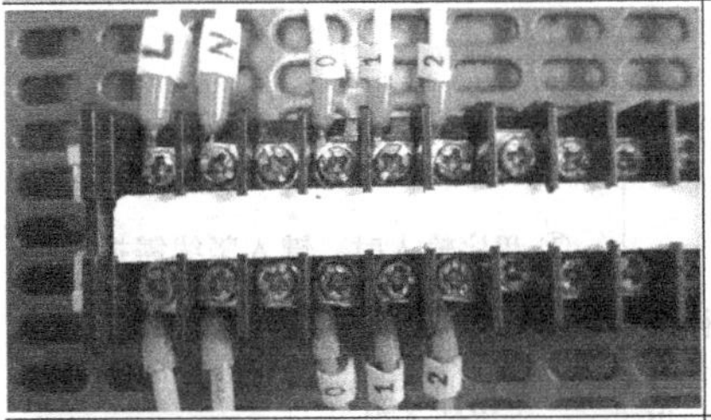	[连接电源]：将两相电源线连接到接线端子排的L、N对应位置	①由指导老师指导学生接通两相电源 ②学生通电试验时，指导老师必须在现场进行监护
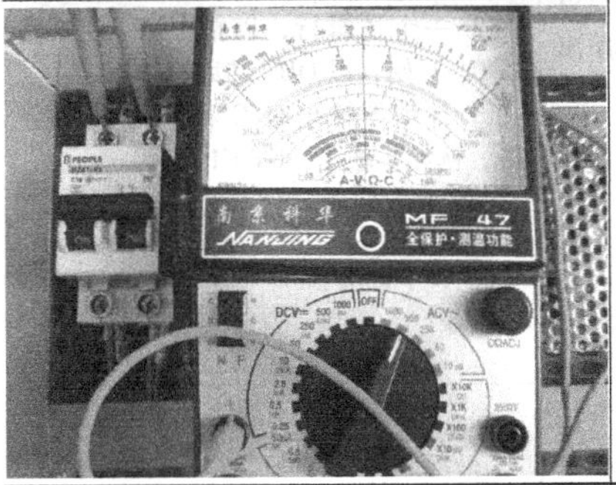	[验电]：合上总电源开关，用万用表500V电压挡，分别测量低压断路器进线端的相间电压，确认两相电压是否平衡	①测量前，确认学生是否已穿绝缘鞋 ②测量时，学生操作是否规范 ③测量时表笔的笔尖不能同时触及两根带电体

四、程序录入

用SWOPC-FXGP/WIN-C编程软件录入相对应的指令或梯形图，观察是否正确录入。

实训图片	操作方法	注意事项
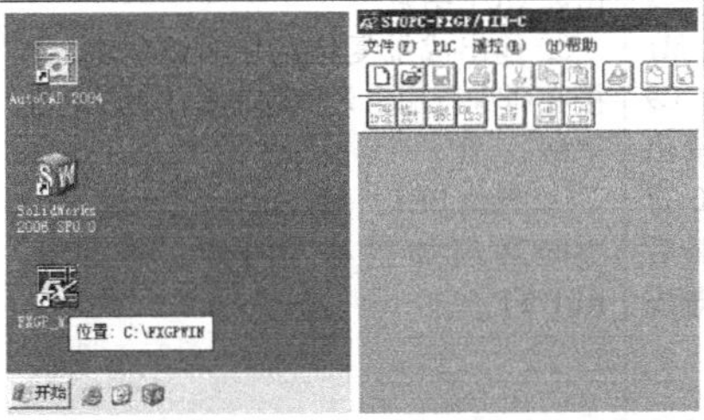	[启动程序]：开启计算机，双击桌面上FXGP WIN-C图标，出现SWOPC-FXGP/WIN-C屏幕	运用的软件要与所使用的PLC模块相对应
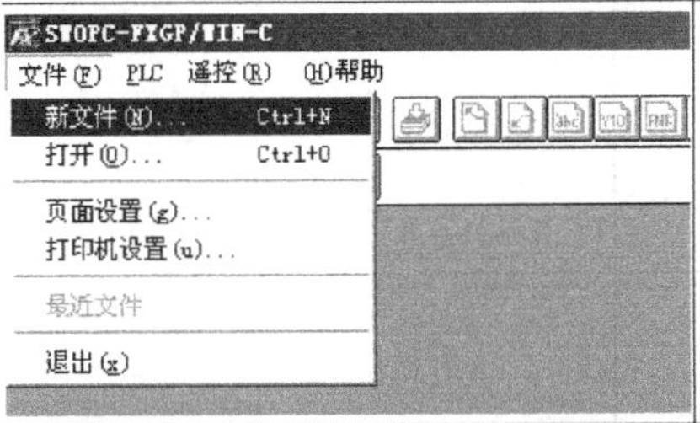	[新建一个程序文件]：单击“文件”菜单，单击“新文件”命令	还可以单击图标，新建一个文件
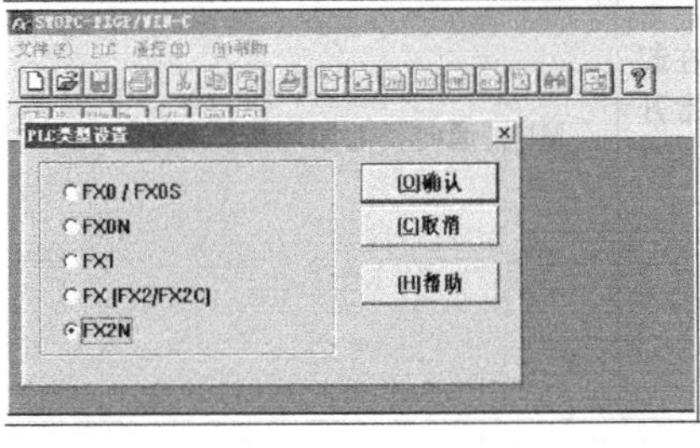	[选择机型]：单击“新文件”命令后，出现“PLC类型设置”，选择机型，选择“FX2N”，单击确认	单击“FX2N”前的白圆圈后，圆圈中间出现一小黑点，表示选中

（续）

实训图片	操作方法	注意事项
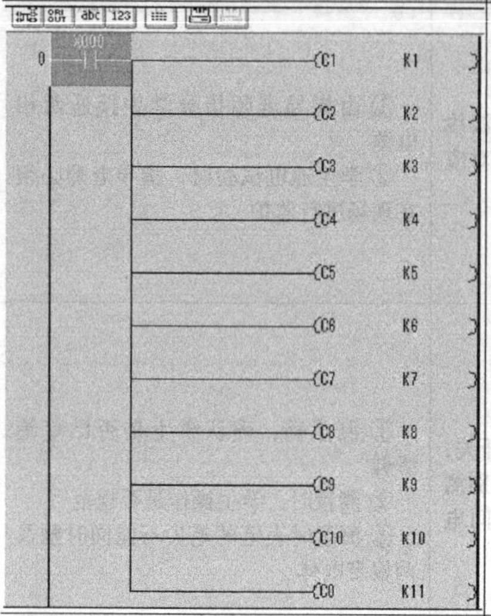	［输入计数器线圈逻辑行］：在起始光标位置上输入 X0 常开触头，在结束时输出 C1 K1，以此类推直到在结束时输出 C0 K11	① 程序输入时，键入竖线需把光标移至右边命令行竖线，单击键入即可，如需删除则把光标移至竖线下面的 DEL 单击即可删除 ② 一个逻辑行，以指令表 LD（或 LDI）开始，以 OUT 结束 ③ 计数器输出时 C 和 K 中间加空格，例如：输出 OUT C1 K1
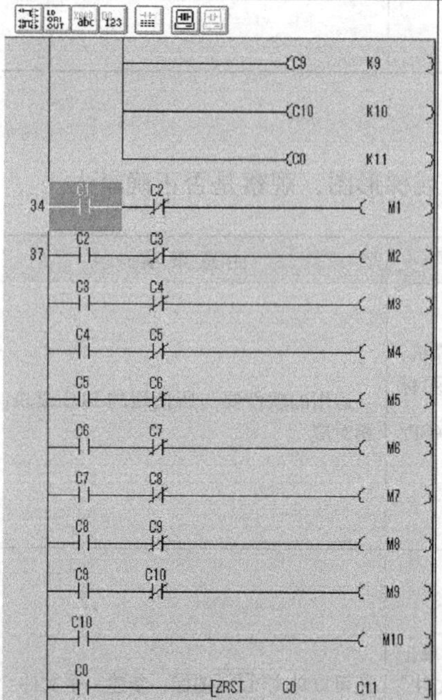	［输入线圈辅助继电器 M 逻辑行］：在起始光标位置上分别输入 C1 常开、C2 常闭触头，以及在结束时输出辅助继电器 M1 线圈，以此类推一直到输入 C9 常开、C10 常闭以及结束时输出辅助继电器 M9 线圈，到 C10 直接输入以及线圈 M10，直到最后一步 C0 直接输入以及计数器成批复位 ZRST C0 C11	① 直接输入时以 LD 开始，线圈输出以 OUT 结束 ② 输出成批复位指令 ZRST 时，直接在命令行输出 ZRST C0 C11，之间加空格 ③ 置位 SET，复位 RST 指令输出时中间必须加空格，例如：SET Y0，RST Y1
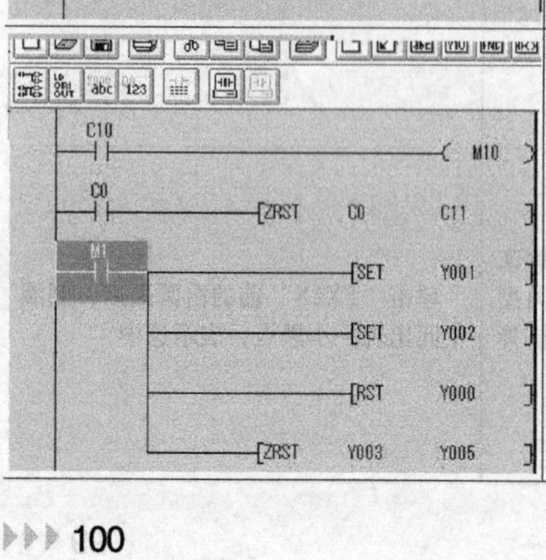	［输入 Y 线圈逻辑行］：在起始光标位置上分别输入 M1 常开触头，结束时输出 SET Y1，SET Y2，RST Y0，ZRST Y3 Y5	M1 接通时，七段码模拟板显示 1

（续）

实训图片	操作方法	注意事项
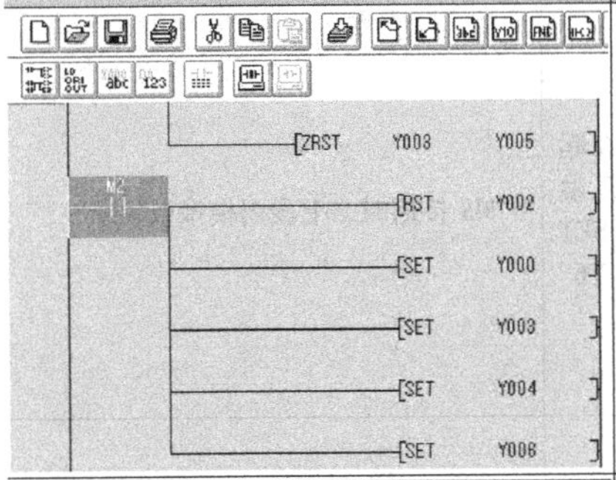	［输入Y线圈逻辑行］：在起始光标位置上分别输入M2常开触头，结束时输出RST Y2，SET Y0，SET Y3，SET Y4，SET Y6	M2接通时，七段码模拟板显示2
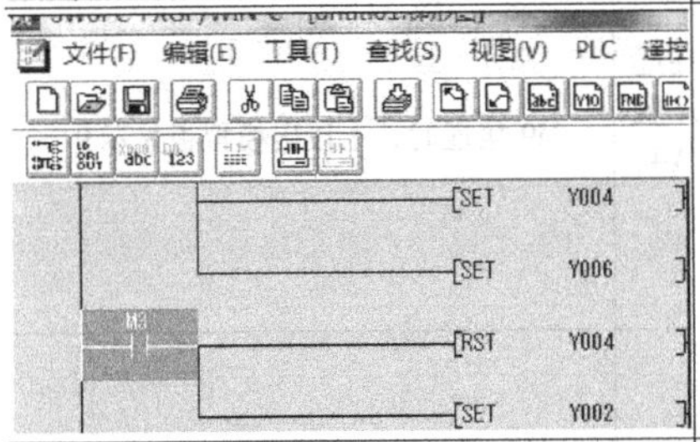	［输入Y线圈逻辑行］：在起始光标位置上分别输入M3常开触头，结束时输出RST Y4，SET Y2	M3接通时，七段码模拟板显示3
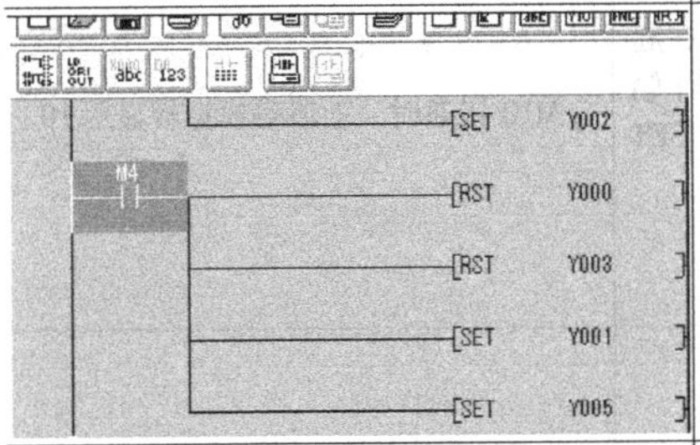	［输入Y线圈逻辑行］：在起始光标位置上输入M4常开触头，结束时输出RST Y0，RST Y3，SET Y1，SET Y5	M4接通时，七段码模拟板显示4
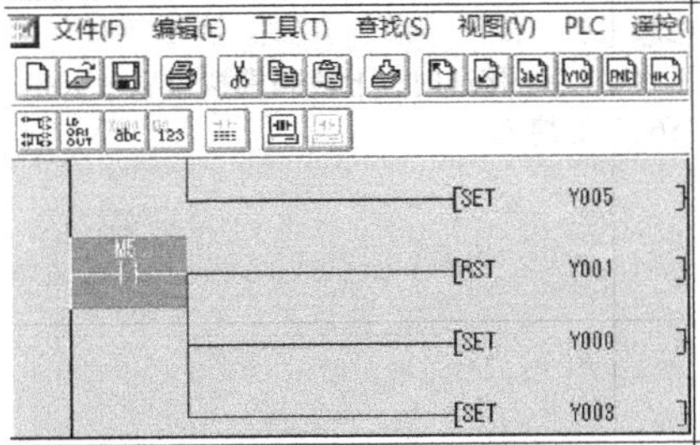	［输入Y线圈逻辑行］：在起始光标位置上输入M5常开触头，结束时输出RST Y1，SET Y0，SET Y3	M5接通时，七段码模拟板显示5
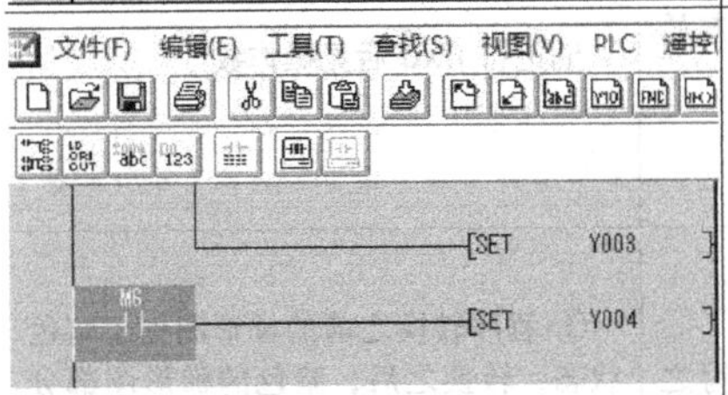	［输入Y线圈逻辑行］：在起始光标位置上输入M6常开触头，结束时输出SET Y4	M6接通时，七段码模拟板显示6
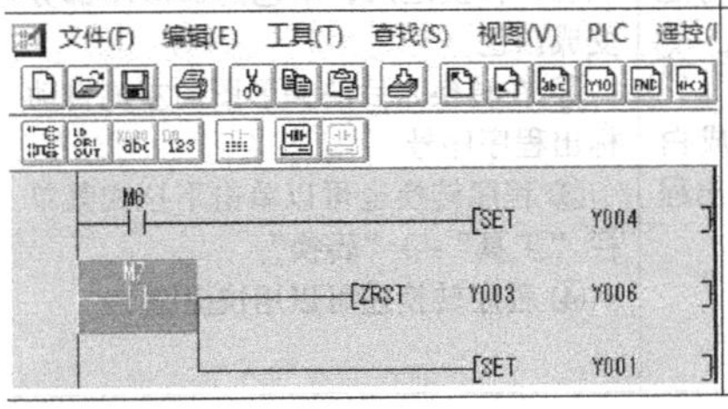	［输入Y线圈逻辑行］：在起始光标位置上输入M7常开触头，结束时输出ZRST Y3 Y6，SET Y1	M7接通时，七段码模拟板显示7

（续）

实训图片	操作方法	注意事项
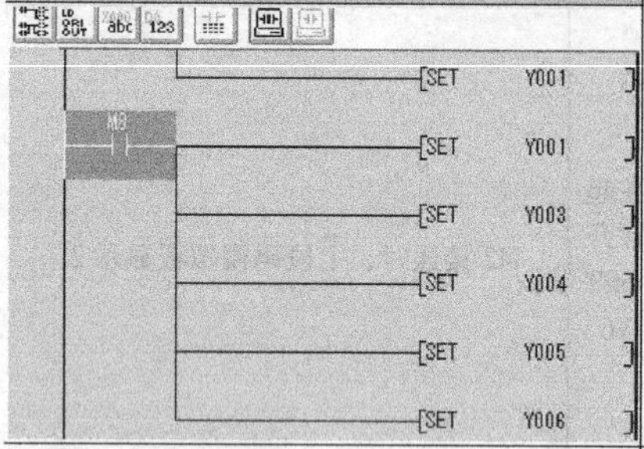	［输入Y线圈逻辑行］：在起始光标位置上输入M8常开触头，结束时输出SET Y1，SET Y3，SET Y4，SET Y5，SET Y6	M8接通时，七段码模拟板显示8
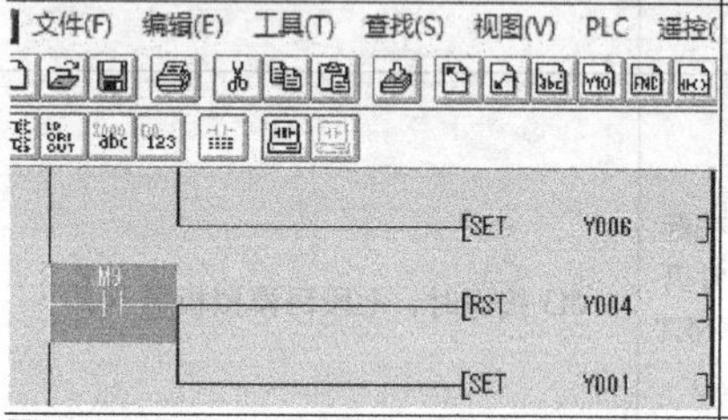	［输入Y线圈逻辑行］：在起始光标位置上输入M9常开触头，结束时输出RST Y4，SET Y1	M9接通时，七段码模拟板显示9
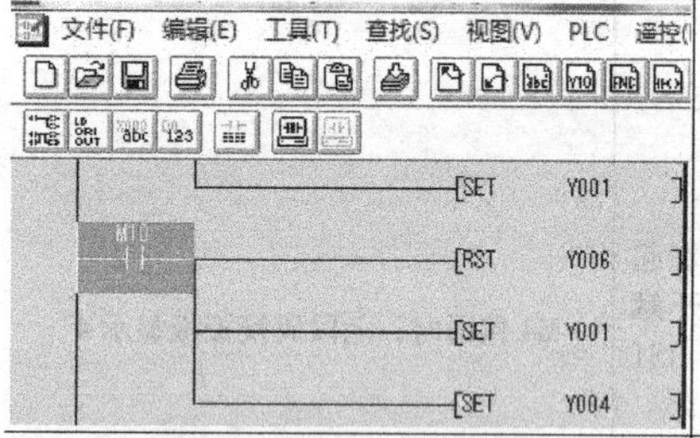	［输入Y线圈逻辑行］：在起始光标位置上输入M10常开触头，结束时输出RST Y6，SET Y1，SET Y4	M10接通时，七段码模拟板显示10
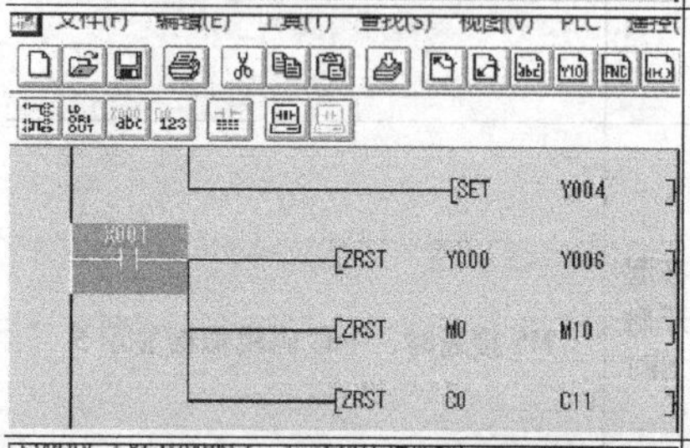	［输入Y线圈逻辑行］：在起始光标位置上输入X1常开触头，结束时输出ZRST Y0 Y6，ZRST M0 M10，ZRST C0 C11	X1接通时，七段码模拟板显示LED灯熄灭
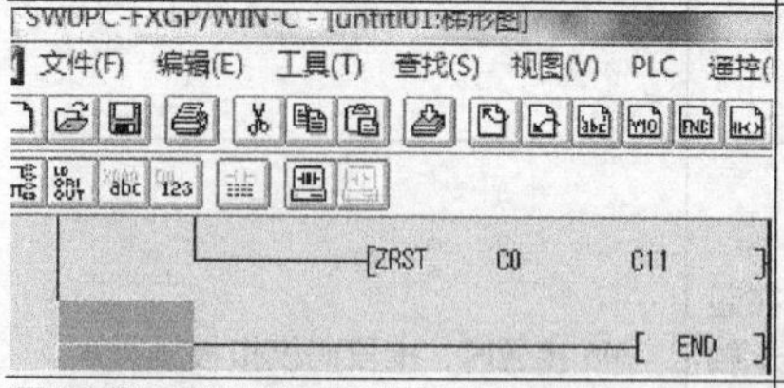	［输入结束逻辑行］：在起始光标位置上输入END指令	助记符END后无操作数
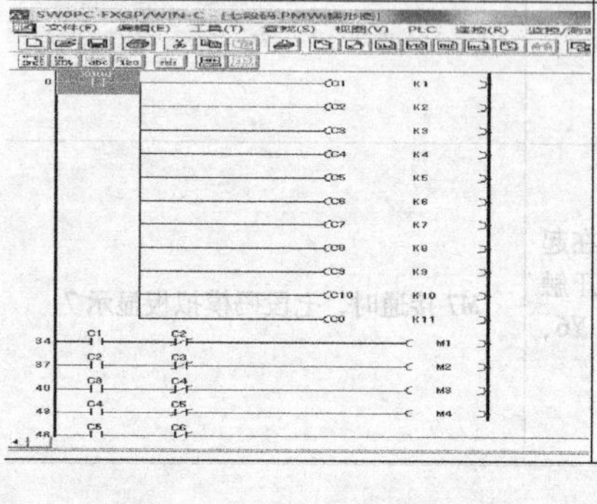	［程序转换］：梯形图编写之后，将单击工具栏“”命令，暗色的梯形图部分变成白色，同时在梯形图的左侧标出程序序号	① 程序转换之前的梯形图处于暗色状态，转换之后，暗色的梯形图部分变成白色 ② 在转换之后的梯形图的左侧自动标出程序序号 ③ 程序转换也可以单击下拉式菜单栏“工具”→“转换” ④ 程序转换还可以用快捷键F4

（续）

实训图片	操作方法	注意事项
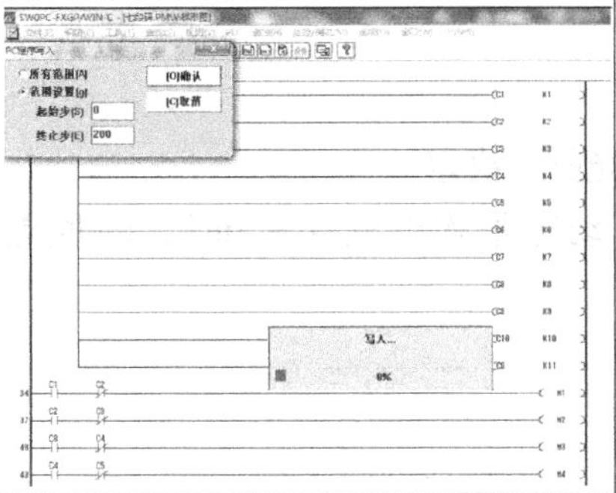	［程序写出］：先将 PLC 模块面板上开关拨至 STOP 处；再单击下拉式菜单栏“PLC”→“传送”→“写出”，出现“PLC 程序写入”对话框，选择“范围设置”，选择起始步“0”、终止步“200”，单击“确认”；弹出写入程序框，显示写入的程序步数	① 程序写入前，应将数据线与 PLC 和计算机进行连接 ② 在程序写入之前，如不将 PLC 模块面板上数据线插孔旁的开关拨至 STOP 处，则程序不能写入 PLC 中 ③ 程序写入完毕后，应将 PLC 模块面板上开关拨至 RUN 处

五、通电试验

实训图片	操作方法	注意事项
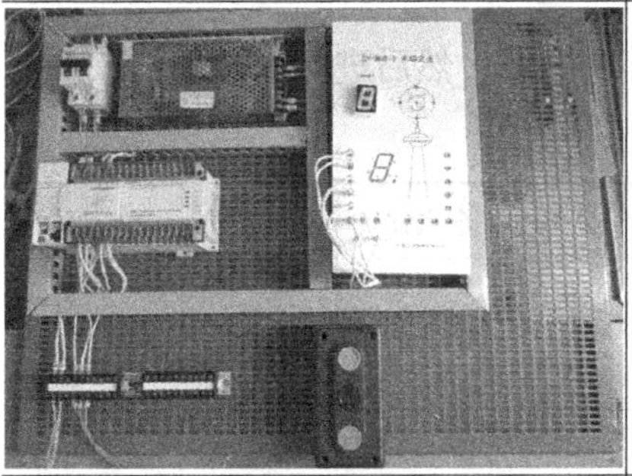	［电路检查］：根据电路图或接线图从电源端开始，逐段检查核对线号是否正确，有无漏接、错接，线夹与接线座连接是否松动	① 检查时要断开电源 ② 要检查导线接点是否符合要求、压接是否牢固；编码套管是否齐全 ③ 电路检查后，应盖上线槽板
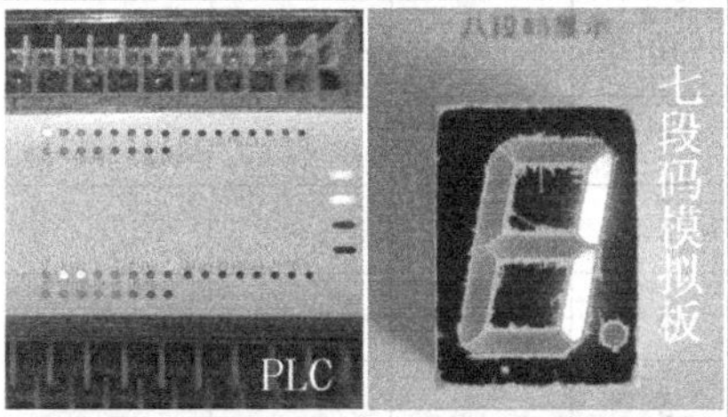  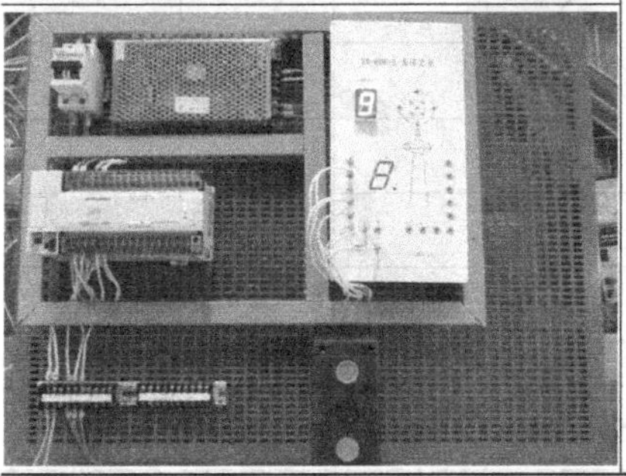	［按下按钮测试］：按下起动按钮一下，观察 PLC 模块输入、输出对应的指示灯以及七段码模拟板显示数值	① 按下开关后如出现故障，应在老师的指导下进行检查 ② 按照题目给定的控制要求进行操作，观察现象是否和题意一致

提醒注意

一、数码管使用条件

1）段及小数点上要加限流电阻。

2）使用电压：段根据发光颜色决定，小数点根据发光颜色决定。

3）使用电流：静态总电流 80mA（每段 10mA），动态平均电流 4～5mA，峰值电流 100mA。

二、数码管使用注意事项

1）数码管表面不要用手触摸，不要用手去弄引脚。

2）焊接温度为 260℃；焊接时间为 5s。

3）表面有保护膜的产品，可以在使用前撕下来。

检查评价

通电试车完毕，切断电源，先拆除电源线，再拆除其余电线，然后进行综合评价。

任 务 评 价

序号	评价指标	评价内容	分值	个人评价	小组评价	教师评价
1	电路设计	能正确分配 PLC 输入/输出点	5			
		能正确绘制 PLC 接线图	10			
		能熟练正确地编写 PLC 程序	10			
2	布线	不按电路图接线	10			
		布线不符合要求	5			
		线夹接触不良、接点松动、露铜过长	5			
		未套装或漏套编码套管	5			
		未接接地线	5			
3	程序输入	会开机、调入程序	5			
		会正确输入每步程序	5			
		会进行程序调试检查	5			
		会将程序写入 PLC	5			
4	通电操作	第一次试车不成功	5			
		第二次试车不成功	10			
5	安全规范	是否穿绝缘鞋	5			
		操作是否规范安全	5			
		总分	100			
问题记录和解决方法			记录任务实施过程中出现的问题和采取的解决办法（可附页）			

能 力 评 价

内　　容		评　　价	
学习目标	评价项目	小组评价	教师评价
应知应会	本任务的相关基本概念是否熟悉	□Yes　□No	□Yes　□No
	是否熟练掌握 PLC 模块的使用	□Yes　□No	□Yes　□No
专业能力	是否熟练掌握 PLC 的外部接线	□Yes　□No	□Yes　□No
	是否熟练掌握 PLC 的编程方法、技巧	□Yes　□No	□Yes　□No
	是否具有相关专业知识的融合能力	□Yes　□No	□Yes　□No
通用能力	团队合作能力	□Yes　□No	□Yes　□No
	沟通协调能力	□Yes　□No	□Yes　□No
	解决问题能力	□Yes　□No	□Yes　□No
	自我管理能力	□Yes　□No	□Yes　□No
	创新能力	□Yes　□No	□Yes　□No
态度	爱岗敬业	□Yes　□No	□Yes　□No
	工作认真	□Yes　□No	□Yes　□No
	劳动负责	□Yes　□No	□Yes　□No
个人努力方向：		老师、同学建议：	

思考与提高

1. 用 PLC 实现八段码显示 0 ~ 9 的 3 组以上的抢答器程序编写，并完成下列要求，列出 I/O 分配表，画出 PLC 外部接线图，编写梯形图程序并列出指令表。

2. 用按钮控制 PLC 八段码显示，要求按下起动按钮，数码管显示 1，1s 后数码管显示 2……直到数码管显示到 0，再过 1s 后全部复位，数码管熄灭，循环；按下停止按钮数码管全部熄灭。要求编写梯形图程序，列出 I/O 分配表，画出外部接线图，并列出指令表。

任务八　天塔之光 PLC 控制电路的安装调试

训练目标

- 掌握用基本指令或功能指令编程实现顺序控制的方法和技巧。
- 熟悉掌握三菱 FX2N 系列 PLC 的硬、软件功能和性能，会进行 PLC 的实际接线。
- 掌握用 PLC 构成多工作方式的彩灯控制系统。

任务描述

小明为装修准备选购灯具，看着灯饰城里花花绿绿、造型各异、灯光闪烁的灯具，看得花了眼。经推荐，又考虑到家庭的经济状况，选中了一款在开关“一开一关一开”时能变幻灯光闪烁效果的客厅灯。聪明好学的小明心里不禁暗暗琢磨起其控制原理来了……

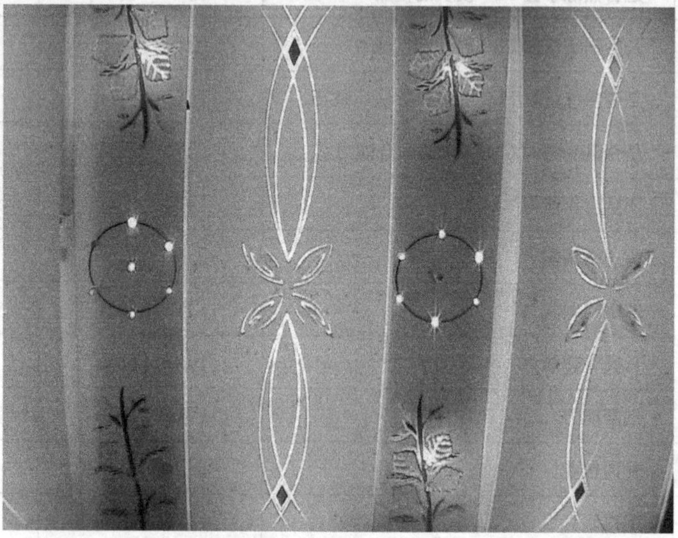

这种能变换灯光效果，呈现闪烁多彩之色的灯具运用了天塔之光控制系统的原理，已广泛应用在闪光灯或花样灯饰中，以满足人们不同的家庭装饰、美化、照明需求，体现家庭个性、时尚、节能环保的特点。本任务就用 PLC 来实现天塔之光控制系统。

任务分析

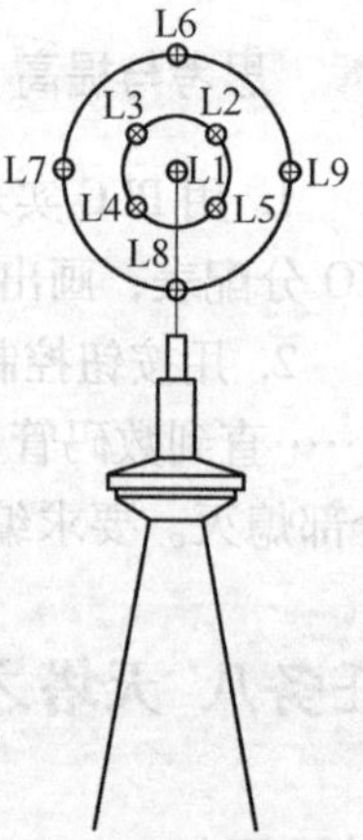

天塔之光控制系统是利用可编程序控制器输出的信号来控制的，通过对程序的编制，进而实现对天塔之光闪烁模式的改变。天塔之光模拟板如图所示。

一、控制要求

发射型灯光控制（发射型闪烁）：按下起动按钮（SB1），L1 亮 2s 后熄灭，接着 L2、L3、L4、L5 亮 2s 后熄灭；接着 L6、L7、L8、L9 亮 2s 后灭；再接着 L1 亮 2s 后熄灭……如此循环下去，直到按下停止按钮（SB2）才停止。

二、电路设计

1. 天塔之光控制系统输入/输出点分配

输入		输出					
起动按钮	X1	L1	Y0	L2	Y1	L3	Y2
停止按钮	X2	L4	Y3	L5	Y4	L6	Y5
		L7	Y6	L8	Y7	L9	Y10

2. 外部接线图

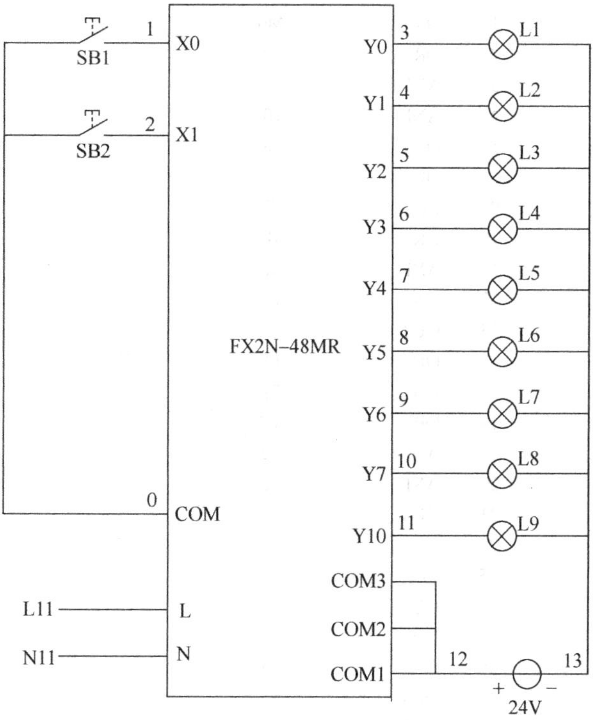

PLC 与天塔之光模拟板外部接线图

3. 编写梯形图和指令语句表

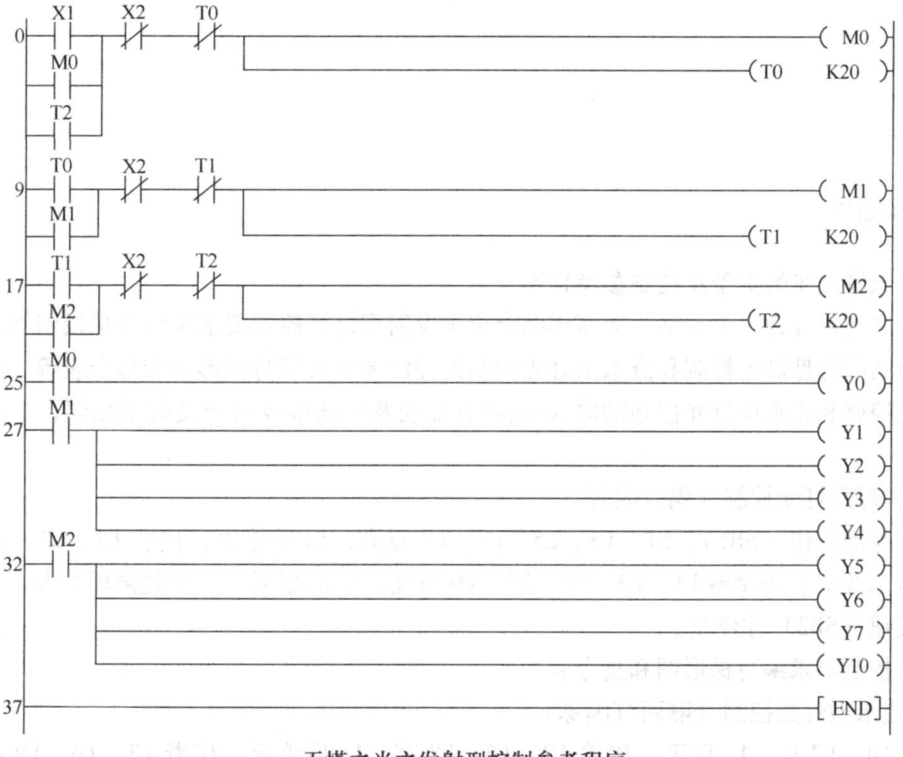

天塔之光之发射型控制参考程序

0	LD	X1	
1	OR	M0	
2	OR	T2	
3	ANI	X2	
4	ANI	T0	
5	OUT	M0	
6	OUT	T0	K20
9	LD	T0	
10	OR	M1	
11	ANI	X2	
12	ANI	T1	
13	OUT	M1	
14	OUT	T1	K20
17	LD	T1	
18	OR	M2	
19	ANI	X2	
20	ANI	T2	
21	OUT	M2	
22	OUT	T2	K20
25	LD	M0	
26	OUT	Y0	
27	LD	M1	
28	OUT	Y1	
29	OUT	Y2	
30	OUT	Y3	
31	OUT	Y4	
32	LD	M2	
33	OUT	Y5	
34	OUT	Y6	
35	OUT	Y7	
36	OUT	Y10	
37	END		

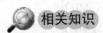

相关知识

一、天塔之光的类型及控制参考程序

天塔之光可分为三个类型，上面详细介绍了发射型灯光控制要求及编程接线图等，下面简单地介绍闪烁型灯光控制和流水型灯光控制的控制要求及编写梯形图和指令表等。由于闪烁型灯光控制和流水型灯光控制的输入/输出分配表及外部接线图与发射型相同，下面就不介绍了。

1. 闪烁型灯光控制（隔灯闪烁）

按下起动按钮（SB1），L1、L3、L5、L7、L9 点亮，1s 后熄灭；接着 L2、L4、L6、L8 点亮，1s 后熄灭；再接着 L1、L3、L5、L7、L9 点亮，1s 后熄灭……如此循环下去，直到按下停止按钮（SB2）才停止。

根据控制要求编写梯形图和指令表

2. 流水型灯光控制（隔两灯闪烁）

L1、L4、L7 亮，1s 后灭；接着 L2、L5、L8 亮，1s 后熄灭；接着 L3、L6、L9 亮，1s

后熄灭；再接着 L1、L4、L7、亮，1s 后熄灭……如此循环下去，直到按下停止按钮（SB2）才停止，根据控制要求编写梯形图和指令表如下：

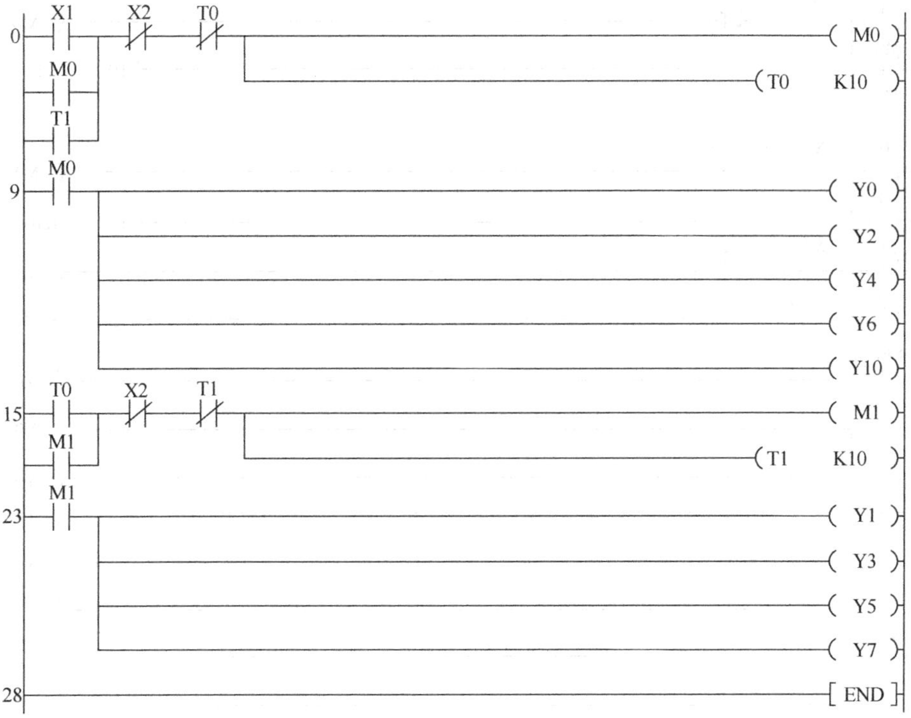

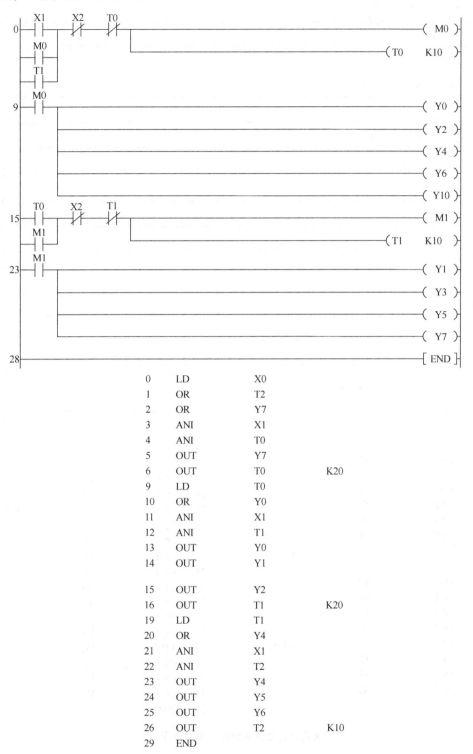

0	LD	X0	
1	OR	T2	
2	OR	Y7	
3	ANI	X1	
4	ANI	T0	
5	OUT	Y7	
6	OUT	T0	K20
9	LD	T0	
10	OR	Y0	
11	ANI	X1	
12	ANI	T1	
13	OUT	Y0	
14	OUT	Y1	
15	OUT	Y2	
16	OUT	T1	K20
19	LD	T1	
20	OR	Y4	
21	ANI	X1	
22	ANI	T2	
23	OUT	Y4	
24	OUT	Y5	
25	OUT	Y6	
26	OUT	T2	K10
29	END		

天塔之光之闪烁型控制参考程序

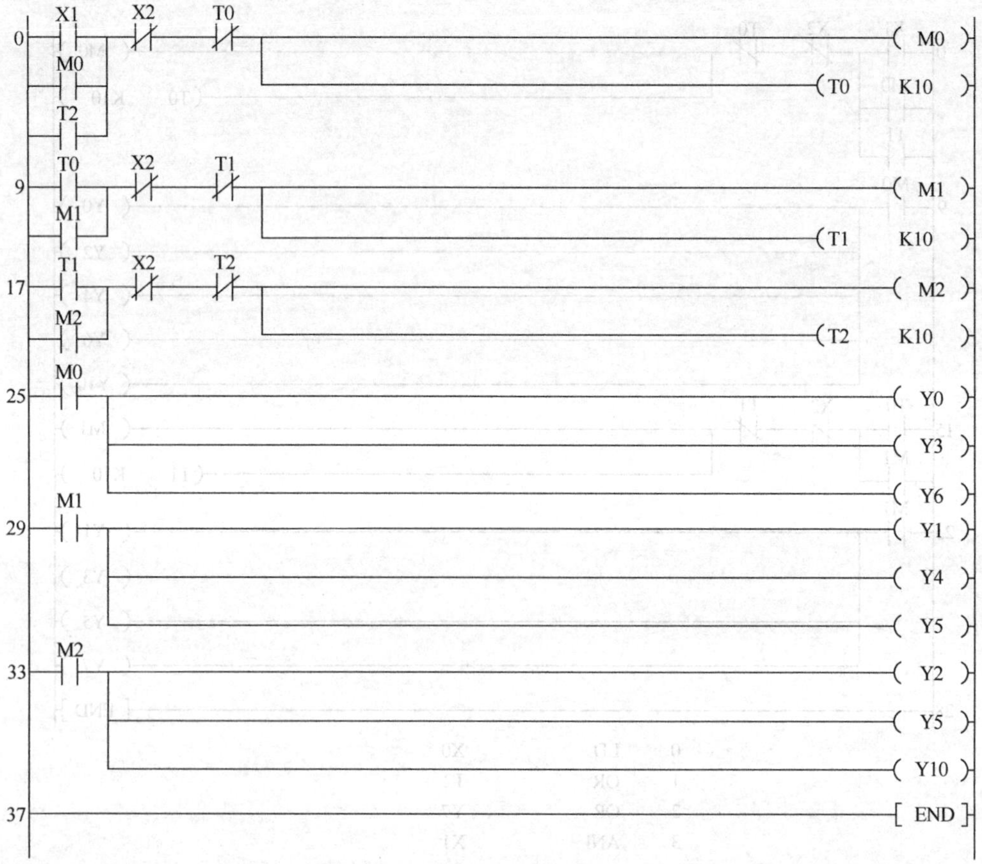

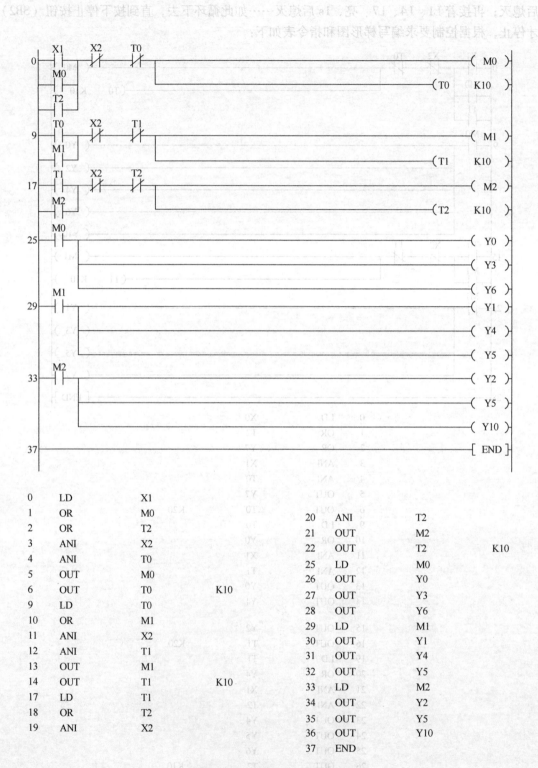

0	LD	X1	
1	OR	M0	
2	OR	T2	
3	ANI	X2	
4	ANI	T0	
5	OUT	M0	
6	OUT	T0	K10
9	LD	T0	
10	OR	M1	
11	ANI	X2	
12	ANI	T1	
13	OUT	M1	
14	OUT	T1	K10
17	LD	T1	
18	OR	T2	
19	ANI	X2	
20	ANI	T2	
21	OUT	M2	
22	OUT	T2	K10
25	LD	M0	
26	OUT	Y0	
27	OUT	Y3	
28	OUT	Y6	
29	LD	M1	
30	OUT	Y1	
31	OUT	Y4	
32	OUT	Y5	
33	LD	M2	
34	OUT	Y2	
35	OUT	Y5	
36	OUT	Y10	
37	END		

天塔之光之流水型控制参考程序

二、LED 灯泡的优缺点

LED 灯（Light Emitting Diode）又叫做发光二极管，它是一种固态的半导体器件，可以直接把电能转化为光能。LED 的主要器件是一个半导体的晶片，晶片的一端附在一个支架上，一端是负极，另一端连接电源的正极，使整个晶片被环氧树脂封装起来。半导体晶片由三部分组成，一部分是 P 型半导体，在它里面空穴占主导地位；另一部分是 N 型半导体，其中主要是电子；中间部分通常是 1 ~5 个周期的量子阱。当电流通过导线作用于这个晶片的时候，电子和空穴就会被推向量子阱，在量子阱内电子跟空穴复合，然后就会以光子的形式发出能量，这就是 LED 发光的原理。

LED 灯具有体积小、耗电低、使用寿命长、无毒环保等优点，LED 灯具从室外装饰，工程照明，逐渐发展到家用照明。

任务实施

一、元器件选择

下面以 PLC 控制海上灯塔电路的安装调试及使用调试方法图解文字说明。

序号	元器件名称	型号、规格	数量	备注
1	低压断路器	DZ47-63	1	2 极
2	按钮	LA4-3H	1	
3	PLC	三菱 FX2N-48MR	1	
4	直流稳压电源	S-120-24 AC220V ±15% DC24V 5A	1	24V 电源用
5	塑料导线	BVR – $1mm^2$	20m	控制电路用
6	塑料导线	BVR – $1.5mm^2$	10m	主电路用
7	塑料导线	BVR – $0.75mm^2$	1m	按钮用
8	接线端子排	TD（AZ1）660V 15A	2	
9	天塔之光模拟板	SX-805-2 天塔之光模拟板	1	
10	接线板	700mm × 550mm × 30mm	1	

二、外部模块接线

实 训 图 片	操 作 方 法	注 意 事 项
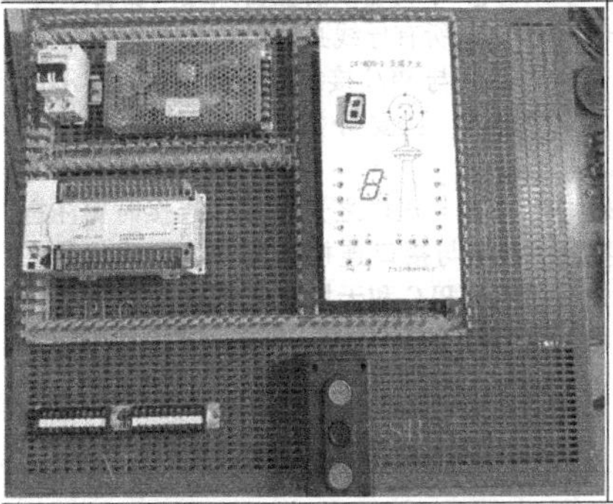	［安装各元器件］：将低压断路器、直流稳压电源、PLC 模块、天塔之光模拟板、按钮、端子排、线槽按要求安装在接线板上	① 安装时，应清除触头表面尘污 ② 安装处的环境温度应与元器件所处环境温度基本相同 ③ 安装按钮的金属板或金属按钮盒必须可靠接地 ④ 元器件安装要牢固，且不能损坏元器件

（续）

实训图片	操作方法	注意事项
	［PLC 模块电源连接］：用四根软导线分别将低压断路器 QF 的输出端与 PLC 模块中的 L、N 和直流稳压电源中 L、N 点相连接	① PLC 模块的电源要由单独的断路器控制 ② QF2 出线端左为 N11、右为 L11
	［布置 0 号线］：用一根软导线将 PLC 输入端的 COM 点连接到端子排对应的接线座	① 本任务采用针式线夹，要根据导线的截面积选择不同尺寸的线夹 ② 线夹与导线线芯要压接良好、牢固可靠 ③ 同一个接线座压接两个针式线夹时，要左右压接，且要压接牢固，不能松动
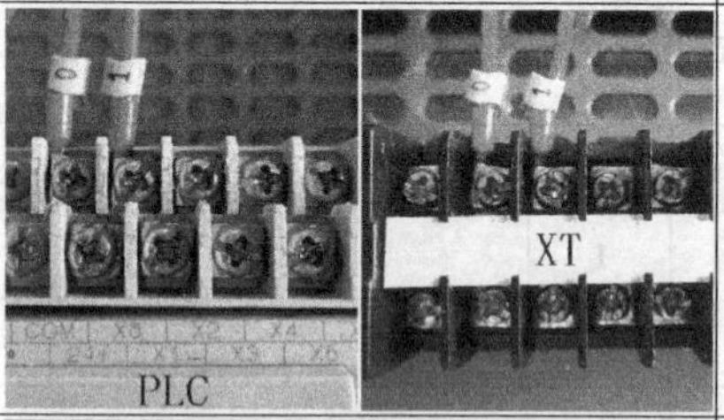	［布置 1 号线］：用一根软导线将 PLC 输入端的 X0 点连接到端子排对应的接线座	
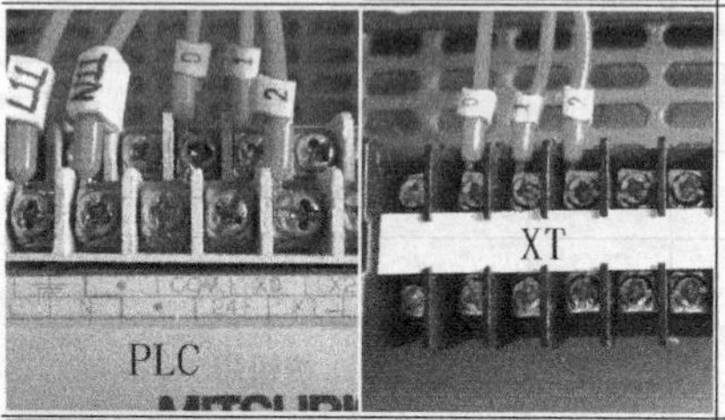	［布置 2 号线］：用一根软导线将 PLC 输入端的 X1 点连接到端子排对应的接线座	
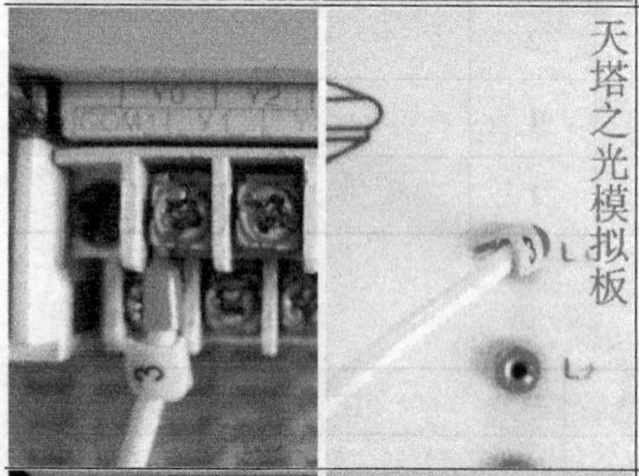	［布置 3 号线］：用一根软导线将 PLC 输出端的 Y0 点连接到天塔之光模拟板 L1 接线座	① 导线连接前，要事先做好线夹 ② 线芯与线夹要压接牢固，不能松动、不能露铜过多 ③ 线夹与接线座连接时，要压入垫片之下，压接要牢固，不能压绝缘层，特别是连接双线夹时要左右压接 ④ 导线连接前应套入编码套管 ⑤ 所有导线必须经过线槽布线 ⑥ 与 PLC 接线时要分清接点，不能接错，且要分清 PLC 的输入端与输出端 ⑦ 与天塔之光模拟板连接时要注意线夹与接口连接牢固程度，确保导线连接 PLC 和天塔之光模块对应两端是否相通
	［布置 4 号线］：用一根软导线将 PLC 输出端的 Y1 点连接到天塔之光模拟板 L2 接线座	

（续）

<table>
<tr><th>实训图片</th><th>操作方法</th><th>注意事项</th></tr>
<tr><td>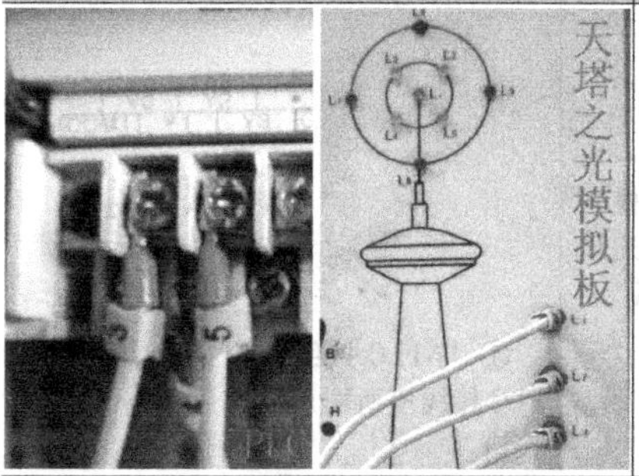</td><td>［布置 5 号线］：用一根软导线将 PLC 输出端的 Y2 点连接到天塔之光模拟板 L3 接线座</td><td></td></tr>
<tr><td></td><td>［布置 6 号线］：用一根软导线将 PLC 输出端的 Y3 点连接到天塔之光模拟板 L4 接线座</td><td rowspan="3">① 布线时不能损伤线芯和导线绝缘，导线中间不能有接头
② 各电器元件接线座上引入或引出的导线，必须经过布线槽进行连接，变换走向要垂直
③ 与电器元件接线座连接的导线都不允许从水平方向进入布线槽内
④ 进入布线槽内的导线要完全置于布线槽内，并尽量避免交叉，槽内导线数量不要超过其容量的 70%
⑤ 要合理考虑导线的连接顺序和走向，以节约导线</td></tr>
<tr><td>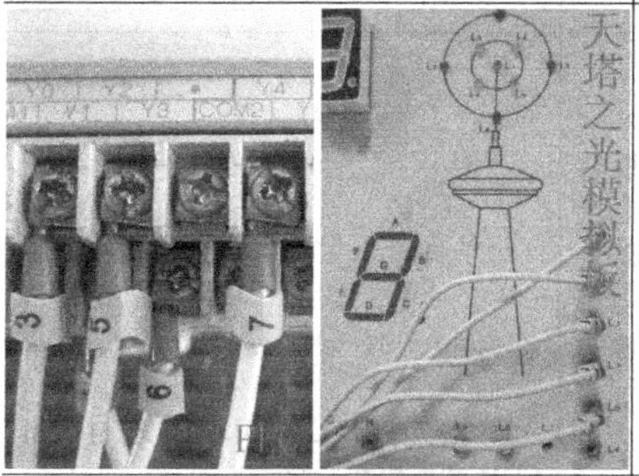</td><td>［布置 7 号线］：用一根软导线将 PLC 输出端的 Y4 点连接到天塔之光模拟板 L5 接线座</td></tr>
<tr><td>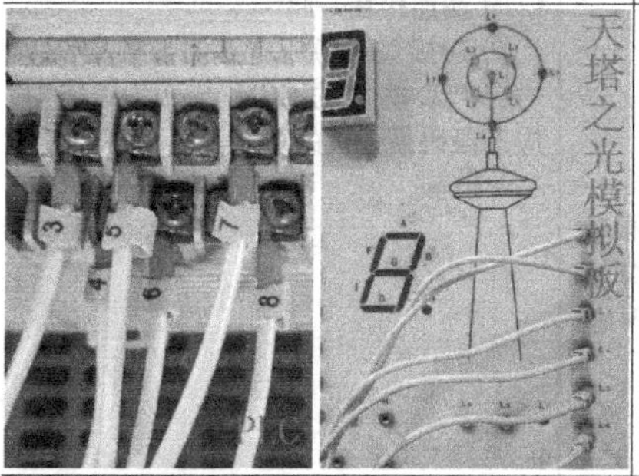</td><td>［布置 8 号线］：用一根软导线将 PLC 输出端的 Y5 点连接到天塔之光模拟板 L6 接线座</td></tr>
<tr><td>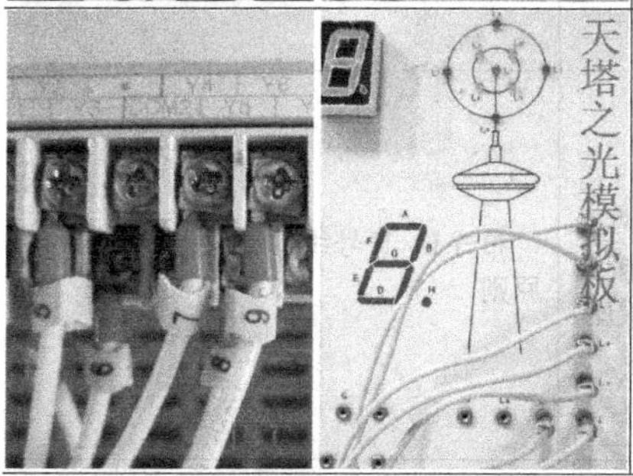</td><td>［布置 9 号线］：用一根软导线将 PLC 输出端的 Y6 点连接到天塔之光模拟板 L7 接线座</td><td>① 与 PLC 接线座连接时，要看清 PLC 接线座所对应的文字符号，不能接错
② PLC 的 +24V 端子一般用于连接传感器；严禁在 +24V 端子供电
③ 十位数以上的编码套管，采用个位编码套管拼接形式</td></tr>
</table>

（续）

实训图片	操作方法	注意事项
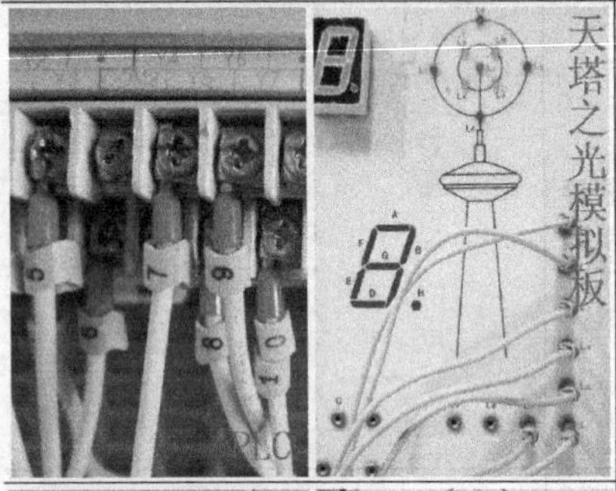	［布置 10 号线］：用一根软导线将 PLC 输出端的 Y7 点连接到天塔之光模拟板 L8 接线座	① 与 PLC 接线座连接时，要看清 PLC 接线座所对应的文字符号，不能接错 ② PLC 的 +24V 端子一般用于连接传感器；严禁在 +24V 端子供电 ③ 十位数以上的编码套管，采用个位编码套管拼接形式
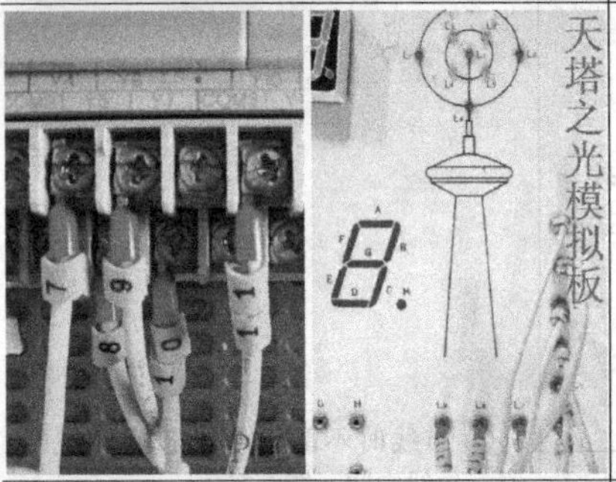	［布置 11 号线］：用一根软导线将 PLC 输出端的 Y10 点连接到天塔之光模拟板 L9 接线座	
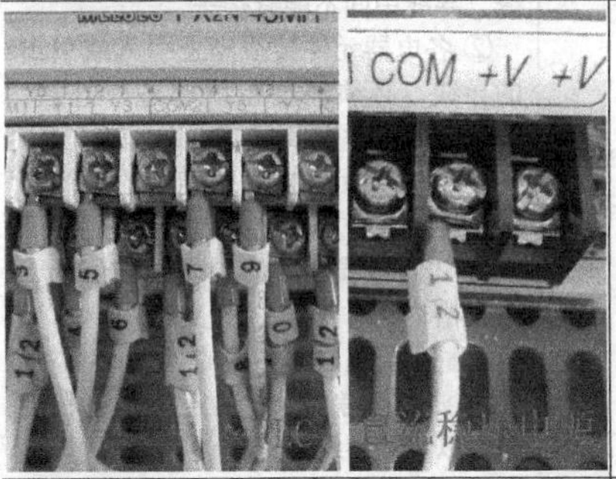	［布置 12 号线］：用一根软导线将 PLC 输出端的 COM1 点连接到 PLC 输出端的 COM2 点再连接到 PLC 输出端 COM3 点，再并一根导线到直流稳压电源的 +V 接线座	① 严禁将 PLC 输入 COM 端与输出 COM 端连接在一起 ② 连接直流稳压电源时要注意 +V 对应 PLC 输出的 COM 点，COM 点对应七段码模拟板的 0V
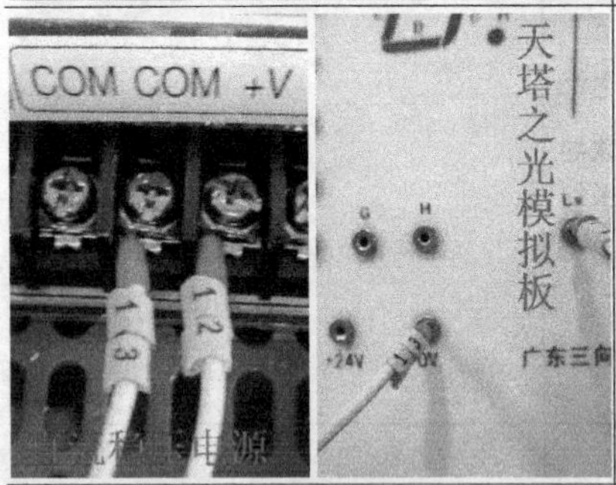	［布置 13 号线］：用一根软导线将直流稳压电源的 COM 点连接到七段码模拟板的 0V 接线座	
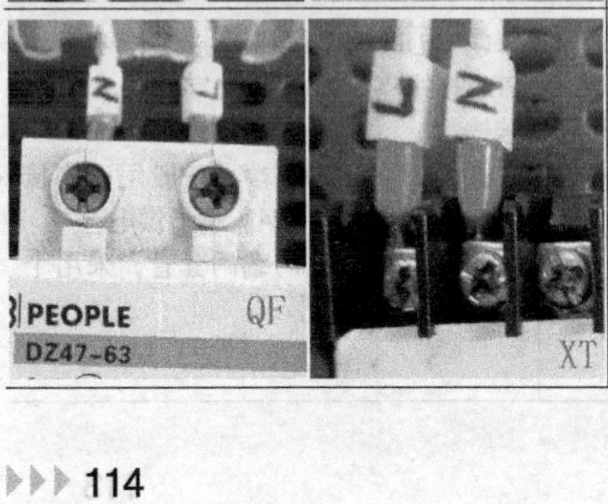	［布置 L、N 号线］：用两根软导线将端子排 XT 的对应接线座连接到 QF 的两个进线接线座	布置 L、N 号线时要遵循左零右火的原则

（续）

实训图片	操作方法	注意事项
	［布置按钮线］：用软导线将端子排的0、1、2号引出线分别连接到常开按钮 SB1、SB2 的两端	① 由端子排引接到按钮的导线一定要穿过开关盒的接线孔 ② 导线连接前一定要穿入编码套管 ③ 与按钮接线座连接用冷压接线夹，与端子排连接用针式线夹

三、连接电源

实训图片	操作方法	注意事项
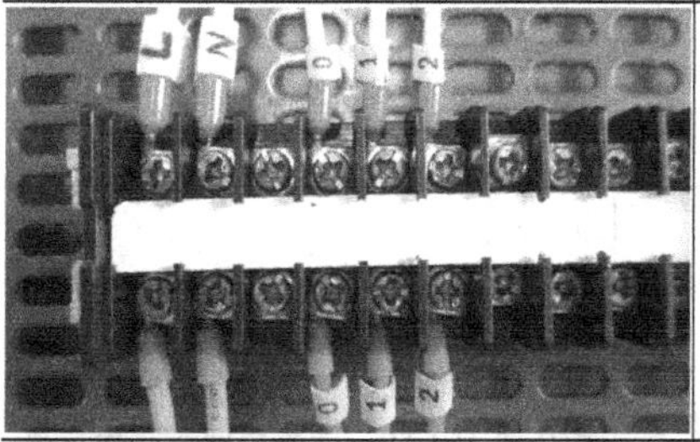	［连接电源］：将两相电源线连接到接线端子排的 L、N 对应位置	① 由指导老师指导学生接通两相电源 ② 学生通电试验时，指导老师必须在现场进行监护
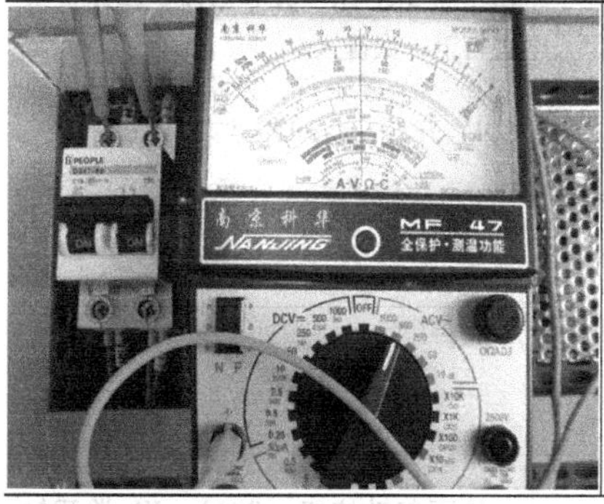	［验电］：合上总电源开关，用万用表 500V 电压挡，分别测量低压断路器进线端的相间电压，确认两相电压是否平衡	① 测量前，确认学生是否已穿绝缘鞋 ② 测量时，学生操作是否规范 ③ 测量时表笔的笔尖不能同时触及两根带电体

四、程序录入

用 SWOPC－FXGP/WIN－C 编程软件录入相对应的指令或梯形图，观察是否正确录入。

实训图片	操作方法	注意事项
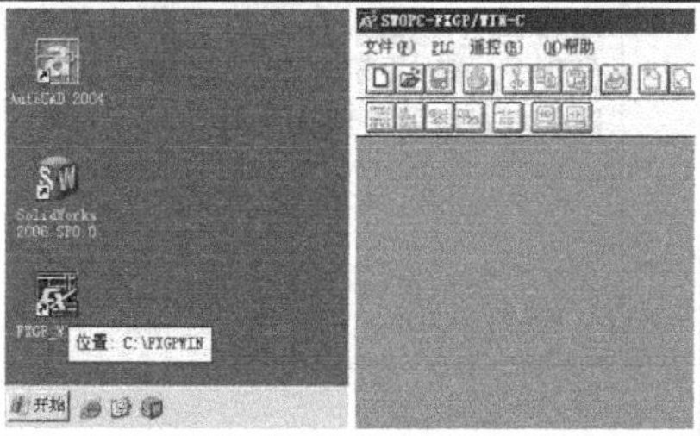	［启动程序］：开启计算机，双击桌面上 FXGP WIN-C 图标 ，出现 SWOPC-FXGP/WIN-C 屏幕	运用的软件要与所使用的 PLC 模块相对应

（续）

实训图片	操作方法	注意事项
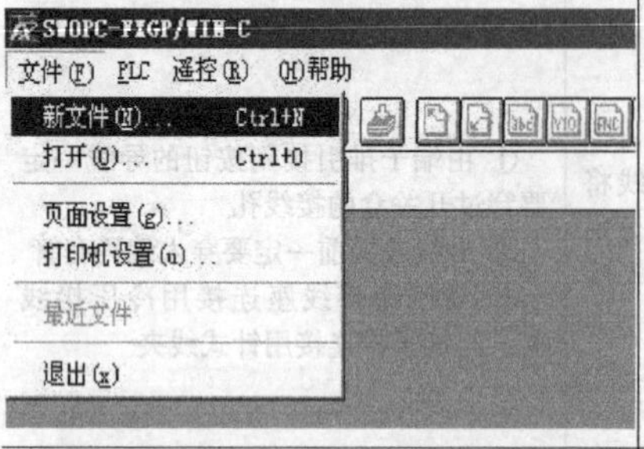	[新建一个程序文件]：单击“文件”菜单，单击“新文件”命令	也可以单击□图标，新建一个文件
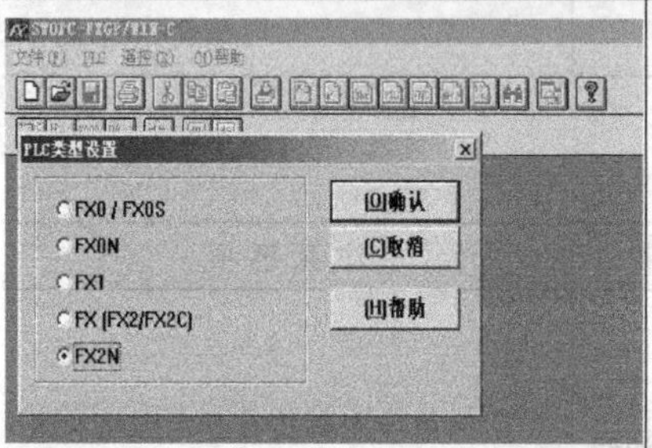	[选择机型]：单击“新文件”命令后，出现“PLC 类型设置”，选择机型，选择“FX2N”，单击确认	单击“FX2N”前的白圆圈后，圆圈中间出现一小黑点，表示选中
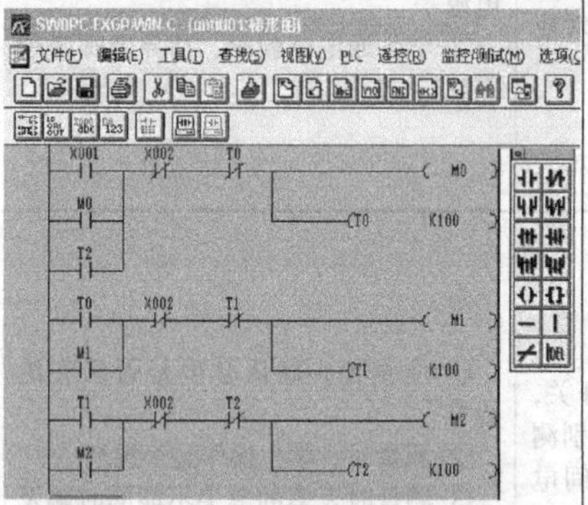	[输入 M 和 T 线圈逻辑行]：在起始光标位置上分别输入 X1 常开、X2、T0 常闭触头、M0 线圈及 M0 自锁触头	① 程序输入时，在键盘上键入一个指令如 ANI X0，就需要回车一次，再进行下一次键入 ② 一个逻辑行，以指令表 LD（或 LDI）开始，以 OUT 结束
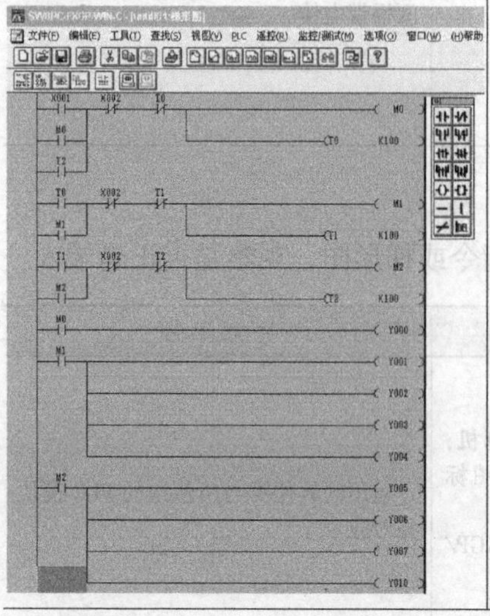	[输入 Y 线圈逻辑行]：在起始光标位置上分别输入 M0 常开、Y0 线圈，M1 常开、Y1 ~ Y4 线圈，M2 常开、Y5 ~ Y10 线圈	按下起动按钮（SB1），X1 常开触头闭合，Y0 线圈得电 L1 亮 2s 后熄灭，接着 Y1 ~ Y4 线圈得电 L2、L3、L4、L5 亮 2s 后熄灭；接着 Y5 ~ Y10 线圈得电 L6、L7、L8、L9 亮 2s 后灭；再接着 Y0 线圈得电 L1 亮 2s 后熄灭……如此循环下去，直到按下停止按钮（SB2），X2 常闭断开使得 M0 ~ M2 线圈失电对应的 Y 线圈失电

（续）

实训图片	操作方法	注意事项
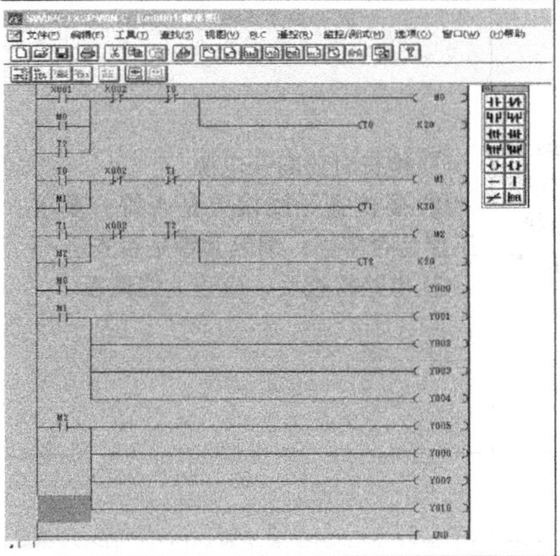	［输入结束逻辑行］：在起始光标位置上输入 END 指令	助记符 END 后无操作数
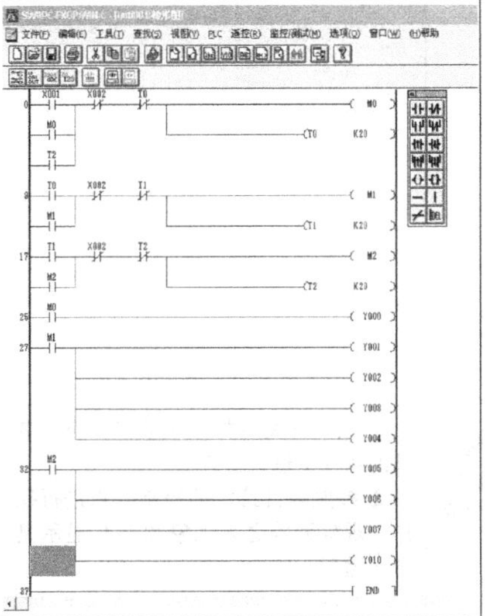	［程序转换］：梯形图编写之后，将单击工具栏“”命令，暗色的梯形图部分变成白色，同时在梯形图的左侧标出程序序号	① 程序转换之前的梯形图处于暗色状态，转换之后，暗色的梯形图部分变成白色 ② 在转换之后的梯形图的左侧自动标出程序序号 ③ 程序转换也可以单击下拉式菜单栏“工具”→“转换”
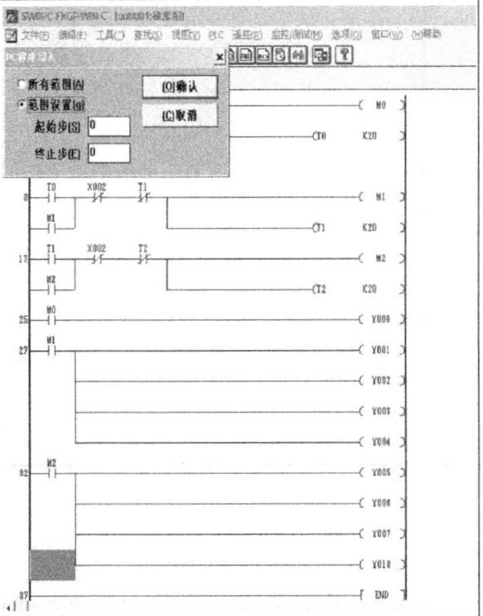	［程序写出］：先将 PLC 模块面板上开关拨至 STOP 处；再单击下拉式菜单栏“PLC”→“传送”→“写出”，出现“PLC 程序写入”对话框，选择“范围设置”，选择起始步“0”、终止步“40”，单击“确认”；弹出写入程序框，显示写入的程序步数	① 程序写入前，应将数据线与 PLC 和计算机进行连接 ② 在程序写入之前，如不将 PLC 模块面板上数据线插孔旁的开关拨至 STOP 处，则程序不能写入 PLC 中 ③ 程序写入完毕后，应将 PLC 模块面板上开关拨至 RUN 处

五、通电试验

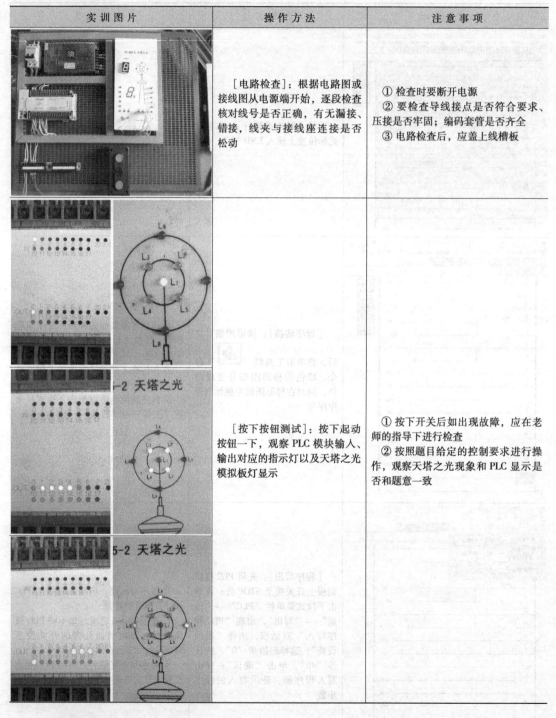

实训图片	操作方法	注意事项
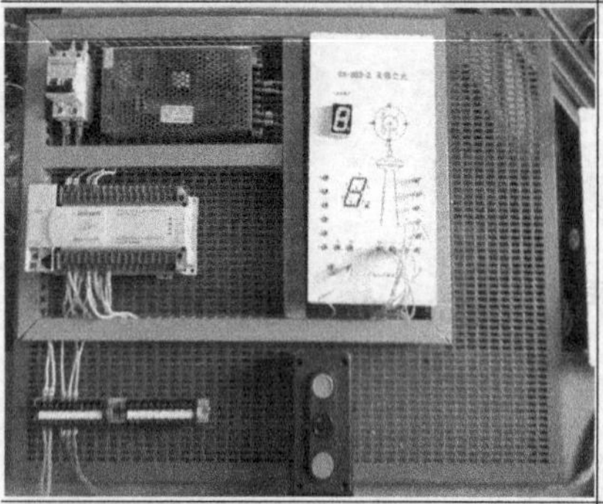	［电路检查］：根据电路图或接线图从电源端开始，逐段检查核对线号是否正确，有无漏接、错接，线夹与接线座连接是否松动	① 检查时要断开电源 ② 要检查导线接点是否符合要求、压接是否牢固；编码套管是否齐全 ③ 电路检查后，应盖上线槽板
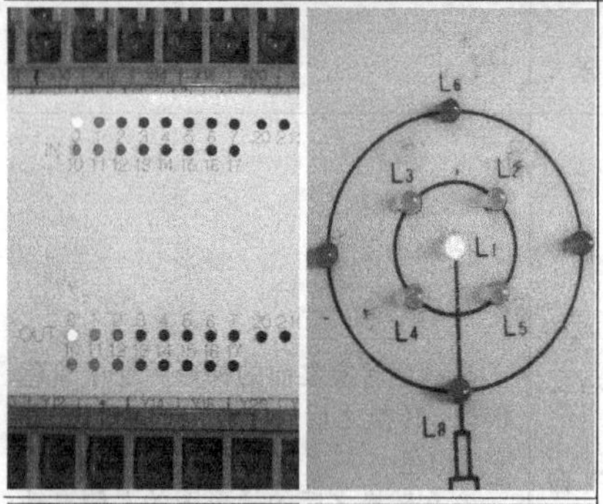	［按下按钮测试］：按下起动按钮一下，观察 PLC 模块输入、输出对应的指示灯以及天塔之光模拟板灯显示	① 按下开关后如出现故障，应在老师的指导下进行检查 ② 按照题目给定的控制要求进行操作，观察天塔之光现象和 PLC 显示是否和题意一致
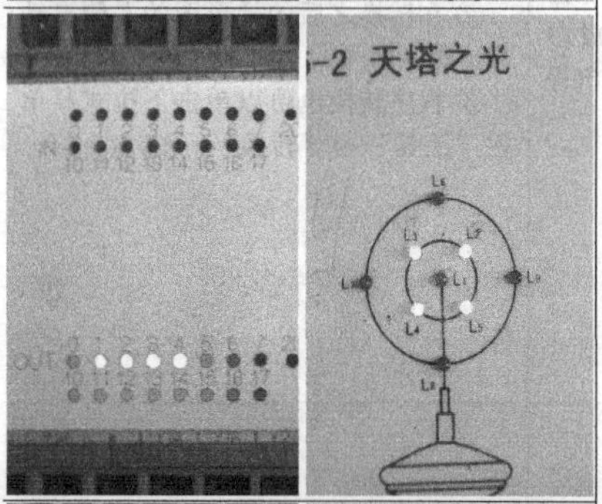		
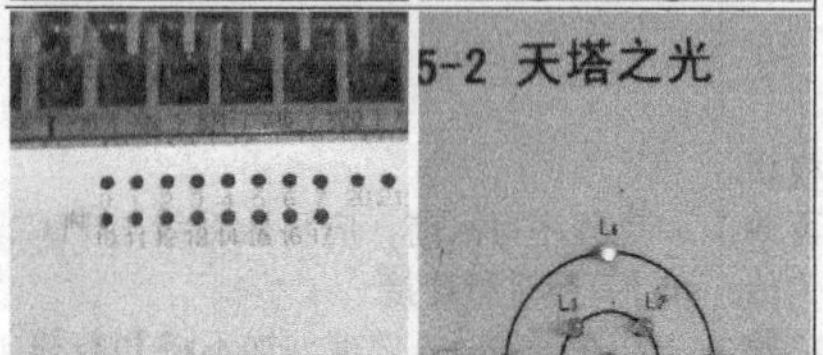		

提醒注意

系统调试的要点及注意事项

（1）常规检查　在通电之前要仔细地做一系列的常规检查（包括接线检查、绝缘检查、接地电阻检查、保险检查等)，避免损坏 PLC 模块（用 STEP7 的诊断程序对所有模块进行检查)。

（2）系统调试　系统调试可按离线调试与在线调试两阶段进行。其中离线调试主要是对程序的编制工作进行检查和调试，采用 STEP7 能对用户编制程序进行自动诊断处理，用户也可通过各种逻辑关系判断编制程序的正误。而在线调试是一个综合调试过程，包括程序本身、外围线路、外围设备以及所控设备等的调试。在线调试过程中，系统在监控状态下运行，可随时发现问题、随时解决问题，从而使系统逐步完善。因此，一般系统所存在的问题基本上可在此过程中得到解决。在线调试设备开/停时，必须先调试空开关的运行情况；如果设备有运行监视开关，则可把监视开关强制为“1”（正式运行时撤消强制)。调试单台设备时可针对性地建立该设备的变量表，对该设备及其与该设备相关的变量进行实时监视。这样即可判断逻辑操作是否正确，对模拟量的变化也可一目了然了。

检查评价

通电试车完毕，切断电源，先拆除电源线，再拆除其余电路，然后进行综合评价。

任 务 评 价

序　号	评价指标	评价内容	分值	个人评价	小组评价	教师评价
1	电路设计	能正确分配 PLC 输入/输出点	5			
		能正确绘制 PLC 接线图	10			
		能熟练正确地编写 PLC 程序	10			
2	布线	不按电路图接线	10			
		布线不符合要求	5			
		线夹接触不良、接点松动、露铜过长	5			
		未套装或漏套编码套管	5			
		未接接地线	5			
3	程序输入	会开机、调入程序	5			
		会正确输入每步程序	5			
		会进行程序调试检查	5			
		会将程序写入 PLC	5			
4	通电操作	第一次试车不成功	5			
		第二次试车不成功	10			
5	安全规范	是否穿绝缘鞋	5			
		操作是否规范安全	5			
总分			100			
问题记录和解决方法			记录任务实施过程中出现的问题和采取的解决办法（可附页）			

能力评价

内容		评价	
学习目标	评价项目	小组评价	教师评价
应知应会	本任务的相关基本概念是否熟悉	□Yes □No	□Yes □No
	是否熟练掌握 PLC 模块的使用	□Yes □No	□Yes □No
专业能力	是否熟练掌握 PLC 的外部接线	□Yes □No	□Yes □No
	是否熟练掌握 PLC 的编程方法、技巧	□Yes □No	□Yes □No
	是否具有相关专业知识的融合能力	□Yes □No	□Yes □No
通用能力	团队合作能力	□Yes □No	□Yes □No
	沟通协调能力	□Yes □No	□Yes □No
	解决问题能力	□Yes □No	□Yes □No
	自我管理能力	□Yes □No	□Yes □No
	创新能力	□Yes □No	□Yes □No
态　度	爱岗敬业	□Yes □No	□Yes □No
	工作认真	□Yes □No	□Yes □No
	劳动负责	□Yes □No	□Yes □No
个人努力方向：		老师、同学建议：	

思考与提高

1. 若要求每圈灯间隔 1s 依次亮，最后一起灭，如此循环，如何编写程序？
2. 若要求显示灯圈先放大后缩小的图画，又如何编写程序？

任务九　用 PLC 控制四台电动机顺序起动逆序停止控制电路的安装调试

训练目标

- 熟练掌握置位 SET、复位 RST 语句以及软元件定时器 T 的特点。
- 熟练掌握顺序起动逆序停止控制电路的用途与控制方法。
- 能使用相关指令编制顺序起动逆序停止控制电路梯形图。
- 能用 PLC 控制实现顺序起动、逆序停止控制系统的设计、调试和安装，理解栈操作指令、主控指令的工作机制与程序的优化关系。

任务描述

很多工业设备上装有多台电动机，各电动机的工作时序往往不一样。例如，通用机床一般要求主轴电动机起动后进给电动机再起动，而带有液压系统的机床一般需要先起动液压泵电动机后，才能起动其他的电动机等。换句话说，一台电动机的起动是另外一台电动机起动的条件。多台电动机的停止也同样有顺序的要求。在对多台电动机进行控制时，各电动机的起动或停止是有顺序的，这种控制方式称为顺序起动逆序停止控制。本任务将用 PLC 来实现四台电动机顺序起动逆序停止控制电路的安装调试。

任务分析

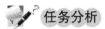

本任务要求实现 PLC 控制四台电动机顺序起动逆序停止控制电路的安装调试，要完成此任务，首先应根据其控制要求，确定 PLC 输入/输出地址表、PLC 接线图、编写梯形图及指令表。

一、控制要求

四台电动机 M1、M2、M3、M4 顺序控制。起动时，按 M1→M2→M3→M4 顺序起动，时间间隔分别为 3s、4s、5s。停止时，按 M4→M3→M2→M1 顺序停止，时间间隔分别为 5s、4s、3s。起动时如发现某台电动机有故障，则按停止按钮，这台电动机立即停止，其他电动机按反顺序停止。例如发现 M3 起动过程有故障，按停止按钮，M3 立即停止，延时 4s 以后，M2 停止，再延时 3s，M1 停止。

二、输入/输出点的确定

为了用 PLC 来控制四台电动机的顺序起动逆序停止，PLC 需要 6 个输入点，4 个输出点，输入/输出点分配见下表。

输　入			输　出		
输入继电器	输入元件	作用	输出继电器	输出元件	作用
X0	SB1	起动按钮	Y0	KM1	控制 M1 电动机
X1	SB2	停止按钮	Y1	KM2	控制 M2 电动机
X2	KH1	M1 过载保护	Y2	KM3	控制 M3 电动机
X3	KH2	M2 过载保护	Y3	KM4	控制 M4 电动机
X4	KH3	M3 过载保护			
X5	KH4	M4 过载保护			

三、主电路及 PLC 接线图

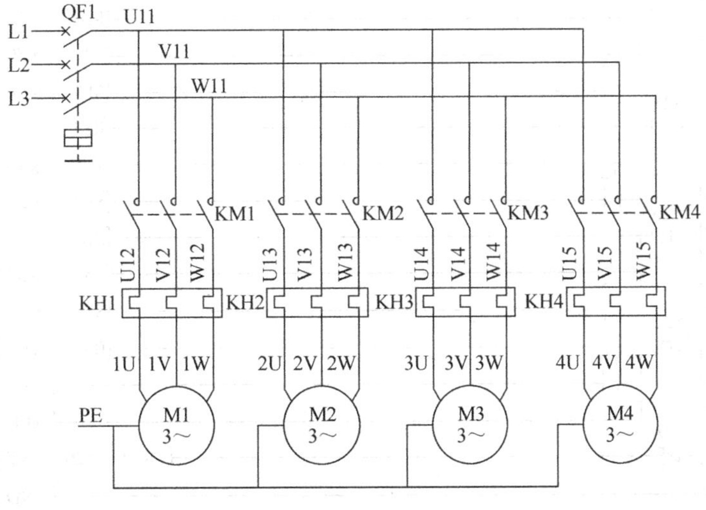

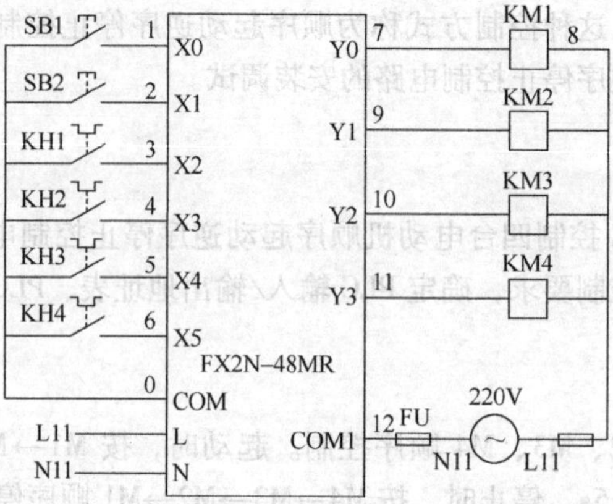
SB1
SB2
KH1
KH2
KH3
KH4
1
2
3
4
5
6
0
X0
X1
X2
X3
X4
X5
COM
FX2N–48MR
L11
N11
L
N
COM1
Y0
Y1
Y2
Y3
7
9
10
11
12
8
KM1
KM2
KM3
KM4
FU
220V
N11
L11

四、梯形图和指令表

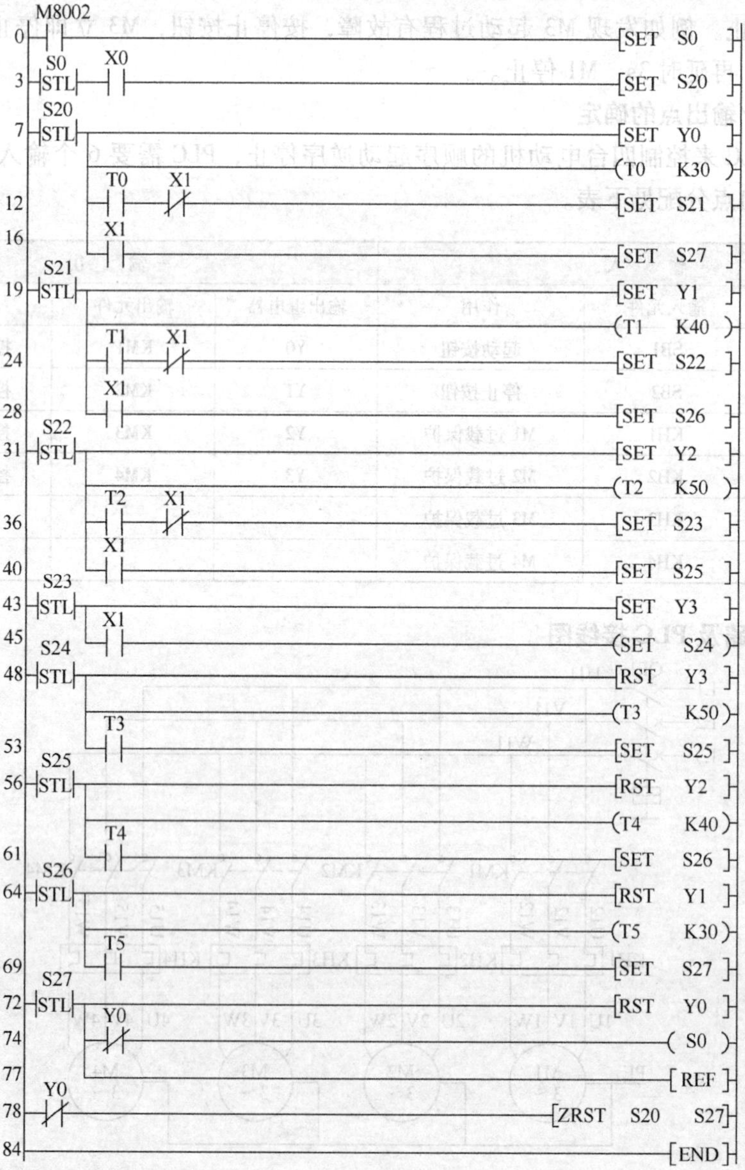
0 M8002 SET S0
3 S0 STL X0 SET S20
7 S20 STL SET Y0
T0 K30
12 T0 X1 SET S21
16 X1 SET S27
19 S21 STL SET Y1
T1 K40
24 T1 X1 SET S22
28 X1 SET S26
31 S22 STL SET Y2
T2 K50
36 T2 X1 SET S23
40 X1 SET S25
43 S23 STL SET Y3
45 X1 SET S24
48 S24 STL RST Y3
T3 K50
53 T3 SET S25
56 S25 STL RST Y2
T4 K40
61 T4 SET S26
64 S26 STL RST Y1
T5 K30
69 T5 SET S27
72 S27 STL RST Y0
74 Y0 S0
77 REF
78 Y0 ZRST S20 S27
84 END

```
0    LD     M8002
1    SET    S0
3    STL    S0
4    LD     X0
5    SET    S20
7    STL    S20
8    SET    Y0
9    OUT    T0      K30
12   LD     T0
13   ANI    X1
14   SET    S21
16   LD     X1
17   SET    S27
19   STL    S21
20   SET    Y1
21   OUT    T1      K40
24   LD     T1
25   ANI    X1
26   SET    S22
28   LD     X1
29   SET    S26
31   STL    S22
32   SET    Y2
33   OUT    T2      K50
36   LD     T2
37   ANI    X1
38   SET    S23
40   LD     X1
41   SET    S25
43   STL    S23
44   SET    Y3
45   LD     X1
46   SET    S24
48   STL    S24
49   RST    Y3
50   OUT    T3      K50
53   LD     T3
54   SET    S25
56   STL    S25
57   RST    Y2
58   OUT    T4      K40
61   LD     T4
62   SET    S26
64   STL    S26
65   RST    Y1
66   OUT    T5      K30
69   LD     T5
70   SET    S27
72   STL    S27
73   RST    Y0
74   LDI    Y0
75   OUT    S0
77   RET
78   LDI    Y0
79   ZRST   S20     S27
84   END
```

相关知识

一、FX2N 的状态元件 S

FX2N 系列 PLC 中规定状态继电器 S 为控制元件，状态继电器有 S0～S999 共 1000 点，其分类、编号、数量及用途如下表。

状态继电器 S 信息

类别	元件编号	个数	用途及特点
初始状态	S0～S9	10	用作初始状态
返回原点状态	S10～S19	10	多运行模式中，用作返回原点的状态
一般状态	S20～S499	480	用作中间状态
掉电保持状态	S500～S899	400	用作停电恢复后需继续执行的场合
信号报警转台	S900～S999	100	用作报警元件试用

二、步进指令

IEC1 131—3 标准中定义的 SFC（Sequential Function Chart）语言是一种通用的状态转移图语言，用于编制复杂的顺控程序，不同厂家生产的可编程序控制器中用 SFC 语言编制的程序极易相互变换。利用这种先进的编程方法，初学者也很容易编出复杂的程序，熟练的电气工程师掌握这种方法后也能大大提高工作效率。三菱的小型 PLC 在基本逻辑指令之外增加了两条简单步进顺控指令（Step Ladder，STL），类似于 SFC 的语言的状态转移图方式编程。

步进指令有：STL（步进接点指令）和 RST（步进返回指令）两条。

1. STL 步进接点指令

STL 指令的操作元件是状态继电器 S，STL 指令的意义为激活某个状态。在梯形图上体现为从主母线上引出的状态接点。STL 指令有建立子母线的功能，以使该状态的所有操作均在子母线上进行。STL 指令的应用如图所示。

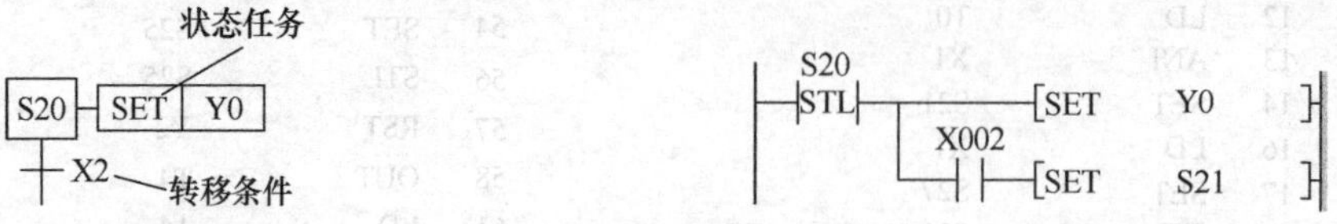

a) 状态转移图　　b) 梯形图

我们可以看到，在状态转移图中有状态任务（驱动负载）、转移方向（目标）和转移条件三个要素。其中转移方向（目标）和转移条件是必不可少的，而驱动负载则视具体情况，也可能不进行实际的负载驱动。上图为状态转移图和梯形图的对应关系。其中 SET Y0 为状态 S20 的状态任务（驱动负载），S21 为其转移的目标，X2 为其转移条件。

上图的指令表程序如下：

STL	S20	使用 STL 指令，激活状态继电器 S20
SET	Y0	驱动负载
LD	X2	转移条件
SET	S21	转移方向（目标）处理
STL	S21	使用 STL 指令，激活状态继电器 S21

步进顺控的编程思想是：先进行负载驱动处理，然后进行状态转移处理。从程序中可以看出，首先要使用 STL 指令，这样负载驱动和状态转移均是在子母线上进行，并激活状态继电器 S20；然后进行本次状态下负载驱动，SET Y0；最后，如果转移条件 X2 满足，使用 SET 指令将状态转移到下一个状态继电器 S21。

步进接点只有常开触点，没有常闭触点。步进接点接通，需要用 SET 指令进行置位。步进接点闭合，其作用如同主控触点闭合一样，将左母线移到新的临时位置，即移到步进接点右边，相当于子母线。这时，与步进接点相连的逻辑行开始执行，与子母线相连的触点可以采用 LD 指令或者 LDI 指令。

2. RET 步进返回指令

RET 指令没有操作元件。RET 指令的功能是：当步进顺控程序执行完毕时，使子母线返回到原来主母线的位置，以便非状态程序的操作在主母线上完成，防止出现逻辑错误。RET 指令的应用如图所示。

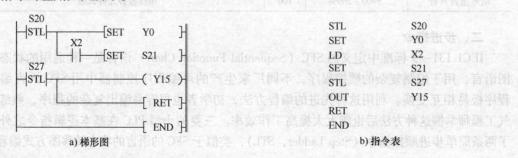

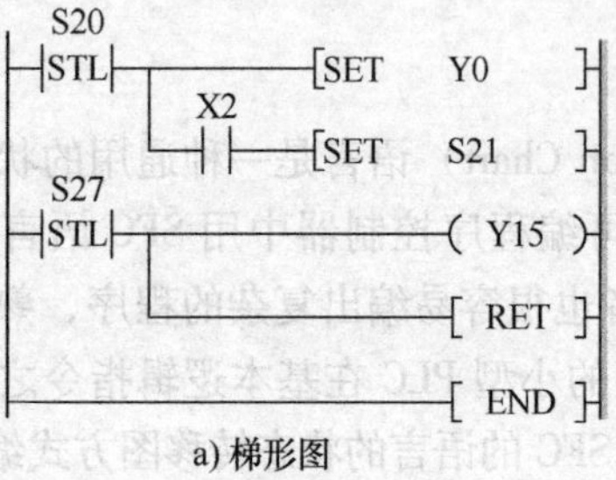

a) 梯形图

STL	S20
SET	Y0
LD	X2
SET	S21
STL	S27
OUT	Y15
RET	
END	

b) 指令表

在每条步进指令后面，不必都加一条 RET 指令，只需在一系列步进指令的最后接一条 RET 指令即可。状态转移程序的结尾必须有 RET 指令。

任务实施

一、元器件选择

根据控制电动机的功率，选择合适容量、规格的元器件，并进行质量检查。

序号	元器件名称	型号、规格	数量	备注
1	低压断路器	DZ47-63	2	3 极、2 极各一只
2	熔断器	RT18-32X	2	
3	按钮	LA4-3H	1	
4	接触器	CJX2-1210/220V	4	配 F4-22 辅助触头
5	PLC	三菱 FX2N-48MR	1	
6	直流稳压电源	S-120-24 AC220V ±15% DC24V 5A	1	
7	热继电器	JR36-20	4	
8	塑料导线	BVR－$1mm^2$	50m	控制电路用
9	塑料导线	BVR－$1.5mm^2$	50m	主电路用
10	塑料导线	BVR－$0.75mm^2$	4m	按钮用
11	接线端子排	TD（AZ1）660V 15A	3	
12	三相异步电动机	Y112M-4 4kW 8.8A	4	1440r/min △联结
13	接线板	700mm×550mm×30mm	1	

二、电路接线

按照 PLC 接线图用导线将各元器件和 PLC 模块进行连接。

实 训 图 片	操 作 方 法	注 意 事 项
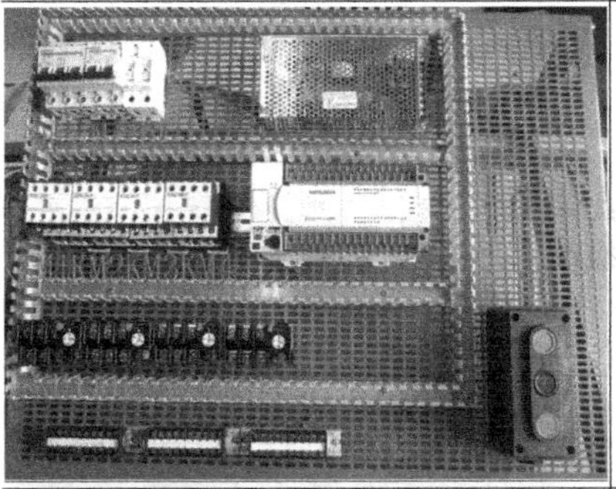	［安装各元器件］：将低压断路器、接触器、热继电器、PLC 模块、直流稳压电源模块、按钮、端子排、线槽按要求安装在接线板上	① 安装时，应清除触头表面尘污 ②安装处的环境温度应与电动机所处环境温度基本相同 ③ 安装按钮的金属板或金属按钮盒必须可靠接地 ④ 元器件安装要牢固，且不能损坏元器件
	［PLC 模块电源连接］：用四根软导线分别将低压断路器 QF 的输出端与 PLC 模块中的 L、N 和直流稳压电源中 L、N 点相连接	① PLC 模块的电源要由单独的断路器控制 ② QF2 出线端左为 N11、右为 L11

（续）

实训图片	操作方法	注意事项
	［布置0号线］：用一根软导线将PLC输入端的COM点连接到KH1、KH2、KH3、KH4的98号接线座，再并联一根导线到端子排对应的接线座	①本任务采用针式线夹，要根据导线的截面积选择不同尺寸的线夹。导线连接前，要事先做好线夹 ②线芯与线夹要压接牢固，不能松动、不能露铜过多 ③线夹与接线座连接时，要压入垫片之下，压接要牢固，不能压绝缘层，特别是连接双线夹时要左右压接 ④导线连接前应套入编码套管 ⑤所有导线必须经过线槽布线 ⑥与PLC接线时要分清接点，不能接错，且要分清PLC的输入端与输出端
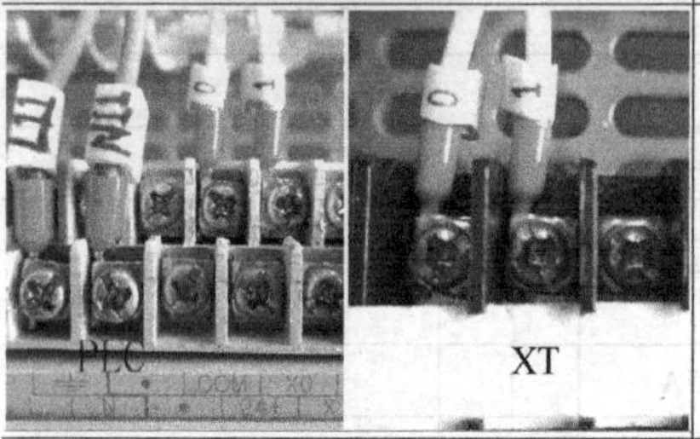	［布置1号线］：用一根软导线将PLC输入端的X0点连接到端子排对应的接线座	
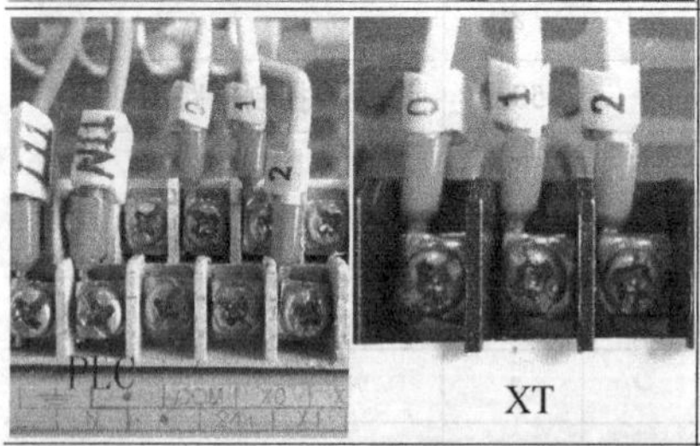	［布置2号线］：用一根软导线将PLC输入端的X1点连接到端子排对应的接线座	
	［布置3号线］：用一根软导线将PLC输入端的X2点连接到KH1的97号接线座	
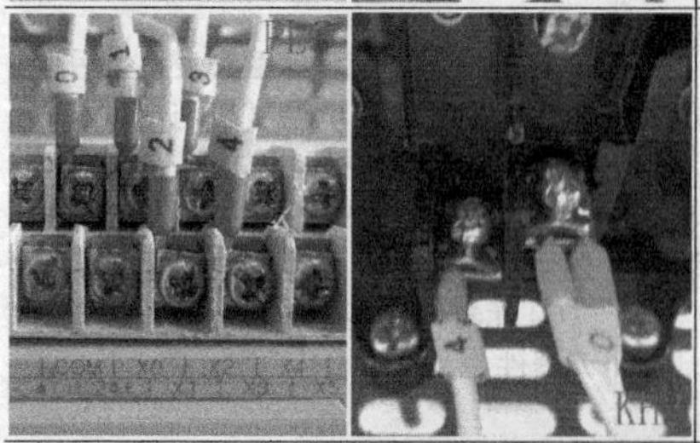	［布置4号线］：用一根软导线将PLC输入端的X3点连接到KH2的97号接线座	
	［布置5号线］：用一根软导线将PLC输入端的X4点连接到KH3的97号接线座	①布线前，先清除线槽内的污物，使线槽内外清洁 ②导线连接前应先做好线夹，线夹要压紧，使导线与线夹接触良好，不能露铜过长，也不能压绝缘层 ③线夹与接线座连接时，要压接良好；需垫片时，线夹要插入垫片之下

（续）

实训图片	操作方法	注意事项
	［布置 6 号线］：用一根软导线将 PLC 输入端的 X5 点连接到 KH4 的 97 号接线座	④做线夹前要先套入编码套管，且导线两端都必须套上编码套管；编码套管上文字的方向一律从右看入；编码套管标号要写清楚，不能漏标、误标 ⑤同一个接线座压接两个针式线夹时，要左右压接，且要压接牢固，不能松动 ⑥与 PLC 接线座连接时，要看清 PLC 接线座所对应的文字符号，不能接错 ⑦PLC 的 +24V 端子一般用于连接传感器；严禁在 +24V 端子供电 ⑧严禁将 PLC 输入 COM 端与输出 COM 端连接在一起
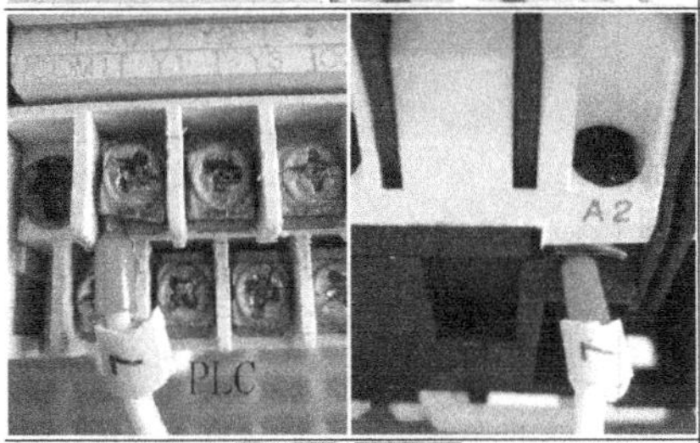	［布置 7 号线］：用一根软导线将 PLC 输出端的 Y0 点连接到接触器 KM1 的 A2 接线座	
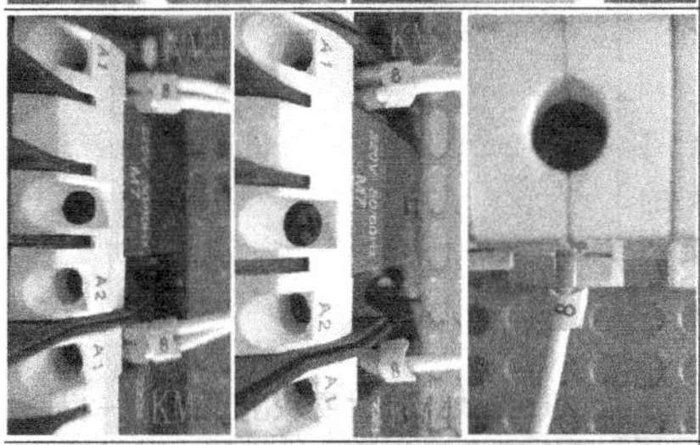	［布置 8 号线］：用一根软导线将 KM1、KM2、KM3、KM4 的 A1 接线座，再并联一根导线到熔断器 FU 的左接线座	
	［布置 9 号线］：用一根软导线将 PLC 输出端的 Y1 点连接到接触器 KM2 的 A2 接线座	
	［布置 10 号线］：用一根软导线将 PLC 输出端的 Y2 点连接到接触器 KM3 的 A2 接线座	
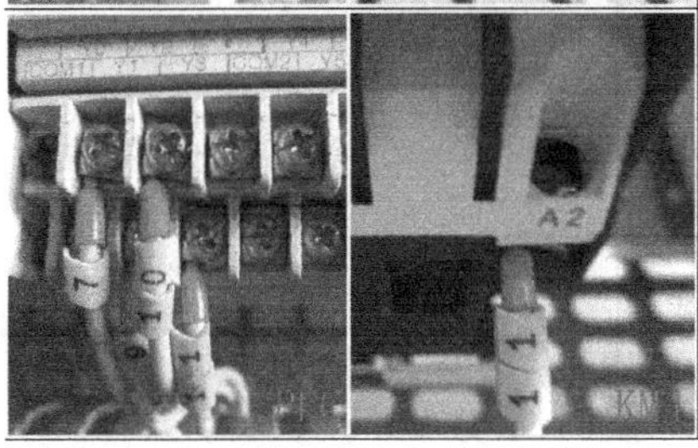	［布置 11 号线］：用一根软导线将 PLC 输出端的 Y3 点连接到接触器 KM4 的 A2 接线座	

（续）

<table>
<tr><th>实训图片</th><th>操作方法</th><th>注意事项</th></tr>
<tr><td></td><td>［布置 12 号线］：用一根软导线将 PLC 输出端的 COM1 点连接到熔断器 FU 的右接线座</td><td>十位数以上的编码套管，采用个位编码套管拼接形式</td></tr>
<tr><td>
</td><td>［布置 U11、V11、W11 号线］：用三根软导线将 QF1 的 2T1、4T2、6T3 接线座连接到 KM1、KM2、KM3、KM4 的 1L1、3L2、5L3 接线座</td><td rowspan="5">① 导线连接时要从上到下，一相一相连接或用分色导线连接，以保证从左至右依次为 U、V、W 三相
② 主电路接线时前后相序要对应，不能接错
③ 导线连接到端子排时，要根据接线图预先分配好导线在端子排上的位置
④ 手写编码套管，文字编号要书写清楚、端正，大小一致；套入的方向一律以从右看入为准</td></tr>
<tr><td>
</td><td>［布置 U12、V12、W12 号线］：用三根软导线将 KM1 的 2T1、4T2、6T3 接线座连接到 KH1 的 1L1、3L2、5L3 接线座</td></tr>
<tr><td>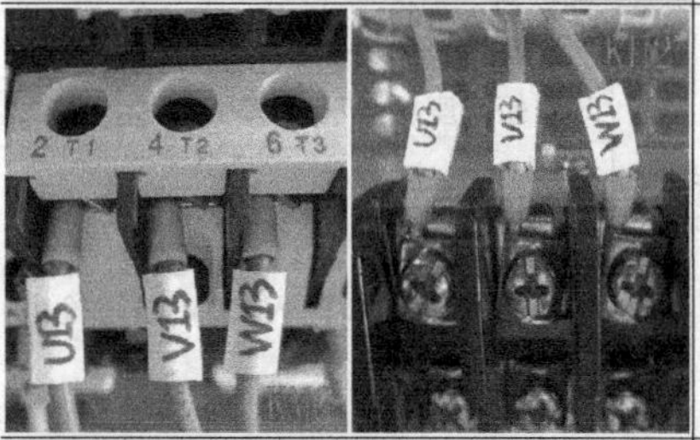
</td><td>［布置 U13、V13、W13 号线］：用三根软导线将 KM2 的 2T1、4T2、6T3 接线座连接到 KH2 的 1L1、3L2、5L3 接线座</td></tr>
<tr><td>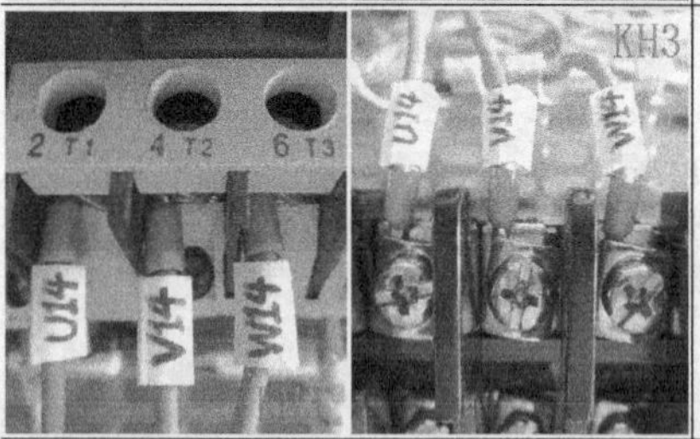
</td><td>［布置 U14、V14、W14 号线］：用三根软导线将 KM3 的 2T1、4T2、6T3 接线座连接到 KH3 的 1L1、3L2、5L3 接线座</td></tr>
<tr><td>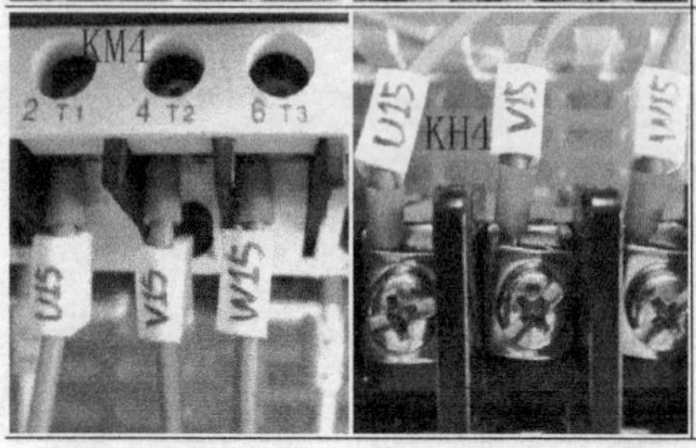
</td><td>［布置 U15、V15、W15 号线］：用三根软导线将 KM4 的 2T1、4T2、6T3 接线座连接到 KH4 的 1L1、3L2、5L3 接线座</td></tr>
</table>

（续）

实训图片	操作方法	注意事项
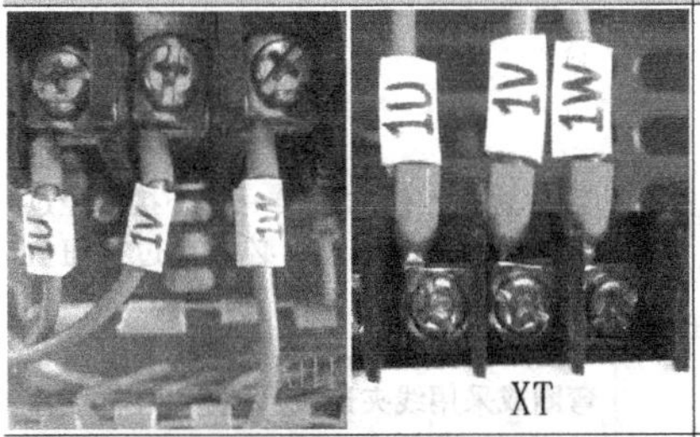	［布置 1U、1V、1W 号线］：用三根软导线将 KH1 的 2T1、4T2、6T3 接线座连接到端子排对应的接线座	
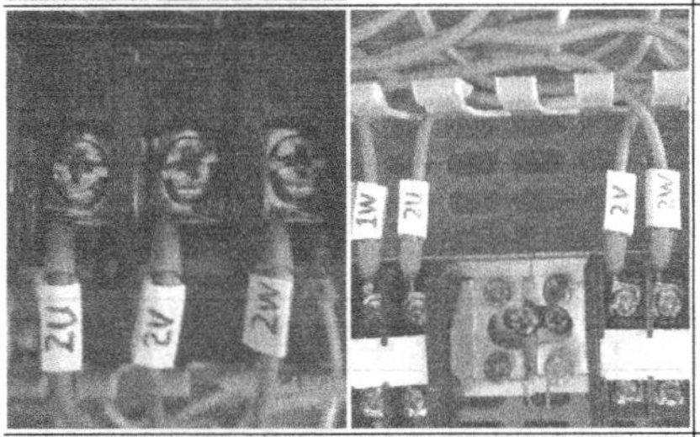	［布置 2U、2V、2W 号线］：用三根软导线将 KH2 的 2T1、4T2、6T3 接线座连接到端子排对应的接线座	端子排上连接到四台电动机定子绕组的接线座要依次排列
	［布置 3U、3V、3W 号线］：用三根软导线将 KH3 的 2T1、4T2、6T3 接线座连接到端子排对应的接线座	
	［布置 4U、4V、4W 号线］：用三根软导线将 KH4 的 2T1、4T2、6T3 接线座连接到端子排对应的接线座	
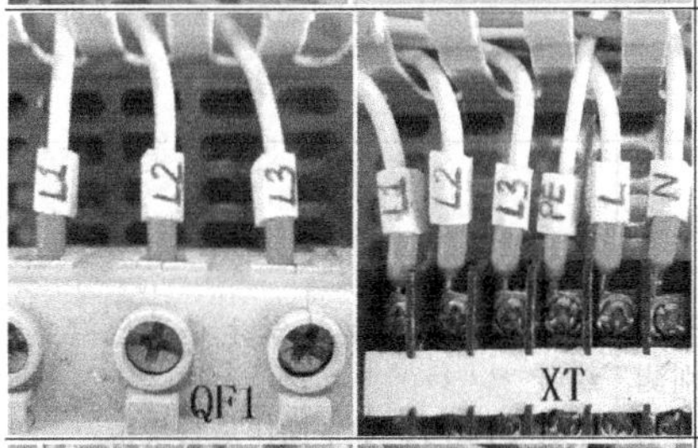	［布置 L1、L2、L3 号线］：用三根软导线将 QF1 的三个进线座连接到端子排 XT 的对应接线座	电源导线连接时三相电源相序要对应，从左至右依次为 L1、L2、L3
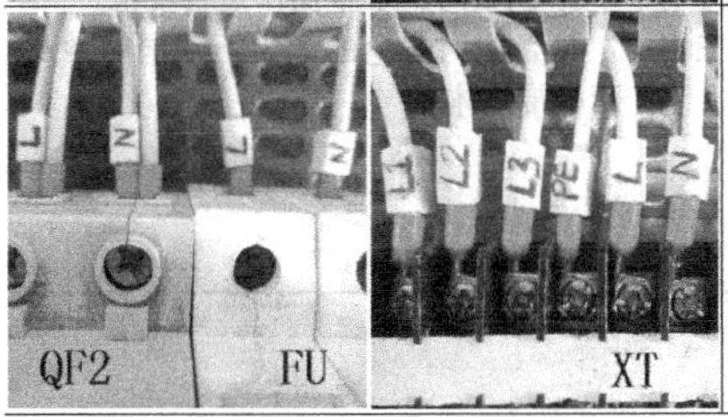	［布置 L、N 号线］：用两根软导线将端子排 XT 的对应接线座连接到 QF2 的两个进线接线座，再并联到 FU 的两个进线接线座	单相电源与三相电源要分开连接

（续）

实训图片	操作方法	注意事项
	［布置按钮线］：将端子排 0、1 号线接在 SB1 常开按钮两端；将 0、2 号线接在 SB2 常开按钮两端	① 进入按钮的导线一律外接，经过端子排接入按钮盒，必须穿过按钮盒的进出线孔 ② 与按钮接线座连接时线芯要绞合弯圈或采用线夹连接形式

三、电动机、电源连接

实训图片	操作方法	注意事项
	［电动机连接］：将 4 台电动机定子绕组的出线分别与端子排对应接线座进行连接，并将电动机的外壳与端子排接线座 PE 进行连接	电动机的外壳应可靠接地
	［连接电源］：将三相四线电源线连接到接线端子排的 L1、L2、L3、PE、L、N 对应位置	① 由指导老师指导学生接通三相电源 ② 学生通电试验时，指导老师必须在现场进行监护
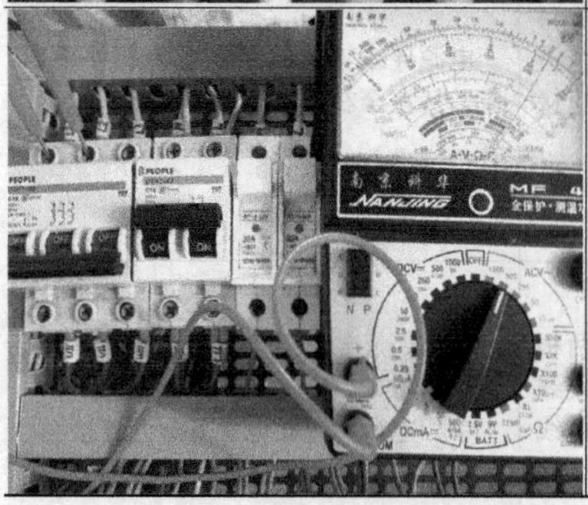	［验电］：合上总电源开关，用万用表 500V 电压挡，分别测量低压断路器进线端的相间电压，确认三相四线制电源的三相电压平衡	① 测量前，确认学生是否已穿绝缘鞋 ② 测量时，学生操作是否规范 ③ 测量时表笔的笔尖不能同时触及两根带电体

四、程序录入

用 SWOPC－FXGP/WIN－C 编程软件录入相对应的指令或梯形图，观察是否正确录入。

实训图片	操作方法	注意事项
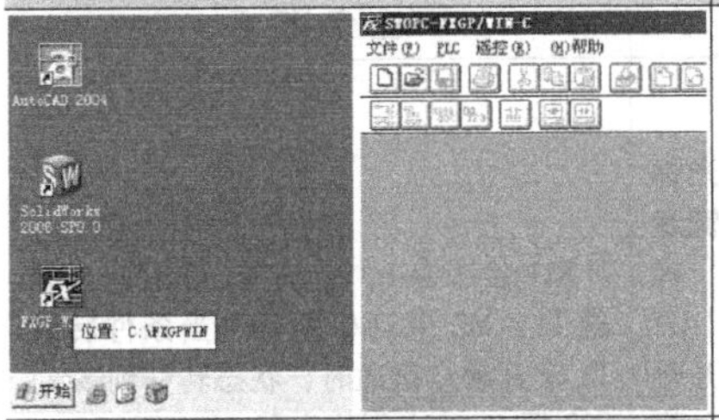	[电路检查]：开启计算机，双击桌面上 FXGP WIN-C 图标，出现 SWOPC-FXGP/WIN-C 屏幕	运用的软件要与所使用的 PLC 模块相对应
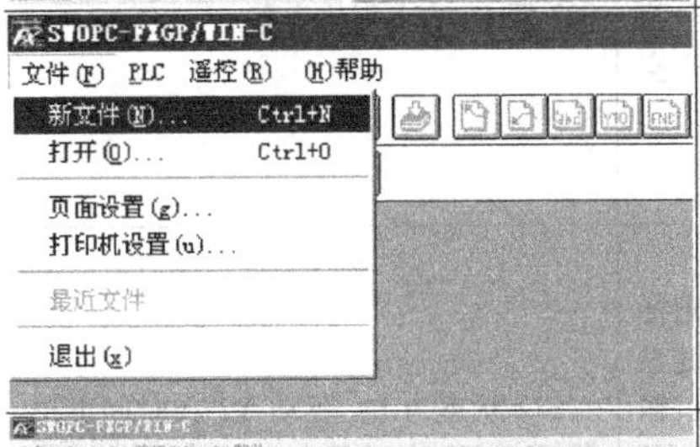	[新建一个程序文件]：单击“文件”菜单，单击“新文件”命令	或单击图标，新建一个文件
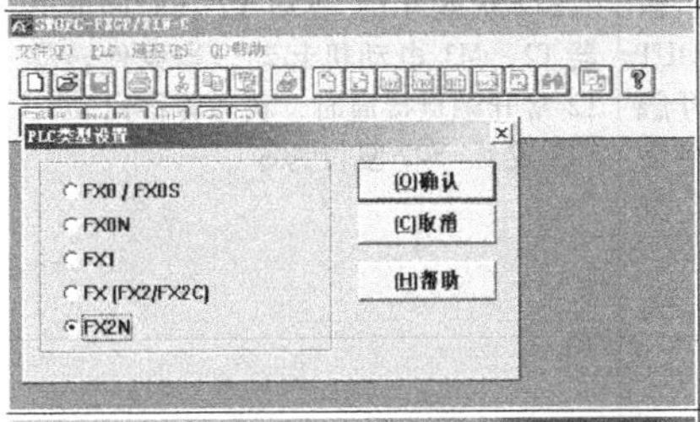	[选择机型]：单击“新文件”命令后，出现“PLC 类型设置”，选择机型，选择“FX2N”，单击确认	单击“FX2N”前的白圆圈后，圆圈中间出现一小黑点，表示选中
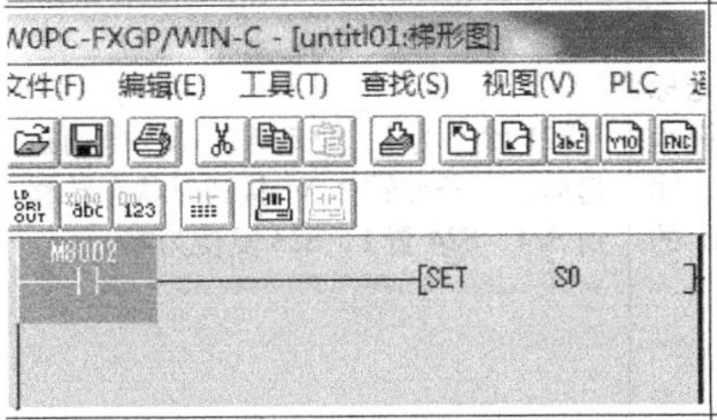	[程序输入 1]：在图光标位置上输入 M8002 常开触点，即在键盘上键入 LD M8002，回车，则在光标位置处，出现与左母线相连的 M8002 常开触点，输出直接输入 SET 空格 S0	① S0 为初始状态，它由 M8002 驱动 ② M8002 指令：初始脉冲，仅在运行开始瞬间接通一脉冲周期
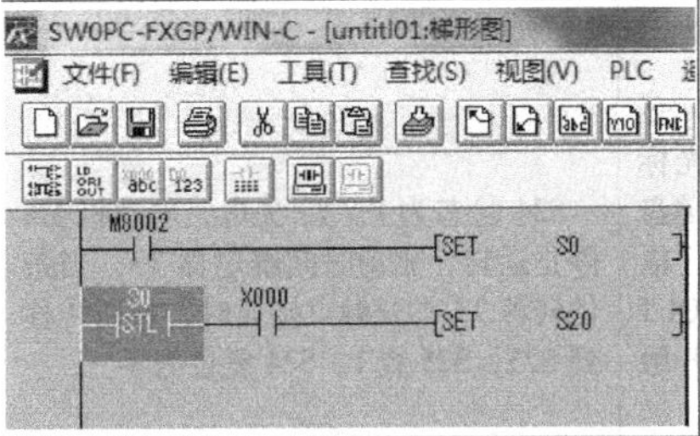	[程序输入 2]：在图光标位置上输入 STL S0 常开触点，即在键盘上键入 STL 空格 S0，出现与左母线相连的 STL S0 常开触点，输出直接输入 SET 空格 S20	按起始按钮 X0 时，状态从 S0 转移到 S20，S20 置 1，而 S0 置复位到零
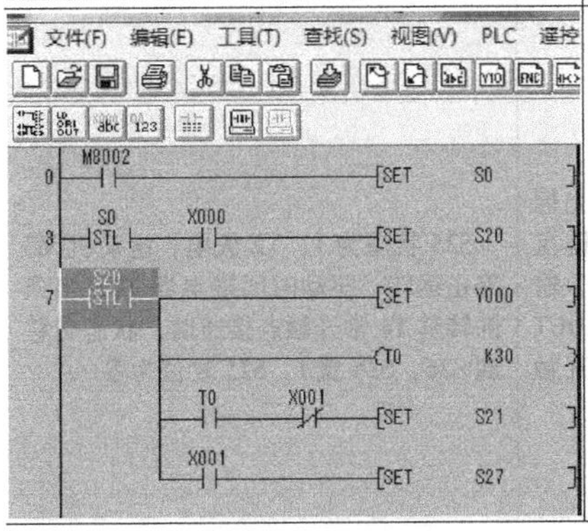	[程序输入 3]：在起始光标位置上输入 STL S20，即在键盘上键入 STL 空格 S20，回车，输出直接输入 SET 空格 Y0，OUT 空格 T0 空格 K30，T0 的常开触头，X1 的常闭触头，SET 空格 S21，X1 的常开触头，SET 空格 S27	S20 状态为 1，驱动 Y0 和时间继电器 T0，M1 电动机起动，当条件转移 T0 常开触点接通时，状态转移到 S21，S21 置 1，S20 复位为零

（续）

实训图片	操作方法	注意事项
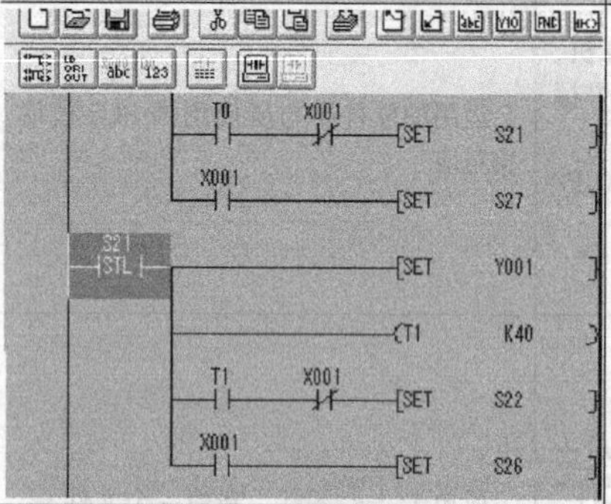	［程序输入 4］：在起始光标位置上输入 STL S21，即在键盘上键入 STL 空格 S21，回车，输出直接输入 SET 空格 Y1，OUT 空格 T1 空格 K40，T1 的常开触头，X1 的常闭触头，SET 空格 S22，X1 的常开触头，SET 空格 S26	S21 状态为 1，驱动 Y1 和时间继电器 T1，M2 电动机起动，当条件转移 T1 常开触点接通时，状态转移到 S22，S22 置 1，S21 复位为零
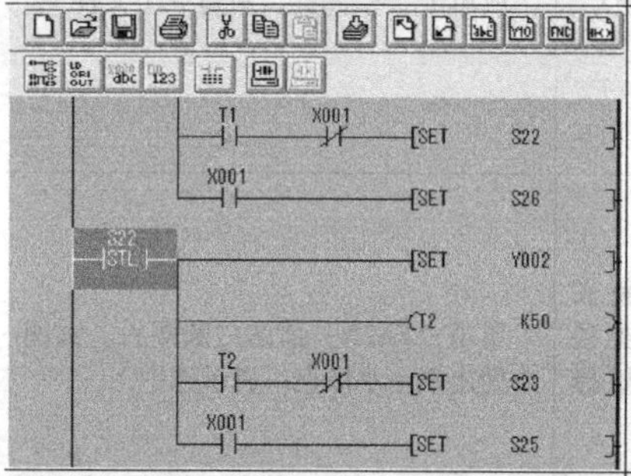	［程序输入 5］：在起始光标位置上输入 STL S22，即在键盘上键入 STL 空格 S22，回车，输出直接输入 SET 空格 Y2，OUT 空格 T2 空格 K50，T2 的常开触头，X1 的常闭触头，SET 空格 S23，X1 的常开触头，SET 空格 S25	S22 状态为 1，驱动 Y2 和时间继电器 T2，M3 电动机起动，当条件转移 T2 常开触点接通时，状态转移到 S23，S23 置 1，S22 复位为零
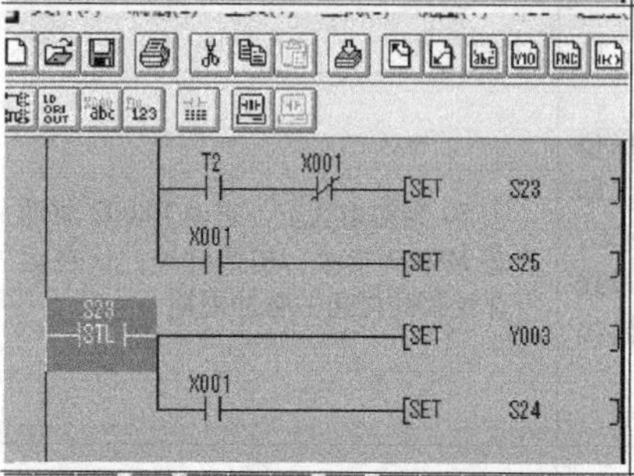	［程序输入 6］：在起始光标位置上输入 STL S23，即在键盘上键入 STL 空格 S23，回车，输出直接输入 SET 空格 Y3，X1 的常开触头，SET 空格 S24	S21 状态为 1，驱动 Y3，M3 电动机起动，当条件转移 X1 接通时状态转移到 S24，S24 置 1，S23 复位为零
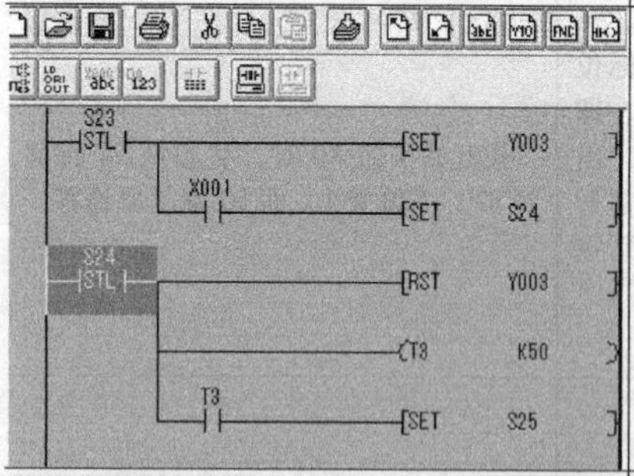	［程序输入 7］：在起始光标位置上输入 STL S24，即在键盘上键入 STL 空格 S24，回车，输出直接输入 RST 空格 Y3，OUT 空格 T3 空格 K50，T3 的常开触头，SET 空格 S25	S24 状态为 1，Y3 失电，电动机 M4 停止运转，驱动时间继电器 T3，当条件转移 T3 常开触点接通时，状态转移到 S25，S25 置 1，S24 复位为零
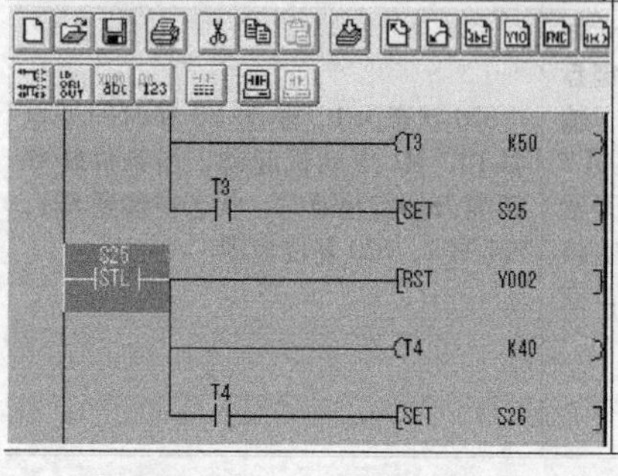	［程序输入 8］：在起始光标位置上输入 STL S25，即在键盘上键入 STL 空格 S25，回车，输出直接输入 RST 空格 Y2，OUT 空格 T4 空格 K40，T4 的常开触头，SET 空格 S26	S25 状态为 1，Y2 失电，电动机 M3 停止运转，驱动时间继电器 T4，当条件转移 T4 常开触点接通时，状态转移到 S26，S26 置 1，S25 复位为零

（续）

实训图片	操作方法	注意事项
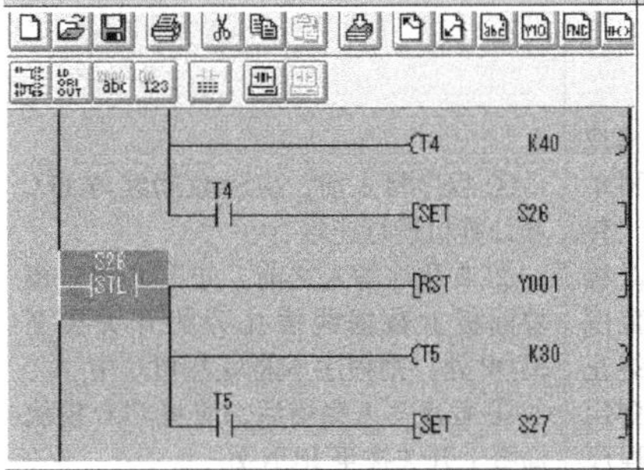	［程序输入 9］：在起始光标位置上输入 STL S26，即在键盘上键入 STL 空格 S26，回车，输出直接输入 RST 空格 Y1，OUT 空格 T5 空格 K30，T5 的常开触头，SET 空格 S27	S26 状态为 1，Y1 失电，电动机 M2 停止运转，驱动时间继电器 T5，当条件转移 T5 常开触点接通时，状态转移到 S27，S27 置 1，S26 复位为零
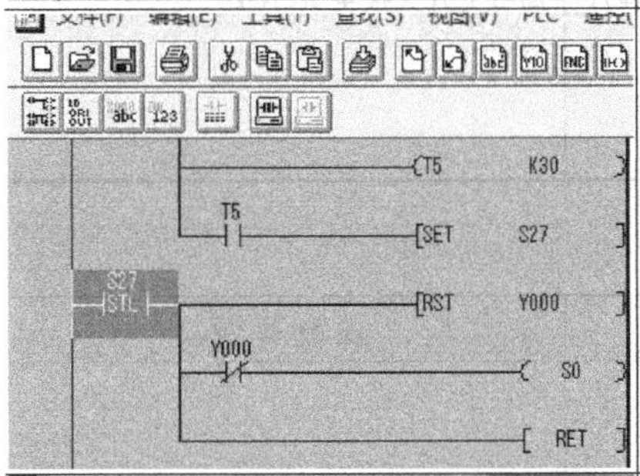	［程序输入 10］：在起始光标位置上输入 STL S27，即在键盘上键入 STL 空格 S27，回车，输出直接输入 RST 空格 Y0，Y0 的常闭触头，OUT 空格 S0 空格 RET	S27 状态为 1，Y0 失电，电动机 M1 停止运转，Y0 常闭触头闭合，状态转移返回 S0，初始状态 S0 又置位，当 X0 再接通时，另一个循环动作开始
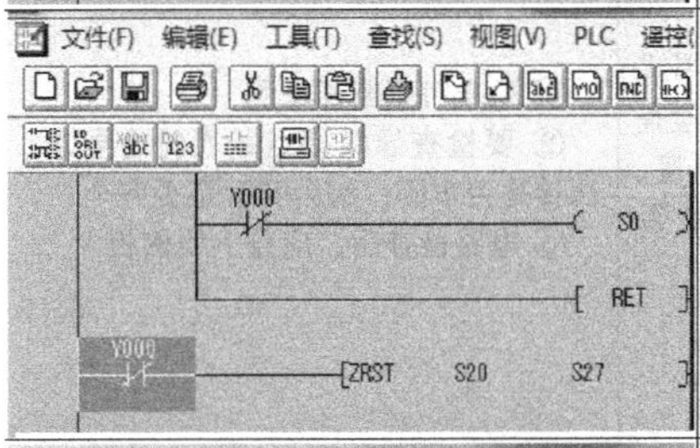	［程序输入 11］：在起始光标位置上输入 Y0 的常闭触头，即在键盘上键入 LDI 空格 Y0，回车，输出直接输入 ZRST 空格 S20 空格 S27	当 Y0 常闭接通时，状态 S0 – S27 全部复位为零
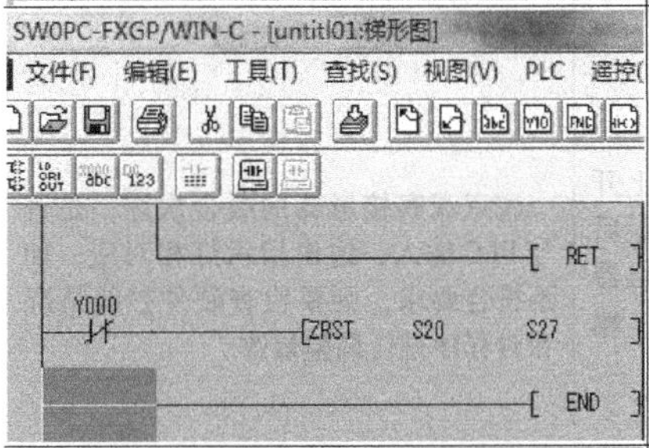	［输入结束逻辑行］：在起始光标位置上输入 END 指令	助记符 END 后无操作数
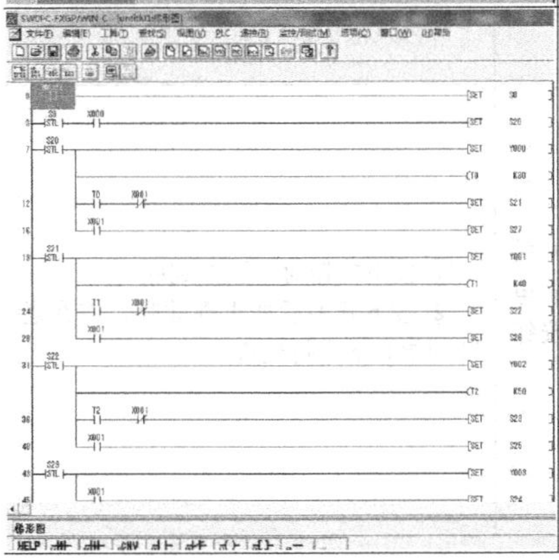	［程序转换］：梯形图编写之后，将单击工具栏“”命令，暗色的梯形图部分变成白色，同时在梯形图的左侧标出程序序号	① 程序转换之前的梯形图处于暗色状态，转换之后，暗色的梯形图部分变成白色 ② 在转换之后的梯形图的左侧自动标出程序序号 ③ 程序转换也可以单击下拉式菜单栏“工具”→“转换” ④ 程序转换还可以用快捷键 F4

（续）

实训图片	操作方法	注意事项
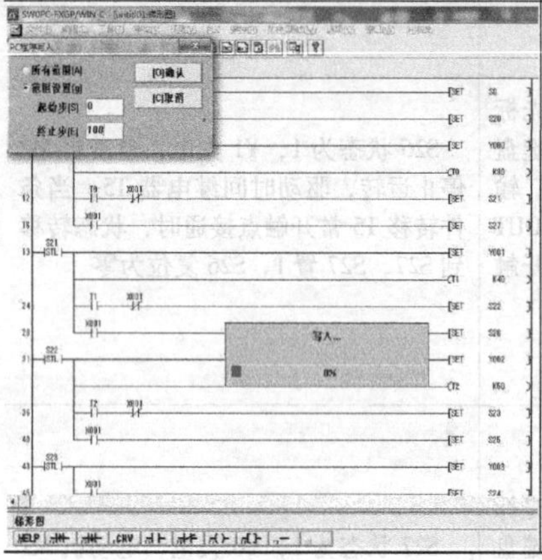	［程序写出］：先将 PLC 模块面板上开关拨至 STOP 处；再单击下拉式菜单栏“PLC”→“传送”→“写出”，出现“PLC 程序写入”对话框，选择“范围设置”，选择起始步“0”、终止步“100”，单击“确认”；弹出写入程序框，显示写入的程序步数	① 程序写入前，应将数据线与 PLC 和计算机进行连接 ② 在程序写入之前，如不将 PLC 模块面板上数据线插孔旁的开关拨至 STOP 处，则程序不能写入 PLC 中 ③ 程序写入完毕后，应将 PLC 模块面板上开关拨至 RUN 处

五、通电调试

实训图片	操作方法	注意事项
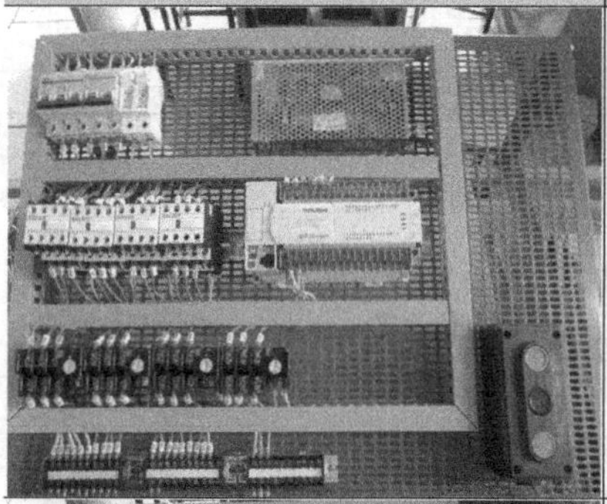	［电路检查］：根据电路图或接线图从电源端开始，逐段检查核对线号是否正确，有无漏接、错接，线夹与接线座连接是否松动	① 检查时要断开电源 ② 要检查导线接点是否符合要求、压接是否牢固；编码套管是否齐全 ③ 电路检查后，应盖上线槽板
	［不带电动机试验］：合上开关 QF2，先按下按钮 SB1，最后按下按钮 SB2，分别观察接触器吸合情况和 PLC 模块输入、输出对应指示灯的情况	注意观察接触器的吸合次序，是否与 PLC 输入、输出指示灯相对应；如不符合要求，则要检查硬件接线情况和对程序进行调整修改
	［带电动机试验］：合上开关 QF1，先按下按钮 SB1，观察电动机起动情况；然后按下按钮 SB2，观察电动机停转情况	① 按下按钮时，要按到底 ② 按下开关后如出现故障，应在老师的指导下进行检查

提醒注意

一、状态元件 S 在编程时的注意事项

1）状态的编号必须在指定范围内选择。

2）各状态元件的触点，在 PLC 内部可自由使用，次数不限。

3）在不用步进顺控指令时，状态元件可作为辅助继电器在程序中使用。

4）通过参数设置，可改变一般状态元件和掉电保持状态元件的地址分配。

二、使用步进顺控指令编程时的注意事项

1）每个状态都是先驱动负载。

2）状态之间的转向，可以用 SET，也可以用 OUT，但返回初态，一般用 OUT，例如 OUT S0。

3）返回语句 RET 要与最末一个状态子母线相连，不单独成一行。

4）状态元件一般都是断电保持的，故此一个循环之后，一般都要让它复位。

5）SET、STL 是成对出现的，STL 是对 SET 状态元件的响应。

检查评价

通电试车完毕，切断电源，先拆除电源线，再拆除电动机线，然后进行综合评价。

任务评价

序号	评价指标	评价内容	分值	个人评价	小组评价	教师评价
1	电路设计	能正确分配 PLC 输入/输出点	5			
		能正确绘制 PLC 接线图	10			
		能熟练正确地编写 PLC 程序	10			
2	布线	不按电路图接线	10			
		布线不符合要求	5			
		线夹接触不良、接点松动、露铜过长	5			
		未套装或漏套编码套管	5			
		未接接地线	5			
3	程序输入	会开机、调入程序	5			
		会正确输入每步程序	5			
		会进行程序调试检查	5			
		会将程序写入 PLC	5			
4	通电操作	第一次试车不成功	5			
		第二次试车不成功	10			
5	安全规范	是否穿绝缘鞋	5			
		操作是否规范安全	5			
总分			100			
问题记录和解决方法			记录任务实施过程中出现的问题和采取的解决办法（可附页）			

能力评价

内容		评价	
学习目标	评价项目	小组评价	教师评价
应知应会	本任务的相关基本概念是否熟悉	□Yes □No	□Yes □No
	是否熟练掌握 PLC 模块的使用	□Yes □No	□Yes □No
专业能力	是否熟练掌握 PLC 的外部接线	□Yes □No	□Yes □No
	是否熟练掌握 PLC 的编程方法、技巧	□Yes □No	□Yes □No
	是否具有相关专业知识的融合能力	□Yes □No	□Yes □No
通用能力	团队合作能力	□Yes □No	□Yes □No
	沟通协调能力	□Yes □No	□Yes □No
	解决问题能力	□Yes □No	□Yes □No
	自我管理能力	□Yes □No	□Yes □No
	创新能力	□Yes □No	□Yes □No
态　度	爱岗敬业	□Yes □No	□Yes □No
	工作认真	□Yes □No	□Yes □No
	劳动负责	□Yes □No	□Yes □No
个人努力方向：		老师、同学建议：	

思考与提高

设计用一个起动按钮和一个停止按钮控制四台电动机的顺起逆停，控制要求如下：要求按一下起动按钮电动机 M1 起动，按两下起动按钮电动机 M2 起动，按三下起动按钮电动机 M3 起动，按四下起动按钮电动机 M4 起动；按一下停止按钮电动机 M4 停止，按两下停止按钮电动机 M3 停止，按三下停止按钮电动机 M2 停止，按四下停止按钮电动机 M1 停止。要求设有急停按钮，在任何时候按下急停按钮，电动机都能停止运转。

任务十　机械手 PLC 控制电路的安装与调试

训练目标

- 熟悉自动化生产线的结构组成。
- 会设计实用自动搬运机械手控制系统。
- 理解机械手控制系统的工作原理以及对电路的要求。
- 会设计机械手控制系统的 PLC 电气控制原理图。
- 会设计编写机械手控制系统的 PLC 控制程序。

任务描述

在现代工业中，生产过程的机械化、自动化已成为突出的主题。在机械工业中，由于加工、装配等生产是不连续的，而专用机床是实现大批量生产自动化的有效办法，程控机床、数控机床、加工中心等自动化机械能有效解决多品种小批量生产自动化的问题。但除切削加工本身外，还有大量的装卸、搬运、装配等作业，有待于进一步实现机械化。据资料介绍，美国生产的全部工业零件中，有75%是小批量生产；在批量生产金属加工中有四分之三在50件以下，零件真正在机床上加工的时间仅占零件生产时间的5%。从这里可看出，装卸、搬运等工序机械化的迫切性，工业机械手就是为实现这些工序的自动化而产生的。机械手可在空间抓放物体，动作灵活多样，适用于可变换生产品种的中、小批量自动化生产，广泛应用于柔性自动线。

任务分析

机械手电气控制系统，除了有多工步特点之外，还要求有连续控制和手动控制等操作方式。工作方式的选择可以很方便地在操作面板上表示出来。当旋钮置于原点时，系统自动地回到左上角位置待命。当旋钮置于自动时，系统自动完成各工步操作，且循环动作。当旋钮置于手动时，每一工步都要按下该工步按钮才能实现。以下是设计该机械手控制程序的步骤和方法。机械手传送工件系统如图所示。

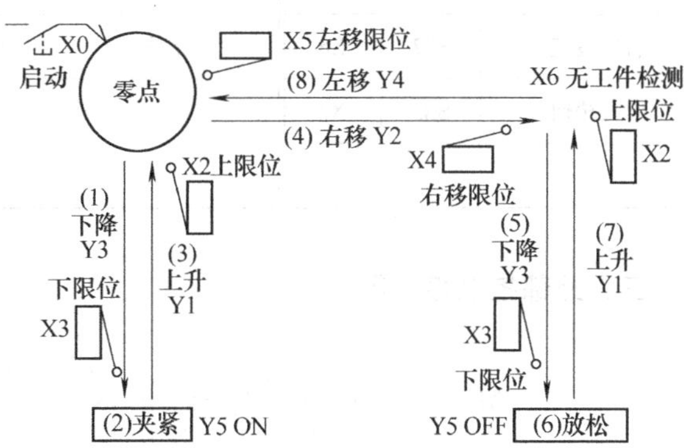

一、搬运机械手控制要求

机械手控制系统包括两种工作方式，即手动和自动。初始状态：“上升、下降、左移、右移、夹／松”指示灯为OFF，开关“上／下、左／右、光／电”为ON，“夹／松”为OFF，原点指示灯为ON。

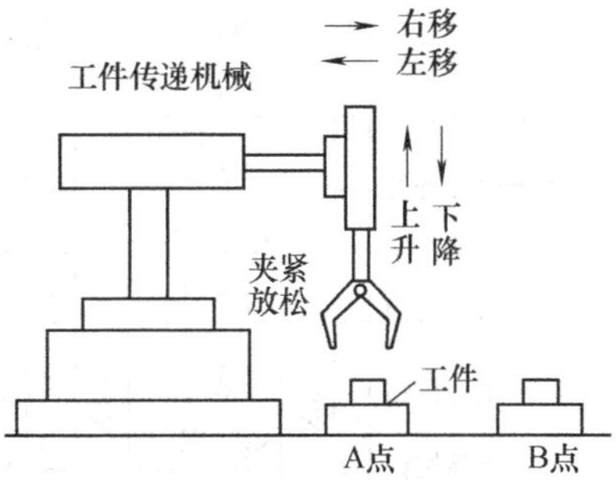

自动：将“自动／手动”开关置ON，“连续”置OFF，按下起动按钮后，系统完成一个周期的运行，停在初始状态，若要继续运行，需再次按下起动按钮。流程如下：“初始状态→起动按钮→下降→夹紧→延时2s→上升→右移→下降→放松→上升→左移→初始状态”。

连续：将“自动／手动”和“连续”开关置ON，按下起动按钮后，系统完成一个周期的运行，停在初始状态，延时2s，系统自动进入下一个周期的运行。运行过程中，按下停止按钮，系统完成当前周期的运行，停止在初始状态。流程如下：“初始状态→起动按钮→下降→夹紧→延时2s→上升→右移→下降→放松→上升→左移→初始状态→延时2s→下降……”。

手动：将“自动／手动”开关置OFF，机械手根据不同的命令完成相应的动作。流程如下：初始状态→“上／下”置OFF→下限位→“夹／紧”置ON→“上／下”置ON→上限位→“左／右”置OFF→右限位→“上／下”置OFF→下限位→“夹／紧”置OFF→

“上/下”置ON→上限位→“左/右”置ON→左限位→初始状态。

二、机械臂传送系统输入/输出点的分配

名 称	代号	输入	名 称	代号	输入	名 称	代号	输入
物料传感器	B1	X0	下降按钮	SB4	X10	左旋电磁阀	YV1	Y0
左旋磁性开关	B2	X1	伸出按钮	SB5	X11	右旋电磁阀	YV2	Y1
右旋磁性开关	B3	X2	缩回按钮	SB6	X12	上升电磁阀	YV3	Y2
上升磁性开关	B4	X3	停止	SB7	X13	下降电磁阀	YV4	Y3
下降磁性开关	B5	X4	手动	SB8	X14	伸出电磁阀	YV5	Y4
左旋按钮	SB1	X5	连续	SB9	X15	缩回电磁阀	YV6	Y5
右旋按钮	SB2	X6	夹/松	SB10	X16	气爪夹紧	YV7	Y6
上升按钮	SB3	X7				气爪松开	YV8	Y7
						指示灯	EL	Y10

三、外部控制接线图

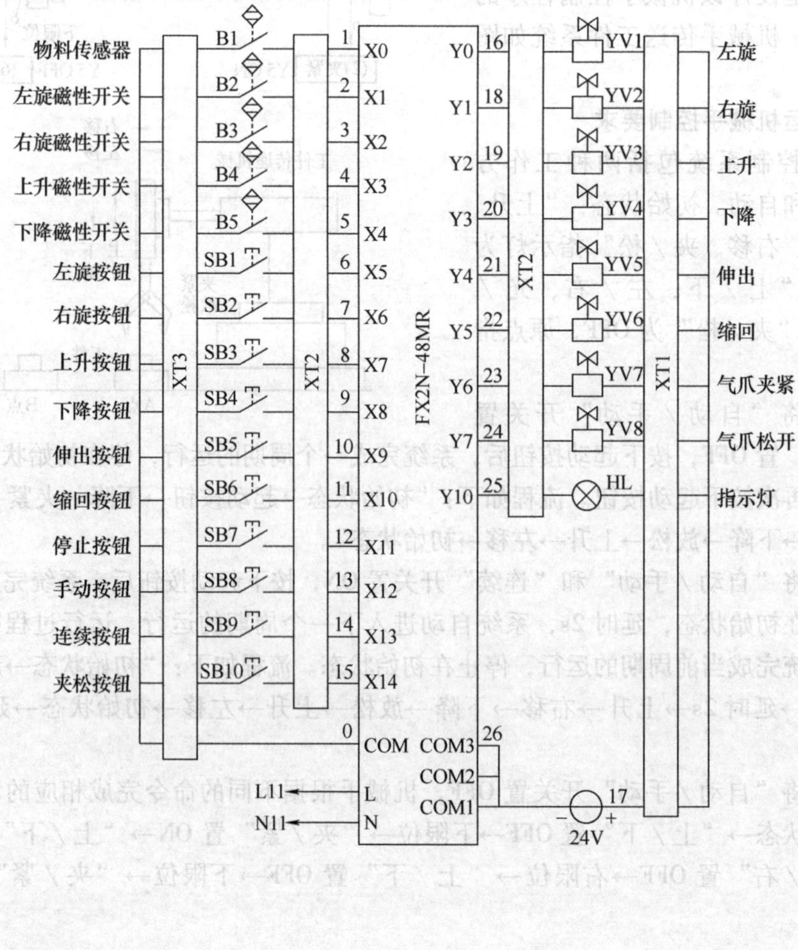

四、程序设计

1. 编写梯形图

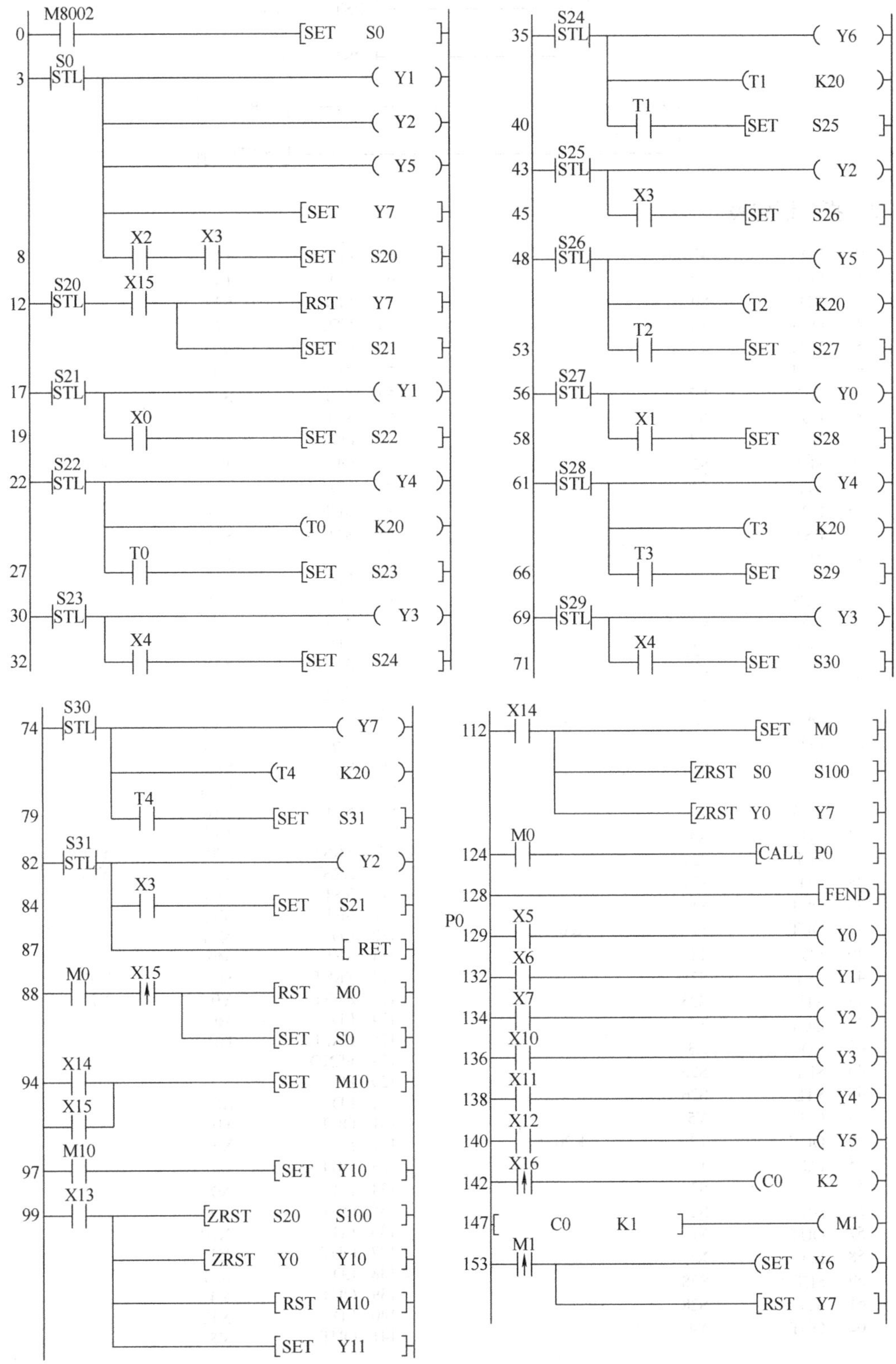

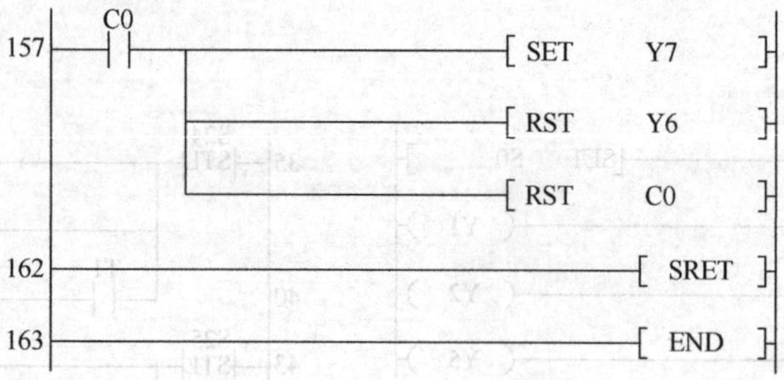

2. 指令语句表

0	LD	M8002	
1	SET	S0	
3	STL	S0	
4	OUT	Y1	
5	OUT	Y2	
6	OUT	Y5	
7	SET	Y7	
8	LD	X2	
9	AND	X3	
10	SET	S20	
12	STL	S20	
13	LD	X15	
14	RST	Y7	
15	SET	S21	
17	STL	S21	
18	OUT	Y1	
19	LD	X0	
20	SET	S22	
22	STL	S22	
23	OUT	Y4	
24	OUT	T0	K20
27	LD	T0	
28	SET	S23	
30	STL	S23	
31	OUT	Y3	
32	LD	X4	
33	SET	S24	
35	STL	S24	
36	OUT	Y8	
37	OUT	T1	K20
40	LD	T1	
41	SET	S25	
43	STL	S25	
44	OUT	Y2	
45	LD	X3	
46	SET	S26	
48	STL	S26	
49	OUT	Y5	
50	OUT	T2	K20
53	LD	T2	
54	SET	S27	
56	STL	S27	
57	OUT	Y0	
58	LD	X1	
59	SET	S28	
61	STL	S28	
62	OUT	Y4	
63	OUT	T3	K20
66	LD	T3	
67	SET	S29	
69	STL	S29	
70	OUT	Y3	
71	LD	X4	
72	SET	S30	
74	STL	S30	
75	OUT	Y7	
76	OUT	T4	K20
79	LD	T4	
80	SET	S31	
82	STL	S31	
83	OUT	Y2	
84	LD	X3	
85	SET	S21	
87	RET		
88	LD	M0	
89	ANDP	X15	
91	RST	M0	
92	SET	S0	
94	LD	X14	
95	OR	X15	
96	SET	M10	
97	LD	M10	
98	SET	Y10	
99	LD	X13	
100	ZRST	S20	S100
105	ZRST	Y0	Y10
110	RST	M10	
111	SET	Y11	
112	LD	X14	
113	SET	M0	
114	ZRST	S0	S100
119	ZRST	Y0	Y7
124	LD	M0	
125	CALL	P0	
128	FEND		
129	P0		
130	LD	X5	
131	OUT	Y0	
132	LD	X6	
133	OUT	Y1	
134	LD	X7	
135	OUT	Y2	
136	LD	X10	
137	OUT	Y3	
138	LD	X11	
139	OUT	Y4	
140	LD	X12	
141	OUT	Y5	

```
142  LDP    X16
144  OUT    C0
147  LD=    C0
152  OUT    M1
153  LDP    M1
155  SET    Y6
156  RST    Y7
157  LD     C0
158  SET    Y7
159  RST    Y6
160  RST    C0
162  SRET
163  END
```

相关知识

条件跳转指令 CJ（P）的编号为 FNC00，操作数为指针标号 P0～P127，其中 P63 为 END 所在步序，不需标记。指针标号允许用变址寄存器修改。CJ 和 CJP 都占 3 个程序步，指针标号占 1 步。

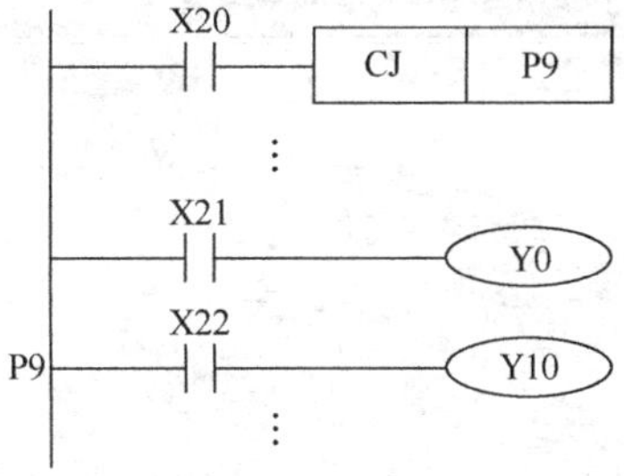

如图所示，当 X20 接通时，则由 CJ P9 指令跳到标号为 P9 的指令处开始执行，跳过了程序的一部分，减少了扫描周期。如果 X20 断开，跳转不会执行，则程序按原顺序执行。

任务实施

一、元器件选择

根据控制电路的要求，选择合适容量、规格的元器件，并进行质量检查。

序号	元器件名称	型号、规格	数量	备注
1	直流稳压电源	S-120-24	1	供 24V 电源
2	PLC	FX2N-48MR	1	
3	二位五通电磁换向阀	4V120-06	1	
4	传感器	CJ12M-D2NK	1	
5	接线端子	AB1VV235U	4	
6	接线端子	AB1VV235UBL	2	
7	机械手模块	自定	1	
8	物料平台	自定	2	
9	按钮	XB2BA31C	1	红色
10	按钮	XB2BA42C	9	黑色
11	指示灯	XB2BVB1LC	1	
12	导线	$0.5mm^2$	50m	
13	气管	ϕ4mm	10m	
14	接线平板	400mm×600mm	1	

二、控制电路安装接线

根据外部接线图用导线将各元器件和 PLC 进行连接。

实训图片	操作方法	注意事项
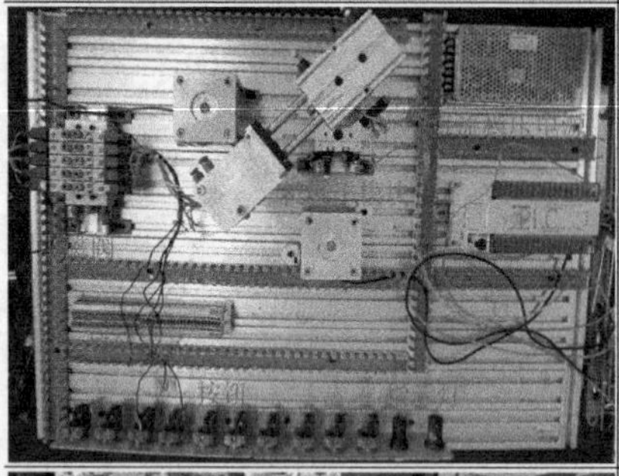	［安装各元器件］：将直流稳压电源、PLC、二位五通换向阀、接线端子、机械手模块以及物料平台安装在平板上	① 安装按钮的金属板必须可靠接地 ② 元器件布置要整齐、匀称、合理，安装要牢固可靠 ③ 安装 PLC 前应先安装卡轨 ④ 布线槽安装应端正牢固美观
	［安装气管］：用气管分别将二位五通换向阀和机械手模块气缸连接在一起，安装完后用扎带缠绕气管	① 安装前，应与电磁阀对照将线号标好，以免在接线过程中出现错接现象 ② 安装时，应清楚触头表面尘污
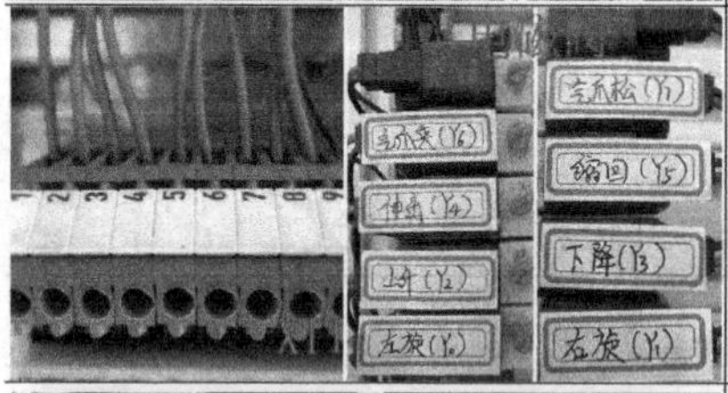	［布置 PLC 输出 24V 电源线］：将电磁阀自带的 24V 电源线（出线）和指示灯的出线分别接到端子排 XT1 对应的接线座上	每个二位五通换向阀都自带两根线，一根是信号线，一根是 24V 电源线
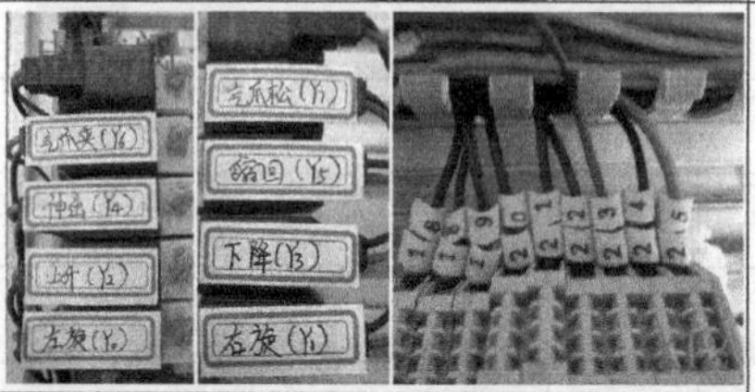	［布置电磁阀信号线］：将电磁阀自带的信号线（进线）和指示灯的进线分别接到端子排 XT2 对应的接线座上	
	［布置输入信号线 1］：用导线分别将传感器和 4 个磁性开关及 10 个按钮一端的接线座连接到端子排 XT3 相对应的位置	① 本任务的按钮均采用一对常开按钮形式 ② 所有按钮的进出线均通过端子排进行连接 ③ 端子排上的按钮进出线要按顺序进行排列 ④ AB1VV235UBL 端子排具有手动短接功能，可将连接在其上的所有接线进行短接
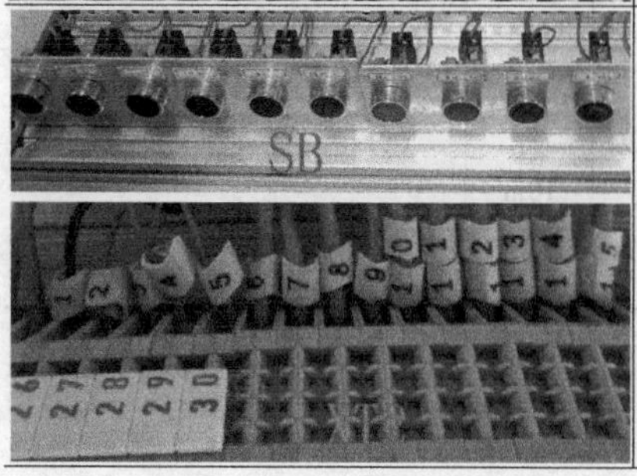	［布置输入信号线 2］：用导线分别将传感器和 4 个磁性开关及 10 个按钮另一端的接线座连接到端子排 XT2 相对应的位置	

（续）

实训图片	操作方法	注意事项
	［布置 0 号线］：用一根软导线将 PLC 输入的 COM 接线座连接到端子排 XT3 的 11 号接线座上	① 本任务采用针式线夹，要根据导线的截面积选择不同尺寸的线夹 ② 线夹与导线线芯要压接良好、牢固可靠 ③ 同一个接线座压接两个针式线夹时，要左右压接，且要压接牢固，不能松动 ④ 连接到端子排上的导线，其进出线要相互对应，不能接错 ⑤ 严禁将 PLC 输入 COM 端与输出 COM 端连接在一起
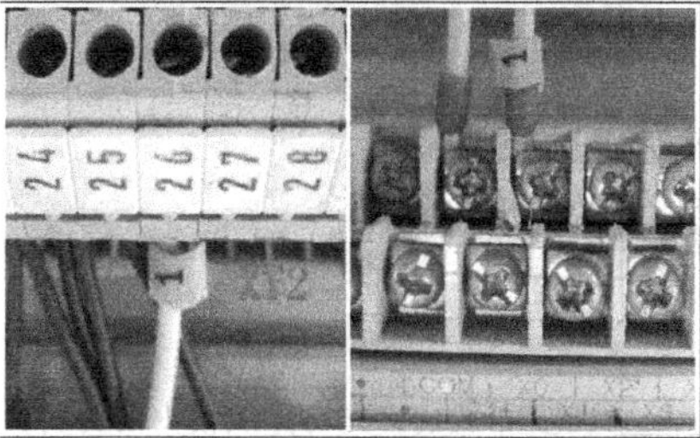	［布置 1 号线］：用一根软导线将 PLC 输入端 X0 接线座连接到相对应的端子排 XT2 接线座上	
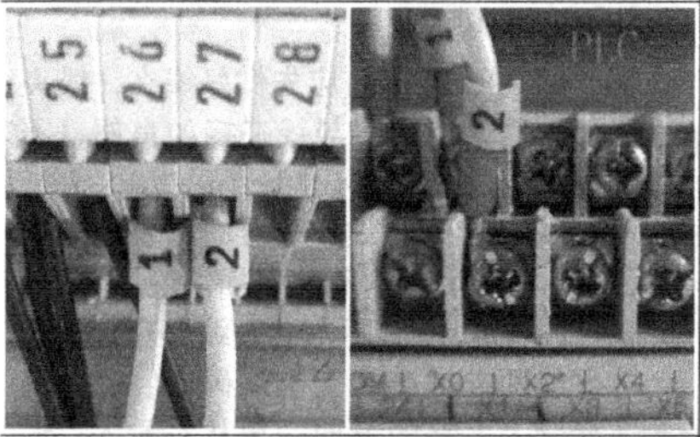	［布置 2 号线］：用一根软导线将 PLC 输入端 X1 接线座连接到相对应的端子排 XT2 接线座上	
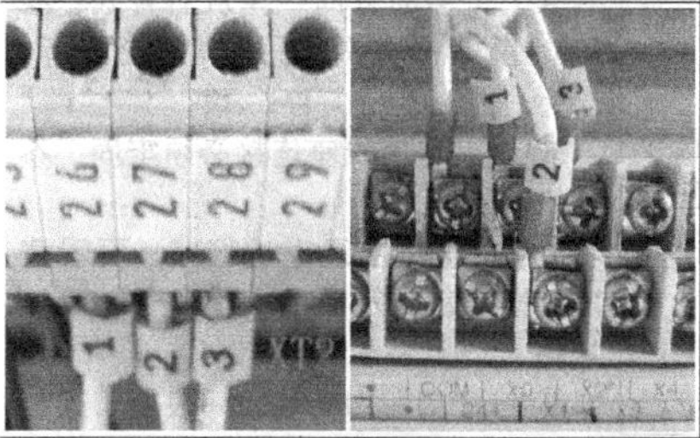	［布置 3 号线］：用一根软导线将 PLC 输入端 X2 接线座连接到相对应的端子排 XT2 接线座上	
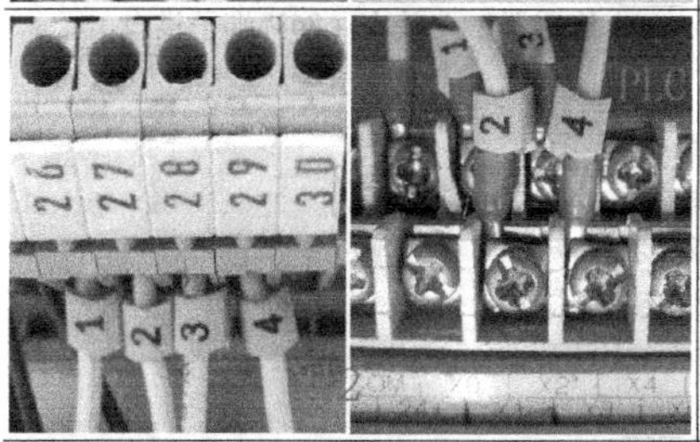	［布置 4 号线］：用一根软导线将 PLC 输入端 X3 接线座连接到相对应的端子排 XT2 接线座上	
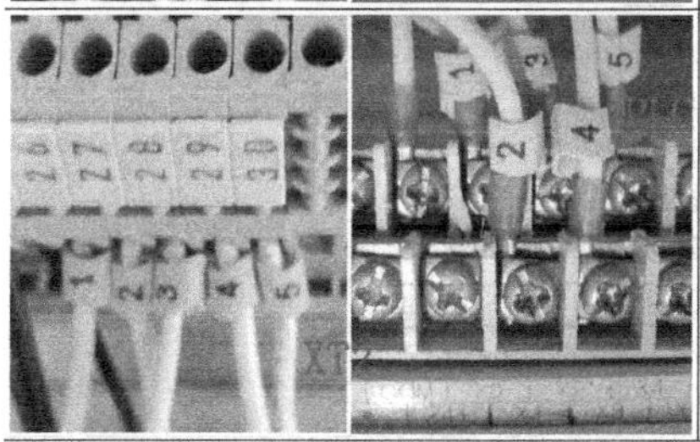	［布置 5 号线］：用一根软导线将 PLC 输入端 X4 接线座连接到相对应的端子排 XT2 接线座上	

（续）

<table>
<tr><th>实训图片</th><th>操作方法</th><th>注意事项</th></tr>
<tr><td>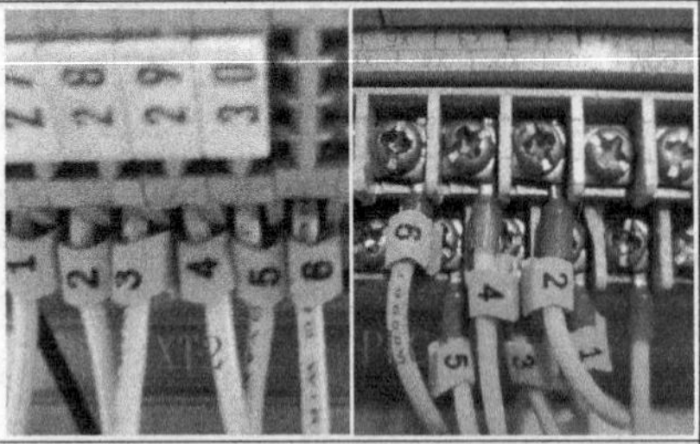</td><td>［布置 6 号线］：用一根软导线将 PLC 输入端 X5 接线座连接到相对应的端子排 XT2 接线座上</td><td rowspan="6">① 布线前，先清除线槽内的污物，使线槽内外清洁
② 导线连接前应先做好线夹，线夹要压紧，使导线与线夹接触良好，不能露铜过长，也不能压绝缘层
③ 线夹与接线座连接时，要压接良好；需垫片时，线夹要插入垫片之下
④ 做线夹前要先套入编码套管，且导线两端都必须套上编码套管；编码套管上文字的方向一律从右看入；编码套管标号要写清楚，不能漏标、误标
⑤ 线夹与接线座连接必须牢固、不能松动
⑥ 与 PLC 接线座连接时，要看清 PLC 接线座所对应的文字符号，不能接错
⑦ PLC 的 +24V 端子一般用于连接传感器；严禁在 +24V 端子供电</td></tr>
<tr><td>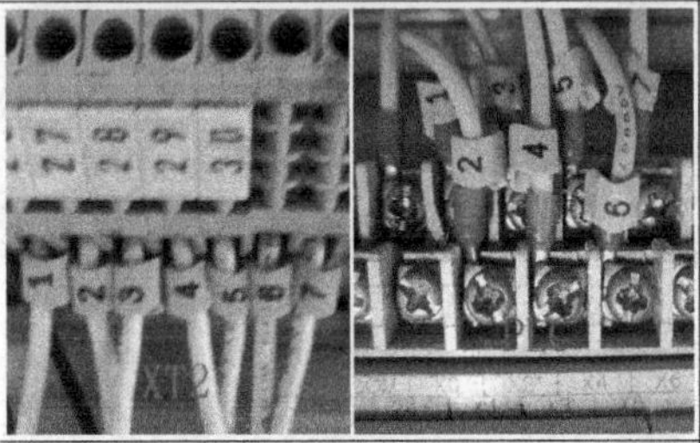</td><td>［布置 7 号线］：用一根软导线将 PLC 输入端 X6 接线座连接到相对应的端子排 XT2 接线座上</td></tr>
<tr><td>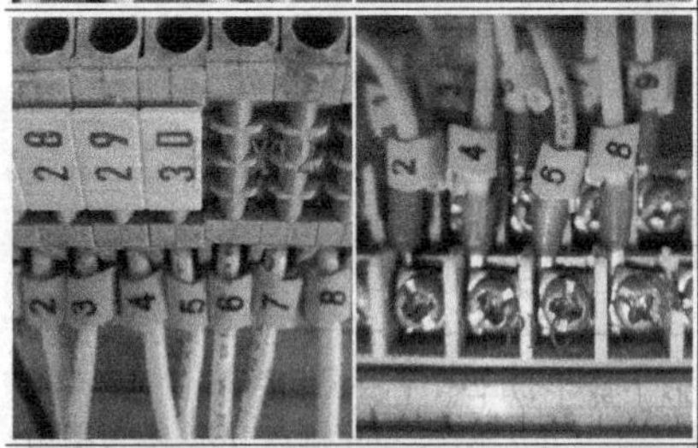</td><td>［布置 8 号线］：用一根软导线将 PLC 输入端 X7 接线座连接到相对应的端子排 XT2 接线座上</td></tr>
<tr><td>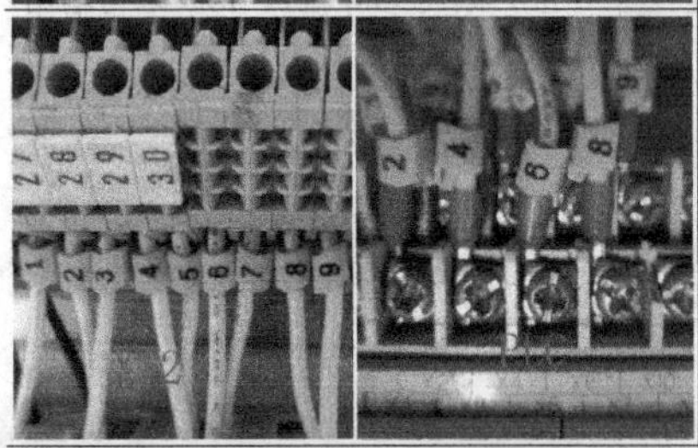</td><td>［布置 9 号线］：用一根软导线将 PLC 输入端 X10 接线座连接到相对应的端子排 XT2 接线座上</td></tr>
<tr><td>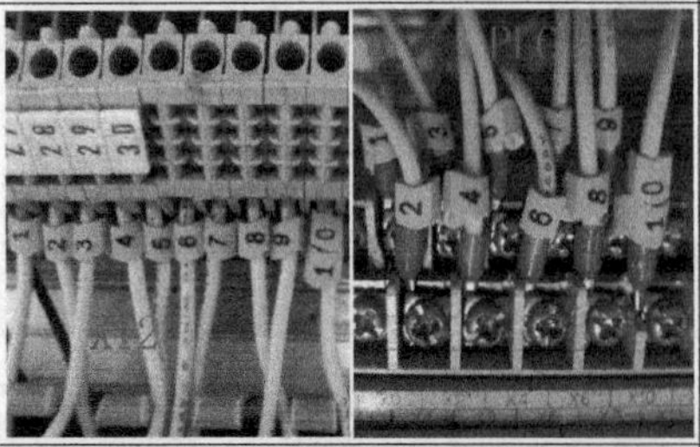</td><td>［布置 10 号线］：用一根软导线将 PLC 输入端 X11 接线座连接到相对应的端子排 XT2 接线座上</td></tr>
<tr><td>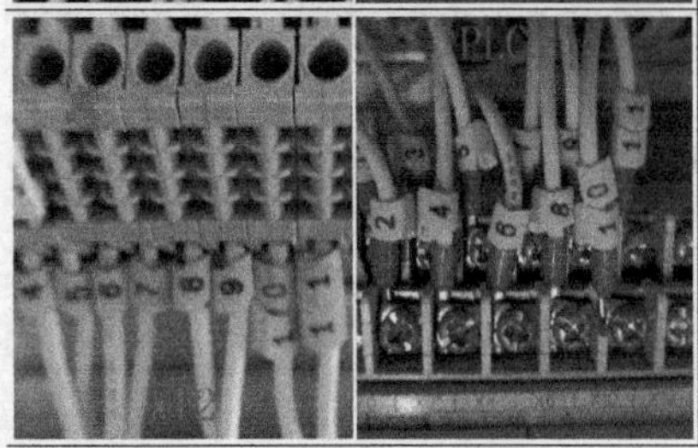</td><td>［布置 11 号线］：用一根软导线将 PLC 输入端 X12 接线座连接到相对应的端子排 XT2 接线座上</td></tr>
</table>

（续）

实训图片	操作方法	注意事项
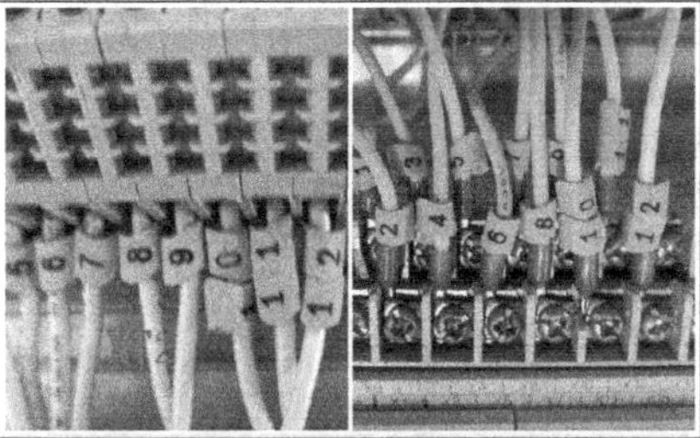	［布置 12 号线］：用一根软导线将 PLC 输入端 X13 接线座连接到相对应的端子排 XT2 接线座上	① 布线时不能损伤线芯和导线绝缘，导线中间不能有接头 ② 各电器元件接线座上引入或引出的导线，必须经过布线槽进行连接，变换走向要垂直 ③ 与电器元件接线座连接的导线都不允许从水平方向进入布线槽内 ④ 进入布线槽内的导线要完全置于布线槽内，并尽量避免交叉，槽内导线数量不要超过其容量的 70% ⑤ 要合理考虑导线的连接顺序和走向，以节约导线 ⑥ 十位数以上的编码套管，采用个位编码套管拼接形式
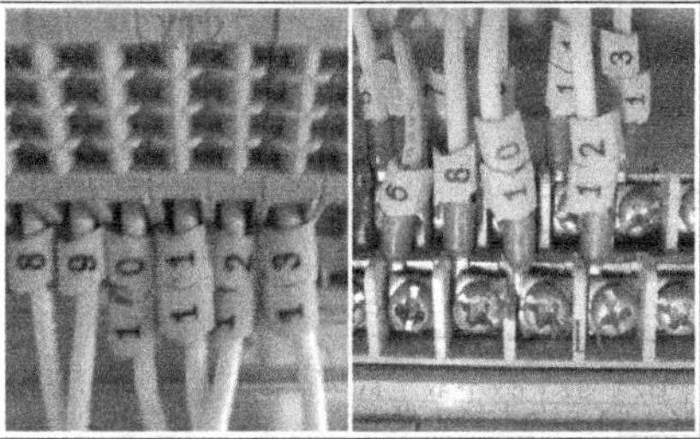	［布置 13 号线］：用一根软导线将 PLC 输入端 X14 接线座连接到相对应的端子排 XT2 接线座上	
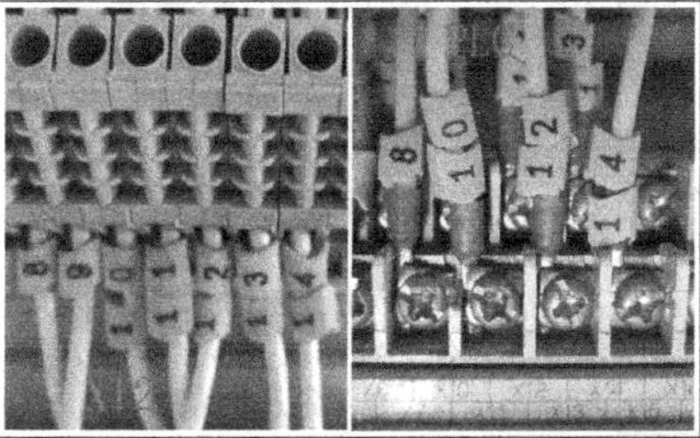	［布置 14 号线］：用一根软导线将 PLC 输入端 X15 接线座连接到相对应的端子排 XT2 接线座上	
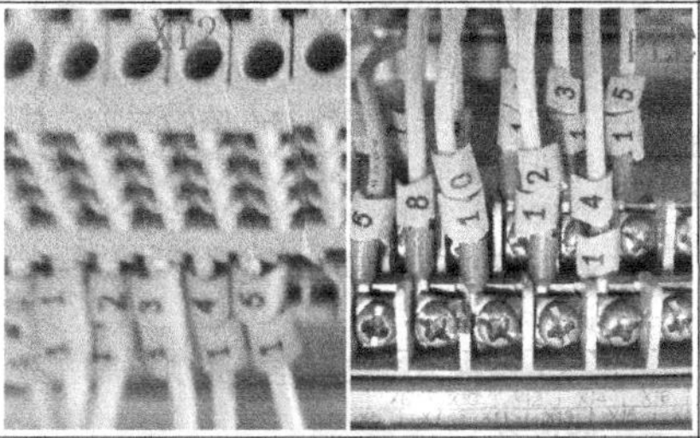	［布置 15 号线］：用一根软导线将 PLC 输入端 X16 接线座连接到相对应的端子排 XT2 接线座上	
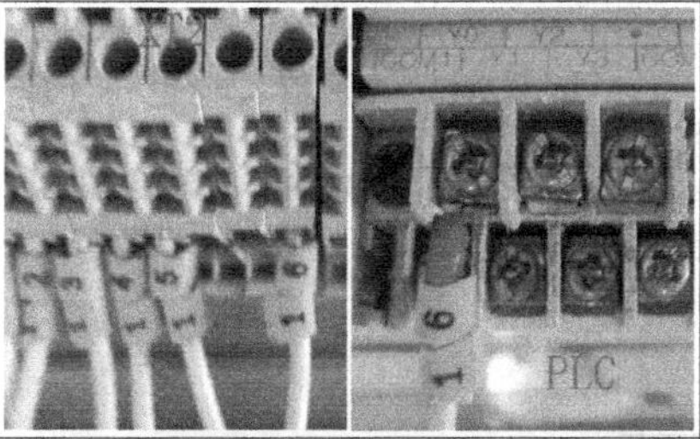	［布置 16 号线］：用一根软导线将 PLC 输出端 Y0 接线座连接到相对应的端子排 XT2 接线座上	
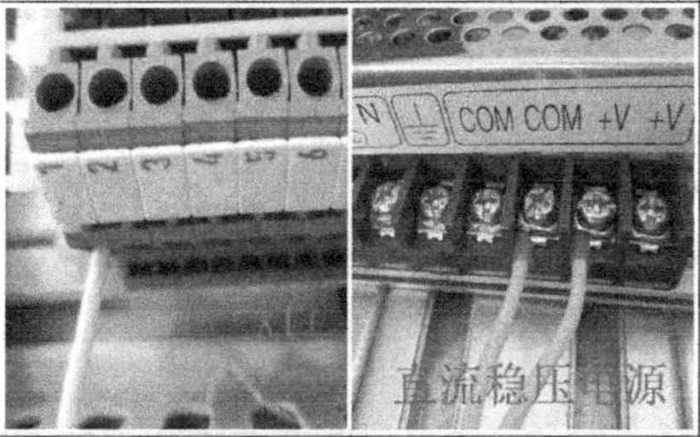	［布置 17 号线］：用一根软导线将稳压电源的 + V 接线座连接到相对应的端子排 XT1 的 1 号接线座上	

（续）

实训图片	操作方法	注意事项
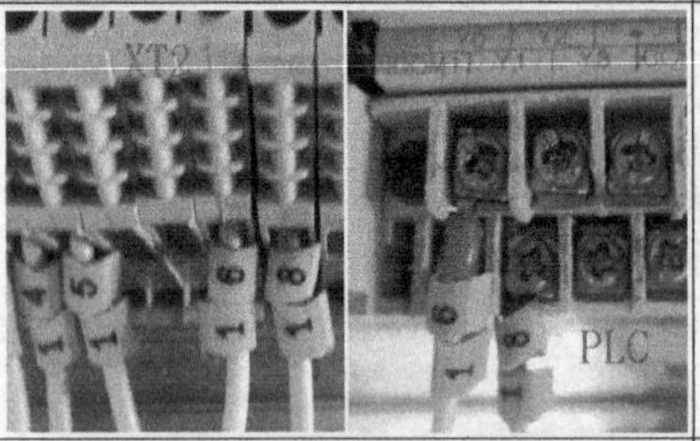	［布置 18 号线］：用一根软导线将 PLC 输出端 Y1 接线座连接到相对应的端子排 XT2 接线座上	
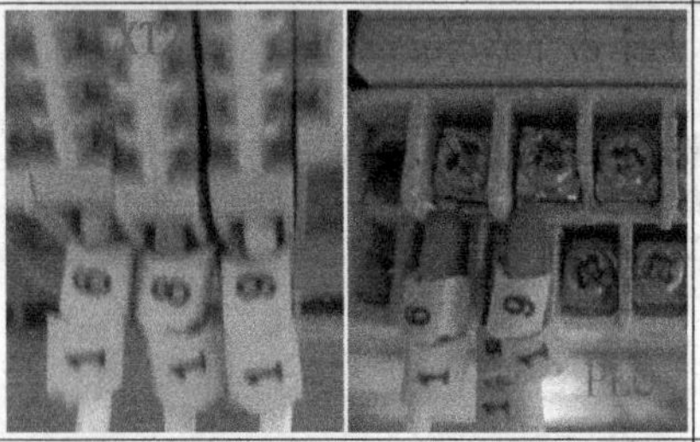	［布置 19 号线］：用一根软导线将 PLC 输出端 Y2 接线座连接到相对应的端子排 XT2 接线座上	① 布线前，先清除线槽内的污物，使线槽内外清洁 ② 导线连接前应先做好线夹，线夹要压紧，使导线与线夹接触良好，不能露铜过长，也不能压绝缘层 ③ 线夹与接线座连接时，要压接良好；需垫片时，线夹要插入垫片之下 ④ 做线夹前要先套入编码套管，且导线两端都必须套上编码套管；编码套管上文字的方向一律从右看入；编码套管标号要写清楚，不能漏标、误标 ⑤ 线夹与接线座连接必须牢固、不能松动 ⑥ 与 PLC 接线座连接时，要看清 PLC 接线座所对应的文字符号，不能接错 ⑦ PLC 的 +24V 端子一般用于连接传感器；严禁在 +24V 端子供电
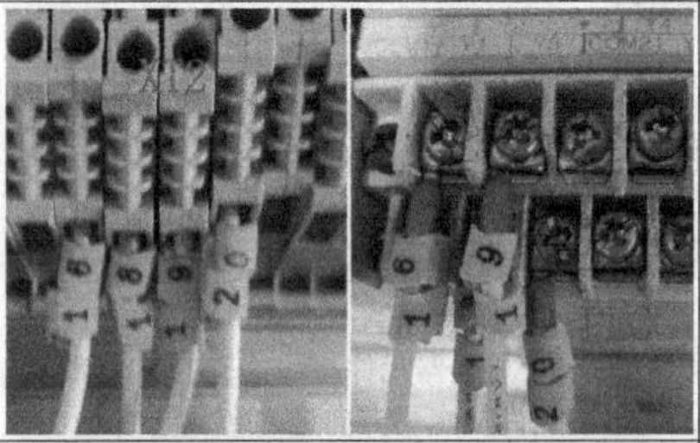	［布置 20 号线］：用一根软导线将 PLC 输出端 Y3 接线座连接到相对应的端子排 XT2 接线座上	
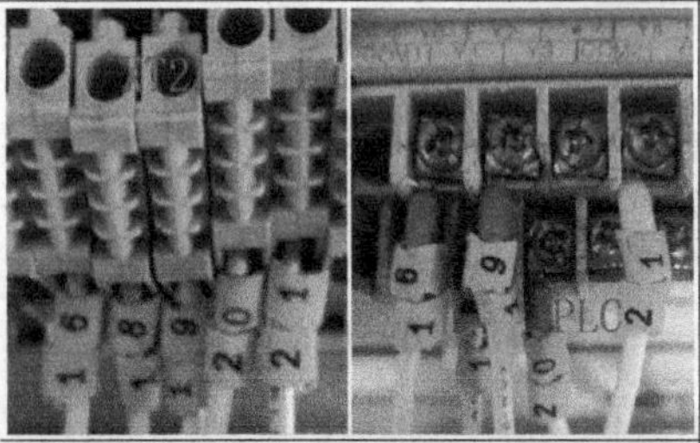	［布置 21 号线］：用一根软导线将 PLC 输出端 Y4 接线座连接到相对应的端子排 XT2 接线座上	
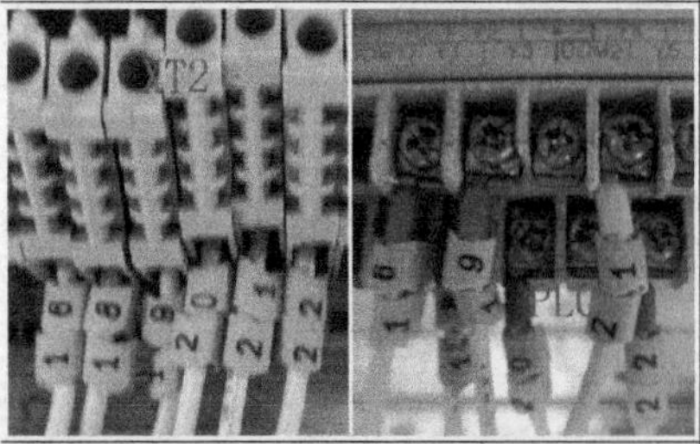	［布置 22 号线］：用一根软导线将 PLC 输出端 Y5 接线座连接到相对应的端子排 XT2 接线座上	
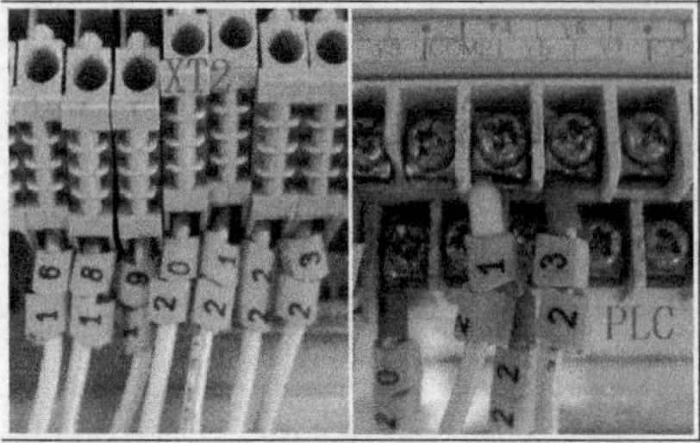	［布置 23 号线］：用一根软导线将 PLC 输出端 Y6 接线座连接到相对应的端子排 XT2 接线座上	

（续）

实训图片	操作方法	注意事项
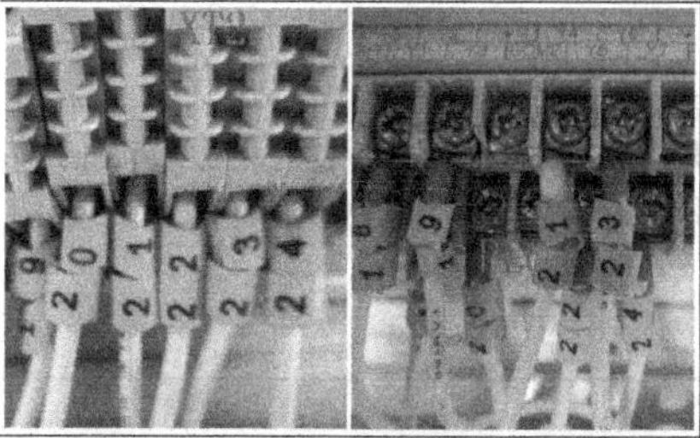	［布置 24 号线］：用一根软导线将 PLC 输出端 Y7 接线座连接到相对应的端子排 XT2 接线座上	
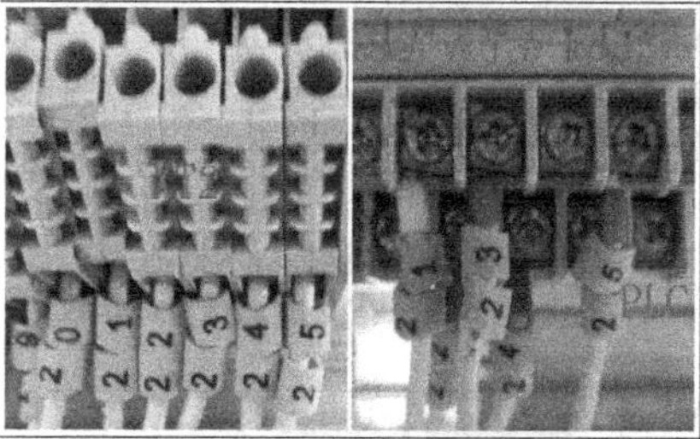	［布置 25 号线］：用一根软导线将 PLC 输出端 Y10 接线座连接到相对应的端子排 XT2 接线座上	
	［布置 26 号线］：用一根软导线将 PLC 输出端 COM1 接线座连接到 COM2 接线座再并联一根导线到 COM3 接线座再并联一根导线连接到直流稳压电源的 COM 接线座	严禁将 PLC 输入 COM 端与输出 COM 端连接在一起

三、程序录入

用 SWOPC—FXGP/WIN—C 编程软件录入相对应的指令或梯形图，观察是否正确录入。

实训图片	操作方法	注意事项
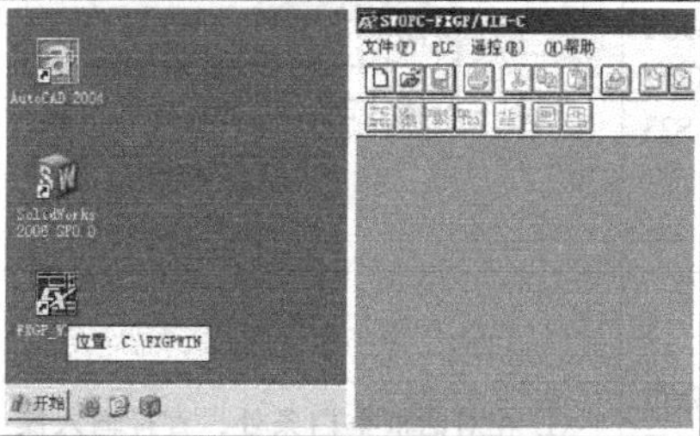	［电路检查］：开启计算机，双击桌面上 FXGP WIN—C 图标 ，出现 SWOPC—FXGP/WIN—C 屏幕	运用的软件要与所使用的 PLC 模块相适应
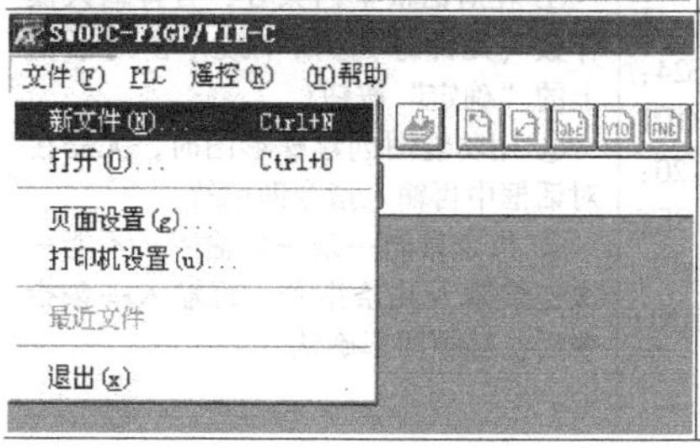	［新建一个程序文件］：单击“文件”菜单，单击“新文件”命令	或单击图标，新建一个文件

（续）

实训图片	操作方法	注意事项
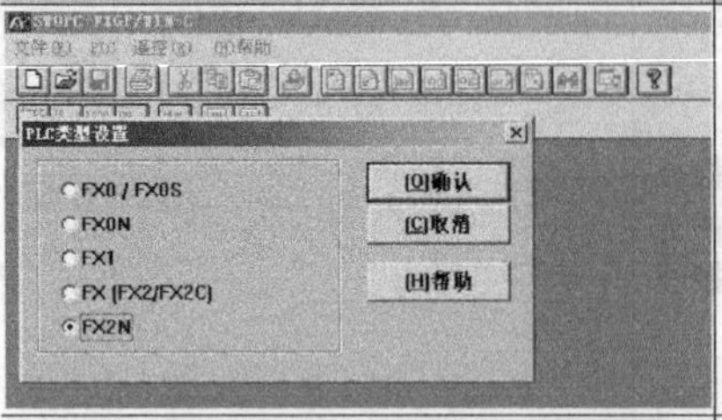	［选择机型］：单击“新文件”命令后，出现“PLC 类型设置”，选择机型，选择“FX2N”，单击确认	单击“FX2N”前的白圆圈后，圆圈中间出现一小黑点，表示选中
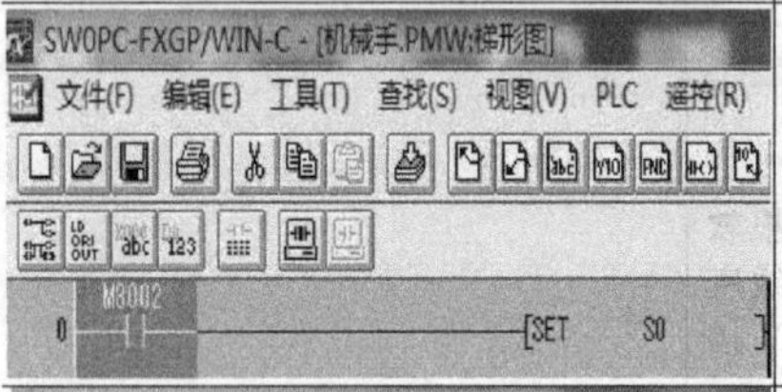	［程序输入 1］：在图光标位置上输入 M8002，即在键盘上键入 LD M8002，回车，输出端键入 SET S0	① 在键盘上键入指令时，自动出现指令输入框。如指令输入错误，则出现“指令设置错误”提示框 ② 输入时，指令助记符与操作数之间要空一格 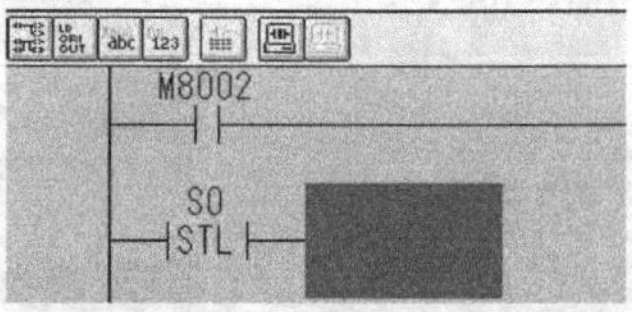
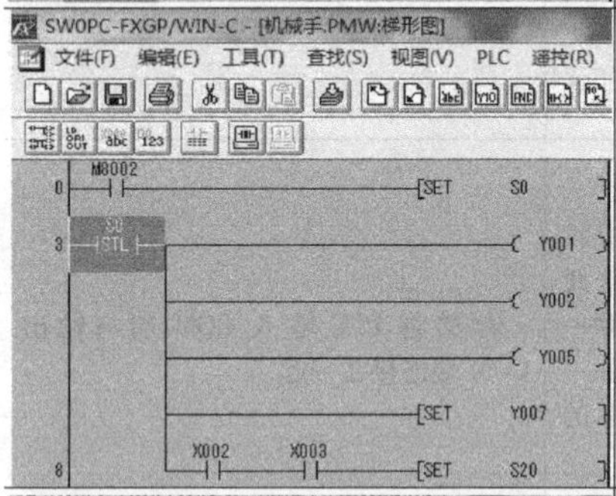	［程序输入 2］：在图光标位置上输入 STL S0；输出端输入 OUT Y1；另起一行输入 OUT Y2；另起一行输入 OUT Y5；另起一行输入 SET Y7；另起一行输入 AND X2，AND X3，SET S20	
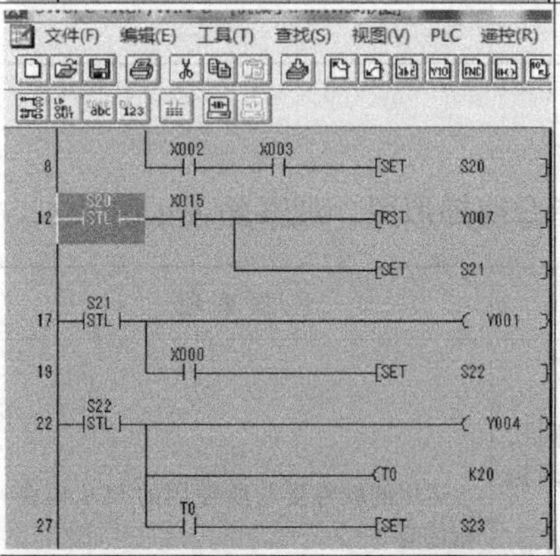	［程序输入 3］：在图光标位置上输入 STL S20，AND X15，RST Y7；另起一行键入 SET S21；在下一行的起始端键入 STL S21，OUT Y1；另起一行键入 AND X0，SET S22；在下一行的起始端键入 STL S22，OUT Y4；另起一行键入 OUT T0 K20；另起一行键入 AND T0，SET S23	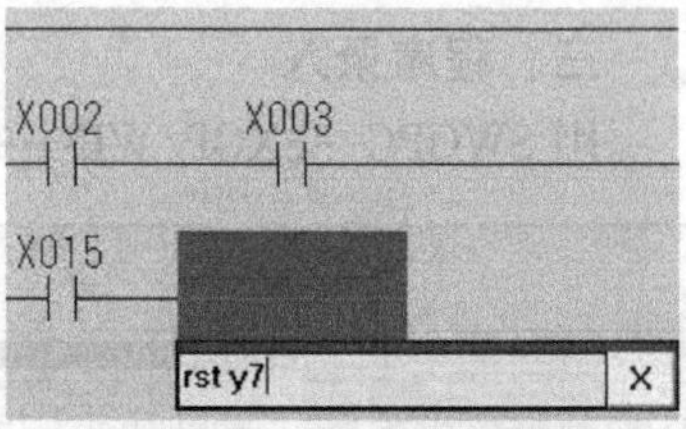 另起一行输入时，注意光标的位置
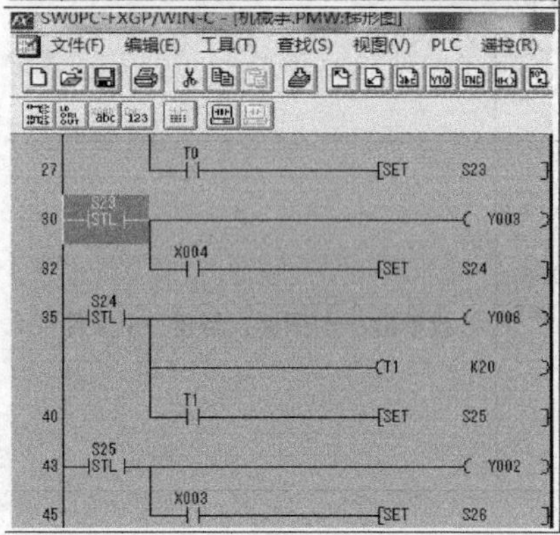	［程序输入 4］：在图光标位置上输入 STL S23，OUT Y3；另起一行键入 AND X4，SET S24；在下一行键入 STL S24，OUT Y6；另起一行键入 OUT T1 K20；另起一行键入 AND T1，SET S25；在下一行键入 STL S25，OUT Y2；另起一行键入 AND X3，SET S26	① 在对话框空白条处，直接输入操作数（元件号），回车或单击对话框上的“确定”按钮 ② 用功能图创建梯形图时，无需在对话框中再输入指令助记符 ③ 指令只能一条一条输入，不能一次连续输入几条指令；每输入一条指令后，必须回车确认

（续）

实训图片	操作方法	注意事项
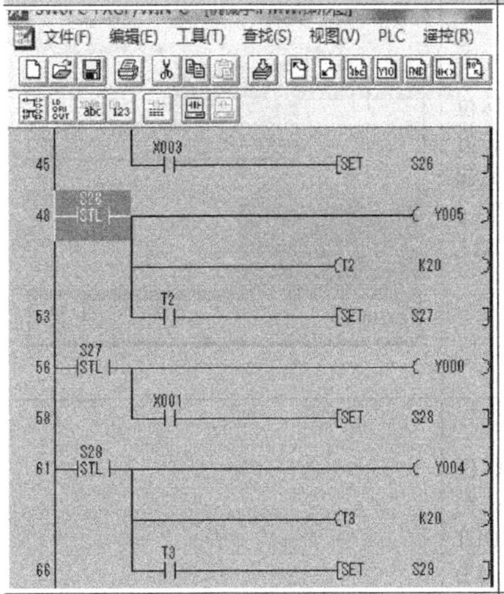	［程序输入5］：在图光标位置上输入STL S26，OUT Y5；另起一行键入OUT T2 K20；另起一行键入AND T2，SET S27；在下一行键入STL S27，OUT Y0；另起一行键入AND X1，SET S28；在下一行键入STL S28，OUT Y4；另起一行键入OUT T3 K20；另起一行键入AND T3，SET S29	①在对话框空白条处，直接输入操作数（元件号），回车或单击对话框上的“确定”按钮 ②用功能图创建梯形图时，无需在对话框中再输入指令助记符 ③指令只能一条一条输入，不能一次连续输入几条指令；每输入一条指令后，必须回车确认
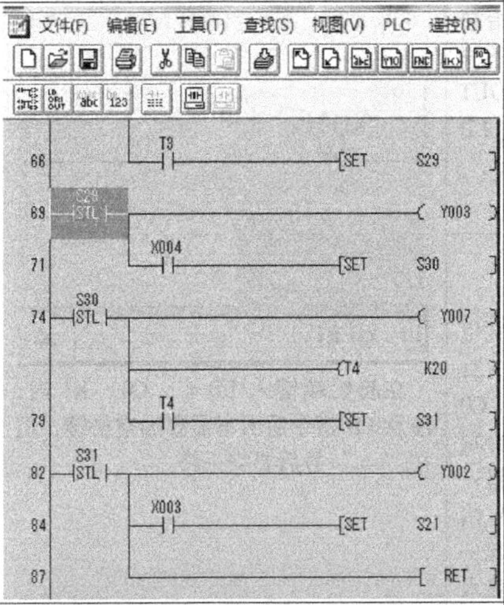	［程序输入6］：在图光标位置上输入STL S29，OUT Y3，另起一行键入AND X4，SET S30；在下一行键入STL S30，OUT Y7；另起一行键入OUT T4 K20；另起一行键入AND T4，SET S31；在下一行键入STL S31，OUT Y2，另起一行键入AND X3，SET S21，另起一行键入RET	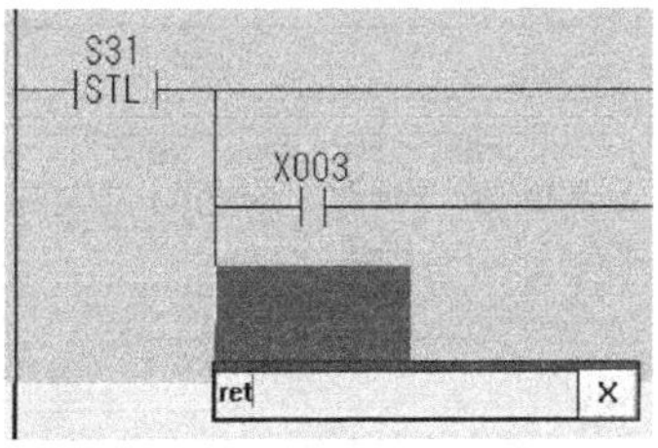
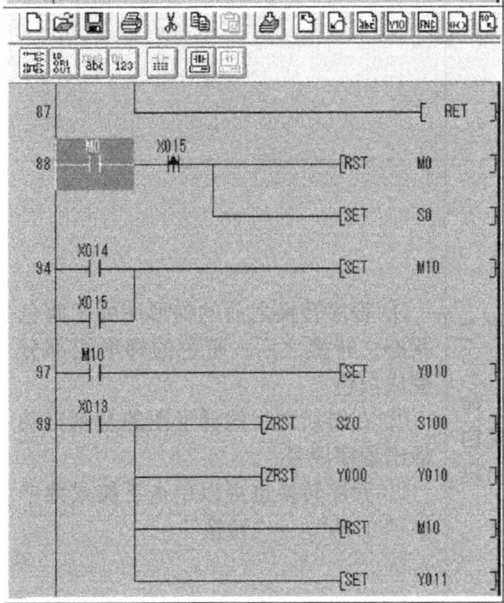	［程序输入7］：在图光标位置上输入LD M0，LDP X15，RST M0；另起一行键入SET S0；在下一行起始端键入LD X14，SET M10，OR X15；在下一行输入端键入LD M10，SET Y10；在下一行键入LD X13，ZRST S20 S100；另起一行键入ZRST Y0 Y10；另起一行键入RST M10；另起一行键入SET Y11	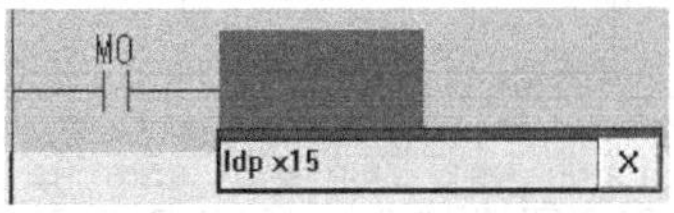  

（续）

实 训 图 片	操 作 方 法	注 意 事 项
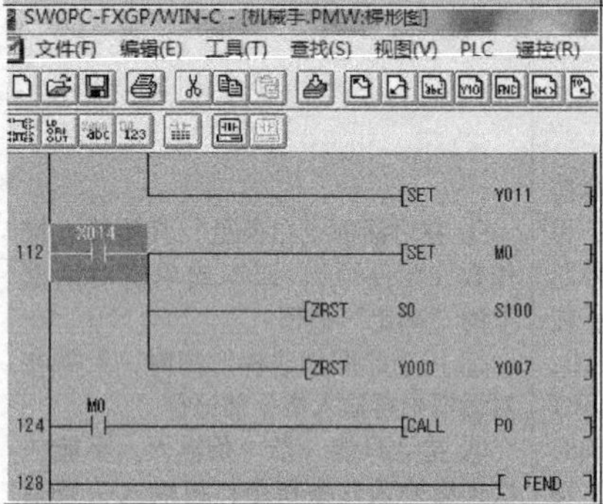	［程序输入8］：在图光标位置上输入 LD X14，SET M0；另起一行键入 ZRST S0 S100；另起一行键入 ZRST Y0 Y7；在下一行输入端键入 LD M0，CALL P0；在下一行键入 FEND	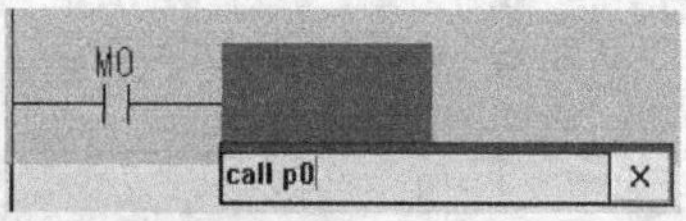 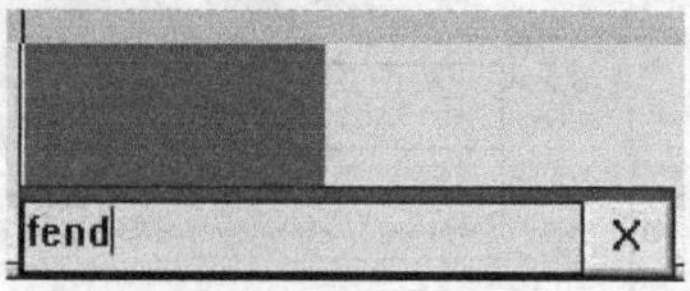
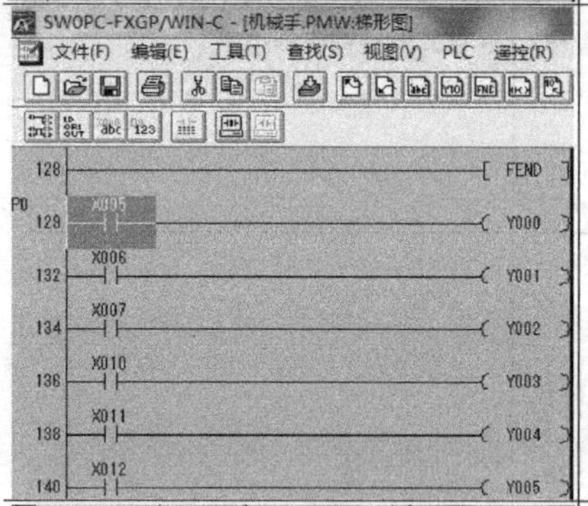	［程序输入9］：在图光标位置上输入 LD X5，OUT Y0；在下一行起始端键入 LD X6，OUT Y1；在下一行起始端键入 LD X7，OUT Y2；在下一行起始端键入 LD X10，OUT Y3；在下一行起始端键入 LD X11，OUT Y4，在下一行起始端键入 LD X12，OUT Y5	
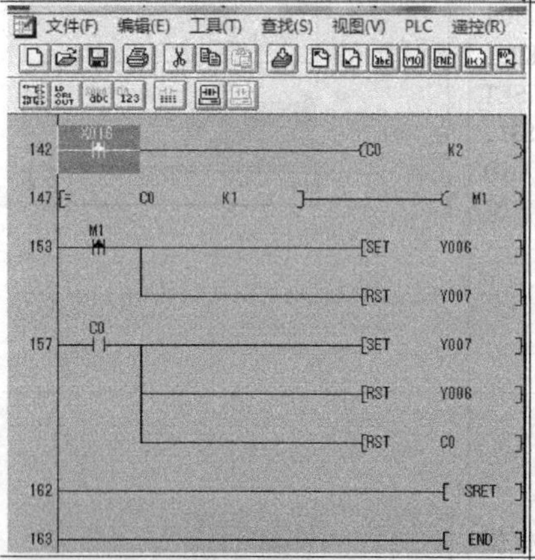	［程序输入10］：在图光标位置上输入 LDP X16，OUT C0 K2；在下一行起始端键入 LD = C0 K1，OUT M1；在下一行起始端键入 LDP M1，SET Y6；另起一行键入 RST Y7；在下一行起始端键入 LD C0，SET Y7；另起一行键入 RST Y6；另起一行键入 RST C0；在下一行键入 SRET；在下一行键入 END	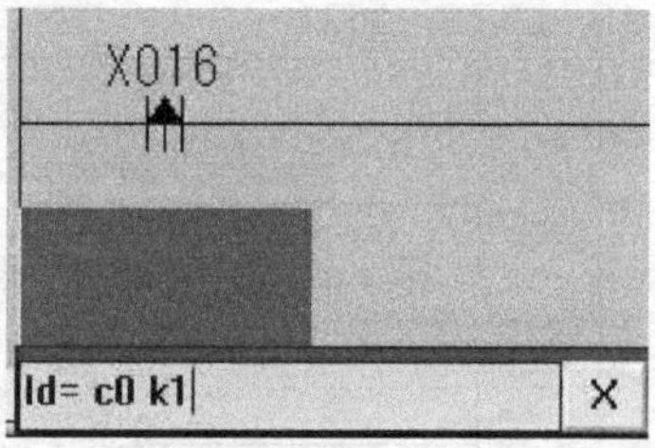 在起始端键入 LD =　C0　K1 时，注意 LD 指令后面不需要加空格键，但在“ = ”号后要空一格
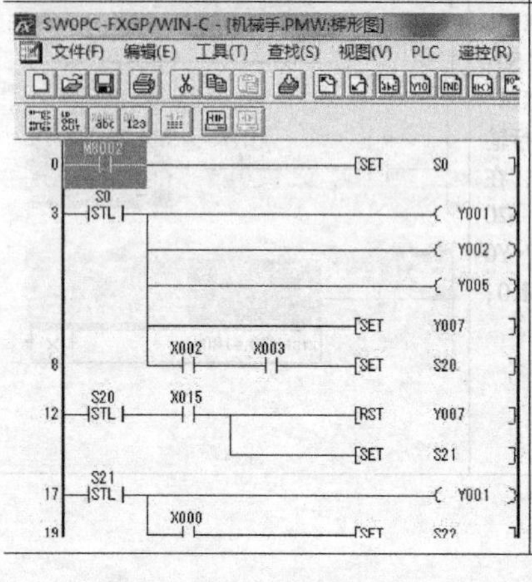	［程序转换］：梯形图编写之后，将单击工具栏“”命令，暗色的梯形图部分变成白色，同时在梯形图的左侧标出程序序号	① 程序转换之前的梯形图处于暗色状态，转换之后，暗色的梯形图部分变成白色 ② 在转换之后的梯形图的左侧自动标出程序序号 ③ 程序转换也可以单击下拉式菜单栏“工具”→“转换”

（续）

实训图片	操作方法	注意事项
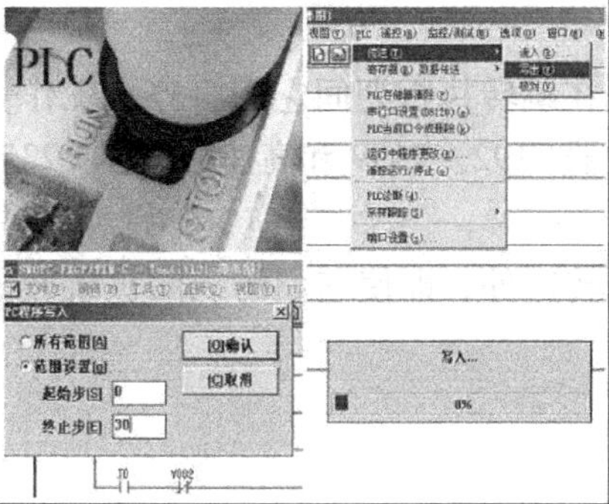	［程序写出］：先将 PLC 模块面板上开关拨至 STOP 处；再单击下拉式菜单栏“PLC”→“传送”→“写出”，出现“PLC 程序写入”对话框，选择“范围设置”，选择起始步“0”、终止步“200”，单击“确认”；弹出写入程序框，显示写入的程序步数	① 程序写入前，应将数据线与 PLC 和计算机进行连接 ② 在程序写入之前，如不将 PLC 模块面板上数据线插孔旁的开关拨至 STOP 处，则程序不能写入 PLC 中 ③ 程序写入完毕后，应将 PLC 模块面板上开关拨至 RUN 处

四、通电调试

实训图片	操作方法	注意事项
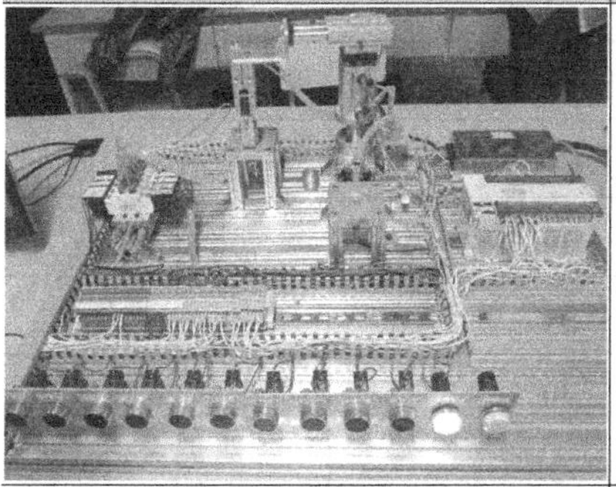	［电路检查］：根据电路图或接线图从电源端开始，逐段检查核对线号是否正确，有无漏接、错接，线夹与接线座连接是否松动	① 检查时要断开电源 ② 要检查导线接点是否符合要求、压接是否牢固；编码套管是否齐全 ③ 电路检查后，应盖上线槽板
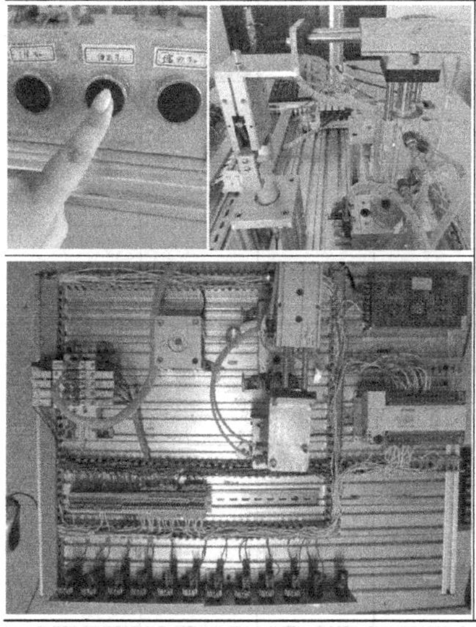	［通电调试］：根据机械手的动作过程分为手动和自动两种方式。分别观察手动和自动控制两种方式下，机械手的动作过程，是否符合控制要求	① 按照工作原理、步骤进行操作 ② 操作时注意安全

提醒注意

使用跳转指令时应注意：

1）CJP 指令表示为脉冲执行方式。

2）在一个程序中一个标号只能出现一次，否则将出错。

3）在跳转执行期间，即使被跳过程序的驱动条件改变，但其线圈（或结果）仍保持跳转前的状态，因为跳转期间根本没有执行这段程序。

4）如果在跳转开始时定时器和计数器已在工作，则在跳转执行期间它们将停止工作，到跳转条件不满足后又继续工作。但对于正在工作的定时器 T192 ~ T199 和高速计数器 C235 ~ C255 不管有无跳转仍连续工作。

5）若积算定时器和计数器的复位（RST）指令在跳转区外，即使它们的线圈被跳转，但对它们的复位仍然有效。

检查评价

通电试车完毕，切断电源，先拆除电源线，再拆除其他部分的线路，然后进行综合评价。

任 务 评 价

序　号	评价指标	评价内容	分值	个人评价	小组评价	教师评价
1	电路设计	能正确分配 PLC 输入/输出点	5			
		能正确绘制 PLC 接线图	10			
		能熟练正确地编写 PLC 程序	10			
2	布线	不按电路图接线	10			
		布线不符合要求	5			
		线夹接触不良、接点松动、露铜过长	5			
		未套装或漏套编码套管	5			
		未接接地线	5			
3	程序输入	会开机、调入程序	5			
		会正确输入每步程序	5			
		会进行程序调试检查	5			
		会将程序写入 PLC	5			
4	通电操作	第一次试车不成功	5			
		第二次试车不成功	10			
5	安全规范	是否穿绝缘鞋	5			
		操作是否规范安全	5			
总分			100			
问题记录和解决方法			记录任务实施过程中出现的问题和采取的解决办法（可附页）			

能力评价

内容		评价	
学习目标	评价项目	小组评价	教师评价
应知应会	本任务的相关基本概念是否熟悉	□Yes □No	□Yes □No
	是否熟练掌握 PLC 模块的使用	□Yes □No	□Yes □No
专业能力	是否熟练掌握 PLC 的外部接线	□Yes □No	□Yes □No
	是否熟练掌握 PLC 的编程方法、技巧	□Yes □No	□Yes □No
	是否具有相关专业知识的融合能力	□Yes □No	□Yes □No
通用能力	团队合作能力	□Yes □No	□Yes □No
	沟通协调能力	□Yes □No	□Yes □No
	解决问题能力	□Yes □No	□Yes □No
	自我管理能力	□Yes □No	□Yes □No
	创新能力	□Yes □No	□Yes □No
态　度	爱岗敬业	□Yes □No	□Yes □No
	工作认真	□Yes □No	□Yes □No
	劳动负责	□Yes □No	□Yes □No
个人努力方向：		老师、同学建议：	

思考与提高

1. 如何用步进顺控指令来实现机械手的动作过程？
2. 为机械手控制系统设计手动、自动和单循环 3 种工作方式，并编写程序。
3. 编写程序，使机械手动作循环 3 次后停止。

任务十一　用变频器控制一台电动机连续运转电路的安装调试

训练目标

- 了解变频器的结构、安装及接线的基本知识。
- 掌握变频器的使用方法与技能。
- 了解并掌握变频器、面板控制方式，参数的设置。
- 完成变频器控制电动机连续正转线路的设计和调试。

任务描述

随着电力电子技术、微电子技术、计算机控制技术及自动化控制理论的发展，变频器制造技术有了跨越式的进步，以变频器为核心的交流电机调速已广泛应用于国民经济各部门。在工业自动化领域，交流电机调速已经取代传统的直流调速系统，而且大大提高了技术经济指标。在耗电大户的风机、泵类（其耗电量几乎占工业用电一半）中应用变频器控制，可以大大节约电能；在各行各业的机械设备中，应用变频器技术，是改造这一传统产业，实现机电一体化的重要手段；此外，在化纤、纺织塑料、化学、轻工等工业领域，变频器技术的应用，实现了控制自动化，提高了产品的质量与生产效率。变频器不仅应用于工业、交通领域，而且已进入家庭，在家电工业领域，空调器、电冰箱都有了变频器控制的相应产品，提高了家电产品的经济技术指标和智能化水平。随着现代化的程度提高，对变频器的应用会更加普及。本任务重在使学生了解变频器的结构、安装及接线的基本知识，进而学会使用变频器的基本技能，包括参数设定和操作方法，控制回路接线端子的设置、接线，在此基础上实现变频器控制电动机连续正转电路的设计、安装、调试等功能。

任务分析

本任务要求实现用变频器控制一台电动机连续运转电路的安装调试，要完成此任务，我们以 FR—A700 系列的变频器为例，首先认识交流变频器，然后再介绍其操作面板。

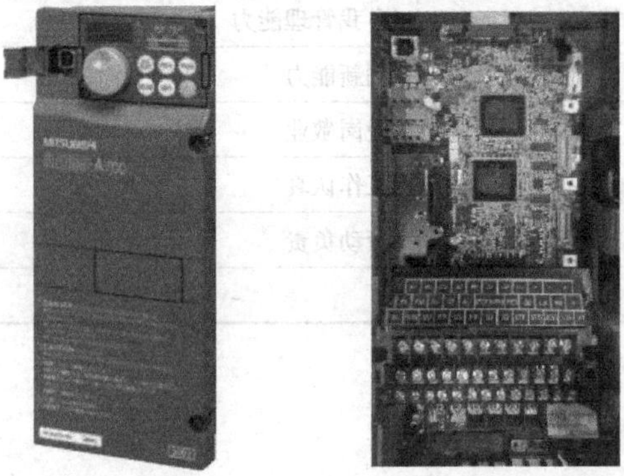

一、变频器外形和结构

如图所示为 FR—A700 系列变频器的外形。

二、变频器性能特点

三菱 FR—A700 系列变频器性能特点：

1）功率范围：0.4～500kW。

2）闭环时可进行高精度的转矩/速度/位置控制。

3）无传感器矢量控制可实现转矩/速度控制。

4）内置 PLC 功能（特殊型号）。

5）使用长寿命元器件，内置 EMC 滤波器。

6）强大的网络通信功能，支持 DeviceNet、Profibus－DP 等协议。

三、变频器的显示键与按键功能

1. 各发光二极管的含义

发光二极管	含　义	说　明
Hz	显示频率时，灯亮	变频器显示内容可以是输出频率、电压、电流中的任意一个
V	显示电压时，灯亮	
A	显示电流时，灯亮	
MON	显示器处于监视模式时，灯亮	—
EXT	外部运行模式时灯亮	EXT，PU 灯同时亮时，表示变频器为组合运行模式
PU	面板（PU）运行模式时，灯亮	
REV	电动机反转	—
FWD	电动机正转	
P. RUN	无功能	—

2. 各按键符号

按键	说明
MODE	可以用选择运行模式和给定模式
SET	用该键确认给定的频率和参数，或读出功能码中的数据
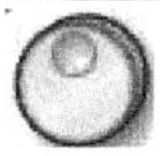	用于设置频率，改变参数的设定值
REV	用于给出反转指令
FWD	用于给出正转指令
STOP RESEV	用于停止变频器的运行 用于保护功能动作输出停止时，使变频器复位
PU EXT	PU：运行与外部运行模式间的切换 PU：PU 运行模式 EXT：外部运行模式

四、变频器的操作面板

变频器的操作面板及控制端子可对电动机的起动、调速、停机、制动、运行参数设定及外围设备等进行控制。以通用变频器 FR-A700 为例，变频器操作面板上设有 6 个按键、1 个旋钮以及各状态指示灯，如图所示：

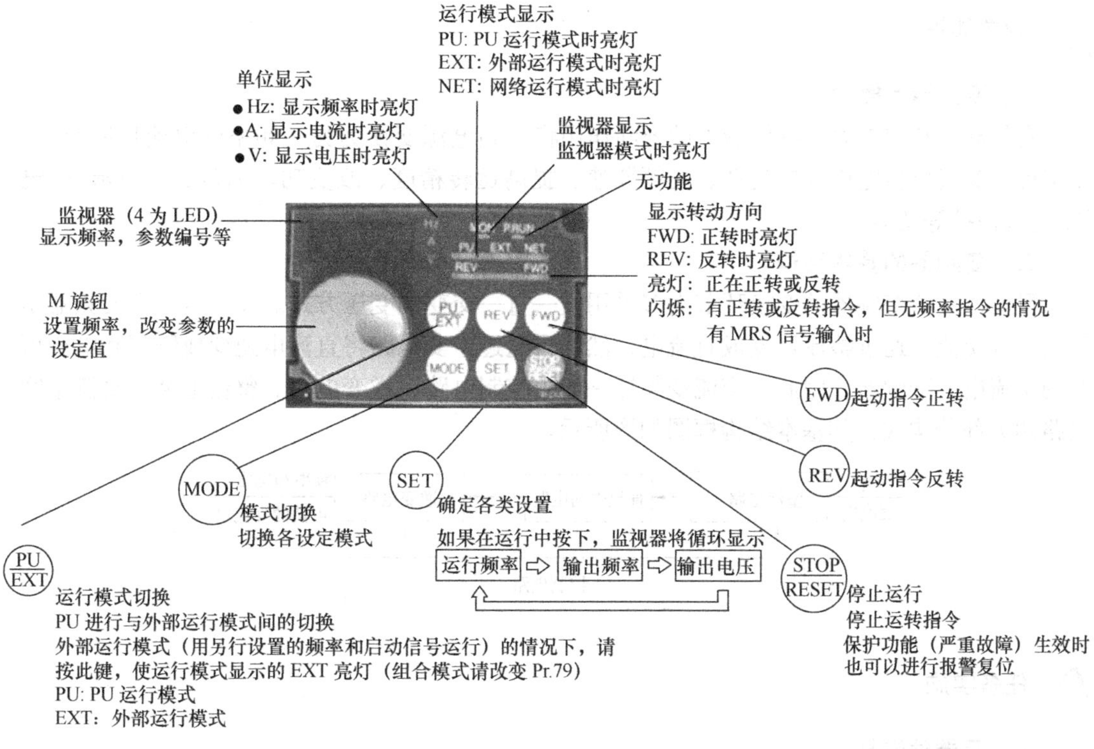

五、变频器控制电动机连续正转电路的控制要求

按下起动按钮，电动机以 30Hz 的频率连续正转，按下停止按钮，电动机停止运转。

1. 根据控制要求设计控制电路（见图）

2. 工作原理

合上电源开关QF，按下起动按钮SB2，KM线圈得电，KM辅助常开触头闭合自锁，电动机以30Hz的速度恒速运转。

按下停止按钮SB1，KM线圈失电，KM辅助常开触头失电，电动机停止运转，速度变为0Hz。

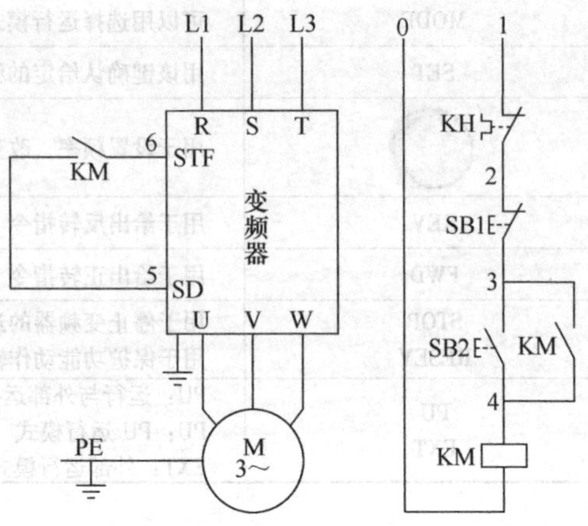

3. 参数设定

（1）变频器清零　供电电源时的画面显示“0. 00Hz”，按下(PU/EXT)键切换到PU运行模式，先按“MODE”，出现“P. 0”，然后旋转旋钮找到“RLLC”，再按“SET”后，出现“0”，再将旋钮旋至“1”，再长按“SET”确认，出现“1”与“ALLC”互闪，变频器清零完毕。

（2）变频器参数设定　电源接通时显示的监视画面为“0. 00Hz”，将“Pr. 79”变更为“3”，转动旋钮，使显示出希望设定的频率值“30. 00Hz”，约闪烁5s，在数值闪烁时按下“SET”键，设定频率，出现“30. 00Hz”与“F”互闪，频率设置完成，约3s后进入监视器显示，显示返回到“0. 00Hz”。

相关知识

一、变频器的概念

变频器是利用电力半导体器件的通断作用将工频电源变换为另一频率的电能控制装置，能实现对交流异步电机的软起动、变频调速、提高运转精度、改变功率因数、过电流/过电压/过载保护等功能。

二、变频器的基本结构

目前，交流变频器的变换环节大多采用交—直—交变频变压方式。交—直—交变频器是先把工频交流电通过整流器变成直流电，然后再通过逆变电路将直流电逆变成频率和电压可调的交流电的变频器。因此，交流变频器一般由控制电路、逆变电路、整流电路、直流中间电路四大部分构成，其基本结构框图如图所示。

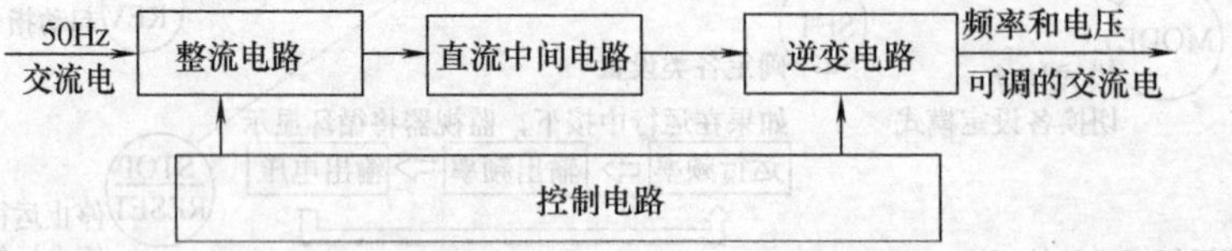

任务实施

一、元器件选择

根据控制电动机的功率，选择合适容量、规格的元器件，并进行质量检查。

序号	元器件名称	型号、规格	数量	备注
1	低压断路器	DZ47－63	2	3极、2极各一只

（续）

序号	元器件名称	型号、规格	数量	备注
2	交流接触器	CJX2－1210/220V	1	配 F4－22 辅助触头
3	热继电器	JR36－20	1	
4	按钮	LA4－3H	1	
5	变频器	FR－A740	1	
6	塑料导线	BVR－1mm^2	20m	控制电路用
7	塑料导线	BVR－1.5mm^2	20m	主电路用
8	塑料导线	BVR－0.75mm^2	3m	按钮用
9	接线端子排	TD（AZ1）660V 15A	2	
10	三相异步电动机	Y112M－4 4kW 8.8A	1	1440r/min △联结
11	接线板	700mm×550mm×30mm	1	

二、接触器、变频器控制电路接线

按照用变频器控制一台电动机连续正转接线图用导线将各元器件和变频器相连。

实 训 图 片	操 作 方 法	注 意 事 项
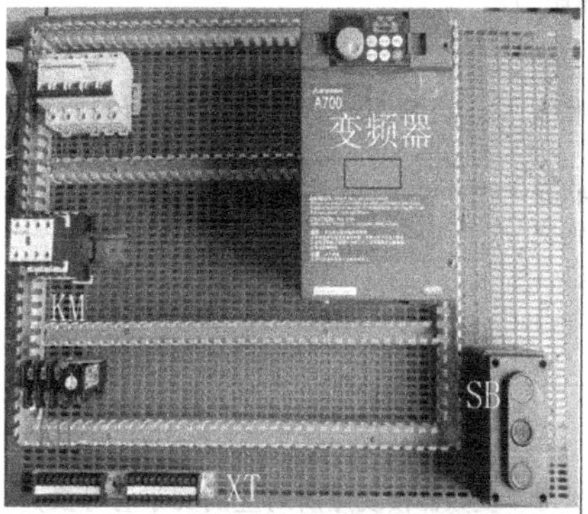	［安装各元器件］：将低压断路器、接触器、变频器、热继电器、按钮、端子排、线槽等按布置要求安装在接线板上	① 安装按钮的金属板或金属按钮盒必须可靠接地 ② 元器件布置要整齐、匀称、合理，安装要牢固可靠 ③ 安装接触器前应先安装卡轨，接触器散热孔应垂直向上 ④布线槽安装应端正牢固美观
	［布置 0 号线］：将 QF2 断路器的左出线端连接到交流接触器 KM 的 A1 号线圈接线座	① 本任务采用针式线夹，要根据导线的截面积选择不同尺寸的线夹 ② 布线前，先清除线槽内的污物，使线槽内外清洁
	［布置 1 号线］：将 QF2 断路器的右出线端连接到热继电器 KH 的 95 号接线座	

（续）

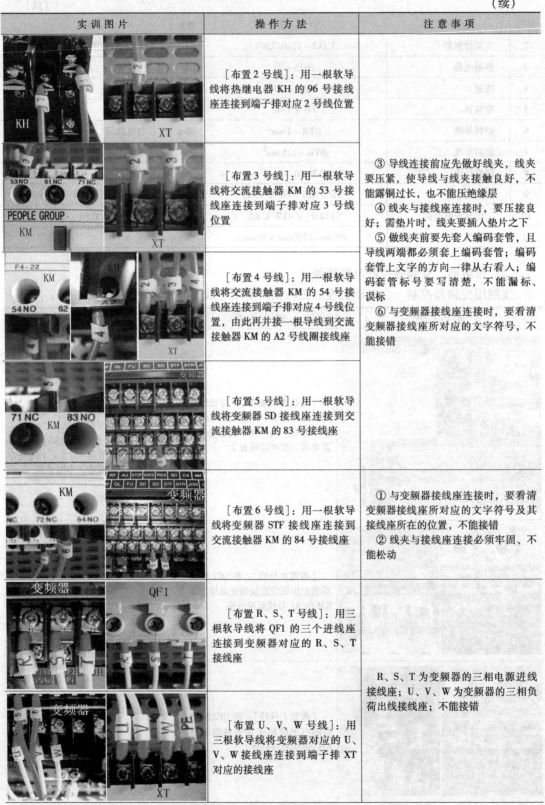

实训图片	操作方法	注意事项
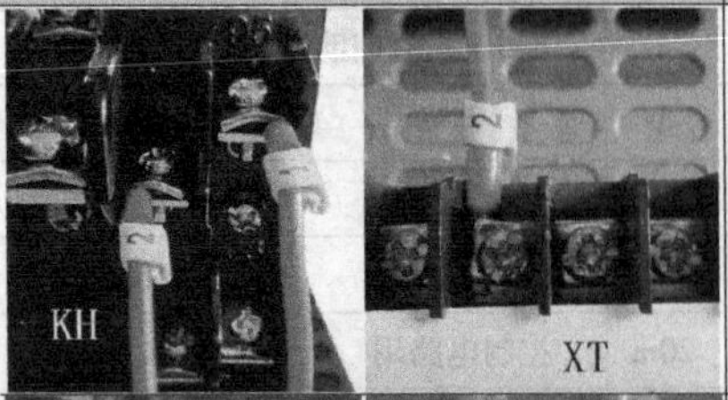	［布置2号线］：用一根软导线将热继电器KH的96号接线座连接到端子排对应2号线位置	③ 导线连接前应先做好线夹，线夹要压紧，使导线与线夹接触良好，不能露铜过长，也不能压绝缘层 ④ 线夹与接线座连接时，要压接良好；需垫片时，线夹要插入垫片之下 ⑤ 做线夹前要先套入编码套管，且导线两端都必须套上编码套管；编码套管上文字的方向一律从右看入；编码套管标号要写清楚，不能漏标、误标 ⑥ 与变频器接线座连接时，要看清变频器接线座所对应的文字符号，不能接错
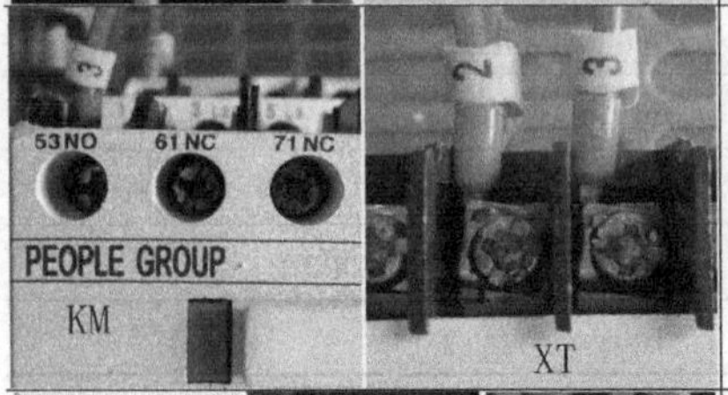	［布置3号线］：用一根软导线将交流接触器KM的53号接线座连接到端子排对应3号线位置	
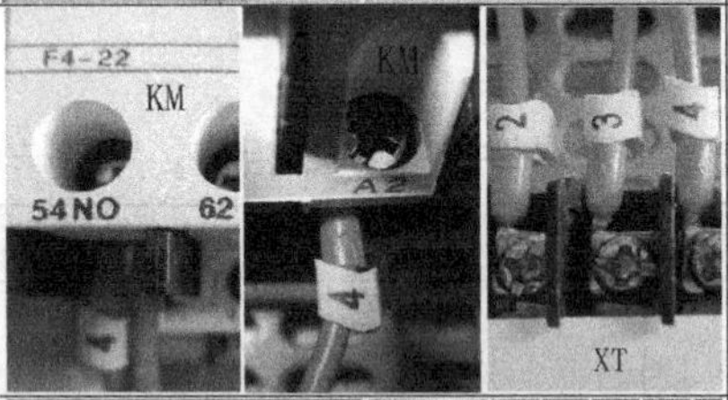	［布置4号线］：用一根软导线将交流接触器KM的54号接线座连接到端子排对应4号线位置，由此再并接一根导线到交流接触器KM的A2号线圈接线座	
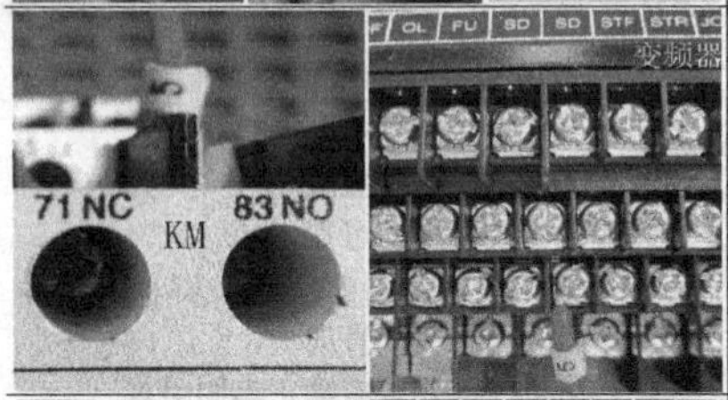	［布置5号线］：用一根软导线将变频器SD接线座连接到交流接触器KM的83号接线座	
	［布置6号线］：用一根软导线将变频器STF接线座连接到交流接触器KM的84号接线座	① 与变频器接线座连接时，要看清变频器接线座所对应的文字符号及其接线座所在的位置，不能接错 ② 线夹与接线座连接必须牢固、不能松动
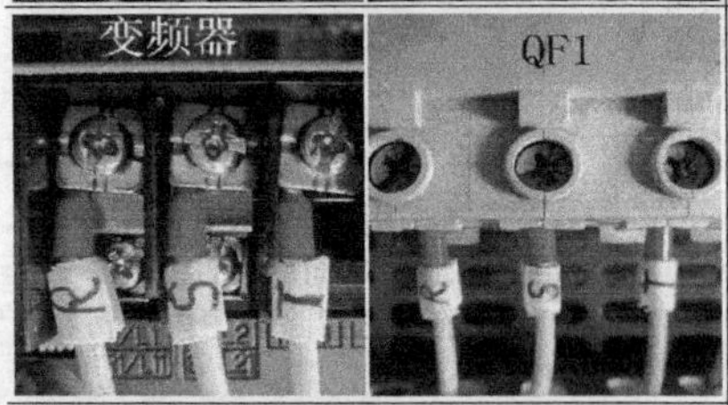	［布置R、S、T号线］：用三根软导线将QF1的三个进线座连接到变频器对应的R、S、T接线座	R、S、T为变频器的三相电源进线接线座；U、V、W为变频器的三相负荷出线接线座；不能接错
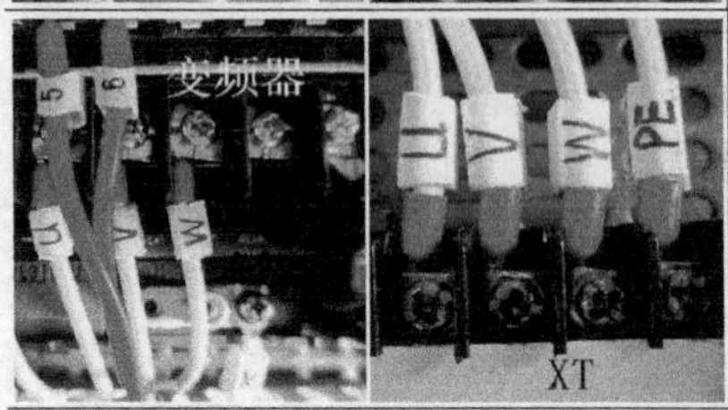	［布置U、V、W号线］：用三根软导线将变频器对应的U、V、W接线座连接到端子排XT对应的接线座	

（续）

实训图片	操作方法	注意事项
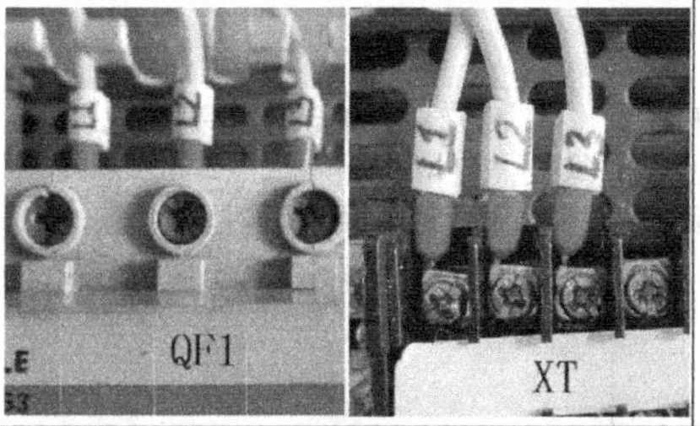	［布置 L1、L2、L3 号线］：用三根软导线将 QF1 的三个进线座连接到端子排 XT 的对应接线座	① 电源导线连接时三相电源相序要对应，从左至右依次为 L1、L2、L3 ② 单相电源与三相电源要分开连接 ③ 手写编码套管，文字编号要书写清楚、端正，大小一致；套入的方向一律以从右看入为准
	［布置 L、N 号线］：软导线将 QF2 两个进线座连接到端子排 XT 的对应接线座	
	［布置按钮线］：将端子排 2、3 号线接在 SB1 常闭按钮两端；将 3、4 号线接在 SB2 常开按钮两端	① 由端子排引接到按钮的导线一定要穿过开关盒的接线孔 ② 导线连接前一定要穿入编码套管 ③ 与按钮接线座连接用冷压接线夹，与端子排连接用针式线夹

三、电动机、电源连接

实训图片	操作方法	注意事项
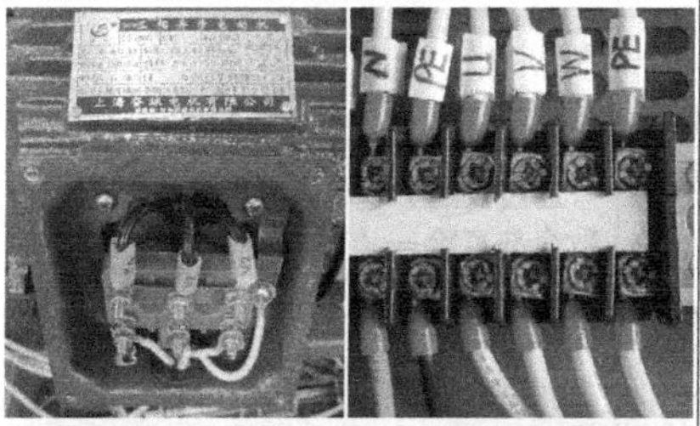	［电动机连接］：将电动机定子绕组的三根出线分别与端子排对应接线座 U、V、W 进行连接，并将电动机的外壳与端子排接线座 PE 进行连接	电动机的外壳应可靠接地
	［连接电源］：将三相四线电源线连接到接线端子排的 L1、L2、L3、PE、L、N 对应位置	① 由指导老师指导学生接通三相电源 ② 学生通电试验时，指导老师必须在现场进行监护

（续）

实训图片	操作方法	注意事项
	［验电］：合上总电源开关，用万用表500V电压挡，分别测量低压断路器进线端的相间电压，确认三相四线制电源的三相电压平衡	① 测量前，确认学生是否已穿绝缘鞋 ② 测量时，学生操作是否规范 ③ 测量时表笔的笔尖不能同时触及两根带电体

四、变频器参数设置

实训图片	操作方法	注意事项
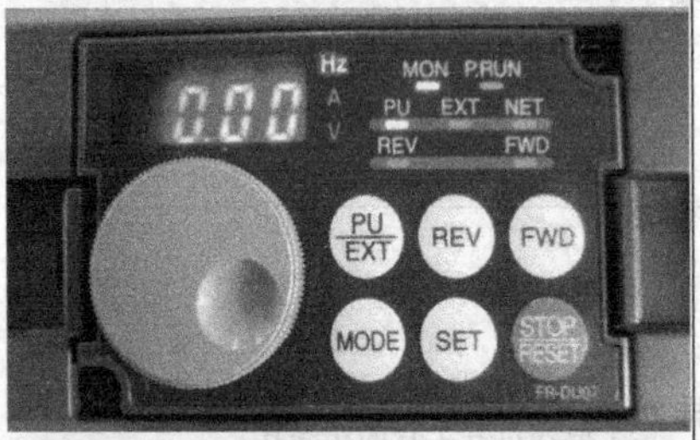	［初始画面］：接通三相电源，合上QF1。变频器接通电源后，出现图示初始画面	供给电源时的画面监视器显示
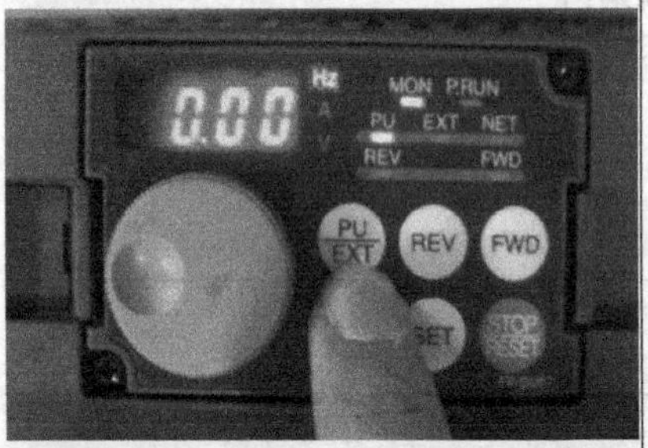	［调模式］：按下PU/EXT键切换到PU模式	若在PU模式上，PU显示灯亮，则不需要调
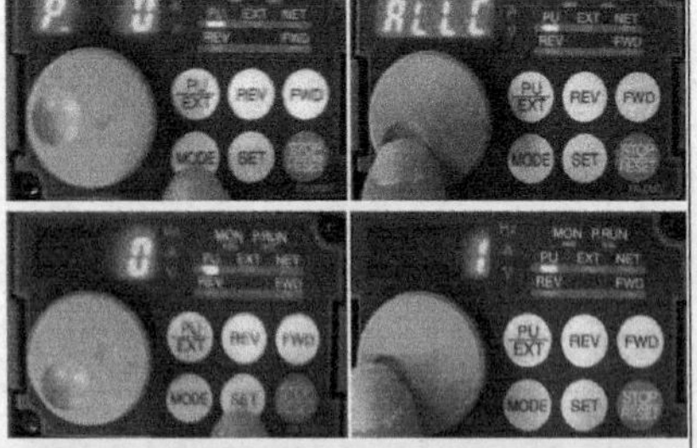	［清零］：先按“MODE”，出现“P.0”，然后旋转旋钮到“ALLC”，再长按“SET”后，出现“0”，再将旋钮旋至“1”，再按“SET”确认，出现“1”与“ALLC”互闪	通过设定Pr. CL参数清除，ALLC参数全部清除＝“1”，使参数恢复为初始值
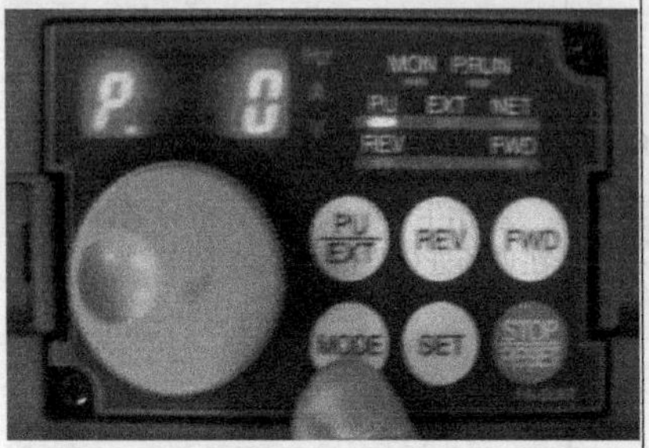	［参数模式］：先按“MODE”，出现“P.0”，然后旋转旋钮来选择改变参数的设定值	将旋转旋钮从P.0旋至P.1为变更上限频率；若旋至P.2为变更下限频率；若旋至P.7为变更加速时间；若旋至P.8为变更减速时间，等

（续）

实训图片	操作方法	注意事项
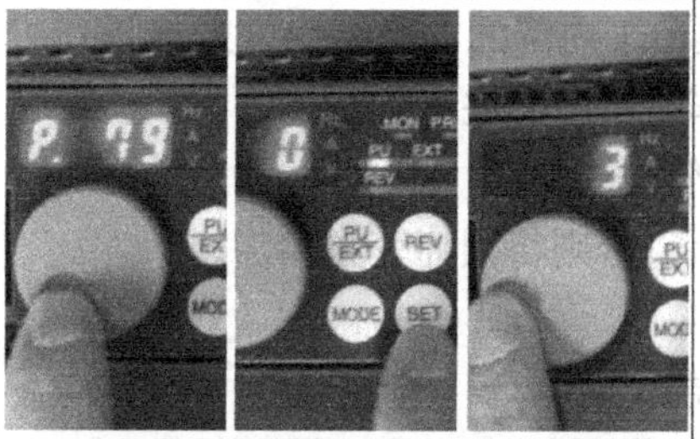	［外部模式参数设置］：将旋钮旋至“P. 79”，按下“SET”，出现“0”，然后旋转旋钮至“3”，最后长按“SET”，出现“P. 79”与“3”互闪	PU运行模式下，输出频率监视器
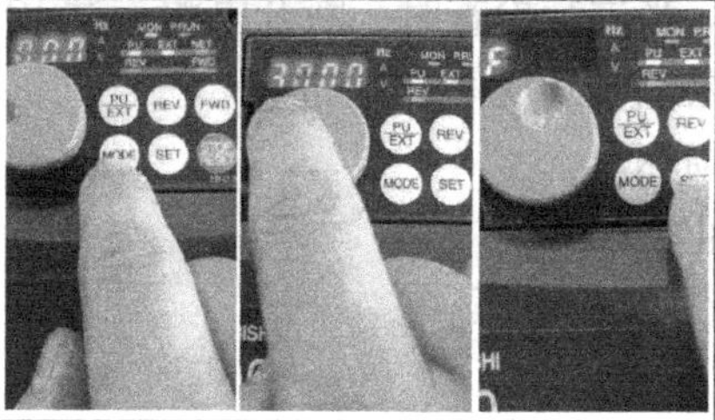	［参数设定］：先按“MODE”，出现“0. 00Hz”转动旋钮，使显示出设定的频率值“30. 00Hz”，约闪烁5s，在数值闪烁时按下“SET”键，设定频率，出现“30. 00Hz”与“F”互闪，频率设置完成	

五、通电试验

实训图片	操作方法	注意事项
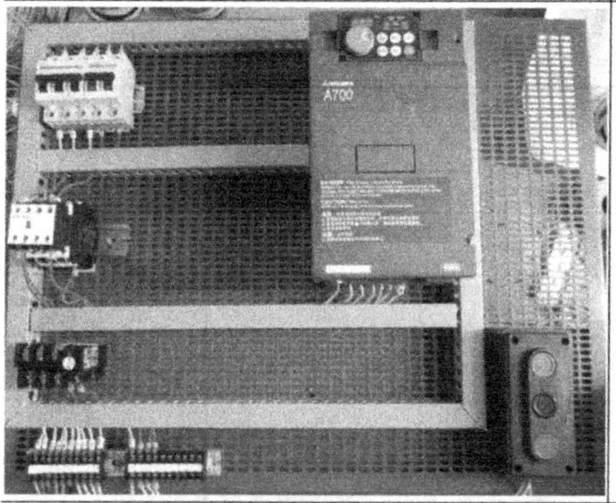	［电路检查］：根据电路图或接线图从电源端开始，逐段检查核对线号是否正确，有无漏接、错接，线夹与接线座连接是否松动	① 检查时要断开电源 ② 要检查导线接点是否符合要求、压接是否牢固；编码套管是否齐全 ③ 电路检查后，应盖上线槽板
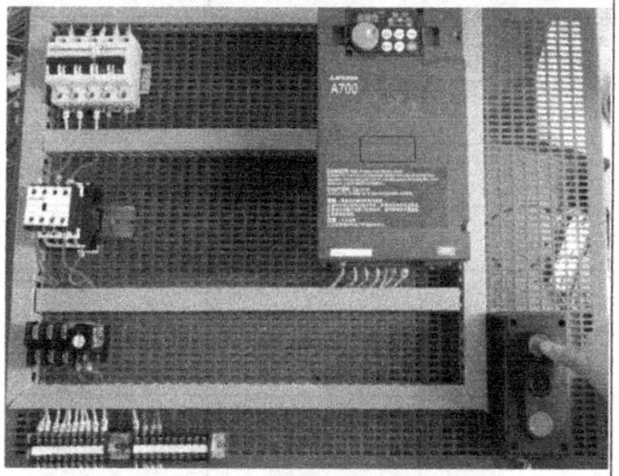	［不带电动机试验］：合上开关QF2，按下按钮SB2，观察接触器吸合情况；按下SB1，观察接触器释放情况	无需合上QF1，按下按钮观察接触器是否吸合，按下停止按钮观察接触器是否失电
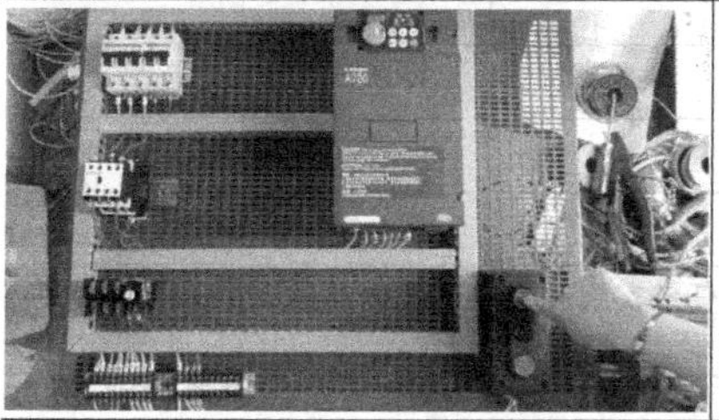	［带电动机试验］：合上开关QF1，先按下按钮SB2，观察KM接触器吸合情况，变频器参数变化情况及电动机转速变化情况	电动机运行时，变频器监视画面频率显示为30Hz

提醒注意

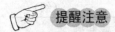

三菱 FR－A700 系列变频器是可信度很高的产品。但由于周围的电路组织方式或操作方法不同，可能会导致产品使用寿命缩短或破损，所以操作时请务必注意下列事项。

1）电源及电机接线的压线端子，请使用带有绝缘套管的端子。

2）电源一定不能接到变频器输出端（U、V、W）上，否则将损坏变频器。

3）接线后，零碎线头必须清除干净。

4）为使电路电压降在2%以内，请选用适当型号的导线接线。

5）断开电源后不久，平波电容上仍然剩余有高电压。当进行检查时，断开电源，过10分钟后用万用表等确认变频器主电路P/＋和N/－间电压在直流30V以下后进行。

6）变频器输出端的短路或接地会引起变频器模块的损坏。

7）请不要使用变频器输入侧的电磁接触器起动，停止变频器。

8）变频器的输入/输出信号电路上不要接上许可容量以上的电压。

9）请充分确认规格和定额符合及其系统的要求。

检查评价

通电试车完毕，切断电源，先拆除电源线，再拆除电动机线，然后进行综合评价。

任 务 评 价

序号	评价指标	评价内容	分值	个人评价	小组评价	教师评价
1	电路设计	能正确设计变频器主电路	5			
		能正确绘制控制电路	10			
		能熟练正确地设计变频器的参数	10			
2	布线	不按电路图接线	10			
		布线不符合要求	5			
		线夹接触不良、接点松动、露铜过长	5			
		未套装或漏套编码套管	5			
		未接接地线	5			
3	参数设定	会开机、清零	5			
		会正确设置参数模式	5			
		会正确设置变频器参数	5			
		会正确设置变频器外部参数模式	5			
4	通电操作	第一次试车不成功	5			
		第二次试车不成功	10			
5	安全规范	是否穿绝缘鞋	5			
		操作是否规范安全	5			
		总分	100			
问题记录和解决方法			记录任务实施过程中出现的问题和采取的解决办法（可附页）			

能力评价

内容		评价	
学习目标	评价项目	小组评价	教师评价
应知应会	本任务的相关基本概念是否熟悉	□Yes □No	□Yes □No
	是否熟练掌握变频器的使用	□Yes □No	□Yes □No
专业能力	是否熟练掌握变频器接线	□Yes □No	□Yes □No
	是否熟练掌握变频器的参数设定	□Yes □No	□Yes □No
	是否具有相关专业知识的融合能力	□Yes □No	□Yes □No
通用能力	团队合作能力	□Yes □No	□Yes □No
	沟通协调能力	□Yes □No	□Yes □No
	解决问题能力	□Yes □No	□Yes □No
	自我管理能力	□Yes □No	□Yes □No
	创新能力	□Yes □No	□Yes □No
态 度	爱岗敬业	□Yes □No	□Yes □No
	工作认真	□Yes □No	□Yes □No
	劳动负责	□Yes □No	□Yes □No
个人努力方向：		老师、同学建议：	

思考与提高

1. 操作过程中按下起动按钮 SB2，接触器动作，变频器监视器显示正常，电动机不运转，为什么？

2. 清零过程中 1 变为 Er4 后闪烁，为什么？

任务十二 用变频器控制一台电动机两地正、反转控制电路的安装调试

训练目标

- 掌握变频器控制异步电动机的主电路接线。
- 掌握变频器控制异步电动机的变频器内参数的设定。
- 掌握变频器控制异步电动机变频器面板起动方法。
- 掌握变频器控制异步电动机变频器外部端子控制方式的电动机起动方法。
- 掌握变频器控制异步电动机的正、反转运行方法。

任务描述

在日常生活中，最常用的是用一组按钮来控制电动机的运转。这种电路每次开、关电动机时，都要在开关的位置来操作，给生活带来了一定的麻烦。所以有时为了方便，我们需要在两地控制一台电动机的运转：例如农村打水使用的水泵，要求在上、下室内，室外都能控制其起动和停止；大多数机床运转时，要求在按钮板和操纵台上都能控制机床的运转等。在中级任务中，我们已实现了继电器控制的多地控制，本任务将完成用变频器控制一台电动机两地正、反转控制电路的安装与调试。

任务分析

本任务要求实现用变频器控制一台电动机两地正、反转控制电路的安装调试，要完成此任务，首先根据控制要求应正确绘制变频器控制一台电动机两地正、反转主线路图，然后根据控制要求设计并绘制出控制电路图，做到按图施工、按图安装、按图接线，并要熟悉其控制电路的主要元器件，了解其组成、作用，最后进行变频器的参数设置以及控制电路的调试。

一、变频器控制一台电动机两地正、反转控制要求

在甲地按下正转起动按钮，电动机以30Hz的速度恒速正转，按下甲地的停止按钮，电动机停止正转，频率变为0Hz；按下甲地的反转起动按钮，电动机以20Hz的速度恒速反转，按下甲地的停止按钮，电动机停转，频率变为0Hz。

在乙地按下正转起动按钮，电动机以30Hz的速度恒速正转，按下乙地的停止按钮，电动机停止正转，频率变为0Hz；按下乙地的反转起动按钮，电动机以20Hz的速度恒速反转，按下乙地的停止按钮，电动机停转，频率变为0Hz。

二、设计思路

根据变频器控制一台电动机两地正、反转控制要求，可以先设计变频器的主电路和控制电路图，然后再根据控制要求设计控制电路图。变频器的STF端子接电动机正转，STR端子接电动机反转；RH端子接电动机正转高速，RM端子接电动机反转中速。其控制电路即为电动机单重联锁正、反转两地控制电路。

三、变频器控制一台电动机两地正、反转控制电路图

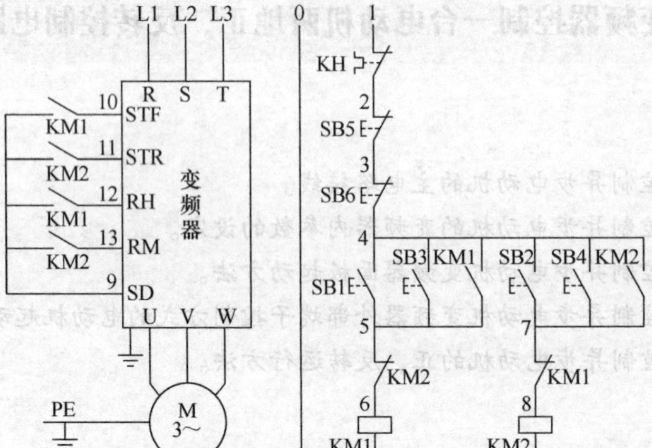

四、变频器控制一台电动机两地正、反转工作原理

其工作原理为：合上开关 QF，

1）甲地：按下起动按钮 SB1，KM1 线圈得电，KM1 常开触头闭合，常闭触头断开，KM1 主触头闭合，电动机以 30Hz 的速度恒速正转；按下按钮 SB5，SB5 常闭触头断开，电动机停止正转，变频器频率变为 0Hz。按下起动按钮 SB2，KM2 线圈得电，KM2 常开触头闭合，常闭触头断开，KM2 主触头闭合，电动机以 20Hz 的速度恒速反转；按下停止按钮 SB5 切断电路，电动机停止反转，频率变为 0Hz。

2）乙地：按下起动按钮 SB3，KM1 线圈得电，KM1 常开触头闭合，常闭触头断开，KM1 主触头闭合，电动机以 30Hz 的速度恒速正转；按下按钮 SB6，SB6 常闭触头断开，电动机停止正转，变频器频率变为 0Hz。按下起动按钮 SB4，KM2 线圈得电，KM2 常开触头闭合，常闭触头断开，KM2 主触头闭合，电动机以 20Hz 的速度恒速反转；按下停止按钮 SB6 切断电路，电动机停止反转，变频器频率变为 0Hz。

相关知识

前一任务简单介绍了变频器的结构和基本结构，本任务介绍变频器的原理以及选型等。

一、变频器的原理

变频器是利用电力半导体器件的通断作用将工频电源变换为另一频率的电能控制装置。现在使用的变频器主要采用交—直—交方式（VVVF 变频或矢量控制变频），先把工频交流电源通过整流器转换成直流电源，然后再把直流电源转换成频率、电压均可控制的交流电源以供给电动机。变频器的电路一般由整流、中间直流环节、逆变和控制 4 个部分组成。整流部分为三相桥式不可控整流器，逆变部分为 IGBT 三相桥式逆变器，且输出为 PWM 波形，中间直流环节为滤波、直流储能和缓冲无功功率。

二、变频器选型

变频器选型时要确定以下几点：

1）采用变频的目的，恒压控制或恒流控制等。

2）变频器的负载类型，如叶片泵或容积泵等，特别注意负载的性能曲线，性能曲线决定了应用时的方式、方法。

3）变频器与负载的匹配问题：电压匹配、电流匹配和转矩匹配。

4）在使用变频器驱动高速电动机时，由于高速电动机的电抗小，所以高次谐波增加导致输出电流值增大。因此用于高速电动机的变频器，其容量要稍大于普通电动机的选型。

5）变频器如果要长电缆运行时，此时要采取措施抑制长电缆对地耦合电容的影响，避免变频器出力不足，所以在这种情况下，变频器容量要放大一挡或者在变频器的输出端安装输出电抗器。

6）对于一些特殊的应用场合，如高温、高海拔，此时会引起变频器的降容，变频器容量要放大一挡。

任务实施

一、元器件选择

根据控制电动机的功率，选择合适容量、规格的元器件，并进行质量检查。

序号	元器件名称	型号、规格	数量	备注
1	低压断路器	DZ47－63	2	3极、2极各一只
2	交流接触器	CJX2－1210/220V	2	配F4－22辅助触头
3	热继电器	JR36－20	1	
4	按钮	LA4－3H	2	
5	变频器	FR－A740	1	
6	塑料导线	BVR－1mm^2	30m	控制电路用
7	塑料导线	BVR－1.5mm^2	10m	主电路用
8	塑料导线	BVR－0.75mm^2	6m	按钮用
9	接线端子排	TD（AZ1）660V 15A		
10	三相异步电动机	Y112M－4 4kW 8.8A	1	1440r/min △联结
11	接线板	700mm×550mm×30mm	1	

二、变频器接触器控制电路接线

按照变频器与接触器接线图用导线将各元器件和变频器相连。

实训图片	操作方法	注意事项
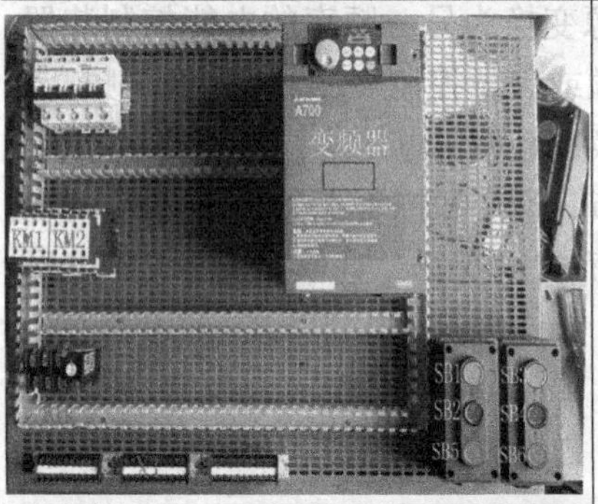	［安装各元器件］：将低压断路器、接触器、变频器、热继电器、按钮、端子排、线槽等按布置要求安装在接线板上	① 安装按钮的金属板或金属按钮盒必须可靠接地 ② 元器件布置要整齐、匀称、合理，安装要牢固可靠 ③ 安装接触器前应先安装卡轨，接触器散热孔应垂直向上 ④ 布线槽安装应端正牢固美观
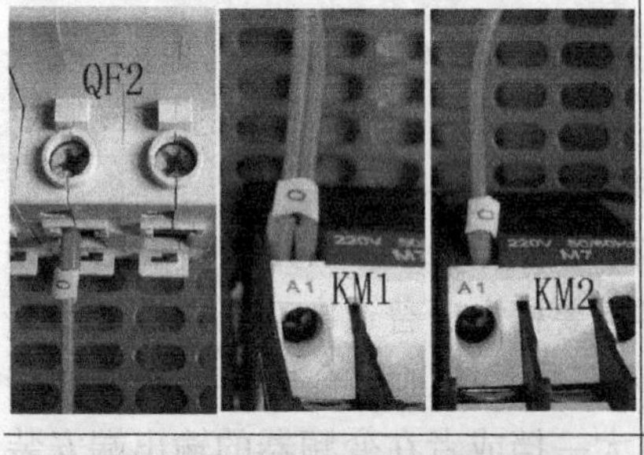	［布置0号线］：用一根软导线将QF2的左接线座连接到接触器KM1的A1接线座，再并联一根导线到接触器KM2的A1接线座线上	① 本任务采用针式线夹，要根据导线的截面积选择不同尺寸的线夹 ② 布线前，先清除线槽内的污物，使线槽内外清洁 ③ 导线连接前应先做好线夹，线夹要压紧，使导线与线夹接触良好，不能露铜过长，也不能压绝缘层
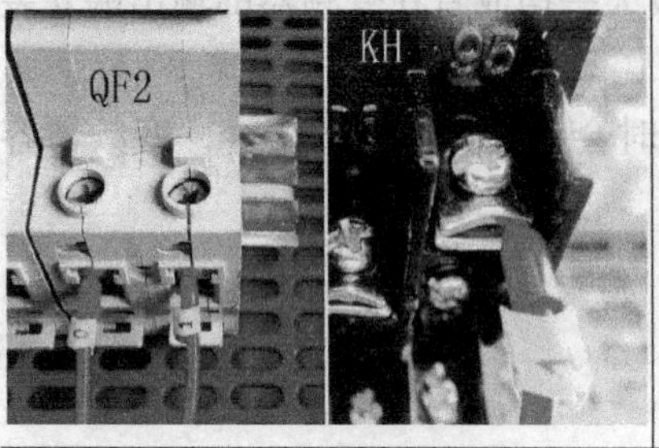	［布置1号线］：用一根软导线将QF2右接线座连接到热继电器KH的95号端子接线座上	

（续）

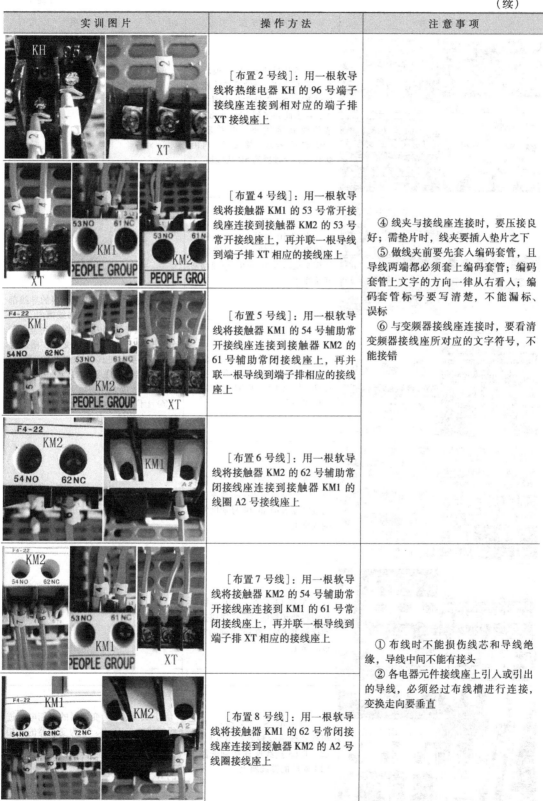

<table>
<tr><th>实训图片</th><th>操作方法</th><th>注意事项</th></tr>
<tr><td>
</td><td>［布置 2 号线］：用一根软导线将热继电器 KH 的 96 号端子接线座连接到相对应的端子排 XT 接线座上</td><td rowspan="4">④ 线夹与接线座连接时，要压接良好；需垫片时，线夹要插入垫片之下
⑤ 做线夹前要先套入编码套管，且导线两端都必须套上编码套管；编码套管上文字的方向一律从右看入；编码套管标号要写清楚，不能漏标、误标
⑥ 与变频器接线座连接时，要看清变频器接线座所对应的文字符号，不能接错</td></tr>
<tr><td>
</td><td>［布置 4 号线］：用一根软导线将接触器 KM1 的 53 号常开接线座连接到接触器 KM2 的 53 号常开接线座上，再并联一根导线到端子排 XT 相应的接线座上</td></tr>
<tr><td>
</td><td>［布置 5 号线］：用一根软导线将接触器 KM1 的 54 号辅助常开接线座连接到接触器 KM2 的 61 号辅助常闭接线座上，再并联一根导线到端子排相应的接线座上</td></tr>
<tr><td>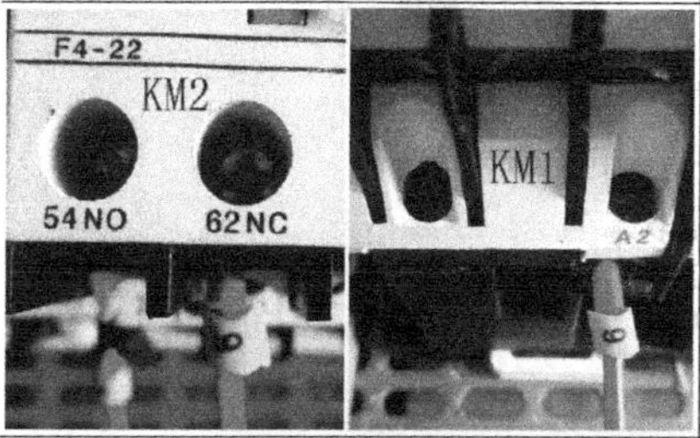
</td><td>［布置 6 号线］：用一根软导线将接触器 KM2 的 62 号辅助常闭接线座连接到接触器 KM1 的线圈 A2 号接线座上</td></tr>
<tr><td>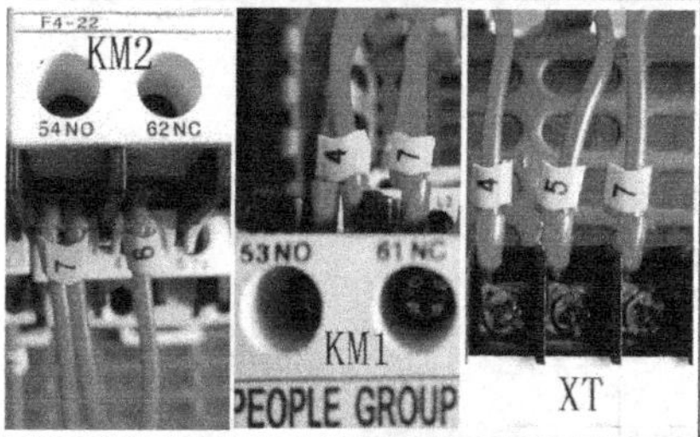
</td><td>［布置 7 号线］：用一根软导线将接触器 KM2 的 54 号辅助常开接线座连接到 KM1 的 61 号常闭接线座上，再并联一根导线到端子排 XT 相应的接线座上</td><td rowspan="2">① 布线时不能损伤线芯和导线绝缘，导线中间不能有接头
② 各电器元件接线座上引入或引出的导线，必须经过布线槽进行连接，变换走向要垂直</td></tr>
<tr><td>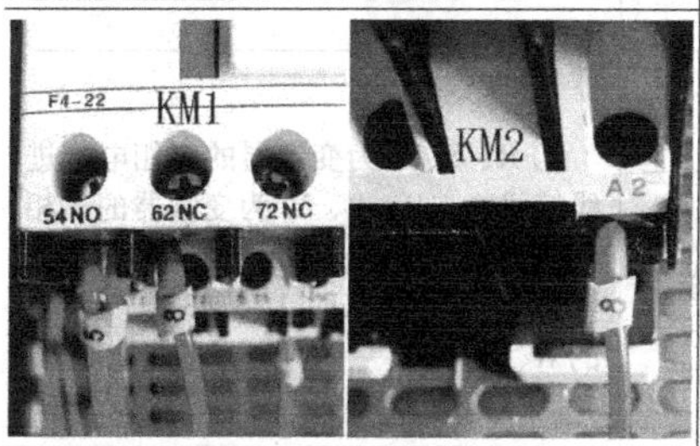
</td><td>［布置 8 号线］：用一根软导线将接触器 KM1 的 62 号常闭接线座连接到接触器 KM2 的 A2 号线圈接线座上</td></tr>
</table>

（续）

实训图片	操作方法	注意事项
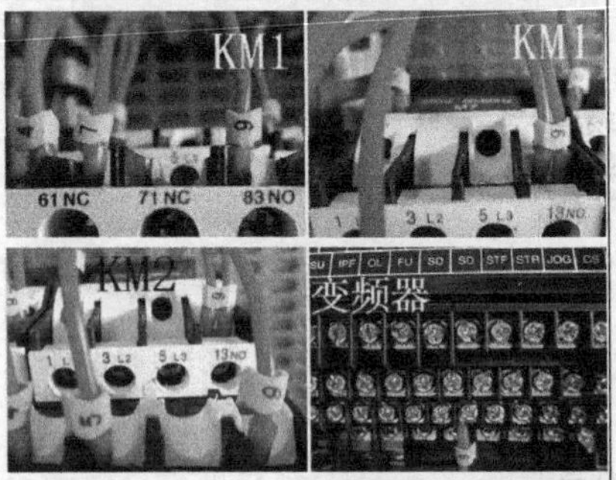	［布置9号线］：用一根软导线将KM1的83号常开接线座连接到KM1的13号常开线圈接线座，再由此并接到KM2的83号常开线圈接线座，再并联到KM2的13号常开接线座，再由此并接到变频器的SD接线座	
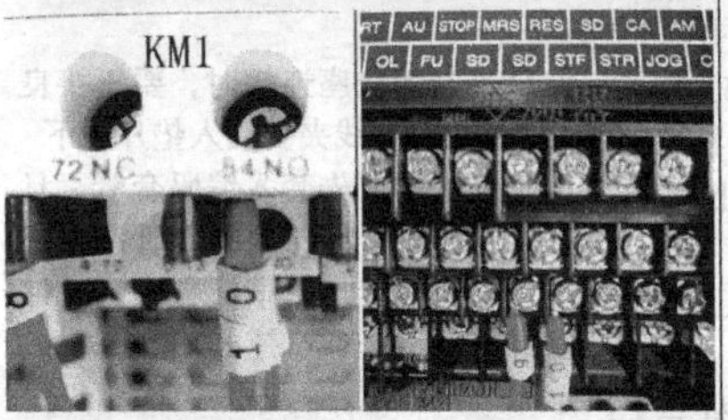	［布置10号线］：用一根软导线将变频器的STF接线座连接到接触器KM1的84号辅助常开接线座上	
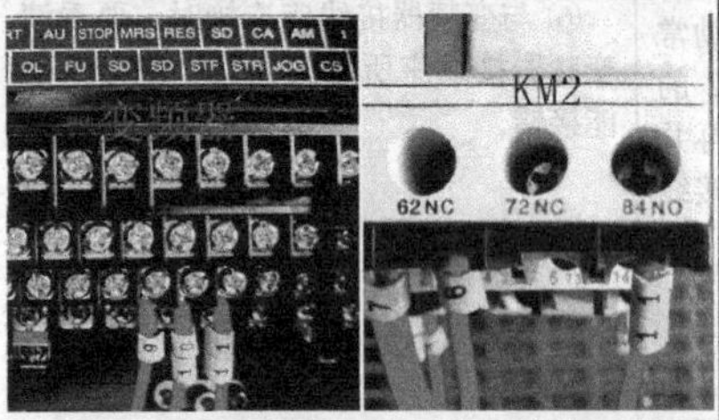	［布置11号线］：用一根软导线将变频器的STR接线座连接到接触器KM2的84号辅助常开接线座上	③ 与电器元件接线座连接的导线都不允许从水平方向进入布线槽内 ④ 进入布线槽内的导线要完全置于布线槽内，并尽量避免交叉，槽内导线数量不要超过其容量的70% ⑤ 要合理考虑导线的连接顺序和走向，以节约导线 ⑥ 十位数以上的编码套管，采用个位编码套管拼接形式
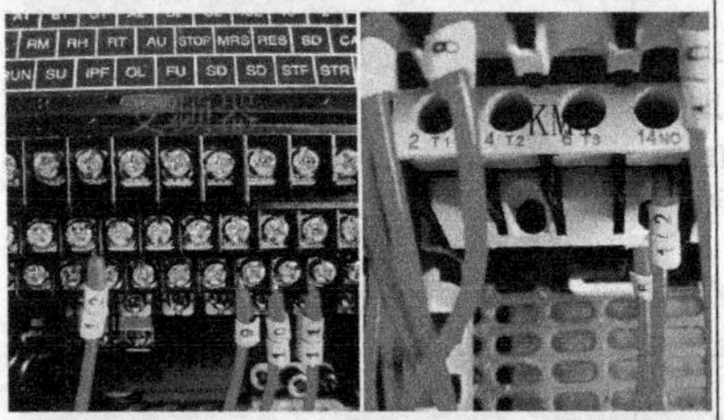	［布置12号线］：用一根软导线将变频器的RH接线座连接到接触器KM1的14号辅助常开接线座上	
	［布置13号线］：用一根软导线将变频器的RM接线座连接到接触器KM2的14号辅助常开接线座上	
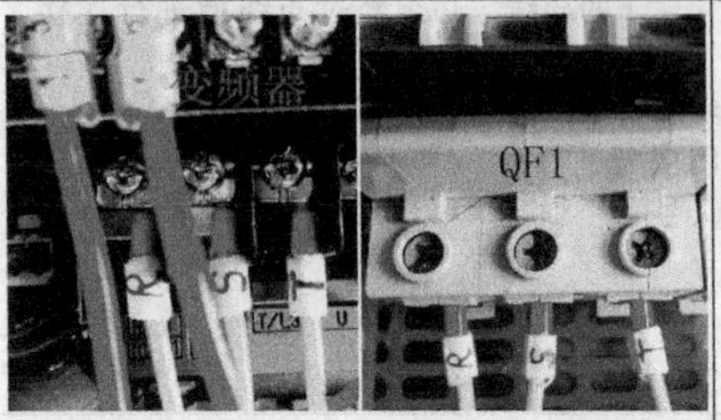	［布置R、S、T号线］：用三根软导线将变频器的R/L1、S/L2、T/L3接线座连接到断路器QF1对应的接线座上	① R、S、T为变频器的三相电源进线接线座；U、V、W为变频器的三相负荷出线接线座；不能接错 ② 电源出线L1、L2、L3与变频器的R、S、T要一一对应，不能接错

（续）

实训图片	操作方法	注意事项
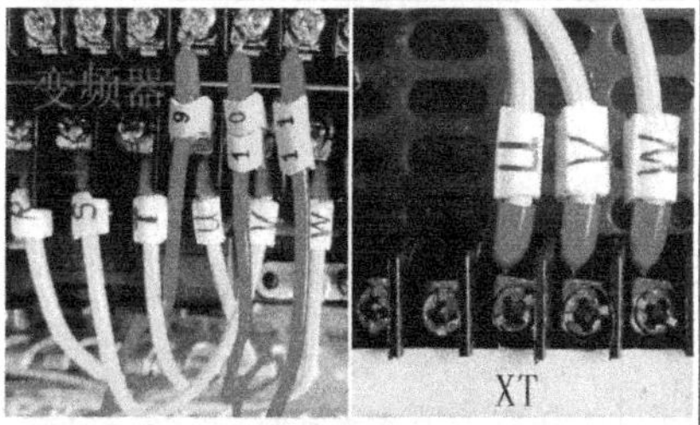	［布置 U、V、W 号线］：用三根软导线将变频器的 U、V、W 接线座连接到端子排 XT 相对应的接线座上	
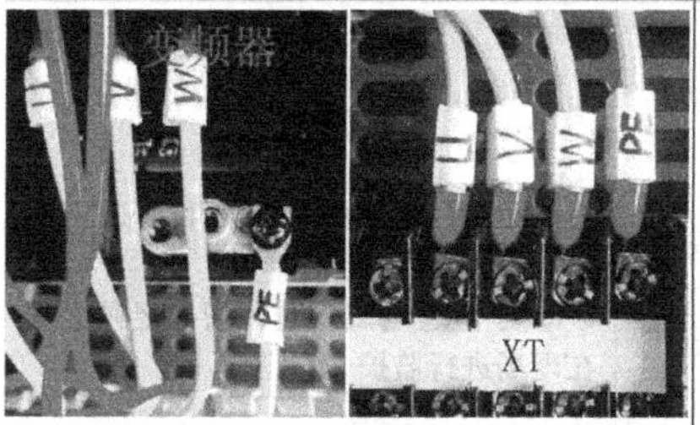	［布置 PE 号线］：用一根软导线将变频器的 PE 接线座连接到端子排 XT 相对应的接线座上	
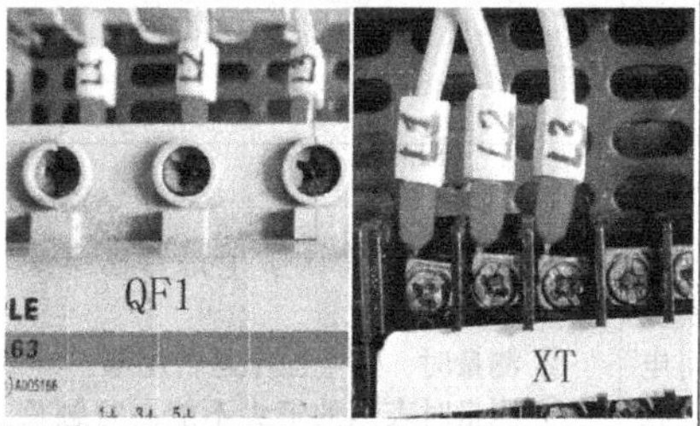	［布置 L1、L2、L3 号线］：用三根软导线将 QF1 的三个进线座连接到端子排 XT 的对应接线座上	① 电源导线连接时三相电源相序要对应，从左至右依次为 L1、L2、L3 ② 单相电源与三相电源要分开连接 ③ 手写编码套管，文字编号要书写清楚、端正，大小一致；套入的方向一律以从右看入为准 ④ 变频器要单独接地
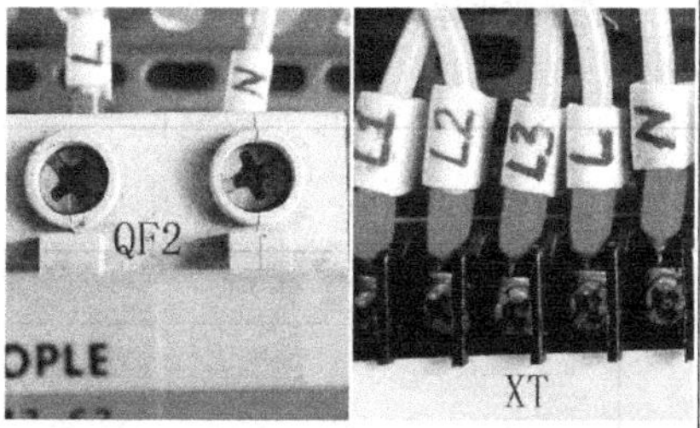	［布置 L、N 号线］：用两根软导线将端子排 XT 的对应接线座连接到 QF2 的两个进线接线座	
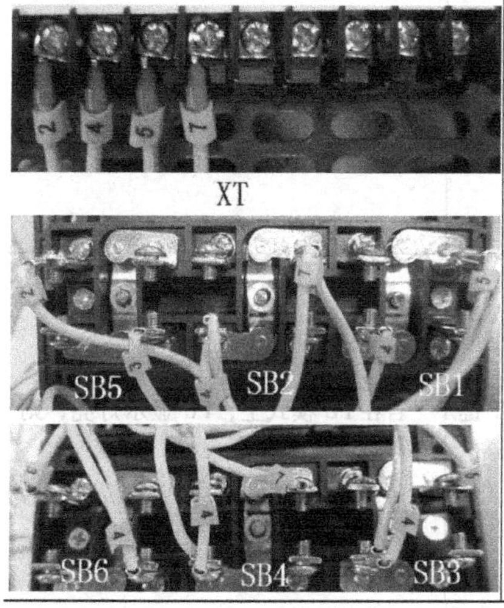	［布置按钮线］：将端子排 2、4、5、7 号线分别接在按钮 SB1、SB2、SB3、SB4、SB5、SB6 的对应接线座	3 号线由一个开关的常闭按钮（SB5）的一个接线座，经过开关接线孔连接到另一个开关的常闭按钮（SB6）的一个接线座

三、电动机、电源连接

实训图片	操作方法	注意事项
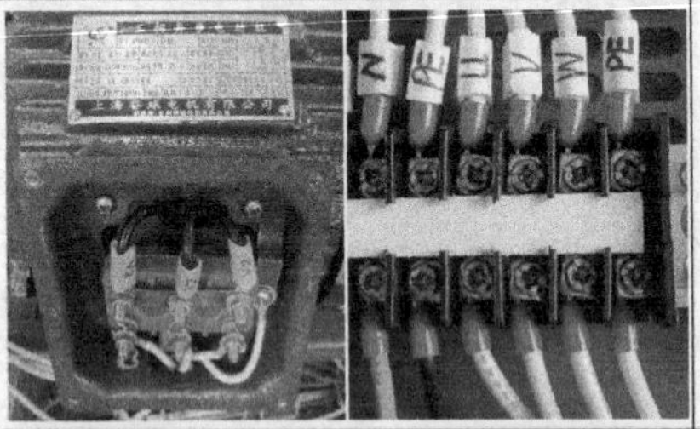	［电动机连接］：将电动机定子绕组的三根引出线分别与端子排对应接线座 U、V、W 进行连接，并将电动机的外壳与端子排接线座 PE 进行连接	电动机的外壳应可靠接地
	［连接电源］：将三相四线电源线连接到接线端子排的 L1、L2、L3、PE、L、N 对应位置	① 由指导老师指导学生接通三相电源 ② 学生通电试验时，指导老师必须在现场进行监护
	［验电］：合上总电源开关，用万用表 500V 电压挡，分别测量低压断路器进线端的相间电压，确认三相四线制电源的三相电压平衡	① 测量前，确认学生是否已穿绝缘鞋 ② 测量时，学生操作是否规范 ③ 测量时表笔的笔尖不能同时触及两根带电体

四、交流变频器的参数设置

实训图片	操作方法	注意事项
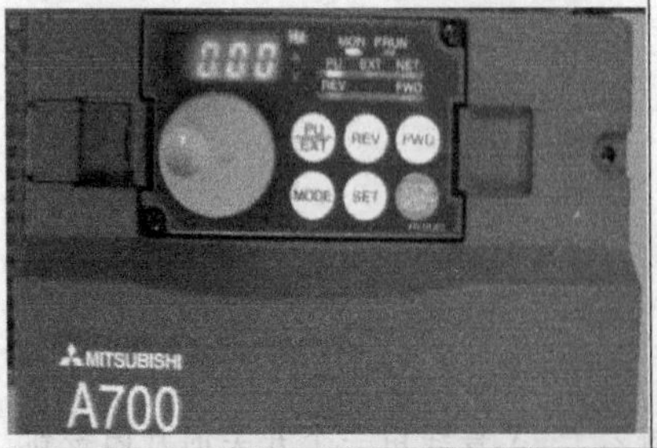	［初始画面］：接通电源，合上 QF1。变频器通入电源后，出现图示初始画面	供给电源时的画面监视器显示
	［调模式］：按下 PU/EXT 键切换到参数设定模式	若在 PU 模式上，PU 显示灯亮，则不需要调

（续）

实训图片	操作方法	注意事项
	[清零]：先按“MODE”，出现“P.0”，然后旋转旋钮找到“RLLC”，再按“SET”后，出现“0”，再将旋钮旋至“1”，再长按“SET”确认，出现“1”与“RLLC”互闪	通过设定Pr. CL参数清除，ALLC参数全部清除＝“1”，使参数恢复为初始值
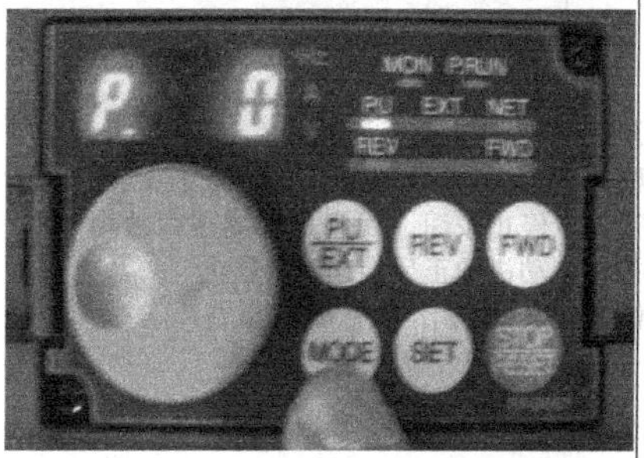	[参数模式]：先按“MODE”，出现“P.0”，然后旋转旋钮来选择改变参数的设定值	将旋转旋钮从P.0旋至P.1为变更上限频率；若旋至P.2为变更下限频率；若旋至P.7为变更加速时间；若旋至P.8为变更减速时间，等
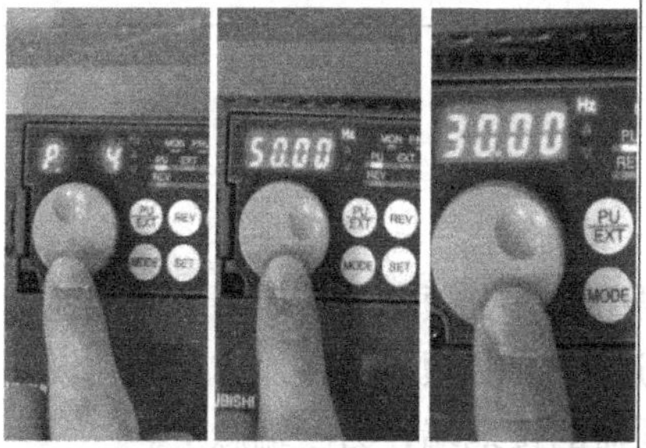	[正转参数设定]：将旋钮旋至“P.4”，按下“SET”，出现“50.00Hz”，然后旋转旋钮至“30.00Hz”，最后长按“SET”，出现“P.4”与“30.00Hz”互闪	端子RH、RM、RL的初始值分别为50Hz、30Hz、10Hz，可以通过P.4、P.5、P.6进行更改
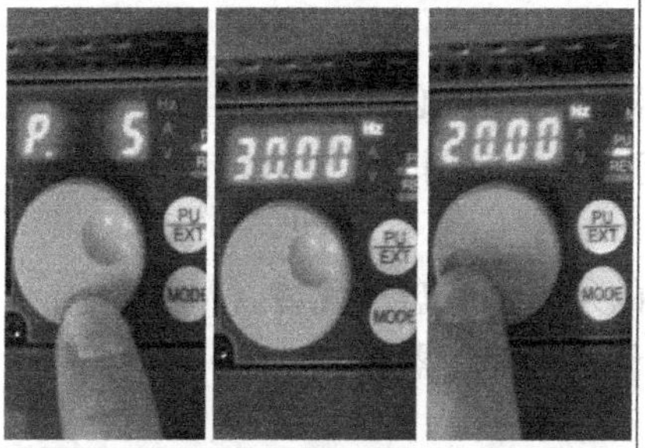	[反转参数设定]：将旋钮旋至“P.5”，按下“SET”，出现“30.00Hz”，然后旋转旋钮至“20.00Hz”，最后长按“SET”，出现“P.5”与“20.00Hz”互闪	
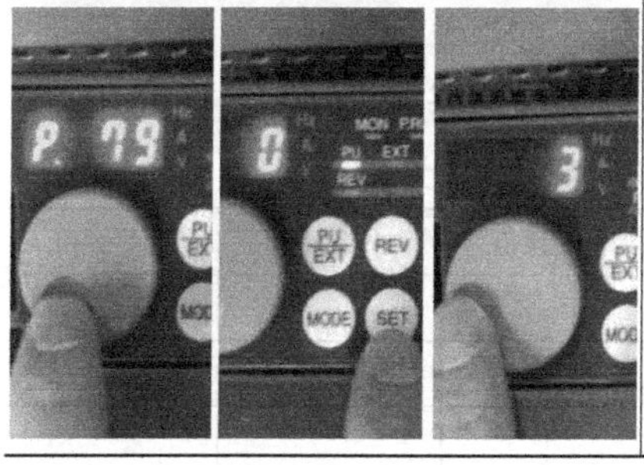	[外部模式参数设置]：将旋钮旋至“P.79”，按下“SET”，出现“0”，然后旋转旋钮至“3”，最后长按“SET”，出现“P.79”与“3”互闪	PU运行模式下，输出频率监视器

五、通电试验

实训图片	操作方法	注意事项
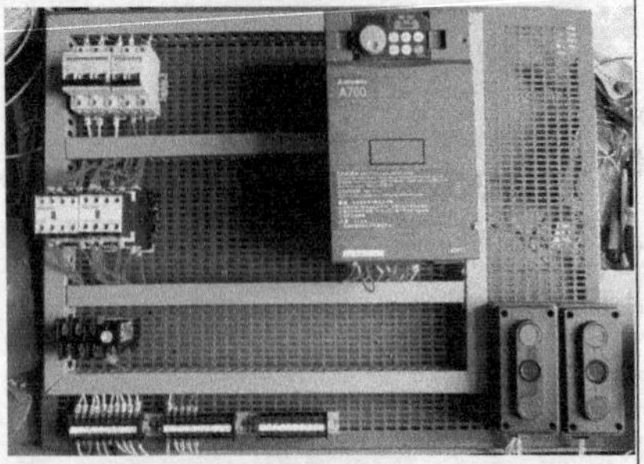	［电路检查］：根据电路图或接线图从电源端开始，逐段检查核对线号是否正确，有无漏接、错接，线夹与接线座连接是否松动	① 检查时要断开电源 ② 要检查导线接点是否符合要求、压接是否牢固；编码套管是否齐全 ③ 电路检查后，应盖上线槽板
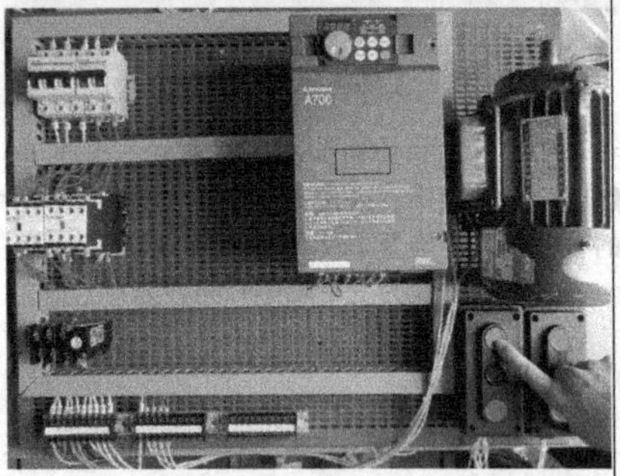	［带电动机试验］：合上开关QF1，先按下按钮SB1，观察KM1接触器吸合情况，变频器参数变化情况；再按下停止按钮SB5，观察KM1接触器动作情况，及变频器参数变化情况……	① 要分别按下两地的正反转起动、停止按钮，观察是否能在两地控制电动机的正反转起动、停止 ② 操作时注意安全

提醒注意

一、变频器的接地

变频器正确接地是提高系统稳定性、抑制噪声的重要手段。变频器的接地端子的接地电阻越小越好，接地导线的截面积不小于4mm^2，长度不超过5m。变频器的接地应和动力设备的接地点分开，不能共地。信号线的屏蔽层一端接到变频器的接地端，另一端悬空。

二、接地注意事项

1）由于在变频器内有漏电流，为了防止触电，变频器和电动机必须接地。

2）接地时必须遵循国家及当地安全法规和电气规范要求。使用EN规格时，请使用实施了中性点接地的电源。

3）变频器接地必须用独立接地端子，不要用带螺钉的外壳、底盘等代替。

4）接地线尽量用粗线，接地线尽量短，接地点请尽量靠近变频器。

检查评价

通电试车完毕，切断电源，先拆除电源线，再拆除电动机线，然后进行综合评价。

任务评价

序号	评价指标	评价内容	分值	个人评价	小组评价	教师评价
1	电路设计	能正确设计变频器主电路	5			
		能正确绘制控制电路	10			
		能熟练正确地设计变频器的参数	10			

（续）

序号	评价指标	评价内容	分值	个人评价	小组评价	教师评价
2	布线	不按电路图接线	10			
		布线不符合要求	5			
		线夹接触不良、接点松动、露铜过长	5			
		未套装或漏套编码套管	5			
		未接接地线	5			
3	参数设定	会开机、清零	5			
		会正确设置参数模式	5			
		会正确设置变频器正、反转参数	5			
		会正确设置变频器外部参数模式	5			
4	通电操作	第一次试车不成功	5			
		第二次试车不成功	10			
5	安全规范	是否穿绝缘鞋	5			
		操作是否规范安全	5			
总分			100			
问题记录和解决方法			记录任务实施过程中出现的问题和采取的解决办法（可附页）			

能 力 评 价

内　容		评　价	
学习目标	评价项目	小组评价	教师评价
应知应会	本任务的相关基本概念是否熟悉	□Yes　□No	□Yes　□No
	是否熟练掌握变频器的使用	□Yes　□No	□Yes　□No
专业能力	是否熟练掌握变频器控制回路接线	□Yes　□No	□Yes　□No
	是否熟练掌握变频器主回路接线	□Yes　□No	□Yes　□No
	是否熟练掌握变频器的参数设定	□Yes　□No	□Yes　□No
	是否具有相关专业知识的融合能力	□Yes　□No	□Yes　□No
通用能力	团队合作能力	□Yes　□No	□Yes　□No
	沟通协调能力	□Yes　□No	□Yes　□No
	解决问题能力	□Yes　□No	□Yes　□No
	自我管理能力	□Yes　□No	□Yes　□No
	创新能力	□Yes　□No	□Yes　□No
态　度	爱岗敬业	□Yes　□No	□Yes　□No
	工作认真	□Yes　□No	□Yes　□No
	劳动负责	□Yes　□No	□Yes　□No
个人努力方向：		老师、同学建议：	

思考与提高

1. FWD 或者 REV 灯不亮是为什么？
2. 旋钮旋转后频率不变，为什么？
3. 电动机不能按设定的频率运行，为什么？

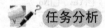

任务十三　用 PLC-变频器控制电动机的三段速运转电路的安装调试

训练目标

- 掌握 PLC 与变频器的连接方法及其外部接线。
- 掌握变频器多段速率控制方式及其设置方法。
- 熟悉变频器的运行、调试及操作方法。
- 掌握 PLC-变频器联机调试方法。

任务描述

在工业自动化控制系统中，最为常见的是 PLC 和变频器的组合运用，并产生了多种多样的 PLC 控制变频器的方式，比如可以利用 PLC 的模拟量输出模块控制变频器，PLC 还可以通过 RS485 通信接口控制变频器，也可以利用 PLC 的开关量输入/输出模块控制变频器。下面我们介绍 PLC 和变频器的组合运用情况，针对 PLC 控制的电动机变频调速系统进行分析，采用 PLC 来控制变频器调速，充分发挥可编程序控制器的高可靠性、灵活性、通用性、扩展性等优点，通过 PLC 的开关量输入/输出模块控制变频器的多功能输入端实现对电动机的多级调速，本任务主要实现 PLC 控制变频器实现电动机三段速运转电路的安装调试。

任务分析

本任务要求实现用 PLC-变频器控制电动机三段速运转电路的安装调试"，要完成此任务，首先根据控制要求应正确设计 PLC-变频器控制电动机三段速运转电路的外部接线图，做到按图施工、按图安装、按图接线，并要熟悉其控制电路的主要元器件，了解其组成、作用，然后编写 PLC 程序，通过数据线传送到 PLC 内部，最后进行变频器的参数设置以及控制电路的调试。

一、任务引入

现有一台生产机械，共有三挡速度，按下起动按钮以后电动机以 30Hz 的速度正转 10s，停止 15s 以后电动机又以 20Hz 的速度反转 10s 以后，电动机再以 10Hz 的速度正转 10s，最后电动机停止 15s 后循环，如图所示。

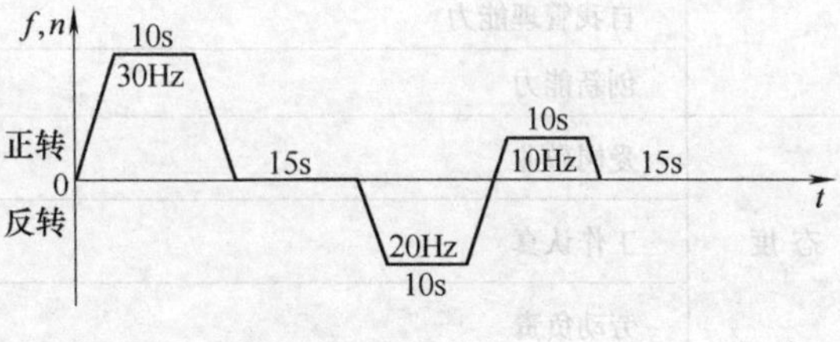

二、PLC 控制电动机变频调速系统构成

PLC 控制电动机变频调速系统由计算机、三菱 FX2N-48MR PLC、FR－A700 系列变频

器、电动机、控制按钮等组成。计算机通过适配器（SC-09 电缆线），采用 RS232 通信协议与 PLC 相连接，利用数据线将 PLC 与变频器（FR－A700）连接，通过 PLC 程序控制，来改变变频器的频率，从而实现可编程序控制器对电动机频率改变的控制，达到通过改变频率对电动机进行调速的目的。其原理框图如下图所示：

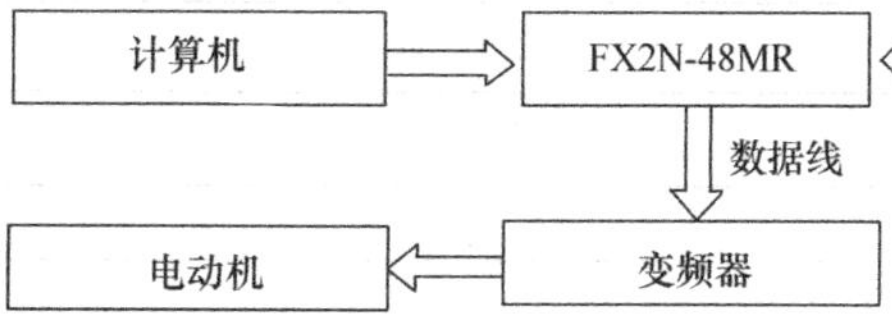

三、控制系统的软件设计

1. 根据控制要求分配输入/输出地址

输入			输出		
元件代号	作用	输入继电器	元件代号	作用	输出继电器
SB1	起动按钮	X0	STF	正转	Y0
SB2	停止按钮	X1	STR	反转	Y1
			RH	速度一	Y2
			RM	速度二	Y3
			RL	速度三	Y4

2. 画出 PLC-变频器控制电动机三段速运转的外部接线图

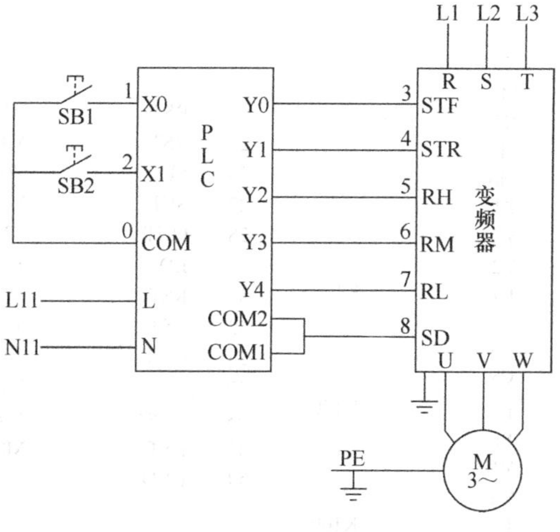

3. 编写梯形图程序

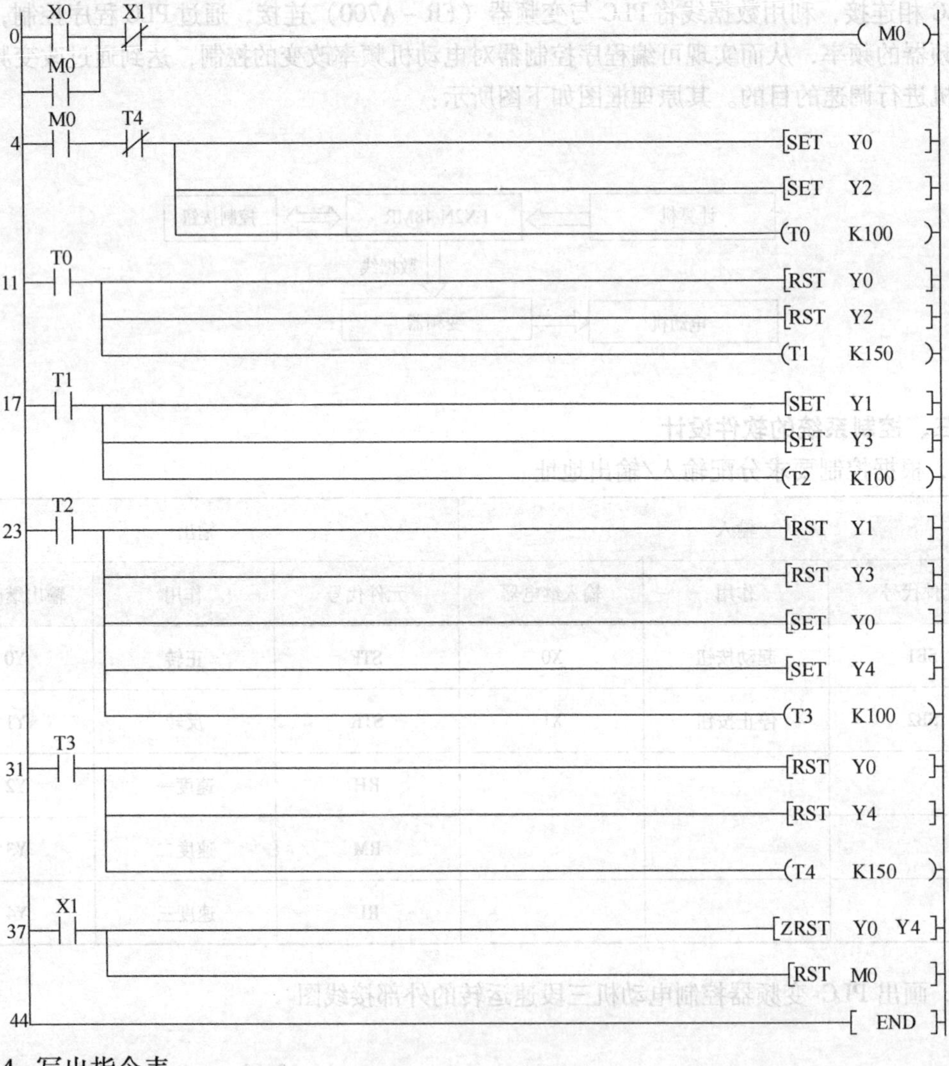

4. 写出指令表

0	LD	X0	
1	OR	M0	
2	ANI	X1	
3	OUT	M0	
4	LD	M0	
5	ANI	T4	
6	SET	Y0	
7	SET	Y2	
8	OUT	T0	K100
11	LD	T0	
12	RST	Y0	
13	RST	Y2	
14	OUT	T1	K150
17	LD	T1	
18	SET	Y1	
19	SET	Y3	
20	OUT	T2	K100
23	LD	T2	
24	RST	Y1	
25	RST	Y3	
26	SET	Y0	
27	SET	Y4	
28	OUT	T3	K100
31	LD	T3	
32	RST	Y0	
33	RST	Y4	
34	OUT	T4	K150
37	LD	X1	
38	ZRST	Y0	Y4
43	RST	M0	
44	END		

相关知识

一、PLC 与变频器的组合

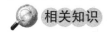

在工业自动化控制系统中，最为常见的是 PLC 和变频器的组合使用，并且产生了多种多样的 PLC 控制变频器的方法。通过 PLC 与变频器的组合对机械产品进行控制，其优点是拥有较强的抗干扰能力，传输速率高，传输距离远且节省部件经费，从而减少资金消耗。而且 PLC 控制变频器这个组合能更有效地反映故障信息，作用动作更迅速，测量更准确，控制更简单方便。

二、变频器和 PLC 进行配合时的注意事项

1. 开关指令信号的输入

变频器的输入信号中包括对停止/运行、正转/反转、微动等运行状态进行操作的开关型指令信号。变频器通常利用继电器接点或具有继电器接点开关特性的元器件（如晶体管）与 PLC 相连，得到运行状态指令。

在使用继电器接点时，常常因为接触不良而带来误动作；使用晶体管进行连接时，则需考虑晶体管本身的电压、电流容量等因素，保证系统的可靠性。

在设计变频器的输入信号电路时还应该注意，当输入信号电路连接不当时，有时也会造成变频器的误动作。例如当输入信号电路采用继电器等感性负载时，继电器开/闭产生的浪涌电流带来的噪声有可能引起变频器的误动作，应尽量避免。

当输入信号进行变频时，有时会发生外部电源和变频器控制电源（DC 24V）之间的串扰。正确的连接方法是利用 PLC 电源，将外部晶体管的集电极经过二极管连接到 PLC。

2. 数值信号的输入

变频器中也存在一些数值型（如频率、电压等）指令信号的输入，可分为数字信号和模拟信号两种。数字输入多采用变频器面板上的键盘操作和串行接口来给定；模拟量输入则通过接线端子外部给定，通常 0 ~ 10V/5V 的电压信号或 0/4 ~ 20mA 的电流信号输入。由于接口电路因输入信号而异，所以必须根据变频器的输入阻抗选择 PLC 的输出模块。

当变频器和 PLC 的电压信号范围不同时，如变频器的输入信号为 0 ~ 10V，而 PLC 的输出电压信号范围为 0 ~ 5V；或 PLC 的一侧的输出信号电压范围为 0 ~ 10V，而变频器的输入电压信号范围为 0 ~ 5V 时，由于变频器和晶体管的允许电压、电流等因素的限制，所以需要串联的方式接入限流电阻及分压方式，以保证进行开闭时不超过 PLC 和变频器相应的容量。此外接线时还应注意将布线分开，保证主电路一侧的噪声不传到控制电路。

通常变频器也通过接线端子向外部输出相应的检测模拟信号。电信号的范围通常为 0 ~ 10V/5V 及 0/4 ~ 20mA 电流信号。无论哪种情况，都应注意：PLC 一侧的输入阻抗的大小要保证电路中电压和电流不超过电路的允许值，以保证系统的可靠性和减少误差。

另外，在使用 PLC 进行顺序控制时，由于 CPU 进行数据处理需要时间，存在一定的时间延迟，故在较精确的控制时应予以考虑。

任务实施

一、元器件选择

根据控制电动机的功率，选择合适容量、规格的元器件，并进行质量检查。

序号	元器件名称	型号、规格	数量	备注
1	低压断路器	DZ47－63	2	3极、2极各一只
2	按钮	LA4－3H	1	
3	PLC	三菱 FX2N－48MR	1	
4	变频器	FR－A740	1	
5	塑料导线	BVR－1mm^2	30m	控制电路用
6	塑料导线	BVR－1.5mm^2	50m	主电路用
7	塑料导线	BVR－0.75mm^2	4m	按钮用
8	接线端子排	TD（AZ1）660V 15A	2	
9	三相异步电动机	Y112M－4 4kW 8.8A	1	
10	接线板	700mm×550mm×30mm	1	

二、电路安装接线

按照 PLC－变频器的接线图，用导线将各元器件、变频器和 PLC 相连。

实训图片	操作方法	注意事项
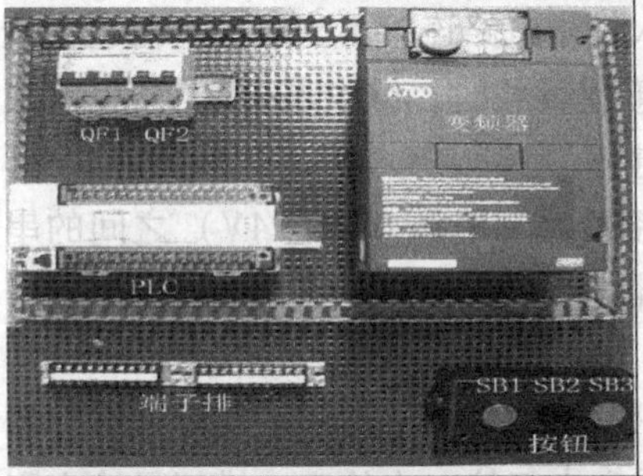	［安装各元器件］：将低压断路器、变频器、PLC 模块、按钮、端子排、线槽按要求安装在接线板上	① 安装时，应清除触头表面尘污 ② 安装处的环境温度应与电动机所处环境温度基本相同 ③ 安装按钮的金属板或金属按钮盒必须可靠接地 ④ 元器件安装要牢固，且不能损坏元器件
	［PLC 模块电源连接］：用两根软导线将低压断路器 QF2 的输出端与 PLC 模块中的 L、N 点相连接	① PLC 模块的电源要由单独的断路器控制 ② QF2 出线端左为 L11、右为 N11
	［布置 0 号线］：用一根软导线将 PLC 输入端的 COM 点连接到端子排对应的接线座	① 本任务采用针式线夹，要根据导线的截面积选择不同尺寸的线夹 ② 布线前，先清除线槽内的污物，使线槽内外清洁
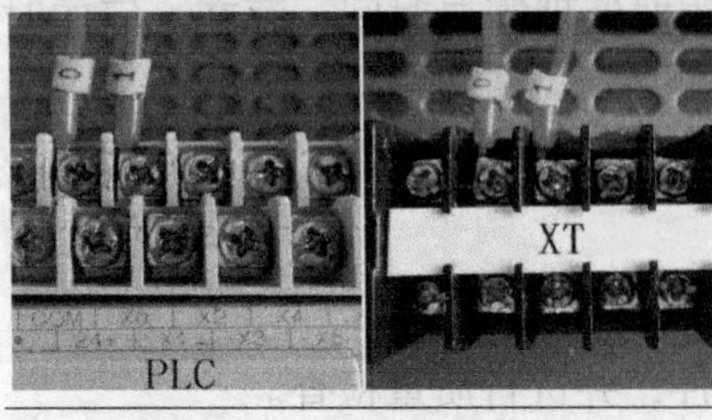	［布置 1 号线］：用一根软导线将 PLC 输入端的 X0 点连接到端子排对应的接线座	

（续）

实训图片	操作方法	注意事项
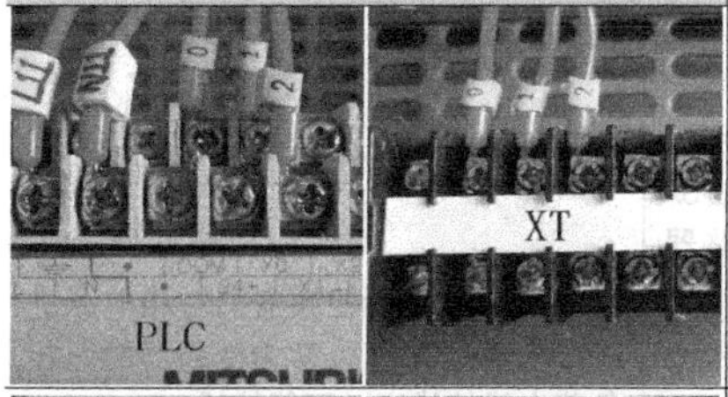	［布置2号线］：用一根软导线将PLC输入端的X1点连接到端子排对应的接线座	③ 导线连接前应先做好线夹，线夹要压紧，使导线与线夹接触良好，不能露铜过长，也不能压绝缘层 ④ 线夹与接线座连接时，要压接良好；需垫片时，线夹要插入垫片之下 ⑤ 做线夹前要先套入编码套管，且导线两端都必须套上编码套管；编码套管上文字的方向一律从右看入；编码套管标号要写清楚，不能漏标、误标 ⑥ 与变频器接线座连接时，要看清变频器接线座所对应的文字符号，不能接错
	［布置3号线］：用一根软导线将PLC输出端的Y0点连接到变频器的STF接线座	
	［布置4号线］：用一根软导线将PLC输出端的Y1点连接到变频器的STR接线座	
	［布置5号线］：用一根软导线将PLC输出端的Y2点连接到变频器的RH接线座	
	［布置6号线］：用一根软导线将PLC输出端的Y3点连接到变频器的RM接线座	① 布线时不能损伤线芯和导线绝缘，导线中间不能有接头 ② 各电器元件接线座上引入或引出的导线，必须经过布线槽进行连接，变换走向要垂直 ③ 与电器元件接线座连接的导线都不允许从水平方向进入布线槽内 ④ 进入布线槽内的导线要完全置于布线槽内，并尽量避免交叉，槽内导线数量不要超过其容量的70% ⑤ 要合理考虑导线的连接顺序和走向，以节约导线
	［布置7号线］：用一根软导线将PLC输出端的Y4点连接到变频器的RL接线座	
	［布置8号线］：用一根软导线将PLC输出端的COM1点连接到PLC输出端的COM2点再并联一根导线到变频器的SD接线座	

（续）

实训图片	操作方法	注意事项
	［布置 R、S、T 号线］：用三根软导线将变频器的 R/L1、S/L2、T/L3 接线座连接到断路器 QF1 对应的接线座上	① R、S、T 为变频器的三相电源进线接线座；U、V、W 为变频器的三相负荷出线接线座；不能接错 ② 断路器出线 L1、L2、L3 与变频器电源进线 R、S、T 要一一对应，不能对调
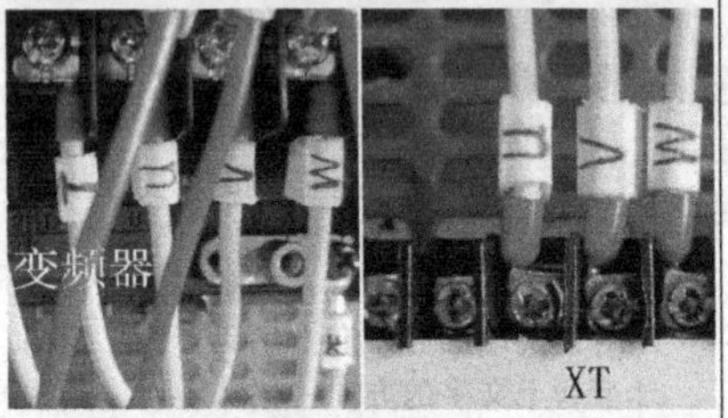	［布置 U、V、W 号线］：用三根软导线将变频器的 U、V、W 接线座连接到端子排 XT 相对应的接线座上	
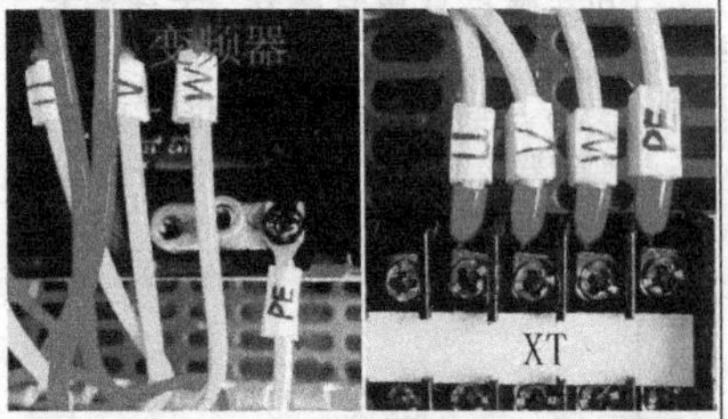	［布置 PE 号线］：用三根软导线将变频器的 PE 接线座连接到端子排 XT 相对应的接线座上	① 电源导线连接时三相电源相序要对应，从左至右依次为 L1、L2、L3 ② 手写编码套管，文字编号要书写清楚、端正，大小一致；套入的方向一律以从右看入为准 ③ 变频器要单独接地
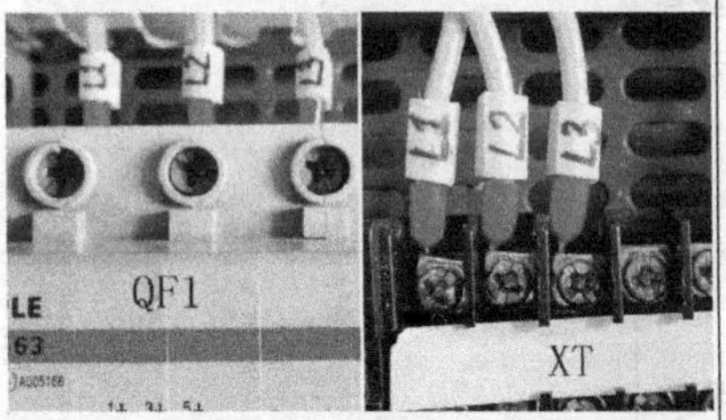	［布置 L1、L2、L3 号线］：用三根软导线将 QF1 的三个进线座连接到端子排 XT 的对应接线座上	
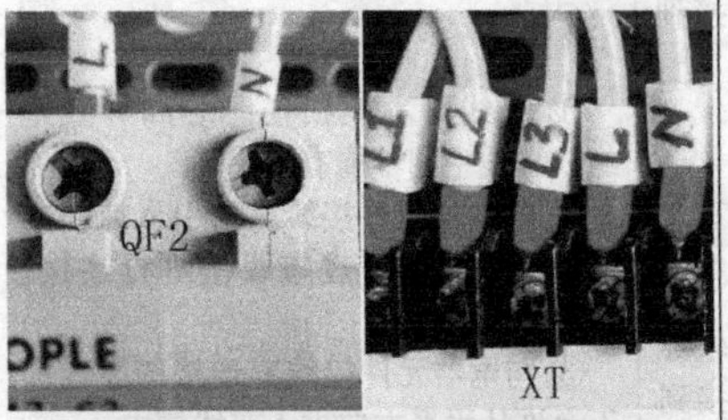	［布置 L、N 号线］：用两根软导线将端子排 XT 的对应接线座连接到 QF2 的两个进线接线座	单相电源与三相电源要分开连接
	［布置按钮线］：将端子排 0、1 号线接在 SB1 常开按钮两端；将 0、2 号线接在 SB2 常开按钮两端	① 进入按钮的导线一律外接，经过端子排接入按钮盒，必须穿过按钮盒的进出线孔 ② 与按钮接线座连接时线芯要绞合弯圈或采用线夹连接形式

三、电动机、电源连接

实训图片	操作方法	注意事项
 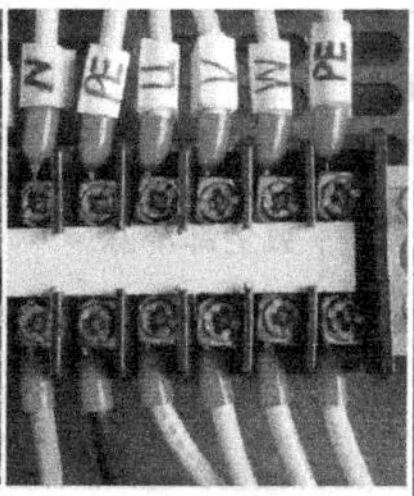	［电动机连接］：将电动机定子绕组的三根出线分别与端子排对应接线座 U、V、W 进行连接，并将电动机的外壳与端子排接线座 PE 进行连接	电动机的外壳应可靠接地
	［连接电源］：将三相四线电源线连接到接线端子排的 L1、L2、L3、PE、L、N 对应位置	① 由指导老师指导学生接通三相电源 ② 学生通电试验时，指导老师必须在现场进行监护
	［验电］：合上总电源开关，用万用表 500V 电压挡，分别测量低压断路器进线端的相间电压，确认三相四线制电源的三相电压平衡	① 测量前，确认学生是否已穿绝缘鞋 ② 测量时，学生操作是否规范 ③ 测量时表笔的笔尖不能同时触及两根带电体

四、交流变频器参数设置操作

实训图片	操作方法	注意事项
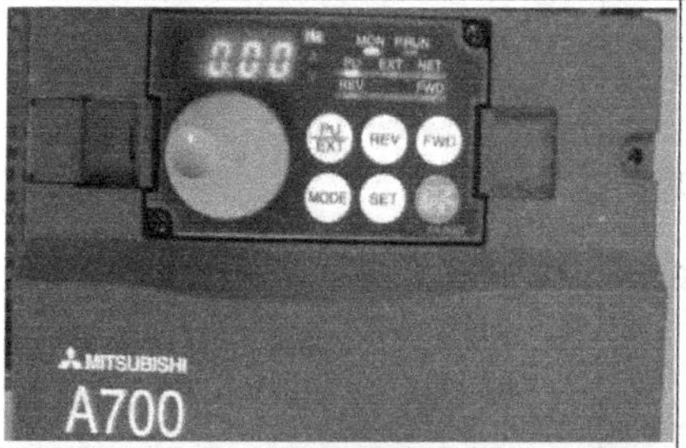	［初始画面］：接通电源，合上 QF1。变频器接通电源后，出现图示初始画面	供给电源时的画面监视器显示
	［调模式］：按下 PU/EXT 键切换到参数设定模式	若在 PU 模式上，PU 显示灯亮，则不需要调

（续）

实训图片	操作方法	注意事项
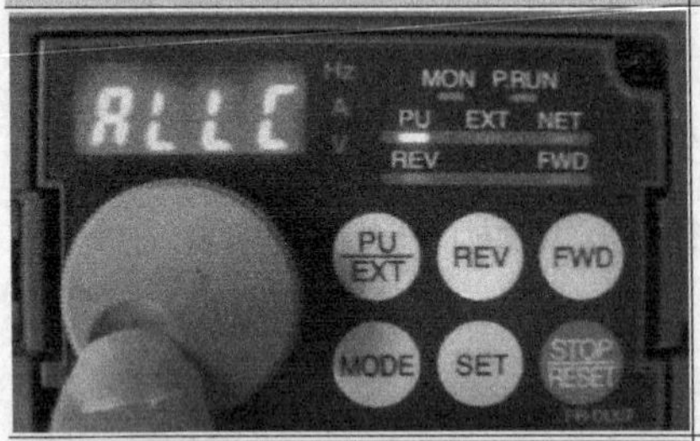	［清零］：先按“MODE”，出现“P. 0”，然后旋转旋钮找到“ALLC”，再按“SET”后，出现“0”，再将旋钮旋至“1”，再长按“SET”确认，出现“1”与“RLLC”互闪	通过设定 Pr. CL 参数清除，ALLC 参数全部清除 = “1”，使参数恢复为初始值
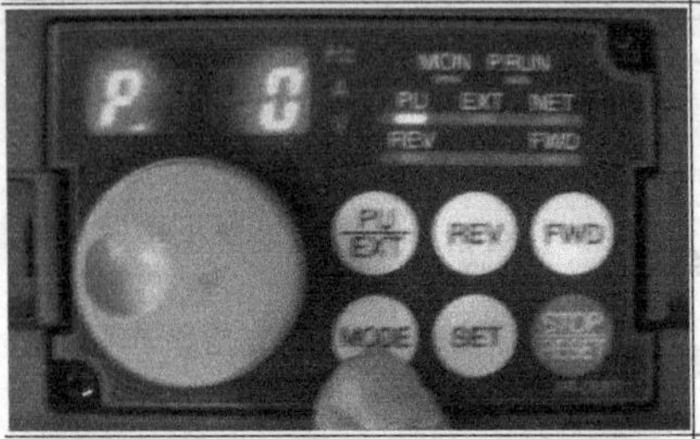	［参数模式］：先按“MODE”，出现“P. 0”，然后旋转旋钮来选择改变参数的设定值	将旋转旋钮从 P. 0 旋至 P. 1 为变更上限频率；若旋至 P. 2 为变更下限频率；若旋至 P. 7 为变更加速时间；若旋至 P. 8 为变更减速时间，等
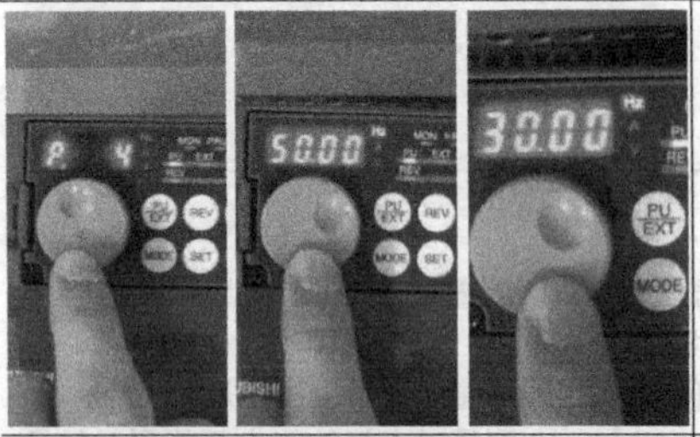	［速度一参数设定］：将旋钮旋至“P. 4”，按下“SET”，出现“50. 00Hz”，然后旋转旋钮至“30. 00Hz”，最后长按“SET”，出现“P. 4”与“30. 00Hz”互闪	
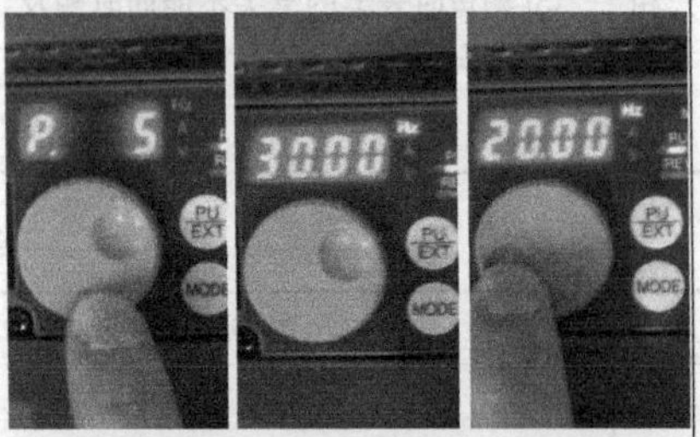	［速度二参数设定］：将旋钮旋至“P. 5”，按下“SET”，出现“30. 00Hz”，然后旋转旋钮至“20. 00Hz”，最后长按“SET”，出现“P. 5”与“20. 00Hz”互闪	① 端子 RH、RM、RL 的初始值分别为 50Hz、30Hz、10Hz，可以通过 P. 4、P. 5、P. 6 进行更改 ② 所有参数设定必须在 PU 运行模式下进行
	［速度三参数设定］：将旋钮旋至“P. 6”，按下“SET”，出现“10. 00Hz”，最后长按“SET”，出现“P. 6”与“10. 00Hz”互闪	
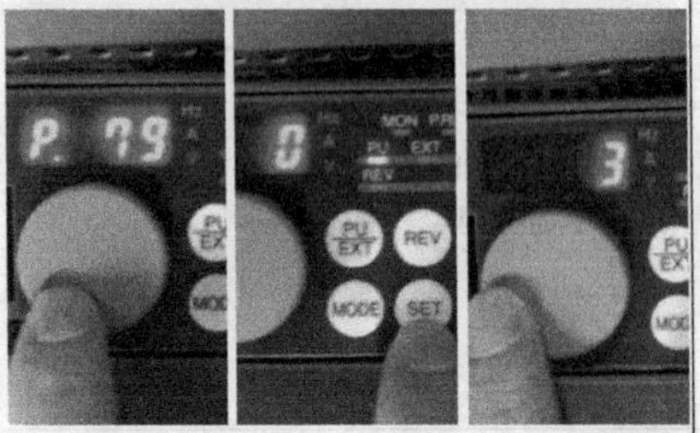	［外部模式参数设置］：将旋钮旋至“P. 79”，按下“SET”，出现“0”，然后旋转旋钮至“3”，最后长按“SET”，出现“P. 79”与“3”互闪	PU 运行模式下，输出频率监视器

五、程序录入

用 SWOPC－FXGP/WIN－C 编程软件录入相对应的指令或梯形图，观察是否正确录入。

实训图片	操作方法	注意事项
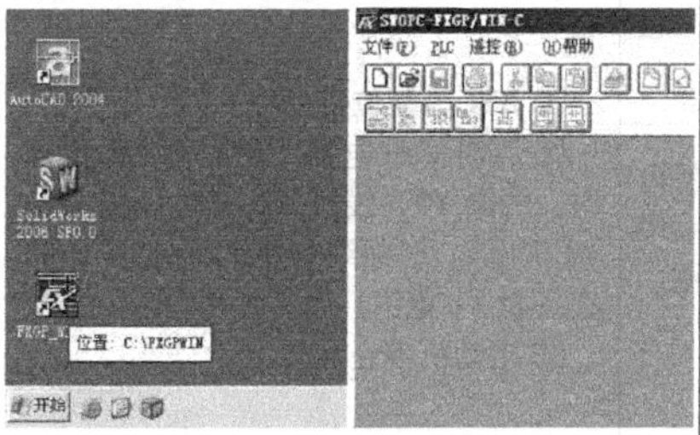	[启动程序]：开启计算机，双击桌面上 FXGP WIN-C 图标 ，出现 SWOPC- FXGP/WIN-C 屏幕	运用的软件要与所使用的 PLC 模块相对应
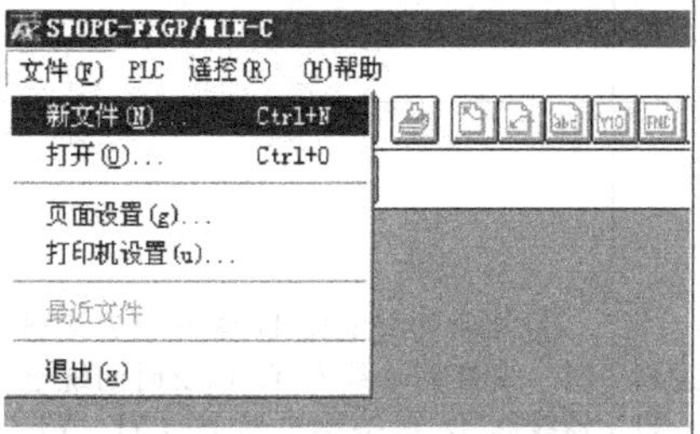	[新建一个程序文件]：单击“文件”菜单，单击“新文件”命令	或单击[🗋]图标，新建一个文件
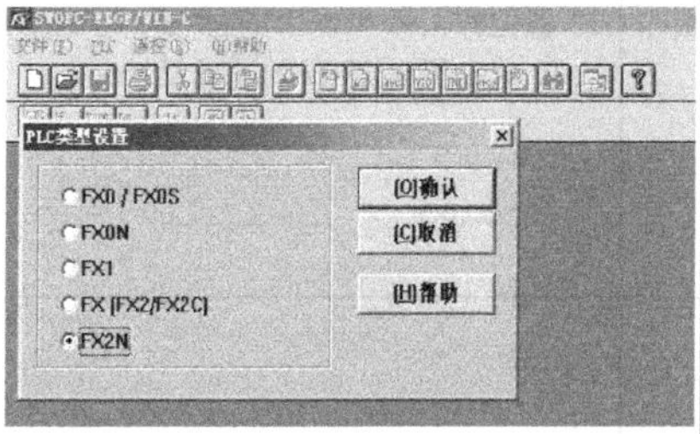	[选择机型]：单击“新文件”命令后，出现“PLC 类型设置”，选择机型，选择“FX2N”，单击确认	单击“FX2N”前的白圆圈后，圆圈中间出现一小黑点，表示选中
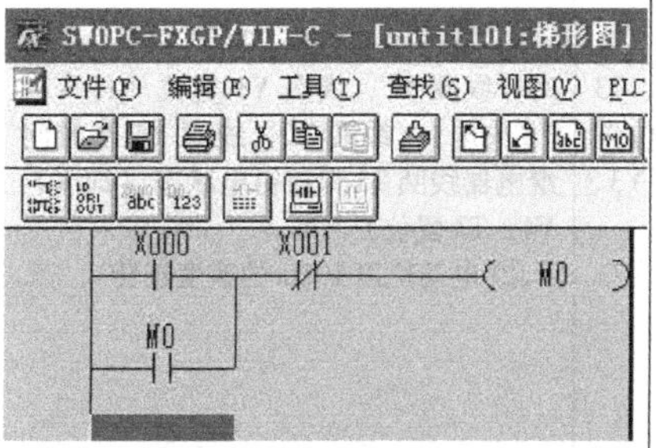	[输入 M0 线圈逻辑行]：在起始光标位置上分别输入 X0 常开、X1 常闭触头，M0 线圈及 M0 自锁触头	① 程序输入时，在键盘上键入一个指令如 ANI X0，就需要回车一次，再进行下一次键入 ② 一个逻辑行，以指令表 LD（或 LDI）开始，以 OUT 结束
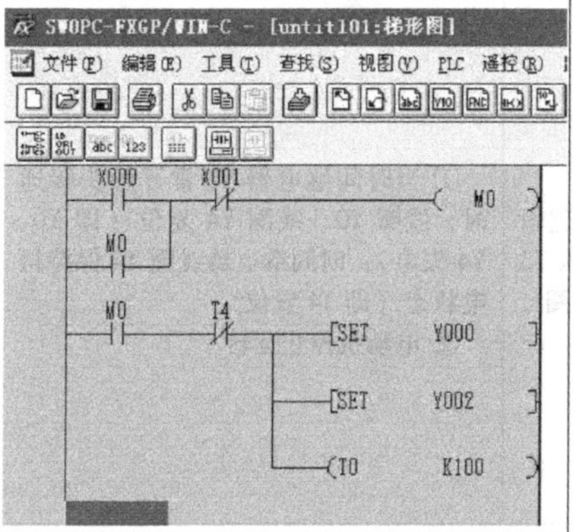	[输入 Y0、Y2、T0 线圈逻辑行]：在起始光标位置上输入 M0 常开、T4 常闭触头，Y0、Y2 及 T0 线圈	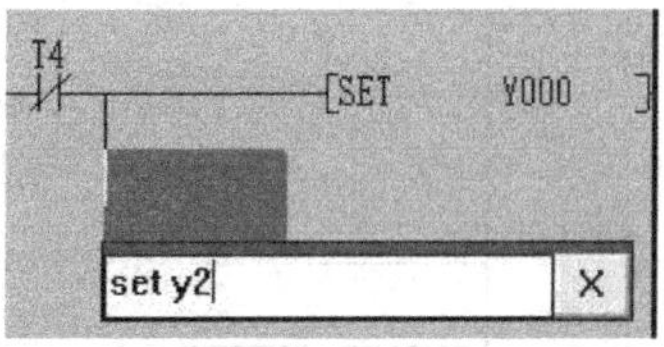 当 X0 常开接通时，M0 线圈得电，M0 常开闭合，Y0 变为 ON 状态并一直保持该状态，即使 X1 断开，M0 线圈失电或者 T4 常闭分断，Y0 的 ON 状态仍为持不变

（续）

实训图片	操作方法	注意事项
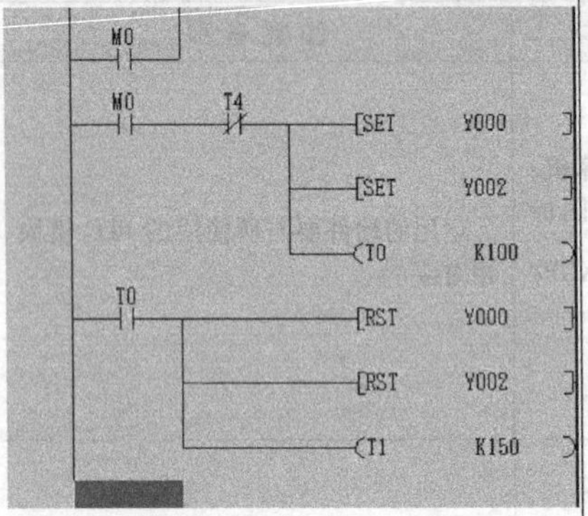	［输入Y0、Y2、T1线圈逻辑行］：在起始光标位置上输入T0常开触头，Y0、Y2及T1线圈	① RST为复位指令 ② 当时间继电器T0常开触头接通时，线圈Y0、线圈Y2复位（及Y0、Y2失电），时间继电器T1保持得电状态（及T1置位） ③ 电动机停止运转
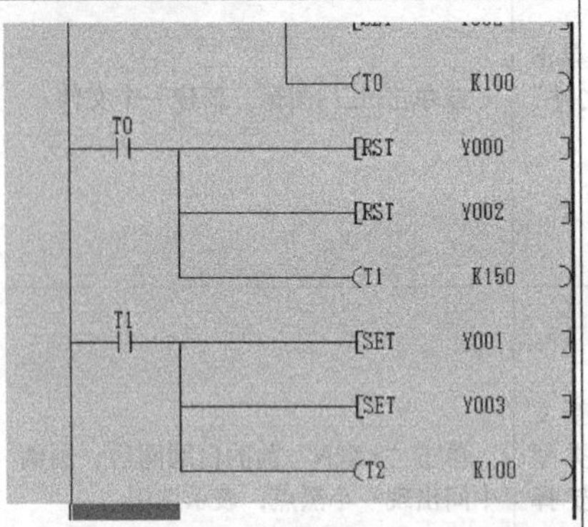	［输入Y1、Y3、T2线圈逻辑行］：在起始光标位置上输入T1常开触头，Y1、Y3及T2线圈	① 当时间继电器T1常开触头接通时，线圈Y1、线圈Y3以及时间继电器线圈T2保持得电状态（YI、Y3、T2置位） ② 电动机以20Hz的速度反转
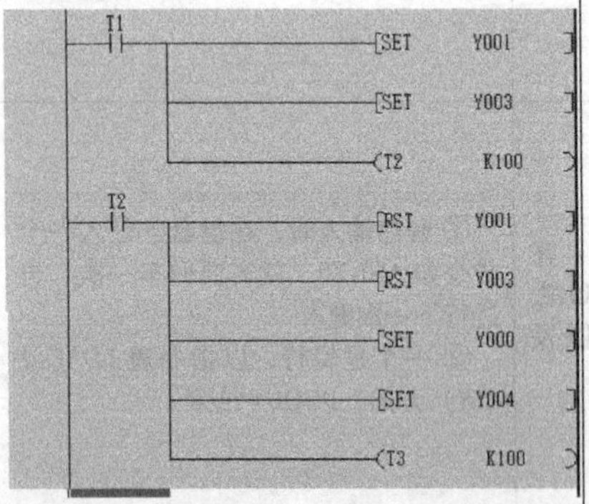	［输入Y1、Y3、Y0、Y4、T3线圈逻辑行］：在起始光标位置上输入T2常开触头，Y1、Y3、Y0、Y4及T3线圈	① 当时间继电器T2常开触头接通时，线圈Y1、线圈Y3复位（即Y1、Y3失电），线圈Y0、线圈Y4及时间继电器线圈T3保持得电状态（即Y0、Y4、T3置位） ② 电动机以10Hz的速度正转
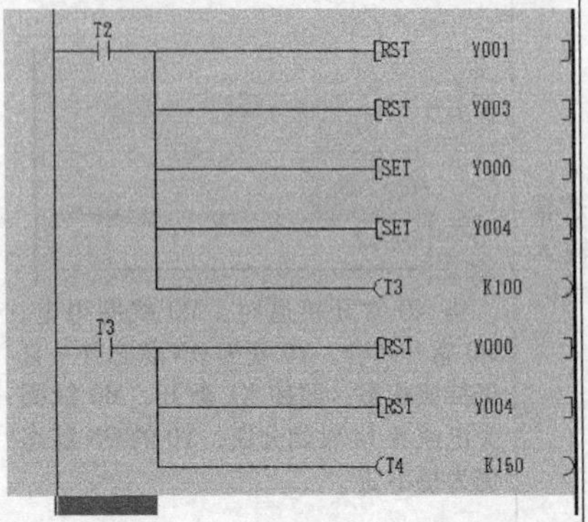	［输入Y0、Y4、T4线圈逻辑行］：在起始光标位置上输入T3常开触头，Y0、Y4及T4线圈	① 当时间继电器T3常开触头接通时，线圈Y0、线圈Y4复位（即Y0、Y4失电），时间继电器线圈T4保持得电状态（即T4置位） ② 电动机停止运转

（续）

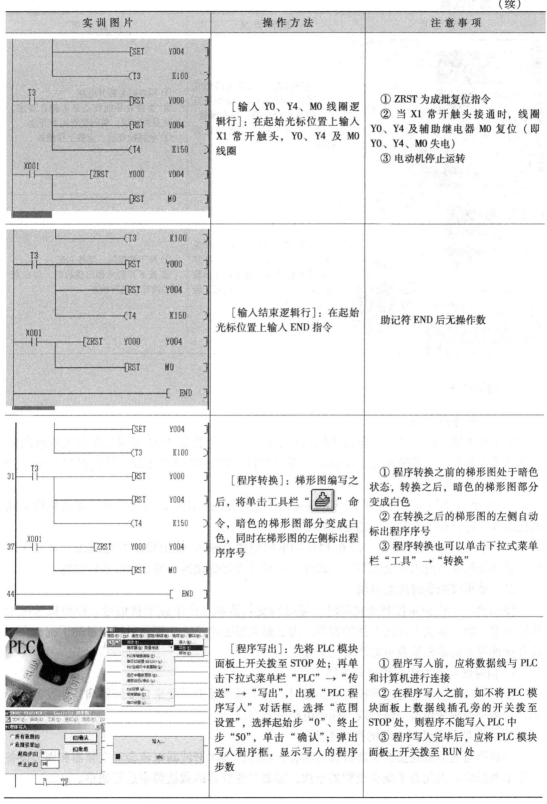

实训图片	操作方法	注意事项
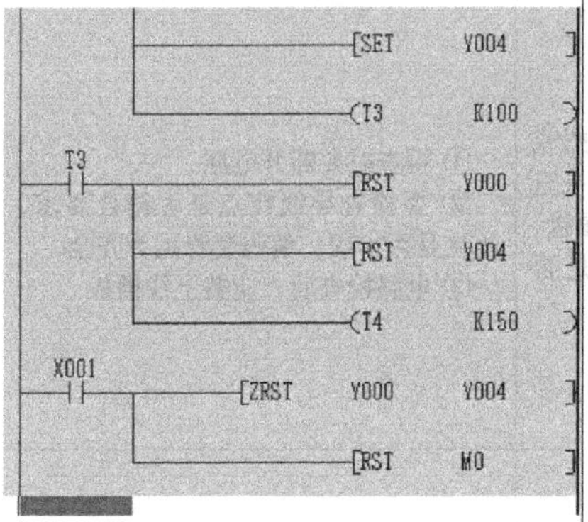	［输入 Y0、Y4、M0 线圈逻辑行］：在起始光标位置上输入 X1 常开触头，Y0、Y4 及 M0 线圈	① ZRST 为成批复位指令 ② 当 X1 常开触头接通时，线圈 Y0、Y4 及辅助继电器 M0 复位（即 Y0、Y4、M0 失电） ③ 电动机停止运转
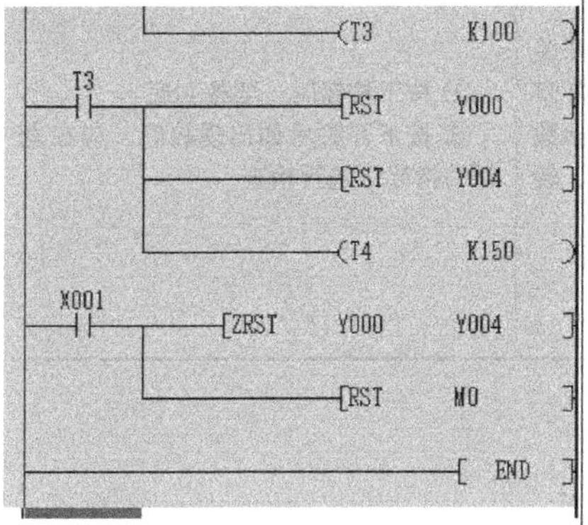	［输入结束逻辑行］：在起始光标位置上输入 END 指令	助记符 END 后无操作数
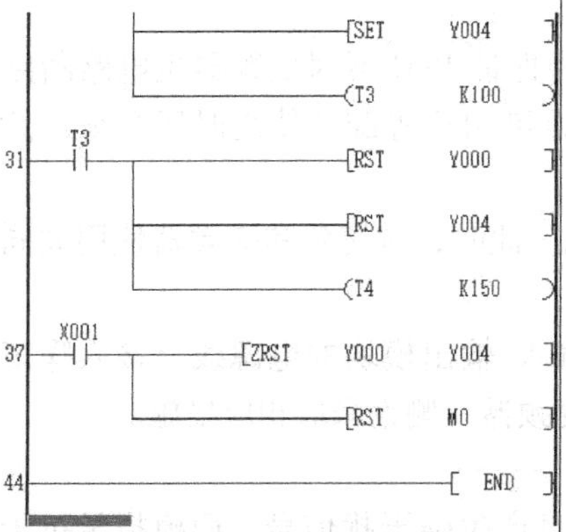	［程序转换］：梯形图编写之后，将单击工具栏“ ”命令，暗色的梯形图部分变成白色，同时在梯形图的左侧标出程序序号	① 程序转换之前的梯形图处于暗色状态，转换之后，暗色的梯形图部分变成白色 ② 在转换之后的梯形图的左侧自动标出程序序号 ③ 程序转换也可以单击下拉式菜单栏“工具”→“转换”
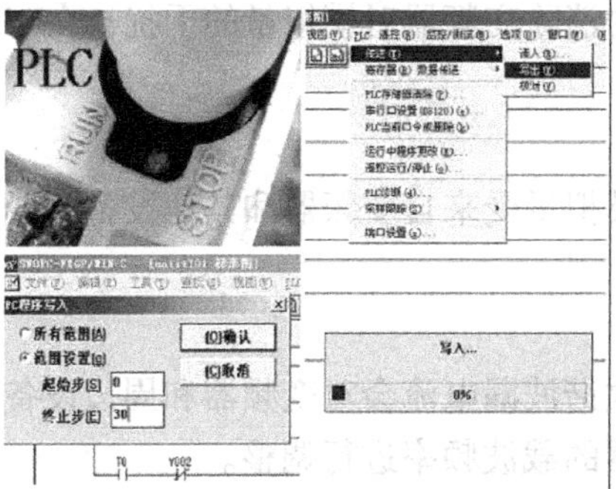	［程序写出］：先将 PLC 模块面板上开关拨至 STOP 处；再单击下拉式菜单栏“PLC”→“传送”→“写出”，出现“PLC 程序写入”对话框，选择“范围设置”，选择起始步“0”、终止步“50”，单击“确认”；弹出写入程序框，显示写入的程序步数	① 程序写入前，应将数据线与 PLC 和计算机进行连接 ② 在程序写入之前，如不将 PLC 模块面板上数据线插孔旁的开关拨至 STOP 处，则程序不能写入 PLC 中 ③ 程序写入完毕后，应将 PLC 模块面板上开关拨至 RUN 处

六、通电试验

实训图片	操作方法	注意事项
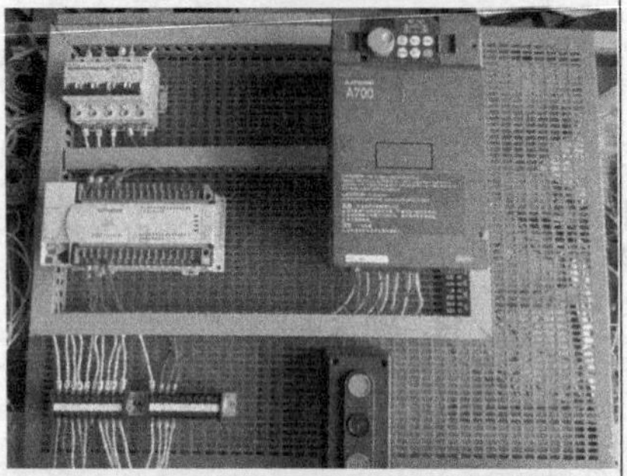	［电路检查］：根据电路图或接线图从电源端开始，逐段检查核对线号是否正确，有无漏接、错接，线夹与接线座连接是否松动	① 检查时要断开电源 ② 要检查导线接点是否符合要求、压接是否牢固；编码套管是否齐全 ③ 电路检查后，应盖上线槽板
	［带电动机试验］：合上开关 QF1，先按下按钮 SB2，观察 PLC 指示灯亮情况及变频器参数变化情况以及电动机的转向、转速变化情况	① 按下按钮时，要按到底 ② 按下开关后如出现故障，应在老师的指导下进行检查

提醒注意

一、联机注意事项

由于变频器在运行过程中会带来较强的电磁干扰，为保证 PLC 不因变频器主电路断路器及开关器件等产生的噪声而出现故障，所以在将变频器和 PLC 等配合使用时还必须注意以下几点。

1）对 PLC 本体按照规定的标准和接地条件进行接地。此时，应避免和变频器使用共同的接地线，并且在接地时尽可能使两者分开。

2）当电源条件不太好时，应在 PLC 的电源模块及输入/输出模块的电源线上接入噪声滤波器和降低噪声使用的变压器等。此外，如有必要在变频器一侧也采取相应措施。

二、使用模拟量时注意事项

使用 PLC 的模拟量控制变频器时，考虑到变频器本身产生强干扰信号，而模拟量抗干扰能力差，数字量抗干扰能力强的特性，为了最大程度的消除变频器对模拟量的干扰，在布线和接地等方面需要采取更加严密的措施。

1. 信号线与动力线必须分开布线

使用模拟量信号进行远程控制变频器时，为了减少模拟量受来自变频器和其他设备的干扰，必须将控制变频器的信号线与强电电路分开布线。

2. 变频器与电动机之间的接线距离

变频器与电动机间接线距离较长的场合，电缆的高次谐波漏电流会对变频器和周边设备产生不利影响。因此为了减少变频器干扰，需要对变频器的载波频率进行调整。

检查评价

通电试车完毕，切断电源，先拆除电源线，再拆除电动机线，然后进行综合评价。

任 务 评 价

序号	评价指标	评价内容	分值	个人评价	小组评价	教师评价
1	电路设计	能正确设计变频器主电路	5			
		能正确绘制 PLC 外部接线图	10			
		能熟练正确地编写 PLC 程序	10			
2	布线	不按电路图接线	10			
		布线不符合要求	5			
		线夹接触不良、接点松动、露铜过长	5			
		未套装或漏套编码套管	5			
		未接接地线	5			
3	程序输入参数设定	会开机、调入程序	5			
		会正确输入每步程序	5			
		会正确设置变频器参数	5			
		会正确设置变频器外部参数模式	5			
4	通电操作	第一次试车不成功	5			
		第二次试车不成功	10			
5	安全规范	是否穿绝缘鞋	5			
		操作是否规范安全	5			
总分			100			
问题记录和解决方法			记录任务实施过程中出现的问题和采取的解决办法（可附页）			

能 力 评 价

内　容		评　价	
学习目标	评价项目	小组评价	教师评价
应知应会	本任务的相关基本概念是否熟悉	□Yes　□No	□Yes　□No
	是否熟练掌握变频器和 PLC 的组合使用	□Yes　□No	□Yes　□No
专业能力	是否熟练掌握变频器和 PLC 接线	□Yes　□No	□Yes　□No
	是否熟练掌握变频器的参数设定	□Yes　□No	□Yes　□No
	是否具有相关专业知识的融合能力	□Yes　□No	□Yes　□No
通用能力	团队合作能力	□Yes　□No	□Yes　□No
	沟通协调能力	□Yes　□No	□Yes　□No
	解决问题能力	□Yes　□No	□Yes　□No
	自我管理能力	□Yes　□No	□Yes　□No
	创新能力	□Yes　□No	□Yes　□No

（续）

内 容		评 价	
学习目标	评价项目	小组评价	教师评价
态 度	爱岗敬业	□Yes □No	□Yes □No
	工作认真	□Yes □No	□Yes □No
	劳动负责	□Yes □No	□Yes □No
个人努力方向：		老师、同学建议：	

思考与提高

设计PLC-变频器控制电动机七段速运转电路并安装调试。

单元三　应用电子电路实战训练

三

应用电子电路技术是研究利用电力电子器件、电路理论和控制技术，实现对电能的控制、变换和传输的科学，其在电力、工业、交通、通信、航天等很多领域具有广泛的应用。应用电子电路技术不但本身是一项高新技术，而且还是其他多项高新技术发展的基础。因此，提高学生的应用电子领域的综合设计和综合应用能力是教学计划中必不可少的重要一环。

学习目标

- 培养学生综合分析问题、发现问题和解决问题的能力。
- 培养学生运用电子电路知识和工程设计的能力。
- 提高学生对电力电子装置分析和设计的能力。

任务十四　信号发生器、双踪示波器的使用

训练目标

- 熟悉信号发生器的使用方法及工作原理。
- 熟悉双踪示波器的使用方法及工作原理。
- 能熟练利用信号发生器产生具体要求的波形信号。
- 能熟练利用双踪示波器进行波形信号的观测。

信号发生器是指产生所需参数电信号的仪器。按信号波形可分为正弦信号、函数（波形）信号、脉冲信号和随机信号发生器四大类。信号发生器又称为信号源或振荡器，在生产实践和科技领域中有着广泛的应用。各种波形曲线均可以用三角函数方程式来表示。把能够产生多种波形，如三角波、锯齿波、矩形波（含方波）、正弦波的电路称为函数信号发生器。

示波器是一种常用的电子仪器，它能直接观察研究各种信号随时间变化的情况。比如，振动、温度、光等等随时间的变化，可以通过各种传感器将上述信号转化成电压的变化，然后用示波器进行研究，因而示波器是进行科学研究以及检测、修理各种电子仪器的重要

工具。

相关知识

一、信号发生器的构造和工作原理

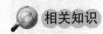

信号发生器用来产生频率为 20Hz ~ 200kHz 的正弦信号（低频）。除具有电压输出外，有的还有功率输出功能，所以用途十分广泛，既可用于测试或检修各种电子仪器设备中的低频放大器的频率特性、增益、通频带，也可用作高频信号发生器的外调制信号源。另外，在校准电子电压表时，它可提供交流信号电压。低频信号发生器的组成包括主振级、主振输出调节电位器、电压放大器、输出衰减器、功率放大器、阻抗变换器（输出变压器）和指示电压表。

函数发生器一般是指能自动产生正弦波、三角波、方波及锯齿波、阶梯波等电压波形的电路或仪器。根据用途不同，有产生三种或多种波形的函数发生器，使用的器件可以是分立器件（如低频信号函数发生器 S101 全部采用晶体管），也可以采用集成电路（如单片函数发生器模块 8038）。

产生正弦波、方波、三角波的方案有多种，如首先产生正弦波，然后通过整形电路将正弦波变换成方波，再由积分电路将方波变成三角波；也可以先产生三角波-方波，再将三角波变成正弦波或将方波变成正弦波等。如图所示的为采用分立器件实现电路的组成，主要的部件有双运放 uA741 运算放大器、电压比较器、积分运算电路、差分放大电路、选择开关、电位器和一些电容、电阻。该方案由三级单元电路组成，第一级单元可以产生方波，第二级可以产生三角波，第三级可以产生正弦波，通过第二级的选择开关可以实现频率波段的转换，通过对差分放大电路部分元器件的调节来改善产生的正弦波波形。

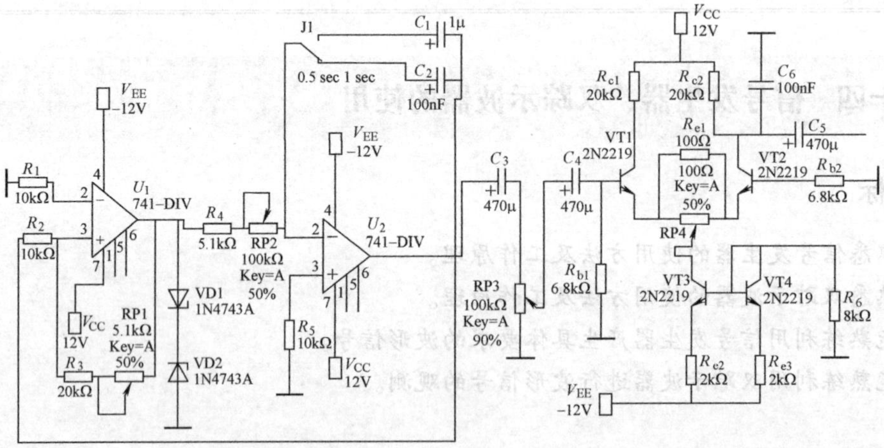

二、示波器的构造和工作原理

示波器利用狭窄的、由高速电子组成的电子束，打在涂有荧光物质的屏面上，就可产生细小的光点。在被测信号的作用下，电子束就好像一支笔的笔尖，可以在屏面上描绘出被测信号的瞬时值的变化曲线。利用示波器能观察各种不同信号幅度随时间变化的波形曲线，还可以用它测试各种不同的电量，如电压、电流、频率、相位差、调幅度等。

1. 示波器的组成

普通示波器有 5 个基本组成部分：显示电路、垂直（Y 轴）放大电路、水平（X 轴）

放大电路、扫描与同步电路、电源供给电路。

2. 显示电路

显示电路包括示波管及其控制电路两个部分。示波管是一种特殊的电子管，是示波器一个重要组成部分。示波管的基本原理图如图所示。由图可见，示波管由电子枪、偏转系统和荧光屏3个部分组成。

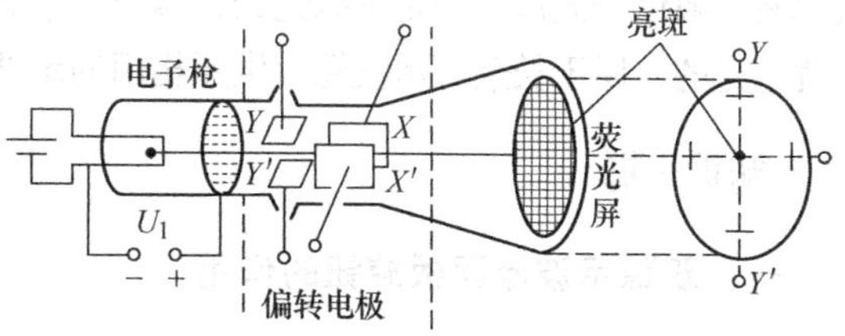

(1) 电子枪　电子枪用于产生并形成高速、聚束的电子流，去轰击荧光屏使之发光。它主要由灯丝、阴极、门极、第一阳极、第二阳极组成。除灯丝外，其余电极的结构都为金属圆筒，且它们的轴心都保持在同一轴线上。阴极被加热后，可沿轴向发射电子；门极相对阴极来说是负电位，改变电位可以改变通过门极小孔的电子数目，也就是控制荧光屏上光点的亮度。

第一阳极对阴极而言加有约几百伏的正电压。在第二阳极上加有一个比第一阳极更高的正电压。穿过门极小孔的电子束在第一阳极和第二阳极高电位的作用下，得到加速，向荧光屏方向作高速运动。由于电荷的同性相斥，电子束会逐渐散开。通过第一阳极、第二阳极之间电场的聚焦作用，使电子重新聚集起来并交汇于一点。适当控制第一阳极和第二阳极之间电位差的大小，便能使焦点刚好落在荧光屏上，显现一个光亮细小的圆点。改变第一阳极和第二阳极之间的电位差，可起调节光点聚焦的作用，这就是示波器的“聚焦”和“辅助聚焦”旋钮调节的工作原理。第三阳极是示波管锥体内部涂上一层石墨形成的，通常加有很高的电压，它有三个作用：使穿过偏转系统以后的电子进一步加速，使电子有足够的能量去撞击荧光屏，以获得足够的亮度；石墨层涂在整个锥体上，能起到屏蔽作用；电子束撞击荧光屏会产生二次电子。

(2) 偏转系统　示波管的偏转系统大都是静电偏转式，由两对相互垂直的平行金属板组成，分别称为水平偏转板和垂直偏转板，分别控制电子束在水平方向和垂直方向的运动。当电子在偏转板之间运动时，如果偏转板上没有加电压，偏转板之间无电场，离开第二阳极后进入偏转系统的电子将沿轴向运动，射向屏幕的中心。如果偏转板上有电压，偏转板之间则有电场，进入偏转系统的电子会在偏转电场的作用下射向荧光屏的指定位置。

如果两块偏转板互相平行，并且它们的电位差等于零，那么通过偏转板空间的，具有速度v的电子束就会沿着原方向（设为轴线方向）运动，并打在荧光屏的坐标原点上。如果两块偏转板之间存在着恒定的电位差，则偏转板间就形成一个电场，这个电场与电子的运动方向相垂直，于是电子就朝着电位比较高的偏转板偏转。这样，在两偏转板之间的空间，电子就沿着抛物线在这一点上做切线运动。最后，电子降落在荧光屏上的A点，这个A点距离荧光屏原点（O）有一段距离，这段距离称为偏转量，用y表示。偏转量y与偏转板上所加的电压U_y成正比。同理，在水平偏转板上加有直流电压时，也发生类似情况，只是光点在水平方向上偏转。

(3) 荧光屏　荧光屏位于示波管的终端，它的作用是将偏转后的电子束显示出来以便观察。在示波器的荧光屏内壁涂有一层发光物质，因而，荧光屏上受到高速电子冲击的地点就显现出荧光。此时，光点的亮度决定于电子束的数目、密度及其速度。改变门极的电压时，电子束中电子的数目将随之改变，光点亮度也就改变。在使用示波器时，不宜让很亮的光点固定出现在示波管荧光屏一个位置上，否则该点荧光物质将因长期受电子冲击而烧坏，从而失去发光能力。

涂有不同荧光物质的荧光屏，在受电子冲击时将显示出不同的颜色和不同的余辉时间。通常供观察一般信号波形用的是发绿光的，属于中余辉示波管，供观察非周期性及低频信号用的是发橙黄色光的，属于长余辉示波管；供照相用的示波器中，一般都采用发蓝色的短余辉示波管。

知识扩展

一、双踪示波器面板旋钮的作用

序号	面板图标	面板说明	功能环节说明
1	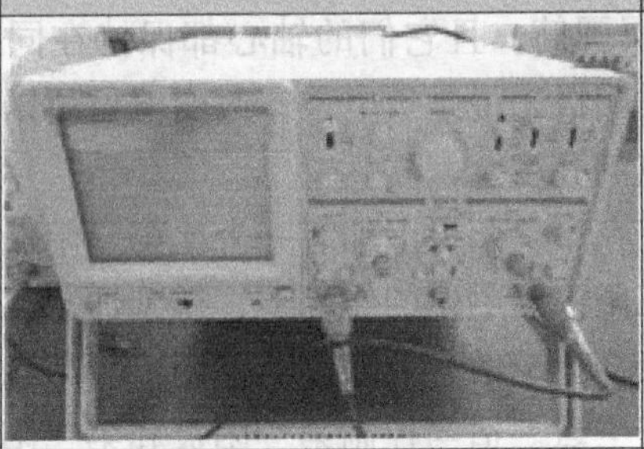	总体面板示意图	双踪示波器的面板组成按功能划分为：电源控制面板、频率调节面板、触发调节面板、电压调节面板、显示屏与聚焦辉度调节面板
2	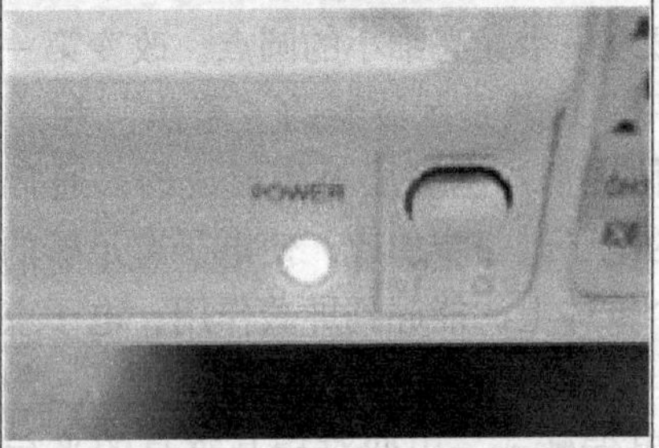	电源控制面板	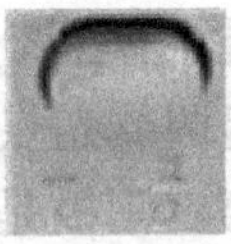 电源开关按钮：按下开关，电接通，电源指示灯亮
			 电源指示灯：用于显示电源是否接通，红灯表示电源已接通
3	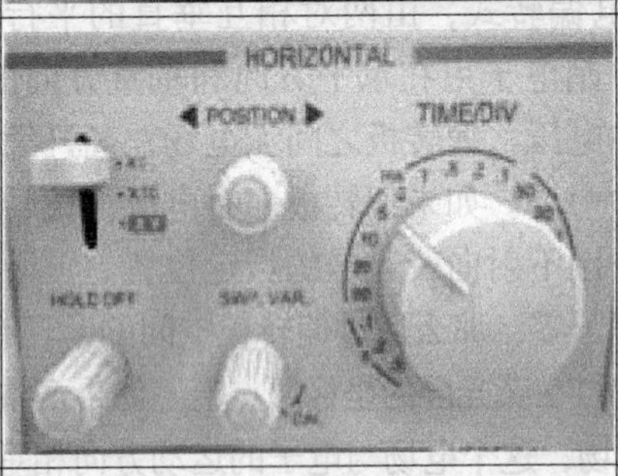	频率调节面板	 电压衰减挡位开关：对于输入信号的电压指标数值进行衰减调节显示
			 水平位移调节旋钮：调节波形在水平位置上的位置
4	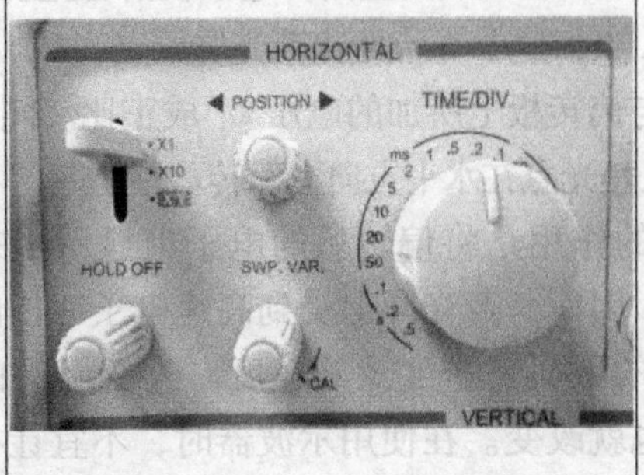	频率调节面板	 频率锁定旋钮：调节此旋钮锁定测量波形的频率，使得波形保持稳定
			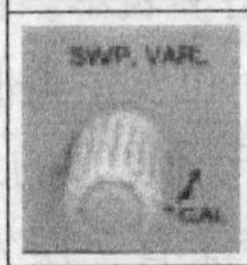 水平微调旋钮：连续调节水平位置偏转因素，顺时针调到底为校正位置
			 扫速旋钮：调节扫描时间因素

（续）

<table>
<tr><th>序号</th><th>面　板　图　标</th><th>面板说明</th><th colspan="2">功能环节说明</th></tr>
<tr><td rowspan="5">5</td><td rowspan="5">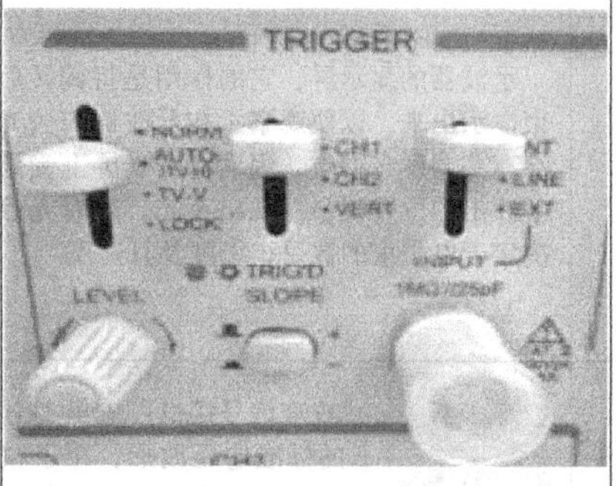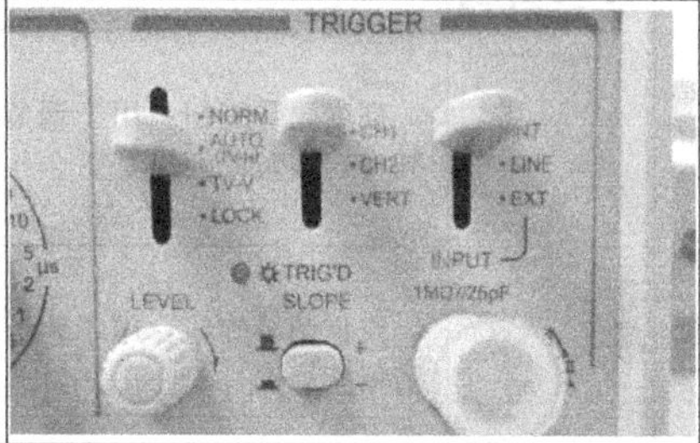</td><td rowspan="5">触发调节面板</td><td></td><td>触发方式选择开关：用于选择触发方式，有正常、自动、电视场信号同步以及锁定4个挡位</td></tr>
<tr><td>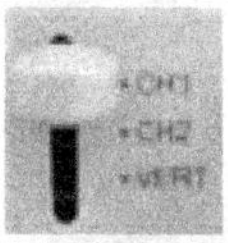</td><td>触发信道选择开关：用于选择触发信号所作用于的信道</td></tr>
<tr><td>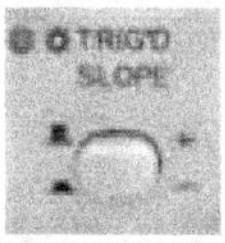</td><td>触发源选择开关：用于选择触发源，有内触发源、线性电压源触发以及外触发源3个可选挡位</td></tr>
<tr><td>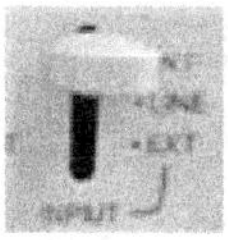</td><td>触发极性选择按钮：用于选择触发信号的极性：按下表示（－）即下降沿触发，按上表示（＋）即上升沿触发</td></tr>
<tr><td></td><td>触发电平调节旋钮：用于调节被测信号在某一电平触发扫描</td></tr>
<tr><td rowspan="4">6</td><td rowspan="4">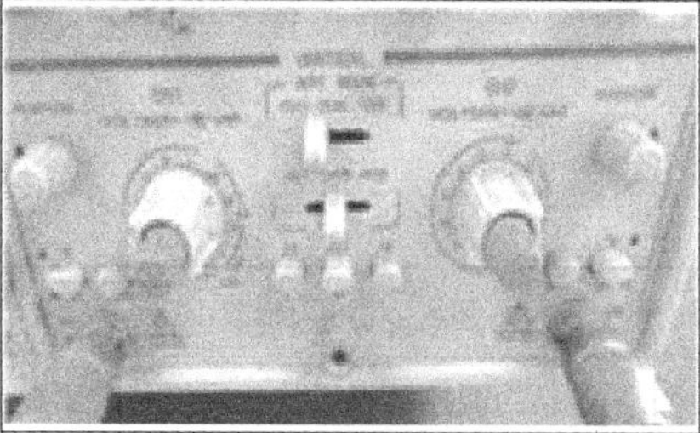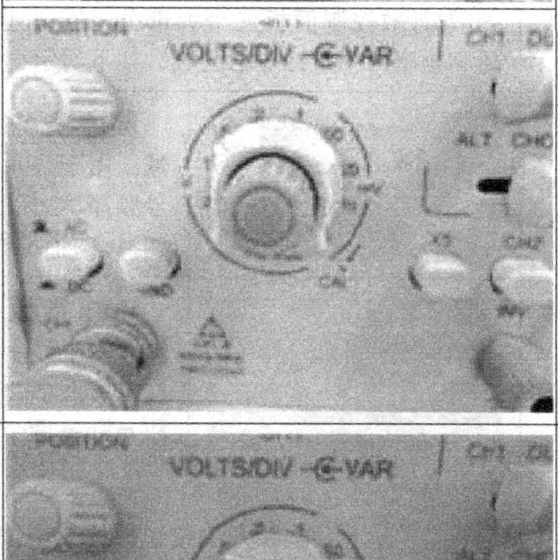</td><td rowspan="4">电压调节面板</td><td>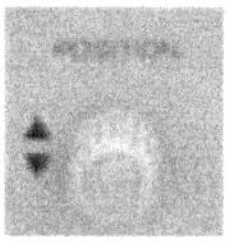</td><td>垂直位移调节旋钮：调节波形在垂直方向上的位置</td></tr>
<tr><td>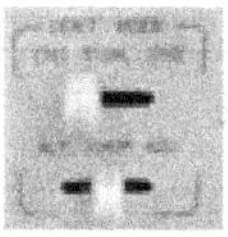</td><td>电压模式选择开关：选择电压显示的通道以及显示的方式，上排用于调节显示的通道，下排用于调节显示的方式</td></tr>
<tr><td></td><td>垂直衰减调节旋钮：用于调节垂直偏转因素</td></tr>
<tr><td>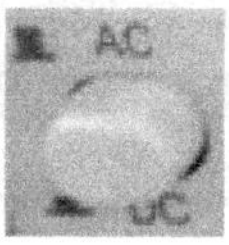</td><td>垂直方向耦合方式选择开关：选择被测信号输入垂直通道的耦合方式</td></tr>
<tr><td rowspan="2">7</td><td rowspan="2"></td><td rowspan="2">电压调节面板</td><td>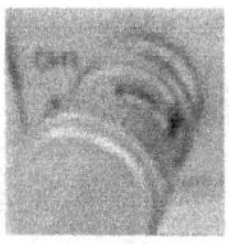</td><td>信号输入端子（CH1）：信道1的垂直输入端</td></tr>
<tr><td>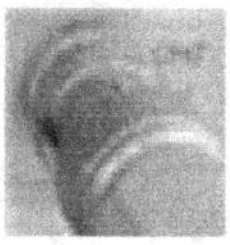</td><td>信号输入端子（CH2）：信道2的垂直输入端</td></tr>
</table>

（续）

序号	面板图标	面板说明	功能环节说明	
8	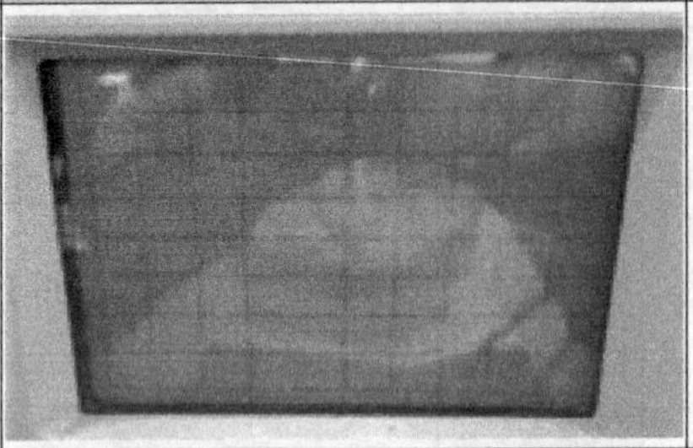	显示屏	示波器的显示屏，它的作用是将偏转后的电子束显示出来，以便观察。在示波器的荧光屏内壁涂有一层发光物质，因而，荧光屏上受到高速电子冲击的位置就会显现出荧光。此时光点的亮度决定于电子束的数目、密度及其速度	
9	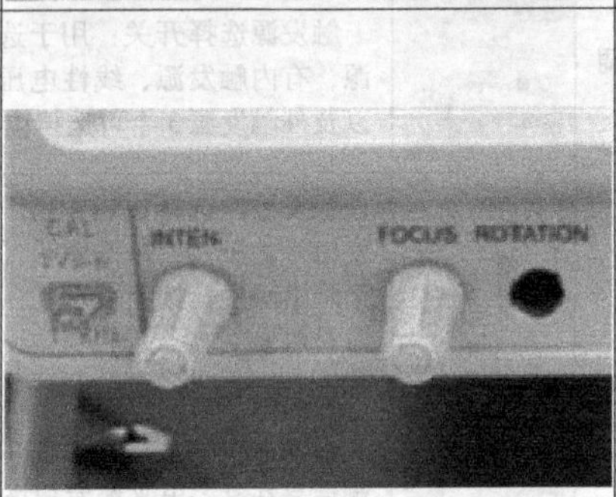	聚焦辉度调节面板		校准信号接口：输出1kHz、2Vp-p的标准电压波形，用于校准示波器的垂直和水平偏转因素
				亮度调节旋钮：用于调节光迹的亮度，顺时针旋转变亮
				聚焦调节旋钮：用于调节光迹的清晰度

二、信号发生器面板旋钮的作用

序号	面板图标	面板说明	功能环节说明	
1	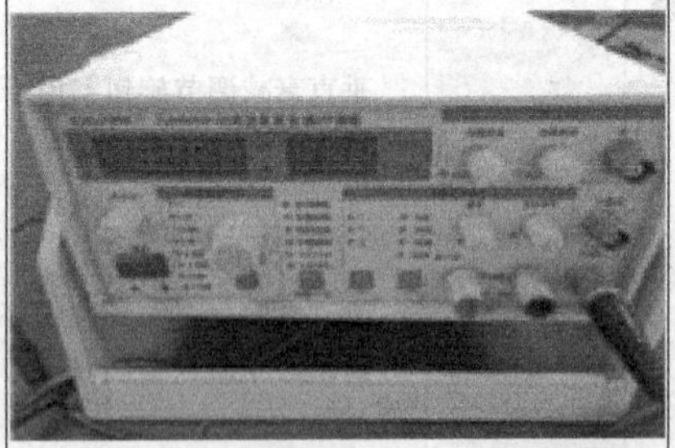	总体面板示意图	包括功能控制面板、函数信号输出控制面板、扫频/计数控制面板三个大部分，同时还包括电压和频率两个指标显示区域，如下所示	
				频率指标显示区域：用于显示输出信号频率大小，有kHz和Hz两个量程挡位
				电压指标显示区域：用于显示输出信号电压大小，有Vp-p和mVp-p两个挡位
2	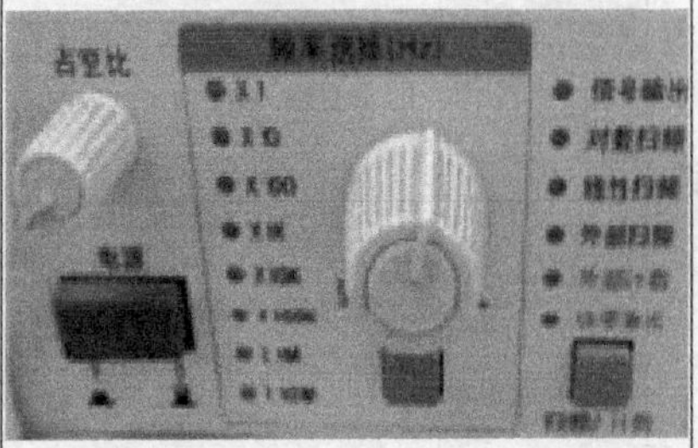	功能控制面板		电源开关按钮：按下该按钮，电源接入；松开该按钮，电源断开
				占空比调节旋钮：用于调节输出波形的占空比大小

（续）

序号	面板图标	面板说明	功能环节说明	
3	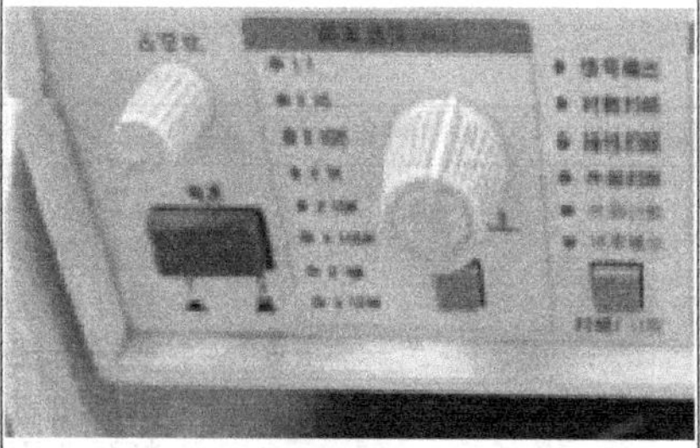	功能控制面板	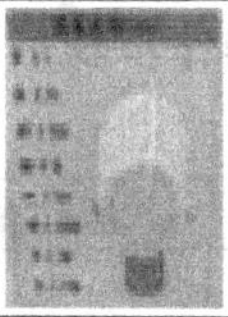	频率选择旋钮：调节该旋钮可对输出信号在当前频段频率的大小进行细调，左侧的频段指示灯用于指示当前输出信号的频率挡位
			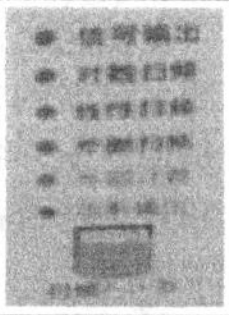	功能选择按钮：用于选择该信号发生器的工作功能，上面为功能状态指示灯，用于显示目前信号发生器的功能状态
4	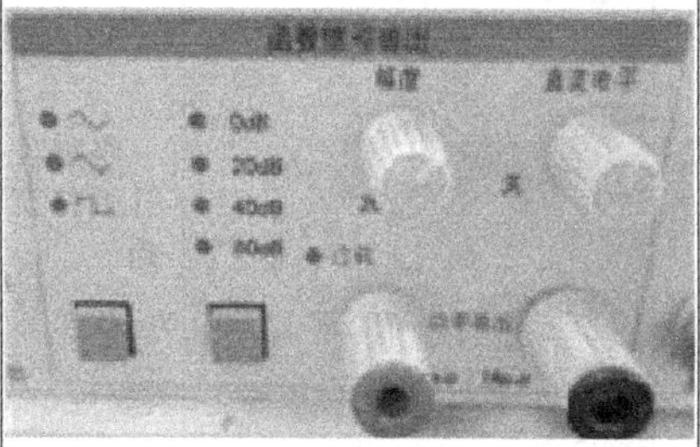 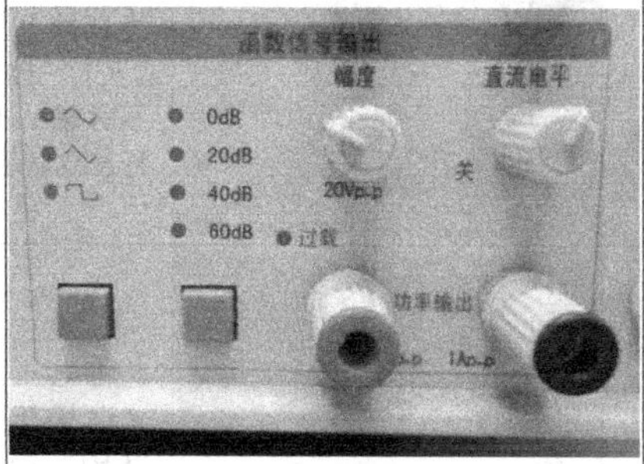	函数信号输出控制面板	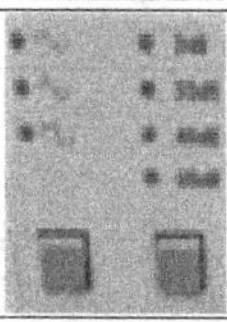	波形选择与衰减控制按钮：前者用于选择输出的波形，有正弦波、三角波和方波三种波形可选；后者用于调节输出波形幅度的挡位
			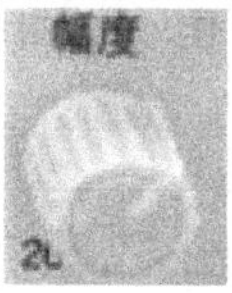	幅度细调旋钮：用于在当前幅度挡位内对波形幅度进行连续调整，范围大小为20dB
				直流电平调节旋钮：调节预置输出信号的直流电平，范围为－5～+5V，当旋钮处于“关”位置时，则直流电平为0V
			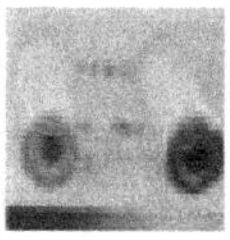	功率输出的端口：产生信号经过功率放大器后输出的端口，其中红色为正，黑色为负
5	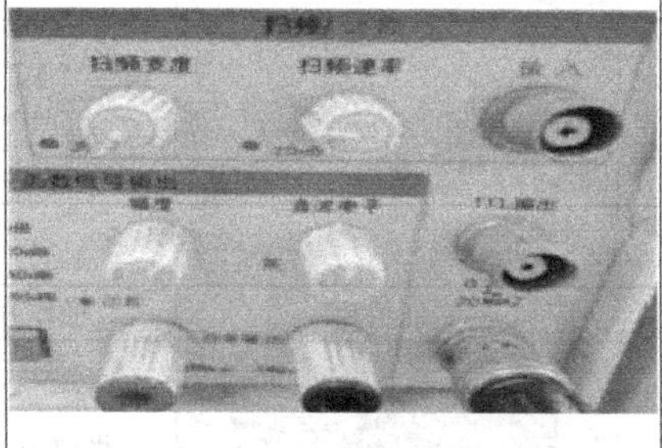	扫频/计数控制面板		扫频宽度旋钮：用于调节内部扫描的时间的长短
				扫描速率旋钮：用于调节被扫频信号的频率范围
			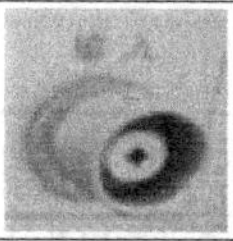	外部信号输入接口：当信号发生器工作在“外部扫频”或者“外部计数”状态时，外部信号由此接口输入
			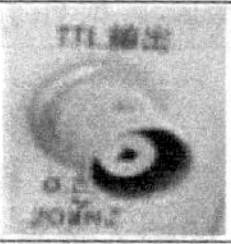	TTL信号输出端口：用于输出标准的TTL脉冲信号，输出阻抗为600Ω
			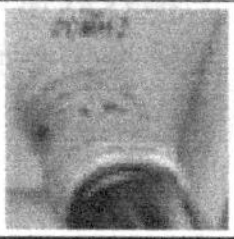	信号输出端口：输出多种波形受控的函数信号

任务实施

一、双踪示波器的基本操作步骤

1. 测试前期准备

步骤	实训图片	操作方法	步骤	实训图片	操作方法
1		在使用之前，先检测示波器的构成部件是否齐全，各个旋钮和开关是否都可以正常使用	6	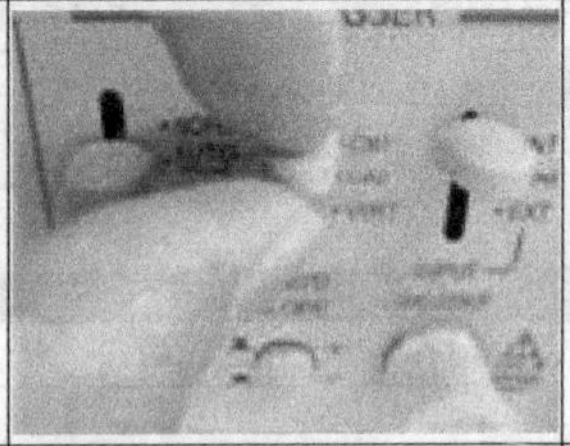	将触发通道选择开关选择至将要进行测量的通道，此时，我们打至“CH1”挡
2	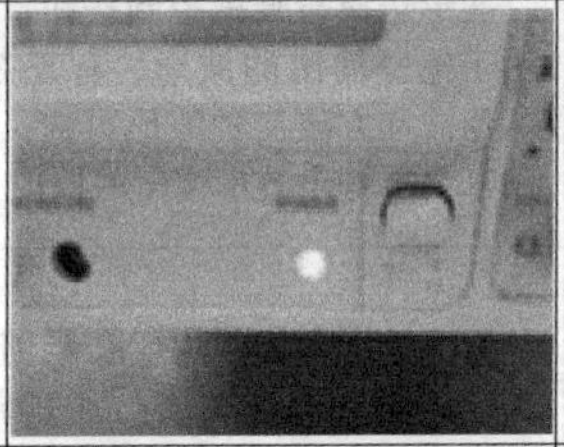	按下示波器的开关按钮，示波器开始工作，电源指示灯亮起	7	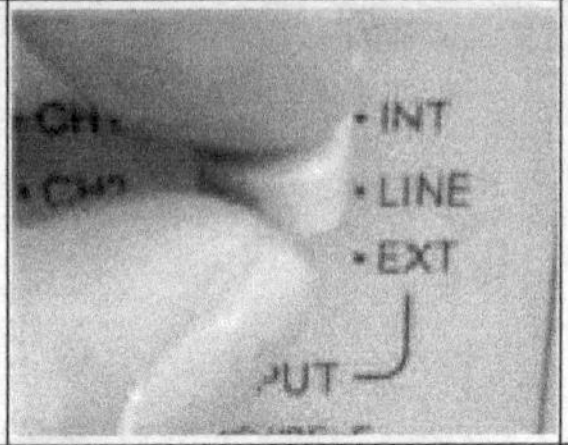	将触发源选择开关打至“INT”挡
3		打开电源后，预热1~2min之后，示波器的显示器面板上出现一个亮点	8	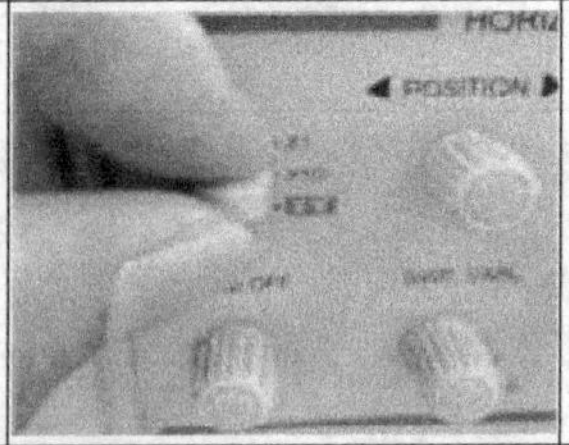	将电压指标数值衰减开关打至“×1”挡位，即不对输入信号进行衰减显示
4	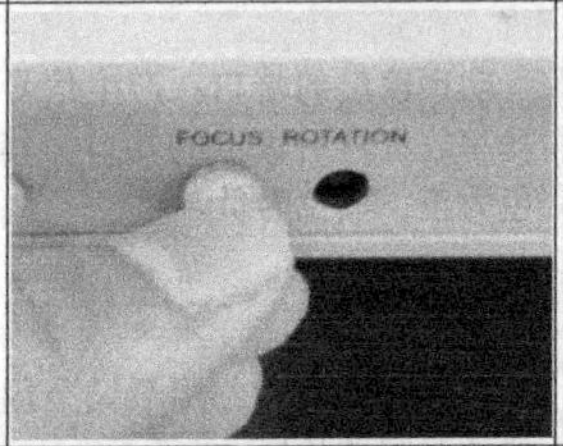	调节聚焦旋钮，使得显示器上的亮点能够清楚地最小化显示	9	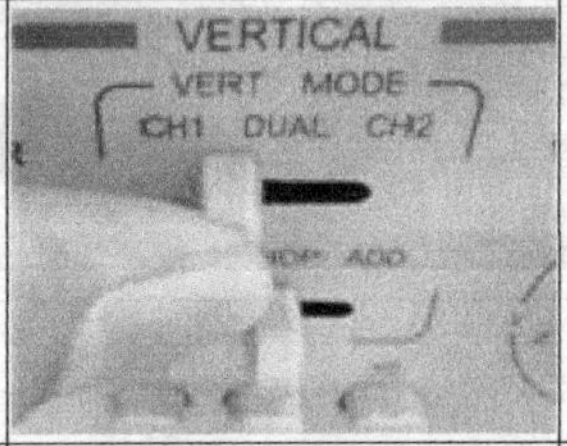	将电压显示模式选择开关打至“CH1”挡位
5	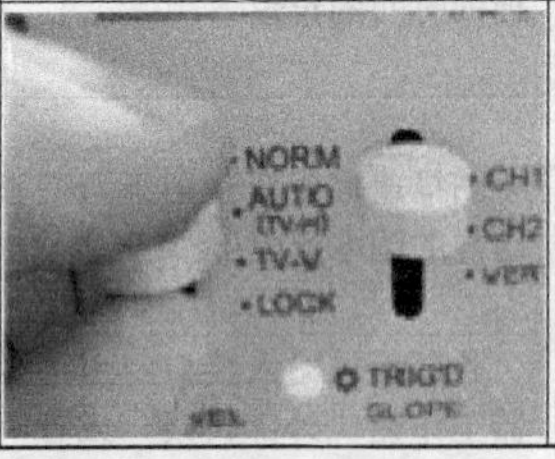	将触发方式选择开关打至“NORM”挡位	10	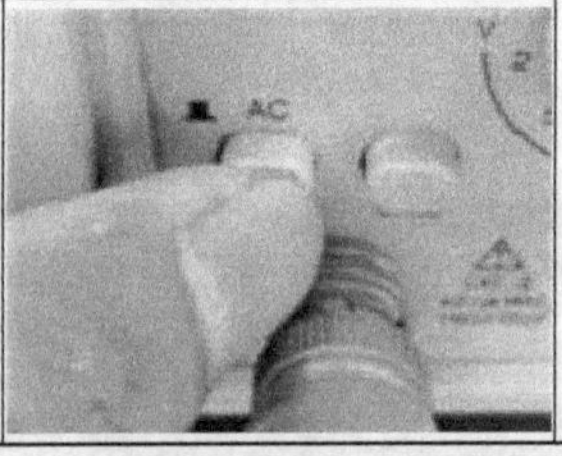	将垂直方向耦合方式选择开关调至“AC”挡位

2. 校准调整与波形的显示

步骤	实训图片	操作方法	步骤	实训图片	操作方法
1	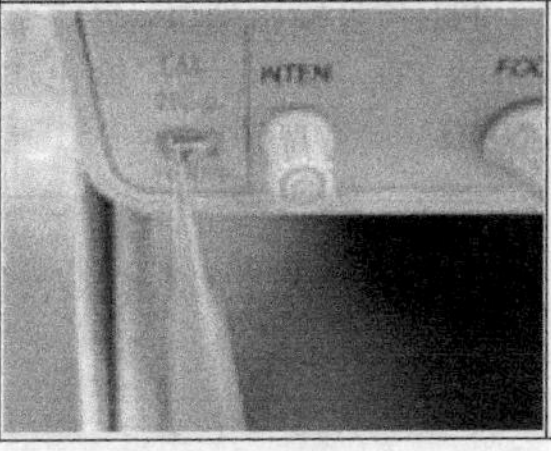	将CH1输入通道的输入数据线探针接至标准信号输出接口上	2	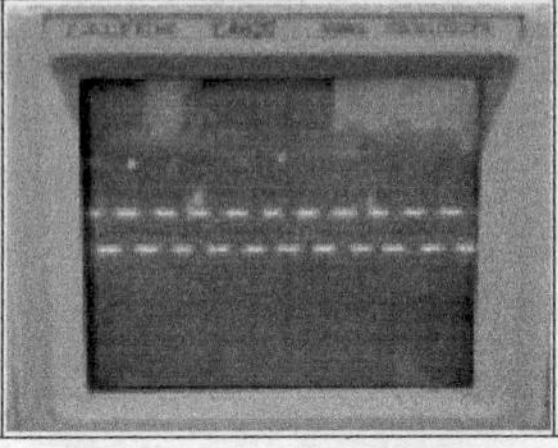	此时示波器的显示屏上出现一个不规则模糊的波形

（续）

步骤	实训图片	操作方法	步骤	实训图片	操作方法
3	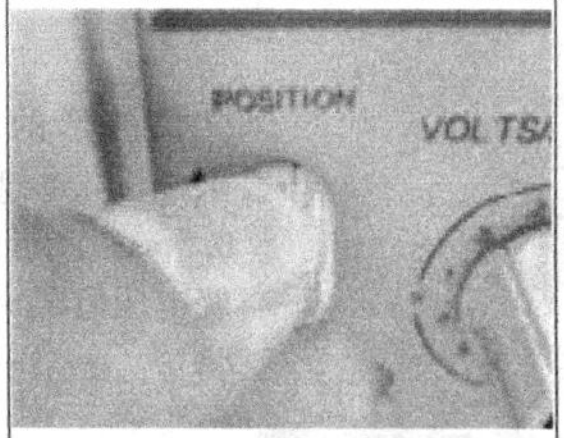	调节水平位移旋钮，使得波形能够显示在显示器的中央位置	8	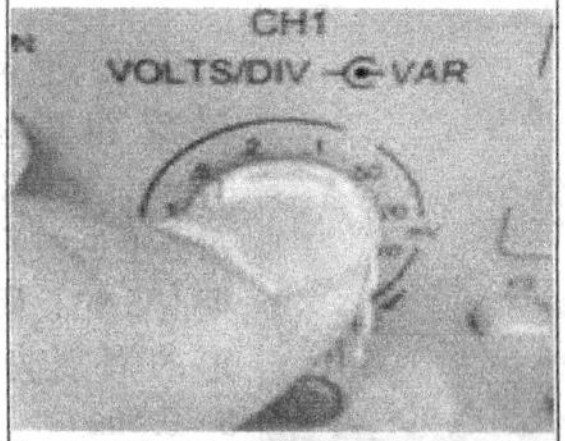	调节垂直衰减旋钮，调整电压指标数值的衰减倍率，使得波形在垂直方向上清楚显示
4	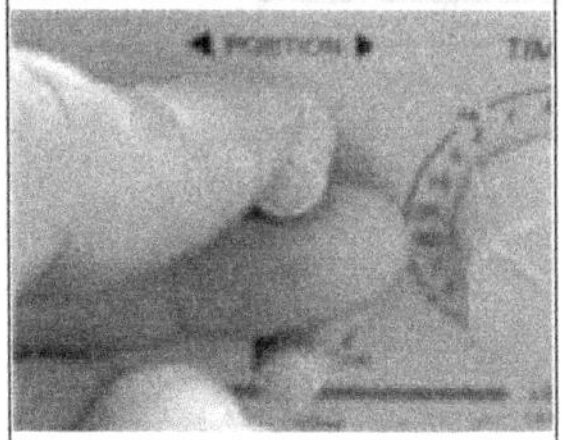	调节垂直位移旋钮，使得波形能够显示在显示器的中央位置	9	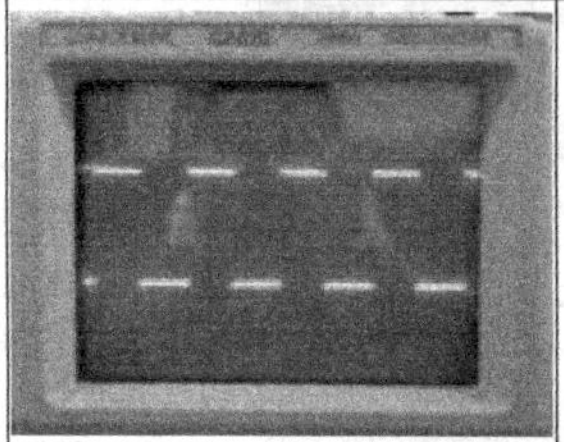	经过上述调整之后，已经可以在显示器面板得到一个清晰的方波波形
5		调节聚焦旋钮，使得波形变得最清晰	10	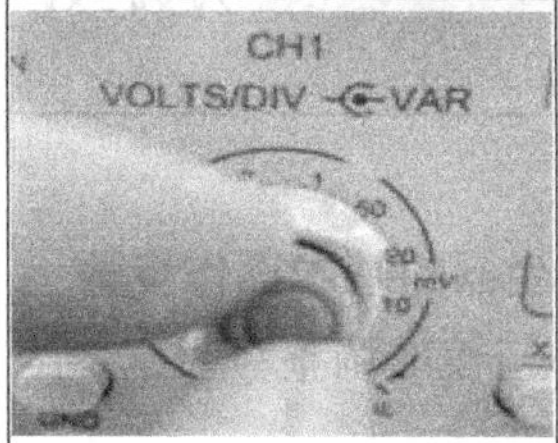	对垂直因素进行校准，调节校准旋钮，使得波形的电压指标满足校准信号要求
6	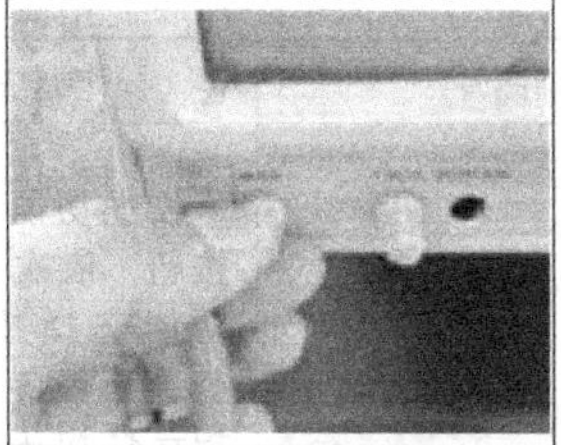	调节亮度旋钮，使得波形的亮度适合	11	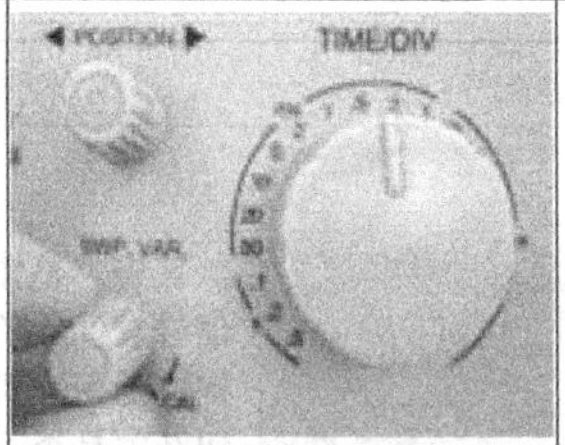	对水平因素进行校准，调节水平衰减校准旋钮，使得显示波形的频率指标满足校准信号的要求
7	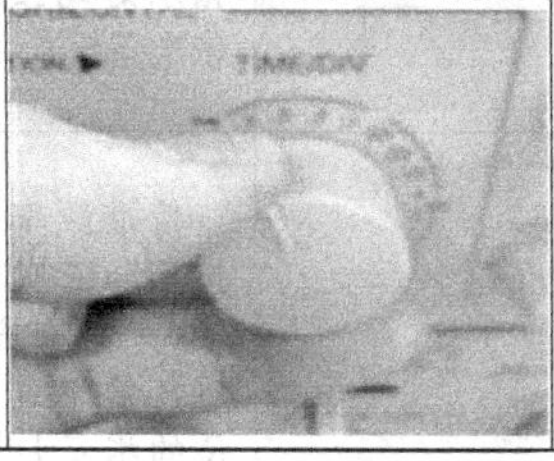	在调节完聚焦和亮度旋钮之后，再调节扫速开关旋钮，使得波形在水平方向上清楚显示	12	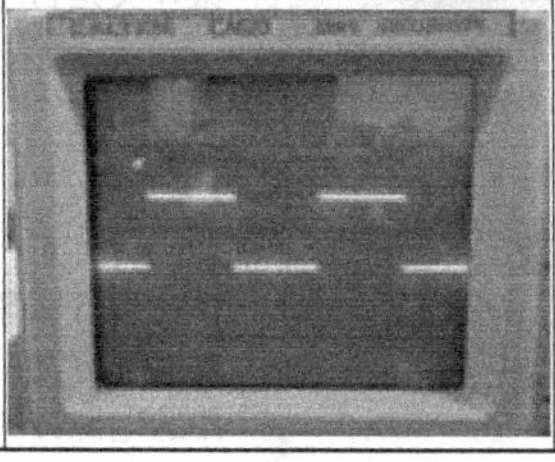	此时，示波器上得到一个标准、准确的方波波形，波形显示和校准操作完成

3. 利用示波器读取波形数据

步骤	实训图片	操作方法	步骤	实训图片	操作方法
1	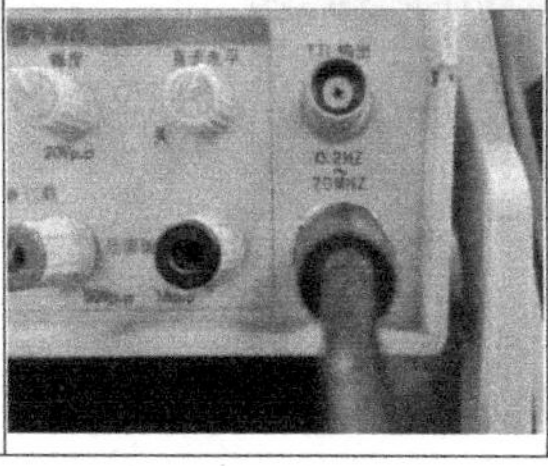	给示波器的 CH1 通道通以一个指标数值未知的方波波形，学习利用示波器来读取其相关指标数据	2	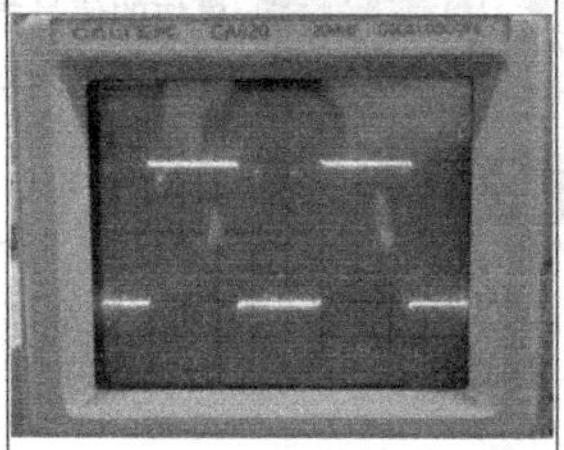	通以未知信号之后，在显示屏上会出现方波的波形，参照以前学习的内容再进行相应调整，使得波形正确清晰地显示

（续）

步骤	实训图片	操作方法	步骤	实训图片	操作方法
3	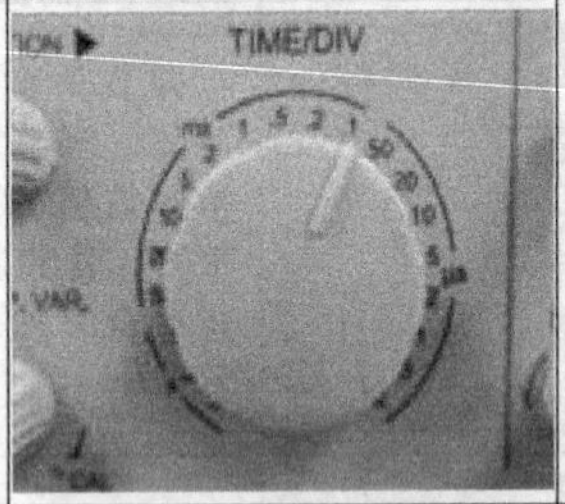	此时，记录扫速开关旋钮的挡位是0.1ms，而相对应的显示器上的波形一个周期占5格，所以该波形的周期为0.1ms×5=0.5ms	5	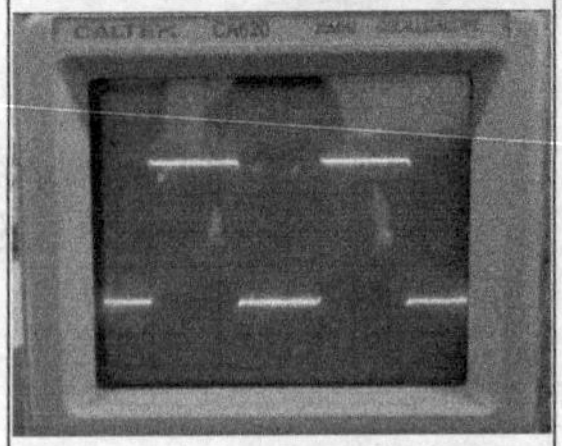	该波形的指标数值：周期为0.5ms；波形的峰峰电压值Vp-p为8V
4		同理，记录水平衰减开关的旋钮挡位是2V，显示器上的波形一个周期占4格，所以该波形的Vp－p＝2V×4＝8V			

二、信号发生器的基本操作步骤

1. 先期准备与校准调整

步骤	实训图片	操作方法	步骤	实训图片	操作方法
1	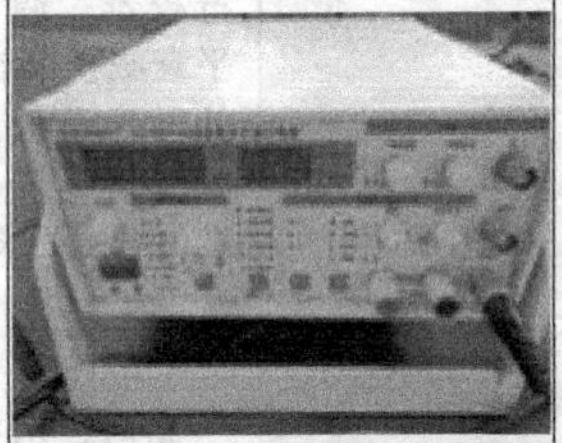	首先，整体上观察信号发生器的各部分构成是否完整，各旋钮开关是否工作正常	4	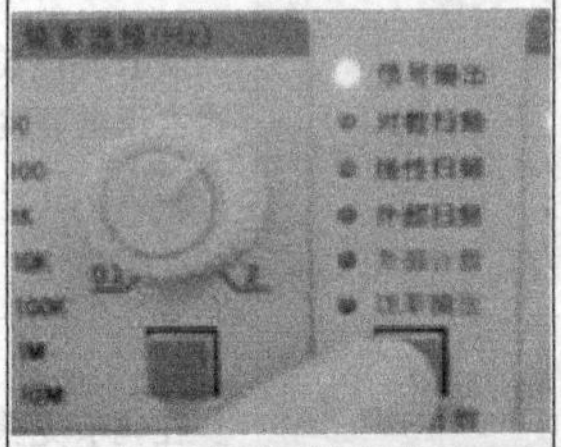	校准功能选择按钮，依次按下功能选择按钮，查看是否各功能指示灯均按要求依次亮起
2	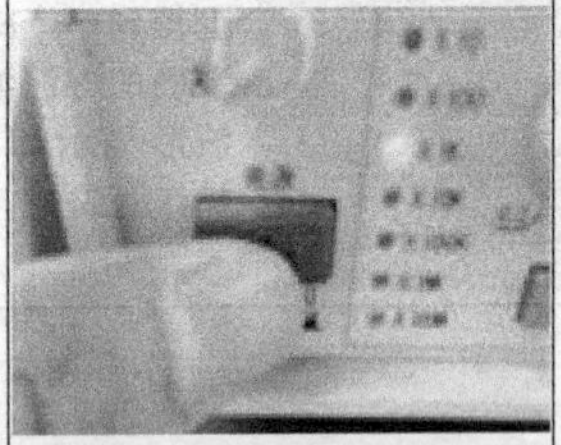	在进行完整体检查之后，打开信号发生器的电源开关	5	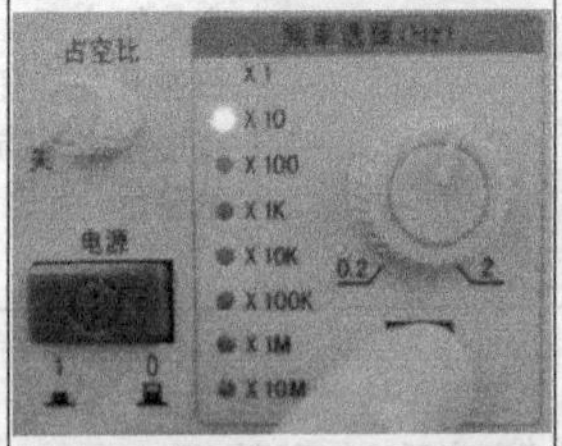	校准频率选择按钮，依次按下频率选择按钮，看各倍率衰减挡位的指示灯是否正常依次亮起
3	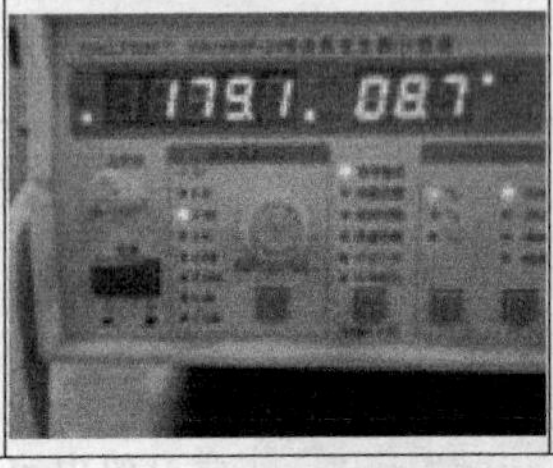	打开开关后，观测信号发生器的各功能模块的信号指示灯是否均正常亮起，显示屏是否正常工作	6	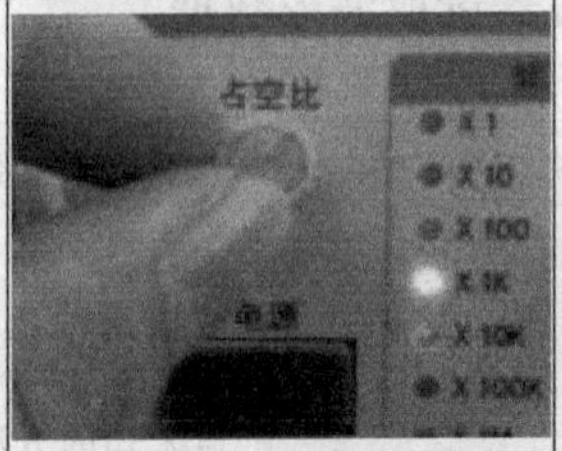	校准占空比旋钮，校准之后，将旋钮挡位调至中间位置

（续）

步骤	实训图片	操作方法	步骤	实训图片	操作方法
7	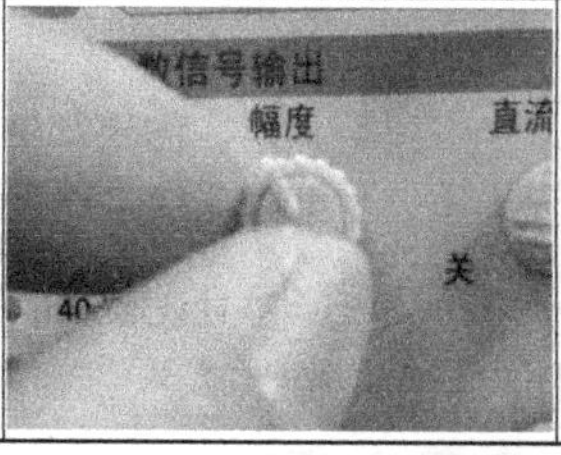	校准电压幅度旋钮，左右旋动该旋钮，查看电压指标数值是否呈现均匀变化，校准之后，将旋钮挡位左旋到底	8	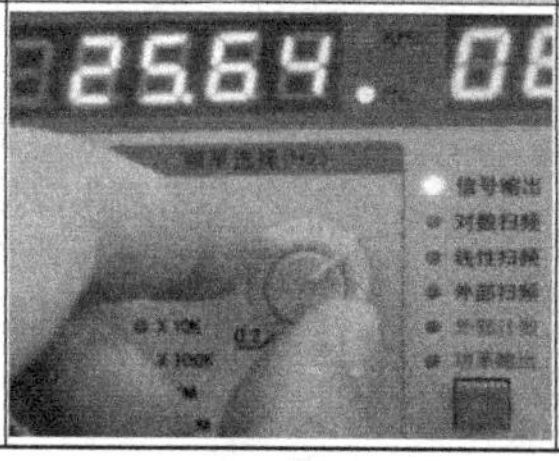	校准频率调节旋钮，左右旋动该旋钮，查看频率指标数值是否呈现均匀变化，校准之后，将旋钮挡位左旋到底

2. 波形的调节步骤

步骤	实训图片	操作方法	步骤	实训图片	操作方法
1	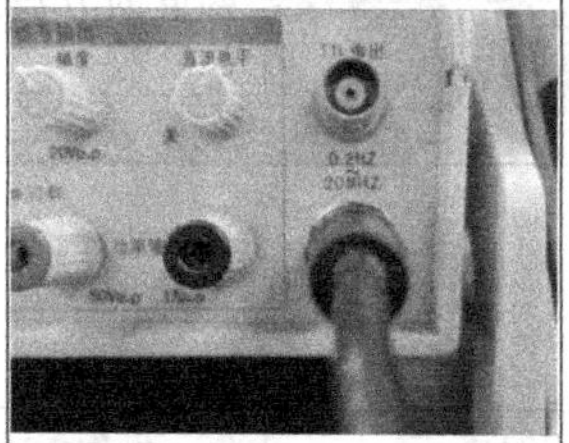	校准之后，将信号发生器的输出接口连接至示波器的 CH1 通道接口	6	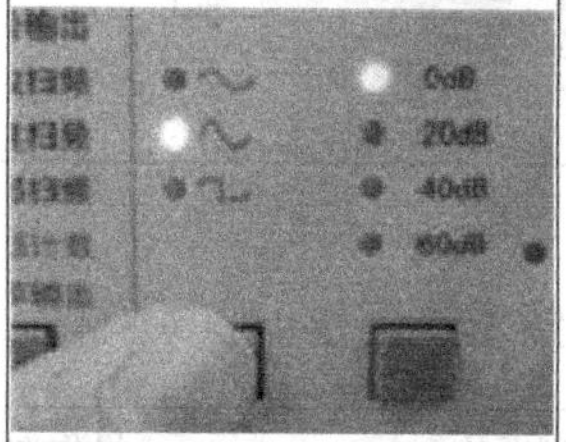	再按下波形选择按钮，选择至三角波
2	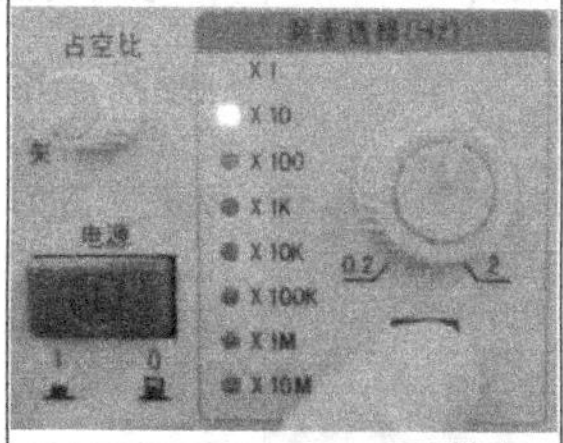	选择合适的频率挡位，同时调节频率选择旋钮，得到一个合适的频率输出	7		示波器上相应地显示出三角波的波形，同样，该波形的指标数值与设定一致
3	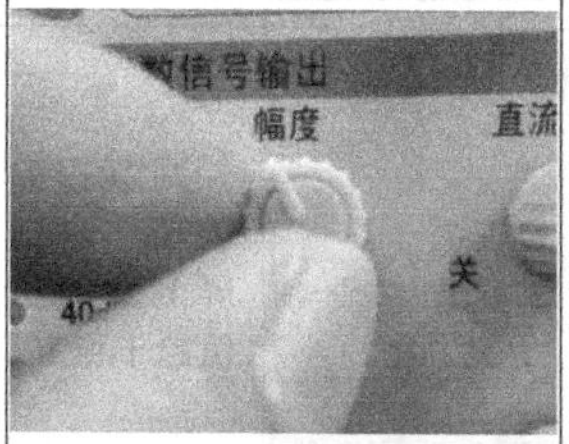	调节电压幅度旋钮，得到一个合适的电压幅度指标	8	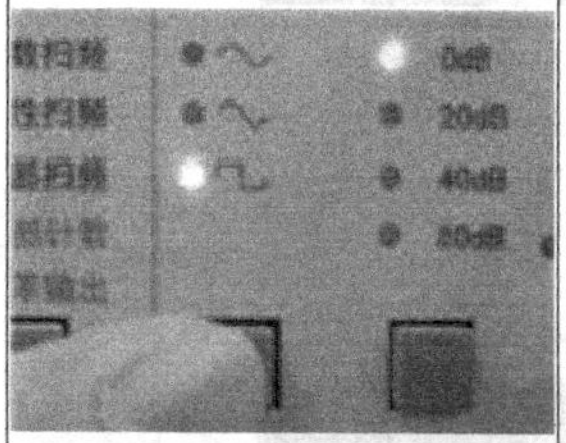	同理，再按下波形选择按钮，选择至方波波形输出
4	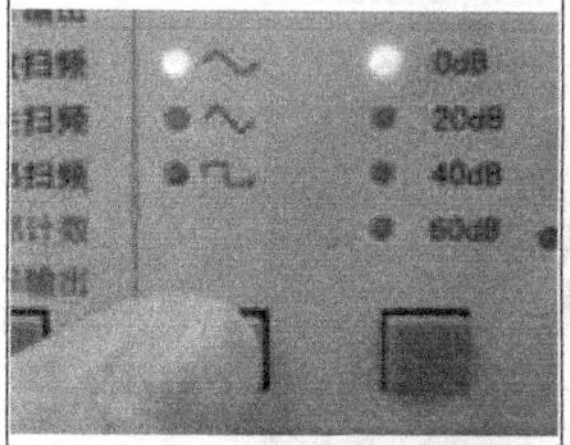	按下波形选择按钮选择合适的波形，首先选择至正弦波输出	9	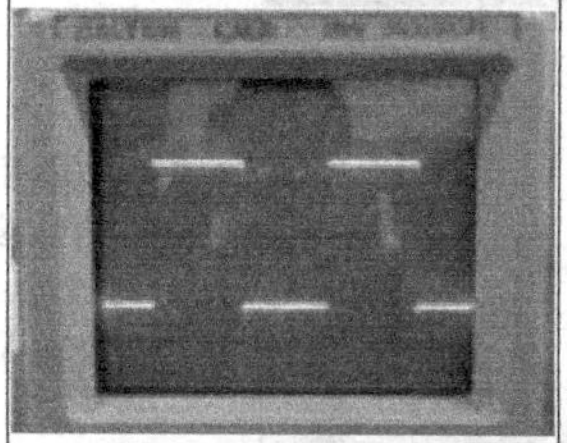	示波器上显示出方波的波形，相关指标与设定指标相一致
5	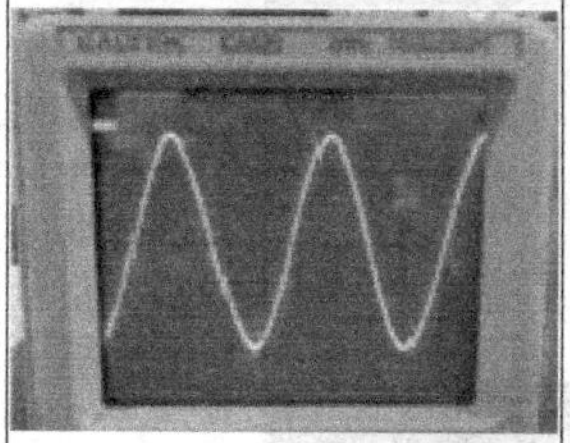	示波器的显示屏上出现一个标准的正弦波，该波形的幅度和频率指标与先期设定一致	10	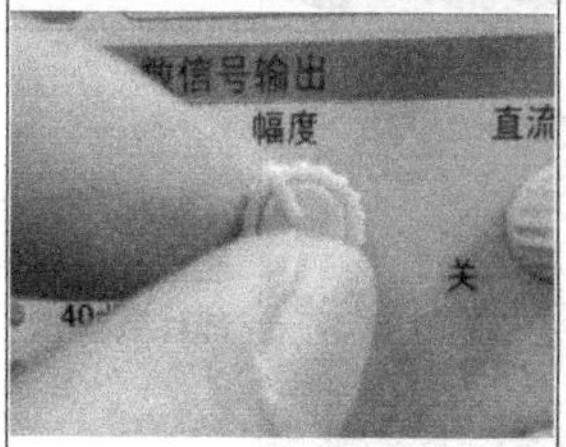	调节幅度旋钮，可以对产生波形的电压幅度指标进行相应地调整，这里我们减小幅度指标

（续）

步骤	实训图片	操作方法	步骤	实训图片	操作方法
11		调节频率旋钮，可以对产生波形的频率指标进行调节，这里我们增大其频率指标	13	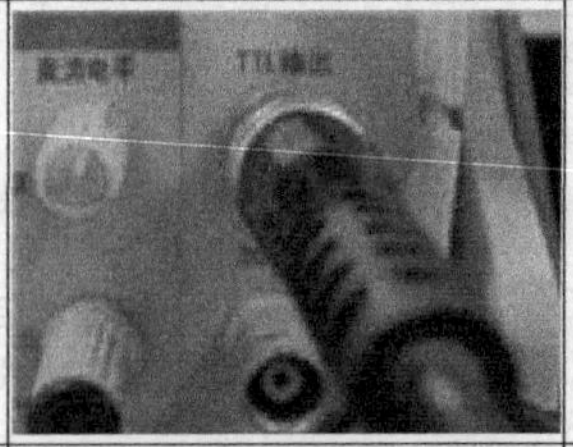	信号发生器的另外一种波形发生功能是TTL脉冲波形输出功能
12		经过调整后的波形出现在示波器的显示屏上	14	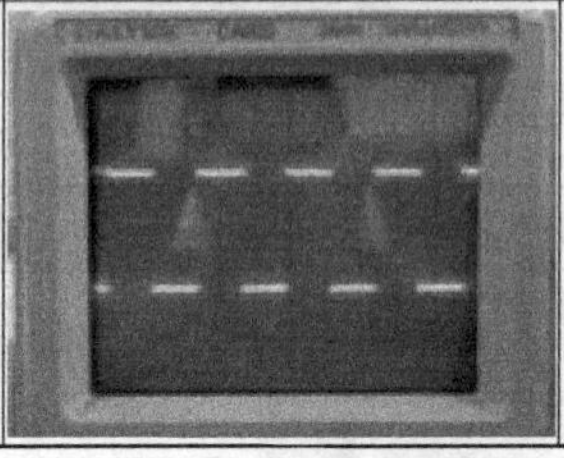	由TTL脉冲输出接口输出的波形为一定周期和幅值的方波脉冲波形

3. 计数/扫频模式操作步骤

步骤	实训图片	操作方法	步骤	实训图片	操作方法
1		信号发生器的另外一种重要应用，即计数/扫频模式	5		经过一段时间的分析计算，信号发生器的显示屏上出现了一个频率数值和电压数值，不过不稳定
2	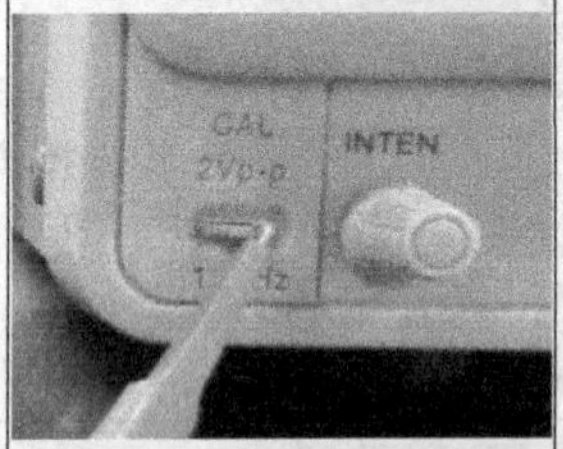	利用示波器上的校准波形来验证这种功能	6	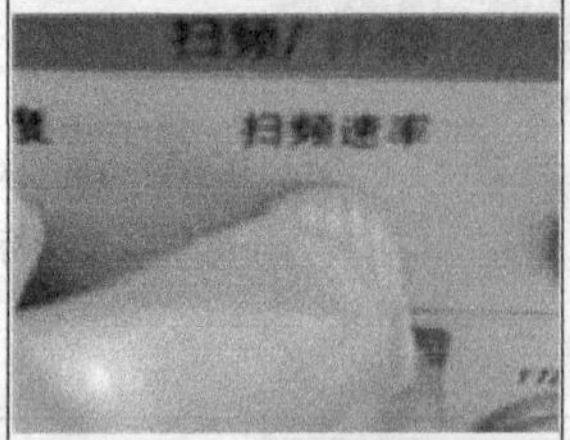	调节扫频速率旋钮，使得显示屏上面的指标数值趋于稳定
3		将示波器用于校准的标准信号接至信号发生器计数/扫频模块的信号输入端	7		最终，得到被测校准信号的幅值（峰值）为1V，频率为1.41kHz
4	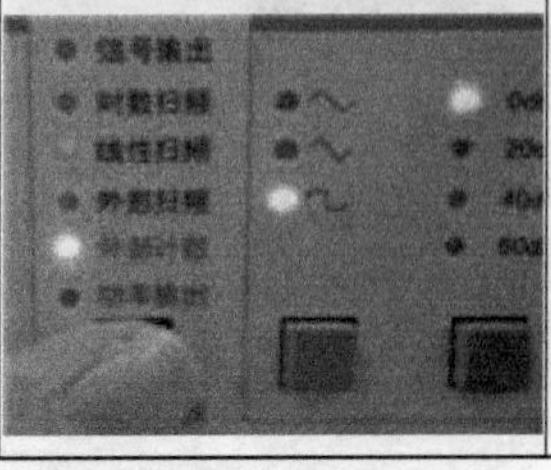	将信号发生器的功能选择按钮调节至外部计数模式	8	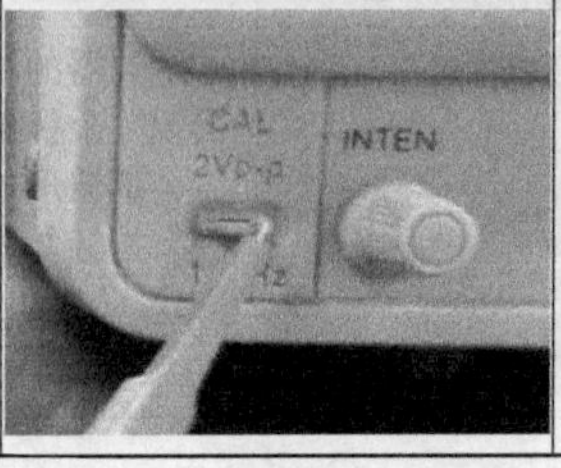	经信号发生器测得的指标数值与示波器上给定的校准信号指标参考数值基本一致

提醒注意

一、双踪示波器使用注意事项

1）示波器使用不当容易损坏或影响使用寿命。每次开机前，要把辉度调节旋钮逆时针旋转到底后，再闭合电源开关。然后缓慢转动增大光点或扫描线的亮度，一般只要看得清楚即可。注意不宜让经过聚焦的小亮点停在屏上长时间不动，防止屏上荧光物质被电子束烧坏而形成暗斑。

2）在观察过程中，应避免经常启闭电源。示波器暂时不用时不必断开电源，只需调节辉度旋钮使亮点消失，到下次使用时再调亮。因为每次电源接通时，示波管的灯丝尚处于冷态，电阻很小，通过的电流很大，所以会缩短示波管使用寿命。

3）电源电压应限制在（220 ±5%）V 的范围内才能使用。此外，操作面板上各旋钮动作要轻。当旋到极限位置时，只能往回旋转，不能硬扳。

二、信号发生器使用注意事项

1）仪器使用电源为（220 ±5%）V 的交流电源。

2）若熔丝过载熔断，应仔细检查原因，排除故障，然后按规定换用熔丝。切勿乱用在流量和长度不符合规格的熔丝。

3）各输入端所加电压不得超过规定值。

4）输入幅度参数时，对正弦波来说，输入的是有效值；而对于方波来说，输入的是峰值，屏幕显示的单位都是 Vrms。输入时要根据情况作适当的换算。

5）信号发生器的输出端严禁短路。

检查评价

任务评价

序号	评价指标	评价内容	分值	个人评价	小组评价	教师评价
1	操作程序	遵循正确完整的操作步骤进行操作	10			
2	工具使用	会选择正确的工具、仪表	10			
		能够对仪表工具进行微调校准	5			
		避免工具仪表的误操作	5			
		掌握工具仪表的正确使用方法	10			
3	元器件的测量	能根据不同的元器件选择不同的仪表	10			
		能根据不同的元器件选择仪表的挡位	10			
		能遵循正确的测量方法和测量步骤	10			
		能正确地进行数据的读取	5			
		能正确判断元器件的好坏	10			
4	安全	掌握安全用电的相关知识	5			
		遵循安全用电的相关措施	10			
总分			100			
问题记录和解决方法			记录任务实施过程中出现的问题和采取的解决办法（可附页）			

能力评价

内容		评价	
学习目标	评价项目	小组评价	教师评价
应知应会	本任务的相关基本操作程序是否熟悉	□Yes □No	□Yes □No
	是否熟练掌握工具、仪表的使用注意事项	□Yes □No	□Yes □No
专业能力	是否熟练掌握工具的使用方法	□Yes □No	□Yes □No
	仪表的使用方法是否正确	□Yes □No	□Yes □No
	是否能熟练地选择仪表测量各种物理量	□Yes □No	□Yes □No
	是否能熟练地读取各被测物理量的数值	□Yes □No	□Yes □No
通用能力	团队合作能力	□Yes □No	□Yes □No
	沟通协调能力	□Yes □No	□Yes □No
	解决问题能力	□Yes □No	□Yes □No
	自我管理能力	□Yes □No	□Yes □No
	安全防护能力	□Yes □No	□Yes □No
态度	爱岗敬业	□Yes □No	□Yes □No
	职业操守	□Yes □No	□Yes □No
	卫生态度	□Yes □No	□Yes □No
个人努力方向：		老师、同学建议：	

思考与提高

1．示波器和信号发生器各由哪几部分构成？

2．示波器的扫描电压应该是一种按照什么规律变化的电压？试绘出它的波形。

3．被测信号的波形在示波器中是如何合成的？信号发生器最多可以提供几路信号输出？

4．如果在荧光屏上看不到图像，这可能是由于哪些原因造成的？设供电正常，示波器整机没有问题。

5．峰-峰值为1V的正弦波、方波和三角波，它们的有效值各是多少？

6．当屏幕上出现3个频率是50Hz交流电的稳定完整的波形时，这时扫描电压的频率是多少赫兹？

任务十五 声控电路的安装调试

训练目标

- 理解声控电路的工作原理。
- 学会声控电路所用的电子元器件的选用、检测方法。
- 掌握声控电路的安装、调试、制作方法。

任务描述

控制某一用电负载的方法多种多样，用光的强弱控制的称为光控，用温度高低控制的称为温控，用磁场强弱控制的称为磁控，还有依靠压力、湿度控制的等。而本任务主要研究的是利用声音来对负载进行相应地控制，称为声控电路。

声控电路中较为常见的为声控灯电路，顾名思义，声控灯即是用声音控制电灯亮灭或亮度强弱的一种灯具。使用这种照明电路，人们就不必在黑暗中摸索开关，也不必再担心点长明灯浪费电和损坏灯泡了。夜间只要有脚步声或其他较强的声响时，灯便会自动点亮，延时一定时间后自动熄灭。特别适用于自动控制路灯照明以及走廊和楼道等处的短时照明。

任务分析

本任务要求在白天亮度较高，光线充足时灯熄灭。在夜晚楼道内光线较暗时：若楼道内充分安静，灯泡不亮；若在光线较差楼道内有人发出声响，就启动该装置使灯泡点亮。

设置该电路必须使用光敏电阻，通过电阻对光亮度的感应，显示不同的阻值，来控制光线对开关的影响。这里选择驻极体接受声音信号，后经过晶体管放大声音信号的电平，达到声控的要求，延时电路则需要通过电容的充放电完成。最后通过组合电路完成设计要求。

一、电路工作原理图

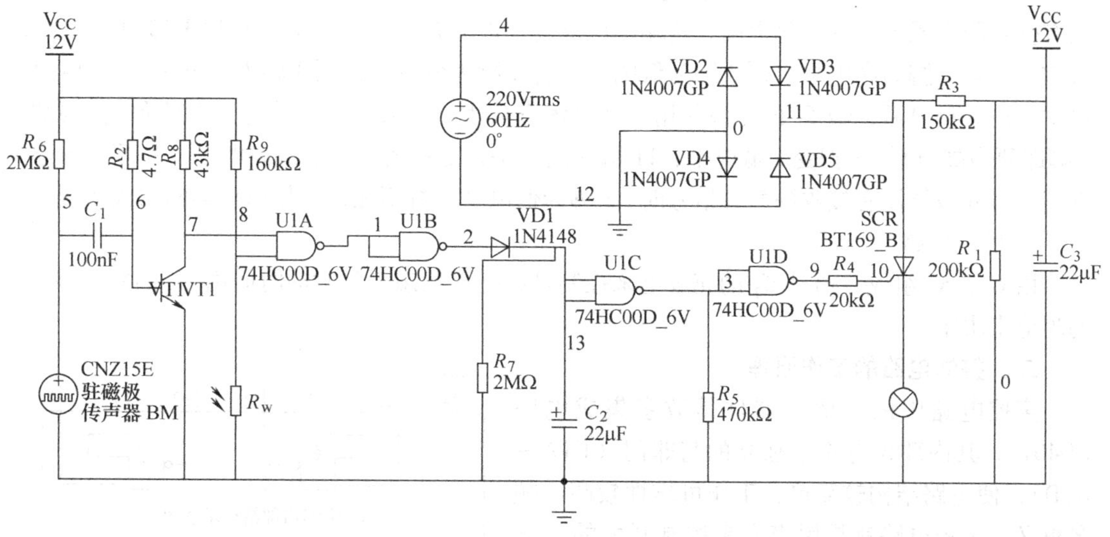

二、电路工作原理说明

电路由直流供电电路、控制电路和延时电路三部分组成。其中控制电路采用基本数字逻辑单元进行设计，由四与非门 CD4011、驻极体传声器 BM、光敏电阻 R_5、晶体管 9014、晶闸管 SCR 等元器件组成。由 CD4011 的输出端控制晶闸管的关闭，从而控制整个灯的亮灭。在白天时，光敏电阻的电阻值小，CD40011 输出永远为低电平，晶闸管门极为低电压，不导通，灯不亮；在夜晚时光敏电阻的阻值大，光敏电阻与声音信号的有无一起控制 CD4011 的输出。夜晚当有声音时，声音信号经过放大，与光敏电阻控制的 CD40011 输出为高电平，晶闸管导通，灯亮；同理，无声音信号时，不亮。延时电路由电容 C 和电阻 R 组成的充放电回路进行控制。本任务中，我们将分两大步骤来完成整个电路的调试验证工作，首先是验证声控部分电路的实际功能，此时，用较大阻值的电阻来代替光敏电阻，验证成功之后，再加入光控模块的验证，即将光敏电阻运用到电路之中，从而完成对该电路整体功能的验证。

相关知识

一、单元电路设计及分析

电路由直流供电电路、控制电路、延时电路三部分组成。

1. 直流供电电路

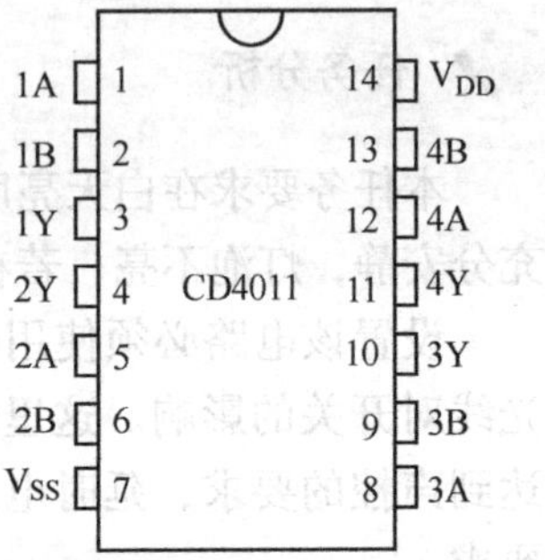

直流供电电路由二极管 VD2 ~ VD5 组成桥式整流电路，交流 220V 电压经该桥式整流电路后变为脉动的直流电输出，输出的脉动直流电一方面由电阻 R_1 和 R_3 分压，再经由电容 C_3 进行滤波处理后得到控制电路所需的直流电压 V_{CC}；另一方面接至晶闸管 BT169 的阳极来驱动晶闸管。

2. 控制电路

控制电路由四与非门 CD4011、驻极体传声器 BM、光敏电阻 R_w、晶体管 9014、晶闸管 SCR 等元器件组成。白天，由于光敏电阻 R_w 阻值低，其两端电压低，CD4011 的 1 脚为低电平，3 脚即变成高电平，导致 11 脚为低电平，即晶闸管门极 G 为低电平，单向可控硅截止，灯不亮。夜晚，由于光敏电阻没有受到阳光照射，其阻值很高，两端电压较高，即 1 脚变成高电平，此时 3 脚的状态受 2 脚控制，若 2 脚为高电平，则 3 脚为低电平；若 2 脚为低电平，则 3 脚为高电平。当驻极体接收到声音信号后，经 C_1 的滤波作用，被晶体管放大，当被放大的信号达到峰值时，此时 2 脚即便为高电平，3 脚变为低电平，11 脚为高电平，晶闸管门极变成高电平，晶闸管导通，灯亮。当驻极体没有接收到声音信号时，2 脚为低电平，灯不亮，工作原理类同白天情况。

3. 延时电路

由 C_2、R_7 组成，通过 C_2 的充放电来控制灯的亮灭状态，延时的时间由 C_2 的容量及 R_7 的阻值来决定。

二、整体电路的工作原理

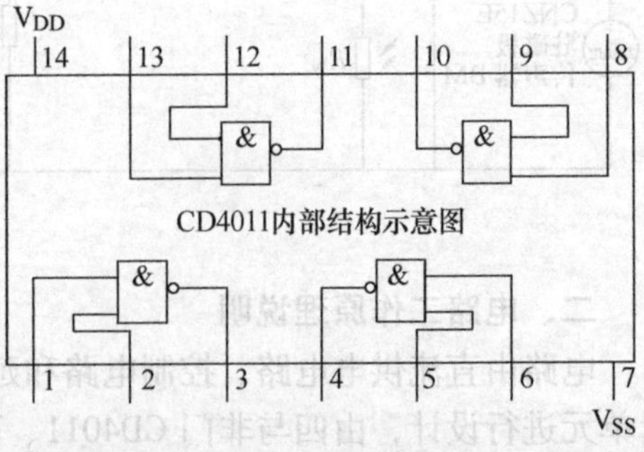

CD4011内部结构示意图

声控电路中的主要元器件是数字集成电路 CD4011，其内部含有 4 个独立的与非门（U1A ~ U1D），使电路结构较简单，工作可靠性较高。顾名思义，声控电路就是用声音来控制开关的“开启”，若干分钟后延时开关“自动关闭”。因此，整个电路的功能就是将声音信号处理后，转变为电子开关的开动作。声音信号（脚步声、掌声等）由驻极体传声器 BM 接收并转换成电信号，经 C_1 耦合到 9014 的基极进行电压放大，放大的信号送到与非门（U1A）的 2 脚，R_3、R_6 是 9014 的偏置电阻，C_3 是电源滤波电容。为了使声光控开关在白天断开，即灯不亮，由光敏电阻 R_w 等。

在白天光线充足时，声光控开关应该是断开的，即灯不亮。由光敏电阻 R_w 等元件组成光控电路，白天光敏电阻两端的电压低，不管有没有声音信号传来，CD4011 的 3 号端口始终为低电平，整个 CD4011 输出端的 11 号端口为低电平，晶体闸始终处于断开状态。

当夜晚降临时，光线变得黯然，光敏电阻两端电压数值升高，此时 CD4011 的 1 脚是高电平，而第一个与非门 U1A（如电路原理图所示）的输出取决于 2 脚的状态，而 2 脚的状态将由驻极体传声器 BM 来决定：当没有声音时，2 脚为低电平状态，因此与非门 U1A 输出为高电平，U1B 输出为低电平，U1C 输出为高电平，U1D 输出为低电平，此时晶闸管截止，灯泡为暗；当有声音产生时，在 BM 两端产生一个交流信号，经过电容滤波后将 2 脚置成高电平，此时 U1A 输出为低电平，U1B 输出为高电平，U1C 输出为低电平，U1D 输出为高电平，从而将晶闸管触发导通，灯泡点亮。同时，由于 U1B 输出为高电平，可对电容 C_2 充电，这样，当声音消失之后，电容 C_2 上存储电能可以使 U1C 的输出维持在低电平，直到 C_2 放电结束，所以灯泡将会一直保持在亮的状态直至此过程结束。

任务实施

一、工具、仪器仪表以及材料

序　号	名　　称	型号与规格	数　量
1	通用示波器	CS4125A 双踪	1
2	驻极体传声器 BM	CZN-15E	1
3	电阻 R_1	200kΩ	1
4	电阻 R_2	4.7MΩ	1
5	电阻 R_3	150kΩ	1
6	电阻 R_4	20kΩ	1
7	电阻 R_5	470kΩ	1
8	电阻 R_6	2MΩ	1
9	电阻 R_7	2MΩ	1
10	电阻 R_8	43kΩ	1
11	电阻 R_9	160kΩ	1
12	光敏电阻 R_w	5528	1
13	电容 C_1	0.1μF	1
14	电容 C_2	22μF	1
15	电容 C_3	22μF	1
16	集成块 IC	CD4011	1
17	晶闸管	BT169	1
18	灯泡	220V/15W	1
19	二极管	1N4007	6
20	万用表	MF47	1
21	实验板	10cm×15cm 单孔	1
22	电烙铁	恒温 60W	1
23	焊锡丝	0.5mm/75g	若干
24	漆包线	0.5mm 多股	若干
25	常用电子工具	套	1

二、电路的安装

实训图片	操作方法	注意事项
 	［元器件准备］：准备本电路的一个重要元器件：驻极体传声器。首先，查看极点、触点是否有损坏，观察驻极体传声器背面的焊点层是否完整。在目测观察之后，用电烙铁除去焊锡层表面的氧化部分，并且适当增减焊锡的量，使得触点饱满同时不会相连短路	［判断极性］：将万用表拨至“$R\times100$”或“$R\times1k$”电阻挡，黑表笔接任意一极，红表笔接另外一极，读出电阻值；对调两表笔后，再次读出电阻值，并比较两次测量结果，阻值较小的一次中，黑表笔所接应为源极 S，红表笔所接应为漏极 D
  	［元器件的处理］：由于驻极体传声器未连接相应的引脚，所以制作相应的引脚，以便后续的整体电路的排版、焊接步骤提供基础。制作引脚的相应步骤为：将导线拉直，同时裁剪出适合的长度；利用电烙铁配合相应的工具将引脚焊接至驻极体传声器的极点上，焊接完成后，将引脚做型，保证焊接过程中极点没有相接短路，并对引脚进行相应的处理，保证后续排版的正常进行	［检测元器件好坏］：在上面的测量中，驻极体传声器正常测得的电阻值应该是一大一小。如果正、反向电阻值均为∞，则说明被测传声器内部的场效应晶体管已经开路；如果正、反向电阻值均接近或等于0Ω，则说明被测传声器内部的场效应晶体管已被击穿或发生了短路；如果正、反向电阻值相等，则说明被测传声器内部场效应晶体管栅极 G 与源极 S 之间的二极管已经开路

（续）

实训图片	操作方法	注意事项
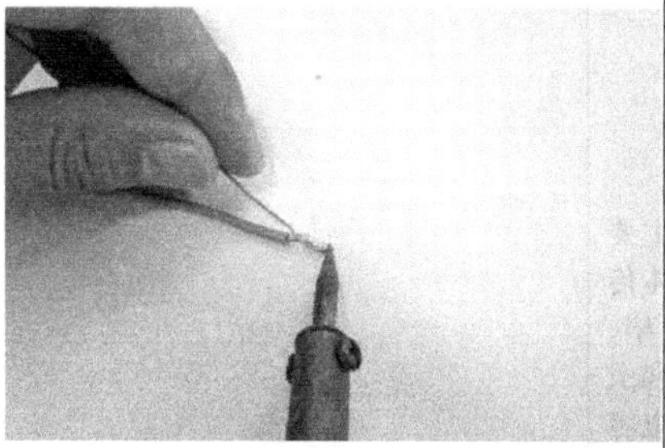	［导线搪锡］：为了防止导线部分氧化影响其导电性能，保证导线导电性能良好。搪锡过程中应该保证锡的分布均匀	① 刮好的线需去毛刺 ② 搪锡从头到尾依次均匀搪锡，时间不宜过长 ③ 注意保持通风，避免烫伤
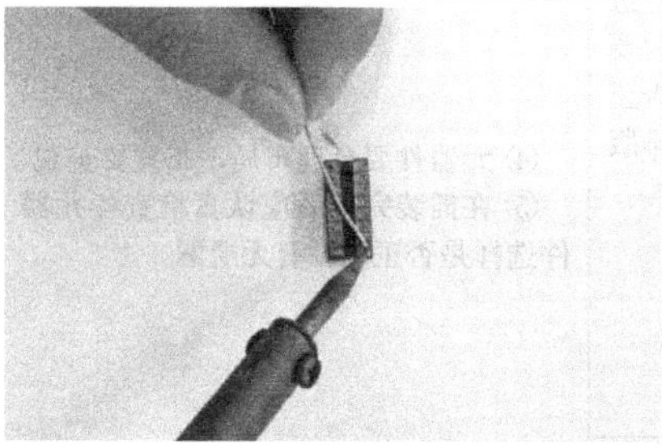 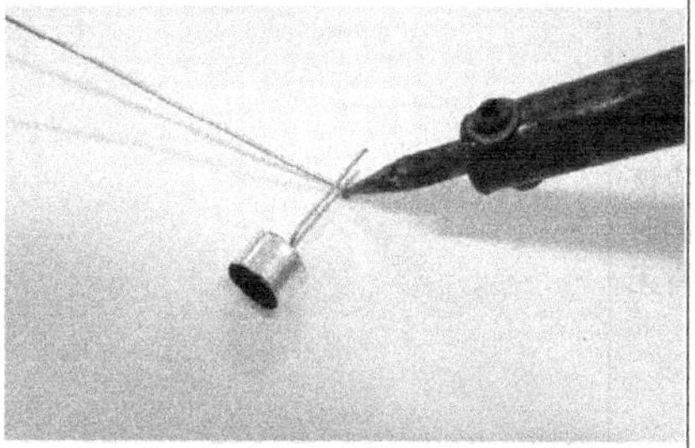	［元器件搪锡］：在将要锡焊的元器件引线或导电的焊接部位预先用焊锡润湿。在焊接的过程中应注意不要损坏元器件本身的塑料结构，这就要求在焊接过程中，烙铁接触元器件引脚的时间不能过长，同时在送锡的过程中应该确保送锡量的均匀，切勿出现焊锡堆积或者分布不均的现象，从而给后续的元器件插装造成困难	① 不能把原有的镀层刮掉 ② 不能用力过猛，以防损伤元器件 ③ 烙铁接触元器件引脚的时间不能太长，以免对元器件的结构产生影响 ④ 送锡量要尽量均匀，切勿出现焊锡堆积从而对后续元器件的插装造成困难
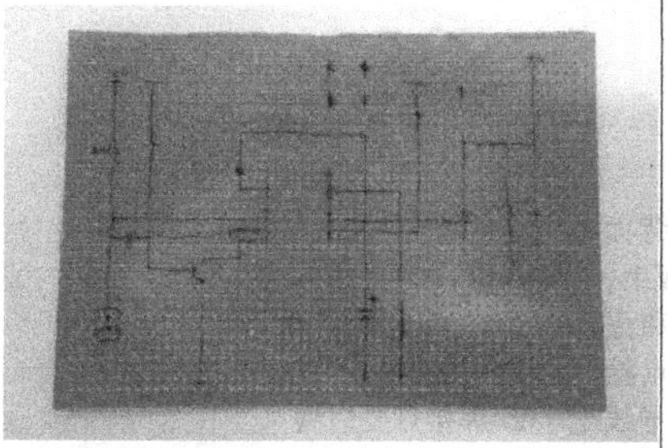	［元器件插装先期排版］：在进行元器件插装之前，首先分析电路原理图，对于元器件的分布进行合理的规划，同时，用笔在实验板上大致标出相关元器件的分布位置以及重点元器件的极性和引脚分布位置	① 分析电路原理图，确定元器件的合理布局 ② 标出重点元器件的极性和引脚分布位置 ③ 确保连接线数量最优化，同时，保障连接线之间没有短路的问题
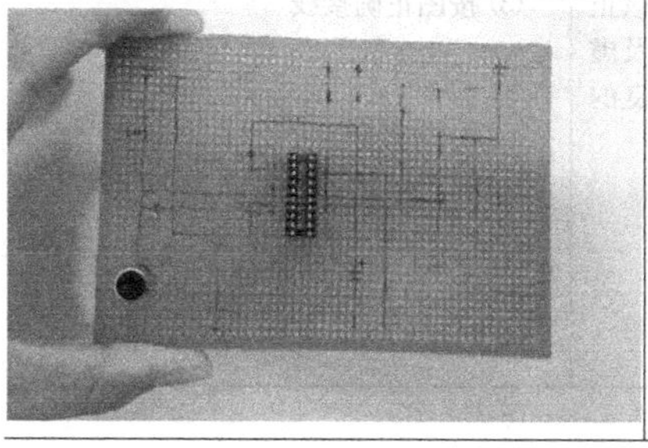	［元器件插装 1］：将元器件两引脚弯直角插装在实验板上插孔内，插装过程中应该确保元器件极性正确，同时元器件的插装位置应该满足整体电路的布局	① 正确选择元器件 ② 各元器件之间应预留一定的空间 ③ 分清元器件的极性和引脚分布

（续）

实训图片	操作方法	注意事项
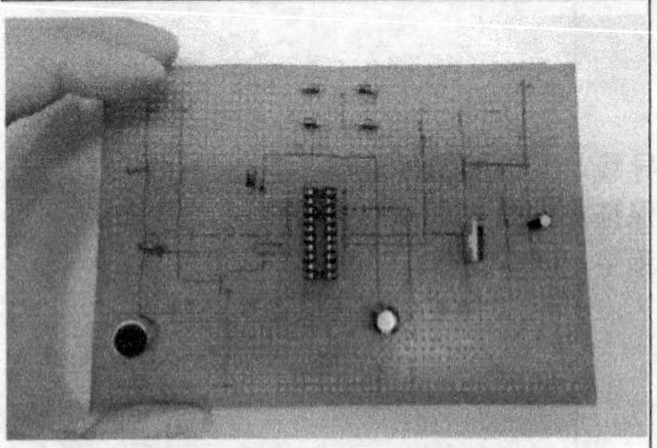 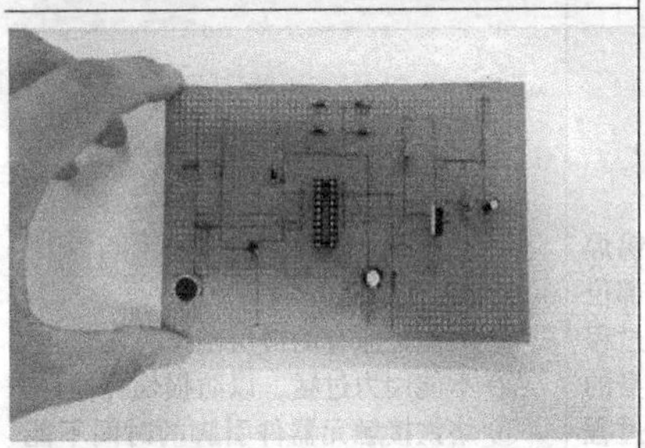	［元器件插装 2］：先将主要部件（IC 芯片插座、驻极体传声器、晶闸管等）插装完毕，并且仔细检查元器件的极性和引脚分布是否正确，此后，将电容和二极管等带有极性的元器件进行插装，同样，插装完成之后要仔细检查各元器件的极性是否正确，之后，将负载电阻按照排版计划进行相应的插装	④ 元器件要合理布局、布置要美观 ⑤ 在插装完毕后应认真检查各元器件选择是否正确，有无遗漏
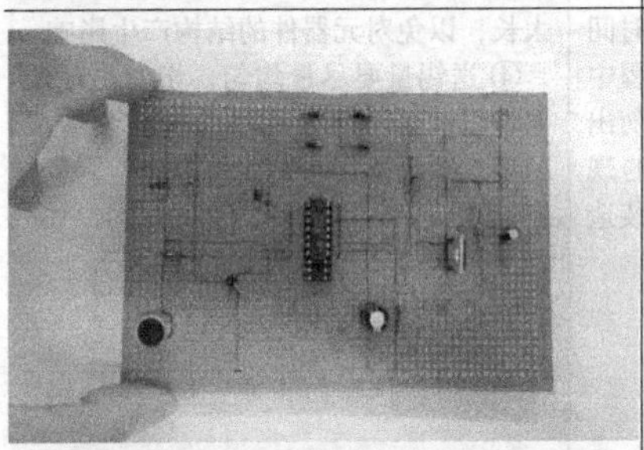	［电路总体排版］：整体规划合理，元器件之间的间距合理，便于导线连接，同时元器件应该留出引脚线便于接线处理，同时检查元器件选择是否正确，有无遗漏	
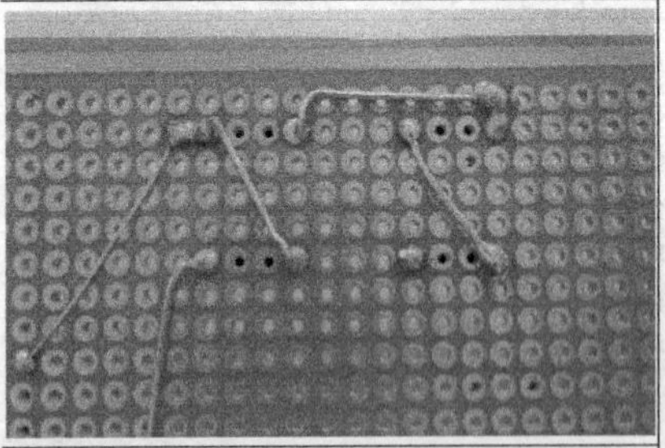 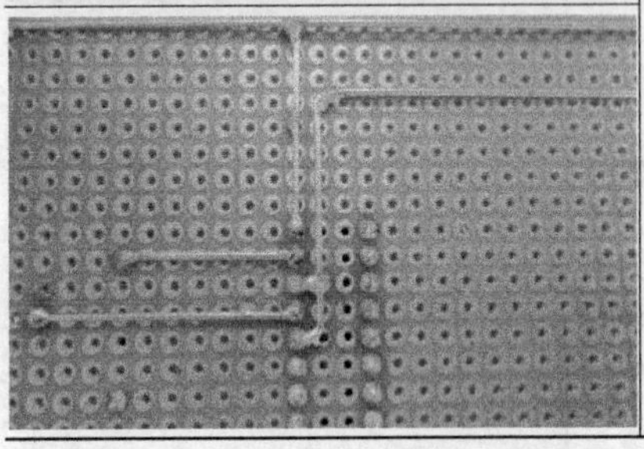	［电路连接］：在实验板背面将元器件引脚焊接在实验板上，焊点应该饱满，避免漏焊和虚焊。连线时应该充分与焊点接触，防止接触不良。同时，导线不能有相交的部分，焊点应该正确分布，防止错焊、漏焊以及虚焊，接线时应该防止接触不良的情况发生	① 焊接时间不宜过长 ② 焊接点要饱满 ③ 按图正确接线

三、负载器件和外围电路准备

实训图片	操作方法	注意事项
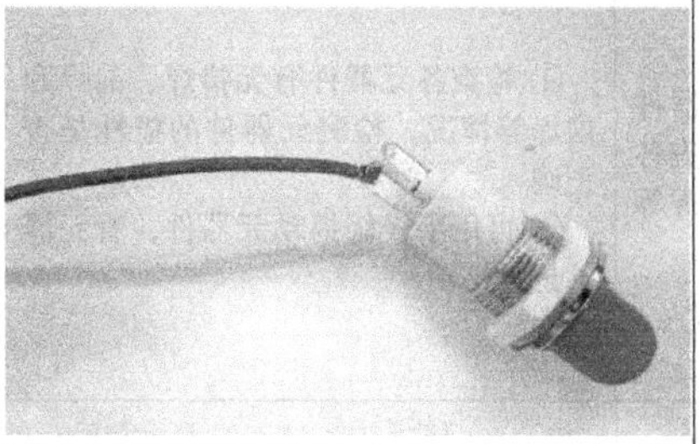 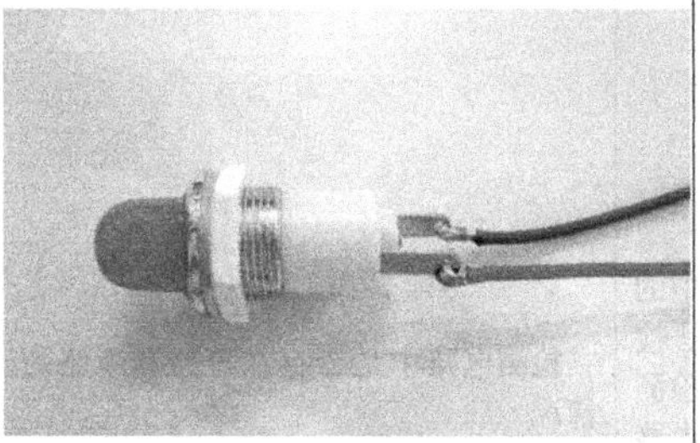	［负载器件的准备］：本实验中需要用到220V的灯泡，所以选用220V、15W的实验用电源指示灯作为负载器件。在使用之前，应对指示灯进行相应的处理，除去引脚处的氧化层，同时增加相应的连接线	① 选择适合实验要求型号的电灯作为负载器件 ② 在使用之前应除去引脚的氧化层，并增加相应的连接线，对于接头部分应该进行搪锡处理
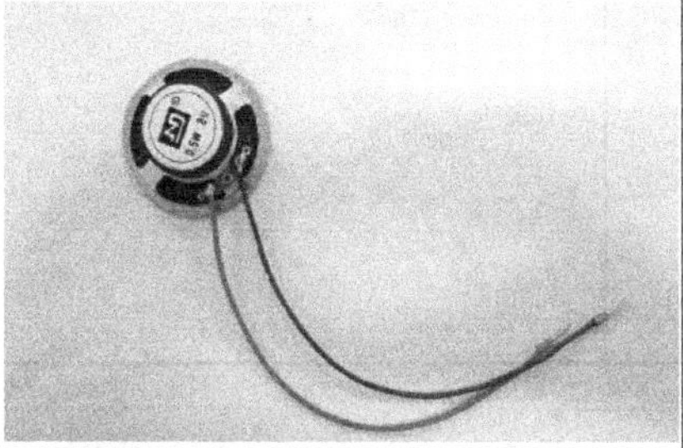 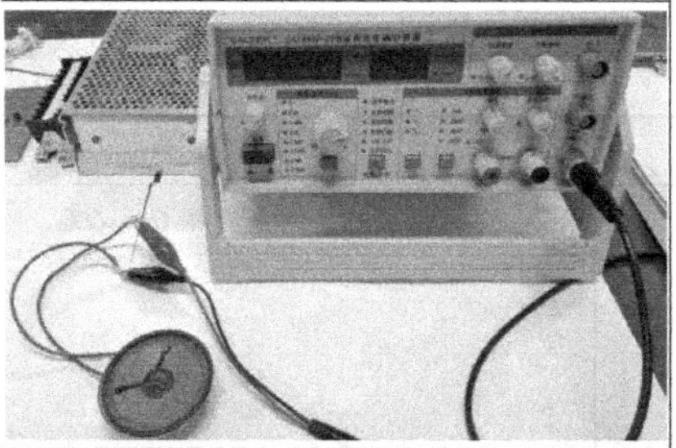 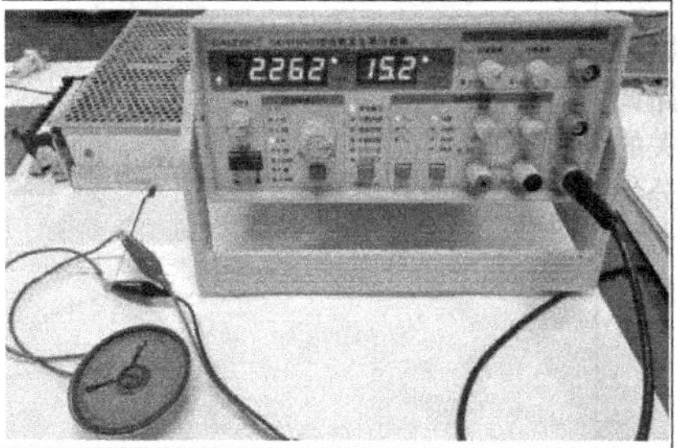	［外围电路准备］：在本任务当中，需要用到一个扬声器喇叭作为声源，从而验证是否能够进行声控操纵，我们选用一个“0.5W/8Ω”的扬声器来构成外围电路。同时，需要用信号发生器来提供相应的声源波形，进行反复实验验证，综合考虑到实验时对于声源音高和音频的要求，选用峰值为15.2V、频率为2.262kHz的正弦波来作为声源波形输出	① 选择适合实验要求型号的器件来构成相应的外围电路 ② 对于外围电路，同样应该进行相应的去除氧化层、焊接连线以及搪锡等一系列操作 ③ 选择合适的频率和电压的波形信号来作为声源的信号输出

四、电路检查

实训图片	操作方法	注意事项
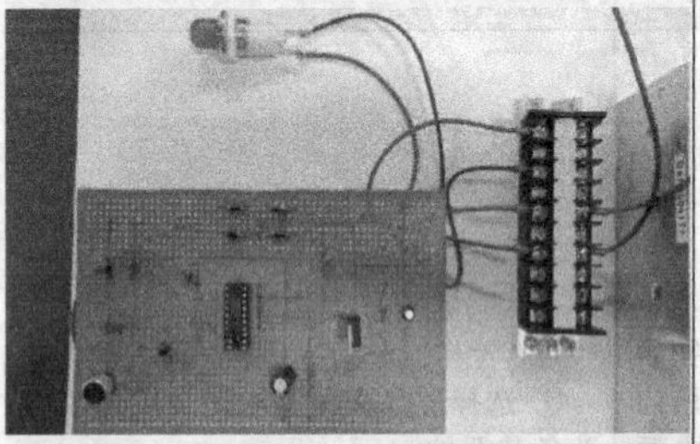	［目测检查］：检查各元器件的极性和位置是否正确，检查各元器件有无错焊、漏焊和虚焊等情况	① 检查各元器件有无错焊、漏焊和虚焊等情况，检测元器件的极性是否正确 ② 可用手轻轻摇动元器件，看元器件是否松动
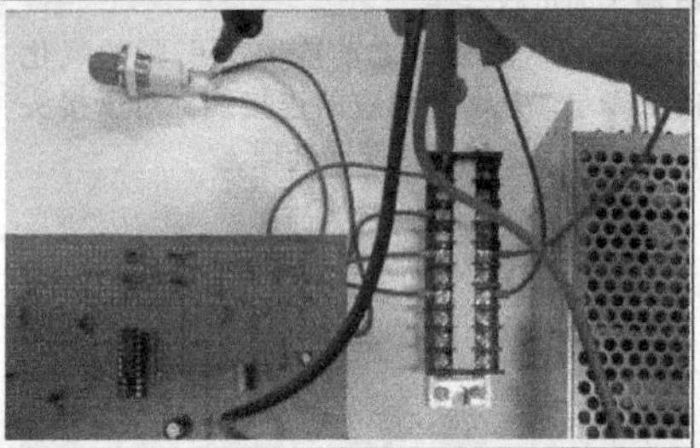 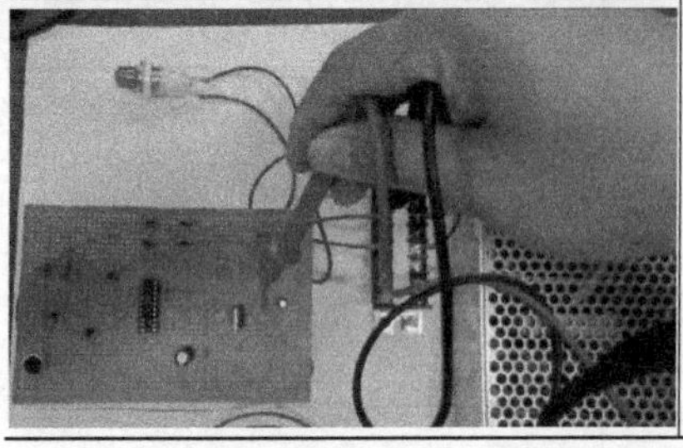	［仪表检查］：检测电路中的各节点是否存在短路的情况，检测各元器件是否存在故障，检测导线的联结是否正常，检测电路中是否存在短路问题	检测电路中是否存在短路和断路的情况

五、电路调试

实训图片	操作方法	注意事项
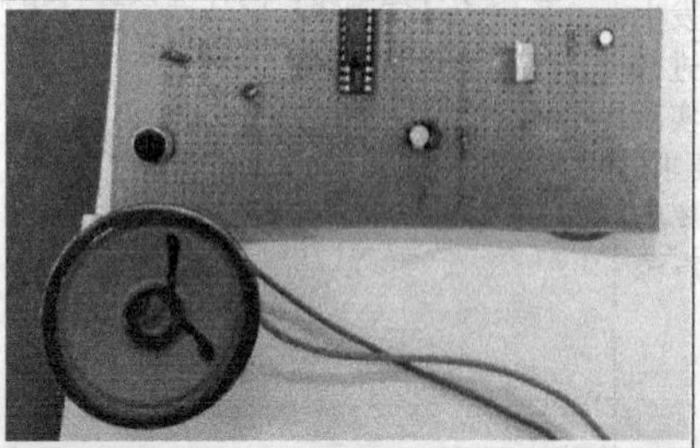 	［实验布局］：根据电路原理以及实验要求，为了进行电路调试和验证结果，我们进行相关的实验布局。该实验中，主要分为三个部分：实验电路板部分、声音源发生部分以及电源供电部分	选择调整使得整体的实验布局清楚、简洁，同时不会互相之间产生影响，为进一步调试提供便利

（续）

实训图片	操作方法	注意事项
	［接通电源］：接通电源的过程中应该遵循安全用电的相关原则，通电前应该检测各元器件的极性是否正确，同时检测电路中有无短路的情况	应清楚电源的性质：无论交流电还是直流电，通电过程中应该遵循安全用电的相关准则
	［验电］：保证经过变压器的输入电压符合电路要求，重点检测输入端的电压及各关键节点的电压值是否达到理论要求，为后期的调试和排障提供参考依据	确定各点电参数数值正确
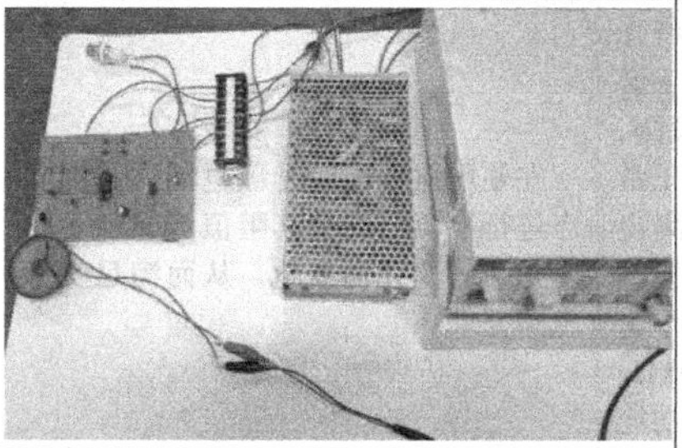  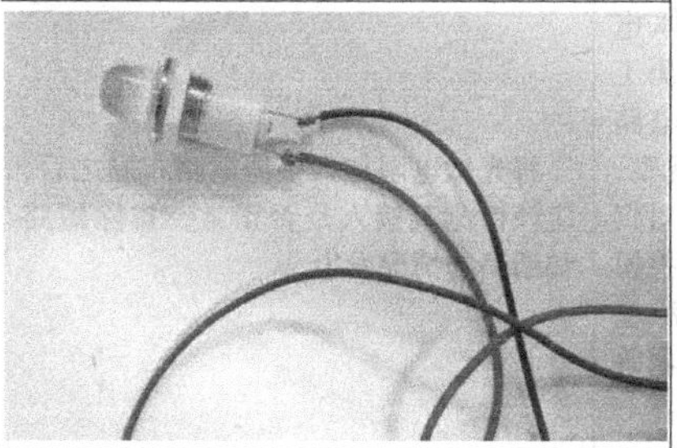	［调试验证］：在一切准备就绪之后，再次确认一下电路中是否存在短路的现象，尤其是在交流电路中。然后打开信号发生器，调节至适当的声源频率和音高。此时，电源灯亮起，表示声控电路已经完成相关功能，实验成功	在实验调试过程中，若实验得不到相应的结果现象，或者得出的数据与理论存在较大差距，应该仔细分模块检测电路，并记录调试检测的结果

六、电路扩展光控模块调试

实训图片	操作方法	注意事项
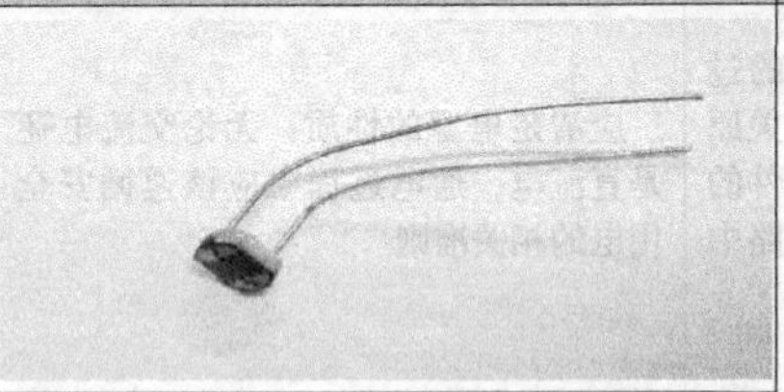 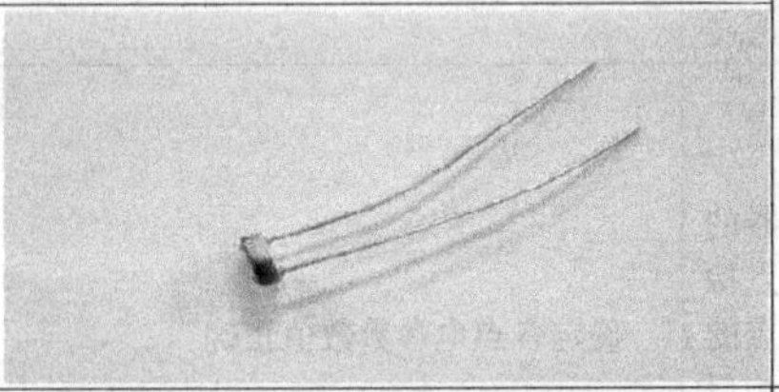	［元器件准备］：为了对该实验模块中光控部分进行检验，特引入光敏电阻来实现光控部分的功能。对于光控电阻，在使用之前仔细观察其外观，确保其光感层正常，无损坏。然后进行正常的除氧化层、搪锡和引接线处理的工作	确定正确的元器件来实现光敏模块的功能，同时，在使用光敏电阻之前应该仔细检查其外观构成是否完整，光敏层是否有损坏
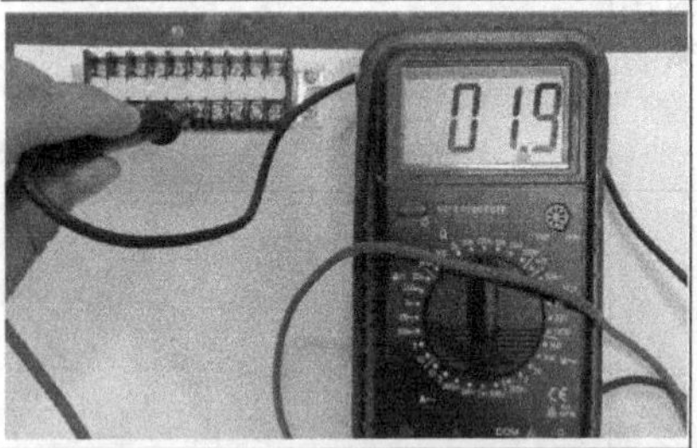 	［光敏电阻的检测］：在将光敏电阻插装至整体电路之前，必须对光敏电阻的功能进行检测，确保其功能正常。首先，在正常光线（白天）的情况下，测得的电阻数值为1.9kΩ，而当模拟夜晚状态时，将其感光层用手遮挡住，其电阻突变至36.5kΩ。与理论值相符，该光敏电阻功能正常	在使用前必须对光敏电阻的功能状态进行检测，确保其阻值能够随着感受光强的变化而变化，从而满足实验电路要求
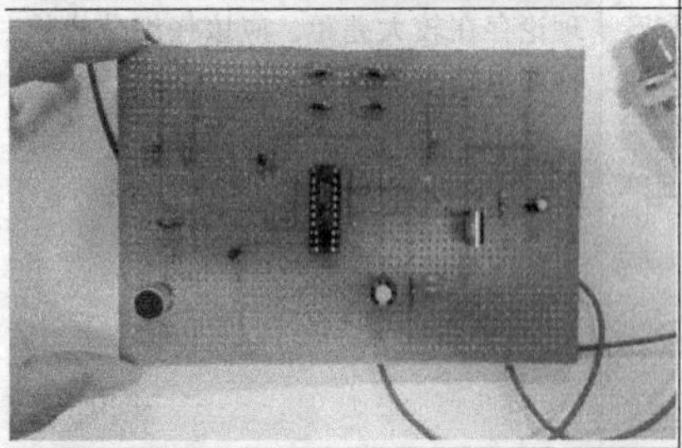 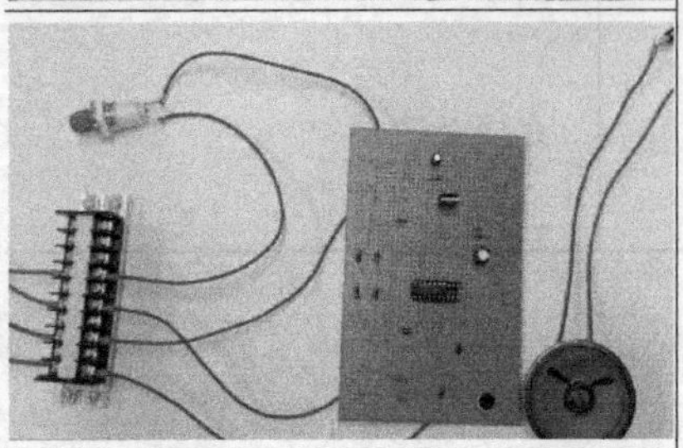	［将光敏电阻加入整体电路］：在对光敏电阻完成检测工作之后，将其加入至整体电路中。在加入后，首先目测观察，看接入状态是否正常，然后对仪表进行检测，方法与之前声控模块检测相同。最后，将电源输入、输出线连接好，将扬声器等外围设备准备就绪	将光敏电阻加入整体电路布局之后，应该检测其接入是否正常，排除短路和断路的情况发生

（续）

实训图片	操作方法	注意事项
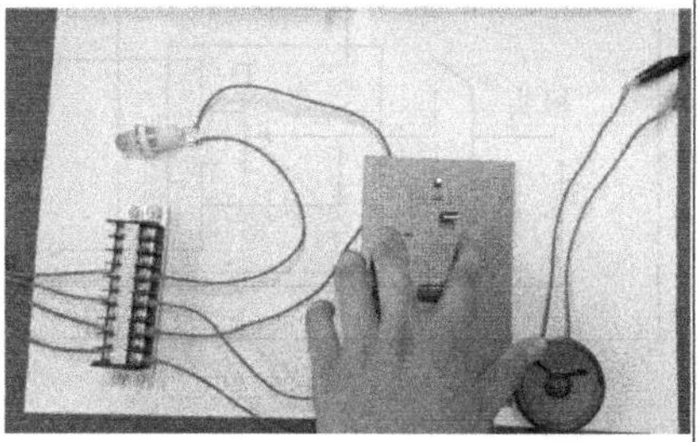 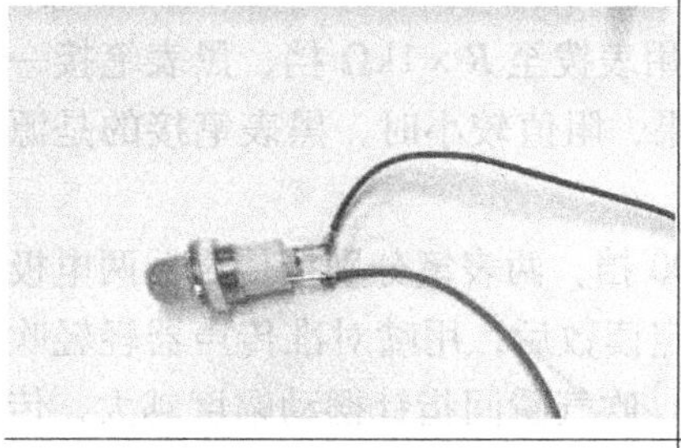	［通电与功能检验］：在检查完电路并且进行过相应的验电措施后，再对通电和功能进行检验。首先用手遮挡住光敏电阻的感光层，模拟夜晚光线较暗的情况下，同时打开扬声器，此时灯正常点亮，则实验成功	在各项功能检验之前，一定要进行验电和电路检查，并且应该严格遵守安全用电的相关措施
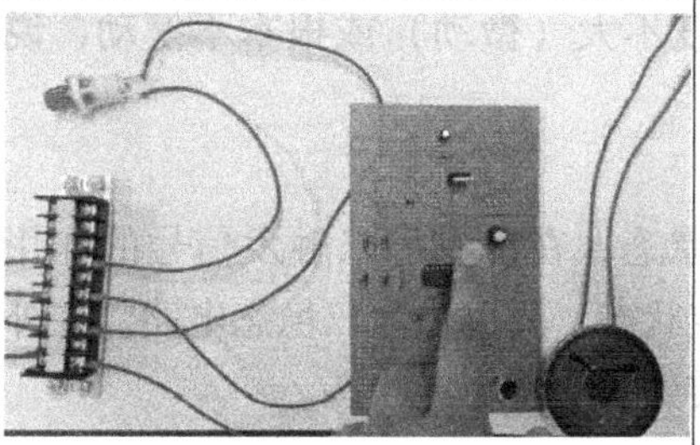	［功能检验］：对光控模块的功能作进一步检验。松开按住光敏模块感光层的手指，电灯熄灭，与理论相符，则实验成功	

提醒注意

一、驻极体传声器

1. 结构与工作原理

传声器的基本结构是由一片单面涂有金属的驻极体薄膜与一个上面有若干小孔的金属电极（也叫做背电极）构成的。驻极体面与背电极相对，中间有一个极小的空气隙，形成一个以空气隙和驻极体作绝缘介质，以背电极和驻极体上的金属层作为两个电极，构成一个平板电容器。电容的两极之间有输出电极。驻极体薄膜上分布有自由电荷，当声波引起驻极体薄膜振动而产生位移时，改变了电容两极板之间的距离，从而引起电容的容量发生变化。由于驻极体上的电荷数始终保持恒定，根据公式 $Q=CU$ 可知，所以当 C 变化时必然引起电容器两端电压 U 的变化，从而输出电信号，实现声-电的变换。由于实际电容器的电容量很小，输出的电信号极为微弱，输出阻抗极高，可达数百兆欧以上，所以它不能直接与放大电路相连接，而必须连接阻抗变换器。通常用一个专用的场效应晶体管和一个二极管复合组成阻抗变换器。内部电气原理如图所示。这样，驻极体话筒的输出线有3根，即源极S，一般用蓝色塑料线；漏极D，一般用红色塑料线；连接金属外壳的编织屏蔽线。

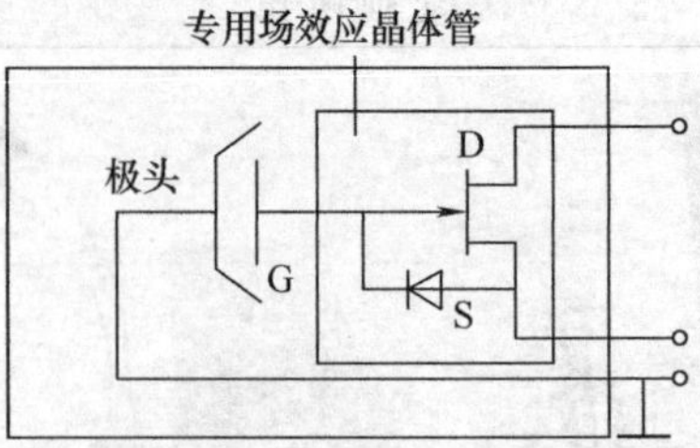

2. 驻极体话筒的输出接点形式

1）两接点形式

① 漏极输出：将D与外壳地相接的输出

② 源极输出：将S与外壳地相接的输出

2）三点输出：3个脚分别输出

3. 驻极体传声器的测量

（1）驻极体传声器的漏极D和源极S的判别　将万用表拨至$R\times1k\Omega$挡，黑表笔接一极，红表笔接另一极；再对调两表笔，比较两次测量结果，阻值较小时，黑表笔接的是源极，红表笔接的是漏极。

（2）传声器灵敏度的简单测试　将万用表拨至$R\times100$挡，两表笔分别接传声器两电极（注意，不能错接到传声器的接地极），待万用表显示一定读数后，用嘴对准传声器轻轻吹气（吹气速度慢而均匀），边吹气边观察指针的摆动幅度。吹气瞬间指针摆动幅度越大，传声器灵敏度就越高，传声、录音效果就越好；若摆动幅度不大（微动）或根本不摆动，说明此传声器性能差，不宜使用。

二、双稳态电路简介

在电子电路中双稳态电路的特点是：它有两个稳定状态，在没有外来触发信号的作用下，电路始终处于原来的稳定状态。由于它具有两个稳定状态，所以称为双稳态电路。在外加输入触发信号作用下，双稳态电路从一个稳定状态翻转到另一个稳定状态。

检查评价

通电调试完毕，切断电源，先拆除电源线，再拆除其余电线，然后进行综合评价。

任务评价

序号	评价指标	评价内容	分值	个人评价	小组评价	教师评价
1	元器件检查	元器件是否漏检或错检	5			
2	安装元器件	元器件不按布置图安装	10			
		元器件安装焊接不牢固	5			
		元器件安装不整齐、不合理、不美观	5			
		损坏元器件	5			
3	布线	不按电路图接线	10			
		布线不符合要求	5			
		焊接点松动、虚焊、脱焊	5			
		未接接地线	10			
4	电路测试	正确安装交流电源	10			
		测试步骤是否正确规范	10			
		测试结果是否成功	10			

（续）

序号	评价指标	评价内容	分值	个人评价	小组评价	教师评价
5	安全规范	操作是否规范安全	5			
		是否穿绝缘鞋	5			
总分			100			
问题记录和解决方法			记录任务实施过程中出现的问题和采取的解决办法（可附页）			

能力评价

内　　容		评　　价	
学习目标	评价项目	小组评价	教师评价
应知应会	本任务的相关基本概念是否熟悉	□Yes　□No	□Yes　□No
	是否熟练掌握仪表、工具的使用	□Yes　□No	□Yes　□No
专业能力	元器件的安装、使用是否规范	□Yes　□No	□Yes　□No
	安装、接线是否合理、规范、美观	□Yes　□No	□Yes　□No
	是否具有相关专业知识的融合能力	□Yes　□No	□Yes　□No
通用能力	团队合作能力	□Yes　□No	□Yes　□No
	协调沟通能力	□Yes　□No	□Yes　□No
	解决问题能力	□Yes　□No	□Yes　□No
	自我管理能力	□Yes　□No	□Yes　□No
	创新能力	□Yes　□No	□Yes　□No
态度	爱岗敬业	□Yes　□No	□Yes　□No
	工作态度	□Yes　□No	□Yes　□No
	劳动态度	□Yes　□No	□Yes　□No
个人努力方向：		老师、同学建议：	

思考与提高

1. 尝试根据集成芯片 CD4011 内部结构图列出其功能表达式以及真值表。

2. 本任务电路还存在另外一种设计方案，即由电源电路、光控电路、声控延时电路和晶闸管开关电路四大部分组成，试分析并进行相应的设计。同时思考该方案与任务中实际采用的设计方案相比，有哪些优缺点。

3. 对延时电路部分尝试用 555 集成电路进行改造。

任务十六　单相可控调压电路的安装调试

训练目标

● 掌握单相可控调压电路的工作原理。

- 掌握单相可控调压电路的安装方法。
- 掌握单相可控调压电路的调试方法。

任务描述

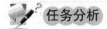

晶闸管是一种新型的半导体器件，它具有体积小、重量轻、效率高、使用寿命长、动作快以及使用方便等优点，目前交流调压器多采用晶闸管调压器。在本任务中，我们将研究分析一种电路简单、装置容易、控制方便的晶闸管单相调压器，其可以用作家用电器的调压装置，并进行照明灯调光、电风扇调速、电熨斗调温等控制，而且调压器的输出功率对于一般家用电器都能适用。

单相可控调压电路主要由可控整流电路和触发电路两部分组成。一般来说，由二极管组成的桥式整流电路，单结晶体管构成的张弛振荡器作为晶闸管的同步触发电路。当调压器接通电源以后，220V 交流电通过负载电阻同时经过二极管整流，在晶闸管两端形成一个脉动直流电压，该电压由电阻降压后作为触发电路的直流电源。在交流电的正半周时，整流电压对电容充电。当充电电压达到峰值电压时，晶闸管由截止变为导通，于是电容通过晶闸管和电阻迅速放电，结果在电阻上获得一个尖脉冲。这个脉冲作为控制信号送到晶闸管的门极，从而使晶闸管导通。晶闸管导通后的管压降很低，一般小于 1V，所以张弛振荡器停止工作。当交流电通过零点时，晶闸管自动关断。

任务分析

一、电路原理图

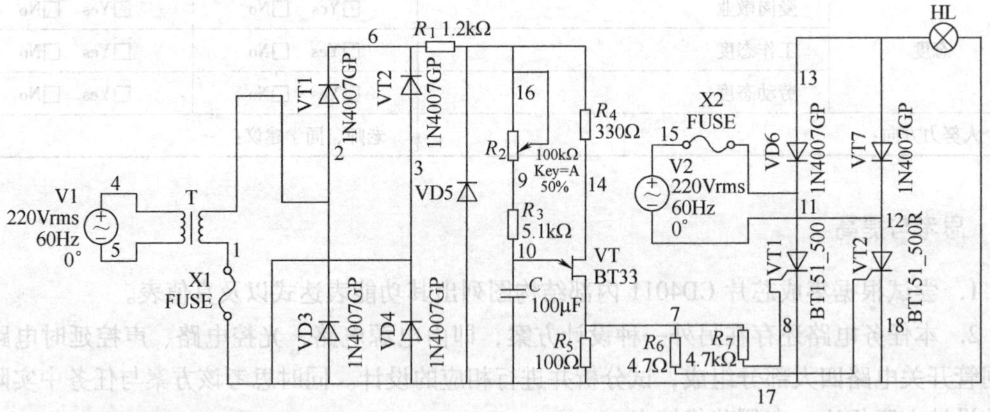

二、电路原理与分析

1）主电路部分有二极管 VD6、VD7，晶闸管 VT1、VT2 构成单相半波桥式整流电路，其输出的直流可调电压作为灯泡 HL 的电源。改变 VT1、VT2 控制极脉冲电压的相位，即改变 VT1、VT2 触发延迟角的大小，便可以改变输出直流电压的大小，进而改变灯泡 HL 的亮度。

2）控制电路部分由单结晶体管 VT，电阻 R_2、R_3、R_4、R_5，以及电容 C_1 组成单结晶体管的张弛振荡电路。接通电源之前，电容上的电压为零；接通电源后，电阻 R_2、R_3 串联分

得的电压对电容 C_1 充电，使得电容两端的电压 Ue 逐渐升高。当 Ue 达到单结晶体管 BT33 的峰值电压时，晶体管的 e 极和 b1 极之间变为导通，电容上存储的电压经过 e-b1 的通路向电阻 R_5 放电，在 R_5 上输出一个脉冲电压。由于 R_1、R_3 的电阻值较大，当电容上的电压降到谷点电压时，经过 R_1、R_3 的供给电流将小于谷点电流，故不能满足导通要求，于是单结晶体管恢复阻断状态。此后，电容又重新充电，重复上述过程，结果在电容上形成锯齿状的电压，在 R_5 上形成脉冲电压。在交流电压的每半个周期内，单结晶体管都将输出一组脉冲，起作用的第一个脉冲去触发 VT1、VT2 的控制极，使得晶闸管导通，灯泡 HL 发光。改变滑动变阻器 R_2 的电阻数值，可以改变电容充电的快慢，即改变锯齿波的振荡频率，从而改变晶闸管 VT1、VT2 导通角的大小，这样可以改变输出直流电压的大小，进而改变灯泡 HL 的亮度。

相关知识

1. 晶闸管简介

晶闸管（Silicon Controlled Rectifier，SCR）主要有单向晶闸管、双向晶闸管、光控晶闸管、逆导晶闸管、可关断可控硅晶闸管、快速晶闸管等。晶闸管是一种非常重要的功率器件，可用来作高电压和高电流的控制，主要用在开关方面，使器件从关闭或是阻断的状态转换为开启或是导通的状态；反之亦然。晶闸管与双极型晶体管有密切的关系，二者的传导过程皆涉及电子和空穴，但晶闸管的开关的工作原理和双极晶体管是不同的，晶闸管有较宽广范围的电流、电压控制能力。现在的晶闸管的额定电流可以从几毫安到 5000A 以上，额定电压可以超过 10000V。下面将讨论基本晶闸管的工作原理，然后给出一些高功率和高频率的晶闸管。

2. 晶闸管的内部结构

本任务使用的是单向晶闸管，也就是人们常说的普通晶闸管，它是由四层半导体材料组成的，有三个 PN 结，对外有三个电极：第一层 P 型半导体引出的电极叫阳极 A，第三层 P 型半导体引出的电极叫门极 G，第四层 N 型半导体引出的电极叫阴极 K。从晶闸管的电路符号可以看到，它和二极管一样是一种单方向导电的器件，主要是多了一个门极 G，这就使它具有与二极管完全不同的工作特性。除了具有单向导电性能之外，最重要的是它只有导通和关断两种状态。晶闸管的优点有很多，例如：以小功率控制大功率，功率放大倍数高达几十万倍；反应极快，在微秒级内开通、关断；无触点运行，无火花、无噪声；效率高，成本低等。

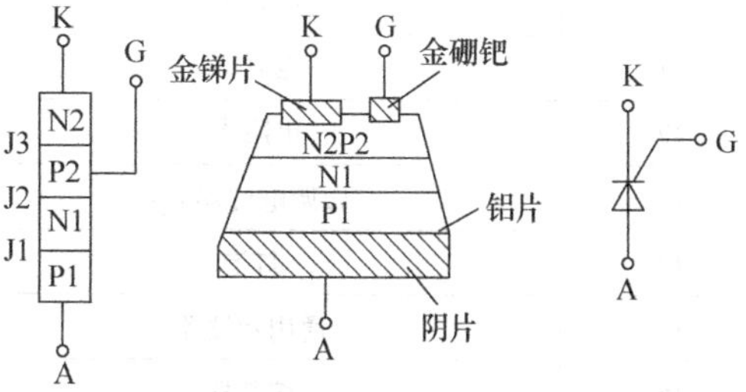

3. 晶闸管的主要工作特点

晶闸管的工作特点可以概括为“一触即发”，即要使晶闸管导通，一是在它的阳极 A 与阴极 K 之间外加正向电压，二是在它的门极 G 与阴极 K 之间输入一个正向触发电压。晶闸管导通后，松开按钮，即去掉触发电压，仍然维持导通状态。同时，如果阳极或门极外加的是反向电压，晶闸管就不能导通。门极的作用是通过外加正向触发脉冲使晶闸管导通，却不能使它关断。那么，用什么方法才能使导通的晶闸管关断呢？使导通的晶闸管关断，可以断开阳极电源或使阳极电流小于维持导通电流的最小值（称为维持电流）。如果晶闸管阳极和阴极之间外加的是交流电压或脉动直流电压，那么，在电压过零时，晶闸管会自行关断。

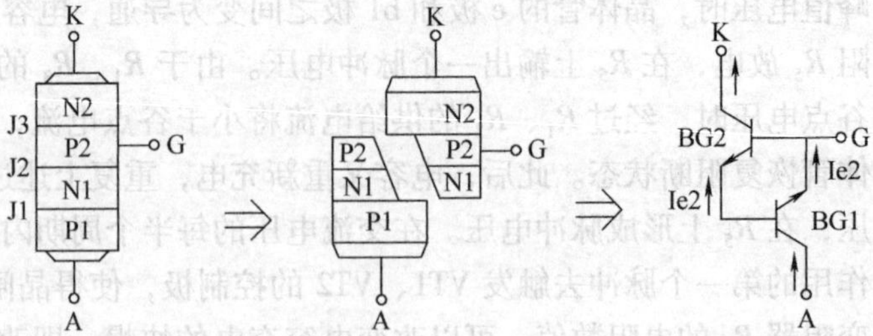

任务实施

一、工具、仪器仪表以及材料的准备

根据任务的要求，选择合适容量、规格的元器件，并进行质量检查。

序　号	名　　称	型号与规格	数　量
1	电源变压器	220V/36V	1
2	整流二极管	1N4007	6
3	稳压二极管	2CW64	1
4	单结晶体管	BT33	1
5	晶闸管	BT151	2
6	电容 C	0.1μF	1
7	电阻 R_1	1.2kΩ	1
8	电阻 R_3	5.1kΩ	1
9	电阻 R_4	330Ω	1
10	电阻 R_5	100Ω	1
11	电阻 R_6	4.7kΩ	1
12	电阻 R_7	4.7kΩ	1
13	微调电位器 Rp	100kΩ	1
14	灯泡	220V、15W	1
15	通用示波器	CS4125A 双踪	1
16	熔断器	0.5A	1
17	单刀单掷开关	KCD3 102N	1
18	万用表	MF-47	1
19	实验板	10cm×15cm 单孔	1
20	电烙铁	恒温 60W	1
21	焊锡丝	0.5mm/75g	若干
22	漆包线	0.5mm 多股	若干
23	常用电子工具	套	1

二、电路的安装

实训图片	操作方法	注意事项
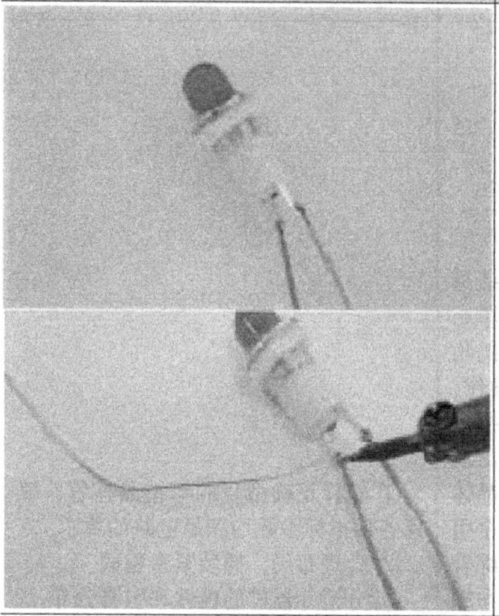	［元器件搪锡］：将要锡焊的元器件引线或导电的焊接部位预先用焊锡润湿，从而防止铜和铝氧化以及它们之间发生电化学腐蚀，从而降低接触电阻和能量损耗、并且稳定接触电阻	① 不能把原有的镀层刮掉 ② 不能用力过猛，以防损伤元器件
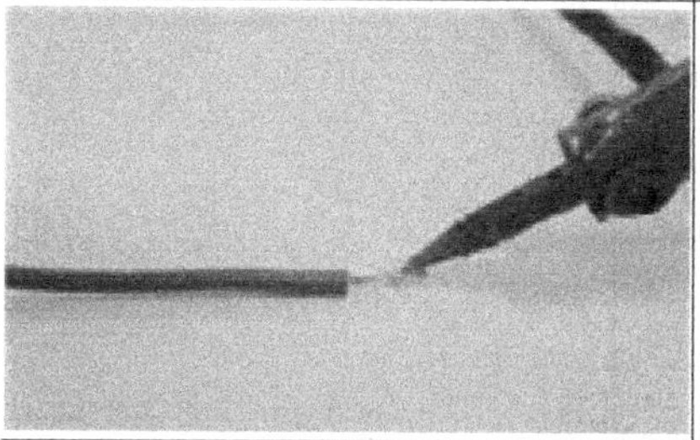	［导线搪锡］：为了防止导线部分氧化影响其导电性能，保证导线导电性能良好。搪锡过程中应该保证锡的分布均匀	① 刮好的线需去毛刺 ② 搪锡从头到尾依次均匀搪锡，时间不宜过长 ③ 注意保持通风，避免烫伤
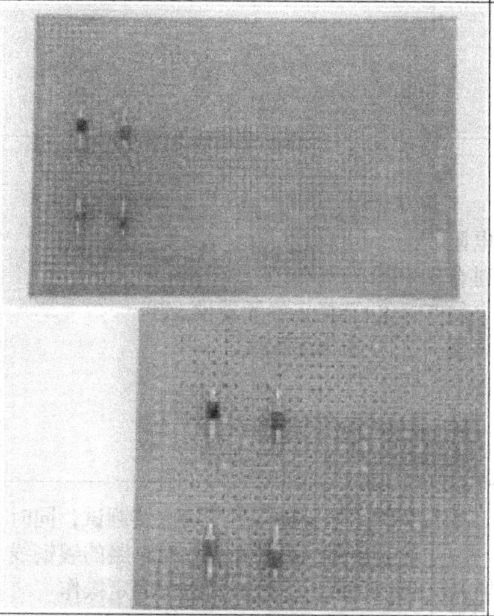	［元器件插装 1］：将二极管两引脚弯直角，然后插装在实验板的插孔内。插装的过程中应该确保元器件极性正确，同时元器件的插装位置应该满足整体电路的布局	① 选择正确元器件 ② 合理布局 ③ 分清元器件的极性
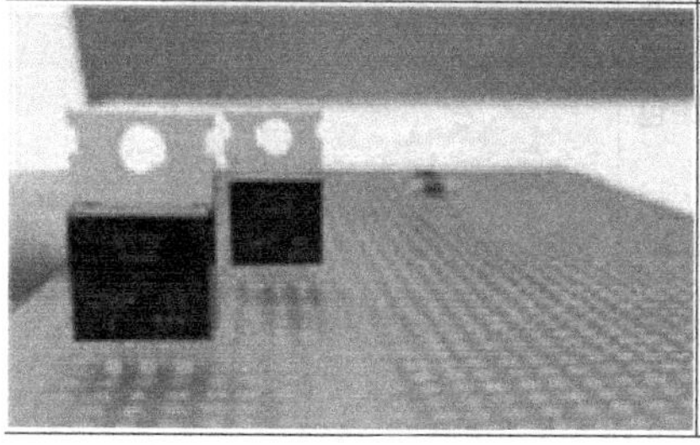	［元器件插装 2］：将晶闸管按照电路图的要求以及引脚分布和极性要求插装在电路板中，确保晶闸管的引脚顺序正确，同时与电路实验板之间应该插装稳固	① 选择正确型号的晶闸管 ② 合理布局，插装紧密稳固 ③ 分清元器件的极性和引脚分布

（续）

实训图片	操作方法	注意事项
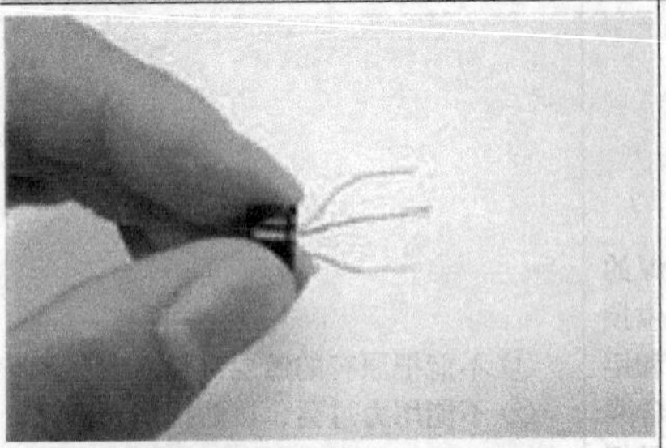  	［元器件插装3］：对单结晶体管进行插装操作，首先将单结晶体管的三个引脚分开一定的角度和距离，并且进行定型操作，将引脚调直，这样便于进行插装操作同时防止三个引脚之间出现短路的现象；接着，将单结晶体管插装至实验板中，注意三个引脚的极性以及引脚分布，应综合考虑电路原理图和引脚的分布顺序，对晶体管进行合理的布局与定位。最后，在确定晶体管的位置之后，将晶体管按紧固定，对三个引脚再进一步地进行定位做型操作，确保美观、连接简便，防止短路	① 选择正确型号的单结晶体管，确保各项指标参数均满足电路的要求 ② 合理布局，插装紧密稳固 ③ 分清元器件的极性和引脚分布
	［元器件总体排版］：将电阻插装在实验板上。整体规划合理，元器件之间的间距合理，便于导线连接，同时元器件应该留出引脚线便于接线处理	① 布局合理 ② 选择正确元器件 ③ 留出引脚线
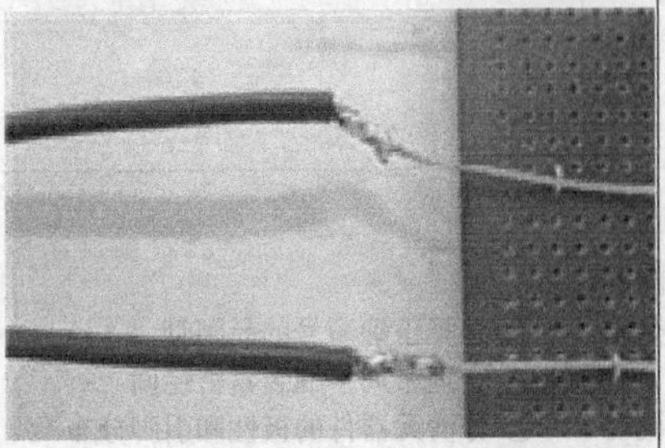	［输入、输出导线的引出］：为了接入电源、接上负载灯以及后期调试过程中查看波形等事项，对于该电路连接相应的漆包线作为输入、输出导线	为了便于进行后期的电路调试，同时为了整体电路的美观，对电路的镀铜线可以采取以下的方式进行固定操作 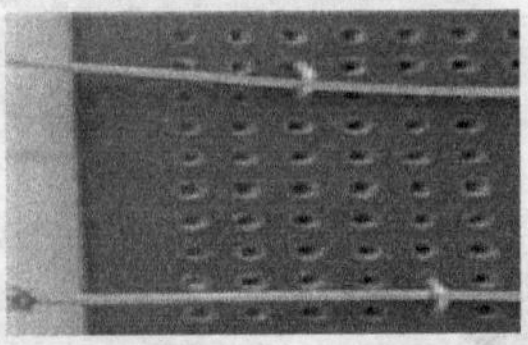

（续）

实训图片	操作方法	注意事项
	［电路连接］：在实验板背面将元器件的引脚焊接在实验板上。焊点应饱满，避免漏焊和虚焊。连线时应该充分与焊点接触，防止接触不良	① 焊接时间不宜过长 ② 焊接点要饱满 ③ 按图正确接线
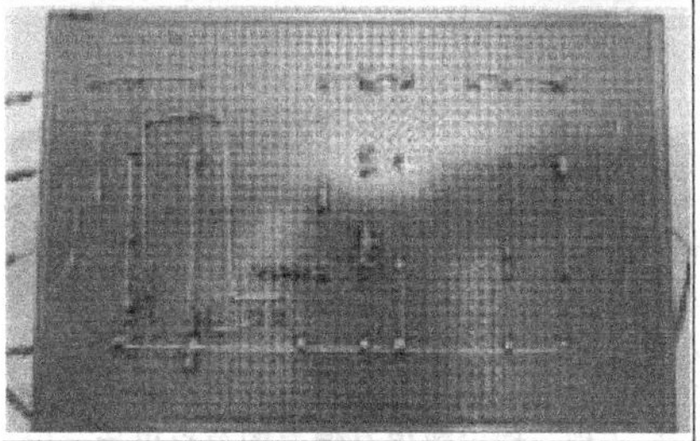	［电路总体连接］：导线不能有相交的部分，焊点应该正确分布，防止错焊、漏焊以及虚焊，接线时应该防止接触不良的情况发生	

三、电路检查

实训图片	操作方法	注意事项
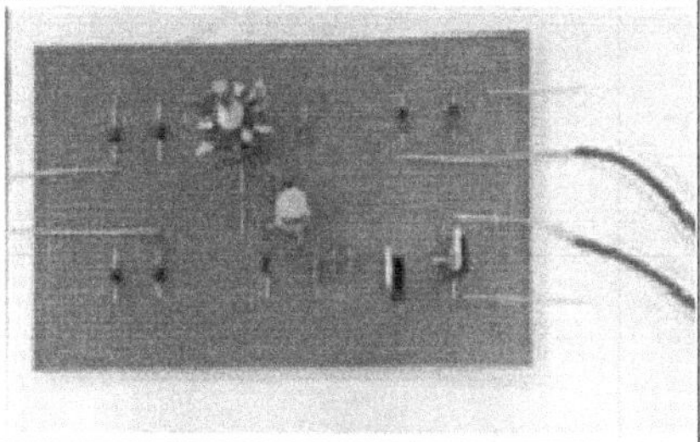	［目测检查］：检查各元器件的极性和位置是否正确，检查各元器件有无错焊、漏焊和虚焊等情况	检查各元器件有无错焊、漏焊和虚焊等情况，检测元器件的极性是否正确
	［仪表检查］：检测电路中的各节点是否存在短路的情况，检测各元器件是否存在故障，检测导线的连接是否正常，检测电路中是否存在短路问题	检测电路中是否存在短路和断路的情况

四、电路调试

实训图片	操作方法	注意事项
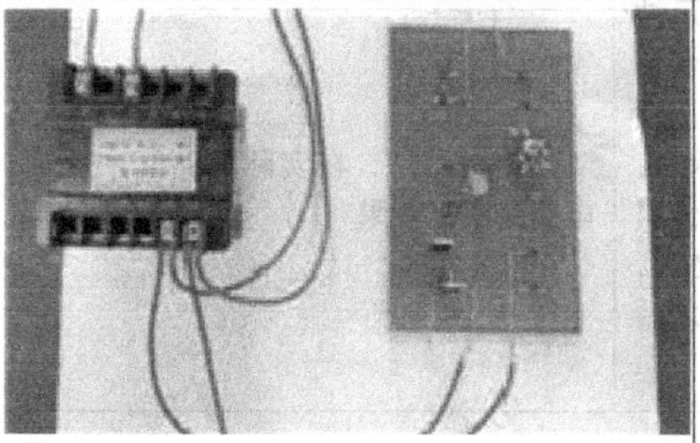	［接通电源］：接通电源的过程中应该遵循安全用电的相关原则，通电前应该检测各元器件的极性是否正确，同时检测电路中有无短路的情况	分清正、负极

（续）

实训图片	操作方法	注意事项
	［验电］：检测变压器输入端的电压，保证经过变压器的输入电压符合电路要求	注意安全，两表笔不能相互搭接
 	［验电］：保证经过变压器的输入电压符合电路要求，重点检测输入端的电压、各关键节点的电压值是否达到理论要求，为后期的调试和排障提供参考依据。若有某些节点的电压数值未达到理论值，应当及时调节各输入环节节点电压的数值，并对电路整体进行检查调节	确定各点电压参数数值正确，若发现与理论数值有偏差的节点电压，应该及时进行排障处理
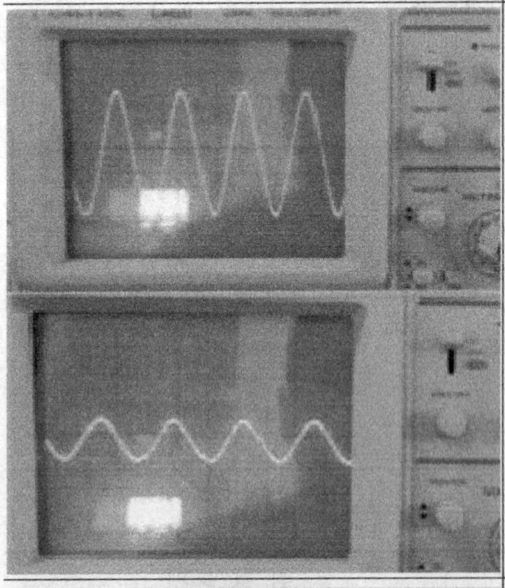	［示波器观察输入、输出的波形］：掌握用示波器观测波形的基本方法，调节正确的挡位进行波形的观测。通过对输入、输出波形的观测、加深对电路功能的理解	观察输入、输出波形，检验电路实现功能是否正确，加深对于电路功能的理解
	［接上电灯负载］：在用示波器观察了输出波形之后，再利用实际电路检测该电路的效果。我们选用了220V的实验指示灯，将其进行相应的去氧化层、做引导线、搪锡等一系列操作之后，连接至电路的输出端，通电之后观察电路的效果	连接指示灯，在实际电路当中验证电路的实际效果

（续）

实训图片	操作方法	注意事项
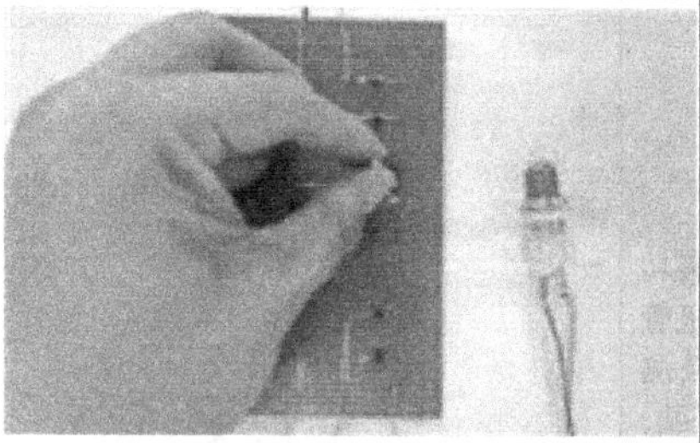 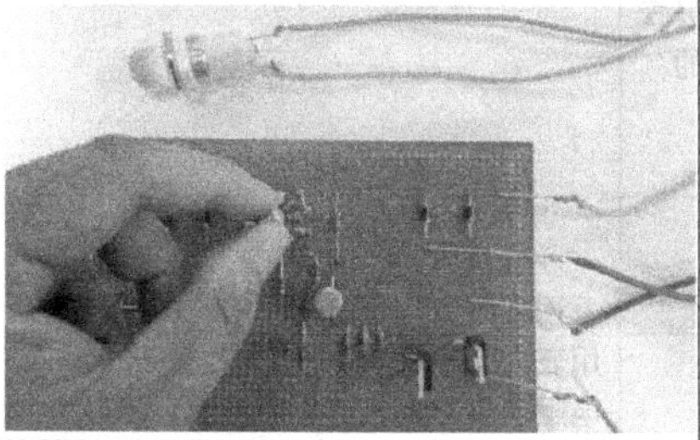	［电路实际效果检测］：连接上实验用指示灯之后，通上电，指示灯正常发光，同时，调节滑动变阻器，指示灯的亮度会随之而发生改变，实验成功	通电检测电路实际效果，调节滑动变阻器查看是否能实现调光功能

提醒注意

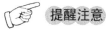

实训图片	操作方法	注意事项
  	［测量变压器］： ① 检查变压器的标称值与电路图标称值是否一致，电压值应为220V/18V ② 将万用表转换开关置于欧姆挡，测量一次绕组电阻值与二次绕组电阻值。如果电阻值比较小，则变压器是好的；反之，变压器是坏的	重点关注变压器的标称值与电路图标的标称值是否一致，确保测试时电压数值正常

（续）

实训图片	操作方法	注意事项
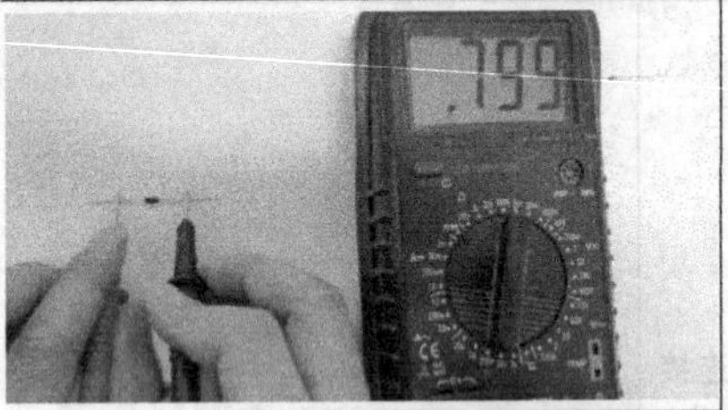 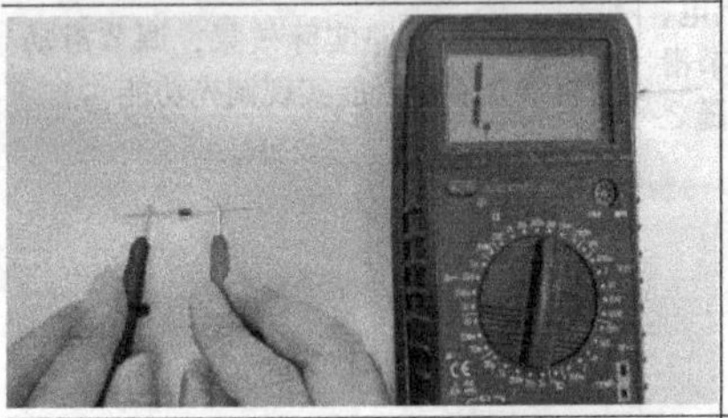	［测量二极管］：把万用表转换开关置于欧姆挡，测量二极管VD1的正、反向电阻。如果测量二极管的正向电阻为几百欧，反向电阻为几百千欧，则二极管是好的；反之，二极管是坏的	一般在常用万用表中，黑表笔对应万用表内部电源正极，红表笔对应万用表内部电源负极。二极管正、反向电阻差值越大，二极管的质量越好
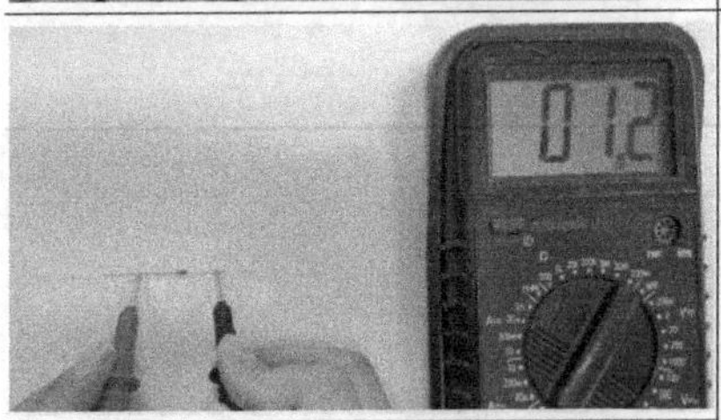 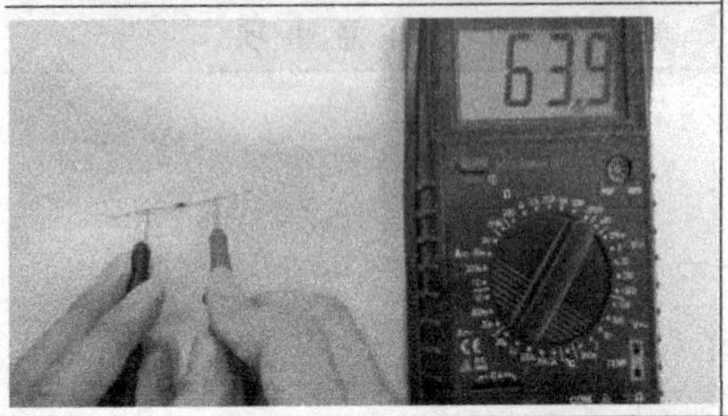	［测量稳压二极管］：把万用表转换开关置于欧姆挡，测量稳压二极管的正反向电阻。如果测量稳压二极管的正向电阻为几百欧，反向电阻为几百千欧，则稳压二极管是好的；反之，稳压管是坏的	
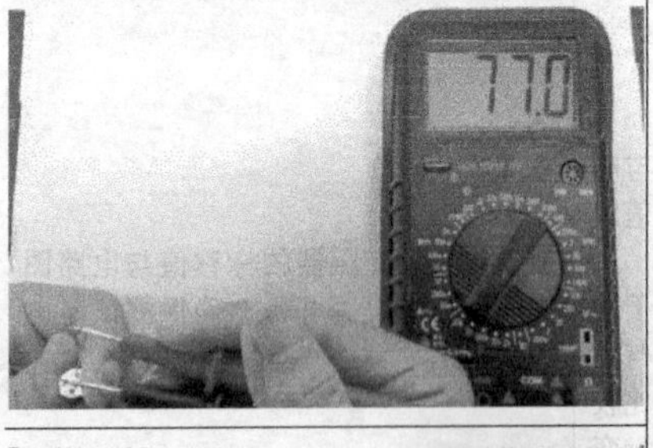 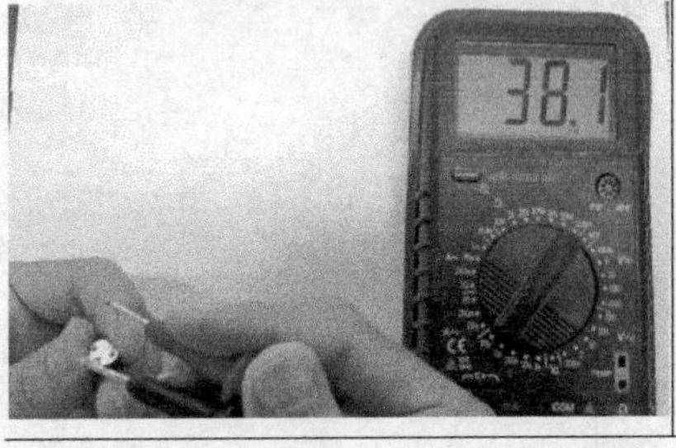	［测量单结晶体管］：将万用表置于欧姆挡，将红、黑表笔分别接单结晶体管任意两个引脚，测读其电阻；接着对调红、黑表笔，测读电阻。若第一次测得的电阻值较小，第二次测得的电阻值大，则第一次测试时的黑表笔所接的引脚为e极，红表笔所接引脚为b极，另一引脚也是b极。e极对另一个b极的测试方法同上。	由于e对b1的正向电阻比e对b2的正向电阻要稍大一些，测量e对两个b极的正向电阻值，即可区分出第一基极b1和第二基极b2

（续）

实训图片	操作方法	注意事项
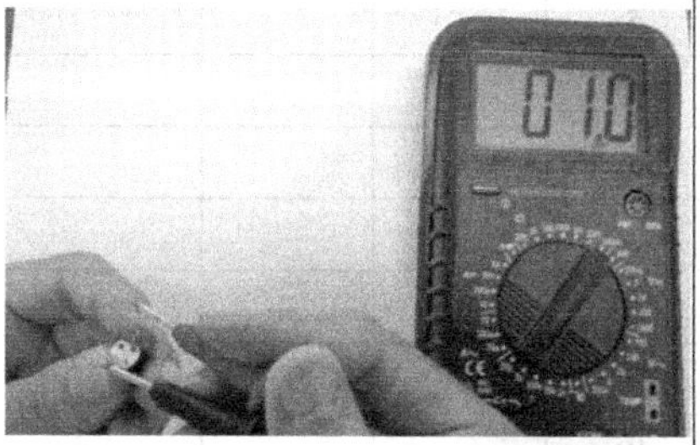	若两次测得的电阻值都一样，约为 2～10kΩ，那么这两个引脚都为 b 极，另一个引脚为 e 极	
 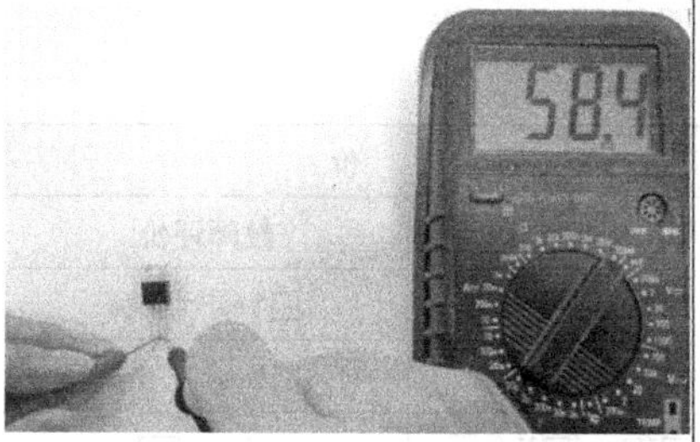 	［测量晶闸管］：将万用表置于欧姆挡，黑表笔接 A 极，红表笔接 K 极，在黑表笔保持和 A 极相接的情况下，同时与 G 极接触，这样就给 G 极加上一触发电压，可看到万用表上的阻值明显变小，这说明晶闸管因触发而导通。在保持黑表笔和 A 极相接的情况下，断开与 G 极的接触，若晶闸管仍导通，则说明晶闸管是好的；若不导通，一般则是坏的	

检查评价

通电调试完毕，切断电源，先拆除电源线，再拆除其余电线，然后进行综合评价。

任 务 评 价

序号	评价指标	评价内容	分值	个人评价	小组评价	教师评价
1	元器件检查	元器件是否漏检或错检	5			
2	元器件安装	元器件不按布置图安装	10			
		元器件安装焊接不牢固	5			
		元器件安装不整齐、不合理、不美观	5			

（续）

序号	评价指标	评价内容	分值	个人评价	小组评价	教师评价
2	元器件安装	损坏元器件	5			
3	布线	不按电路图接线	10			
		布线不符合要求	5			
		焊接点松动、虚焊、脱焊	5			
		未接接地线	10			
4	电路测试	正确安装交流电源	10			
		测试步骤是否正确规范	10			
		测试结果是否成功	10			
5	安全规范	操作是否规范安全	5			
		是否穿绝缘鞋	5			
总分			100			
问题记录和解决方法			记录任务实施过程中出现的问题和采取的解决办法（可附页）			

能力评价

内容		评价	
学习目标	评价项目	小组评价	教师评价
应知应会	本任务的相关基本概念是否熟悉	□Yes □No	□Yes □No
	是否熟练掌握仪表、工具的使用	□Yes □No	□Yes □No
专业能力	元器件的安装、使用是否规范	□Yes □No	□Yes □No
	安装、接线是否合理、规范、美观	□Yes □No	□Yes □No
	是否具有相关专业知识的融合能力	□Yes □No	□Yes □No
通用能力	团队合作能力	□Yes □No	□Yes □No
	协调沟通能力	□Yes □No	□Yes □No
	解决问题能力	□Yes □No	□Yes □No
	自我管理能力	□Yes □No	□Yes □No
	创新能力	□Yes □No	□Yes □No
态度	爱岗敬业	□Yes □No	□Yes □No
	工作态度	□Yes □No	□Yes □No
	劳动态度	□Yes □No	□Yes □No
个人努力方向：		老师、同学建议：	

思考与提高

1. 试分析该电路与之前我们学习过的晶闸管调光电路有什么共同点和不同之处。

2. 在测试和调试过程中，该电路有哪些环节需要重点注意（从安全用电、工作效率等方面进行考虑）？

3. 下图所示为利用双向二极管 1N5758 和双向晶闸管 BT136 对单相可控调压电路进行的改装，尝试焊接调试下图所示的电路，并分析两种调压电路的区别和联系。

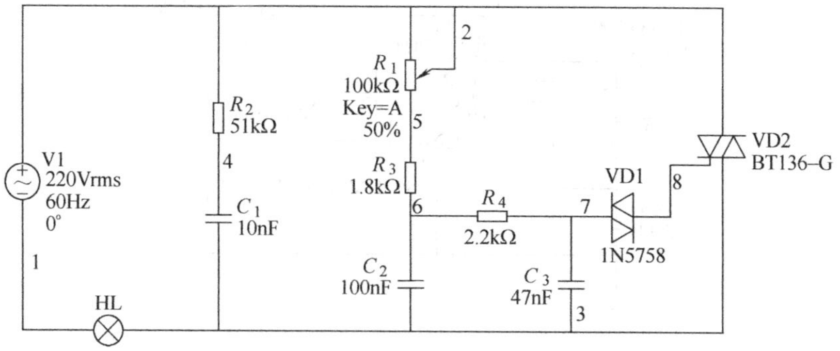

任务十七　红外线遥控电路的安装调试

训练目标

- 掌握红外线遥控电路的工作原理。
- 掌握红外线遥控电路的安装方法。
- 掌握红外线遥控电路的调试方法。

任务描述

随着科学技术的发展，人们的生活水平不断提高，节能环保的意识也逐渐加强。研究人员不断研究开发新型产品应用于生活，使我们的生活质量提高的同时更能节省资源。红外遥控技术为此应运而生了。红外遥控技术已经在日常家用电器中得到了广泛应用，其使用方便、功耗低、抗干扰能力强的优点在智能仪器系统中也越来越受到重视。市面上的各种家电红外遥控系统技术成熟、成本低廉，为人们的家居生活带来方便快捷的服务。本任务主要通过设计红外遥控电路并进行相应的安装调试，进一步掌握数电、模电等理论知识的运用，加深了解电子元器件特别是集成电路（芯片）的结构与功能。同时，在设计电路过程中增强动手能力以及独立思考的能力。

任务分析

一、电路工作原理分析

该电路由发射和接收两部分组成。发射部分由 NE555 定时电路以及红外发光二极管 LED 组成；接收电路由光电晶体管 VT、运算放大器 UA741 和 NE567 音频译码器组成。当 LED 对准 VT 时，调节 R_1 使得发射器信号频率与 NE567 电路的中心频率相符，则继电器 K 吸合。

二、电路原理图

1. 发射电路

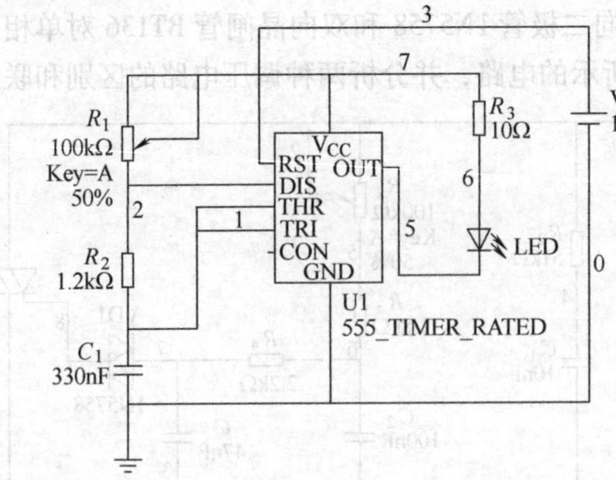

2. 接收电路

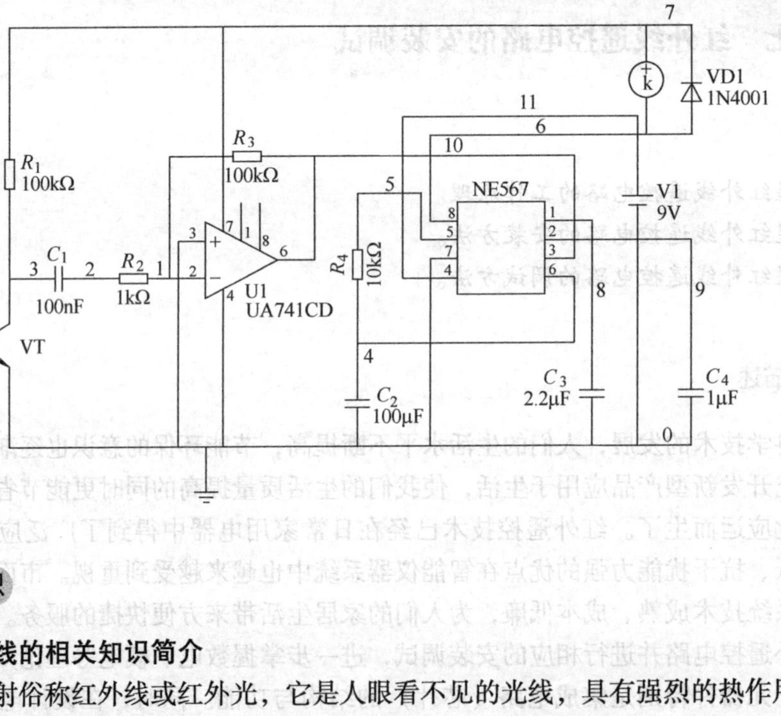

相关知识

一、红外线的相关知识简介

红外线辐射俗称红外线或红外光，它是人眼看不见的光线，具有强烈的热作用，故又称为热辐射。

在电磁波谱中，光波的波长范围为0.01～1000μm。根据波长的不同可分为可见光和不可见光，波长为0.38～0.76μm的光波称为可见光，依次为红、橙、黄、绿、青、蓝、紫七种颜色。光波为0.01～0.38μm的光波为紫外光（线），波长为0.76～1000μm的光波为红外光（线）。红外光按波长范围分为近红外、中红外、远红外和极红外4类。红外线遥控是利用近红外光传送遥控指令的，波长为0.76～1.5μm。用近红外作为遥控光源，是因为目前红外发射器件（红外发光管）与红外接收器件（光敏二极管、晶体管及光电池）的发光与受光峰值波长一般为0.8～0.94μm，在近红外光波段内，二者的光谱正好重合，能够很好地匹配，可以获得较高的传输效率及较高的可靠性。

红外遥控技术通过光信号传递信息。由于红外光波的波长远小于无线电波的波长，所以红外遥控不易影响邻近的无线电设备及其他电器，也不易受到电磁波的干扰，其频率的使用也不像无线电波受到许多的限制，而且通信的可靠性高。此外，由于红外线为不可见光线，所以对环境影响很小。它有很强的隐蔽性和保密性，因此在防盗、警戒等安全装置中得到了广泛的应用。红外线遥控的缺点是不具有像无线电遥控那样穿过遮挡物质去控制被控对象的能力，不适于长距离控制。因此，在许多短距离遥控领域，较多地使用了红外遥控技术。

二、电路工作原理说明

1. 工作原理简介

红外遥控的发射电路是采用红外发光二极管来发出经过调制的红外光波；红外接收电路由红外接收晶体管或硅光电池组成，它们将红外发射器发射的红外光转换为相应的电信号，再送到后置放大器。

2. 主要元器件介绍

（1）红外发射二极管　常用的红外发光二极管（如 SE303. PH303），其外形和发光二极管 LED 相似，发出红外光。管压降约为 1.4V，工作电流一般小于 20mA。为了适应不同的工作电压，电路中常常串有限流电阻。

发射红外线去控制相应的受控装置时，其控制的距离与发射功率成正比。为了增加红外线的控制距离，红外发光二极管工作于脉冲状态，因为脉动光（调制光）的有效传送距离与脉冲的峰值电流成正比，只需尽量提高峰值 I_p，就能增加红外光的发射距离。提高 I_p 的方法是减小脉冲占空比，即压缩脉冲的宽度 T。一些彩电红外遥控器，其红外发光管的工作脉冲占空比为 1/4～1/3；一些电器产品红外遥控器，其占空比是 1/10。减小脉冲占空比还可使小功率红外发光二极管的发射距离大大增加。常见的红外发光二极管，其功率分为小功率（1～10mW）、中功率（20～50mW）和大功率（50～100mW 以上）三大类。要使红外发光二极管产生调制光，只需在驱动管上加上一定频率的脉冲电压。

用红外发光二极管发射红外线去控制受控装置时，受控装置中均有相应的红外光-电转换元件，如红外接收二极管、光电晶体管等。实际应用中一般采用红外发射和接收配对的二极管。

红外线发射与接收的方式有两种，其一是直射式，其二是反射式。直射式指发光管和接收管相对安放在发射与受控物的两端，中间相距一定距离；反射式指发光管与接收管并列一起，平时接收管始终无光照，只在发光管发出的红外光线遇到反射物时，接收管收到反射回来的红外光线才工作。

（2）红外接收晶体管　红外线接收管是在 LED 行业中命名的，是专门用来接收和感应红外线发射管发出的红外线光线的。一般情况下都是与红外线发射管成套运用在产品设备当中。

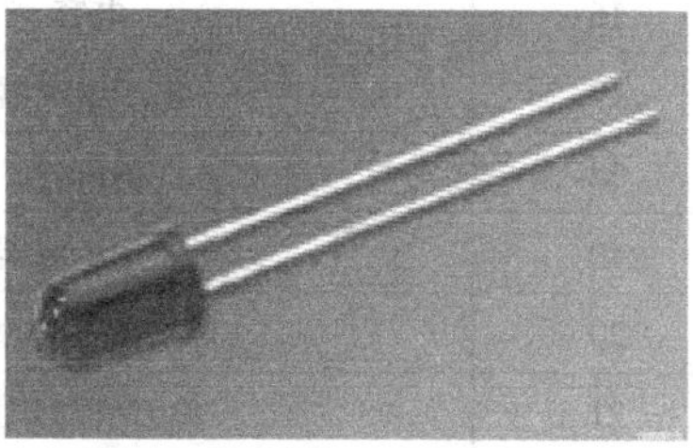

红外线接收管是将红外线光信号变成电信号的半导体器件，它的核心部件是一个特殊材料的 PN 结，和普通晶体管相比，在结构上采取了大的改变。红外线接收管为了更多更大面积的接收入射光线，PN 结面积尽量做得比较大，电极面积尽量减小，而且 PN 结的结深很浅，一般小于 1μm。红外线接收晶体管是在反向电压作用之下工作的。没有光照时，反向电流很小（一般小于 0.1μA），称为暗电流。当有红外线光照时，携带能量的红外线光子进入PN结后，把能量传给共价键上的束缚电子，使部分电子挣脱共价键，从而产生电子-空穴对（简称光生载流子）。它们在反向电压作用下参加漂移运动，使反向电流明显变大，光的强度越大，反向电流也越大，这种特性称为“光电导”。红外线接收二极管在一般照度的光线照射下，所产生的电流叫做光电流。如果在外电路上接负载，负载上就获得了电信号，而且这个电信号随着光的变化而相应变化。

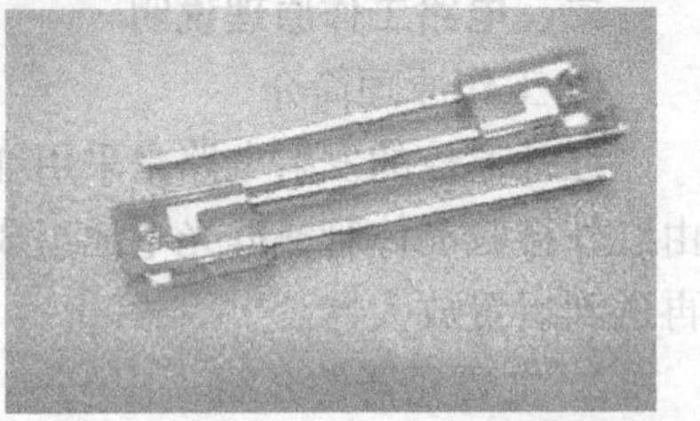

红外线接收管有两种，一种是光电二极管，另一种是光电晶体管。光电二极管就是将光信号转化为电信号，光电晶体管在将光信号转化为电信号的同时，也把电流放大了。因此，光电晶体管也分为两种，即NPN型和PNP型。红外接收管的作用是进行光电转换，在光控、红外线遥控、光探测、光纤通信、光电耦合等方面有广泛的应用。

任务实施

一、工具、仪器仪表以及材料

序号	名称	型号与规格	数量
1	红外发光二极管	0.3W940nm	1
2	红外接收晶体管	SGPT324BL	1
3	二极管 VD1	1N4001	1
4	IC	NE555	1
5	IC	uA741	1
6	IC	NE567	1
7	滑动变阻器	10kΩ	1
8	电阻	10Ω	1
9	电阻	1kΩ	1
10	电阻	1.2kΩ	1
11	电阻	10kΩ	1
12	电阻	100kΩ	1
13	电容	100nF	2
14	电容	100nF	1
15	电容	2.2μF	1
16	电容	1μF	1
17	电子继电器	HK3FF-DV5V	1
18	扬声器	0.5W 8Ω	1
19	通用示波器	CS4125A 双踪	1
20	直流稳压电源盒	9V/12V	1
21	单刀单掷开关	KCD3 102N	1
22	万用表	MF47	1

（续）

序　号	名　　称	型号与规格	数　量
23	实验板	10cm×15cm 单孔	2
24	电烙铁	恒温 60W	1
25	焊锡丝	0.5mm/75g	若干
26	漆包线	0.5mm 多股	若干
27	常用电子工具	套	1

二、电路的安装

实训图片	操作方法	注意事项
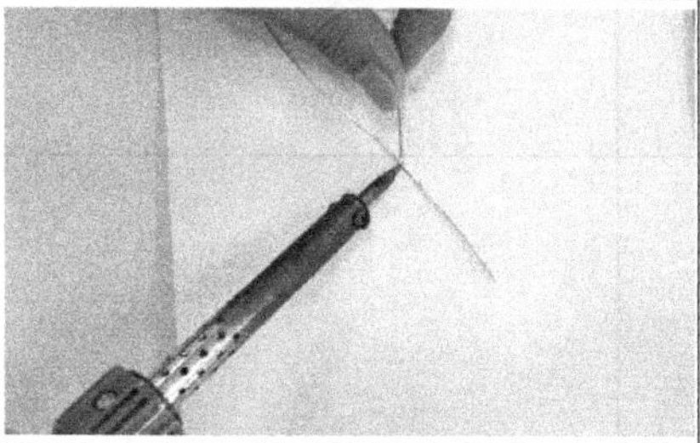	［导线搪锡］：为了防止导线部分氧化影响其导电性能，保证导线导电性能良好。搪锡过程中应该保证锡均匀分布	① 刮好的线需去毛刺 ② 搪锡从头到尾依次均匀搪锡，时间不宜过长 ③ 注意保持通风，避免烫伤
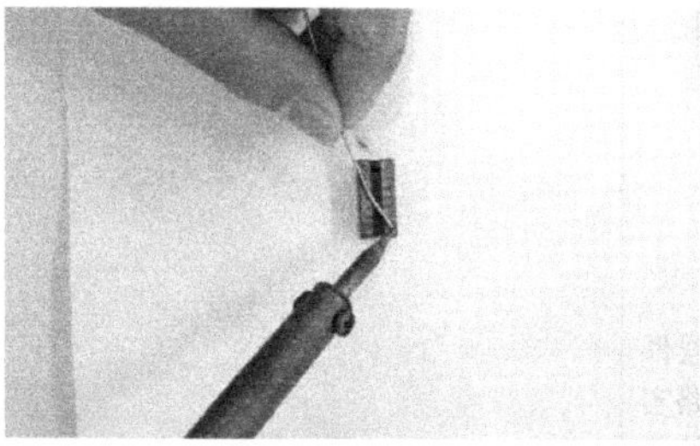 	［主电路元器件搪锡］：将要锡焊的元器件引线或导电的焊接部位预先用焊锡润湿，从而防止铜和铝氧化以及它们之间发生电化学腐蚀，从而降低接触电阻和能量损耗，并且稳定接触电阻	① 平整、光滑、无毛刺 ② 不能把原有的镀层刮掉 ③ 不能用力过猛，以防损伤元器件
	［控制电路元器件搪锡］：本任务的控制电路中运用了电子继电器和扬声器两个器件来验证实验的结果，在使用之前我们均需要对元器件进行去除氧化层和搪锡的操作，在搪锡的过程中应注意搪锡的量要控制均匀，防止由于搪锡不均对元器件的插装产生影响	① 搪锡的量要控制均匀 ② 不能把原有的镀层刮掉 ③ 不能用力过猛，以防损伤元器件

（续）

实训图片	操作方法	注意事项
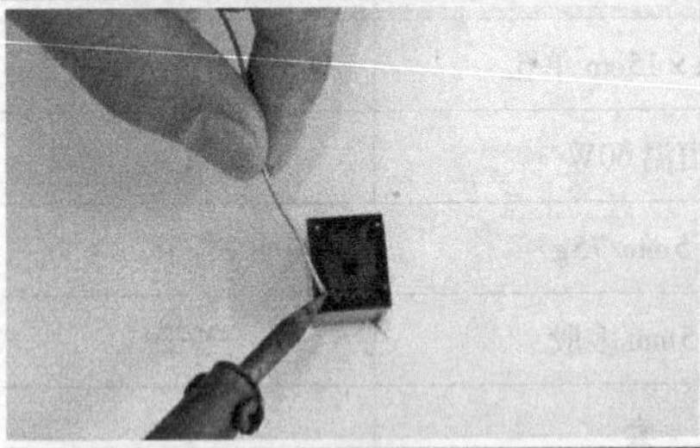		
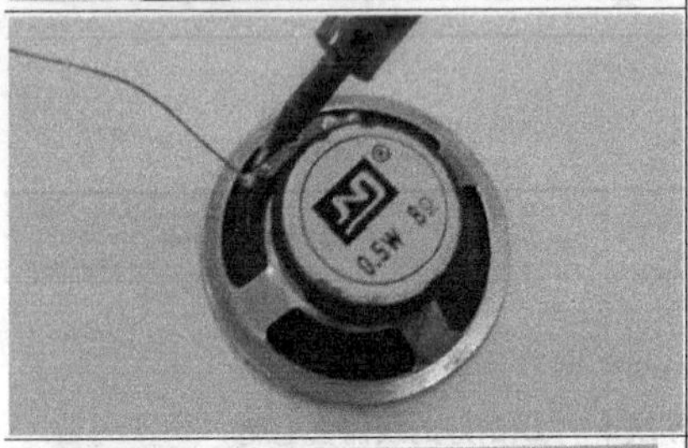		
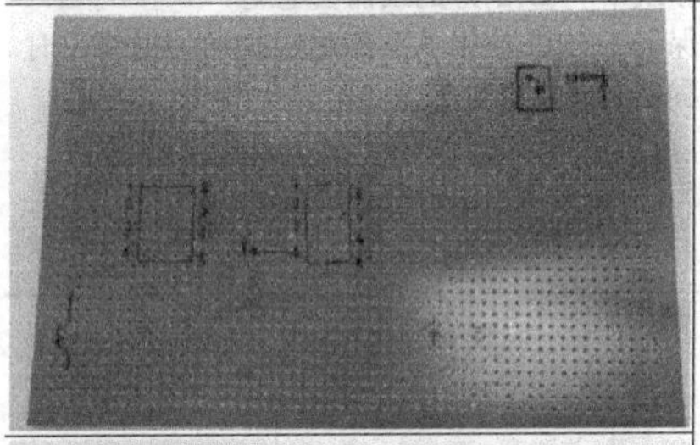 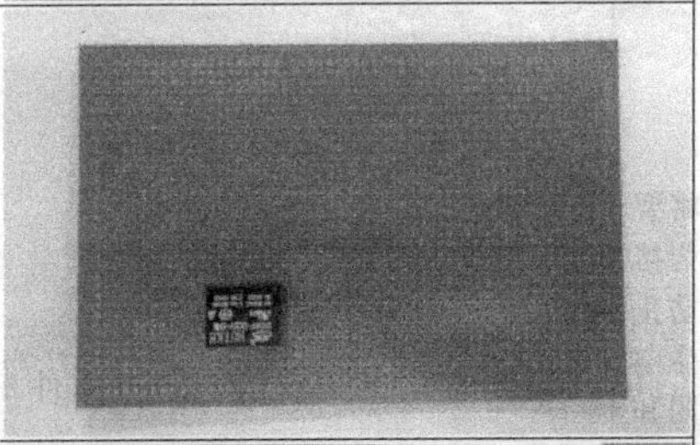 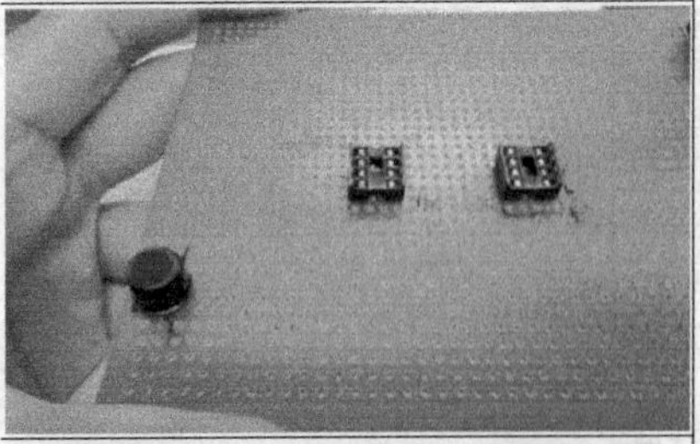 	[元器件插装]：在对元器件进行插装之前，应该先在电路实验板上标记出各重点元器件的分布位置、极性和引脚分布等，保证插装过程的准确度和效率。在插装的过程中应该确保元器件极性正确，同时元器件的插装位置应该满足整体电路的布局。选用符合标准的元器件材料，分清元器件的型号以及极性，合理布局	① 选择正确元器件 ② 合理布局 ③ 分清元器件的引脚

（续）

实训图片	操作方法	注意事项
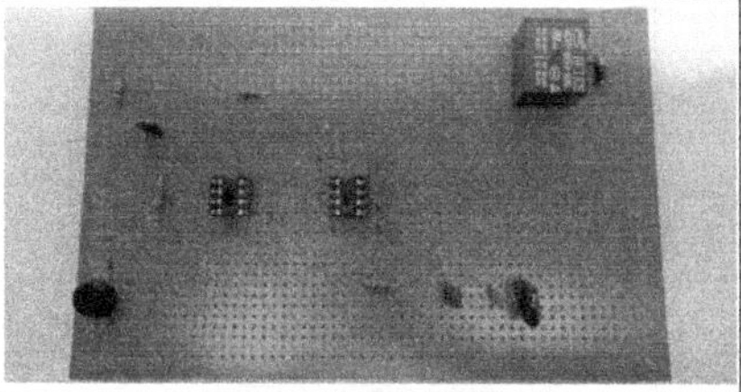		
 	［电路元器件整体布局图］：整体规划合理，元器件之间的间距合理，便于导线连接，同时元器件应该留出适量的引线便于接线处理	① 布局合理 ② 选择正确元器件 ③ 合理引出输入、输出线
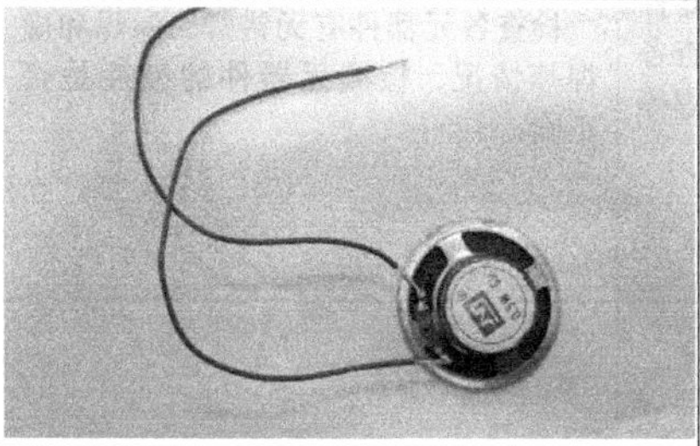 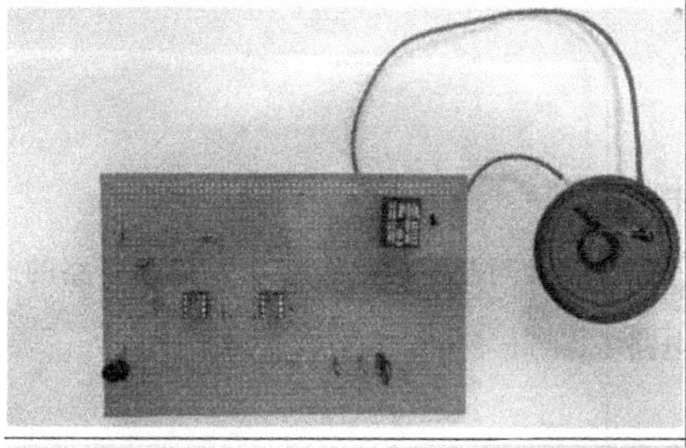	［控制电路外接负载连接］：本电路中需要连接扬声器来实现电路的效果验证，在对扬声器进行完去除氧化层、搪锡等操作之后，用漆包线把扬声器的接口线引出，并连接到电路之中，连接之后，利用万用表测试连接状态是否正常	① 选择合适类型的扬声器作为输出负载来验证电路效果 ② 合理引出输入、输出线 ③ 连接之后，利用万用表测试连接状态是否正常
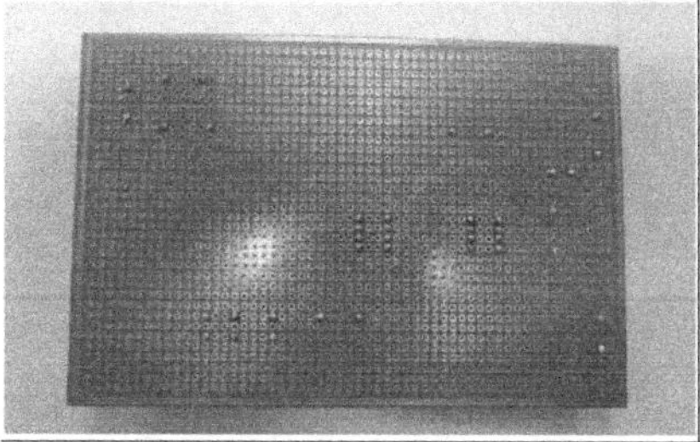	［电路连接］：焊点应该饱满，避免漏焊和虚焊，焊点形状应该饱满。连线时应该充分与焊接接触，防止接触不良。导线不能有相交的部分，焊点应该正确分布，防止错焊、漏焊以及虚焊	① 焊接时间不宜过长 ② 焊接点要饱满 ③ 按图正确接线

（续）

实训图片	操作方法	注意事项
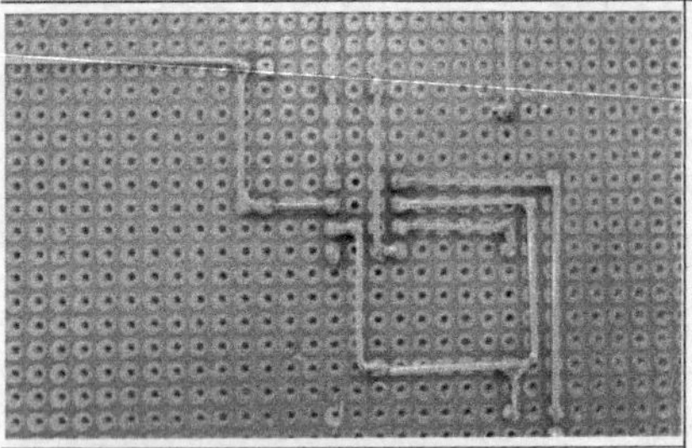 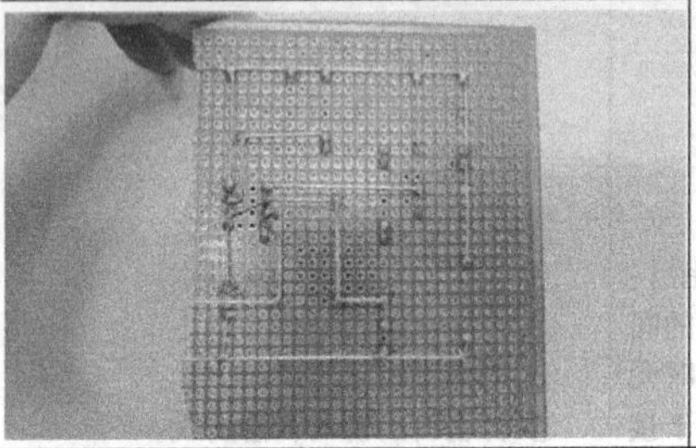		

三、电路检查

实训图片	操作方法	注意事项
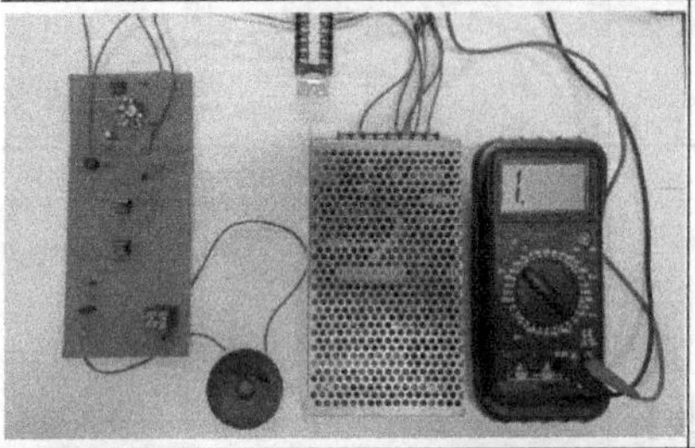	［目测检查］：检查各元器件的极性和位置是否正确，检查各元器件有无错焊、漏焊和虚焊等情况	检查各元器件有无错焊、漏焊和虚焊等情况，检测元器件的极性是否正确
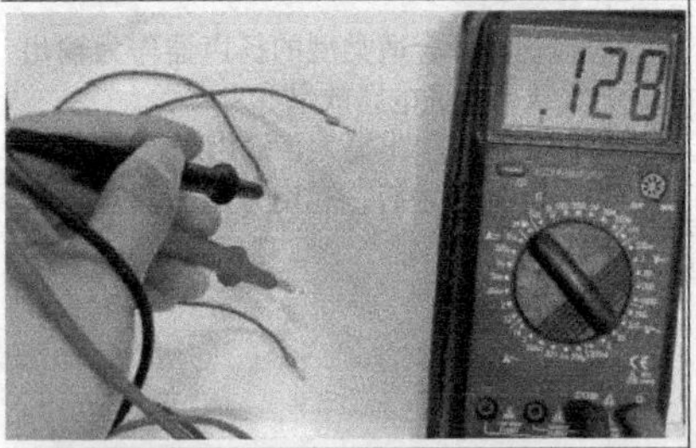 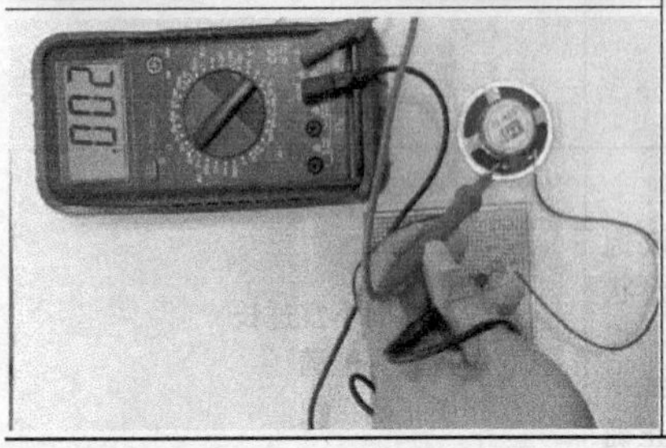	［仪表检查］：检测电路中的各节点是否存在短路的情况，检测各元器件是否存在故障，检测导线的连接是否正常，检测电路中是否存在短路。	检测电路中是否存在短路和断路的情况

四、电路调试

实训图片	操作方法	注意事项
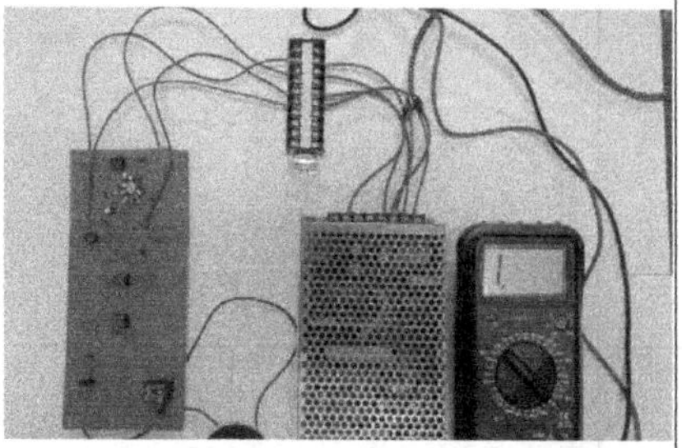	［接通电源］：接通电源的过程中应该遵循安全用电的相关原则，通电前应该检测各元器件的极性是否正确，同时检测电路中有无短路的情况	分清正、负极
 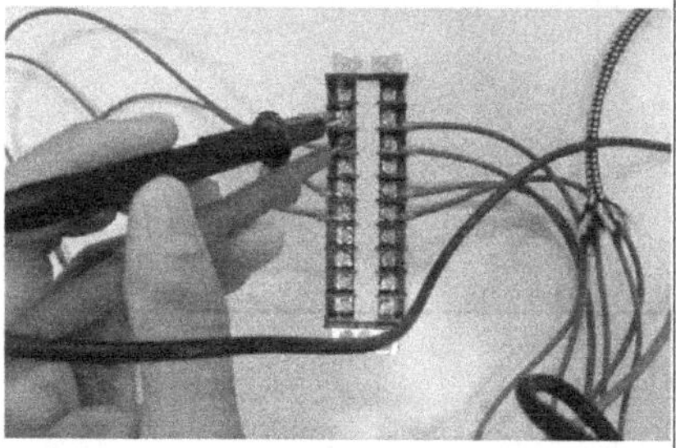 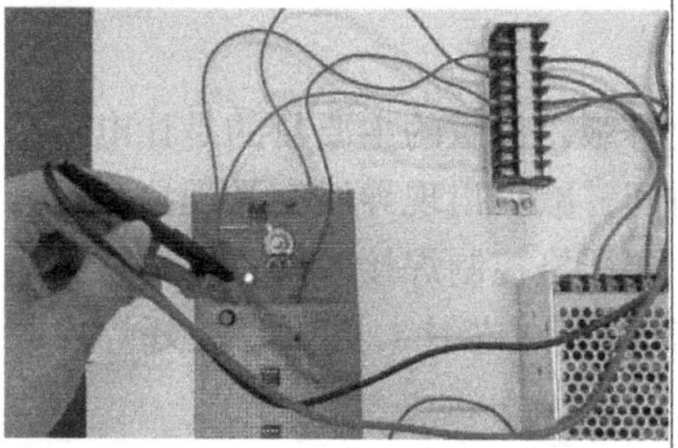	［验电］：保证经过直流稳压电源输出后的各点的输入电压符合电路要求，重点检测输入端各关键节点的电压值是否达到理论要求，为后期的调试和排障提供参考依据	确定各点电压数值正确，若有某个输入节点的电压数值与理论值不符，则调节各个输入节点的电压值，同时检测调节电路，保证电压数值达到理论要求
	［调试验证］：在一切准备就绪之后，再次确认电路中是否存在短路的现象，尤其是在交流电路中。然后，打开信号发生器，调节至适当的声源频率和音高。此时，电源灯亮，表示声控电路已经完成相关功能，实验成功	在实验调试过程中，若实验得不到相应的结果现象，或者得出的数据与理论存在较大差距，应该仔细分模块检测电路，并记录调试检测的结果

（续）

实训图片	操作方法	注意事项
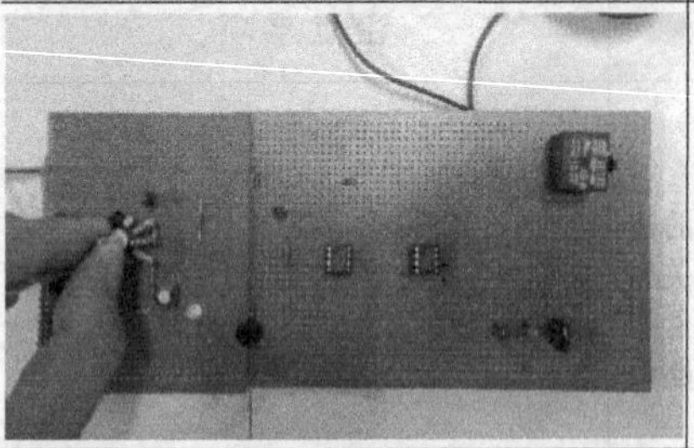		
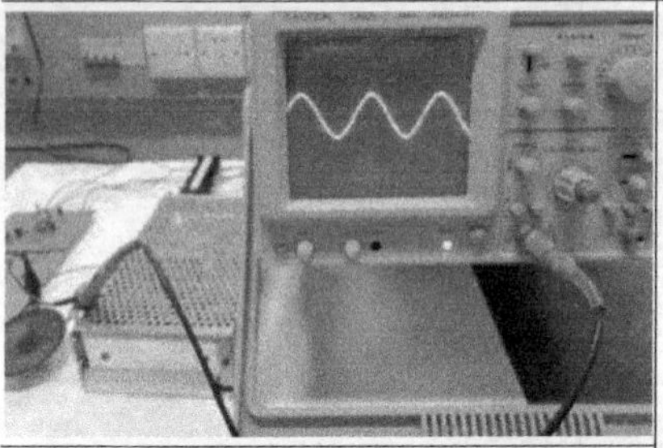 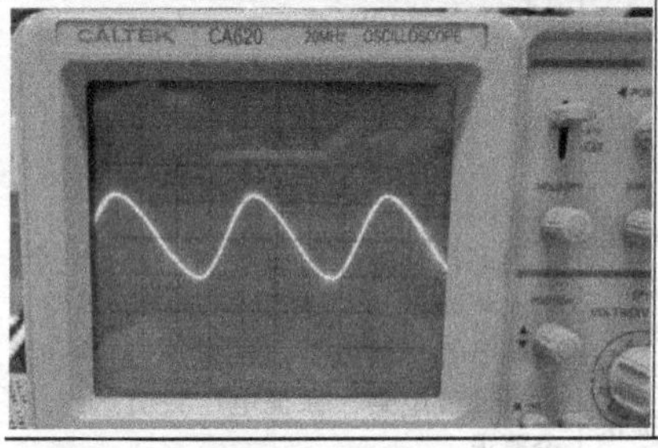	[示波器观察输入、输出的波形]：应该掌握示波器观测波形的基本方法，调节正确的挡位进行波形的观测。通过对于输入、输出波形的观测加深对电路功能的理解	观察输入、输出波形，检验电路实现功能是否正确，加深对电路功能的理解

提醒注意

一、焊接操作过程中的注意事项说明

在制作过程中，我们在焊接之前应该进行仔细认真地排版，排版的主要目的是让电路结构合理，元器件整齐，减少跨接线，这样就会缩短焊接时间，减少出现导线交叉现象。

焊接是一项最重要的工序，为确保良好的导电性能，要严格控制焊接时间，电烙铁头应修整窄一些，使焊一个点时不会碰到相邻的焊接点。尤其是集成芯片，更要掌握好焊接时间，一般时间不能超过3s。

每做完一个单元电路都必须通电检修，电路工作正常了再做下一部分，不要全部一起做，如果出现故障反而浪费了时间，所以在制作过程中要一步一步往下做，这样成功率会很高。电路整体调试也是一个重要环节，我们可以通过制作顺序一步一步往下调整。电源变压器由于其工作会发热应安装在电路板边沿，可调电阻器也要方便调节。待元器件焊接好之后，再将变压器的引线头从电路板正面穿过板，再在另一面将其焊接在电路板上。电源电路制作好之后将变压器的电源线插头插入220V的交流电源插座上，电路板上的发光二极管发亮，表明电源接通。再用万用表直流电压挡接在电源输出正、负端上，调节可变电阻器，用万用表测电源输出电压使其为14V。在制作过程中，要注意安全，如果电路共地，那么整个电路板带电。为了安全最好不要共地，可以通过其他电路控制，这样就可以达到稳定性好、

安全性强等特点。

焊接完毕后，在接通电源前，先用万用表仔细检查各引脚间是否有短路、虚焊、漏焊现象。检查无误后，先不要把各个集成块插入芯片插座中，可先接通电源，用手触摸桥碓，看看是否发热，或者用万用表测试其两端的电压是否在10V左右。如果发热或者电压为零则说明电路中有短路的现象，要立刻切断电源，再做仔细的检查，改正后再进行同样的测试，直到正常为止。然后测试各个芯片的电压是否正常，若正常，可以把各个集成块芯片插入芯片插座中。以上检查无误后，再进行调试。

二、导线接头处理方式说明

在电子电路焊接的过程中，经常会遇到需要进行导线接头处理的情况，比如在做元器件的引脚连接线、电源的输入输出线以及电路的输出线时等，以上情况都需要对导线的接头进行相应的处理，保证连接时候的正确性、高效性以及稳定性。对导线接头进行处理的具体操作步骤如下所示：

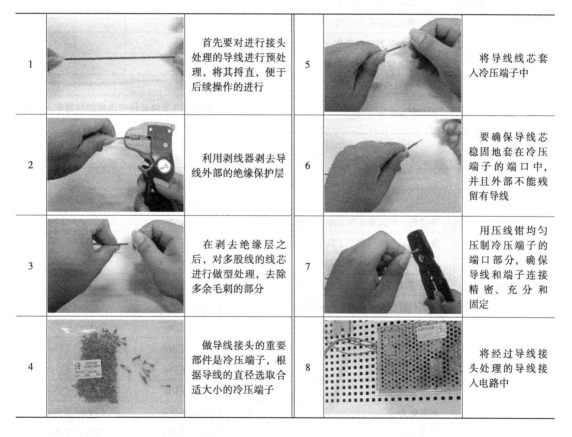

1	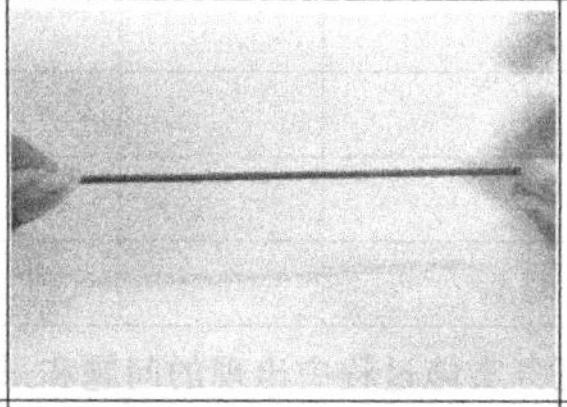	首先要对进行接头处理的导线进行预处理，将其捋直，便于后续操作的进行	5	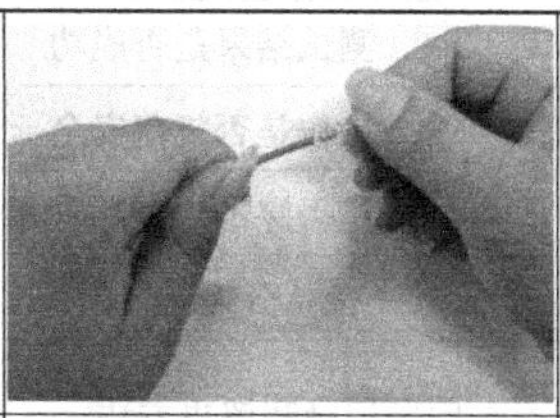	将导线线芯套入冷压端子中
2	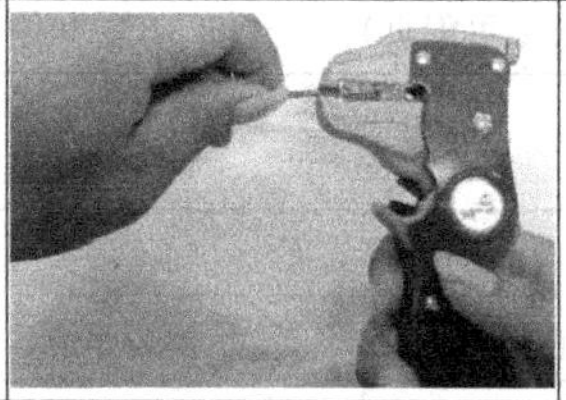	利用剥线器剥去导线外部的绝缘保护层	6	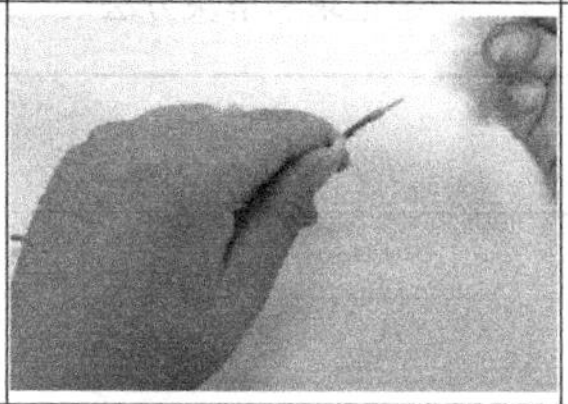	要确保导线芯稳固地套在冷压端子的端口中，并且外部不能残留有导线
3	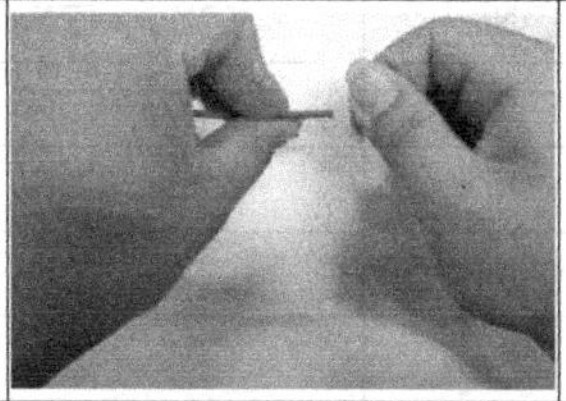	在剥去绝缘层之后，对多股线的线芯进行做型处理，去除多余毛刺的部分	7	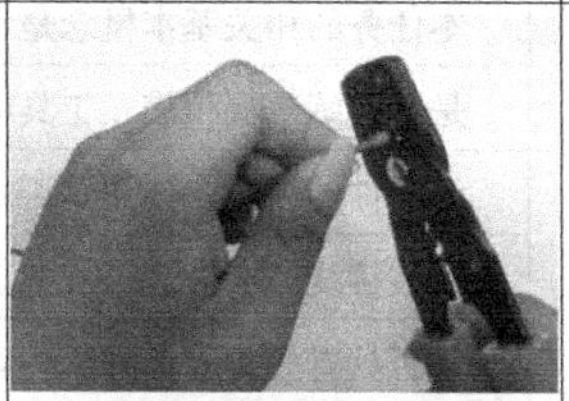	用压线钳均匀压制冷压端子的端口部分，确保导线和端子连接精密、充分和固定
4		做导线接头的重要部件是冷压端子，根据导线的直径选取合适大小的冷压端子	8	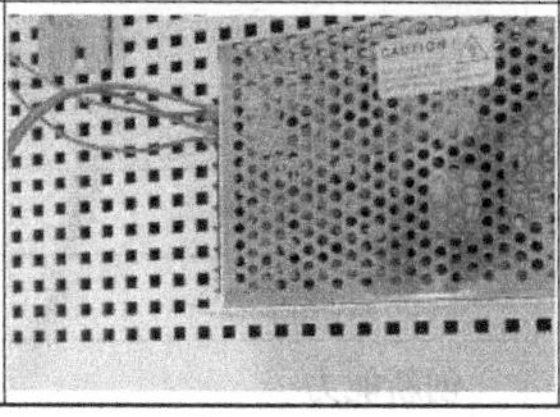	将经过导线接头处理的导线接入电路中

检查评价

通电调试完毕，切断电源，先拆除电源线，再拆除其余电线，然后进行综合评价。

任务评价

序号	评价指标	评价内容	分值	个人评价	小组评价	教师评价
1	元器件检查	元器件是否漏检或错检	5			
2	元器件安装	元器件不按布置图安装	10			
		元器件安装焊接不牢固	5			
		元器件安装不整齐、不合理、不美观	5			
		损坏元器件	5			
3	布线	不按电路图接线	10			
		布线不符合要求	5			
		焊接点松动、虚焊、脱焊	5			
		未接接地线	10			
4	电路测试	正确安装交流电源	10			
		测试步骤是否正确规范	10			
		测试结果是否成功	10			
5	安全规范	操作是否规范安全	5			
		是否穿绝缘鞋	5			
		总分	100			
		问题记录和解决方法	记录任务实施过程中出现的问题和采取的解决办法（可附页）			

能力评价

内容		评价	
学习目标	评价项目	小组评价	教师评价
应知应会	本任务的相关基本概念是否熟悉	□Yes □No	□Yes □No
	是否熟练掌握仪表、工具的使用	□Yes □No	□Yes □No
专业能力	元器件的安装、使用是否规范	□Yes □No	□Yes □No
	安装接线是否合理、规范、美观	□Yes □No	□Yes □No
	是否具有相关专业知识的融合能力	□Yes □No	□Yes □No
通用能力	团队合作能力	□Yes □No	□Yes □No
	协调沟通能力	□Yes □No	□Yes □No
	解决问题能力	□Yes □No	□Yes □No
	自我管理能力	□Yes □No	□Yes □No
	创新能力	□Yes □No	□Yes □No
态度	爱岗敬业	□Yes □No	□Yes □No
	工作态度	□Yes □No	□Yes □No
	劳动态度	□Yes □No	□Yes □No
个人努力方向：		老师、同学建议：	

思考与提高

1. 发射部分除了用 NE555 构成多谐振荡电路以外，还可以采用哪种典型电路来构成?

2. 接收部分的芯片 UA741 对电路起到什么作用?

3. 接收部分的继电器起到什么作用?

任务十八　三相桥式全控整流电路的安装调试

训练目标

- 掌握三相桥式全控整流电路的工作原理。
- 掌握三相桥式全控整流电路的安装方法。
- 掌握三相桥式全控整流电路的调试方法。

任务描述

整流电路就是把交流电能转换为直流电能的电路，它在直流电动机的调速、发电机的励磁调节、电解、电镀等领域得到广泛应用。整流电路通常由主电路、滤波器和变压器组成，主电路多由硅整流二极管和晶闸管组成。滤波器接在主电路与负载之间，用于滤除脉动直流电压中的交流成分。变压器设置与否视具体情况而定。变压器的作用是实现交流输入电压与直流输出电压间的匹配以及交流电网与整流电路之间的电隔离（可减小电网与电路间的电干扰和故障影响）。整流电路的种类有很多，有半波整流电路、单相桥式半控整流电路、单相桥式全控整流电路、三相桥式半控整流电路、三相桥式全控整流电路等。

任务分析

一、电路工作原理图

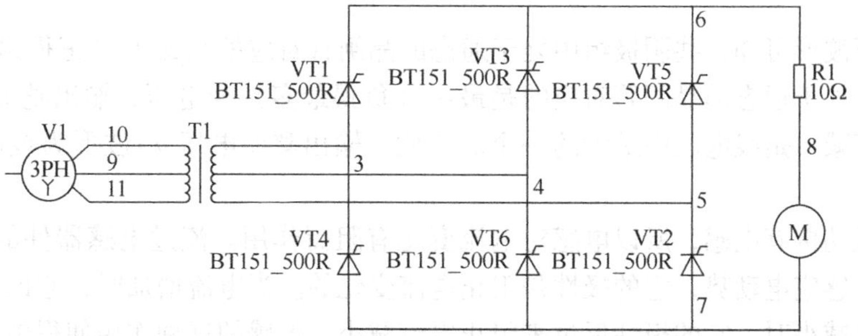

习惯将其中阴极连接在一起的 3 个晶闸管（VT1、VT3、VT5）称为共阴极组；阳极连接在一起的 3 个晶闸管（VT4、VT6、VT2）称为共阳极组。此外，习惯上希望晶闸管按 1 ~ 6 的顺序导通，为此将晶闸管按图示的顺序编号，即共阴极组中与 U、V、W 三相电源相接的 3 个晶闸管分别为 VT1、VT3、VT5，共阳极组中与 U、V、W 三相电源相接的 3 个晶闸管

分别为VT4、VT6、VT2。从后面的分析可知，按此编号，晶闸管的导通顺序为VT1→VT2→VT3→VT4→VT5→VT6。

二、电路工作原理说明

整流电路的负载为带反电动势的阻感负载。假设将电路中的晶闸管换作二极管，这种情况也就相当于晶闸管触发延迟角 $\alpha=0°$时的情况。此时，对于共阴极组的3个晶闸管，阳极所接交流电压值最高的一个导通；而对于共阳极组的3个晶闸管，则是阴极所接交流电压值最低（或者说负得最多）的一个导通。这样，任意时刻共阳极组和共阴极组中各有1个晶闸管处于导通状态，施加于负载上的电压为某一线电压。此时电路工作波形如图所示。

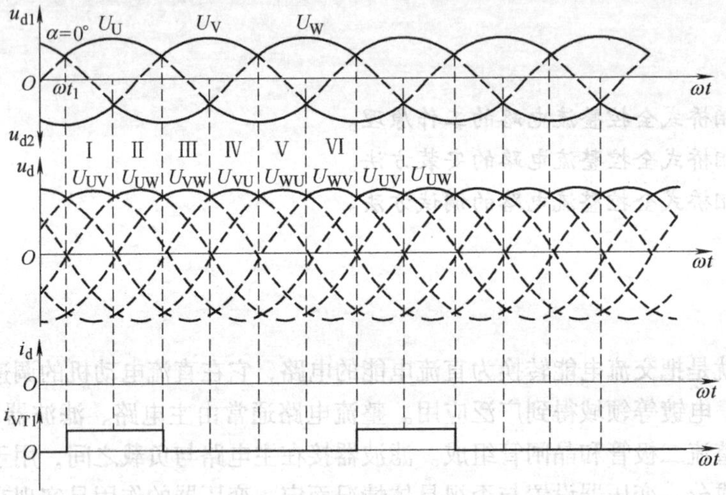

$\alpha=0°$时，各晶闸管均在自然换相点处换相。由图中变压器二次绕组相电压与线电压波形的对应关系可以看出，各自然换相点既是相电压的交点，也是线电压的交点。在分析 u_d 的波形时，既可从相电压波形分析，也可以从线电压波形分析。从相电压波形看，以变压器二次侧的中性点N为参考点，共阴极组晶闸管导通时，整流输出电压 u_{d1} 为相电压在正半周的包络线；共阳极组导通时，整流输出电压 u_{d2} 为相电压在负半周的包络线，总的整流输出电压（$u_d=u_{d1}-u_{d2}$）是两条包络线间的差值，将其对应到线电压波形上，即线电压在正半周的包络线。

由线电压波形可知，共阴极组中处于通态的晶闸管对应的是最大（正得最多）相电压，而共阳极组中处于通态的晶闸管对应的是最小（负得最多）相电压，输出整流电压 u_d 为这两个相电压相减，是线电压中最大的一个。因此，输出整流电压 u_d 波形为线电压在正半周的包络线。

由于负载端接有电感，所以电感对电流变化有阻碍作用。流过电感器件的电流变化时，在其两端产生感应电动势，它的极性是阻止电流变化的。当电流增加时，它的极性阻止电流增加；当电流减小时，它的极性反过来阻止电流减小。电感的这种作用使得电流波形变得平直，电感无穷大时趋于一条平直的直线。

为了说明各晶闸管的工作的情况，将波形中的一个周期等分为6段，每段为60°，如图所示，6个晶闸管的导通顺序为VT1→VT2→VT3→VT4→VT5→VT6。

下图给出了 $\alpha=30°$时的波形。从 $\omega t1$ 角开始把一个周期等分为6段，每段为60°。与

$\alpha=0°$时的情况相比，一周期中 u_d 的波形仍由 6 段线电压构成，每一段导通晶闸管的编号等仍符合一定的规律。区别在于，晶闸管起始导通时刻被推迟了 30°，组成 u_d 的每一段线电压推迟了 30°，u_d 平均值降低。晶闸管电压波形也相应发生变化如图所示。图中同时给出了变压器二次侧 U 相电流 i_U 的波形，该波形的特点是，在 VT1 处于通态的 120°时，i_U 为正，由于大电感的作用，i_U 波形的形状近似为一条直线；在 VT4 处于通态的 120°时，i_U 波形的形状也近似为一条直线，但为负值。

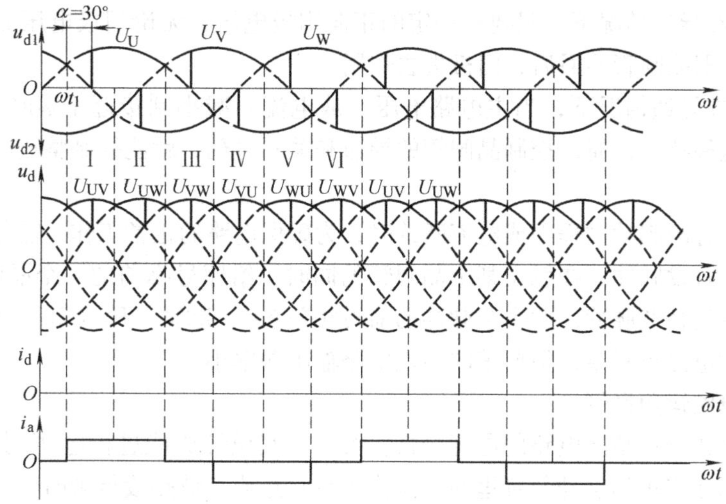

由以上分析可见，当 $\alpha\leqslant60°$时，u_d 波形均连续，对于带大电感的反电动势，由于电感的作用，i_d 波形为一条平滑的直线并且也连续。当 $\alpha>60°$时，如 $\alpha=90°$时电阻负载情况下的工作波形如下图所示，u_d 平均值继续降低，由于电感的存在延迟了 VT 的关断时刻，使得 u_d 的值出现负值。当电感足够大时，u_d 中正、负面积基本相等，u_d 平均值近似为零。这说明带阻感的反电动势的三相桥式全控整流电路的 α 移相范围为 90°。

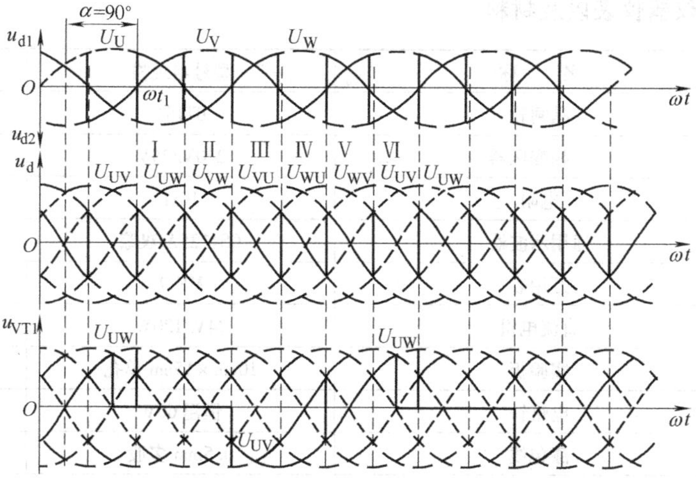

相关知识

一、晶闸管整流特性分析

晶闸管具有硅整流器件的特性，能在高电压、大电流条件下工作，且其工作过程可以控制，被广泛应用于可控整流、交流调压、无触点电子开关、逆变及变频等电子电路中。

晶闸管具有以下特性：

1）当晶闸管承受反向电压时，无论门极是否有触发电流，晶闸管都不会导通。

2）晶闸管承受正向阳极电压时，仅在门极承受正向电压的情况下晶闸管才导通。

3）晶闸管在导通情况下，只要有一定的正向阳极电压，无论门极电压如何变化，晶闸管都保持导通，即晶闸管导通后，门极失去作用。

4）晶闸管在导通情况下，当主电路电压（或电流）减小到接近于零时，晶闸管关断。根据晶闸管的这种特性，通过控制晶闸管的导通和关断时刻，就能控制整流电路的触发延迟角的大小。

在整流电路合闸起动过程中或电流断续时，为确保电路的正常工作，需保证同时导通的两个晶闸管均有触发脉冲。在触发某个晶闸管的同时，给序号靠前的一个晶闸管补发脉冲。即用两个窄脉冲代替宽脉冲，两个窄脉冲的前沿相差60°，脉宽一般为20°~30°，称为双脉冲触发。双脉冲电路较复杂，但要求的触发电路输出功率小。

二、实际电路运用举例

根据三相桥式全控整流电路的原理分析，可以将其设计成能进行电动-发电状态转换的电动机，其应用在汽车的发动装置里面。当汽车在平路或上坡路段行驶时，调节整流电路的触发延迟角 α，使 $\alpha<90°$，这时整流电路工作在整流状态，三相交流电存储装置向 M 供电，使 M 工作在电动状态，电能转换为动能带动汽车行驶。当汽车行驶在下坡路段时，调节 α 使 $\alpha>90°$，使输出直流电压 u_d 平均值为负值，且 $|e_m|>|u_d|$，这时整流电路工作在逆变状态，位能转换为电能，M 向三相交流电存储装置输送电流，三相交流电存储装置接受并存储电能。这样就能使汽车的电源维持较长的供电时间，而且能够节约电能。

任务实施

一、工具、仪器仪表以及材料

序　号	名　　称	型号与规格	数　量
1	晶闸管	BT151	6
2	三相变压器	220V/25V	1
3	电阻	10Ω	1
4	通用示波器	CS4125A 双踪	1
5	万用表	MF47	1
6	直流电机	24V/120W	1
7	实验板	10cm×15cm 单孔	1
8	电烙铁	恒温 60W	1
9	漆包线	0.5mm 多股	若干

（续）

序　号	名　　称	型号与规格	数　量
10	焊锡丝	0.5mm/75g	若干
11	三相电插头	500V/25A	1
12	常用电子工具	套	1

二、电路的安装

实训图片	操作方法	注意事项
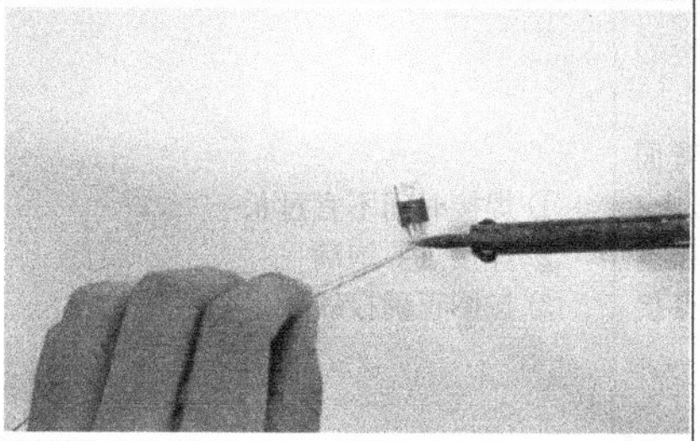	［元器件搪锡］：将要锡焊的元器件引线或导电的焊接部位预先用焊锡润湿	① 不能把原有的镀层刮掉 ② 不能用力过猛，以防损伤元器件
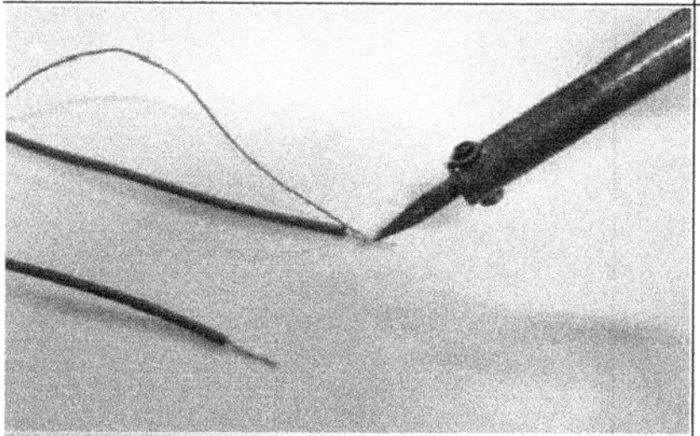 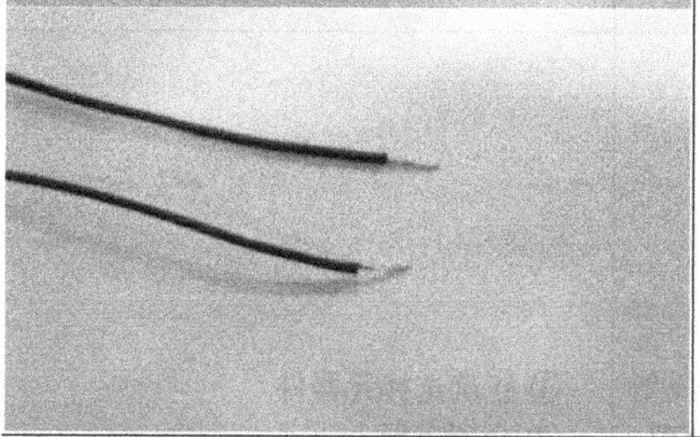	［导线搪锡］：为了防止导线部分氧化影响其导电性能，保证导线导电性能良好。搪锡过程中应该保证锡的分布均匀	① 刮好的线需去毛刺 ② 搪锡从头到尾依次均匀搪锡，时间不宜过长 ③ 注意保持通风，避免烫伤
	［元器件插装 1］：将第二个晶闸管平行地插装在第一个晶闸管的旁边，要选用符合标准的元器件材料，分清元器件的型号以及极性，合理布局	① 正确选择元器件 ② 两个二极管间要有一定的间距 ③ 分清元器件的极性，两个二极管的极性要一致 ④ 要合理布局，元器件布置要美观
	［元器件插装 2］：将三组合计六个晶闸管合理、对称地插装在实验板的插孔内，分布均匀，布局合理，便于连线，防止短路	

（续）

实训图片	操作方法	注意事项
 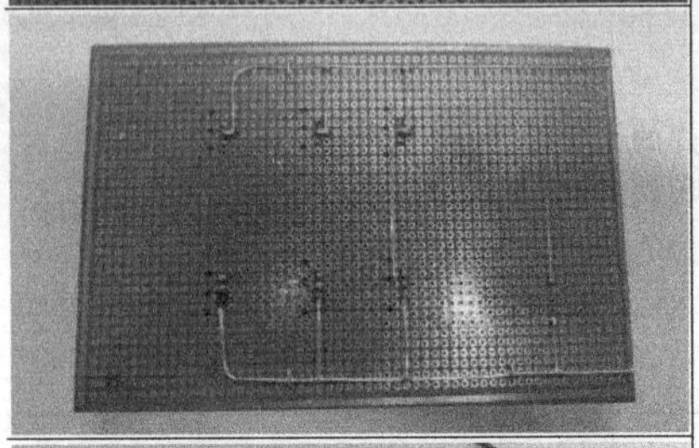 	［电路连接］：在实验板背面将元器件引脚焊接在实验板上，焊点应该饱满，避免漏焊和虚焊。连线时应该充分与焊点接触，防止接触不良	① 焊接时间不宜过长 ② 焊接点要饱满 ③ 按图正确接线
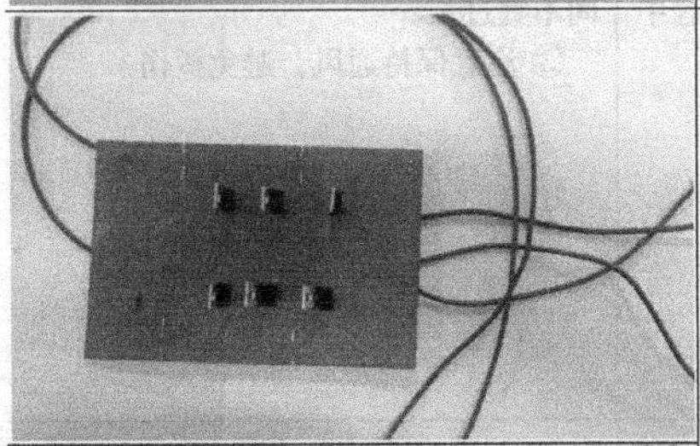 	［电路总体排版］：整体规划合理，元器件之间的间距合理，便于导线连接，同时元器件应该留出引脚线便于接线处理	① 正确选择元器件 ② 合理布局 ③ 分清元器件的极性 ④ 留出引脚线
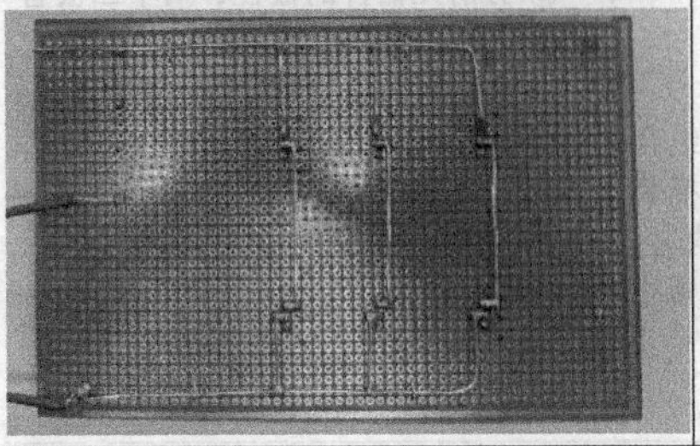	［电路总体连接］：导线不能有相交的部分，焊点应该正确分布，防止错焊、漏焊以及虚焊，接线时应该防止接触不良的情况发生	① 焊接时间不宜过长 ② 焊接点要饱满 ③ 按图正确接线

三、电路检查

实训图片	操作方法	注意事项
 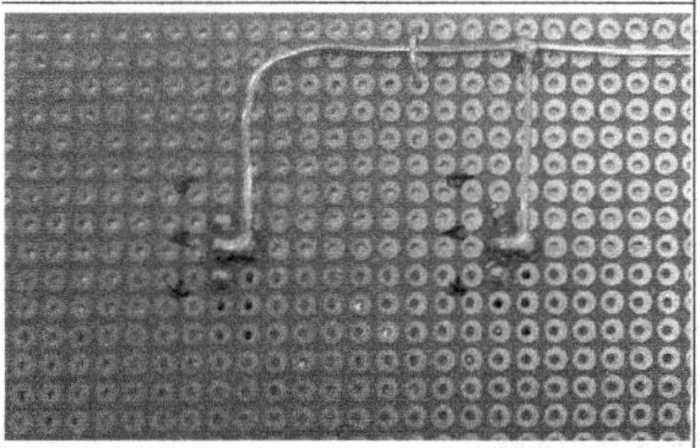	［目测检查］：检查各元器件的极性和位置是否正确，检查各元器件有无错焊、漏焊和虚焊等情况	① 检查各元器件有无错焊、漏焊和虚焊等情况，检测元器件的极性是否正确 ② 可用手轻轻摇动元器件，看元器件是否松动
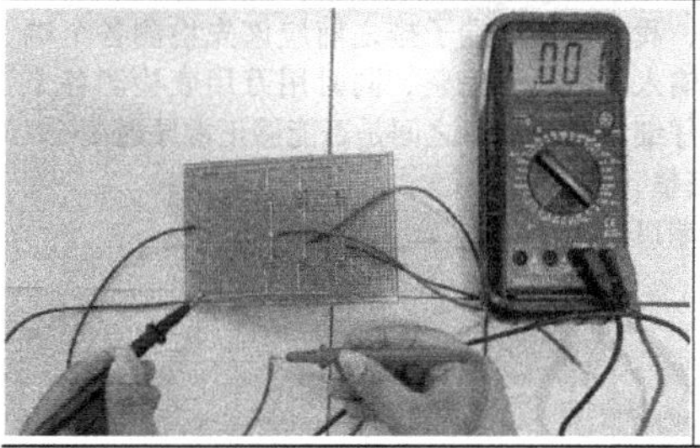	［仪表检查］：检测电路中的各节点是否存在短路的情况，检测各元器件是否存在故障，检测导线的连接是否正常，检测电路中是否存在短路问题	检测电路中是否存在短路和断路的情况

四、电路调试

实训图片	操作方法	注意事项
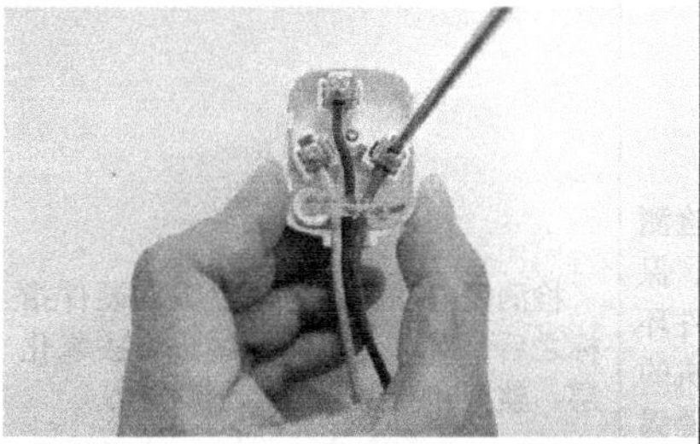 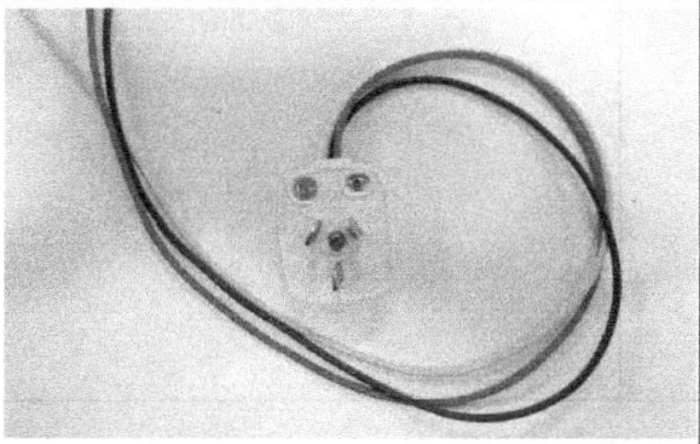	［制作三相电源插头］：在本实验中，需要用到三相电源作为电压源输入，因此需要制作三相电源的电源插座和导线。制作步骤如左图所示，选用三种不同颜色的导线，两端进行剥线整形后，一端与三相电源插座中接线座进行连接，另一端分别做针式线夹；三相电源插座制作完后，用万用表进行检测，查看是否导通，同时检测三个导线是否出现短路的现象	利用三种不同颜色的导线来制作三相电源插座的引线，这样便于区别，同时在制作完成后应该用万用表仔细检测

（续）

实训图片	操作方法	注意事项

 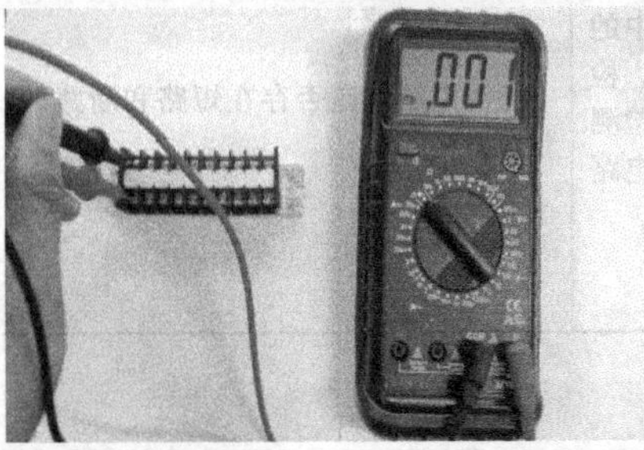	［端子排检测］：在本实验中，为了使输入电压安全、高效地传输至电路的输入端，同时，为了便于调试过程中的方便，我们使用端子排来进行输出、输入的引导连接，在使用之前先仔细观察端子排各个端口是否完整，同时用万用表检测各个对应端口是否能正常导通	使用端子排之前应该先检测各个端口是否完整，同时用万用表检测各个对应端口之间是否能够正常导通
 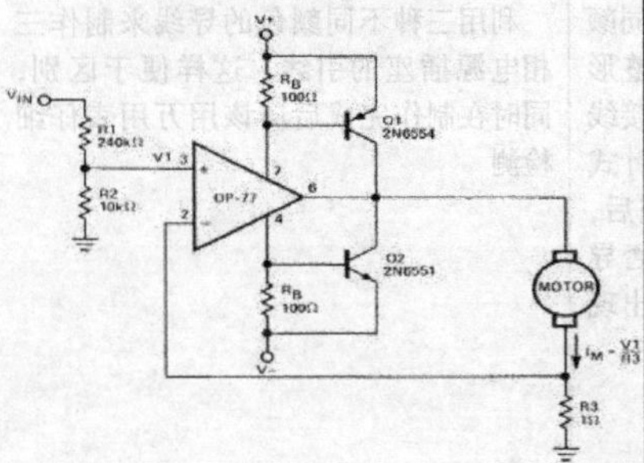	［输出用电动机准备］：检测输出电动机的导线是否完整，保护电路是否正常，外围的硬件环节是否齐全。然后，对电动机的导线进行去氧化层、整型、搪锡等一系列操作	检测完电动机的各项参数和硬件指标之后，对电动机的导线进行去氧化层、整型和搪锡等一系列操作

（续）

实训图片	操作方法	注意事项
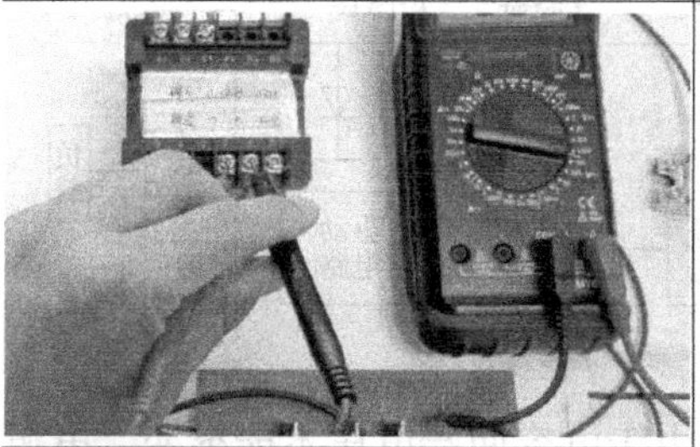 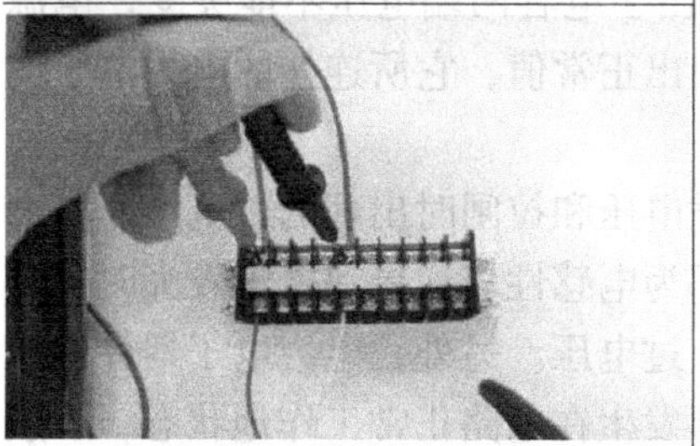	［通电验电］：通电前应该检测各元器件的极性是否正确，同时检测电路中有无短路的情况，通电后，保证经过变压器的输入电压符合电路要求，重点检测输入端各关键节点的电压值是否达到理论要求，为后期的调试和排障提供参考依据	确定各点电压数值正确
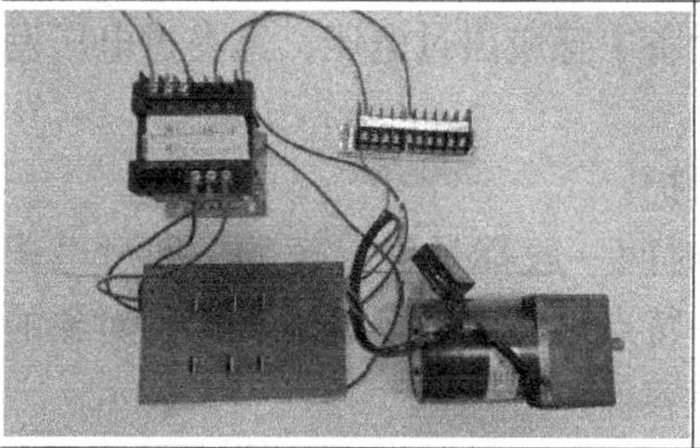	［通电调试］：通电调试的过程中应该遵循安全用电的相关原则，遵循电路的原理，进行相应地调节，最终实现实验结果的验证	通电调试的过程中应该遵循安全用电的相关原则，遵循电路的原理，进行相应地调节
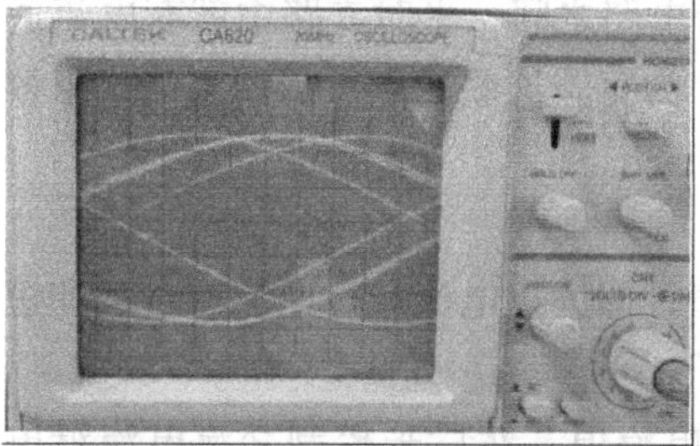 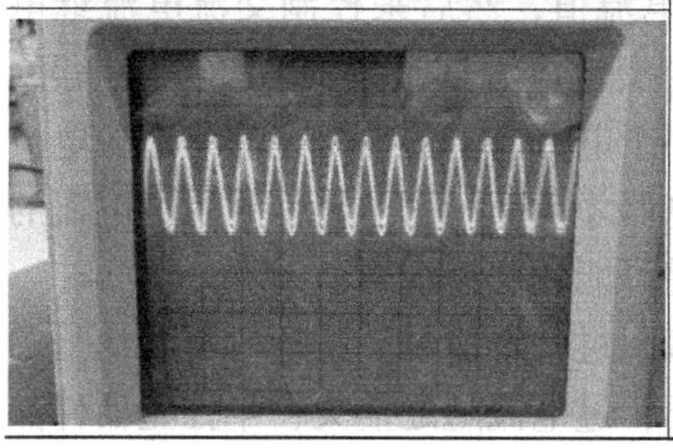	［示波器观察输入、输出的波形］：应该掌握示波器观测波形的基本方法，调节正确的挡位进行波形的观测。通过对于输入、输出波形的观测加深对电路功能的理解	观察输入、输出波形，检验电路实现功能是否正确，加深对电路功能的理解

提醒注意

一、保护电路的设计

较之电工产品，电力电子器件承受过电压、过电流的能力要弱得多，极短时间的过电压和过电流就会导致器件永久性的损坏。因此，电力电子电路中过电压和过电流的保护装置是必不可少的，有时还要采取多重保护措施。

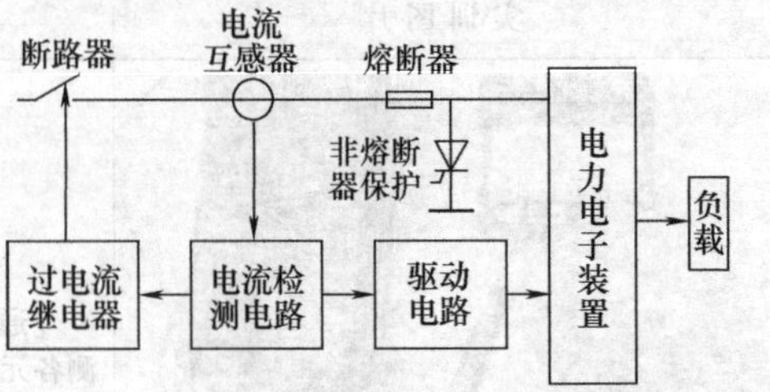

1. 过电压保护

电力电子设备一般都经变压器与交流电网连接，电源变压器的绕组与绕组、绕组与地之间都存在着分布电容。

变压器一般为降压型，即电源电压 u 高于变压器二次电压。电源开关断开时，一、二次绕组均无电压，绕组间分布电容电压也为0。当电源合闸时，由于电容两端电压不能突变，电源电压通过电容加在变压器二次侧，使得变压器二次电压超出正常值，它所连接的电力电子设备将受到过电压的冲击。

在电源拉闸断电时也会造成过电压，合闸时出现的过电压和拉闸时出现的过电压，其产生的机理是完全不同的。电力电子设备的负载电路一般都为电感性，如果在电流较大时突然切除负载，电路中会出现过电压，熔断器的熔断也会产生过电压。另外，电力电子器件的换相也会使电流迅速变化，从而产生过电压。上述过电压都发生在电路正常工作地状态，一般叫做操作过电压。雷击和其他电磁感应也会在电力电子设备中感应出过电压，这类过电压发生的时间和幅度大小都是没有规律的，是难以预测的。

对于上面的这些过电压，可以采用下面的措施进行保护：

（1）阻容保护　过电压幅度一般都很大，但其作用时间一般都是很短暂的，即过电压的能量并不是很大的。利用电容两端的电压不能突变这一特点，将电容器并联在保护对象的两端，可以达到过电压保护的目的，这种保护方式叫做阻容保护。

（2）整流式阻容保护　阻容保护电路的 *RC* 直接接于电路之间，平时支路中就有电流通过，电流流过电阻必然要造成能量的损耗并使电阻发热。为克服这些缺点可采用整流式阻容 *RC* 保护电路。

2. 过电流保护

电力电子电路中的电流瞬时值超过设计的最大允许值，即为过电流。过电流有过载和短路两种情况。对于过电流，可以采用下面的措施进行保护：

交流断路器保护是通过电流互感器获取交流电路的电流值，然后来控制交流电流继电器，当交流电流超过整定值时，过电流继电器动作使得与交流电源连接的交流断路器断开，切除故障电流。应当注意过电流继电器的整定值一般要小于电力电子器件所允许的最大电流瞬时值，否则如果电流达到了器件的最大电流过电流继电器才动作。由于器件耐受过电流的时间极短，所以在继电器和断路器动作期间电力电子器件可能就已经损坏。

来自电流互感器的信号还可作用于驱动电路，当电流超过整定值时，将所有驱动信号的输出封锁，全控型器件会由于得不到驱动信号而立即阻断，过电流随之消失；半控型器件晶闸管在封锁住触发脉冲后，未导通的晶闸管不再导通，而已导通的晶闸管由于电感的储能器件不会立即关断，但经过一定的时间后，电流衰减到0，器件关断。这种保护方式由电子电路来实现，又叫做电子保护。与断路器保护类似，电子保护的电流整定值也一般应该小于器件所能承受的电流最大值。

快速熔断器保护一般作为最后一级保护措施，与其他保护措施配合使用。根据电路的不同要求，快速熔断器可以接在交流电源侧（三相电源的每一相串联一个快速熔断器），也可以接在负载侧，还可以使每一个电力电子器件都与一个快速熔断器串联。接法不同，保护效果也有差异。熔断器保护有对过载和短路过电流进行“全保护”和仅对短路电流起作用的短路保护两种类型。

非熔断器保护多应用于大型的电力电子设备，电路中电流检测、电子保护都是必需的，同时还要在交流电源侧加一个大容量的晶闸管。其保护原理如下：当检测到的电流信号超过整定值时，触发保护晶闸管，用以旁路短路电流，晶闸管支路中可接一个小电感用以限制电流的变化速度；驱动电路开通主电路中的所有电力电子器件，以分散短路能量，让所有器件分担短路电流；使交流断路器断开，切断短路能量的来源。经一段时间的衰减，短路能量消失，从而起到保护作用。

二、测定电源的相序

三相整流电路是按一定顺序工作的，故保证相序正确是非常重要的。测定相序可采用如下三种方法进行。

1. 示波器观测波形法

测定时，可指定一根电源线为 U 相，并用探头测量其波形，然后再测量另一根电源线，若后一次测出波形的相位滞后前一次测量波形 120°，则第二次测量的电源线为 V 相，剩下一根电源线则为 W 相；反之，若后一次测得波形的相位超前于前一次的波形 120°，则后一次测得的电源线为 W 相，剩下一根电源线为 V 相，如下图所示。

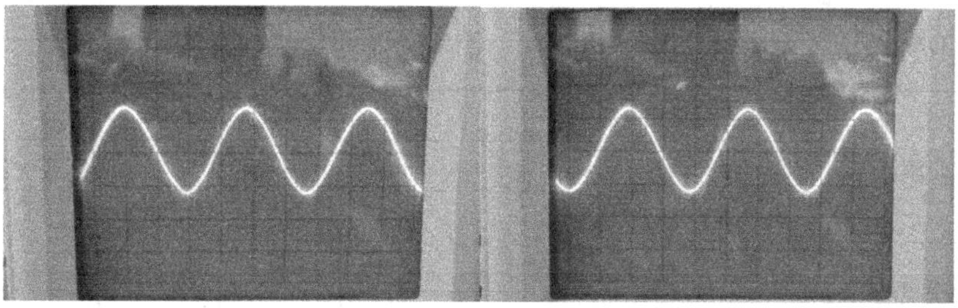

2. 相序灯法

如图所示，把电容、灯泡接成星形联结，三个端点分别接到三相电源上，则一个灯较亮，另一个灯较暗。如果以接电容的一相为 U 相，则与较亮的灯泡相接的一端为 V 相，与较暗的灯泡相接的一端为 W 相。

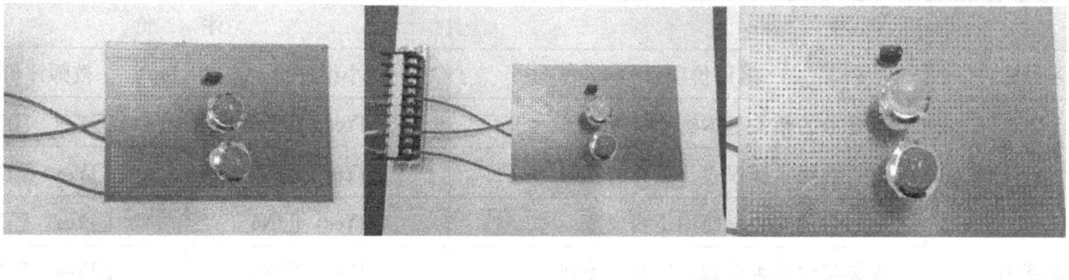

3. 相序鉴别器

下图所示是一种简易的相序鉴别器电路图。当相序正确时，灯泡发亮；如果相序不正确，则灯泡不亮。

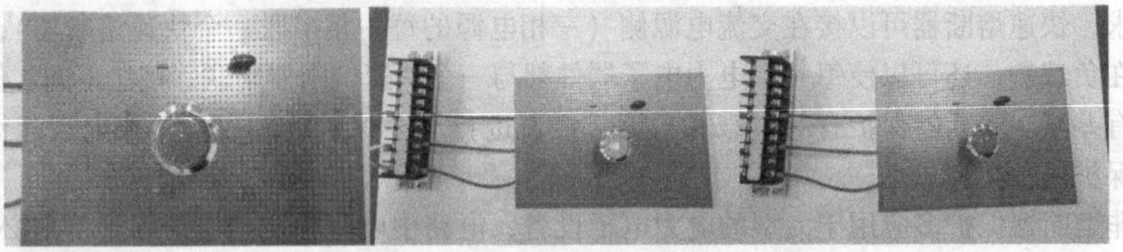

检查评价

通电调试完毕，切断电源，先拆除电源线，再拆除其余电线，然后进行综合评价。

任务评价

序号	评价指标	评价内容	分值	个人评价	小组评价	教师评价
1	元器件检查	元器件是否漏检或错检	5			
2	元器件安装	元器件不按布置图安装	10			
		元器件安装焊接不牢固	5			
		元器件安装不整齐、不合理、不美观	5			
		损坏元器件	5			
3	布线	不按电路图接线	10			
		布线不符合要求	5			
4	布线	焊接点松动、虚焊、脱焊	5			
		未接接地线	10			
5	电路测试	正确安装交流电源	10			
		测试步骤是否正确规范	10			
		测试结果是否成功	10			
6	安全规范	操作是否规范安全	5			
		是否穿绝缘鞋	5			
		总分	100			
		问题记录和解决方法	记录任务实施过程中出现的问题和采取的解决办法（可附页）			

能力评价

内容		评价	
学习目标	评价项目	小组评价	教师评价
应知应会	本任务的相关基本概念是否熟悉	□Yes □No	□Yes □No
	是否熟练掌握仪表、工具的使用	□Yes □No	□Yes □No
专业能力	元器件的安装、使用是否规范	□Yes □No	□Yes □No
	安装接线是否合理、规范、美观	□Yes □No	□Yes □No
	是否具有相关专业知识的融合能力	□Yes □No	□Yes □No
通用能力	团队合作能力	□Yes □No	□Yes □No
	协调沟通能力	□Yes □No	□Yes □No

（续）

内　容		评　价	
学习目标	评价项目	小组评价	教师评价
通用能力	解决问题能力	□Yes □No	□Yes □No
	自我管理能力	□Yes □No	□Yes □No
	创新能力	□Yes □No	□Yes □No
态度	爱岗敬业	□Yes □No	□Yes □No
	工作态度	□Yes □No	□Yes □No
	劳动态度	□Yes □No	□Yes □No
个人努力方向：		老师、同学建议：	

思考与提高

1. 试分析三相桥式全控整流电路和单相桥式整流电路有什么区别和联系？
2. 在三相桥式整流电路的调试过程中，最应该注意的环节是什么？
3. 过电压保护和过电流保护在实际生活生产中有哪些应用实例？

任务十九　阶梯波信号发生器的安装调试

训练目标

- 掌握阶梯波信号发生器的工作原理。
- 掌握阶梯波信号发生器的安装方法。
- 掌握阶梯波信号发生器的调试方法。

任务描述

在电子测量和自动控制系统中，由阶梯波信号发生器产生的阶梯波信号可以作为时序控制信号和多极电位基准信号，从而获得了广泛的用途。本任务设计了一种用 NE555 计数器和 CD4017 构成的同步阶梯波发生器，同步脉冲为 50kHz，电压变化范围为 5～18V，可以产生固定阶数的阶梯波。由于电路主要采用数字方式，所以可以产生精度和频率都较高的阶梯波信号。

任务分析

一、电路工作原理图

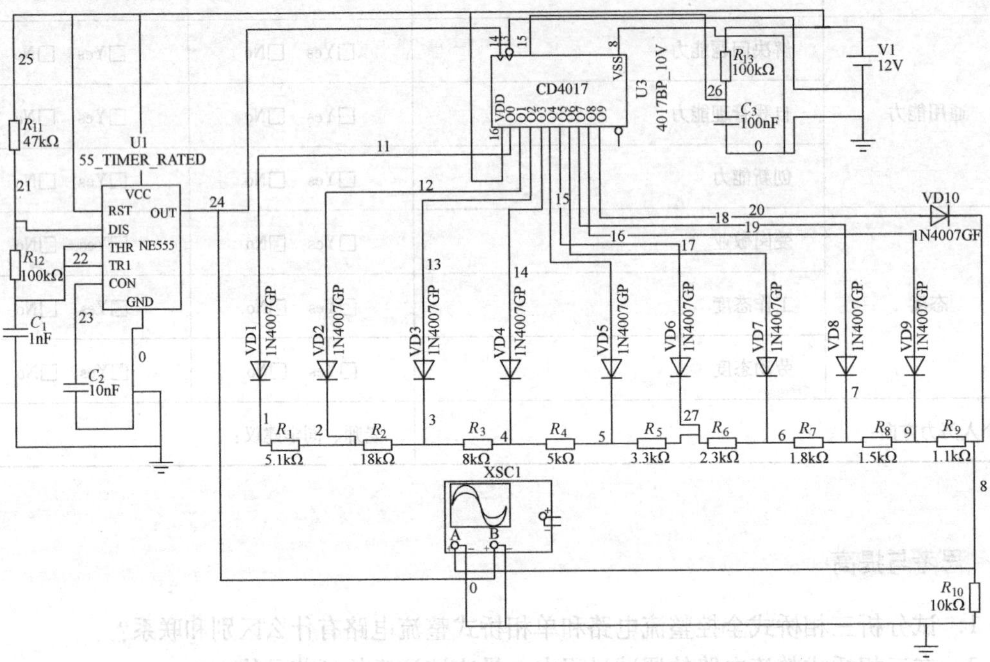

二、电路工作原理与分析

电路由时钟脉冲发生器、十进制计数器/脉冲分配器以及电阻分压器等组成。由 IC1、R_1、R_2、C_1 等构成一个自激多谐振荡器，其振荡频率控制在 10kHz。从 IC1 的 3 脚输出的方波脉冲直接作为 IC2 的 CP 端。在刚接通电源时，IC2 的 R 端由于受 C_3、R_{13}产生的微分脉冲作用，IC2 自动清零。在时钟脉冲的作用下，IC2 的输出端 Y0 ~ Y9 依次变为高电压。在 Y0 ~ Y9 之间串联有电阻 R_3 ~ R_{11}，与 R_{12}分压，于是即可得到阶梯状的锯齿波形。改变自激多谐振荡器的振荡频率还可以改变输出波形的频率。仿真得出的电路输出波形如右图所示。

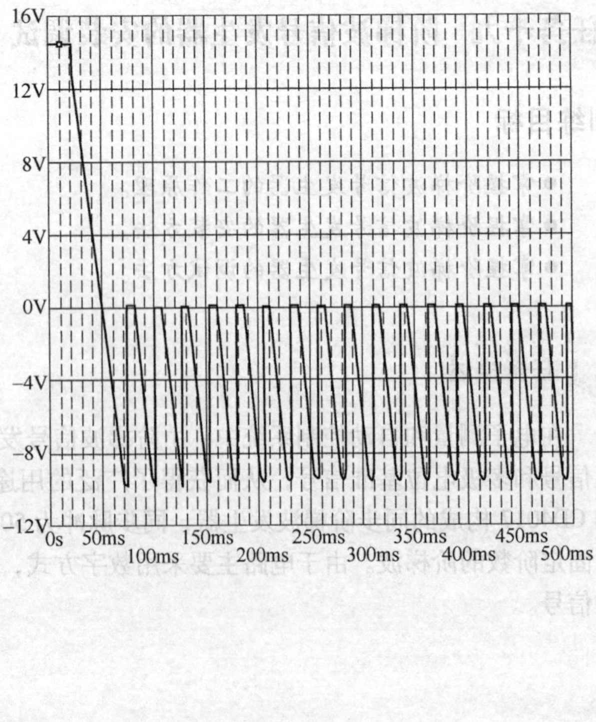

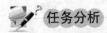

相关知识

一、阶梯波的相关说明

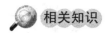

在电子测量和自动控制系统中，由阶梯波信号发生器产生的阶梯波信号，可以作为时序控制信号和多极电位基准信号，例如晶体管特性测试中经常需要阶梯波信号源作为晶体管基极驱动信号源。传统的信号源采用泵式阶梯波产生电路，由于电路受到二极管、晶体管等参数的影响，精度较低，而且要求脉冲信号源具有一定的负载能力，所以只能适用于要求不高的场合，而对于精度较高的阶梯信号，可用 D-A 变换器配之以计数器、脉冲发生器等来产生。

二、信号发生器的简介

1. 信号发生器的发展

在 1980 年以前，信号发生器全部属于模拟方式，借助电阻电容、电感电容、谐振腔、同轴线作为振荡电路产生正弦或其他函数波形。频率的变动由机械驱动可变元件，如电容器或谐振腔来完成，往往调节范围受到限制，因而划分为音频、高频、超高频、射频和微波等信号发生器。

1980 年以后，数字技术日益成熟，信号发生器绝大部分不再使用机械驱动而采用数字电路，以一个频率为基准，通过数字合成电路产生可变频率信号，调制方式也变得更加复杂。数字合成技术使信号发生器变成非常轻便、覆盖频率范围宽、输出动态范围大、容易编程、适用性强和使用方便的激励源。以前测量 1GHz 以上的射频和微波元器件需要几个信号发生器组合，以及几种测量顺序，还要手动操作，现在一台高档信号发生器可提供 1MHz ~ 65GHz 的带宽，而且全部程控操作，从实验室的台式、生产车间的便携式到现场的手持式，都有大量信号发生器可供选择。

2. 信号发生器的分类

（1）按频率范围分类　超低频信号发生器：30kHz 以下；低频信号发生器：30 ~ 300kHz；视频信号发生器：300kHz ~ 6MHz；高频信号发生器：6 ~ 30MHz；甚高频信号发生器：30 ~ 300MHz；超高频信号发生器：300 ~ 3000MHz。

（2）按输出波形分类　正弦信号发生器和非正弦信号发生器。其中，非正弦信号发生器脉冲信号发生器、函数信号发生器、任意波形信号发生器。

（3）按信号源性能分类　一般信号发生器和标准信号发生器。

任务实施

一、工具、仪器仪表以及材料的准备

根据任务的要求，选择合适容量、规格的元器件，并进行质量检查。

序　号	名　　称	型号与规格	数　量
1	电源变压器 T1	220V/18V	1
2	二极管	1N4007	10
3	电阻 R_1	47kΩ	1
4	电阻 R_2	100kΩ	1

（续）

序　号	名　　称	型号与规格	数　量
5	电阻 R_3	51kΩ	1
6	电阻 R_4	18kΩ	1
7	电阻 R_5	8kΩ	1
8	电阻 R_6	5kΩ	1
9	电阻 R_7	3.3kΩ	1
10	电阻 R_8	2.3kΩ	1
11	电阻 R_9	1.8kΩ	1
12	电阻 R_{10}	1.5kΩ	1
13	电阻 R_{11}	1.1kΩ	1
14	电阻 R_{12}	10kΩ	1
15	IC1	NE555	1
16	IC2	CD4017	1
17	集成电路块插座	与芯片管脚匹配	2
18	通用示波器	CS4125A 双踪	1
19	电容 C_1	1000pF	1
20	电容 C_2	0.01μF	1
21	电容 C_3	0.1μF	1
22	熔断器	0.5A	1
23	单刀单掷开关	KCD3 102N	1
24	直流稳压电源盒	220V/12V、24V	1
25	万用表	MF-47	1
26	实验板	10cm×15cm 单孔	1
27	电烙铁	恒温 60W	1
28	焊锡丝	0.5mm/75g	若干
29	漆包线	0.5mm 多股	若干
30	常用电子工具	套	1

二、电路的安装

实训图片	操作方法	注意事项
	[检测集成块]： ① 检查集成块的型号与电路图中标称型号是否一致	为了防止检测 MOS 型数字电路时静电高压将其损坏，应该尽量避免其输入端悬空，手腕上最好套上一个接地的金属箍

（续）

实训图片	操作方法	注意事项
	② 将万用表转换开关放置于 $R\times100$ 挡或者 $R\times1\text{k}$ 挡，对照电路图，测量接地端对各输出端的正、反向电阻。如果电阻非常小，则电源输出端可能短路或者 PN 结被击穿，集成块为坏集成块；反之，集成块是好的	
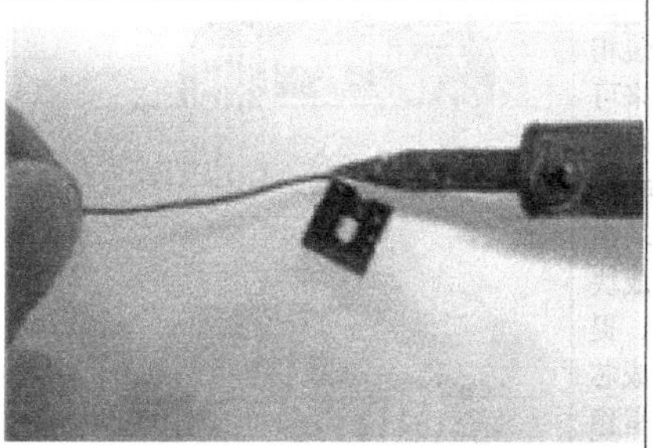 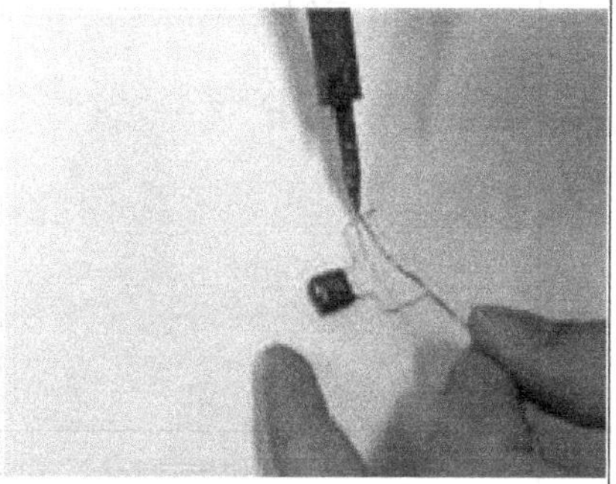	［元器件搪锡］：将要锡焊的元器件引线或导电的焊接部位预先用焊锡润湿，从而防止铜和铝氧化以及它们之间发生电化学腐蚀，从而降低接触电阻和能量损耗、并且稳定接触电阻	① 不能把原有的镀层刮掉 ② 不能用力过猛，以防损伤元器件
	［导线搪锡］：为了防止导线部分氧化影响其导电性能，保证导线导电性能良好，搪锡过程中应该保证锡的分布均匀	① 刮好的线需去毛刺 ② 搪锡从头到尾依次均匀搪锡，时间不宜过长 ③ 注意保持通风，避免烫伤
	［元器件插装］：将元器件两引脚弯成直角，然后插装在实验板的插孔内。插装的过程中应该确保元器件极性正确，同时元器件的插装位置应该满足整体电路的布局	① 选择正确元器件 ② 合理布局 ③ 分清元器件的极性

（续）

实训图片	操作方法	注意事项
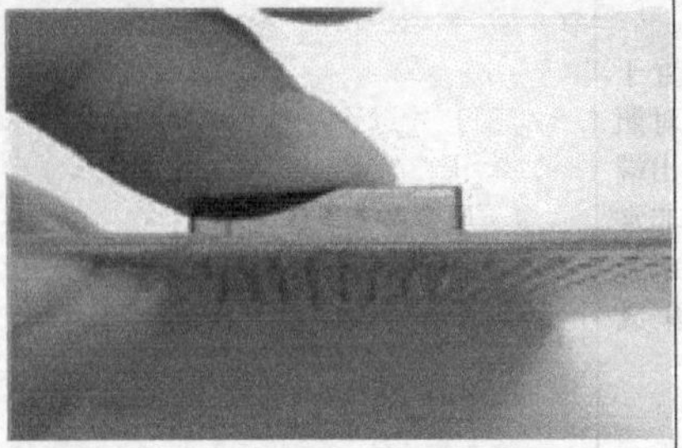		
	［集成芯片底座的插装］：在插装集成芯片之前，需要插装相应的集成芯片底座，这样一来可以编制集成芯片。在插装以及后期焊接过程中发生损坏，同时，在后期调试过程中，若集成块出现问题，可以很方便地对集成块进行更换，不用再重新焊接，提高了调试的效率。在插装集成芯片底座的时候应该保证底座稳固、平整地插装在实验板上	插装集成芯片的示意图 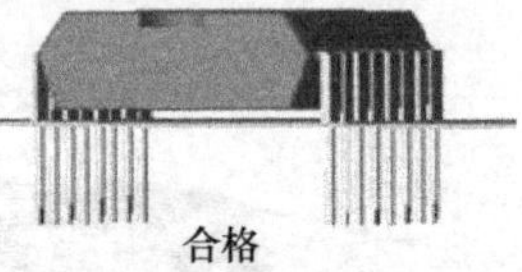 合格 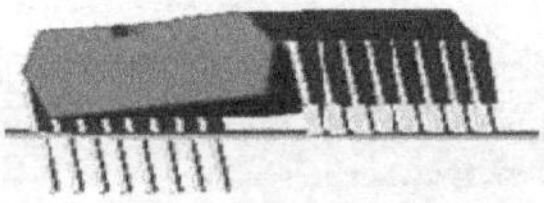 不合格

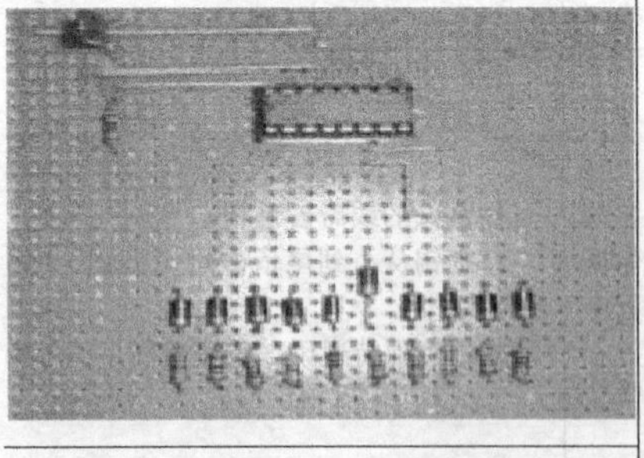 	［总电路元器件插装］：在插装的过程中应该确保元器件极性正确，同时元器件的插装位置应该满足整体电路的布局。选用符合标准的元器件材料，分清元器件的型号以及极性，合理布局	① 选择正确元器件 ② 合理布局 ③ 分清元器件的引脚

（续）

实训图片	操作方法	注意事项
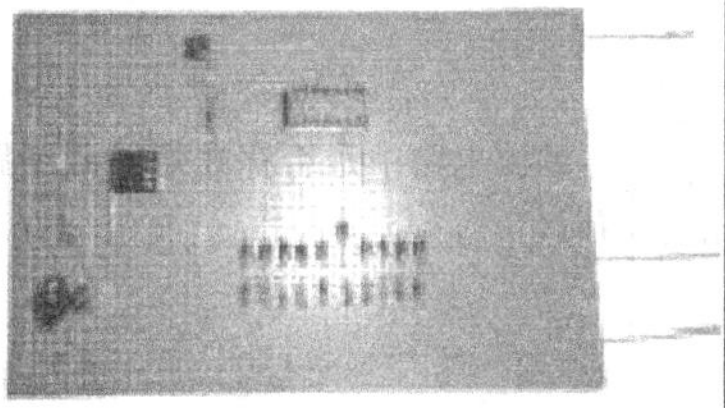	［元器件总体排版］：将负荷电阻插装在实验板上。整体规划合理，元器件之间的间距合理，便于导线连接，同时元器件应该留出引脚线以便于接线处理	① 布局合理 ② 选择正确元器件 ③ 留出引脚线
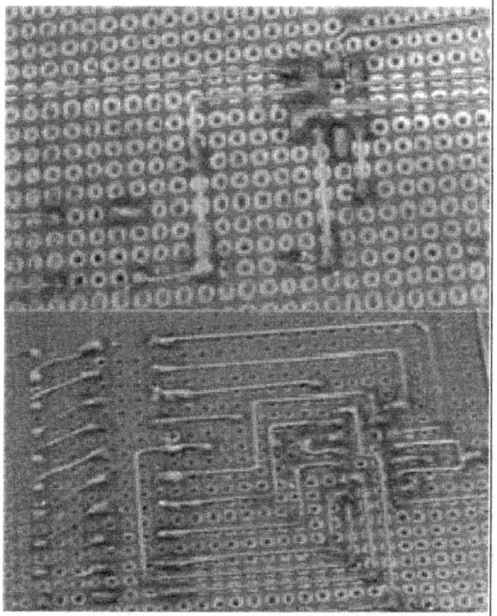	［电路连接］：在实验板背面将元器件的引脚焊接在实验板上。焊点应饱满，避免漏焊和虚焊。连线时应该充分与焊点接触，防止接触不良	① 焊接时间不宜过长 ② 焊接点要饱满 ③ 按图正确接线
	［电路总体连接］：导线不能有相交的部分，焊点应该正确分布，防止错焊、漏焊以及虚焊，接线时应该防止接触不良的情况发生	① 焊接时间不宜过长 ② 焊接点要饱满 ③ 按图正确接线

三、电路检查

实训图片	操作方法	注意事项
	［目测检查］：检查各元器件的极性和位置是否正确，检查各元器件有无错焊、漏焊和虚焊等情况。	检查各元器件有无错焊、漏焊和虚焊等情况，检测元器件的极性是否正确

（续）

实训图片	操作方法	注意事项
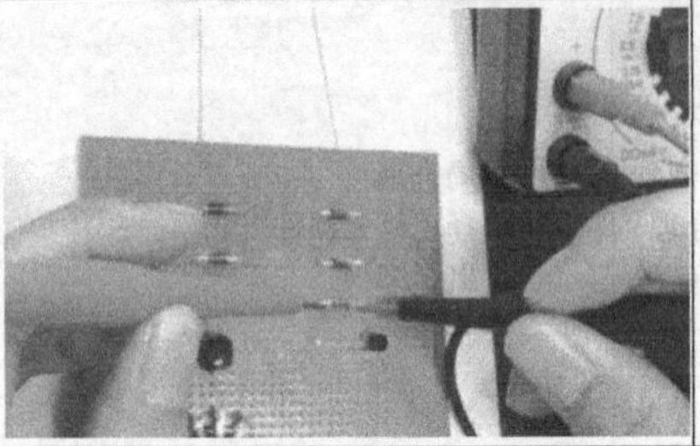	［仪表检查］：检测电路中的各节点是否存在短路的情况，检测各元器件是否存在故障，检测导线的连接是否正常，检测电路中是否存在短路问题	检测电路中是否存在短路和断路的情况

四、电路调试

实训图片	操作方法	注意事项
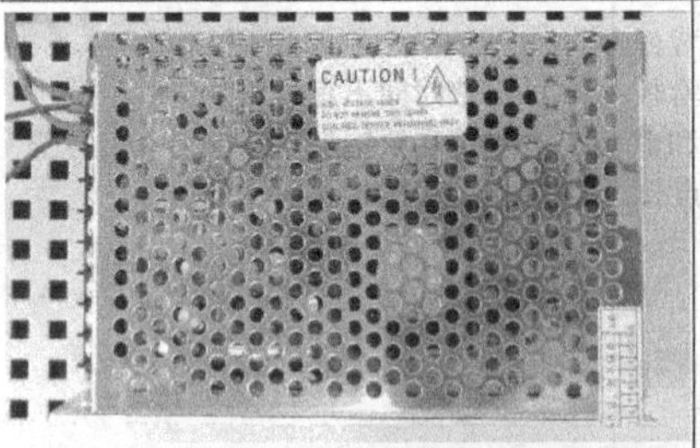 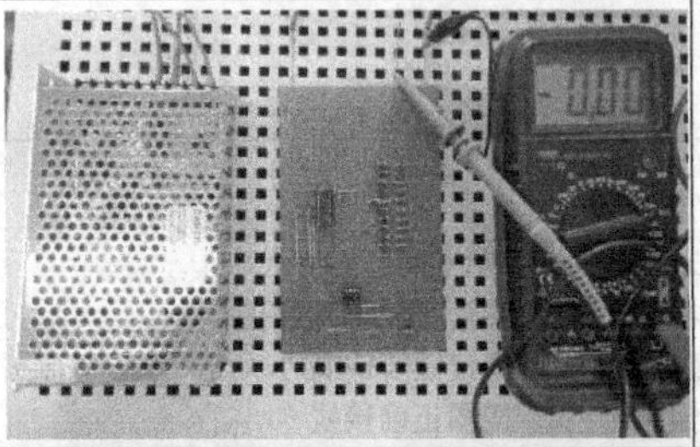	［接通电源］：接通电源的过程中应该遵循安全用电的相关原则，通电前应该检测各元器件的极性是否正确，同时检测电路中有无短路的情况	分清正、负极
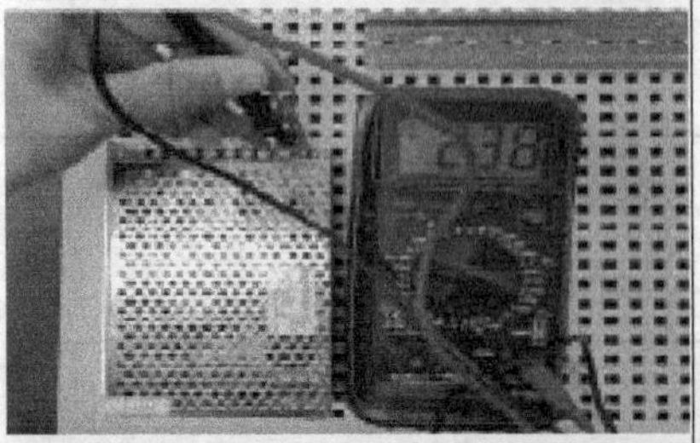 	［验电］：保证经过变压器的输入电压符合电路要求，重点检测输入端的电压、各关键节点的电压值是否达到理论要求，为后期的调试和排障提供参考依据	确定各点电压数值正确，若有某个输入节点的电压数值与理论值不符，则调节各个输入节点的电压值，同时检测调节电路，并保证电压数值达到理论要求

（续）

实训图片	操作方法	注意事项

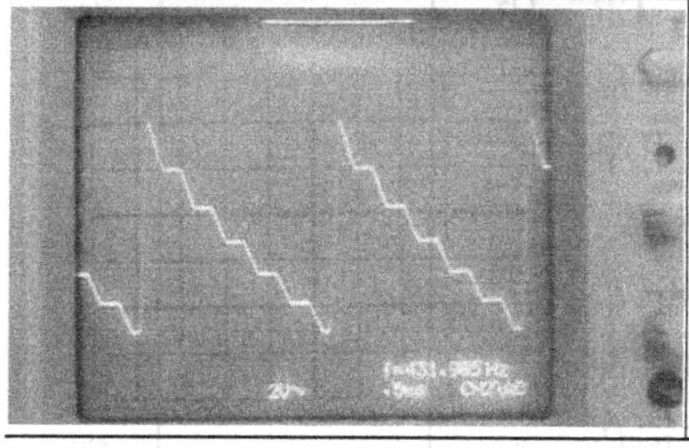	[示波器观察输入、输出的波形]：应该掌握示波器观测波形的基本方法，调节正确的挡位进行波形的观测。通过对输入、输出波形的观测加深对电路功能的理解	观察输入、输出波形，检验电路实现功能是否正确，加深对电路功能的理解

提醒注意

一、相关集成块的引脚

1. NE555 引脚图

1）Pin 1（接地）：地线（或共同接地），通常连接到电路共同接地。

2）Pin 2（触发点）：这个引脚是触发 NE555 并使其启动时间周期的。触发信号上限电压需大于 2/3 V_{CC}，下限需低于 1/3 V_{CC}。

3）Pin 3（输出）：当时间周期开始时，NE555 的输出引脚移至比电源电压少 1.7V 的高电位。当一个周期结束时，输出引脚电位回到 0V 左右的低电位。在高电位时的最大输出电流大约为 200mA 。

4）Pin 4（重置）：一个逻辑低电位送至这个引脚时会重置定时器，使输出变到一个低电位。它通常被接到电源正极或忽略不用。

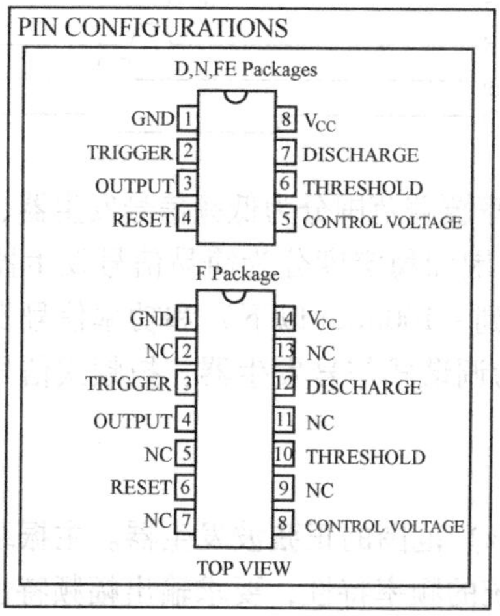

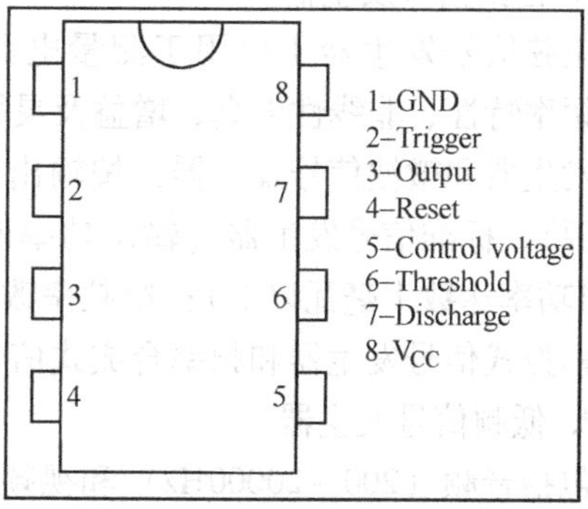

5）Pin 5（控制）：该引脚允许由外部电压来改变触发和闸限电压。当计时器工作在稳定或振荡的方式下时，输入可以改变或调整输出频率。

6）Pin 6（重置锁定）：重置锁定并使输出呈低态。当引脚的电压从 1/3 V_{CC}电压以下移至2/3 V_{CC}以上时启动这个动作。

7）Pin 7（放电）：这个引脚和主要的输出引脚有相同的电流输出能力。当输出为 ON 时，引脚为 LOW，对地为低阻抗；当输出为 OFF 时，引脚为 HIGH，对地为高阻抗。

8）Pin 8（V_{CC}）：这是 555 计时器 IC 的电源正电压端。供应电压的范围为4.5～16V。

2. CD4017 引脚图

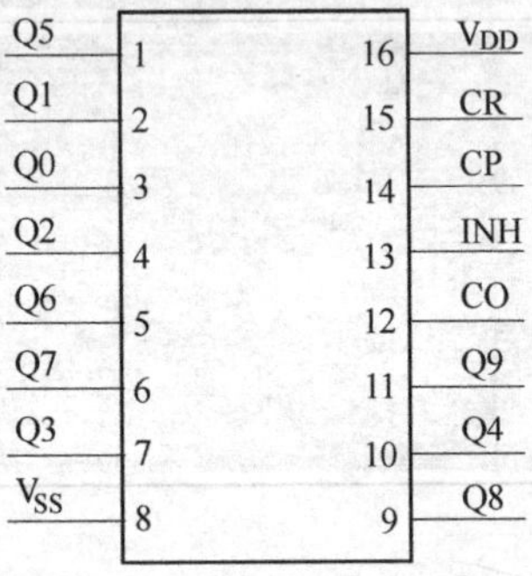

CD4017 是 5 位计数器，具有 10 个译码输出端、CP、CR 以及 INH 输入端。时钟输入端的施密特触发器具有脉冲整形功能，对输入时钟脉冲上升和下降时间无限制。INH 为低电平时，计数器在时钟上升沿开始计数；反之，计数功能无效，CR 为高电平时，计数器清零。十进制计数/分频器 CD4017，其内部由计数器及译码器两部分组成，由译码输出实现对脉冲信号的分配，整个输出时序就是 Q0、Q1、Q2、…、Q9 依次出现与时钟同步的高电平，其宽度等于时钟周期。CD4017 有 10 个输出端（Q0～Q9）和 1 个进位输出端。每输入 10 个计数脉冲，就可得到 1 个进位正脉冲，该进位输出信号可作为下一级的时钟信号。

CD4017 有 3 个控制端（MR、CP0 和 CP1），MR 为清零端。当在 MR 端上加高电平或正脉冲时，其输出 Q0 为高电平，其余输出端（Q1～Q9）均为低电平。CP0 和 CPl 是两个时钟输入端，若用上升沿来计数，则信号由 CP0 端输入；若用下降沿来计数，则信号由 CPl 端输入。设置 2 个时钟输入端，级联时比较方便，可驱动更多二极管发光。

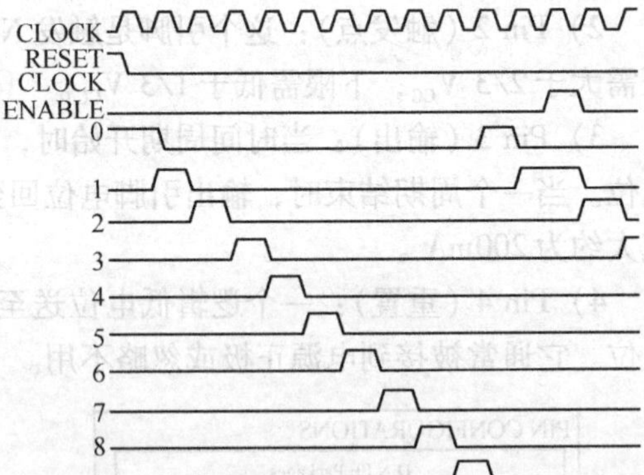

由此可见，当 CD4017 有连续脉冲输入时，其对应的输出端依次变为高电平状态，故可直接用作顺序脉冲发生器。CD4017 工作时序图如图所示。

二、信号发生器简介

1. 正弦信号发生器

正弦信号发生器主要用于测量电路和系统的频率特性、非线性失真、增益及灵敏度等。按频率覆盖范围分为低频信号发生器、高频信号发生器和微波信号发生器；按输出电平可调节范围和稳定度分为简易信号发生器（即信号源）、标准信号发生器（输出功率能准确地衰减到 -100dBm 以下）和功率信号发生器（输出功率达数十毫瓦以上）；按频率改变的方式分为调谐式信号发生器、扫频式信号发生器、程控式信号发生器和频率合成式信号发生器等。

2. 低频信号发生器

包括音频（200～20000Hz）和视频（1Hz～10MHz）范围的正弦波发生器。主振级一般用 *RC* 式振荡器，也可用差频振荡器。为便于测试系统的频率特性，要求输出幅频特性水平和波形失真较小。

3. 高频信号发生器

频率为 100kHz～30MHz 的高频、30～300MHz 的甚高频信号发生器。一般采用 *LC* 调谐式振荡器，频率可由调谐电容器的刻度盘读出。它主要用途是测量各种接收机的技术指标。输出信号可用内部或外加的低频正弦信号调幅或调频，使输出载频电压能够衰减到 1μV 以下。

4. 微波信号发生器

从分米波直到毫米波波段的信号发生器。信号通常由带分布参数谐振腔的超高频晶体管和反射速调管产生，但有逐渐被微波晶体管、场效应晶体管和耿氏二极管等器件取代的趋势。仪器一般靠机械调谐腔体来改变频率，每台可覆盖一个倍频程左右，由腔体耦合出的信号功率一般可达 10mW 以上。简易信号源只要求能加 1kHz 方波调幅，而标准信号发生器则能将输出基准电平调节到 1mW，再从后随衰减器读出信号电平的分贝毫瓦值；还必须有内部或外加矩形脉冲调幅，以便测试雷达等接收机。

5. 频率合成式信号发生器

这种发生器的信号不是由振荡器直接产生，而是以高稳定度石英振荡器作为标准频率源，利用频率合成技术形成所需的任意频率的信号，具有与标准频率源相同的频率准确度和稳定度。输出信号频率通常可按十进位数字选择，最高能达 11 位数字的极高分辨力。频率除用手动选择外还可程控和远控，也可进行步级式扫频，适用于自动测试系统。

6. 函数发生器

它又称为波形发生器。它能产生某些特定的周期性时间函数波形（主要是正弦波、方波、三角波、锯齿波和脉冲波等）信号。频率范围可从几毫赫兹甚至几微赫兹的超低频，直到几十兆赫兹。除供通信、仪表和自动控制系统测试用外，还广泛用于其他非电测量领域。将积分电路与某种带有回滞特性的阈值开关电路（如施密特触发器）相连成环路，积分器能将方波积分成三角波。施密特电路又能使三角波上升到某一阈值或下降到另一阈值时发生跃变而形成方波，频率不仅能随积分器中的 *RC* 值的变化而改变，而且还能通过外加电压控制两个阈值而改变。将三角波外加到由许多不同偏置二极管组成的整形网络，形成许多不同斜度的折线段，便可形成正弦波。另一种构成方式是用频率合成器产生正弦波，再对它多次放大、削波而形成方波，再将方波积分成三角波和正、负斜率的锯齿波等。对这些函数发生器的频率都可电控、程控、锁定和扫频，仪器除工作于连续波状态外，还有按键控、门控或触发等方式工作。

7. 脉冲信号发生器

它是能够产生宽度、幅度和重复频率可调的矩形脉冲的发生器，可用以测试线性系统的瞬态响应，或用模拟信号来测试雷达、多路通信和其他脉冲数字系统的性能。脉冲发生器主要由主控振荡器、延时级、脉冲形成级、输出级和衰减器等组成。主控振荡器通常为多谐振荡器之类的电路，除能自激振荡外，主要按触发方式工作。通常在外加触发信号之后首先输出一个前置触发脉冲，以便提前触发示波器等观测仪器，然后再经过一段可调节的延迟时间才输出主信号脉冲，其宽度可以调节。有的能输出成对的主脉冲，有的能分两路分别输出不同延迟的主脉冲。

检查评价

通电调试完毕，切断电源，先拆除电源线，再拆除其余电线，然后进行综合评价。

任务评价

序号	评价指标	评价内容	分值	个人评价	小组评价	教师评价
1	元器件检查	元器件是否漏检或错检	5			
2	元器件安装	元器件不按布置图安装	10			
		元器件安装焊接不牢固	5			
		元器件安装不整齐、不合理、不美观	5			
		损坏元器件	5			
3	布线	不按电路图接线	10			
		布线不符合要求	5			
		焊接点松动、虚焊、脱焊	5			
		未接接地线	10			
4	电路测试	正确安装交流电源	10			
		测试步骤是否正确规范	10			
		测试结果是否成功	10			
5	安全规范	操作是否规范安全	5			
		是否穿绝缘鞋	5			
		总分	100			
		问题记录和解决方法	记录任务实施过程中出现的问题和采取的解决办法（可附页）			

能力评价

内容		评价	
学习目标	评价项目	小组评价	教师评价
应知应会	本任务的相关基本概念是否熟悉	□Yes □No	□Yes □No
	是否熟练掌握仪表、工具的使用	□Yes □No	□Yes □No
专业能力	元器件的安装、使用是否规范	□Yes □No	□Yes □No
	安装接线是否合理、规范、美观	□Yes □No	□Yes □No
	是否具有相关专业知识的融合能力	□Yes □No	□Yes □No
通用能力	团队合作能力	□Yes □No	□Yes □No
	协调沟通能力	□Yes □No	□Yes □No
	解决问题能力	□Yes □No	□Yes □No
	自我管理能力	□Yes □No	□Yes □No
	创新能力	□Yes □No	□Yes □No
态度	爱岗敬业	□Yes □No	□Yes □No
	工作态度	□Yes □No	□Yes □No

（续）

内　　容		评　　价	
学习目标	评价项目	小组评价	教师评价
态度	劳动态度	□Yes　□No	□Yes　□No
个人努力方向：		老师、同学建议：	

思考与提高

1. 如何实现阶数可调的阶梯波信号发生器？
2. 如何利用多谐振荡器实现阶梯波发生器？
3. 对于电路进行改进，可采用哪些不同的脉冲产生方式？

单元四　自动控制电路检修实战训练

四

电气测绘是高级维修电工所必须具备的基本技能。对一些国产比较陈旧的设备，由于电气图样的缺失或不完善，给后续的维修工作带来了极大的不便。随着中国的改革开放，与世界的融合变得越来越紧密，各种各样的高精尖端设备被引进来，由于外企对中国的技术封锁，造成进口设备的技术资料不完整，给进口设备的安全、正常运行带来影响。因此，就需要对这些设备进行电气测绘，还原其控制规律、原理，给维修人员或维修工作带来便利。本单元将通过对 X62W 型万能铣床和 T68 型镗床电气控制电路的测绘，介绍电气设备的测绘方法、步骤和注意事项，进而对 X62W 型万能铣床和 T68 型镗床及电梯电气控制电路的故障进行分析和检修，以提高在实际工作中综合分析和解决问题的能力。

学习目标

- 了解电气设备测绘的方法、步骤及注意事项。
- 会进行 X62W 型万能铣床电气设备的测绘、故障分析及检修。
- 会进行 T68 型镗床电气设备的测绘、故障分析及检修。
- 会进行电梯电气控制电路的故障分析和检修。

任务二十　X62W 型万能铣床电气控制电路的分析测绘

训练目标

- 了解电气设备测绘的方法、步骤及注意事项。
- 能正确分析测绘 X62W 型万能铣床电气控制电路图。
- 通过测绘能熟练进行 X62W 型万能铣床电气控制电路的故障分析。

任务描述

某一天在某工厂的电工房里，班长小景看着值班记录表正进行着今天工作任务的安排分配：徐师傅继续维修这台电动机；顾师傅带着徒工小王、小刘去剑杆织机车间安装配电控制柜；老陆和小田去织造车间维修 36 号织机的电动机……机修车间 X62W 型万能铣床坏了，由于没有电气控制图样，所以没有修好，小崔和我马上去测绘与修理万能铣床。

本任务就来解决如何测绘 X62W 型万能铣床电气控制电路这一问题。

任务分析

本任务要实现对 X62W 型万能铣床电气控制电路的测绘与检修，首先应通过操作工或查阅资料了解其结构、工艺流程、各功能模块的作用、电力拖动的特点和要求，然后正确绘制出主电路图、控制电路图及照明电路测绘等。

一、X62W 型万能铣床的主要结构及运动形式

X62W 型万能铣床的外形结构如图所示，它主要由床身、主轴、刀杆、悬梁、工作台、回转盘、横溜板、升降台、底座等几部分组成。箱形的床身固定在底座上，床身内装有主轴的传动机构和变速操纵机构。在床身的顶部有水平导轨，上面装着带有一个或两个刀杆支架的悬梁。刀杆支架用来支撑铣刀轴心的一端，轴心的另一端则固定在主轴上，由主轴带动铣刀铣削。刀杆支架在悬梁上以及悬梁在床身顶部的水平导轨上都可以作水平移动，以便安装不同的芯轴。在床身的前面有垂直导轨，升降台可沿着它上、下移动。在升降台上面的水平导轨上，装有可在平行主轴轴线方向移动（前、后移动）的溜板。溜板上部有可转动的回转盘。工作台就在溜板上部回转盘上的导轨作垂直于主轴轴线方向移动（左、右移动）。工作台上有 T 形槽用来固定工件。这样，安装在工作台上的工件就可以在三个坐标上的六个方向调整位置或进给。此外，由于回转盘相对于溜板可绕中心轴线左右转过一个角度（通常为 ±45°），所以工作台在水平面上除了能在平行或垂直主轴轴线方向进给外，还能在倾斜方向进给，可以加工螺旋槽。

二、X62W 型万能铣床电力拖动的特点及控制要求

该铣床共用 3 台异步电动机拖动，它们分别是主轴电动机 M1、进给电动机 M2 和冷却泵电动机 M3。

1）铣削加工有顺铣和逆铣两种加工方式，所以要求主轴电动机能正、反转，但考虑到正、反转操作并不频繁（批量顺铣或逆铣），因此在铣床床身下侧电器箱上设置一个组合开

关，来改变电源相序以实现主轴电动机的正、反转。由于主轴传动系统中装有避免振动的惯性轮，使主轴停机困难，所以主轴电动机采用电磁离合器制动以实现准确停机。

2）铣床的工作台要求有前后、左右、上下6个方向的进给运动和快速移动，所以也要求进给电动机能正、反转，并通过操纵手柄和机械离合器相配合来实现。进给的快速移动是通过电磁铁和机械推挡来完成的。为了扩大其加工能力，在工作台上可加装圆形工作台，圆形工作台的回转运动是由进给电动机经传动机构驱动的。

3）根据加工工艺的要求，该铣床应具有以下电气联锁措施。

① 为防止刃具和铣床的损坏，要求只有主轴旋转后才允许有进给运动和进给方向的快速移动。

② 为了减小加工件的表面粗糙度，只有进给停止后主轴才能停止或同时停止。该铣床在电气上采用了主轴和进给同时停止的方式，但由于主轴运动的惯性很大，实际上就保证了进给运动先停止、主轴运动后停止的要求。

③ 6个方向的进给运动中同时只能有一种运动产生，该铣床采用了机械操纵手柄和位置开关相配合的方式来实现6个方向的联锁，见下表。

	手柄位置	位置开关动作	接触器动作	电动机M2转向	传动链搭合丝杠	工作台运动方向
上下、前后进给手柄	上	SQ4	KM4	反转	上下进给丝杠	向上
	下	SQ3	KM3	正转	上下进给丝杠	向下
	中			停止		停止
	前	SQ3	KM3	正转	前后进给丝杠	向前
	后	SQ4	KM4	反转	前后进给丝杠	向后
左右进给手柄	左	SQ5	KM4	反转	左右进给丝杠	向左
	中			停止		停止
	右	SQ6	KM3	正转	左右进给丝杠	向右

4）主轴运动和进给运动采用变速盘来进行速度选择，为保证变速齿轮进入良好啮合状态，两种运动都要求变速后作瞬时点动。

5）当主轴电动机或冷却泵电动机过载时，进给运动必须立即停止，以免损坏刀具和铣床。

6）要求有冷却系统、照明设备及各种保护措施。

相关知识

1. 电气设备测绘步骤

1）电气设备一般分成主电路、控制电路和照明电路三部分。测绘前要明确每一部分在设备空腔中的位置，可以先在草图上绘出各部分的相对位置框图。

2）测量每一框图上或模块上的接线及其走向，标上线号。

3）根据接线及其线号，绘出接线图。

4）根据接线和利用其他仪表、仪器测量出的输入、输出对应现象以及类似设备的比较和经验，绘出该设备电气原理图。

2. 电气设备测绘方法

1）测绘前，准备好绘图工具、测量仪表和纸张。

2）要了解设备的功能，弄清设备的结构及各功能模块的作用。

3）对于一些电源模块、检测功能模块和显示单元，根据类似设备比较，有时可能需要另外提供外接电源以便测出其输入、输出对应数据，判断相关输入、输出对应线号。

4）主电路和控制电路、强电和弱电要分清，先从主电路入手，找出主进出线，再测量控制电路和照明电路。

5）通过触点的导线可以设法使触点闭合或断开，判断导线的走向；不便于观察的导线，可以利用万用表查找判断是否为同一根导线。

任务实施

一、主电路测绘

下面以 X62W 型万能铣床为例，介绍其电气控制电路测绘方法。

实物图片	测绘方法	测绘图
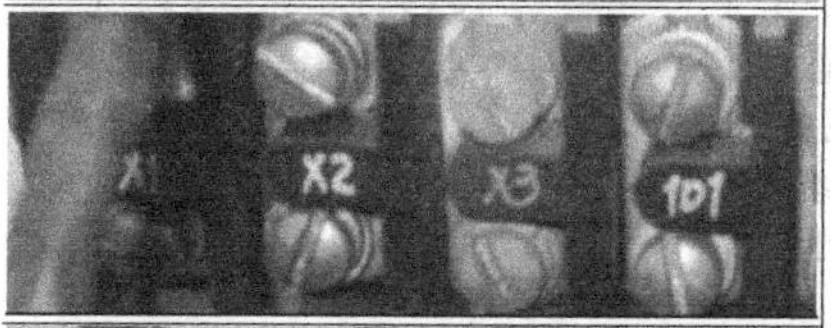	［总电源开关 QS1 的测绘］：在万能铣床左侧电箱板上装有电源开关，有“接通”、“断开”两种状态，可知电源控制用的是组合开关，用 QS1 表示。其电源进线由左侧电箱下方的端子排 X1、X2、X3 引入，出线为 X11、X12、X13	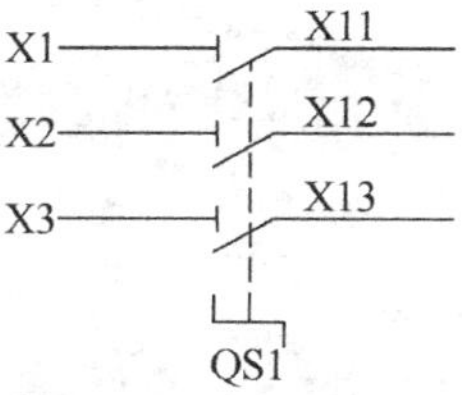
	［总熔断器 FU1 的测绘］：左侧电箱内装有三个总熔断器，其进线端来自于电源开关 X11、X12、X13，出线为 X21、X22、X23	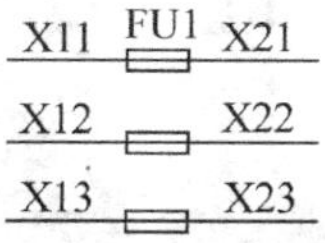

（续）

实物图片	测绘方法	测绘图
	［主轴电动机主接触器 KM1 主电路的测绘］：主轴电动机由接触器 KM1 控制，其进线端来自于熔断器 FU1 的出线，其出线端两个边相接于热继电器，中相接于端子排	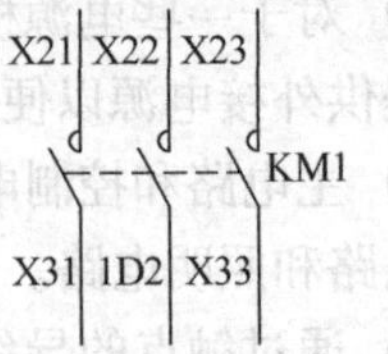
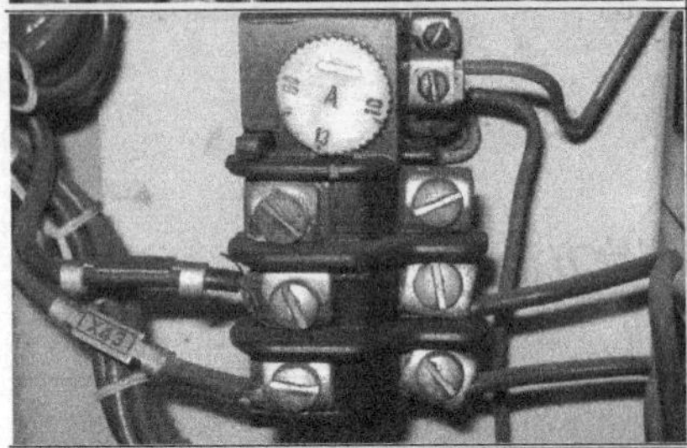	［主轴电动机热继电器 KH1 接线测绘］：主轴电动机的过载保护由热继电器 KH1 控制，采用两相连接，两根进线端来自于接触器 KM1 的出线，其两根出线通过塑料管进入左侧电箱板上的控制开关	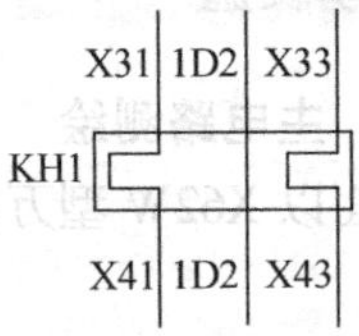
	［主轴电动机倒顺开关 SA3 接线测绘］：在万能铣床左侧电箱板上装有主轴控制开关，有“左转、停止、右转”三种状态，主轴电动机控制用的是万能转换开关，用 SA3 表示。主轴电动机的正、反转是通过 SA3 来改变电源相序实现的。其两根电源进线来自于热继电器 KH1 的出线，其出线接于电箱下方的端子排	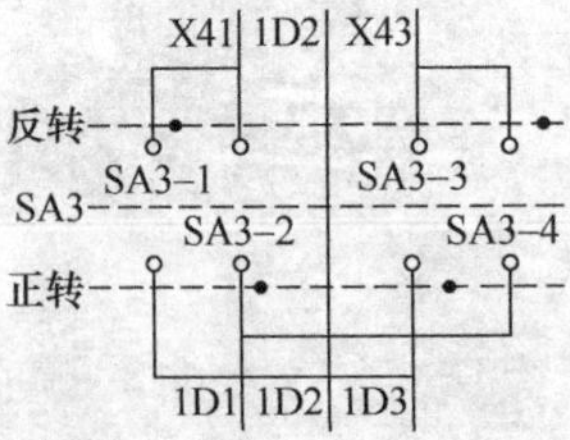
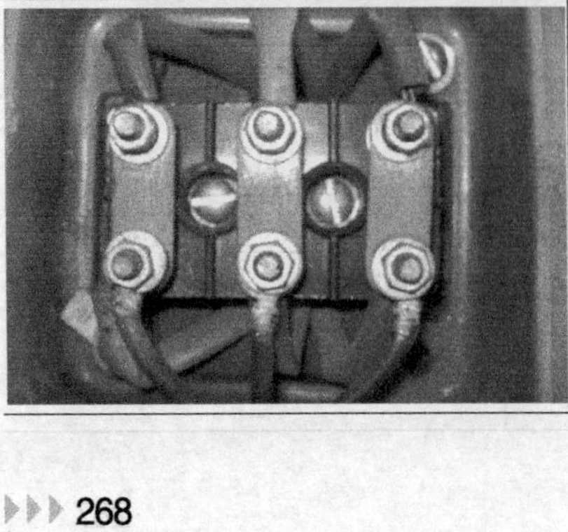	［主轴电动机 M1 接线测绘］：主轴电动机位于万能铣床的后下方，其三相电源来自于端子排 1D1、1D2、1D3	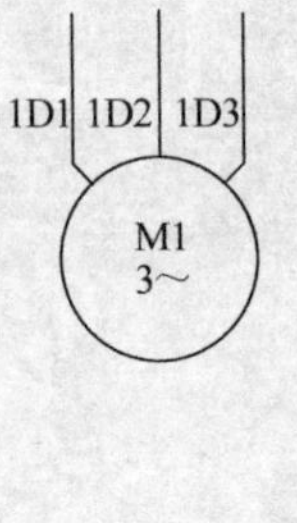

（续）

实物图片	测绘方法	测绘图
由此绘制出主轴电动机主电路的控制电路图	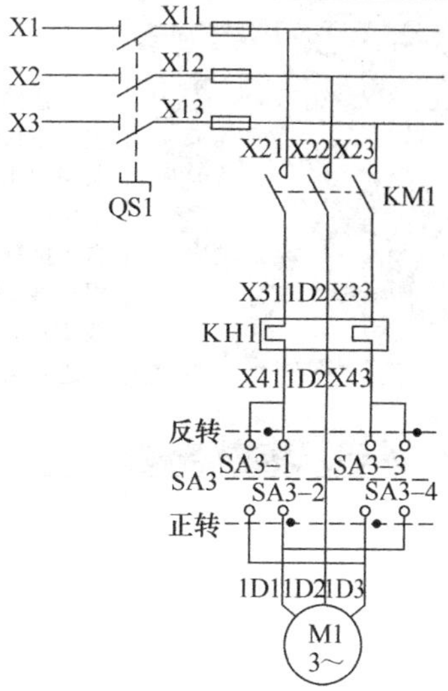	
 	［进给电动机熔断器 FU2 的测绘］：在左侧电箱内，主熔断器右侧有三个熔断器，用 FU2 表示，其电源进线来自于主熔断器 FU1 的出线，其三根出线接于下方的端子排，其中有两根并联到两个变压器的进线端	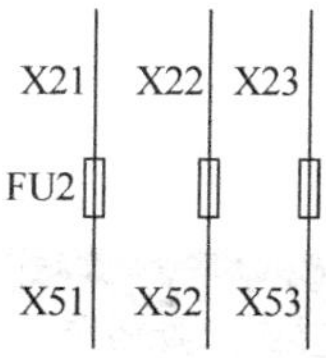
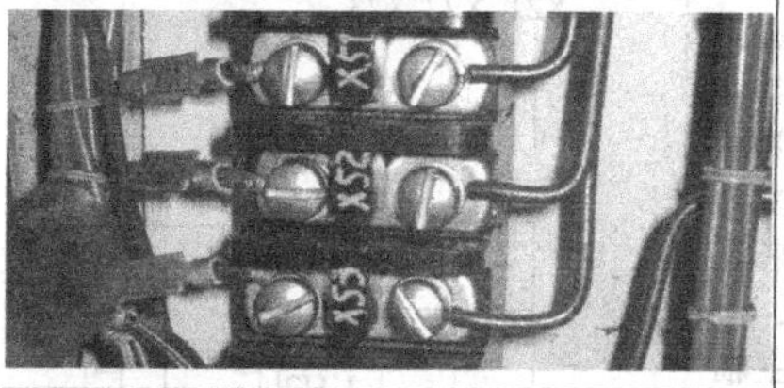 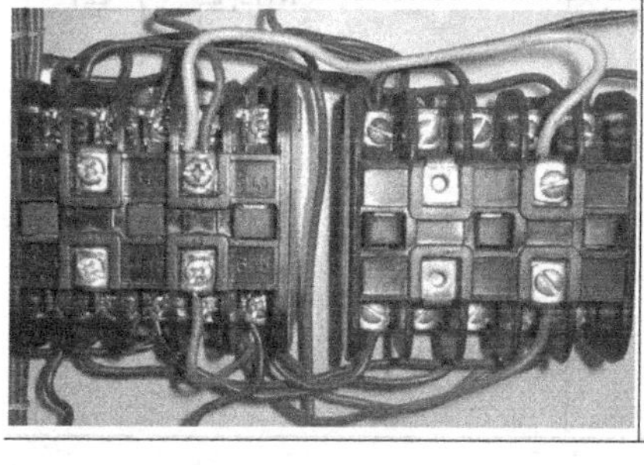	［进给电动机接触器 KM3、KM4 主电路测绘］：铣床的工作台要求有前后、左右、上下 6 个方向的进给运动和快速移动，所以要求进给电动机能正、反转，并通过操纵手柄和机械联动机构来实现。由右侧电箱内电器可知：控制进给电动机正、反转的是接触器 KM3、KM4，其进线端来自于右侧的端子排 X51、X52、X53，其出线中相进入端子排 2D2，两个边相进入热继电器 KH3	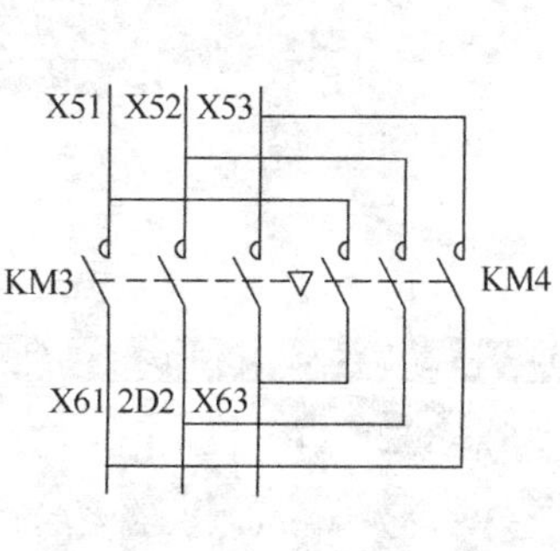

（续）

<table>
<tr><th>实物图片</th><th>测绘方法</th><th>测绘图</th></tr>
<tr><td></td><td>［进给电动机热继电器 KH3 主电路测绘］：进给电动机的过载保护由热继电器 KH3 控制，采用两相连接，两根进线端来自于接触器 KM3 的出线，其两根出线 2D1、2D3 和第三根导线 2D2 由端子排通过塑料管进入进给电动机</td><td>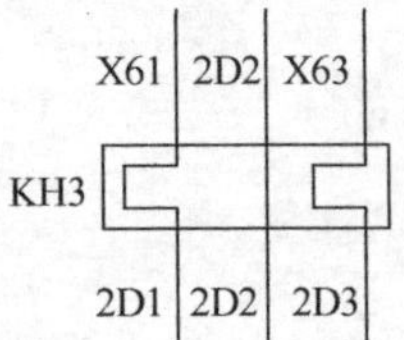
</td></tr>
<tr><td>由此绘制出进给电动机主电路控制电路图</td><td colspan="2">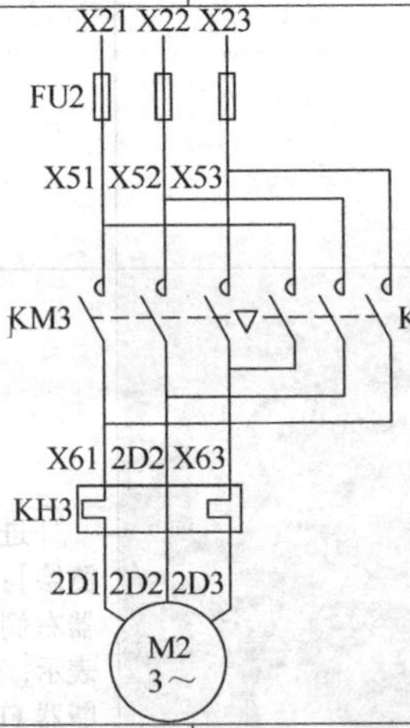
</td></tr>
<tr><td>

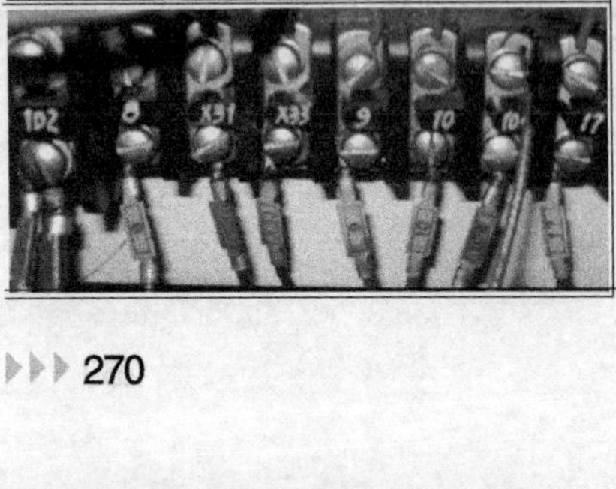
</td><td>［冷却泵热继电器接线测绘］：在右侧电箱内热继电器 KH2 的两根进线来自于左侧的端子排 X31、X33，其出线为 X71、X73，而 X31、X33 来自于左电箱内下方的端子排，由此判断出冷却泵电动机与主轴电动机之间实现主电路顺序控制</td><td>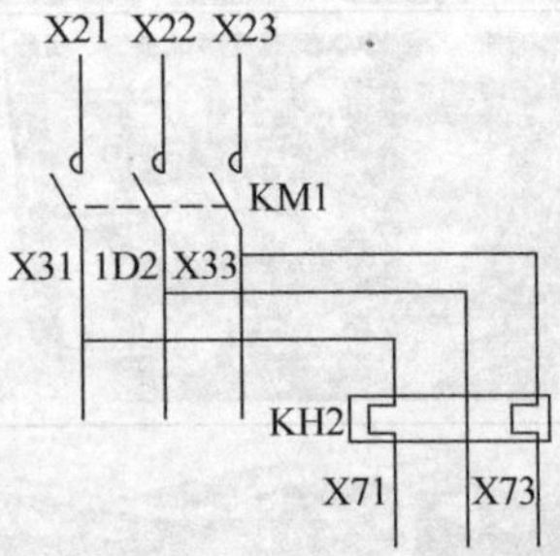
</td></tr>
</table>

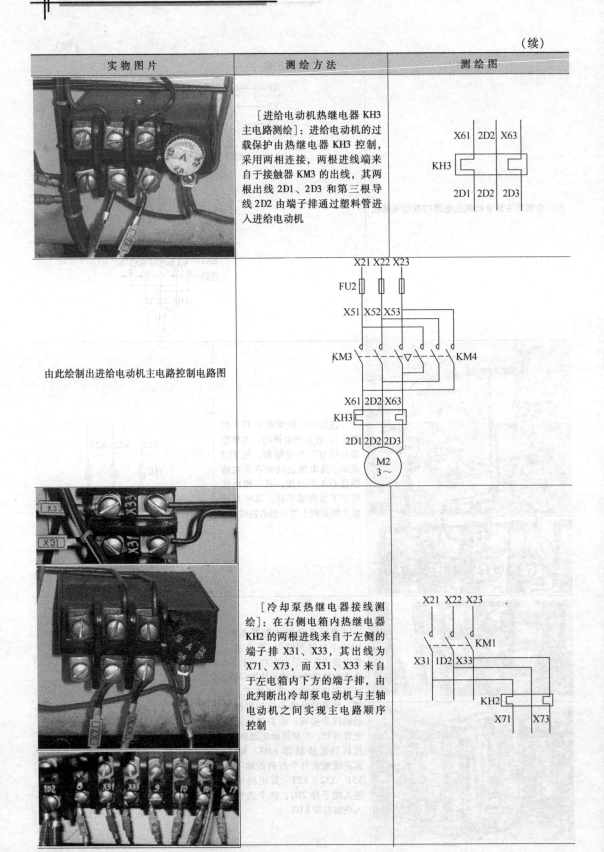

（续）

<table>
<tr><th>实物图片</th><th>测绘方法</th><th>测绘图</th></tr>
<tr><td>
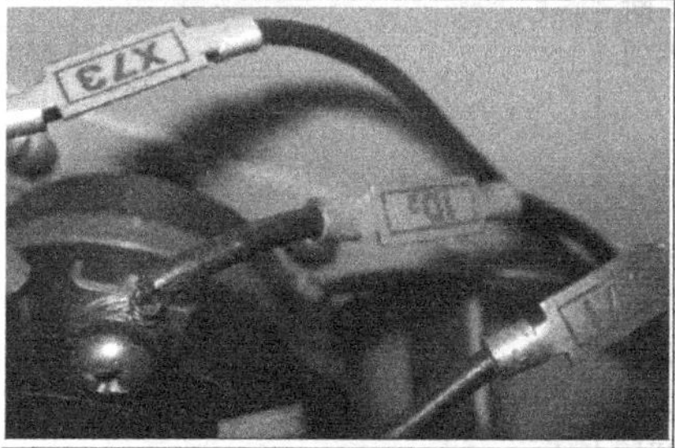</td><td>［冷却泵组合开关 QS2 接线测绘］：在右侧电箱板上装有冷却泵电动机控制开关，有接通和断开两种状态，用的是组合开关 QS2 表示。其开关三根进线为 X71、1D2、X73，三根出线为 3D1、3D2、3D3，通过塑料套管到冷却泵电动机</td><td>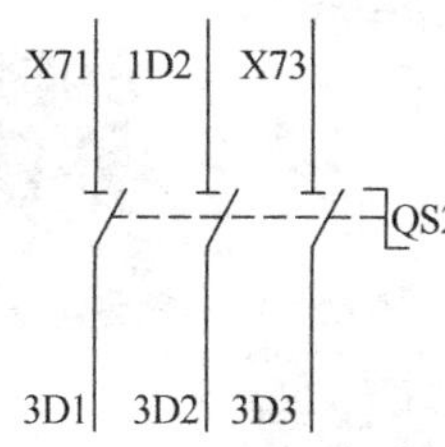</td></tr>
<tr><td>

由此绘制出冷却泵电动机主电路控制电路图</td><td colspan="2">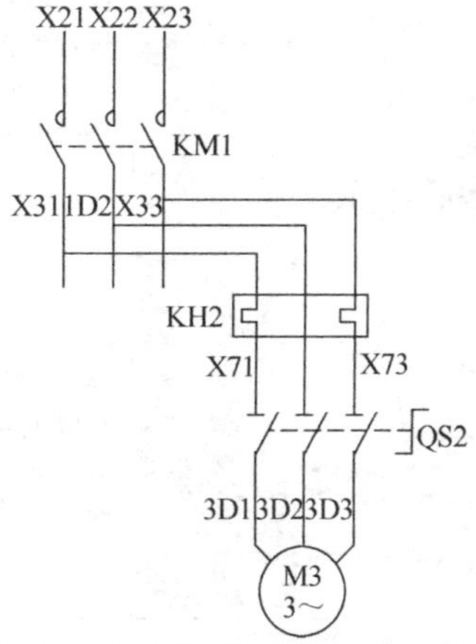</td></tr>
<tr><td>根据以上测绘，绘制出 X62W 型万能铣床的主电路控制电路图</td><td colspan="2">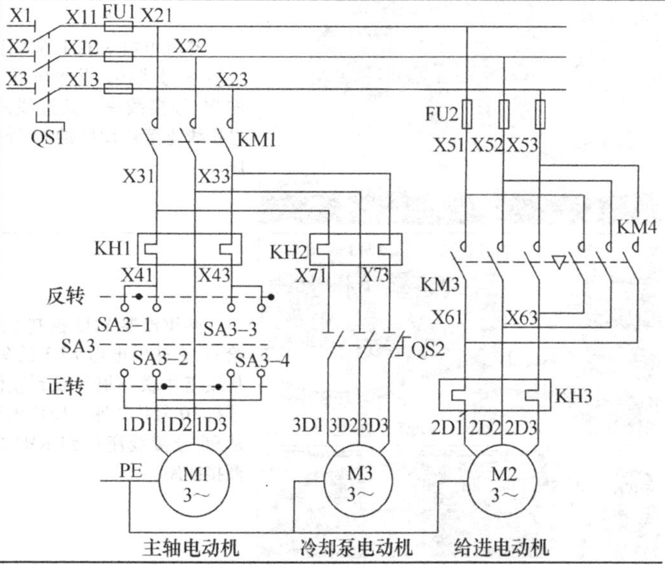</td></tr>
</table>

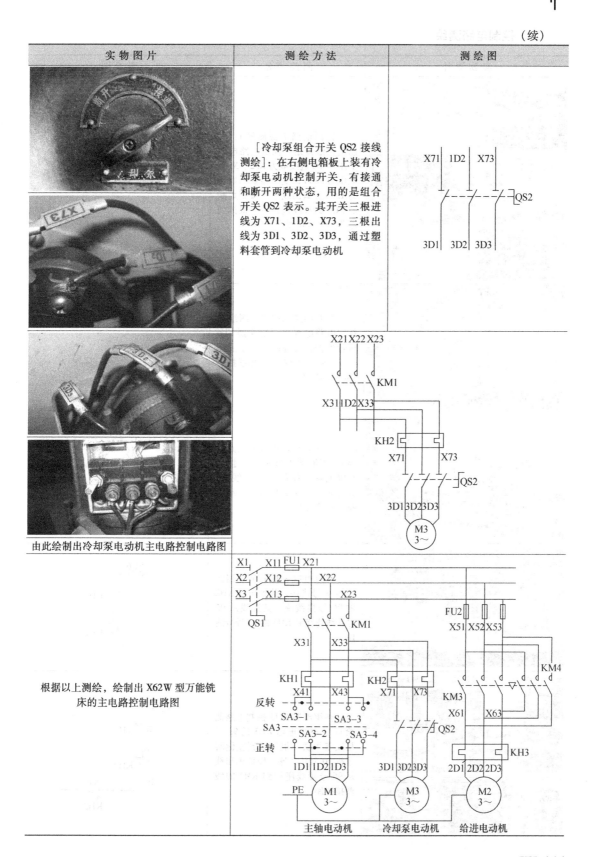

二、控制电路测绘

<table>
<tr><th>实物图片</th><th>测绘方法</th><th>测绘图</th></tr>
<tr><td>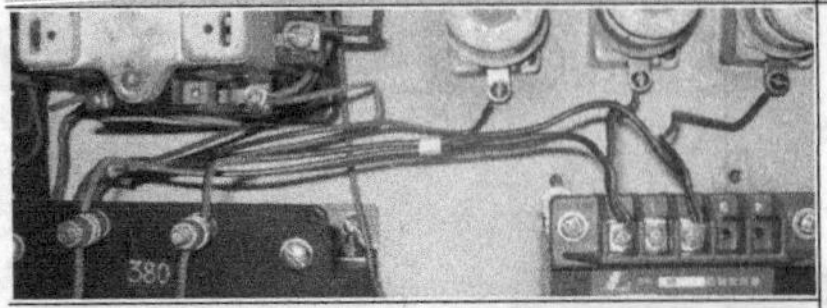
</td><td>［控制电路电源测绘］：由以上测绘知道，控制电路电源变压器TC进线端为X52、X53，电压为380V；变压器输出电压为127V，其出线一根接到熔断器FU6的进线端，另一根接到端子排1号接线座</td><td>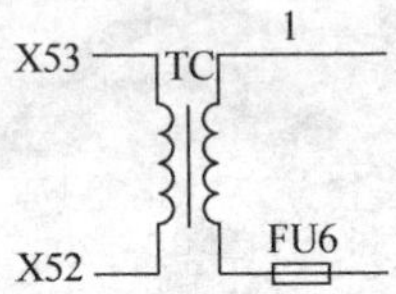
</td></tr>
<tr><td>
</td><td>［控制回路保护部分测绘］：控制电路电源采用熔断器FU6进行保护，其进线来自于变压器TC的一个出线；其出线接于热继电器KH1</td><td></td></tr>
<tr><td>
</td><td>［热继电器KH1控制电路测绘］：熔断器FU6的出线接入热继电器KH1的95号接线座，其进线从96号接线座接到端子排8号接线座</td><td>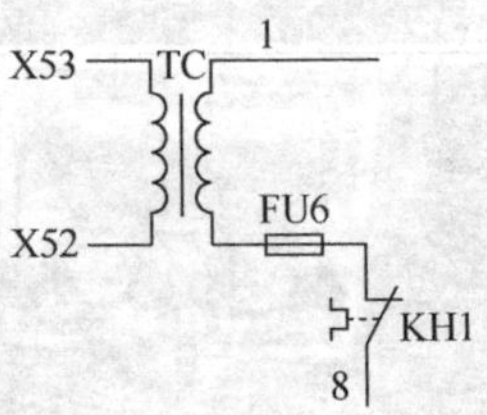
</td></tr>
<tr><td>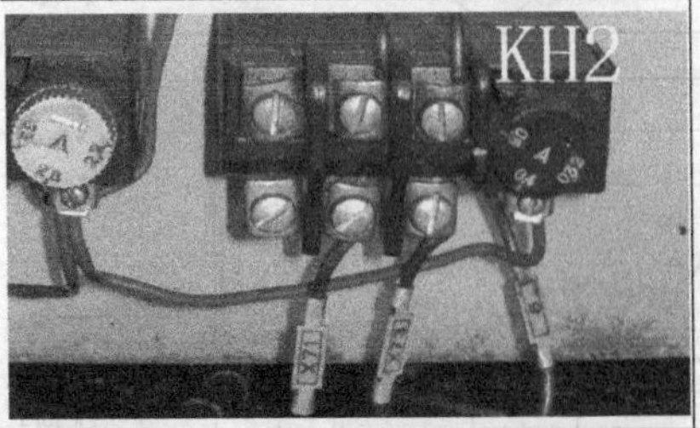
</td><td>［热继电器KH2控制电路测绘］：8号线接入热继电器KH2的96号接线座，其进线从95号接线座接到KH3的95号接线座</td><td>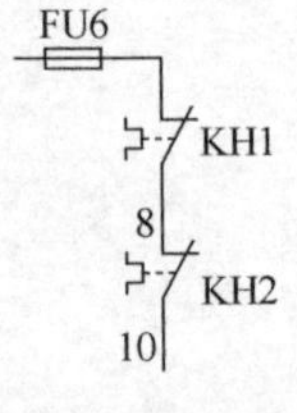
</td></tr>
<tr><td>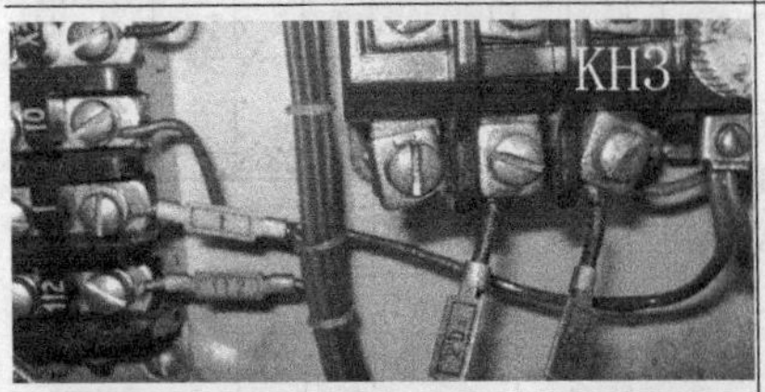

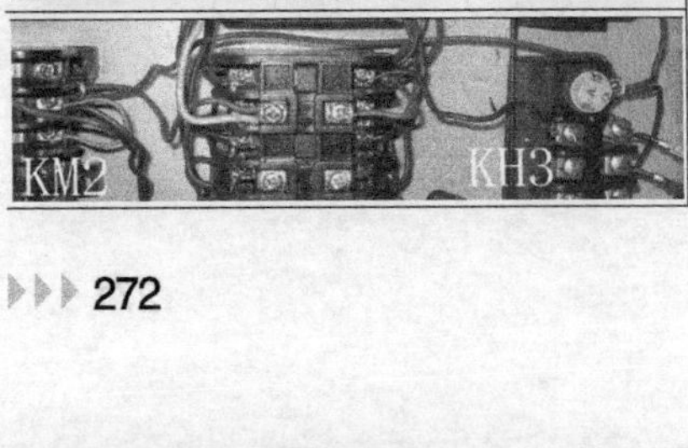
</td><td>［热继电器KH3控制电路测绘］：在热继电器KH3的95号接线座并联一根导线到左侧端子排10号接线座，KH3的出线从96号接线座接到KM2的线圈接线座</td><td>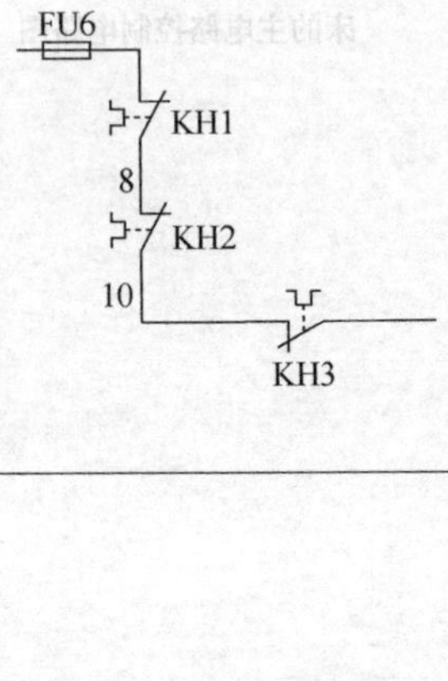
</td></tr>
</table>

（续）

实物图片	测绘方法	测绘图
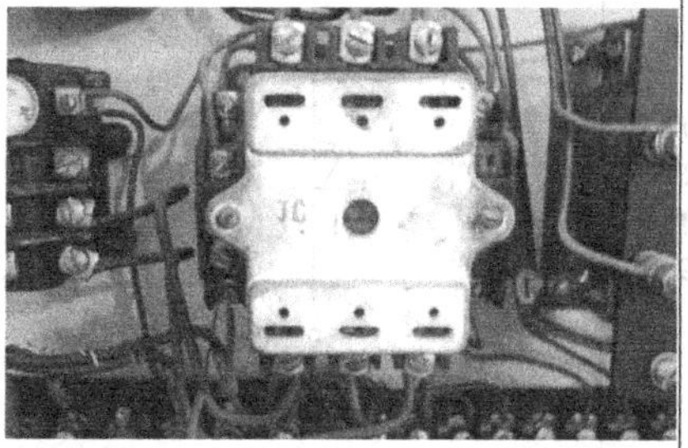	［接触器 KM1 控制电路测绘］：其两对常开辅助触头分别接到端子排 7、9 号和 7、17 号；其一对常闭辅助触头接到端子排 104、112 号；其线圈接到端子排 9、10 号	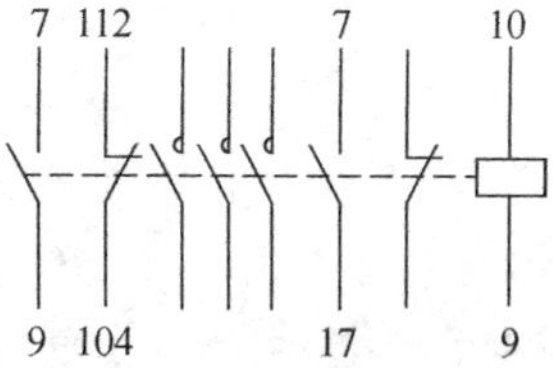
	［接触器 KM2 控制电路测绘］：常开常闭辅助触头的进线来自于 FU4 的出线，并联到端子排 104 号；常开触头的出线接到端子排 108 号；常闭辅助触头的出线接到端子排 107 号；线圈进线接到端子排 11 号，出线分别去 KM3 和 KH3	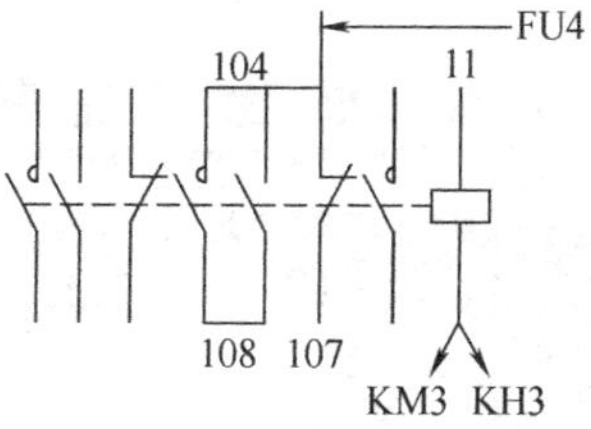
	［接触器 KM3、KM4 控制电路测绘］：KM3、KM4 的各一对常闭辅助触头的进线来自于 KM2 的线圈，其出线分别接到 KM4、KM3 的线圈出线，以实现联锁功能；KM3、KM4 的线圈进线来自于端子排 13、15 号接线座	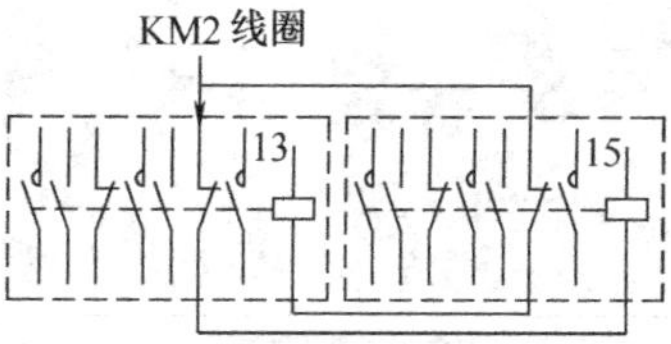
由以上分析测绘，绘出其控制电路局部电路图	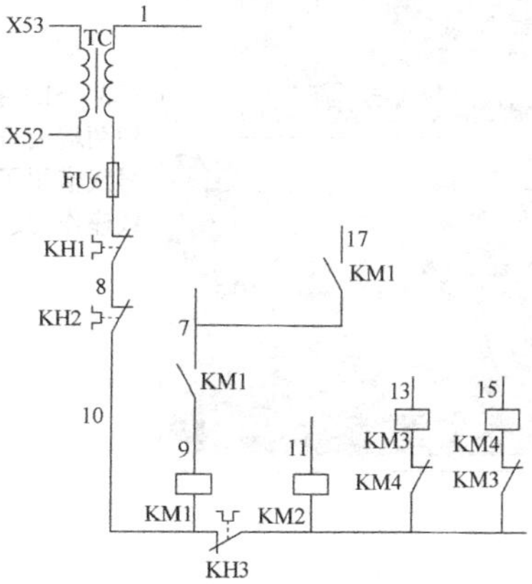	

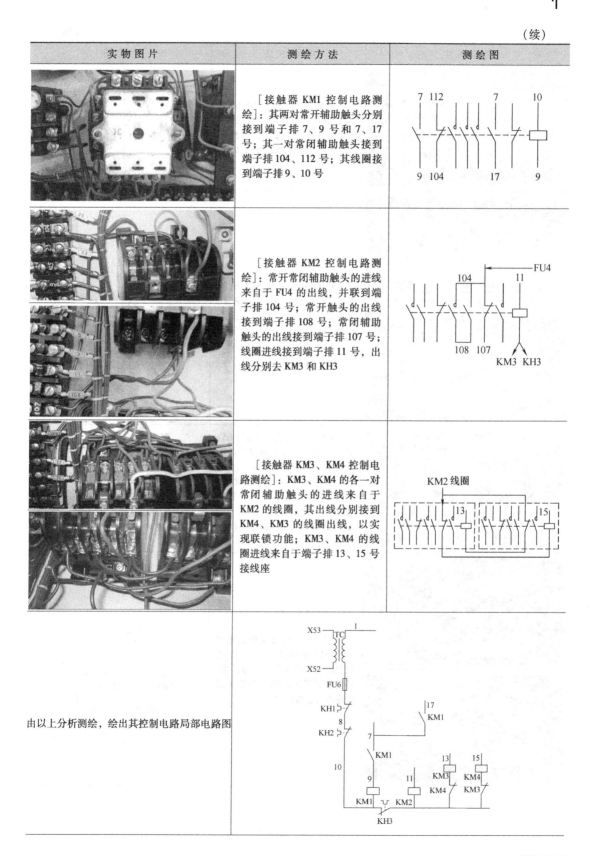

（续）

<table>
<tr><th>实物图片</th><th>测绘方法</th><th>测绘图</th></tr>
<tr><td></td><td>［侧面起动按钮 SB1 的测绘］：侧面控制面板上有快速、起动和停止三个按钮，经测绘起动按钮两端的编号为7、9号</td><td>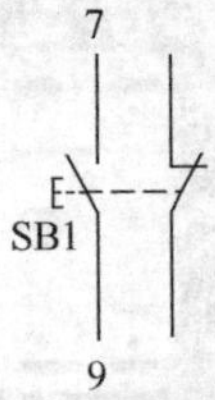</td></tr>
<tr><td></td><td>［正面起动按钮 SB2 的测绘］：正面控制面板上有快速、起动和停止三个按钮，经测绘起动按钮两端的编号为7、9号</td><td>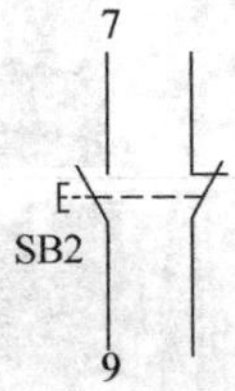</td></tr>
<tr><td></td><td>［侧面、正面停止按钮 SB5、SB6 的测绘］：停止按钮采用两对常开、两对常闭形式，实际使用了两对常开和一对常闭。两对常开按钮两端的编号分别为 104、108 和 105、112 号，常闭按钮两端编号为3、5和5、7号</td><td>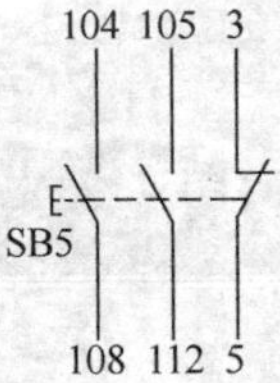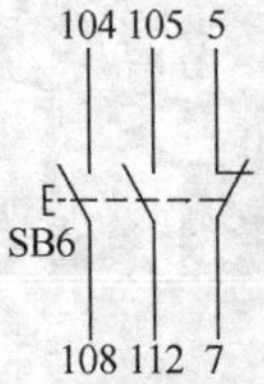</td></tr>
<tr><td></td><td>［侧面、正面快速移动按钮 SB3、SB4 的测绘］：其常开按钮两端编号均为7、11号；202号线借用了 SB3 的一个常闭接线座作为过渡连接</td><td>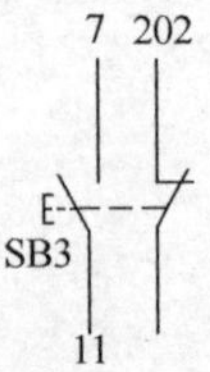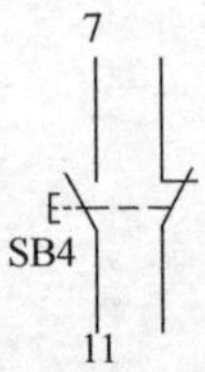</td></tr>
</table>

（续）

实物图片	测绘方法	测绘图
根据以上分析测绘，绘出其控制电路局部电路图，并逐步加以完善	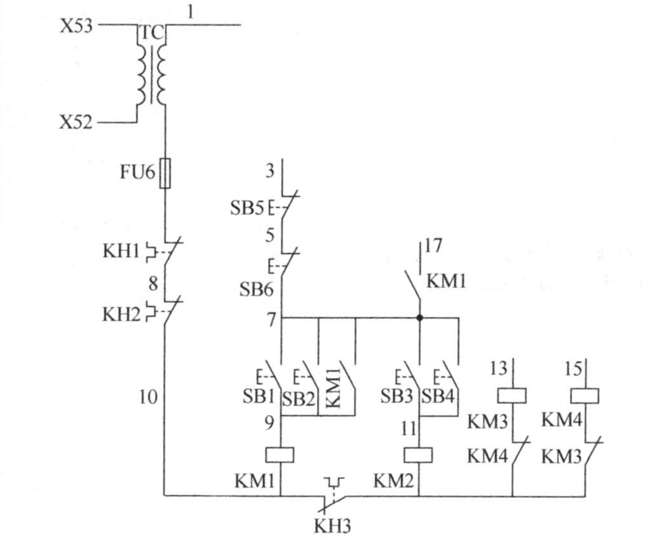 	
 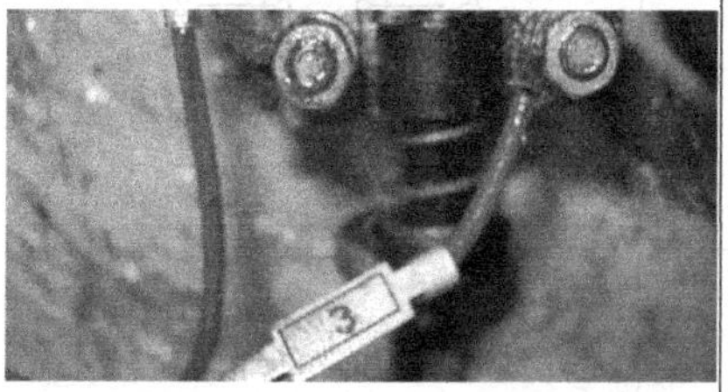 	［主轴冲动行程开关 SQ1 的测绘］：在侧面按钮箱的左下方有一主轴冲动行程开关；其常开触头两端编号为 9、31 号，常闭触头两端编号为 3、31 号	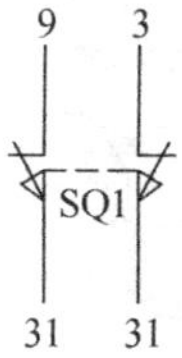
 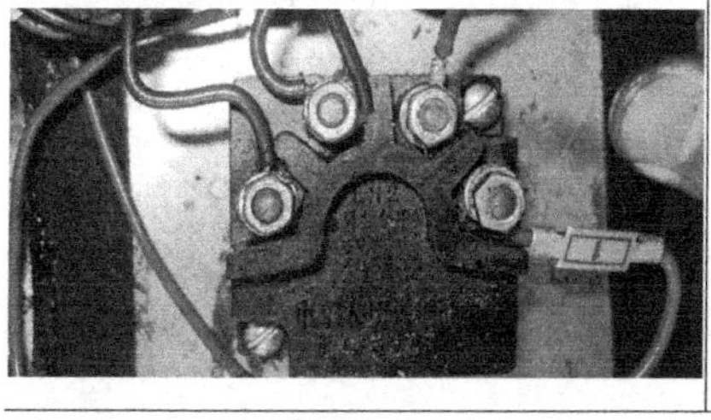	［制动开关 SA1 的测绘］：在侧面按钮箱上有一主令开关；其常开触头两端编号为 105、112 号，常闭触头两端编号为 1、31 号	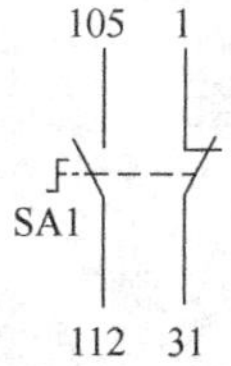

（续）

<table>
<tr><th>实物图片</th><th>测绘方法</th><th>测绘图</th></tr>
<tr><td>根据以上分析测绘，绘出其控制电路局部电路图，并逐步加以完善</td><td colspan="2">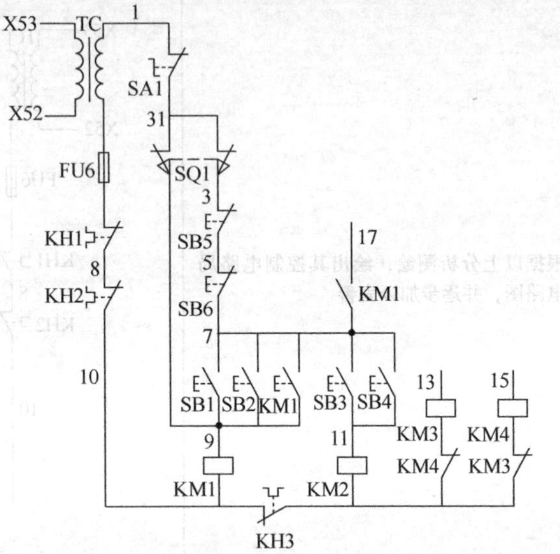
</td></tr>
<tr><td>

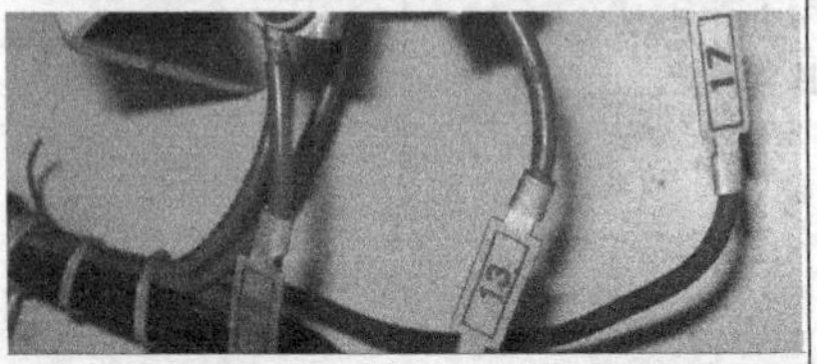</td><td>[圆工作台开关 SA2 的测绘]：在右面电箱板上有圆工作台开关；其三对常开触头两端编号分别为 17、27、13、27 和 23、25 号</td><td>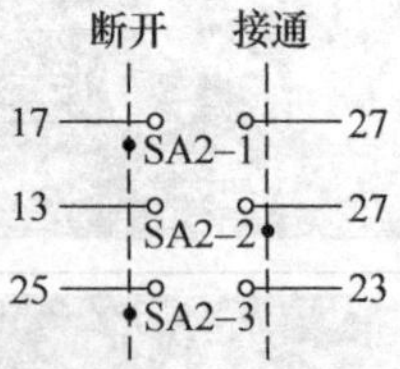
</td></tr>
<tr><td>

</td><td>[进给冲动行程开关 SQ2 的测绘]：在正面进给变速盘内有一进给冲动行程开关 SQ2；其常开触头两端编号分别为 13、19 号，其常闭触头两端编号为 17、19 号</td><td>
</td></tr>
</table>

（续）

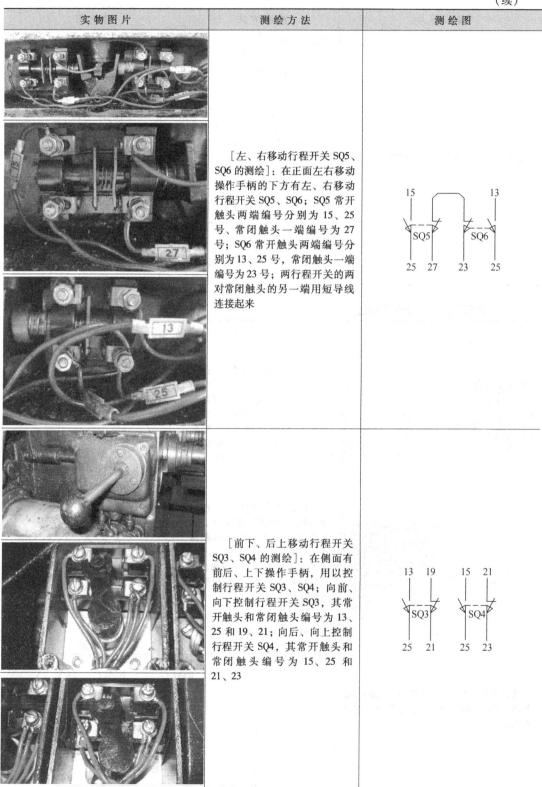

实物图片	测绘方法	测绘图
  	［左、右移动行程开关SQ5、SQ6的测绘］：在正面左右移动操作手柄的下方有左、右移动行程开关SQ5、SQ6；SQ5常开触头两端编号分别为15、25号、常闭触头一端编号为27号；SQ6常开触头两端编号分别为13、25号，常闭触头一端编号为23号；两行程开关的两对常闭触头的另一端用短导线连接起来	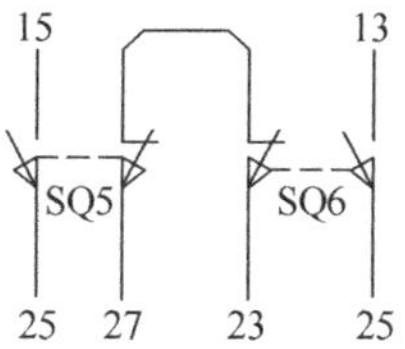
  	［前下、后上移动行程开关SQ3、SQ4的测绘］：在侧面有前后、上下操作手柄，用以控制行程开关SQ3、SQ4；向前、向下控制行程开关SQ3，其常开触头和常闭触头编号为13、25和19、21；向后、向上控制行程开关SQ4，其常开触头和常闭触头编号为15、25和21、23	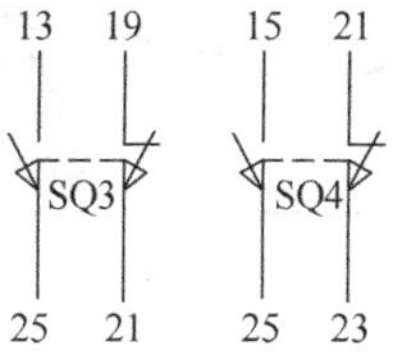

（续）

实物图片	测绘方法	测绘图
根据以上分析测绘，绘出其控制电路图	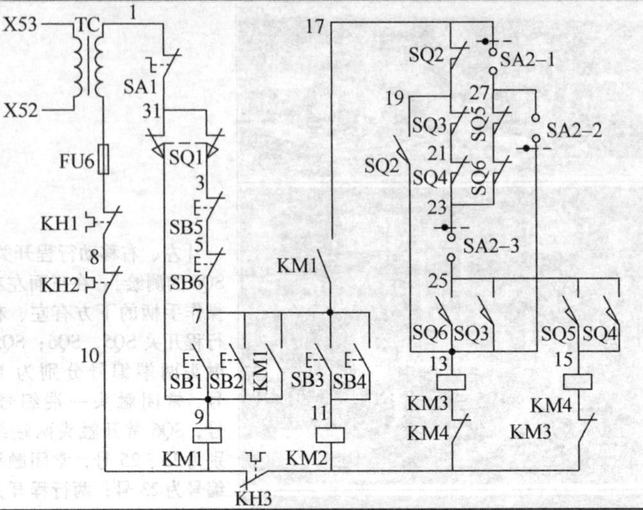	

三、直流制动控制电路测绘

实物图片	测绘方法	测绘图
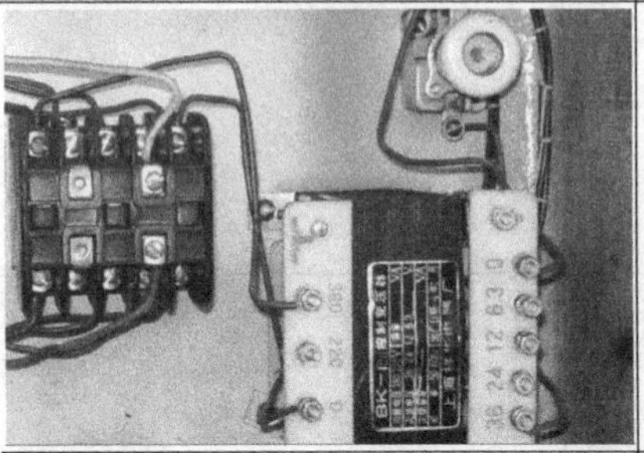	[直流控制电源测绘]：在右面控制箱内有直流控制电源变压器 T2，其电源进线来源于接触器 KM4 的上接线座，而其又取自左侧的端子排 X52、X53；其出线一端到熔断器 FU3、另一端到桥式整流器	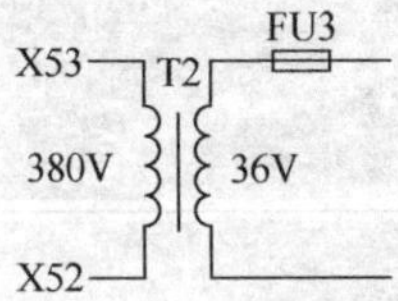
	[桥式整流器测绘]：在右面控制箱内桥式整流器 VC，其电源进线一端来自于熔断器 FU3 的出线，另一端来自于变压器 T3 的出线；其整流输出正极到熔断器 FU4，其负极经过外壳接地	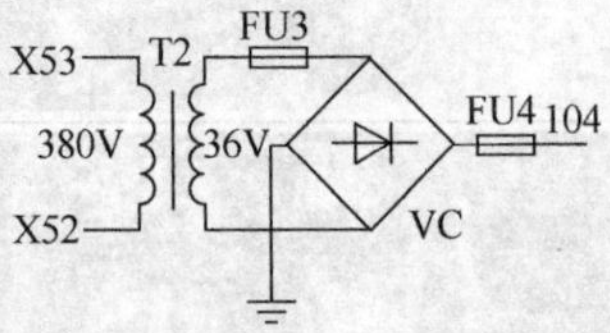
通过主令开关 SA1，按钮 SB5、SB6，接触器 KM1、KM2 的测绘，绘制出直流制动控制电路图	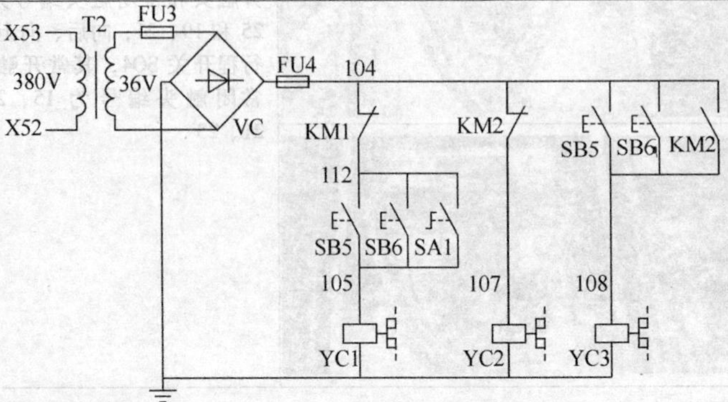	

四、照明控制电路测绘

实物图片	测绘方法	测绘图
	［照明控制电源测绘］：在左面控制箱内有照明控制电源变压器T1，其电源进线来源于熔断器FU2的出线X52、X53；其出线一端到熔断器FU5，另一端直接经过塑料管向上到照明灯	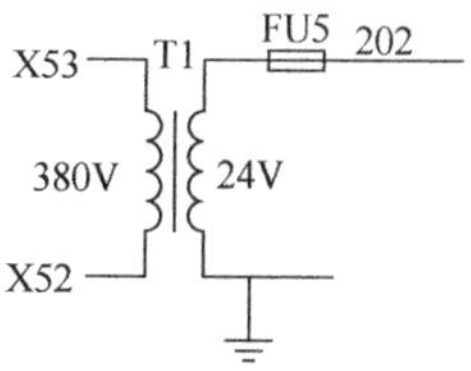
	［照明开关、照明灯测绘］：熔断器FU5的出线202和另一根导线进入上面的按钮接线盒内，202号线借用了SB3的一个常闭接线座作为过渡连接，另一根导线接设备外壳，然后继续向上进入开关SA4及灯泡EL	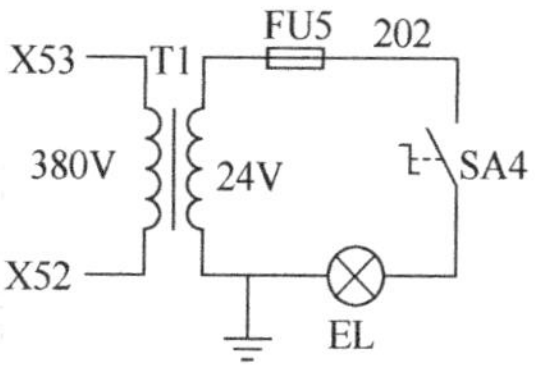

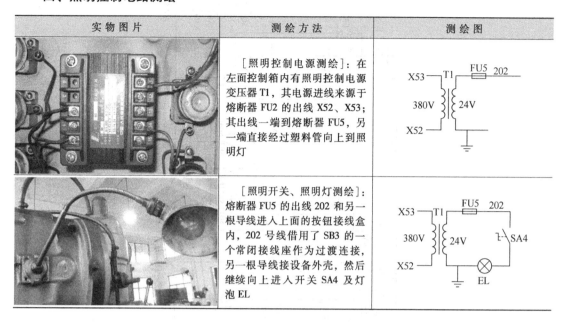

五、元器件位置图和布置图及完整电气控制电路图

元器件布置图	
左电箱	右电箱
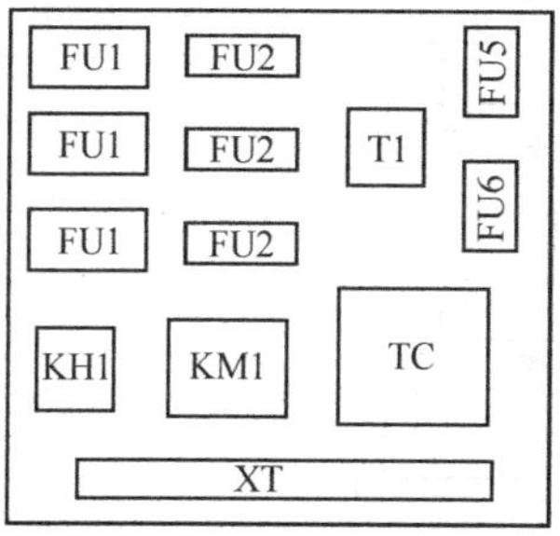	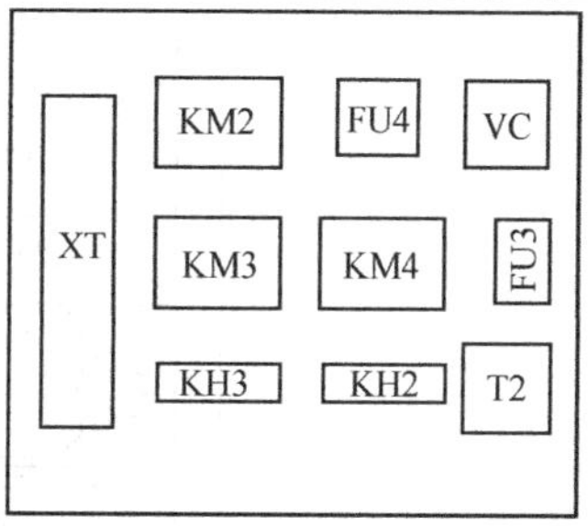

元器件位置图

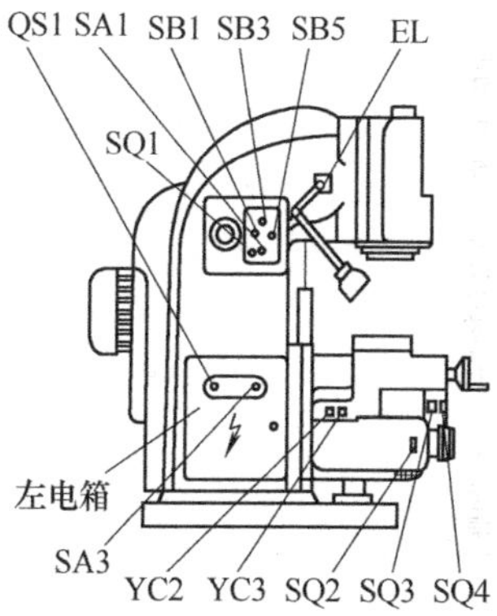

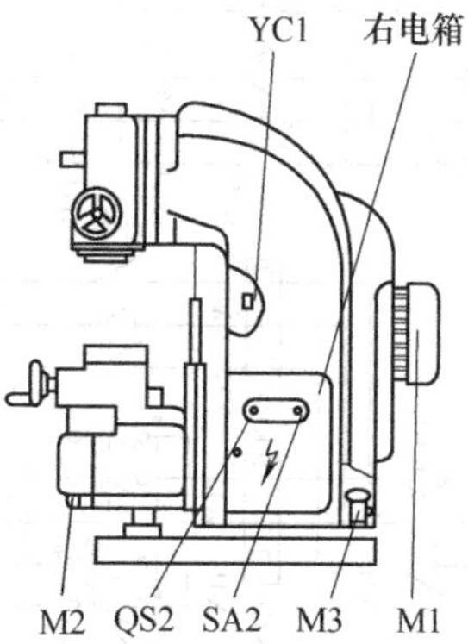

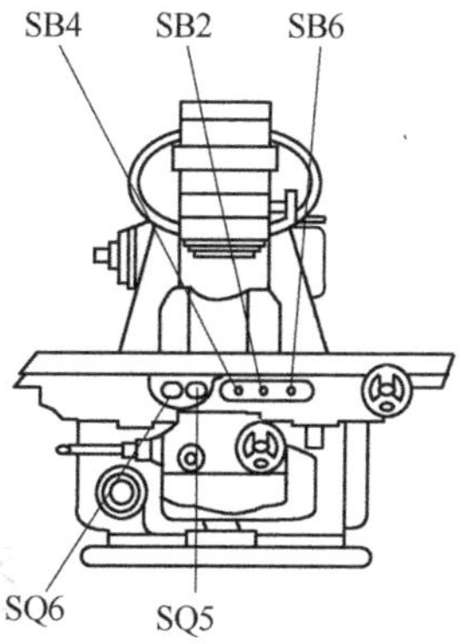

六、完整电气控制电路图

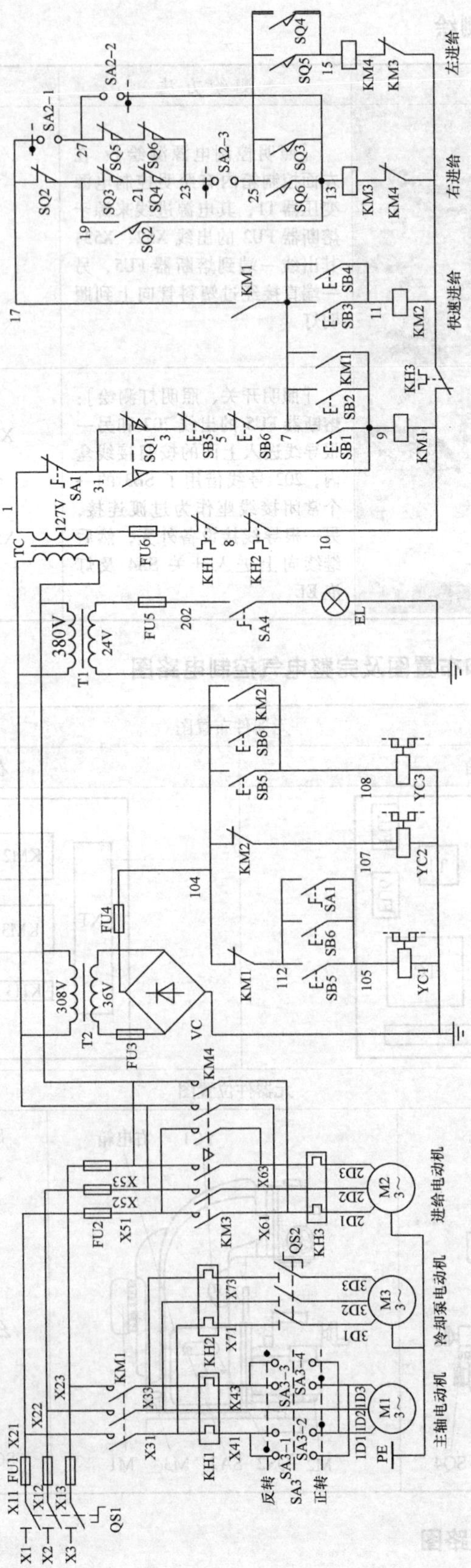
主轴电动机
冷却泵电动机
进给电动机
快速进给
右进给
左进给
M1 3~
M2 3~
M3 3~
QS1
QS2
FU1
FU2
FU3
FU4
FU5
FU6
TC
T1
T2
VC
380V
127V
24V
308V
36V
KM1
KM2
KM3
KM4
KH1
KH2
KH3
SA1
SA2-1
SA2-2
SA2-3
SA3
SA4
SB1
SB2
SB3
SB4
SB5
SB6
SQ1
SQ2
SQ3
SQ4
SQ5
SQ6
YC1
YC2
YC3
EL
PE
反转
正转

提醒注意

1. 测绘注意事项

1）测绘前必须切断其供电电源，必须对各电器元件进行放电。

2）测量时不要随意触摸电路板及功能模块，测量模块的引脚时，防止人体静电对集成器件的损坏。测量电路板的插头及各模块、集成块的引脚时应戴防静电接地腕带，测量过程中要避免一只表笔碰到两个引脚。

3）严禁使用绝缘电阻表测量。

4）拆下的插头、电路要认真做好标记，测绘完毕要恢复设备原状，保证原有功能，并经过仔细检查后还需通电试运行。

2. X62W 型万能铣床的电磁制动结构

此铣床的制动控制系统在机械结构上采用了齿轮闭锁结构。当需要制动时，按下停止按钮时，进给电动机和主轴电动机可同时断电。由于常开触点接通，主轴制动电磁铁吸合时，快速进给电磁铁也同时吸合，使工作台也实现制动，所以避免了工件与刀具的碰撞。

检查评价

完整测绘出电气控制电路图，分析电气控制原理正确后，进行以下综合评价。

任务评价

序号	评价指标	评价内容	分值	个人评价	小组评价	教师评价
1	电路测绘	能正确掌握电气电路测绘方法、步骤	10			
		能正确了解分析机械设备的工艺流程	10			
		会正确进行电气电路的测绘	10			
		能正确测绘出主电路	10			
		能正确测绘出控制电路	10			
		能正确测绘出辅助电路	10			
		能分析电气控制原理、判断其准确性	10			
		未产生新的电气故障	10			
2	安全规范	是否穿绝缘鞋	5			
		操作是否安全规范	5			
3	文明操作	拆开的原件未完全恢复	10			
总分			100			
问题记录和解决方法			记录任务实施过程中出现的问题和采取的解决办法（可附页）			

能力评价

内容		评价	
学习目标	评价项目	小组评价	教师评价
应知应会	本任务的相关基本概念是否熟悉	□Yes　□No	□Yes　□No
	是否熟练掌握仪表、工具的使用	□Yes　□No	□Yes　□No

（续）

内容		评价	
学习目标	评价项目	小组评价	教师评价
专业能力	能否正确合理确定测绘方法、步骤	□Yes □No	□Yes □No
	测绘过程是否规范	□Yes □No	□Yes □No
	能否根据测绘结果正确绘制出电路图	□Yes □No	□Yes □No
	能否根据工作原理分析判断绘制图的正确性	□Yes □No	□Yes □No
通用能力	团队合作分析原理图能力	□Yes □No	□Yes □No
	测绘过程中的沟通协调能力	□Yes □No	□Yes □No
	解决问题的效率能力	□Yes □No	□Yes □No
	测绘过程中自我管理能力	□Yes □No	□Yes □No
	测绘过程中持之以恒能力	□Yes □No	□Yes □No
安全文明	规范操作	□Yes □No	□Yes □No
	安全操作	□Yes □No	□Yes □No
	文明操作	□Yes □No	□Yes □No
个人努力方向：		老师、同学建议：	

思考与提高

1. 当接触器 KM1 的主触头更换后，不安装灭弧罩就通电试车来观察触头通断，是否可以？
2. 电动机断相后，能否在通电情况下检查电路故障？
3. 接触器 KM1 主触头熔焊后，会产生什么后果？
4. X62W 型万能铣床电气控制电路主要采用了哪些联锁？如何实现联锁的？

任务二十一　T68 型镗床电气控制电路的分析测绘

训练目标

- 掌握电气设备测绘的方法和步骤。
- 能正确测绘出 T68 型镗床的电气控制电路图。
- 通过电气设备的测绘充分理解掌握 T68 型镗床的控制原理。

任务描述

某一天上午，技术科小刘找到电工班班长小景，说：“景班长，你好！有个事请你帮忙！”小景说：“不客气，什么事尽管说”。小刘说：“领导交给我个任务，要我将机修车间的 T68 型镗床进行 PLC 改造，我找遍了厂档案室的每个地方、又去你们车间办公室找了，都没找到 T68 型镗床的电气控制图，刚才也跟你们领导打了招呼，想麻烦你安排人去把 T68 型镗床的电气控制图测绘出来”。小景说：“就这事啊，没事，明天上午我就带人去测绘”。小刘说：“谢谢景班长了，明天一上班我就过来，后续的 PLC 改装还要请景班长多多帮忙啊”。小景说：“没事，我去忙了，再见!”

本任务就来解决如何测绘 T68 型镗床电气控制电路这一问题。

任务分析

本任务要实现对 T68 型镗床电气控制电路的测绘与检修，首先应通过操作工或查阅资料了解其结构、工艺流程、各功能模块的作用、电力拖动的特点和要求，然后正确绘制出主电路图、控制电路图，最后做到按图分析、按图检修。

一、T68 型镗床的主要结构及运动形式

T68 型镗床具有通用和万能性，适用于加工精度较高或孔距要求较精确的中小型零件，可以镗孔、钻孔、扩孔、铰孔和铣削平面，以及车内螺纹等。平盘滑块能作径向进给，可以加工较大尺寸的孔和平面，在平旋盘上装端面铣刀，可以铣削大平面。

1. 主要结构

在加工镗床时，一般是将工件固定在工作台上，由镗杆或平旋盘（花盘）上固定的刀具进行加工。

1）前立柱：固定地安装在床身右端，在它的垂直导轨上装有可上、下移动的主轴箱。

2）主轴箱：其中装有主轴部件，主运动和进给运动变速传动机构及操纵机构。

3）后立柱：可沿着床身导轨横向移动，调整位置，它上面的镗杆支架可与主轴箱同步垂直移动，如有需要，可将其从床身上卸下。

4）工作台：由下溜板、上溜板和回转工作台三层组成。下溜板可沿床身顶面上的水平导轨作纵向移动；上溜板可沿下溜板顶部的导轨作横向移动；回转工作台可以在上溜板的环形导轨上绕垂直轴线转位，能使工件在水平面内调整至一定角度位置，以便在一次安装中对互相平等或成一定角度的孔与平面进行加工。

2. 运动形式

1）主运动：主轴的旋转与平旋盘的旋转运动。

2）进给运动：主轴在主轴箱中的进出进给；平旋盘上刀具的径向进给；主轴箱的升降，即垂直进给；工作台的横向和纵向进给。这些进给运动都可以进行手动或机动。

3）辅助运动：回转工作台的转动；主轴箱、工作台等的进给运动上的快速调位移动；后立柱的纵向调位移动；尾座的垂直调位移动。

二、T68 型镗床运动对电气控制电路的要求

1）主运动与进给运动由一台双速电动机拖动，高低速可选择。

2）主电动机要求正、反转以及点动控制。

3）主电动机应设有快速准确的停机环节。

4）主轴变速应有变速冲动环节。

5）快速移动电动机采用正、反转点动控制方式。

6）进给运动和工作台水平移动两者只能取一，必须要有互锁。

相关知识

1. 电气设备测绘步骤

1）了解机床的基本结构和运动形式。

2）准备测量工具和仪器。

3）通电试车进一步熟悉机械运动情况。

4）绘制草图。草图的绘制原则：先测绘主电路，后测绘控制电路，再测绘照明电路、指示电路；先测绘输入端，后测绘输出端；先测绘主干线，再依次按节点测绘各支路；先简单后复杂，最后一个电路一个电路进行校验。

5）整理测绘草图，画出正确的安装接线图和控制原理图。

2. 电气设备测绘方法

电气图的测绘方法有布置图-接线图-原理图法、查对法、综合法。

1）布置图-接线图-原理图法。先绘制布置图，再绘制接线图，最后绘制原理图。

2）查对法。在调查、了解的基础上，分析判断电气设备控制电路中采用的基本控制环节，画出控制草图，然后与实际电路进行查对，不对的地方加以修改，最后绘制出完整的电气原理图。

3）综合法。根据生产设备中所用电动机的控制要求及各环节的作用，将上述两种方法相结合，进行电气图的绘制方法。

任务实施

一、主电路测绘

下面以 T68 型镗床为例，介绍其电气控制电路测绘方法。

实物图片	测绘方法	测绘图
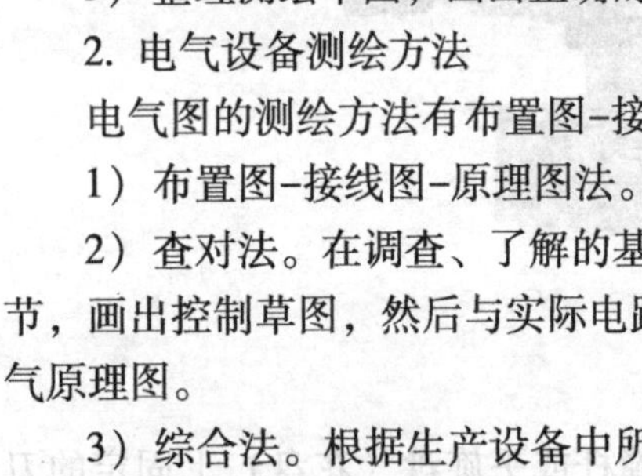	［总熔断器的测绘］：在下部控制电箱有三个总熔断器，其进线端来自于 XT2 端子排 X11、X21、X31，其中中间一个端子排烧毁，引用了最右边一个端子排；其出线为 X12、X22、X32，进入安装板背面，向上引线到 XT1 端子排	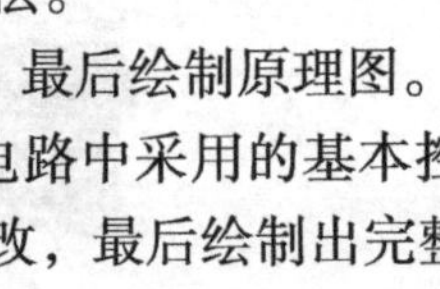

（续）

实物图片	测绘方法	测绘图
	［主轴电动机正转主接触器KM1接线测绘］：在上部控制电箱左上方为正转主接触器KM1，其进线端来自于XT1端子排X12、X22、X32；其出线为X13、X23、X33	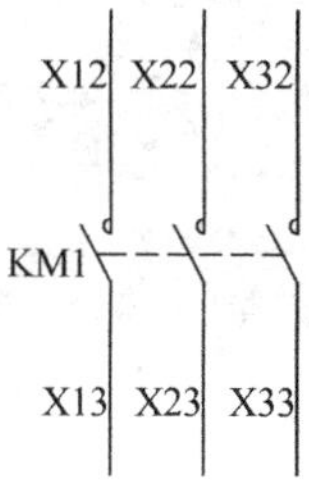
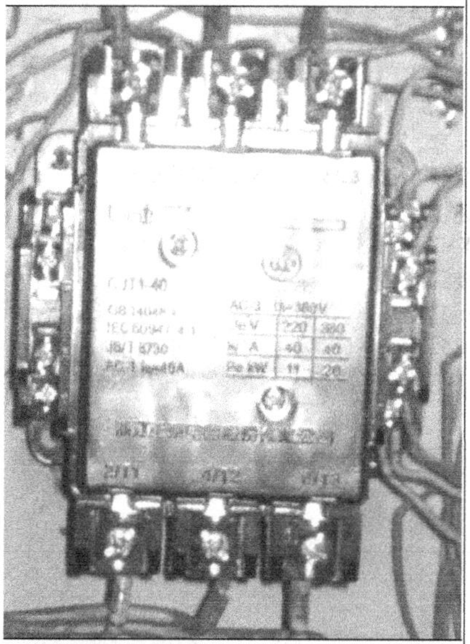	［主轴电动机反转主接触器KM2接线测绘］：在上部控制电箱正转主接触器KM1右边为反转主接触器KM2，其进线端并接于KM1的X12、X22、X32；其出线为X33、X23、X13，其中X13、X33引出到XT1端子排，并引接到XT2端子排，用以外接限流电阻和限流控制接触器KM8	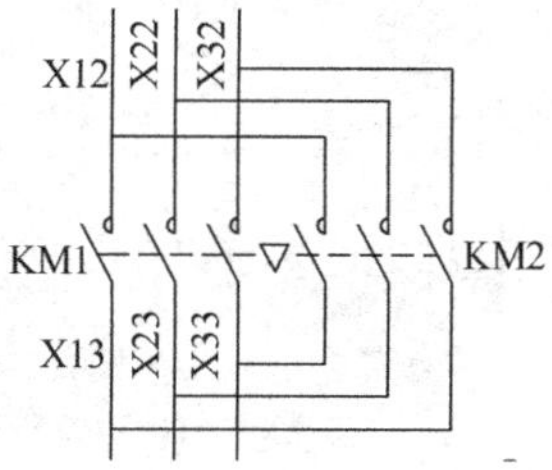
	［主轴电动机热继电器KH接线测绘］：在上部控制电箱左下方为热继电器KH，其进线端来自于XT1端子排的X14、X34；其出线为X15、X35	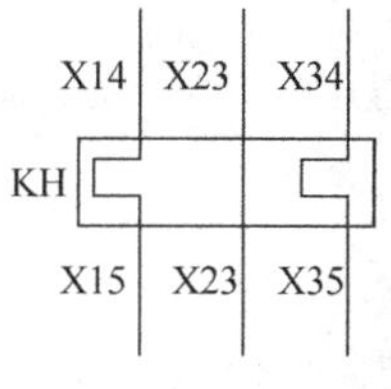

（续）

实物图片	测绘方法	测绘图
	［主轴电动机低速接触器KM3接线测绘］：在上部控制电箱KM1接触器下方为低速接触器KM3，其进线端并联KM1的出线X15、X23、X35，接到KM3的三个下主接线座；其KM3的上主接线座出线为DZ3、DZ2、DZ1	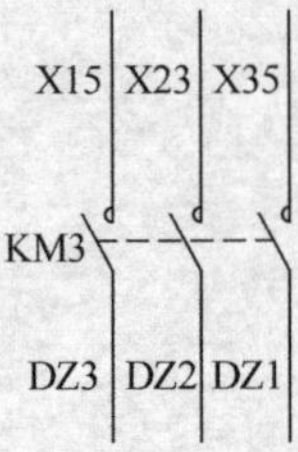
	［主轴电动机高速接触器KM5接线测绘］：在上部控制电箱KM2接触器下方为高速接触器KM5，其进线端并联KM3的进线X15、X23、X35，接到KM5的三个下主接线座；其KM5的上主接线座出线为DZ5、DZ6、DZ4	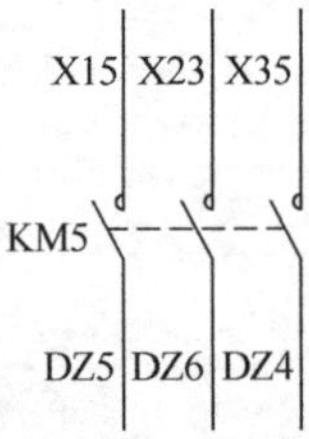
	［主轴电动机高速星形点接触器KM4接线测绘］：在上部控制电箱KM5接触器下方为高速星形点接触器KM4，其进线端并联KM3的出线DZ3、DZ2、DZ1，接到KM4的三个上主接线座；KM4的三个下主接线座用两根短导线并联起来，编号为XD	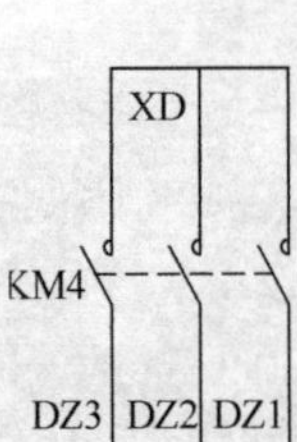

（续）

<table>
<tr><th>实物图片</th><th>测绘方法</th><th>测绘图</th></tr>
<tr><td></td><td>［限流控制接触器 KM8 接线测绘］：在下部控制电箱 XT2 端子排的左下方为限流控制接触器 KM8，其两个边相上主接线座接于 XT2 端子排的 X13、X33；其两个边相下主接线座接到 XT2 端子排的 X14、X34，并引接到 XT1 端子排</td><td>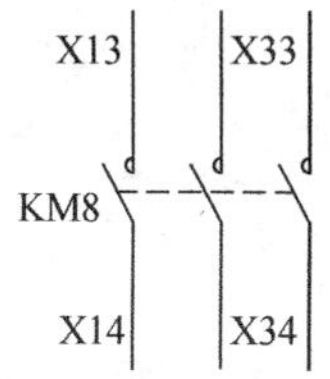</td></tr>
<tr><td></td><td>［限流电阻 R 接线测绘］：通过 XT1 端子排的 X13、X33 和 X14、X34 外接两个限流电阻 R</td><td>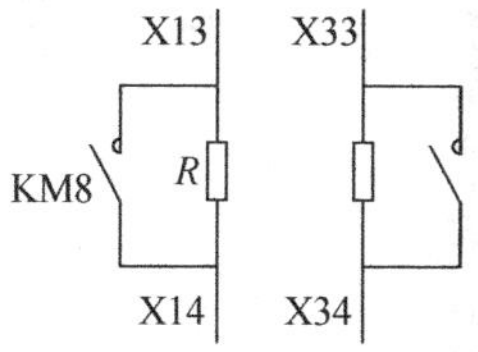</td></tr>
<tr><td>根据以上分析，绘制出主轴电动机主电路图</td><td colspan="2">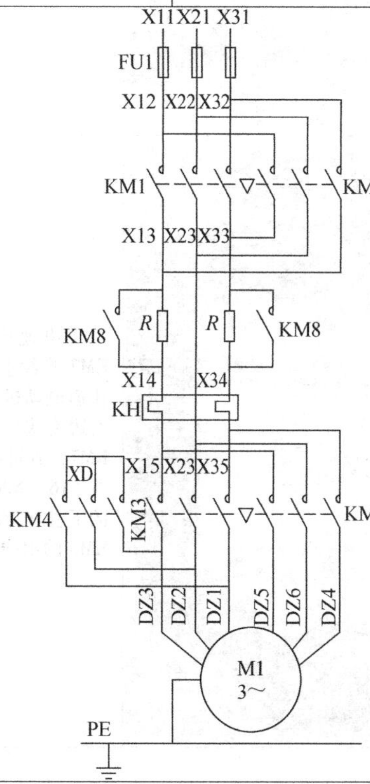</td></tr>
</table>

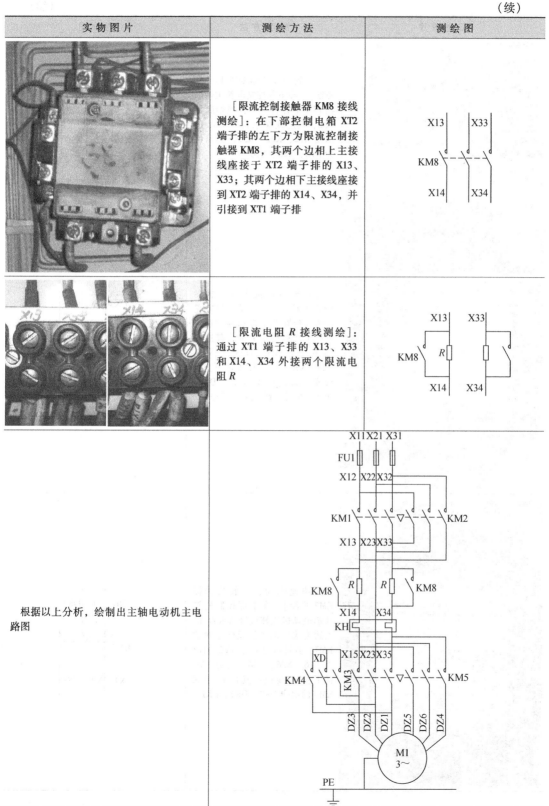

（续）

实物图片	测绘方法	测绘图
	［快速电动机熔断器 FU2 的测绘］：在下部控制电箱主熔断器 FU1 下方有三个快速熔断器 FU2，其进线端来自于 FU1 的出线 X12、X22、X32；其出线为 X16、X26、X36	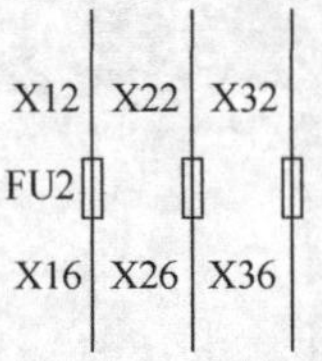
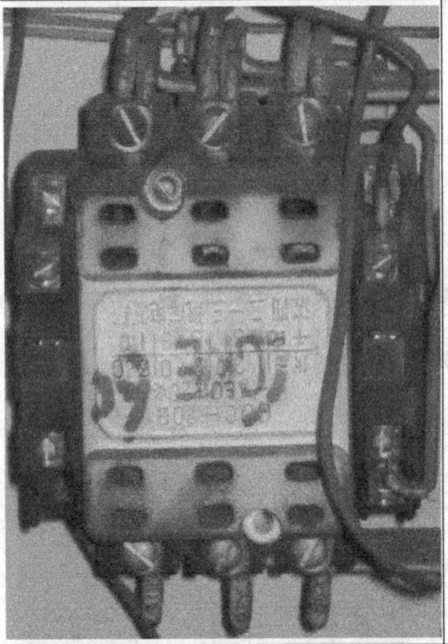	［快速电动机正转接触器 KM6 测绘］：在下部控制电箱快速熔断器 FU2 左边为快速电动机正转接触器 KM6，其进线端并接于 KM7 的进线 X16、X26、X36，接到 KM6 的下主接线座；其出线为 DK1、DK2、DK3，并引接到 XT2 端子排	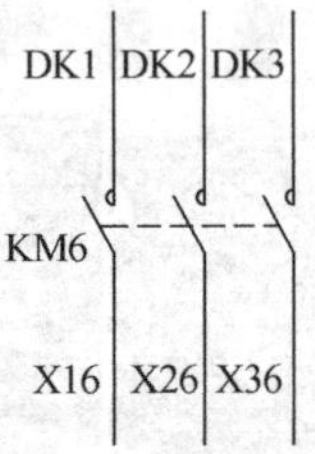
	［快速电动机反转接触器 KM7 测绘］：在下部控制电箱快速电动机正转接触器 KM6 的右边为快速电动机反转接触器 KM7，其进线来自于 FU2 的出线 X16、X26、X36，接到 KM7 的下主接线座；其出线并联 KM6 的出线 DK3、DK2、DK1	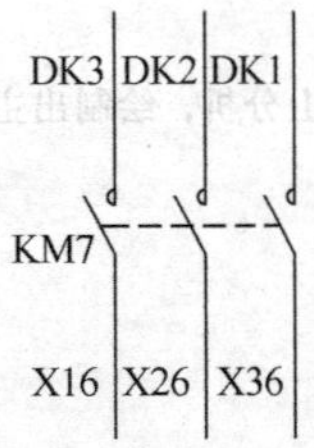

（续）

<table>
<tr><th>实物图片</th><th>测绘方法</th><th>测绘图</th></tr>
<tr><td></td><td>据此绘制出 T68 型镗床完整主电路控制图</td><td>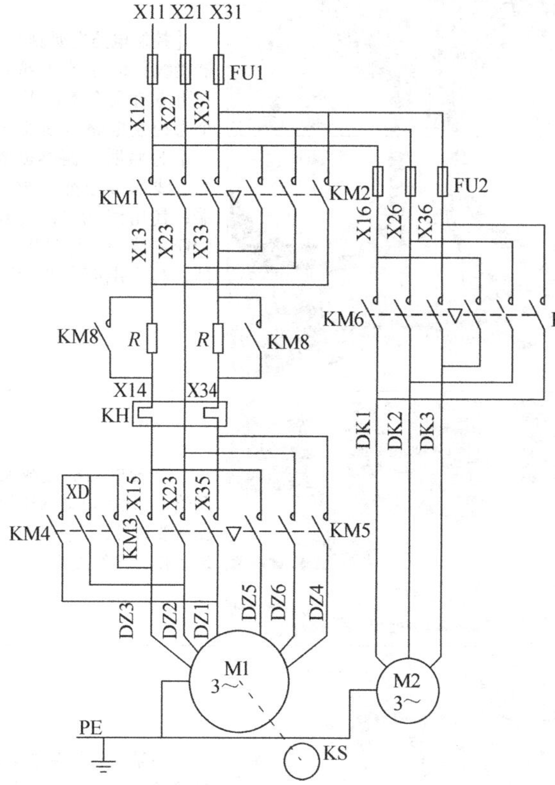
</td></tr>
</table>

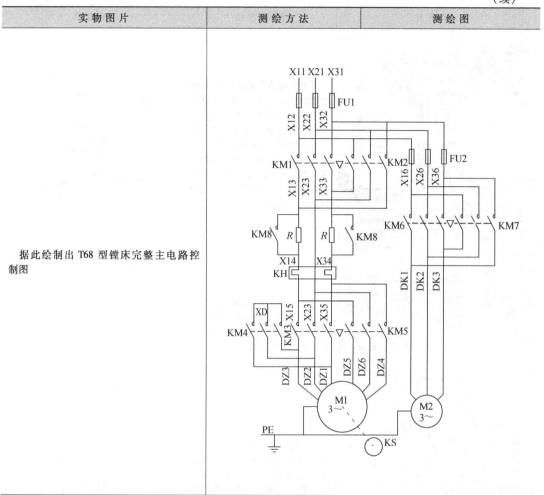

二、控制电路测绘

<table>
<tr><th>实物图片</th><th>测绘方法</th><th>测绘图</th></tr>
<tr><td>
</td><td>［控制变压器 TC 测绘］：在下部控制电箱接触器 KM6 的下方为控制变压器 TC，其进线端并联 FU2 的 X26、X36，输入电压 380V；其出线为 1、2、361，输出电压为 127V 和 36V</td><td>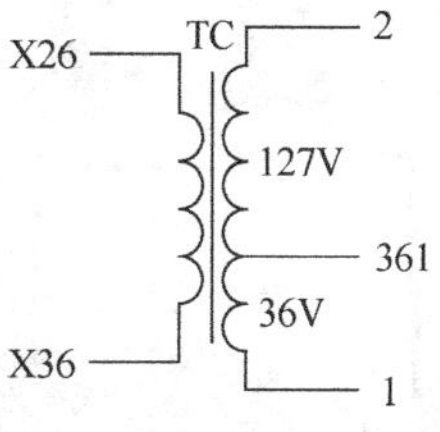
</td></tr>
</table>

（续）

实物图片	测绘方法	测绘图
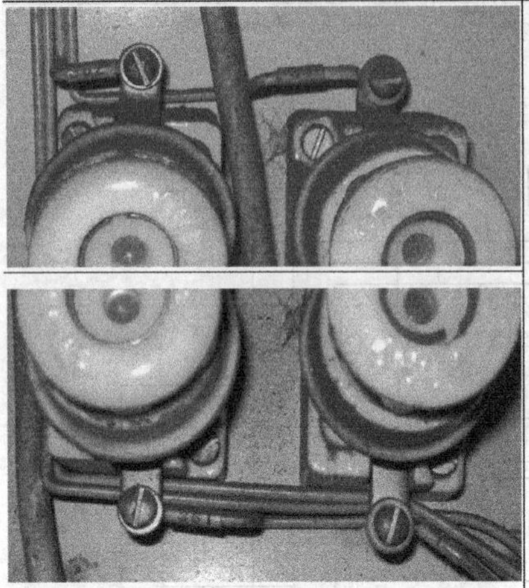	［控制电路电源侧127V熔断器接线测绘］：在下部控制电箱左下方有两个熔断器，右边一个为控制电路熔断器FU3，另一个为照明电路熔断器。FU3的进线端接于变压器TC的1端；其出线为3，接到KM6、KM7的线圈，再并联XT2端子排，然后引接到XT1端子排	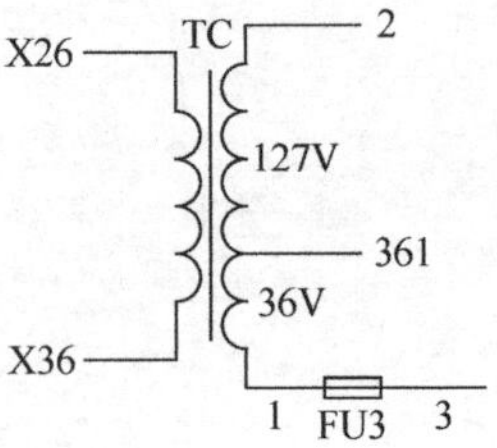
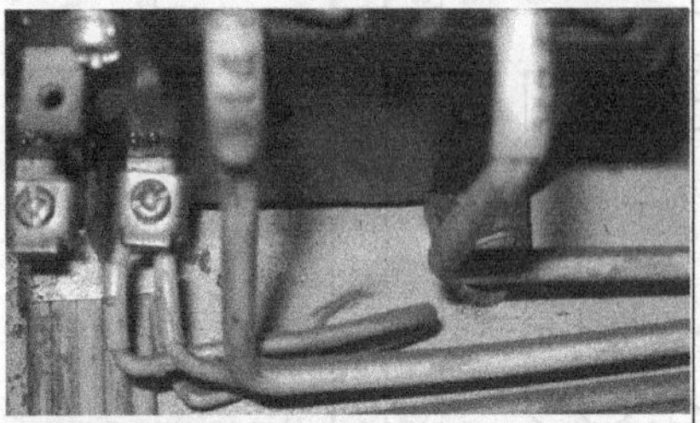	［主轴电动机过载保护部分测绘］：热继电器KH的常闭辅助触头进线端接于XT1的3号端子排，出线端为4	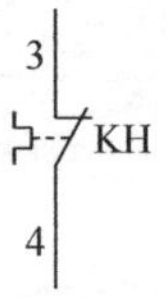
	［主轴正转接触器KM1控制电路测绘］：KM1接触器线圈编号左为4，右为15；采用了其右边一对辅助常开、常闭触头，常开触头编号上为8、下为17，常闭触头编号上为21，下为20	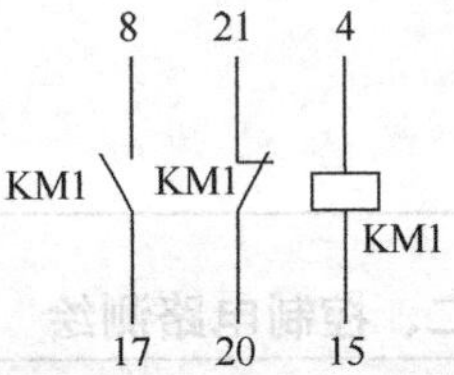
	［主轴反转接触器KM2控制电路测绘］：KM2接触器线圈编号左为20，右为4；采用了其右边一对辅助常开、常闭触头，常开触头编号上为8、下为17，常闭触头编号上为15，下为16	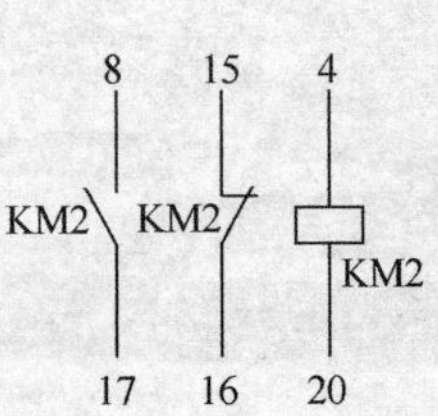

（续）

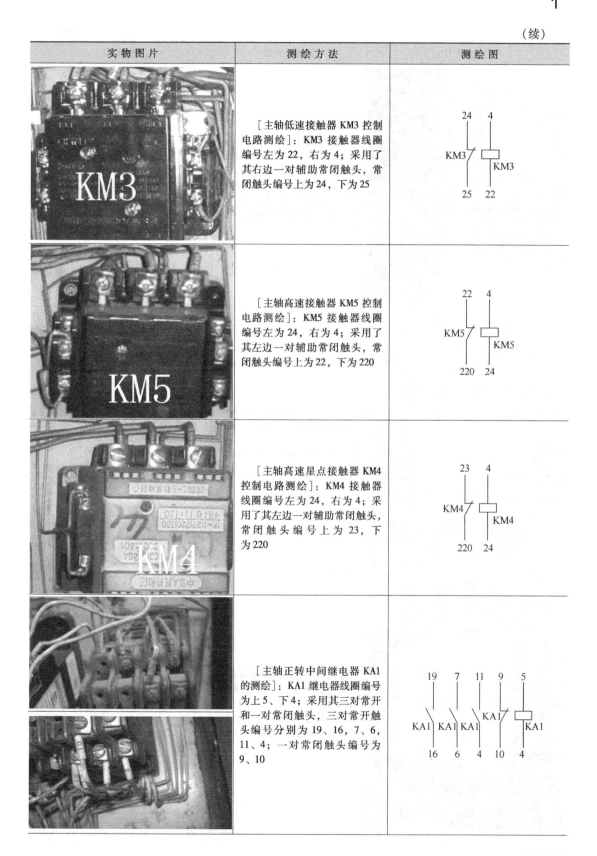

<table>
<tr><th>实物图片</th><th>测绘方法</th><th>测绘图</th></tr>
<tr><td></td><td>［主轴低速接触器 KM3 控制电路测绘］：KM3 接触器线圈编号左为 22，右为 4；采用了其右边一对辅助常闭触头，常闭触头编号上为 24，下为 25</td><td>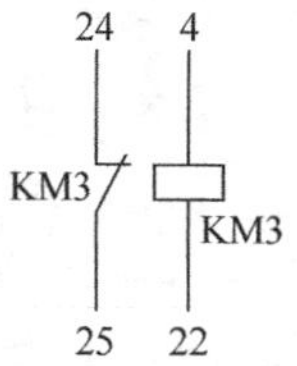</td></tr>
<tr><td></td><td>［主轴高速接触器 KM5 控制电路测绘］：KM5 接触器线圈编号左为 24，右为 4；采用了其左边一对辅助常闭触头，常闭触头编号上为 22，下为 220</td><td>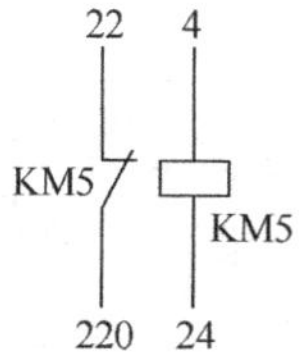</td></tr>
<tr><td>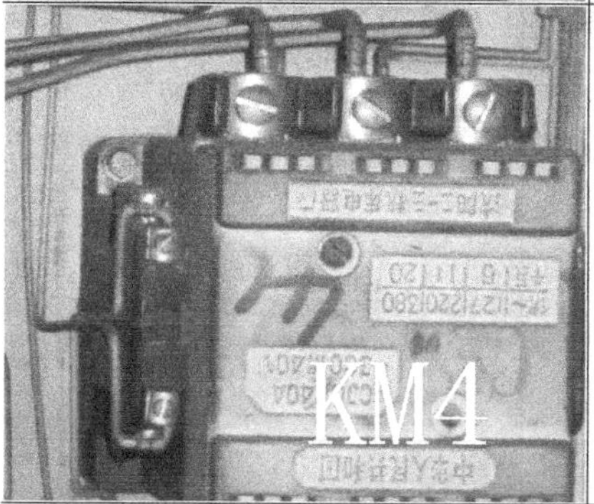</td><td>［主轴高速星点接触器 KM4 控制电路测绘］：KM4 接触器线圈编号左为 24，右为 4；采用了其左边一对辅助常闭触头，常闭触头编号上为 23，下为 220</td><td>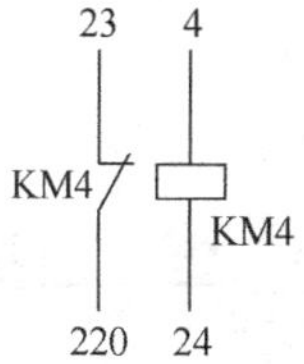</td></tr>
<tr><td>
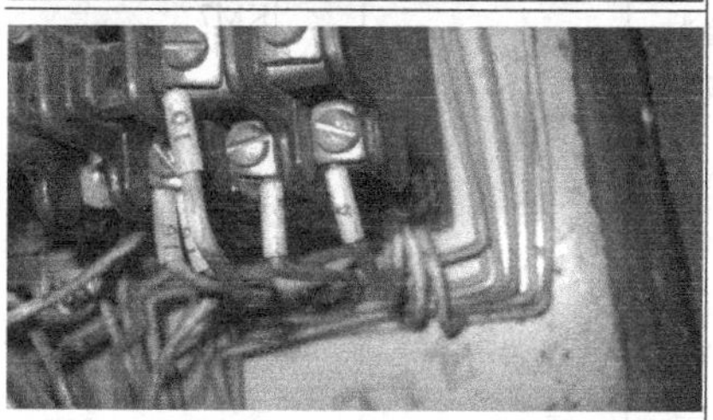</td><td>［主轴正转中间继电器 KA1 的测绘］：KA1 继电器线圈编号为上 5、下 4；采用其三对常开和一对常闭触头，三对常开触头编号分别为 19、16，7、6，11、4；一对常闭触头编号为 9、10</td><td>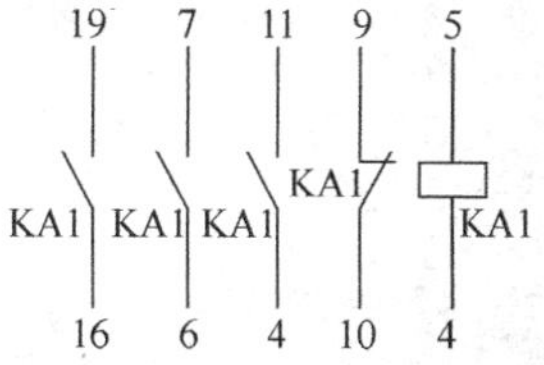</td></tr>
</table>

（续）

实物图片	测绘方法	测绘图
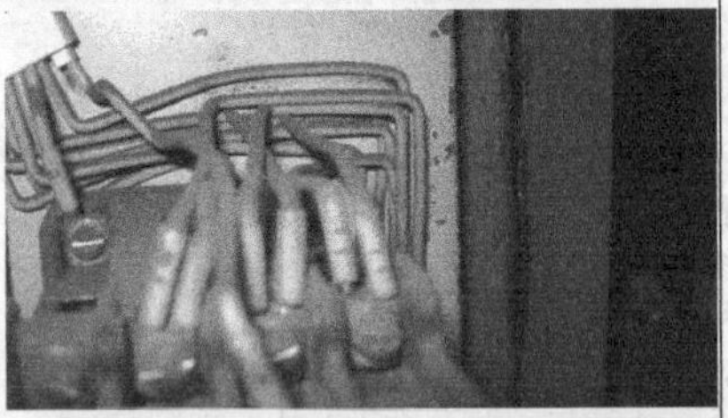 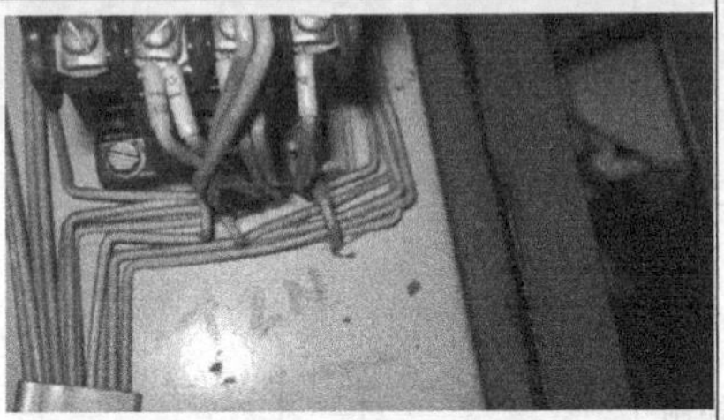	［主轴反转中间继电器 KA2 的测绘］：KA2 继电器线圈编号为上 9、下 4；采用其三对常开和一对常闭触头，三对常开触头编号分别为 19、21，7、10，11、4；一对常闭触头编号为 5、6	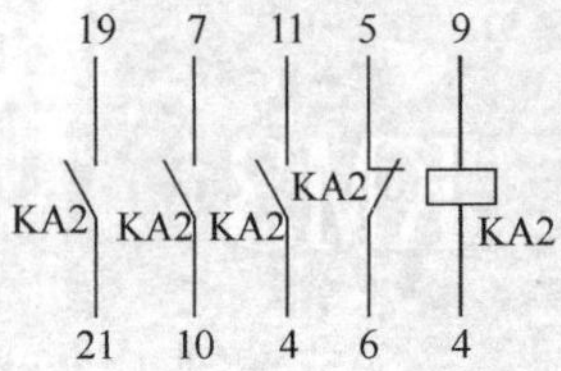
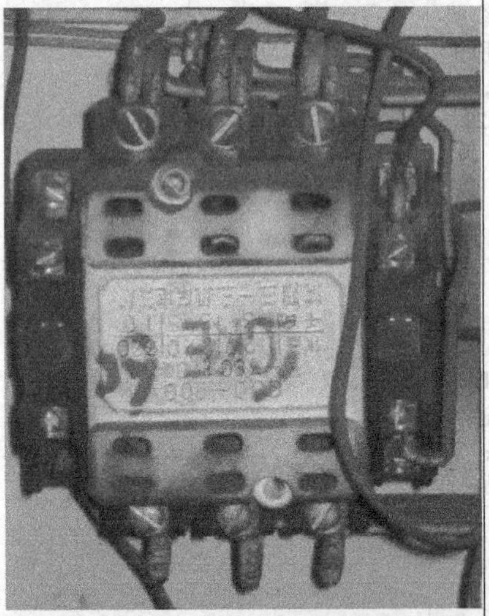	［正转快速移动接触器 KM6 控制电路测绘］：KM6 接触器线圈编号左为 3，右为 28；采用了其右边一对辅助常闭触头，常闭触头编号上为 27，下为 29	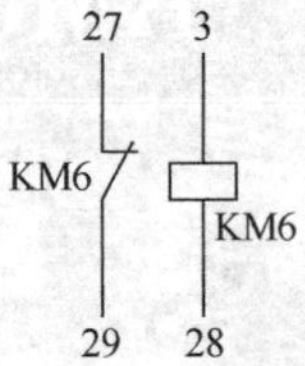
	［反转快速移动接触器 KM7 控制电路测绘］：KM7 接触器线圈编号左为 29，右为 3；采用了其左边一对辅助常闭触头，常闭触头编号上为 30，下为 28	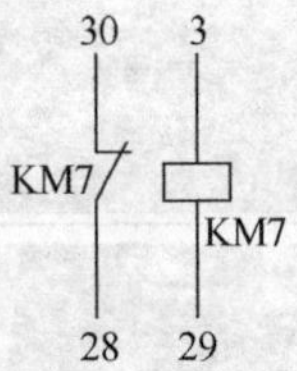

（续）

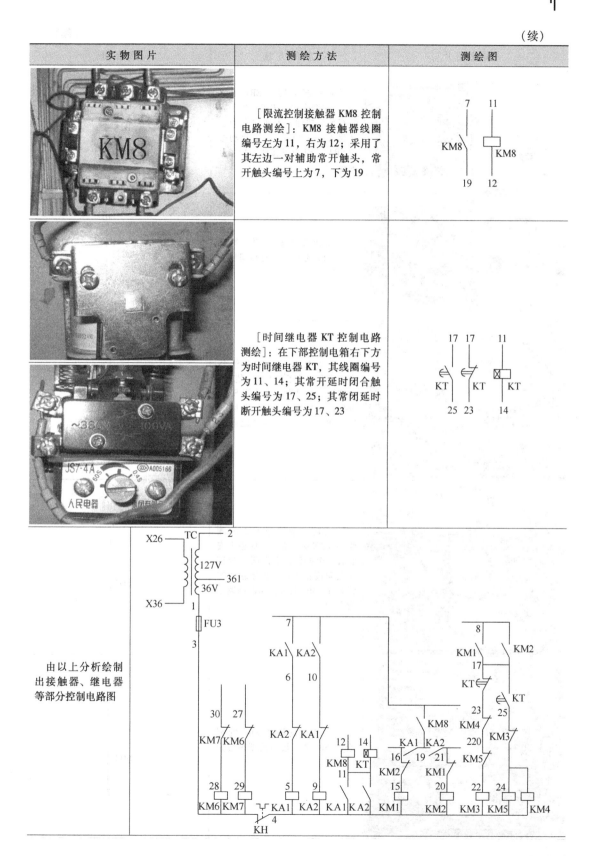

实物图片	测绘方法	测绘图
	［限流控制接触器 KM8 控制电路测绘］：KM8 接触器线圈编号左为 11，右为 12；采用了其左边一对辅助常开触头，常开触头编号上为 7，下为 19	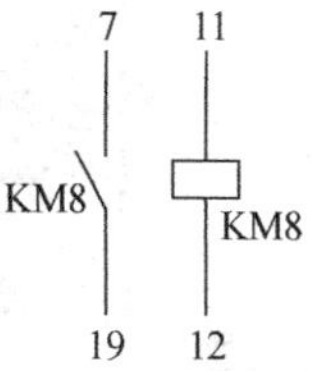
 	［时间继电器 KT 控制电路测绘］：在下部控制电箱右下方为时间继电器 KT，其线圈编号为 11、14；其常开延时闭合触头编号为 17、25；其常闭延时断开触头编号为 17、23	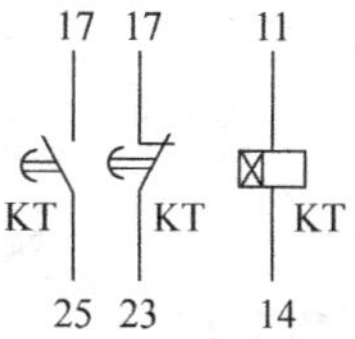
由以上分析绘制出接触器、继电器等部分控制电路图	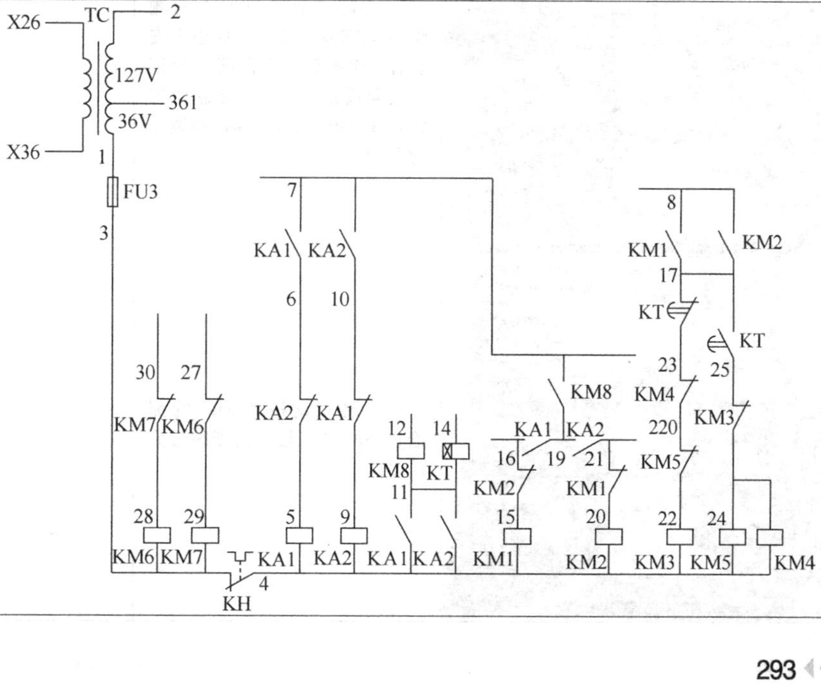	

（续）

<table>
<tr><th colspan="2">实物图片</th><th>测绘方法</th><th>测绘图</th></tr>
<tr><td rowspan="2">
</td><td></td><td>［正转起动按钮 SB1 的测绘］：在镗床右面按钮面板上安装有 5 个按钮，上面两个为正转起动按钮 SB1、反转起动按钮 SB2；SB1 常开按钮两端编号为 6、7</td><td>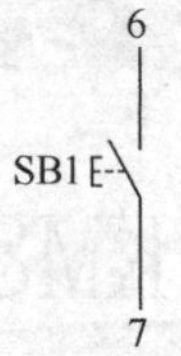
</td></tr>
<tr><td></td><td>［反转起动按钮 SB2 的测绘］：SB2 常开按钮两端编号为 7、10</td><td>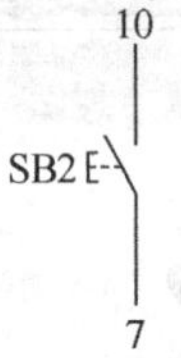
</td></tr>
<tr><td colspan="2"></td><td>［停止按钮 SB5 的测绘］：在镗床右面按钮面板上安装有 5 个按钮，中间为停止按钮 SB5；SB5 常开按钮两端编号为 8、17，SB5 常闭按钮两端编号为 7、8</td><td>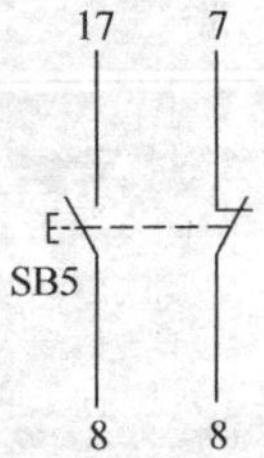
</td></tr>
<tr><td colspan="2"></td><td>［正转点动按钮 SB3 的测绘］：在镗床右面按钮面板上安装有 5 个按钮，下面两个为正转点动按钮 SB3、反转点动按钮 SB4；SB3 常开按钮两端编号为 7、16</td><td>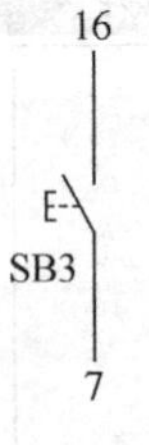
</td></tr>
<tr><td colspan="2"></td><td>［反转点动按钮 SB4 的测绘］：SB4 常开按钮两端编号为 7、21</td><td>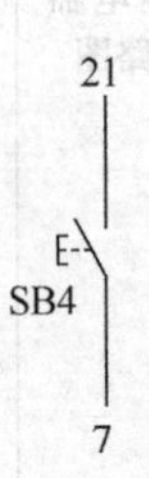
</td></tr>
</table>

（续）

实物图片	测绘方法	测绘图
根据以上分析绘制出的部分控制电路图，再结合按钮的测绘，逐步完善控制电路图	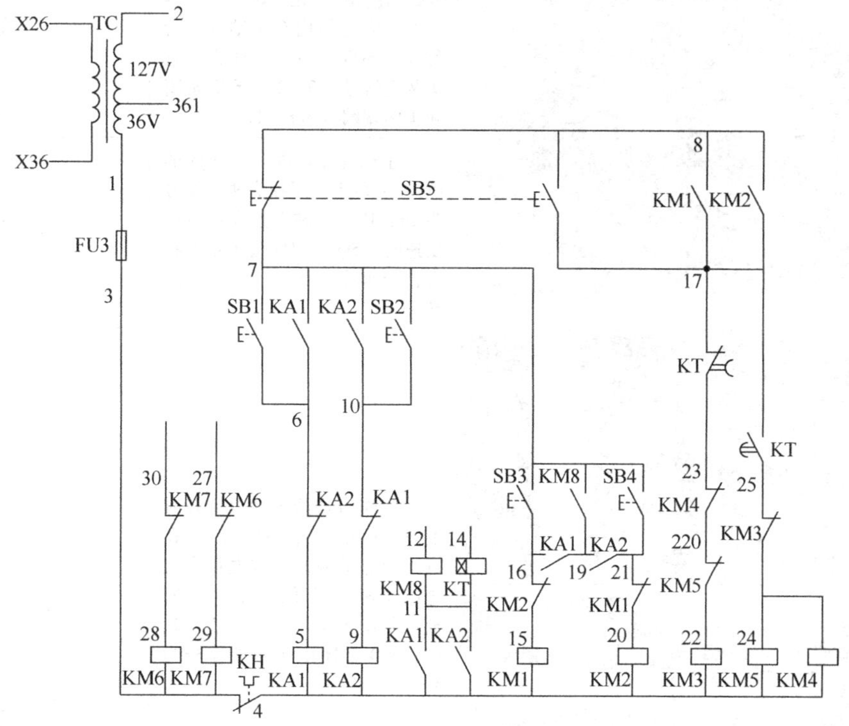 	
	［主轴进给与工作台机动进给联锁开关 SQ1 测绘］：SQ1 常闭触头两端编号为 2、8	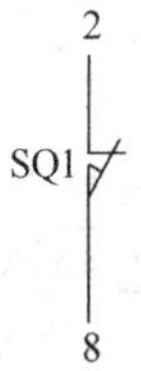
	［工作台机动进给与主轴进给联锁开关 SQ2 测绘］：SQ2 常闭触头两端编号为 2、8；SQ1、SQ2 两常闭触头并联，说明主轴箱和工作台不能同时进给	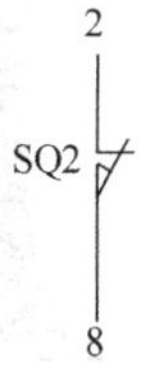

（续）

<table>
<tr><th>实物图片</th><th>测绘方法</th><th>测绘图</th></tr>
<tr><td rowspan="2">
</td><td>［主轴旋转时变速行程开关SQ3 的测绘］：在主轴变速手柄的右下方电箱内有主轴变速行程开关 SQ3、SQ5；SQ3 常开触头两端编号为 7、13；SQ3 常闭触头两端编号为 8、17</td><td>
</td></tr>
<tr><td>［主轴变速行程开关 SQ5 的测绘］：SQ5 常闭触头两端编号为 16、18。主轴变速孔盘拉出变速时，SQ3、SQ5 处于自然状态；变速后推回时，压下 SQ3、SQ5</td><td>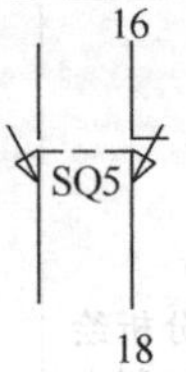
</td></tr>
<tr><td>

</td><td>［工作台进给电动机旋转时变速行程开关 SQ4 的测绘］：在进给变速手柄的右方电箱内有进给变速行程开关 SQ4、SQ6；SQ4 常开触头两端编号为 12、13；SQ4 常闭触头两端编号为 8、17</td><td rowspan="2">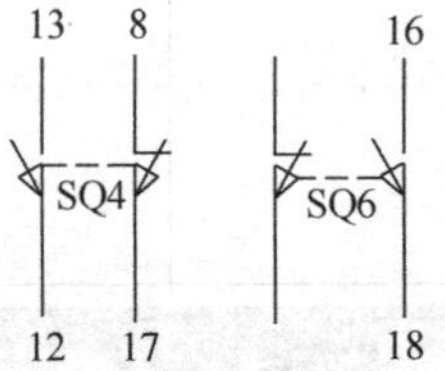
</td></tr>
<tr><td></td><td>［工作台进给电动机变速行程开关 SQ6 的测绘］：SQ6 常开触头两端编号为 16、18。进给变速孔盘拉出变速时，压下 SQ6；变速后推回时，压下 SQ4</td></tr>
<tr><td>
</td><td>［主轴高、低速行程开关 SQ7 的测绘］：在主轴变速盘旁，有主轴高低速行程开关 SQ7，其常开触头两端编号为 12、14。主轴选择高速时压下 SQ7</td><td>
</td></tr>
</table>

（续）

实物图片	测绘方法	测绘图
	［正转快速移动行程开关SQ8测绘］：在快速移动操作手柄的左旁电箱内有正转、反转快速移动行程开关SQ8、SQ9。SQ8常开触头两端编号为8、31；SQ8常闭触头两端编号为8、26	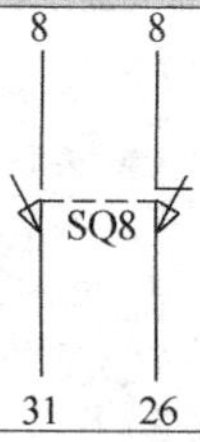
	［反转快速移动行程开关SQ9测绘］：反转快速移动行程开关SQ9常开触头两端编号为30、31；SQ9常闭触头两端编号为26、27	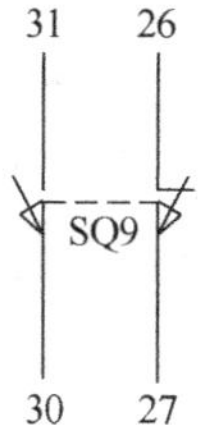
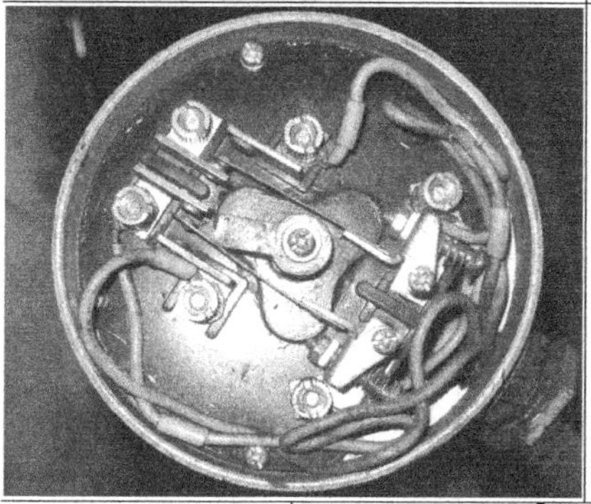	［速度继电器KS测绘］：在主轴电动机后面，与主轴电动机轴连接有速度继电器，其正转KS-1利用了常开触头17、21和常闭触头17、18；其反转KS-2利用了常开触头16、17	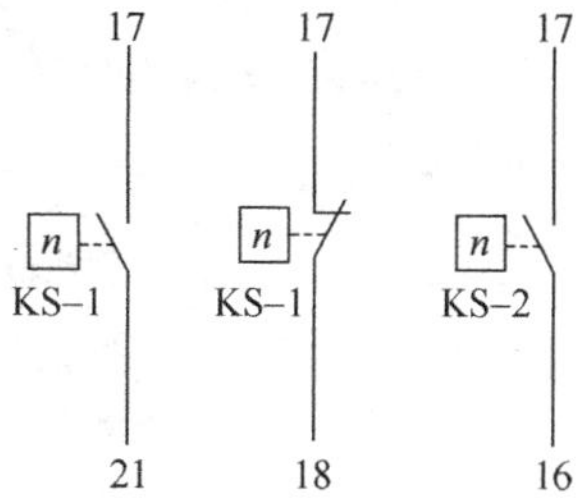
根据以上分析及草图，再补画出行程开关、速度继电器等，完善控制电路图	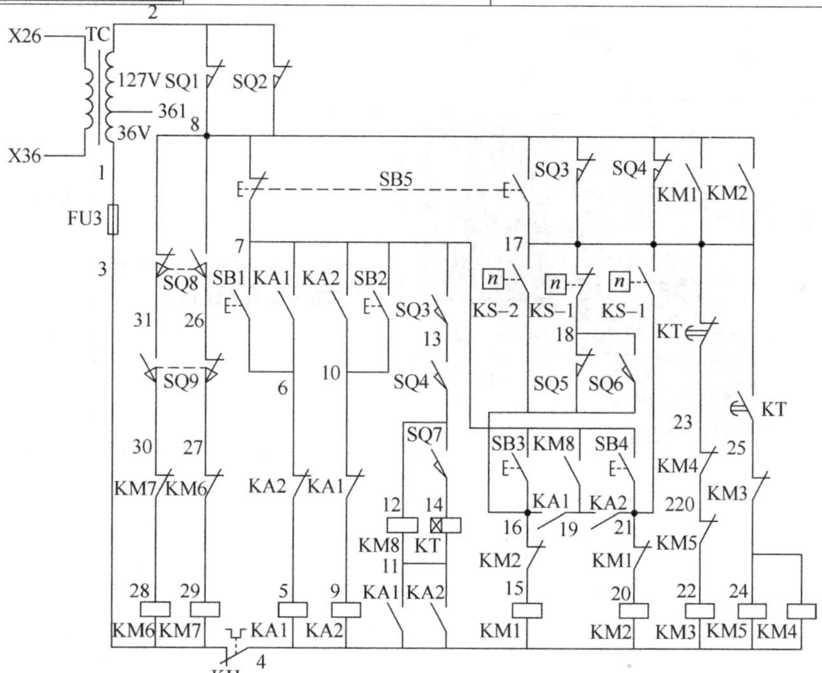	

三、照明控制电路测绘

实物图片	测绘方法	测绘图
 	［照明变压器负载侧熔断器FU4的测绘］：在下部控制电箱左下方FU3熔断器的左边为照明电路熔断器FU4。FU4的进线端接于变压器TC的361端；其出线为362，接到端子排XT2	
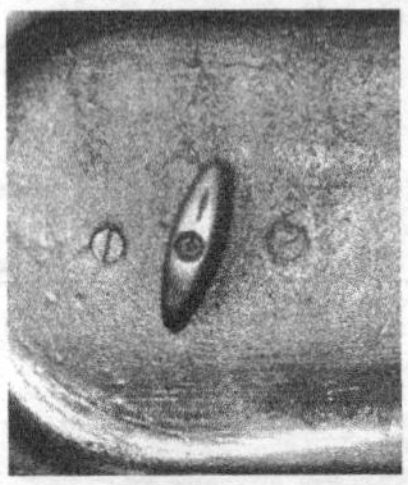 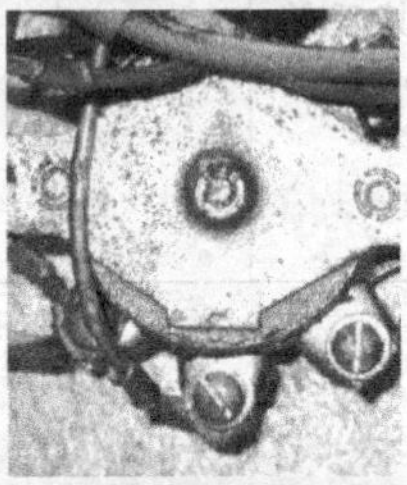	［照明开关SA测绘］：在床身中部有照明开关SA，其进线为362，出线363	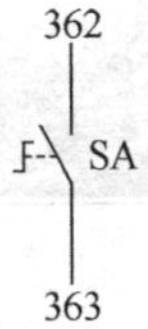
	［照明灯EL测绘］：在主轴箱上部安装有照明灯EL	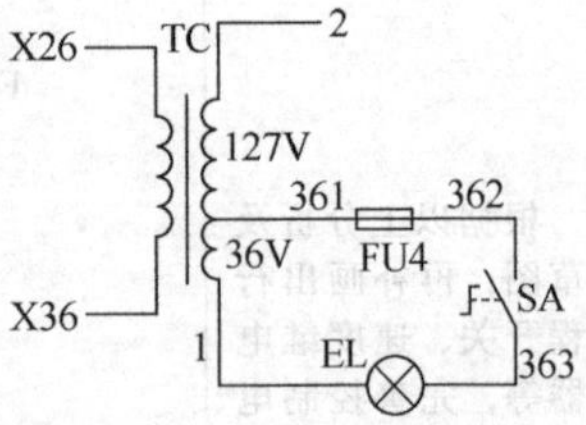

（续）

实物图片	测绘方法	测绘图
由此绘出完整控制电路图	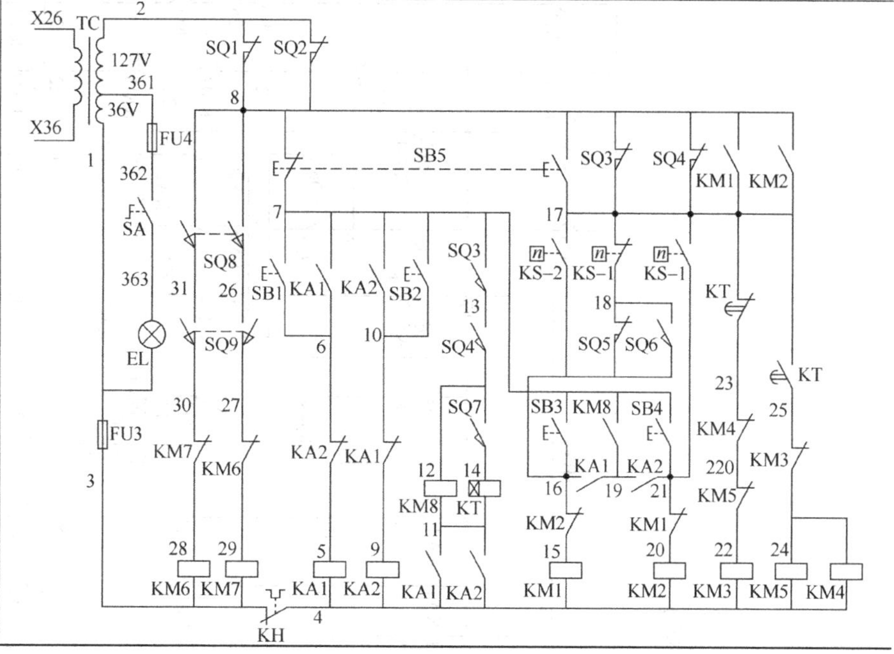	

四、元器件位置图和布置图及完整电气控制电路图

元器件布置图	元器件位置图
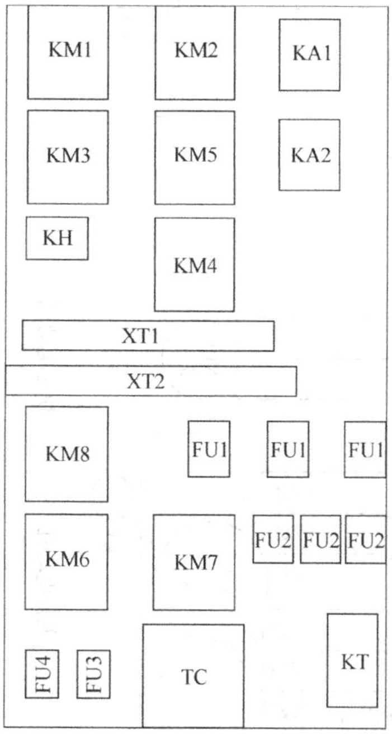	 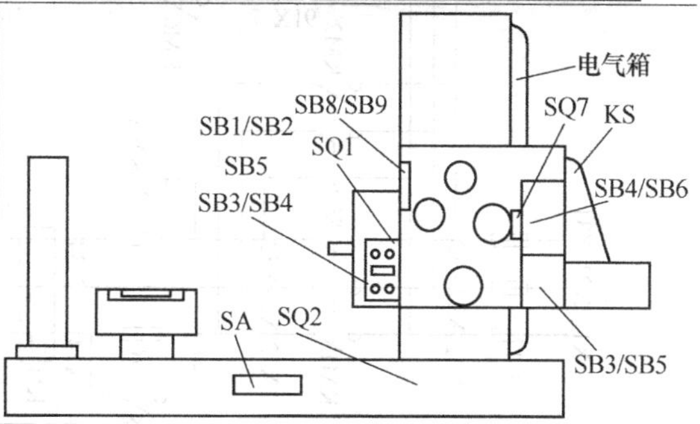

五、完整电气控制电路图

T68 型镗床测绘完整电气控制电路图如下页所示。

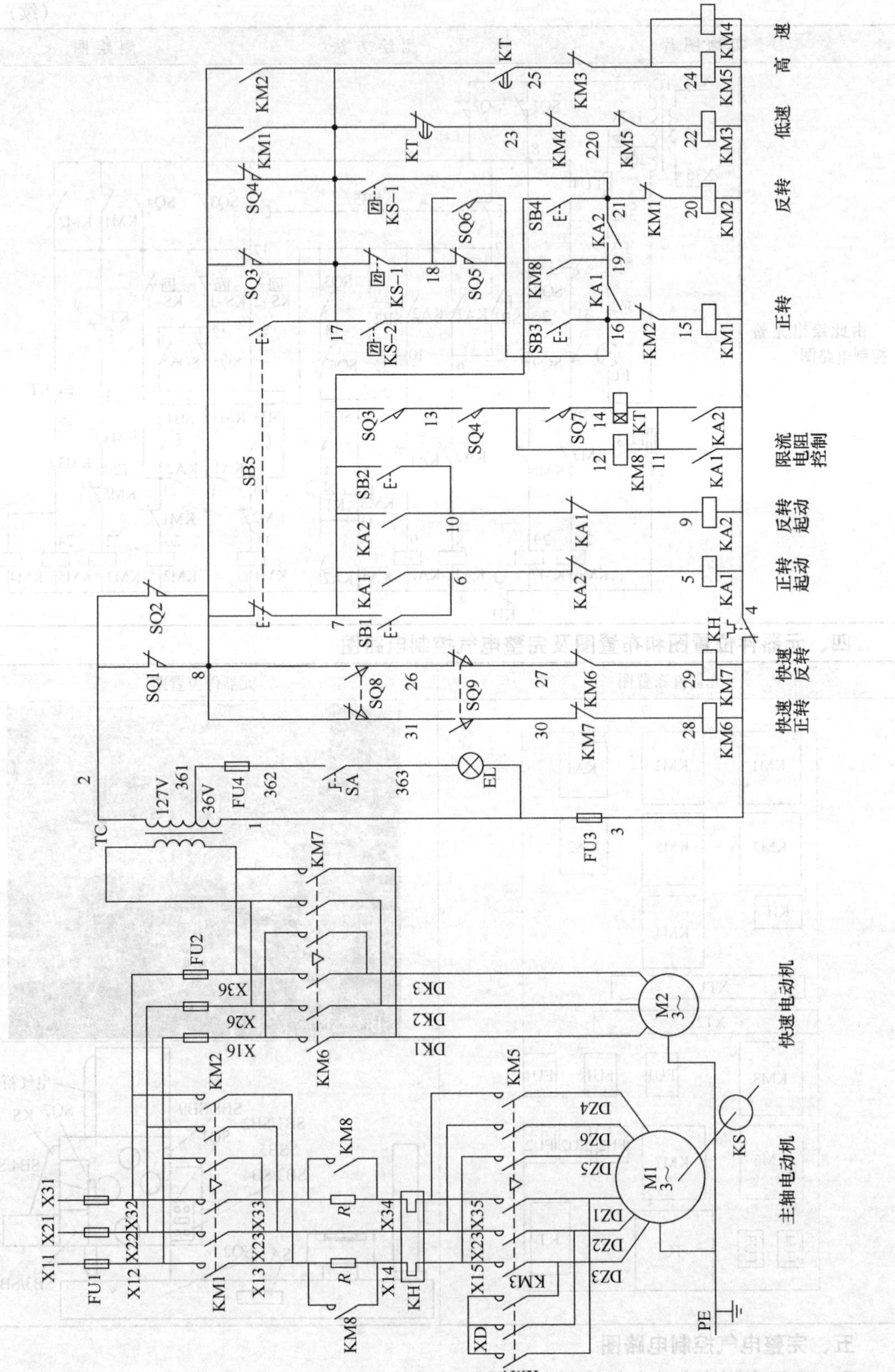

FU1
X11 X21 X31
X12 X22 X32
X13 X23 X33
X14 X34
X15 X23 X35
KM1 KM2 KM3 KM4 KM5 KM6 KM7 KM8
KH
R
XD
DZ1 DZ2 DZ3 DZ4 DZ5 DZ6
M1 3~
KS
PE
主轴电动机
FU2
X16 X26 X36
DK1 DK2 DK3
M2 3~
快速电动机
TC
127V
36V
FU3
FU4
361 362 363
SA
EL
SQ1 SQ2 SQ3 SQ4 SQ5 SQ6 SQ7 SQ8 SQ9
SB1 SB2 SB3 SB4 SB5
KA1 KA2
KS-1 KS-2
KT
快速正转
快速反转
正转起动
反转起动
限流电阻控制
正转
反转
低速
高速

提醒注意

1. 测绘注意事项

1）电气测绘前要切断被测设备或装置电源，尽量做到无电测绘。如果确需带电测绘，要做好防范措施。

2）要避免大拆大卸，对拆卸下的线头要做好标记。

3）两人测绘时，要由一人指挥，协调一致，防止事故发生。

4）测绘过程中，如确需开动机床或设备时，要断开执行元件或请熟练的操作工操作，同时要有人监护。对于可能发生的人身或设备事故，要有防范措施。

5）测绘过程中如果发现有掉线或接错线时，首先做好记录，然后继续测绘，待电路图绘制完成后再作处理。切忌不要把掉线随意接在某个元器件上，以免发生更大的电气事故。

2. 电路测绘的说明

1）由于T68型镗床控制电路的总电源开关已经损坏且已不用，而是用墙壁上电源控制箱内的断路器代替，所以本测绘控制电路未画出总电源开关。

2）一般情况下，变速冲动行程开关SQ5、SQ6都用常开触头或常闭触头，但由于本机床的机械结构改变了，所以一个为常开触点、一个为常闭触点。

3）变速行程开关的动作状态，见表。

主轴变速			进给变速		
行程开关	变速孔盘拉出	变速后推回	行程开关	变速孔盘拉出	变速后推回
SQ3（7～13）	断开	接通	SQ4（12～13）	断开	接通
SQ3（8～17）	接通	断开	SQ4（8～17）	接通	断开
SQ5（16～18）	接通	断开	SQ6（16～18）	接通	断开

检查评价

完整测绘出电气控制电路图，分析电气控制原理正确后，进行以下综合评价。

任务评价

序号	评价指标	评价内容	分值	个人评价	小组评价	教师评价
1	电路测绘	能正确掌握电气电路测绘方法、步骤	10			
		能正确了解分析机械设备的工艺流程	10			
		会正确进行电气电路的测绘	10			
		能正确测绘出主电路	10			
		能正确测绘出控制电路	10			
		能正确测绘出辅助电路	10			
		能分析电气控制原理、判断其准确性	10			
		未产生新的电气故障	10			

（续）

序号	评价指标	评价内容	分值	个人评价	小组评价	教师评价
2	安全规范	是否穿绝缘鞋	5			
		操作是否安全规范	5			
3	文明操作	拆开的原件未完全恢复	10			
		总分	100			
问题记录和解决方法			记录任务实施过程中出现的问题和采取的解决办法（可附页）			

能力评价

内容		评价	
学习目标	评价项目	小组评价	教师评价
应知应会	本任务的相关基本概念是否熟悉	□Yes □No	□Yes □No
	是否熟练掌握仪表、工具的使用	□Yes □No	□Yes □No
专业能力	能否正确合理确定测绘方法、步骤	□Yes □No	□Yes □No
	测绘过程是否规范	□Yes □No	□Yes □No
	能否根据测绘结果正确绘制出电路图	□Yes □No	□Yes □No
	能否根据工作原理分析判断绘制图的正确性	□Yes □No	□Yes □No
通用能力	团队合作分析原理图能力	□Yes □No	□Yes □No
	测绘过程中的沟通协调能力	□Yes □No	□Yes □No
	解决问题的效率能力	□Yes □No	□Yes □No
	测绘过程中自我管理能力	□Yes □No	□Yes □No
	测绘过程中持之以恒能力	□Yes □No	□Yes □No
安全文明	规范操作	□Yes □No	□Yes □No
	安全操作	□Yes □No	□Yes □No
	文明操作	□Yes □No	□Yes □No
个人努力方向：		老师、同学建议：	

思考与提高

1. 根据测绘出的电路原理图，试分析主轴变速时的间隙冲动过程。

2. 根据测绘出的电路原理图，试分析为什么主轴变速和进给变速可以在主轴电动机旋转过程中进行。

任务二十二 电梯常见故障分析与检修

训练目标

- 了解 SX-811B 智能型群控电梯的结构及基本操作程序。
- 掌握 SX-811B 智能型群控电梯电气控制电路的工作原理。
- 掌握 SX-811B 智能型群控电梯电气控制电路的常见故障分析及检修方法。

任务描述

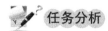

某日下午，小马上完课就匆忙往家赶。在小区乘坐电梯的时候，突然，“咯噔”一声，电梯在三楼差一点的地方停住了，一动不动。大家吓坏了，都很紧张。有人拿起轿厢内应急电话拨打给物业，但却无人接听；此时小马沉着地拿出手机，拨打了 110 求助电话……过了十分钟之久，消防队员赶到撬开了电梯门，大家都纷纷逃了出来。次日，小马上课时与学生讲述了自己昨日电梯被困的经历，并要求学生在接下来的电梯实训中一定要认真学习其专业知识，掌握好电梯维修技能。本任务就来解决如何分析与检修电梯常见故障这一问题。

任务分析

本任务要实现对 SX-811B 智能型群控电梯的检修，必须先要了解其结构以及基本操作程序，还需要正确识读其电路图，熟悉其电路的工作原理，做到按图分析、按图检修。

一、结构简介

该电梯主要由以下部分组成：

1. 井道框架

相当于电梯附着的建筑物，为电梯提供支承，固定导轨，采用钢架结构。

2. 曳引机

位于框架顶部，是电梯的动力装置，安装在两条承重梁上，它主要由以下部分组成：

（1）电动机　三相笼型感应电动机，采用变频变压（VVVF）驱动方式，电梯起动时，变频器使定子电流频率从极低频率开始按控制要求上升到额定频率；减速时，使转速相应从额定频率开始平滑地下降到零，实现电梯平层，保证电梯运行平稳，模拟真实电梯良好的舒适感。

（2）制动器　只在电梯通电运转时松闸，当电梯停止时制动并保持轿厢位置不变，工作电压 AC220V。

（3）减速器　采用蜗轮杆减速器，具有高密度、高效率、低噪声的特点。

（4）曳引轮　绳槽为半圆槽，提供钢丝绳与绳轮之间的摩擦力。

3. 控制屏

（1）变频器　根据PLC给出的指令，对电动机的电源频率、电压进行调制，使电梯运行平稳。

（2）可编程序控制器（PLC）　控制电梯的运行状态，根据内选信号，对电梯的位置进行逻辑判断，然后给出运行指令，使电梯实现应答呼梯信号、顺向截停、反向保留信号、自动关门等功能，还可对三部电梯实现群控功能。

（3）安全及门锁电路　由继电器电路组成，急停、门锁开关的通断决定安全及门锁回路的正常与否，以便PLC判断电梯是否处于安全状态。

4. 导轨

分别有轿厢导轨和对重导轨，保证轿厢及对重作垂直运动。

5. 轿厢

由曳引钢丝绳悬挂，通过曳引机另一端连接对重，在导轨上运行。轿厢装备自动化安全装置，门上装有联锁开关，当门关闭后电梯才能运行，门上还有安全触板；当关门过程中碰到障碍物时，轿厢门马上开启。

6. 对重

与轿厢连接，作用是平衡轿厢的重量。

7. 层门

门上有门锁开关，当层门关闭后，电梯才能启动。

8. 操纵厢

设在框架正面左侧，模拟乘客在轿厢内选层的信号输入。其设备包括：

1）数字显层器：七段数码显示轿厢所在楼层。

2）“1”、“2”、“3”、“4”、“5”选层按钮。

3）开关门按钮。

4）方向指示灯：电梯运行方向指示。

5）梯门司机/自动锁：确定电梯司机控制/自动控制选择，即电梯停层时是自动开门还是有司机控制。

9. 厅外呼梯按钮

可进行所在层的上呼梯和下呼梯操作。

10. 首层电源锁

位于首层呼梯盒外呼梯按钮旁，可切断电梯电源。

11. 减速信号系统

由永磁感应器构成，提供轿厢停层位置信号。

12. 终端保护开关

感应器提供电梯运行终端信号，电梯超过它时，安全回路及电源切断，保证电梯不超出终端。

二、电梯基本操作程序

1. 正常使用操作程序

1）接通三相电源。

2）检查电梯状态：打开呼梯盒上的电源锁，这时应有楼层显示，若无楼层显示，则在“维修状态”下手动电梯回一层，即有楼层显示。电梯能自动关门，应答外呼信号，在操纵箱上选择楼层后，必须关好门才能运行。这时外呼信号顺向的能停机，反向的保留。

3）厅外呼梯：电梯能根据各部梯的所在位置，判断哪部梯离呼梯层最近，自动响应信号，使电梯响应呼梯时间最短，响应呼梯最快，从而使电梯使用效率最高。

4）泊梯：电梯停靠在底层关好门后，把呼梯盒的电源锁匙拨至“关”，则可切断电梯电源，电梯停止工作。

2. 检修点动运行

把控制屏中的“正常”、“维修”开关拨至“维修”状态，这时电梯仅作点动运动，但安全回路及门锁仍然有效。按“上行”或“下行”按钮，电梯作点动上或下，此操作用于电梯维修，或试验终端限位功能。用点动操作将电梯运行于最高层或首层后，把正常/维修按钮拨至“正常”状态，就可将电梯恢复正常运转。

三、群控电梯接线原理图

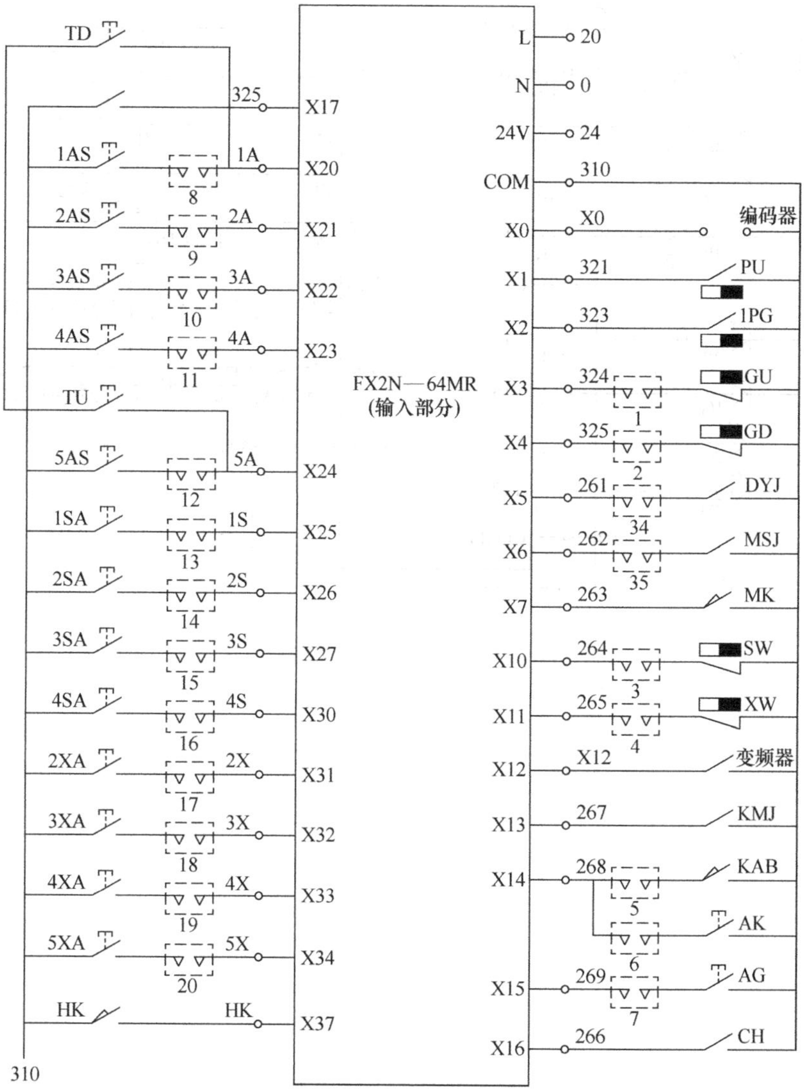

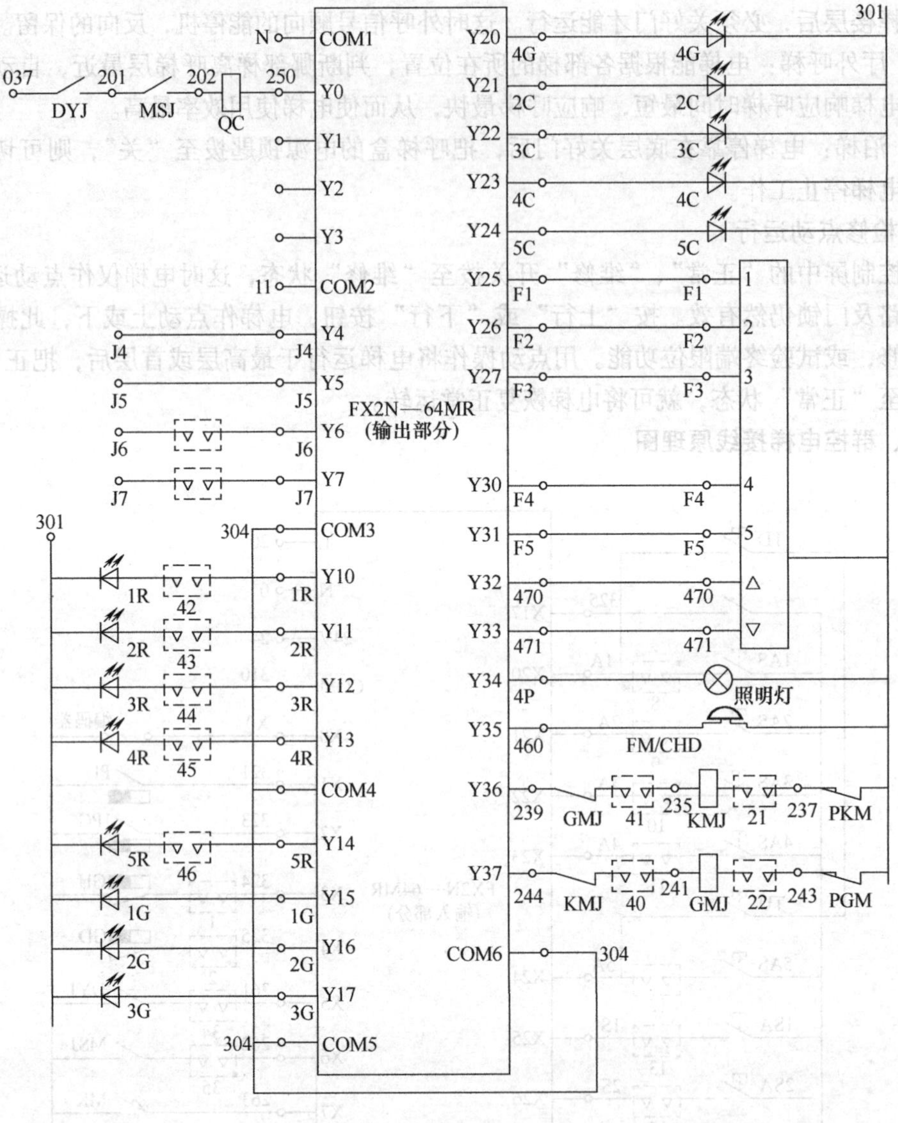
FX2N—64MR
(输出部分)
N COM1
037 201 202 250 Y0
DYJ MSJ QC
Y1
Y2
Y3
11 COM2
J4 Y4 J4
J5 Y5 J5
J6 Y6 J6
J7 Y7 J7
301
304 COM3
1R 42 Y10 1R
2R 43 Y11 2R
3R 44 Y12 3R
4R 45 Y13 4R
COM4
5R 46 Y14 5R
1G Y15 1G
2G Y16 2G
3G Y17 3G
304 COM5
301
Y20 4G 4G
Y21 2C 2C
Y22 3C 3C
Y23 4C 4C
Y24 5C 5C
Y25 F1 F1 1
Y26 F2 F2 2
Y27 F3 F3 3
Y30 F4 F4 4
Y31 F5 F5 5
Y32 470 470 △
Y33 471 471 ▽
Y34 4P 照明灯
Y35 460 FM/CHD
Y36 239 GMJ 41 235 KMJ 21 237 PKM
Y37 244 KMJ 40 241 GMJ 22 243 PGM
COM6 304

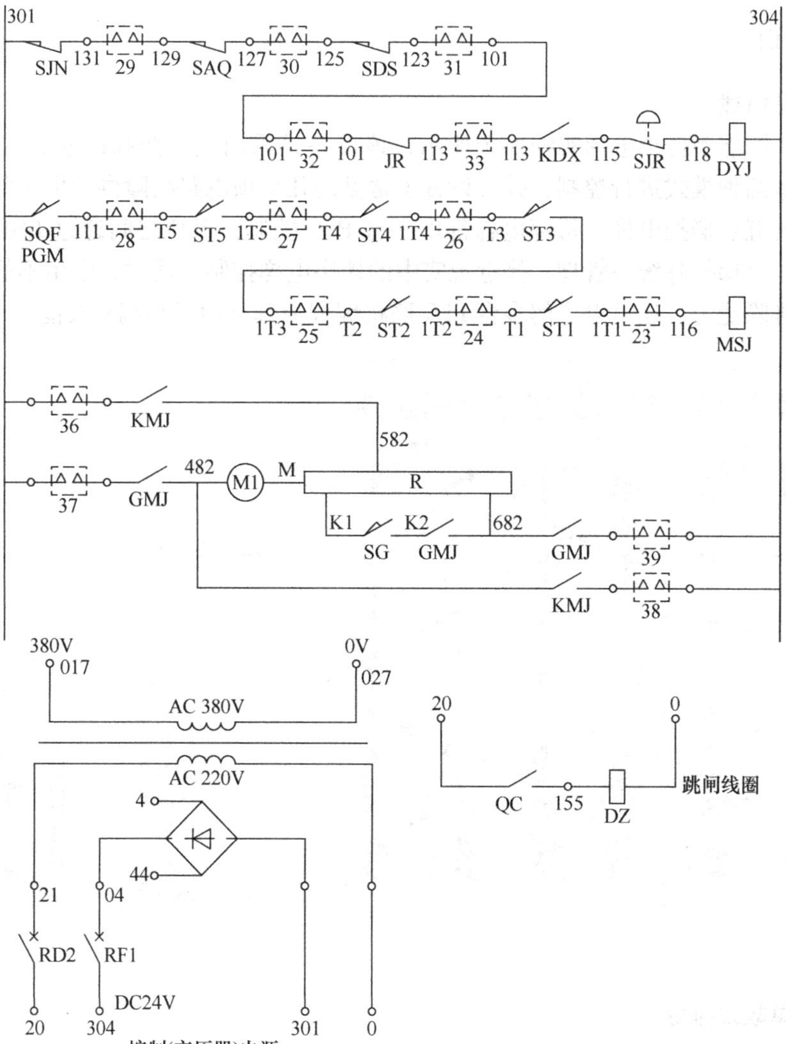
301
304
SJN 131 29 129 SAQ 127 30 125 SDS 123 31 101
101 32 101 JR 113 33 113 KDX 115 SJR 118 DYJ
SQF PGM 111 28 T5 ST5 1T5 27 T4 ST4 1T4 26 T3 ST3
1T3 25 T2 ST2 1T2 24 T1 ST1 1T1 23 116 MSJ
36 KMJ 582
37 GMJ 482 M1 M R
K1 SG K2 GMJ 682 GMJ 39
KMJ 38
380V 017
0V 027
AC 380V
AC 220V
4
44
21 04
RD2 RF1
DC24V
20 304 301 0
20 0
QC 155 DZ
跳闸线圈

控制(变压器)电源

相关知识

一、产品概述

SX-811B智能型群控电梯实物如图所示，该设备是采用交流变频调速器与PLC通过开关量或数字量两种模式进行控制，并且设置了常见的几十项电路故障供学生实际操作。整套设备采用三台五层群控电梯，每部电梯都由一台PLC控制，PLC之间通过RS485串行通信卡交换数据，电梯外呼统一管理，接近现实中的楼宇电梯控制。通过它学生不但可以提高故障的检测和排除能力，还可以了解多台PLC联机编程原理从而提高编程技能。

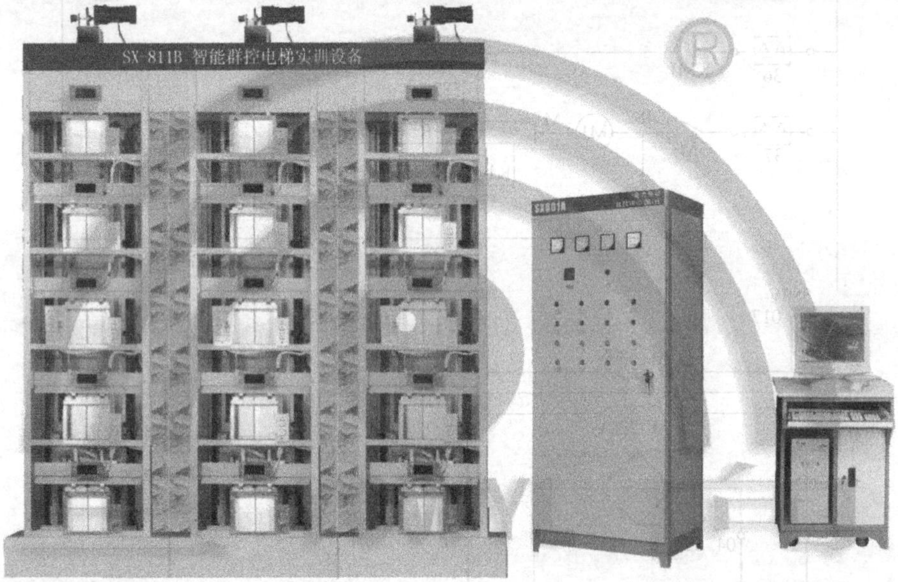

二、简单故障排除

1. 断相、错相保护

当外电源错相或断相时控制屏中的相序保护继电器动作，指示灯为红色，这时可变换相序或检查是否断相即可。

2. 曳引机抱闸不能打开

曳引机抱闸不能打开时，应检查：

1）抱闸弹簧是否太紧。

2）抱闸是否太紧。

3. 门锁回路不通

应检查门锁触点是否接触良好，应用万能表测量其触点电阻。

4. 安全回路不通

应检查全梯的安全开关是否合上，开关是否正常。

5. 门机过慢或过快

可调整门机调速电阻或检查门机电刷是否磨损。

6. 平层不准

可调整平层感应的位置。

三、接线图符号说明

序号	代号	名称	备注	序号	代号	名称	备注
1	PU	门驱双稳态开关	轿顶	25	SAQ	安全钳开关	
2	KMJ、GMJ	开、关门接触器		26	SQF	轿门联锁开关	
3	DYJ	电压继电器		27	GU、GD	上、下强迫减速	
4	MSJ	门联锁继电器		28	DZ1	轿厢照明灯	
5	RD1-RD3，RF1	空气断路器		29	FS	轿厢风扇	
6	QC	主接触器		30	CH	超载开关	
7	GH	电源接触器		31	M1	门电机	
8	1A-5A	轿厢选层指令按钮	5层	32	PKM	开门到位开关	
9	1R-5R	选层指令灯		33	PGM	关门到位开关	
10	AK、AG	开、关门按钮		34	SG	关门减速开关	
11	KAB	安全触板开关		35	M	交流双速电动机	
12	TU，TD	向上、下按钮控柜		36	DZ	抱闸线圈	
13	RF2	空气断路器		37	SW、XW	上、下限位开关	
14	FM/CHD	超载蜂鸣器		38	SDS	底坑断绳开关	
15	470、471	上、下行指令灯		39	SJK、XJK	上、下限位开关	
16	MK	检修开关		40	1G~4G	上召记忆灯	
17	ST1~ST5	厅门联锁触点		41	2C~5C	下召记忆灯	
18	IYK	基站钥匙开关		42	1SA~4SA	上召按钮	
19	YI~Y5	减速永磁感应器		43	2XA~5XA	下召按钮	
20	1PG	减速感应器		44	SJR	急停开关	
21	HK	数-模转换开关		45	KDX	相序保护继电器	
22	D	24V 硅整流桥		46	PLC	可编程序控制器	
23	SJN	轿厢松绳保护开关		47	BPQ	变频器	
24	CX	楼层及上行显示器		48	JR	热继电器	

任务实施

一、“平层到位，不能开门”的检修

实训图片	操作方法	注意事项
	［运行电梯，查看故障现象］：发现电梯从一楼运行到三楼，到达平层后不能自动开门	查看故障现象时，要合上所有电梯的电源开关，要详细观察电梯的各种运行状况
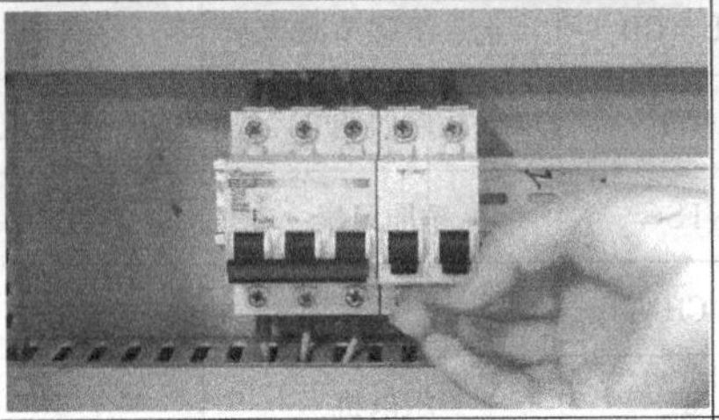	［切断电源］：切断总电源断路器及控制电路断路器 QF	① 要切断所有的电源开关 ② 要注意安全，做好安全防护工作
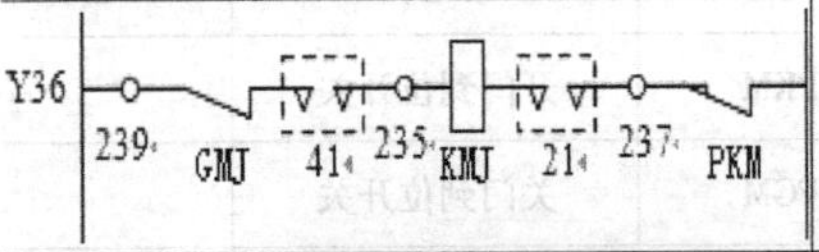	［根据故障现象确定故障范围］：由其故障现象，可判断是开门继电器电路发生故障，其故障范围为237#到239#	根据故障现象，详细分析控制电路图，要尽量缩小故障范围，减小检修工作量
	［电路检查1］：用万用表电阻挡测量239#（可编程控制器输出的Y36上）到237#（端子排上）间电阻，万用表指示阻值为无穷大，说明此段电路确有故障	① 要分清哪路端子排属于哪部电梯，不能测量错 ② 测量时，要看清导线上的编号 ③ 要分清继电器的线圈端钮，同时结合导线编号进行判断
	［电路检查2］：用万用表电阻挡测量239#（可编程序控制器输出的Y36上）到235#（开门继电器线圈上）间电阻，万用表指示阻值为零，说明此段电路正常	
	［电路检查3］：用万用表电阻挡测量235#（开门继电器线圈上）到237#（端子排上）间电阻；万用表指示阻值为无穷大，说明此段电路有故障	① 测量点可根据需要选择不同的两点进行测量，亦可始终以一点作为参考点，通过测量另一点与参考点之间的阻值来判断电路的通断 ② 要分清继电器线圈的两个端钮 ③ 通过此测量排除了继电器线圈故障，说明故障在237 #这段导线上
	［电路检查4］：用万用表电阻挡测量237#（开门继电器线圈上）到237#（端子排上）间电阻；万用表指示阻值为无穷大，说明此段导线有故障	

（续）

实训图片	操作方法	注意事项
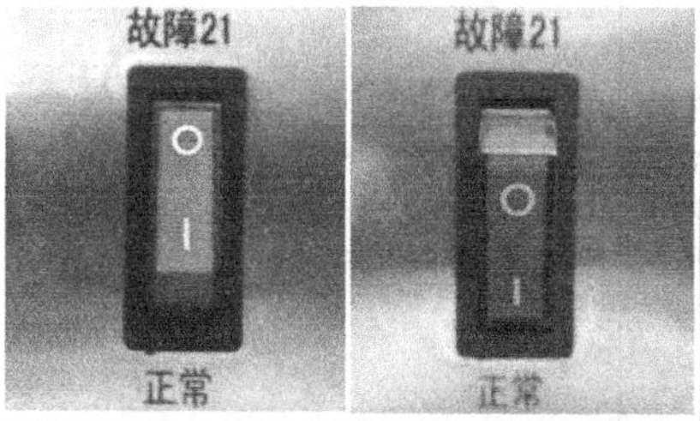	[排除故障]：关闭控制柜后的21号故障开关	接通237#导线
	[运行电梯，确认故障排除]：合上电源开关，重新运行电梯，此时电梯门可手、自动打开	不可省略此环节，故障排除后，一定要确认故障排除，防止检查过程中产生新的故障

二、“电梯不能进行任何操作”的检修

实训图片	操作方法	注意事项
	[运行电梯，查看故障现象]：无论按什么按钮，电梯均不能够进行任何操作	查看故障现象时，要合上所有电梯的电源开关，要详细观察电梯的各种运行状况
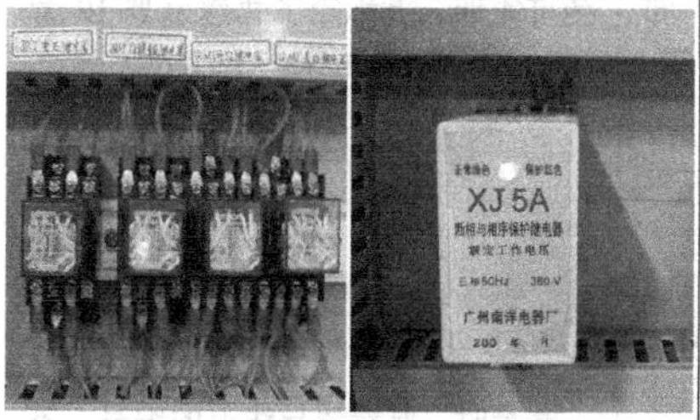 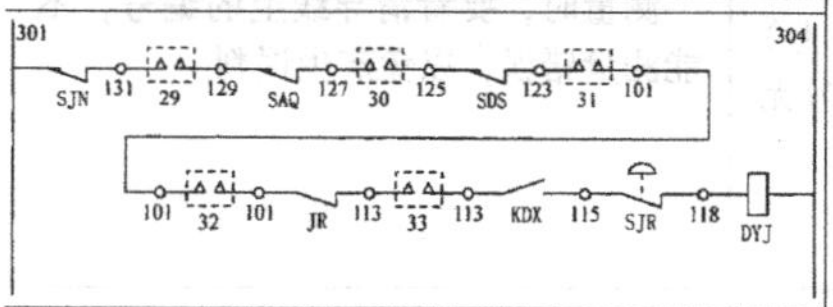	[根据故障现象确定故障范围]：根据以上故障现象，又观察到电压继电器灯未亮，而相序继电器灯亮，说明其故障范围为301#～304#的电压继电器电路，同时相序继电器KDX的常开触头是好的	① 根据故障现象，详细分析控制电路图，要尽量缩小故障范围，减小检修工作量 ② 有时可借助于继电器的动作情况，判断、缩小故障范围
	[切断电源]：切断总电源断路器及控制电路断路器QF	① 要切断所有的电源开关 ② 要注意安全，做好安全防护工作

（续）

实训图片	操作方法	注意事项
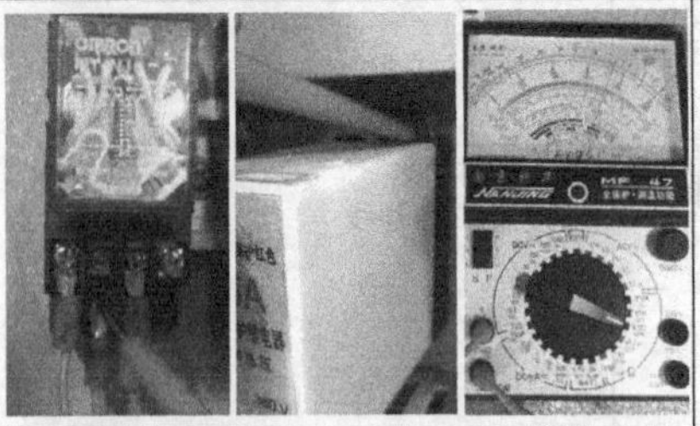	［电路检查 1］：用万用表电阻挡测量 304#（电压继电器线圈上）到 115#（相序保护继电器上）间电阻，万用表指示一定的阻值，说明此段电路正常	万用表指示的阻值为电压继电器 DYJ 的线圈阻值，从而排除电压继电器线圈故障的可能性
	［电路检查 2］：用万用表电阻挡测量 301#（端子排上）到 113#（相序保护继电器上）间电阻，万用表指示阻值为无穷大，说明此段电路有故障	① 测量时，要看清导线上的编号 ② 要分清继电器的线圈端子，同时结合导线编号进行判断
	［电路检查 3］：用万用表电阻挡测量 301#（端子排上）到 101#（端子排上）间电阻，万用表指示阻值为零，说明此段电路正常	① 此次测量并不能排除 101 # 导线上存在的故障 ② 排除故障电路时，测量范围可以大点，以提高效率，亦可逐段、逐元器件测量进行排除
	［电路检查 4］：用万用表电阻挡测量 101#（端子排上）到 113#（热继电器常闭触头）间电阻，万用表指示阻值为零，说明此段电路正常	此次测量既排除了 101#导线上故障的可能性，也排除了热继电器 JR 常闭触点故障的可能性
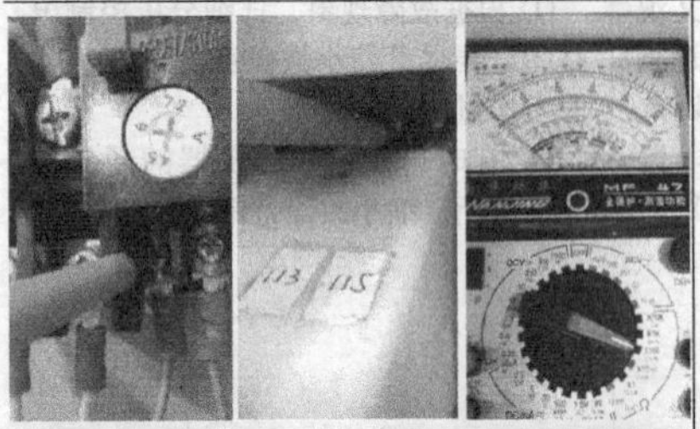	［电路检查 5］：用万用表电阻挡测量 113#（热继电器上）到 113#（相序保护继电器上）间电阻；万用表指示阻值为无穷大，说明此段导线有故障	测量时，要看清导线上的编号，不能测量错误，以免产生误判
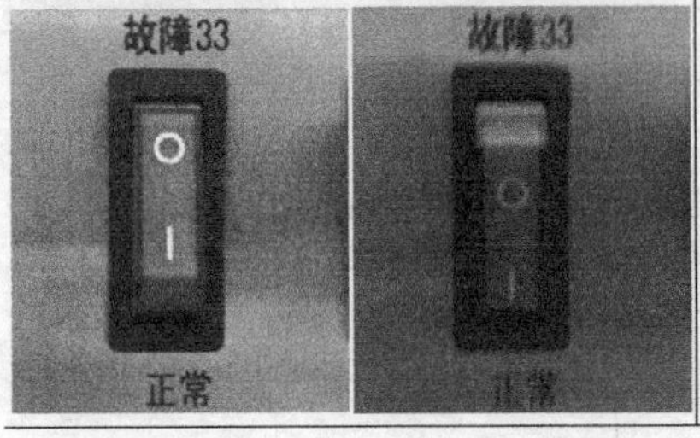	［排除故障］：关闭控制柜后的 33#故障开关	接通 33#导线

（续）

实训图片	操作方法	注意事项
	[运行电梯，确认故障排除]：合上电源开关，重新运行电梯，此时电压继电器灯亮；按任意按钮，电梯均能正常运行	故障排除后，一定要确认故障排除，防止检查过程中产生新的故障

提醒注意

在进行电气设备故障检修前，不仅要熟悉电气设备的控制原理，而且要熟悉各电气元件在设备上的位置和功能，要结合电气设备布置图和接线图进行故障分析和排除。根据电气设备的运行现象和各元器件的动作情况正确判断故障范围，检查测量故障时，要注意安全，尽量采用电阻法进行检查。

检查评价

故障检查出来并修复完毕后，通电试车正确，切断电源，然后进行综合评价。

任务评价

序号	评价指标	评价内容	分值	个人评价	小组评价	教师评价
1	电路检查	能根据现象正确判断故障范围	15			
		检查步骤、方法正确	10			
		会正确使用仪表进行故障检查	5			
		检查时未切断电源	10			
		第一个故障检查成功	15			
		第二个故障检查成功	15			
		扩大故障范围	10			
2	安全规范	是否穿绝缘鞋	5			
		操作是否安全规范	5			
3	文明操作	拆开的元器件或导线桩头未完全恢复	5			
		损坏元器件或仪表	5			
总分			100			
问题记录和解决方法			记录任务实施过程中出现的问题和采取的解决办法（可附页）			

能力评价

内容		评价	
学习目标	评价项目	小组评价	教师评价
应知应会	本任务的相关基本概念是否熟悉	□Yes □No	□Yes □No
	是否熟练掌握仪表、工具的使用	□Yes □No	□Yes □No
专业能力	操作过程是否规范	□Yes □No	□Yes □No
	能否合理确定故障范围	□Yes □No	□Yes □No
	检查过程是否合理	□Yes □No	□Yes □No
通用能力	团队合作分析原理图能力	□Yes □No	□Yes □No
	沟通协调操作过程中的调整能力	□Yes □No	□Yes □No
	解决问题的效率能力	□Yes □No	□Yes □No
	操作过程中自我管理能力	□Yes □No	□Yes □No
	检修过程中配合默契能力	□Yes □No	□Yes □No
安全文明	规范操作	□Yes □No	□Yes □No
	安全操作	□Yes □No	□Yes □No
	文明操作	□Yes □No	□Yes □No
个人努力方向：		老师、同学建议：	

思考与提高

1. 当电梯突然停电或出现故障，被困在轿厢内应注意些什么？

2. 若电梯故障现象为：“无论按任何按钮，电梯均在不停地开关门”，试根据控制电路图分析出其故障范围。

参考文献

[1] 李敬梅. 电力拖动控制线路与技能训练 [M]. 4 版. 北京：中国劳动社会保障出版社，2007.
[2] 周小群. 简明电工实用手册 [M]. 合肥：安徽科学技术出版社，2007.
[3] 王其红. 电工手册 [M]. 郑州：河南科学技术出版社，2006.
[4]《电气工程师手册》编辑委员会. 电气工程师手册 [M]. 北京：中国电力出版社，2008.
[5] 张彪. 机床电气控制 [M]. 北京：中国劳动社会保障出版社，2009.
[6] 冯军，谢嘉奎. 电子线路（线性部分）[M]. 北京：高等教育出版社，2010.
[7] 冯军，谢嘉奎. 电子线路（非线性部分）[M]. 北京：高等教育出版社，2010.
[8] 王建. 维修电工技能训练 [M]. 4 版. 北京：中国劳动社会保障出版社，2007.
[9] 瞿彩萍. PLC 应用技术（三菱）[M]. 北京：中国劳动社会保障出版社，2006.
[10] 刘守操. 可编程序控制器技术与应用 [M]. 北京：机械工业出版社，2006.
[11] 史国生. 电气控制与可编程控制器技术 [M]. 2 版. 北京：化学工业出版社，2003.
[12] 汤以范. 电气与可编程序控制器技术 [M]. 北京：机械工业出版社，2004.
[13] 廖常初. PLC 编程及应用 [M]. 北京：机械工业出版社，2003.
[14] 郁汉琪. 机床电气及可编程序控制器实验、课程设计指导书 [M]. 北京：高等教育出版社，2001.
[15] 董儒胥. 电工电子实用技术选训教程 [M]. 上海：上海交通大学出版社，2006.
[16] 胡学林. 可编程控制器教程（基础篇）[M]. 北京：电子工业出版社，2005.
[17] 胡学林. 可编程控制器教程（实训篇）[M]. 北京：电子工业出版社，2005.
[18] 钟肇新，彭侃. 可编程序控制器原理及应用 [M]. 广州：华南理工大学出版社，2001.
[19] 王炳实，王兰军. 机床电气控制 [M]. 北京：机械工业出版社，2011.
[20] 周希章. 机床电路故障的诊断与修理 [M]. 北京：机械工业出版社，2002.
[21] 陈则钧. 机电设备故障的诊断与维修 [M]. 北京：高等教育出版社，2004.

机械工业出版社

教师服务信息表

尊敬的老师：

您好！感谢您多年来对机械工业出版社的支持与厚爱！为了进一步提高我社教材的出版质量，更好地为职业教育的发展服务，欢迎您对我社的教材多提宝贵意见和建议。另外，如果您在教学中选用了《维修电工技能实战训练（高级）》（杨学坤 邵争鸣 主编）一书，我们将为您免费提供与本书配套的电子课件。

一、基本信息

姓名：________ 性别：________ 职称：________ 职务：________

学校：________________ 系部：________

地址：________________ 邮编：________

任教课程：________ 电话：________（O）手机：________

电子邮件：________ qq：________ msn：________

二、您对本书的意见及建议

（欢迎您指出本书的疏误之处）

三、您近期的著书计划

请与我们联系：

100037 北京市西城区百万庄大街22号机械工业出版社·技能教育分社 陈玉芝

Tel：010-88379079

Fax：010-68329397

E-mail：cyztian@gmail.com 或 cyztian@126.com